# 铁电体物理基础

曹万强　著

科 学 出 版 社

北 京

## 内 容 简 介

本书用物理原理解释了铁电体在电场作用下发生的各种行为。全书分为两部分，第一部分介绍了铁电体的基本特性：铁电性、铁电体的结构与对称性、热力学特征函数和变量的雅可比偏导数、实验测试原理和铁电畴起源，以及铁电体的相变原理。第二部分用统计方法详细阐明了各种铁电体的电极化原理，给出了电滞回线、介电常数、电致伸缩、储能效应和热释电效应的数学公式，并通过对公式的数值模拟与实验结果的对比，解释了各种实验现象随温度变化的原理和电场诱导极化效应。最后，详细解释了弛豫铁电体发生介电弥散的原理，给出了数学公式。基于物理原理澄清了各种概念。

本书可供各类从事铁电材料研究的人员参考，部分章节可供研究生阅读。

图书在版编目(CIP)数据

铁电体物理基础 / 曹万强著. -- 北京：科学出版社，2024, 8. -- ISBN 978-7-03-079201-3

I. O482

中国国家版本馆 CIP 数据核字第 2024KB9746 号

责任编辑：陈艳峰 杨 探／责任校对：杨聪敏

责任印制：张 伟／封面设计：无极书装

科学出版社出版

北京东黄城根北街 16 号

邮政编码：100717

http://www.sciencep.com

北京中石油彩色印刷有限责任公司印刷

科学出版社发行 各地新华书店经销

*

2024 年 8 月第 一 版 开本：720 × 1000 1/16

2024 年 8 月第一次印刷 印张：26 3/4

字数：535 000

**定价：198.00 元**

(如有印装质量问题，我社负责调换)

# 前　言

铁电体的发现至今已超过了 100 年，分为位移型和有序–无序型。本书主要介绍位移型铁电体，简称铁电体。

铁电体是一种晶体，内部含有可随电场转动的偶极子，与其相关的有热释电体和压电体。热释电体是另一种晶体，内部仅含有单一方向的偶极子，不随电场转动。压电体也是一种晶体，在外力作用下会产生电荷效应。铁电体加电场后，内部的偶极子会转动到电场方向，沿电场方向平行排列的偶极子形成了铁电多畴；当所有偶极子均转到电场方向后就转变成了热释电体，同时具有热释电性和压电性。因而铁电体在加电场后具有铁电、热释电和压电效应。

铁电体存在结构相变。在相变点附近处于极度松弛状态，介电常数极大，极小的电场波动会引起极化强度的显著变化。其应用从普通的电容、热释电温度探测、高压点火到对光、声、电、力的超敏感、微纳级机械控制和超薄超低功率芯片等，其研发始终处于社会发展各阶段的尖端领域。

长期以来，铁电体的唯象理论是以不考虑偶极子转动的热释电体为研究对象，其理论简单明了，既能直接推导出参量间的关联，又能提供简捷的解决方案和理论指导。然而，对加电场过程中涉及的大量实验现象，热释电性的理论至今对其无能为力，并因理论无法解释而引入了大量的假设。

铁电体的核心问题是极化强度对电场的滞后效应，主要表现为电滞回线，且铁电体以此命名。本书用吉布斯自由能的能谷作为偶极子的状态平衡和转向条件；引入朗道相变理论中铁磁体的电子自旋耦合系数作为铁电体偶极子形成畴的耦合系数，解决了铁电体和反铁电体的滞后问题。总之，本书基于铁电体的基本概念、基本原理和测试原理及实验规律，厘清了各种概念，用物理原理和统计方法推导出了相应的数学公式，编写成软件，用数值模拟的方法展现出理论结果，对比实验结果以解释与铁电相变相关的各种现象，例如随外加电场和外界温度变化的电滞回线、介电常数、电致伸缩、铁电储能和电卡等效应。将上述研究成果梳理总结而形成了本书。书中彩图可扫描封底二维码查看。

作者感谢第一代电介质物理专业委员会的各位专家对作者早期工作的支持，如邝安详教授、李景德教授、雷清泉院士和夏钟福教授等，感谢李国荣研究员、卢朝靖教授和张光祖教授的支持，感谢湖北大学同仁陈勇教授、王龙海教授和尚勋忠教授的鼎力相助，以及本人所在研究团队成员的支持。

特别感谢国家留学基金委对作者访问瑞典的研究资助。

本书为相关领域的研究者深入理解铁电体的特性提供参考。由于作者的水平有限，书中难免存在不足之处，恳请广大读者给予批评指正。

曹万强

2023 年 12 月 7 日

# 目　　录

序
前言
第 1 章　绪论 …… 1
1.1　铁电体的基本概念 …… 1
1.2　铁电体的历史 …… 2
1.3　压电性、热释电性与铁电性 …… 3
1.3.1　压电效应 …… 3
1.3.2　热释电效应 …… 5
1.3.3　铁电效应 …… 7
1.4　铁电体的状态 …… 9
1.4.1　铁电体的原始态 …… 9
1.4.2　铁电体的铁电态 …… 11
1.5　铁电体研究中面临的基本问题 …… 12
1.6　铁电体的特点和本书的特色 …… 13
参考文献 …… 14
第 2 章　晶体的对称性与表示 …… 15
2.1　对称操作 …… 16
2.1.1　反演对称 …… 17
2.1.2　旋转对称 ($C_n$, 对称素为线) …… 17
2.1.3　镜像反映 ($m$，对称素为面) …… 17
2.1.4　旋转–反演对称 …… 18
2.1.5　旋转–反映对称 ($n/m$) …… 19
2.1.6　滑移对称 …… 20
2.1.7　螺旋对称 …… 22
2.2　晶轴的定向 …… 23
2.2.1　点群的国际记号 …… 23
2.2.2　等效点系的等效点数目 …… 25
2.3　布拉维格子、晶系及其表示 …… 25

2.3.1 初基格子与非初基格子 ······ 25
2.3.2 14 种布拉维格子 ······ 26
参考文献 ······ 30
**第 3 章 热力学特征函数及其应用** ······ 31
3.1 铁电体中的热力学特征函数 ······ 31
3.1.1 一般材料的热力学系统 ······ 31
3.1.2 铁电体中的热力学函数 ······ 32
3.2 铁电体的雅可比行列式表示法 ······ 33
3.2.1 热力学中的雅可比行列式 ······ 33
3.2.2 铁电体中热力学效应的关联 ······ 36
3.2.3 压电体中热力学效应的关联及雅可比行列式表示 ······ 39
3.2.4 应力作用下的铁电体吉布斯自由能函数 ······ 40
参考文献 ······ 41
**第 4 章 铁电体的基本概念与原理** ······ 42
4.1 铁电体中的电荷与电场 ······ 42
4.1.1 偶极子间的相互作用 ······ 42
4.1.2 电场对偶极子自由能的影响 ······ 45
4.2 偶极子的转向原理 ······ 47
4.3 电滞回线的原理 ······ 51
4.3.1 电滞回线的测试原理 ······ 51
4.3.2 铁电体电滞回线的描述和传统解释 ······ 51
4.3.3 电滞回线中的极化强度 ······ 52
4.3.4 相关问题的讨论 ······ 54
4.3.5 电滞回线的滞后机理 ······ 54
4.4 铁电体的电容率与介电常数 ······ 58
4.4.1 电容率 ······ 58
4.4.2 铁电体的介电常数 ······ 59
4.4.3 铁电体中电容率与介电常数的差异 ······ 61
4.4.4 有效场在铁电体中的失效原理 ······ 62
4.5 极化的耦合原理 ······ 63
4.5.1 耦合与相变 ······ 63
4.5.2 耦合与畴的形成 ······ 64
4.6 传统的电卡效应理论 ······ 65

4.7 居里原理 …… 69
参考文献 …… 70
**第 5 章 铁电体的相变理论** …… 72
5.1 铁电体的软模理论 …… 72
5.2 铁电体的相变原理 …… 77
5.2.1 铁电体相变的热力学函数 …… 78
5.2.2 热力学函数的数学形式 …… 79
5.2.3 多极化强度方向的热力学体系描述 …… 81
5.3 铁电体的顺电相 …… 83
5.3.1 铁电体的顺电相吉布斯自由能 …… 83
5.3.2 铁电体的介电常数机理 …… 84
5.4 掺杂对铁电体相变特性的影响 …… 85
参考文献 …… 88
**第 6 章 二阶相变铁电体** …… 90
6.1 二阶相变铁电体的电滞回线 …… 90
6.1.1 二阶相变铁电体电场方向的吉布斯自由能 …… 91
6.1.2 二阶相变铁电体电场方向的诱导效应 …… 94
6.1.3 二阶相变铁电体的吉布斯自由能 …… 96
6.1.4 二阶相变铁电体的临界电场 …… 98
6.1.5 二阶相变铁电体的电滞回线 …… 102
6.2 二阶相变铁电体的介电常数与电容率 …… 106
6.2.1 基本原理 …… 107
6.2.2 理论结果与分析 …… 109
6.3 极化强度、电滞回线及介电常数 (教学型) …… 116
6.3.1 无电场时极化强度和介电常数的温度关系 …… 116
6.3.2 加电场后的自由能与极化强度 …… 119
6.3.3 一维的简单电滞回线 …… 120
6.3.4 三维的电滞回线、介电常数和电容率 …… 122
6.3.5 半导化对电滞回线的影响 …… 124
6.3.6 死畴对电滞回线的影响 …… 126
6.3.7 加电场后的介电移峰效应 …… 127
6.4 热释电效应原理 …… 128
6.4.1 热释电效应的物理原理 …… 129

6.4.2 热释电效应的测量原理 ······ 131
6.4.3 热释电探测模式理论 ······ 134
6.4.4 热释电理论数值模拟结果 ······ 138
6.4.5 数值模拟结果与实验结果比较 ······ 143
6.4.6 铁电体热释电材料的主要特色 ······ 145
6.5 铁电体的储能 ······ 145
6.5.1 铁电体的储能原理 ······ 146
6.5.2 铁电相的储能 ······ 147
6.5.3 顺电相的储能 ······ 151
6.6 电致伸缩效应原理 ······ 155
6.6.1 电致伸缩的热力学原理 ······ 155
6.6.2 铁电体的电致伸缩原理 ······ 156
6.6.3 饱和电场近似 (教学型) ······ 158
6.6.4 电致伸缩回线原理与数值模拟 ······ 162
6.6.5 与实验结果的比较及机理分析 ······ 169
6.7 电卡效应原理 ······ 170
6.7.1 热释电体的电卡效应 ······ 171
6.7.2 铁电体中场致偶极子分布的电卡效应 ······ 175
6.7.3 铁电体中偶极子耦合对电卡效应的影响 ······ 178
6.7.4 理论结果与分析 ······ 179
6.7.5 与实验结果的比较 ······ 184
6.7.6 二阶相变铁电体的电卡效应讨论 ······ 186
6.8 热电能量转换原理 ······ 187
6.8.1 热电能量转换的原理与传统理论 ······ 187
6.8.2 Olsen 循环的实验结果 ······ 194
6.8.3 Olsen 循环的基本理论 ······ 198
6.8.4 Olsen 循环理论的数值模拟结果 ······ 200
6.8.5 Olsen 循环的优化策略 ······ 205
参考文献 ······ 212
**第 7 章 一阶相变铁电体** ······ 216
7.1 传统方法的介电常数与极化强度 ······ 218
7.1.1 一阶相变铁电体的吉布斯自由能 ······ 218
7.1.2 相变温区的特征温度参量 ······ 220

7.2　一阶相变铁电体的极化强度 …… 224
7.2.1　三维铁电体的吉布斯自由能 …… 224
7.2.2　正反电场方向的极化强度 …… 225
7.2.3　相变区域内的介电常数 …… 227
7.2.4　电场在相变温区的诱导效应 …… 228
7.2.5　一阶相变铁电体的热滞后效应 …… 232
7.3　相变温区的电滞回线效应 …… 233
7.3.1　铁电相温区的电滞回线原理 …… 233
7.3.2　第一临界区内的原理 …… 236
7.3.3　第二临界区内的原理 …… 238
7.3.4　电滞回线的束腰原理 …… 240
7.4　一阶相变铁电体的介电常数 …… 241
7.4.1　介电常数的基本原理 …… 241
7.4.2　结果与分析 …… 245
7.5　一阶相变铁电体的储能效应 …… 253
7.6　一阶相变铁电体的电致伸缩效应 …… 257
7.6.1　电致伸缩的基本原理 …… 258
7.6.2　理论结果与分析 …… 261
7.7　一阶与二阶相变铁电体的差异 …… 266
7.8　极化强度、电滞回线及介电常数 (教学型) …… 267
7.8.1　无电场时极化强度和介电常数的温度关系 …… 267
7.8.2　加电场后的自由能能谷 …… 270
7.8.3　加电场后的极化强度 …… 271
7.8.4　电滞回线 …… 272
7.8.5　加电场后的介电移峰效应 …… 274
参考文献 …… 276
**第 8 章　反铁电体** …… 277
8.1　反铁电体的基本性质 …… 278
8.1.1　反铁电体的基本结构特征 …… 278
8.1.2　反铁电体的电滞回线特征 …… 278
8.1.3　反铁电体的介电常数特征 …… 279
8.2　反铁电体的唯象理论 …… 281
8.3　反铁电体的极化与介电效应 …… 282

8.3.1 反铁电体的极化 …… 283
8.3.2 反铁电体的介电常数原理 …… 292
8.3.3 电滞回线和介电常数的数值模拟 …… 292
8.4 反铁电体的储能 …… 301
8.4.1 反铁电体的自由能与过渡区 …… 302
8.4.2 极化强度与反铁电体储能机理 …… 303
8.4.3 数值模拟结果 …… 305
8.4.4 结论 …… 312
8.5 反铁电体的热释电效应 …… 312
8.5.1 反铁电体热释电效应的理论 …… 313
8.5.2 数值模拟结果 …… 315
8.5.3 讨论与总结 …… 324
8.6 反铁电体的电致伸缩效应 …… 325
8.6.1 反铁电体电致伸缩的原理 …… 326
8.6.2 数值模拟结果 …… 328
8.6.3 讨论与总结 …… 334
参考文献 …… 336
**第 9 章　弛豫铁电体** …… 339
9.1 弛豫铁电体的基本特征 …… 339
9.1.1 弛豫铁电体的定义与特性 …… 339
9.1.2 弛豫铁电体的结构 …… 346
9.1.3 与一阶相变铁电体的关联性 …… 347
9.1.4 现代测试方法 …… 348
9.1.5 弛豫铁电体的应用 …… 350
9.2 弛豫铁电体的基本理论 …… 350
9.2.1 成分起伏理论 …… 350
9.2.2 平均场理论 …… 351
9.2.3 宏畴-微畴理论 …… 353
9.2.4 超顺电与偶极玻璃模型 …… 353
9.2.5 其他模型 …… 354
9.2.6 总结 …… 355
9.3 弛豫铁电体的偏态分布 …… 356
9.3.1 高斯分布 …… 357

9.3.2 偏态高斯分布函数的介电常数 …… 357
9.3.3 偏态分布函数介电常数的拟合结果 …… 359
9.4 弛豫铁电体的幂律分布理论 …… 360
9.4.1 幂律分布函数 …… 360
9.4.2 幂律的实介电常数 …… 361
9.4.3 弥散型的介电常数 …… 363
9.4.4 与实验结果的比较 …… 364
参考文献 …… 368
**第 10 章 铁电体的复合特性与多铁性 …… 370**
10.1 铁电复合材料的介电性 …… 370
10.1.1 复合材料的连通方式 …… 371
10.1.2 线性极性介质的介电常数 …… 372
10.1.3 二元物质的不同混合程度对电容率影响的立方模型 …… 376
10.1.4 复合介质的构建规则 …… 379
10.1.5 无直流电场时复合介质的介电常数 …… 381
10.1.6 外加直流电场的介电常数 …… 382
10.1.7 立方核壳晶粒模型的分布介电常数 …… 384
10.2 铁性相变与多铁性 …… 390
10.2.1 铁性及其唯象理论 …… 390
10.2.2 多铁性 …… 396
参考文献 …… 407
**附录 A 铁电晶体的晶系与分类 …… 409**
**附录 B 铁磁和铁电回线的传统解释 …… 412**

# 第 1 章　绪　　论

铁电体是一种具有非零自发极化的结构相变材料，自发极化只在一定温度范围内存在。当温度高于居里温度 $T_c$ 时，自发极化消失，铁电体处于顺电相。铁电体具有从低温到高温极化强度转变的铁电相变。铁电相变可分为位移型和有序-无序型两类。本书只讨论位移型铁电体在外加电场作用下诱发的各种现象及其规律。

1945—1958 年期间，德文希尔 (Devenshire) 建立了热力学宏观唯象理论，1959—1970 年科克伦 (Cochran) 和安德森 (Anderson) 建立了微观软模理论，由此构建了铁电体从铁电相到顺电相的相变理论。该理论在等温等压条件下，将吉布斯自由能构造为含温度的极化强度偶数次幂之和，建立了极化强度与少数几个参量和温度的关系。本书将其扩展到三维 (3D) 空间，引入铁磁体理论中的偶极子耦合效应扩展的唯象理论，可得到极化强度受电场调控的原理，从而建立了极化强度与各种宏观可测量量之间的关联，可用于验证和指导实验研究及应用研究。

需要说明的是，铁电体为非线性介质，绝缘性类似于电介质，内部电荷对电场发生感应；但极化和介电性质完全不同于电介质，不能用电介质物理的概念和公式描述。例如，铁电体的介电常数不是电容率，极化强度与电场的线性关系不再适用等，这些都需要特别注意。

总之，本书侧重利用最基础的物理原理对各种实验现象进行推论，包括从电介质物理引入的概念。对于不符合物理原理的假设和模型提出了重新认识的原理，并以此解释实验现象。

## 1.1　铁电体的基本概念

铁电体是一种晶体，它在一定的温度范围内有两个或多个特定取向方向的偶极子形成自发极化，取向方向满足对原胞原点的反演对称。每个取向的自发极化是等价的；外加电场后，其自发极化方向可以因外电场方向而变化，晶体的这种性质称为铁电性，具有铁电性的晶体称为铁电体。当铁电体处于铁电相时，施加直流外电场能够使其内部的偶极子转向；电场越大偶极子转向的数量越多。在平行排列的偶极子范围内形成了一个新的状态——热释电态。在热释电态的偶极子会发生耦合形成畴，称为“铁电畴”。此时的铁电体为铁电态成分与热释电态成分的混合体。当电场增大到一定程度时，所有偶极子均转向到电场方向，称为“饱和极化”。所有偶极子均在电场方向取向，并形成了大小不同的多个畴。这些具有热释电性的畴构成的铁电体为热释电体，它具有热释电效应和压电效应，成为受电场控制的热释电晶体。释放电场后偶极子所形成的畴以亚稳态的形式维持在原电场方向，构成热释电态。本征热释电晶体的自发极化方向不随外电场而改变，而铁电体的自发极化方向可随外加电场的反向而反向。在所有 32 个点群的晶体中，有 10 个极性点群的晶体具有热释电效应，其中的 7 个具有铁电性。因此，自发极化的可转向性是铁电体的基本特征，而本征热释电晶体具有自发极化，但没有铁电性。

## 1.2 铁电体的历史

17 世纪中期，法国拉罗谢尔的埃利 • 塞格内特首次制备了罗谢尔盐 (Rochelle salt, 四水合物酒石酸钠钾) 作为药用。1880 年，雅克 • 居里 (Jacques Curie) 和皮埃尔 • 居里 (Pierre Curie) 兄弟在系统研究压力对石英、闪锌矿和电气石等晶体产生电荷的影响时发现了压电。“压电” 这个名字来源于希腊语，意思是 “压”；因此，压电是机械压力产生的电力。1916 年，朗之万发明了用石英晶体制作的水声发射器和接收器，用于探测水下物体。

1921 年，约瑟夫 • 瓦拉塞克 (Joseph Valasek) 首次在罗谢尔盐中发现了铁电性，这在当时还是一种假设且尚未得到证实的性质，但却开启了铁电体的历史。虽然罗谢尔盐很容易生长成具有优良光学质量的大单晶体，但它的水溶性最终导致它被废弃。1935 年报道了一种新体系 $KH_2PO_4$(KDP) 的铁电性。人们普遍认为早期罗谢尔盐和 KDP 的铁电性与氢键密切相关。

第二次世界大战刺激了对更高介电常数电容器的迫切需求，当时在简单钙钛矿结构材料中发现了一种新型介电常数大于 1100 的陶瓷电容器钛酸钡 ($BaTiO_3$，BT)。研究表明，BT 的高介电常数来源于其铁电特性。这一发现打开了探索具有相似晶体结构的铁电系统的大门，导致了 “钙钛矿” 时代的到来。BT 的发现对铁电学的发展非常重要，因为同时，BT 的结构为建立铁电性的唯象理论起到了促进作用。

1945 年，BT 铁电陶瓷被 Gray 发现，其所具有的性质被认为是无价的，晶体内的电畴能转向到外加电场的方向，类似于单晶具有铁电性和压电性。这种电调制的 “极化” 过程被认定为是将惰性陶瓷转变为具有广泛工业用途的机电活性材料的关键。这是一个非常令人吃惊的发现，因为当时普遍的观点是，陶瓷不可能具有压电活性，因为烧结的、随机取向的晶体总体上会相互抵消。这证明了铁电晶体的情况并非如此，因为它们可以在电场中永久排列或重新定向，类似于永磁体中的磁性排列。

Jaffe 归纳了陶瓷中的铁电性和压电性有三个关键点: ①BT 异常高的介电常数；②高介电常数的起源是由于其铁电性；③陶瓷中的电极化过程使内部的偶极子有序排列，使其行为非常类似于单晶。

1951 年，对比反铁磁体的材料理论，Kittel 从理论上提出了反铁电的概念并预言了反铁电体的行为，即晶体中的离子链自发极化，相邻的离子链沿反平行方向极化。同年，Sawaguchi 等和 Shirane 等在 $PbZrO_3$(PZ) 材料中首次发现了反铁电电滞回线，证实了反铁电态确实存在。之后，PZ 与 $PbTiO_3$(PT) 之间的固溶体 $Pb(Zr_{1-x}Ti_x)O_3$(PZT) 得到了广泛的研究。1954 年，Jaffe 等报道了 PZT 固溶体中的准同型相界 (MPB)。四方相和菱形相之间的边界几乎是垂直的，显示了温度无关的性质。特别重要的是，在 MPB 处组成的 PZT 具有最大的介电和压电性能，远远高于 BT。此外，在 PZT 陶瓷中采用了掺杂策略，导致了一系列"硬"的和"软"的铁电材料。PZT 在技术上的重要性始于 20 世纪 60 年代，并一直主导着压电材料市场。从那时起，用 MPB 在固溶体中寻找高性能压电材料成为材料科学家的标准方法。

1961 年,Smolenskii 首次合成了一种新型钙钛矿铁电 $Pb(Mg_{1/3}Nb_{2/3})O_3$ (PMN) 陶瓷，由于具有扩散相变和强的频率介电色散特性, 被定义为弛豫铁电体。之后，$Pb(Zn_{1/3}Nb_{2/3})O_3$ (PZN), $Pb(Yb_{0.5}Nb_{0.5})O_3$ (PYN) 和 $Pb(Sc_{0.5}Nb_{0.5})O_3$ (PSN) 等一系列具有复杂钙钛矿结构的弛豫铁电体在 20 世纪 70 年代得到了广泛的研究。

类似于 PZT，弛豫成分与经典铁电 PT 形成固溶体，组成 PT 占比约 8%到 35%的 MPB，表现出高介电和压电性能。特别重要的是，一些弛豫 PT 铁电体可以生长成单晶形式，与 20 世纪 80 年代研究的多晶陶瓷相比，显示出优越的压电和介电性能。然而，由于缺乏大尺寸晶体，研究在 20 世纪 90 年代初陷入低谷。直到 1997 年，Park 和 Shrout 报道了大尺寸弛豫 PT 铁电单晶及其超高场诱导的应变，在 1.7%的量级上，引起了材料科学家和物理学家的广泛关注。这被认为是过去 50 年来铁电材料的一个突破。在弛豫 PT 单晶的刺激下，加上无铅压电材料和多铁质材料的发展，铁电体在 21 世纪初又得到了复兴。

## 1.3 压电性、热释电性与铁电性

在 32 种晶体点群中，有 20 种压电晶体，其中有 10 种为热释电晶体，7 种为铁电晶体点群。它们的结构与性能有密切关联，下面分别介绍。

### 1.3.1 压电效应

1880 年，雅克 · 居里和皮埃尔 · 居里兄弟对石英晶体进行了压电效应的首次详细研究。后来，在 1900 多种物质中发现了压电特性，包括广泛使用的罗谢尔盐和钛酸钡。其具体定义如下。

当电介质材料在沿一定方向上受到外力的作用而变形时，其内部会产生极化现象，同时在它的两个相对表面上出现正负相反的电荷。当外力去掉后，它又会恢复到不带电的状态，这种现象称为正压电效应 (piezoelectric effect)。这种材料被认为具有压电性 (piezoelectricity)。它是 1880 年被居里兄弟首次发现的。

图 1.3.1 形象地表示了压电效应：压电晶体受到外力作用会在内部产生极化，使晶体的两个表面积累反向电荷，如果外接导通电路则会产生电荷流动，从而点亮灯泡。

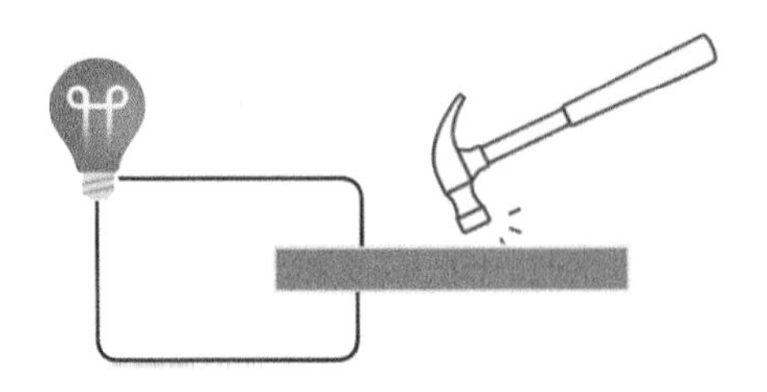

图 1.3.1　压电晶体受力作用后，表面会产生电荷

反之，当在电介质的极化方向施加电场，这些电介质会在一定方向上产生机械变形或机械压力；当外加电场撤去时，这些变形或应力也随之消失。这种现象称为逆压电效应 (reverse piezoelectric effect)。

正压电效应是将力变换为电，因而可用于换能器等应用；而逆压电效应是将电变换为力，可用于各种自动控制，特别是微控制等领域。正逆压电效应的联合使用具有大量的应用。

压电晶体由极性的离子晶体组成，其内部是对称的原子排列，无固有偶极子。典型的例子是石英结构，如图 1.3.2 所示。

在图 1.3.2(a) 的二维 (2D) 正六边形的格子中，正负离子分别依次占据六个格点。正负电荷的中心均在六边形的中心。正负电荷重合，内部没有偶极子。当左右两侧受到压力使晶体受到挤压时，如图 1.3.2(b) 所示，离子的排列会发生变化：上下拉长，左右变窄。由此可以分别画出正负电荷的重心：左边的三个电荷形成三角形，再做两条它们连线的平行线构成一个棱形，用虚圆表示棱形的中心点，该虚圆为上下两个正电荷的等效重心。在左侧虚圆与右侧的正电荷距离中，取距离右侧正电荷 2/3 的长度位置做实心点，即为后两者的重心 (即三角形的重心)。右边的三个负电荷也形成三角形，同样再做右侧两个电荷连线的平行线构成一个棱形，画出棱形的中心点，该中心同样为上下负电荷的等效重心。将两个重心分别与横轴对应点做连线，取靠左 2/3 的长度位置，即为该类电荷的重心。两个不重合的重心形成了电偶极子。或者，两个棱形的分离表示正负电荷重心的分离。当晶体受到拉伸后，如图 1.3.2(c) 所示，以同样的方法做棱形和虚圆。两个重心的位置反向变化，得到了反向的偶极子。

自由状态的正六边形对外无明显的电偶极子。当受压后形变，内部有正负中心不重合的电荷 (偶极子)，产生了电压，并对空间中的自由电荷产生感应。自由电荷积累到两个电极表面后，屏蔽了内部电荷，整体对外表现为电中性。在空间自由电荷向两个电极移动的过程中，产生了电流，使人们观察到了压电性。

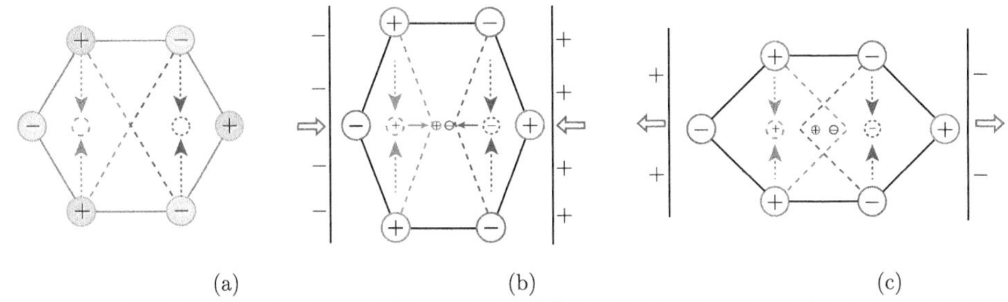


图 1.3.2 在一个晶体的原胞中，相邻的正负离子排列成正六边形: (a) 正电荷的中心和负电荷的中心均在六边形中心，重合在一起而无电偶极子，对外不显示电极性；(b) 两侧受压作用后离子受力发生上下移动显示出整体的偶极性，表面感应出与内部相反的电荷；(c) 两侧受拉作用后，上下离子受力向中心移动，两侧离子向外移动，感应出与 (b) 相反的偶极性

外界压力变化导致表面电荷状态变化的材料，其性能为压电性。可以是图 1.3.2 所示的具有离子中心对称排列的材料，也可以是离子为非中心对称排列的材料。即如果一个晶体，本身具有不对称的离子排列，在压力作用下仍然会表现出两个电极表面的电荷变化。该晶体也具有压电性。

在 20 种具有压电效应的晶体中，10 种为中心对称排列，10 种为非中心对称排列。

### 1.3.2 热释电效应

公元前 314 年，人们发现，当电气石被加热后在两个纵向平面会产生电压，但当时并没有电的概念。1707 年，该现象又被 Schmidt 重新发现，他发现石头能吸引热的灰尘，冷的却不行。1747 年，Linnaeus 首次将此现象与电联系在一起。1824 年，Brewster 给出了直到现在仍使用的命名：热释电性 (pyroelectricity)。具有热释电性的材料为热释电体。

某些晶体由于温度的变化而产生极性状态的特性，或者说某些介质 (不导电) 晶体在受到均匀温度变化时产生电极化如图 1.3.3 所示。热释电晶体的典型例子有电气石、一水硫酸锂、蔗糖和极化后的铁电钛酸钡。

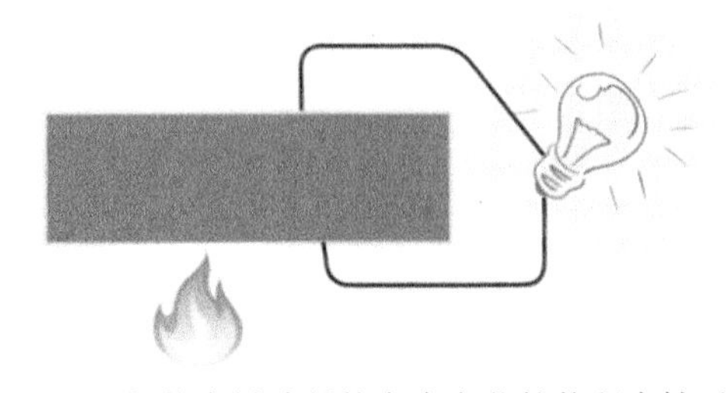

图 1.3.3 加热会导致晶体产生电荷的热释电性示意图

热释电材料是极化状态的晶体，因为内部存在自发极化或永久的电偶极子。当晶体处于恒定温度时，这种极化并不表现出来，也不能被直接测量出来。当晶体温度升高或降低时，内部的自发极化发生变化，导致屏蔽的空间自由电荷载流子做相应的补偿，这些载流子通过传导从周围环境到达晶体表面。这种变化表现为热释电。

热释电体基本的原胞结构如图 1.3.4 所示。

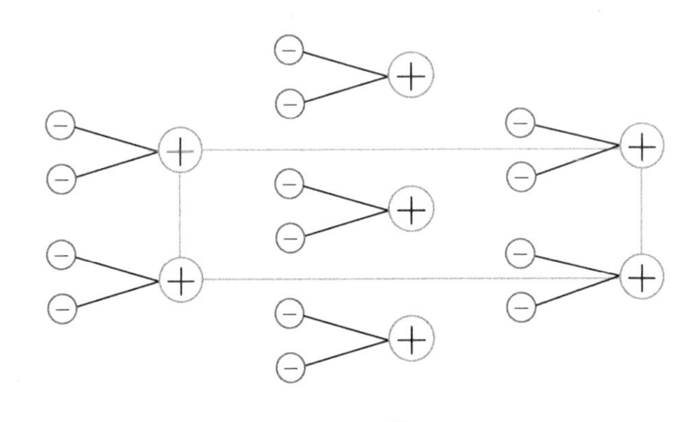

图 1.3.4　热释电体基本的原胞结构图。所有偶极子均沿箭头所示的方向，方框表示一个原胞（一个大的正号表示正电荷量相当于两个负的电荷量）

热释电体的基本特点是：所有偶极子均沿一个方向固定不动。

热释电系数 $p$

$$p = \frac{\mathrm{d}P}{\mathrm{d}T}$$

其中，$P$ 是极化强度，$T$ 是温度。

如果将晶体夹紧阻止其受热产生的膨胀，在固定的晶体中观察到的是初级热释电效应；而在自由晶体中，次级热释电效应叠加在初级热释电效应之上。次级热释电效应可以看作是由热膨胀引起的压电极化，通常比初级热释电效应大得多。因此，人们认为吸热改变了偶极子的尺寸从而改变了偶极子的大小才能显示出热释电性来。

所有热释电体均具有本征的压电效应。因为当其受到压力作用时，偶极子的形状发生变化，压缩或者拉伸，导致整体的极化性能发生变化，表面的感应电荷也随之变化。因此，10 种热释电晶体点群被归在压电点群内。

热释电具有广泛的科学和技术的应用潜力。最典型的是红外辐射探测。热释电探测器可用于测量辐射源产生的功率 (用辐射测量法)，或远程热体的温度 (用高温测量法)。

热释电的其他应用包括太阳能转换、制冷、信息存储和固体科学。具有热释电效应的晶体也同时具有本征的压电效应。总之：

(1) 热释电体的结构特征：不对称性。

(2) 偶极子 (自发极化) 只沿一个方向排列，不随外界条件变化。

(3) 具有热释电性质的材料也具有压电性。

### 1.3.3 铁电效应

#### 1.3.3.1 铁电体

定义：铁电体是这样一种晶体，它内部的偶极子具有两个或者多个完全等价的取向态，在电场作用下，偶极子的取向态可以发生转变 [1]。无电场时，铁电体中偶极子的取向态是镜像对映的 (enantiomorphous)，即 $-P$ 完全等价于 $+P$。

#### 1.3.3.2 铁电体的原型相

铁电体在高于居里温度的顺电相具有最高对称性，并能够包容所有铁电相结构的对称性，被称为原型相 (prototype phase)。也就是说，原型相是晶体最高温度的相，只要它不融化。

在原型相，因其高对称性而无自发极化，但在电场作用下，会诱导自发极化，使其具有铁电性。所诱导的自发极化均沿电场方向排列，不同于铁电相的随机排列。

#### 1.3.3.3 铁电体的相变

对于铁电体，当温度从居里点 $T_c$ 处降温时，会由于微小的正负离子位移，使正负电荷中心不重合，产生了电偶极子，导致铁电体出现自发极化 $P_s$，随着温度 $T$ 的降低，该自发极化 $P_s$ 不断增大。图 1.3.5 中，中心小阳离子向上位移，偏离了中心，产生了铁电性。

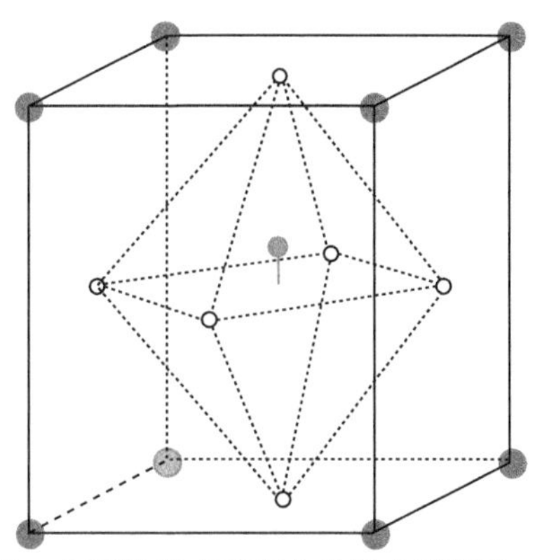

图 1.3.5 铁电相形成的原理：中间的正电荷向上做微小的移动，导致正负电荷中心分离，产生了偶极子 (单位体积的偶极矩为自发极化强度)

在相变的过程中，会发生两种不同的情况，第一种是极化强度在相变点发生连续变化的相变。铁电体的每个原胞同时发生完全相同的变化。原胞的离子位移在居里点为零，随温度降低而连续地逐步增大，为二阶铁电相变；第二种是极化强度突变型的相变，整个相变需要经过一个区域。在低温时全部为铁电相，升高温度顺电相的比例会逐步增大，到居里点时，两者的比例为 1:1，再升高温度到第一临界温度 $T_1$，铁电相的比例逐步减小直至为零。然而，在此温度下仍然存在电场诱导的强铁电相出现，并产生双电滞回线。再升高温度到第二临界温度 $T_2$，电场诱导的强铁电相不再出现。高于 $T_2$ 才为纯顺电相。此类相变为一阶铁电相变，极化强度的突变发生在整个区间而不仅仅是居里温度，极化强度所占的比例随温度升高逐渐减小。

铁电体经过极化成为热释电体后具有热释电效应：改变温度可以测量出极化强度的变化。然而，由于此效应并不改变偶极子的取向方向，因此热释电效应较弱。除了这种静态的方法之外，还有动态的方法：给铁电体加一个稳定的电场，一旦变温则会引起偶极子的转动，导致更大的热释电效应。常用的红外探测器元件大多采用此方法。

根据前面的介绍可知压电体、热释电体和铁电体均属于电介质的范围，相互关系如图 1.3.6 所示。

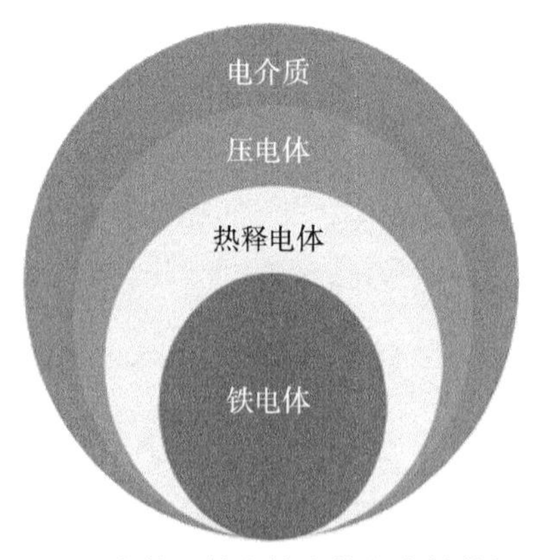


图 1.3.6　压电体、铁电体和热释电体的相互关系

铁电晶体在原始态时是否具有压电性和热释电性？

答案：没有。压电性和热释电性是在力或热的作用下，使铁电体在两个电极表面产生感应的电荷。

铁电体中，每个偶极子单独被热或力作用会发生变化。然而，铁电体中偶极子的取向具有反演对称性，即 $(x, y, z)$ 有一个偶极子，则 $(-x, -y, -z)$ 必定也有一个偶极子，两者的变化相互抵消。铁电体中所有偶极子的分布是各向同性的。

所以，铁电体要用于压电和热释电，必须经过极化，使所有的偶极子均沿一个方向排列。

# 1.4 铁电体的状态

## 1.4.1 铁电体的原始态

当铁电体从高温的顺电相降温到铁电相后，每个原胞均有一个偶极子，带正负电荷。电荷之间会产生相互作用，如何排列才能是低能的稳定态？在无电场作用之前，这种稳定态为原始态。

根据单纯的物理原理分析：偶极子之间相互作用的原理是，在前后排列成一列时，它们一致取向的方向为电荷相互吸引，是低能量的稳定状态。在左右平行排列时，同方向平行时会导致相互间产生排斥力，使它们之间处于高能量的不稳定状态；反之，同方向反平行排列时，电荷之间的作用为相互吸引，使它们之间处于低能量的稳定状态。因此，每一列平行，列之间反平行排列，是铁电体所能够具有的最低能量状态。

然而，在实际的铁电体中，原胞之间的电荷可能会屏蔽偶极子之间的作用力，使之无关联。因此，偶极子应该随机而平均地分布在每个可能的等效取向方向上。无论外加电场从哪个方向作用，其响应是完全相同的，这种状态为铁电体的原始态，用二维图形表示为图 1.4.1 所示。

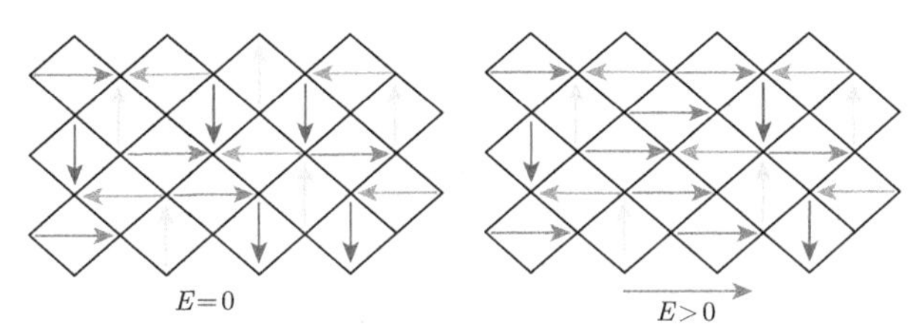


图 1.4.1 电场对偶极子的作用。偶极子有 4 个等价的取向方向，$E$=0 为原始态，每个可能的取向方向偶极子数目相同，为均匀分布状态。$E$>0 为加电场后的状态，部分偶极子转向到了电场方向

在电场作用下，当偶极子能够从 $-P$ 变化到 $+P$ 时，被认为是反转 (reversibility)。在某个临界电场下，所有反电场方向的偶极子全部反转，表现出了开关性 (switch performance)。

铁电体中的偶极子为三维取向。当开关作用发生时，反向的偶极子发生反转；随着电场继续增大，其他取向方向的偶极子陆续转向到电场方向，直到几乎所有偶极子均在电场方向，达到饱和极化状态。

外加电场作用后，原始态被打破，部分平行排列的偶极子形成了亚稳态的铁电畴，形成了铁电相与热释电相的混合态。当电场撤消到零时，由于铁电畴的滞后效应，宏观上表现为剩余极化。由于在零电场时能够观察到铁电畴，因此人们将铁电畴默认为铁电态，并形成了基本共识。

经过极化的铁电体确实存在铁电畴，铁电畴内的偶极子排列方向一致，具有本征的热释电结构的特征。其典型特例：将铁电体在强电场下饱和极化，尽量使偶极子朝向电场方向，并且在撤消电场后大部分的偶极子仍然维持在原电场方向，由此形成的热释电体具有本征的热释电性和压电性，如图 1.4.2 所示，它可以直接用于制作红外探测器和压电器件。因此，铁电畴代表的是热释电态，具有单一方向更强的铁电性，并且是导致电滞回线的物理起因。

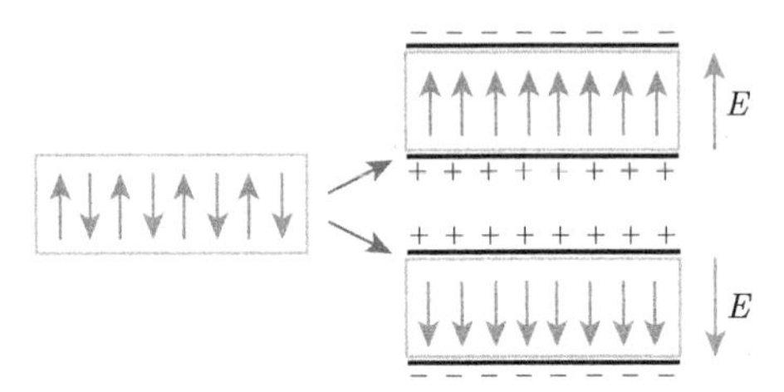


图 1.4.2　铁电体的开关性。偶极子可以从原始态随电场 $E$ 而改变方向，导致表面积累的空间自由电荷发生相应的变化

如何判断铁电体内铁电畴的比例？最简单的办法是升温测量流出的电流。因为升温会破坏铁电畴，畴的分解会导致表面电荷发生变化。其流出的电流称为热刺激去极化电流，对电流积分可以算出流出的电荷，以此判断铁电畴所占的比例 (此法为计算有机体内驻极电荷的基本方法) 。由于接近居里点时会有较大的电流，因此，徐卓教授提出了一种实用的方法：升温到高于居里点 30℃ 以上的温度，短路保持 30min 以上，再降温回到铁电相的温度。可以恢复铁电体的原始相。这种方法的意义在于：① 铁电畴会影响各种实验的初始值，导致结果包含误差，实验过程和结果难以重复；② 铁电体的一个重要应用是饱和极化后形成稳定的压电体。如何判断极化的饱和程度是重要的问题。加热测量热刺激去极化电流的方法提供了最有效的手段，根据电流对温度的积分可以判断饱和极化的效果。

铁电体的原始态和极化后热释电相的概念提供了对饱和极化常用实验方法的解释：对处于原始相的铁电体加饱和电场进行极化，直到热释电态需要迫使大量的偶极子转向。温度越靠近居里温度偶极子越容易反转，然而，大量的应用是在远离居里温度的低温下进行的。在此温度下直接极化难度极大，不稳定，且极化后偶极子容易复原。所以，人们常用的方法是，在顺电相的合适高温加电场，迫使每个原胞的离子均发生位移并产生诱导偶极子，所有的偶极子均沿电场方向排列，在保持电场的同时逐步降低温度直到应用的温度 (如室温) 或者更低。在此过程中，偶极子会保持方向不变，同时极化强度随温度降低而增大以及耦合作用增强。到达低温后，稳定一段时间再撤消电场，将铁电体变成了最稳定的热释电体 [1]。

### 1.4.2 铁电体的铁电态

材料的正常状态是由其背后的物理原理支撑的。一个材料内部可能会有若干不同高低的能级，一个材料在室温所处的状态是否为最低能级决定的状态？当然不是。我们知道在半导体中，本征情况下导带底的电子为高能级，价带的电子为低能级。掺杂情况下，杂质能级为低能级，导带能级为高能级。而高能级的导带电子决定了半导体材料的导电及其一切性质。反之，不能因为观察到了导带电子就认定它为低能级。

在铁电体中也是如此，不能因为观察到了某种现象就认定它是低能级的稳定状态。铁电畴是一种中间能级的亚稳态，其出现的概率是温度的函数，应该服从统计规律。

材料中，在平衡状态下各个能级上的粒子数量分布服从玻尔兹曼分布。假设一个材料系统内的偶极子有三个方向，沿电场方向的低能级 $E_0-\varDelta$、反电场方向的高能级 $E_0+\varDelta$、垂直于电场方向的中间能级 $E_0$。其中，$\varDelta$ 为电场与偶极矩的乘积。

玻尔兹曼分布为

$$\rho_i = \exp\left(-E_i/(kT)\right)/\left[\exp\left(-\left(E_0-\varDelta\right)/(kT)\right)+\exp\left(-E_0/(kT)\right)\right.$$
$$\left.+\exp\left(-\left(E_0+\varDelta\right)/(kT)\right)\right]$$

根据图 1.4.3 可以得到的结论是：在一定的温度下，高能级和低能级的状态均会出现，且温度越高，高能级状态出现的概率越大。铁电畴是亚稳态，在较高温度出现的概率会较大。“原始态”+“热畴” 为铁电体的原始热平衡态。

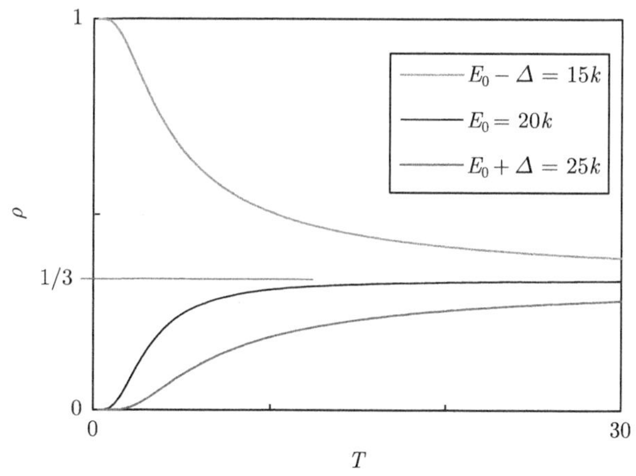


图 1.4.3 根据玻尔兹曼分布得到的不同能级上偶极子取向概率的温度关系。在 $T\to 0$ 时，只有在最低能级才有偶极子；温度升高，各个能级的粒子数趋向平均分布 ($k$ 是玻尔兹曼常量)

外加电场会导致铁电体内部出现铁电畴，当电场完全撤消后，剩余电畴仍然存在，表现为电滞回线中观察到的剩余极化。所加电场越强，该剩余极化越大，保留的电畴也越大。铁电体经过电场极化后内部存在了部分的热释电相，为铁电体与热释电体的混合体。极强的电场会导致接近永久极化的热释电体，热释电体占的比例极大，表现为强烈的压电性，称作压电陶瓷。由于本书只讨论铁电性，故默认铁电体的初始状态为与温度无关的原始态。电场导致的铁电畴具有沿电场方向可逆变化的特性。

另外，图 1.4.3 给出了应用中的一个重要关系：在较低的温度下，各个能级的概率差异较大。其意义是：给铁电体的偶极子系统加电场，温度越低，偶极子的转向数量越大。即在低温会表现为低电场效应：温度越低，各种效应在低电场下会有剧烈的变化；且随温度的升高变得平坦。

总之，人们在实验中观察到了某种现象，就此认定它为低能态的结论不符合物理学的基本统计原理，需要考虑其温度关系。因此，铁电体的各种行为应该以物理学的原理为准，而不是以实验的结果为准。各种实验现象的背后支撑点是不变的物理学原理。

## 1.5　铁电体研究中面临的基本问题

本征热释电晶体因自发极化不可转向，全部固定在一个方向，自发极化会随电场的变化而发生大小的变化，故没有铁电性。研究热释电体的基本方法是，将电场加在自发极化的方向。实验上，测量极化强度和介电常数的变化。理论上，用吉布斯自由能描述，研究加电场后极化强度和介电常数的变化。

铁电体会形成铁电畴，畴内偶极子同向紧密排列，类似于一个小的热释电体。理论上，用一个吉布斯自由能描述外加电场后自发极化的变化，研究极化强度和介电常数的大小变化。这种方法与研究热释电体没有区别，故将铁电体等同于热释电体的研究，无论如何也得不到铁电体的基本特征——电滞回线。几乎所有铁电体的书籍中没有对电滞回线的正确论述，源于最基本的研究方向的错误。

铁电畴是稳态吗？平行排列的偶极子会是稳态吗？反平行排列的偶极子状态如何？运用同性电荷相斥、异性电荷相吸的原理很容易得到答案。但这种答案至今处于被否定的状态，因而很多现象处于困惑之中：如果畴是稳态，为何饱和极化后的铁电体会出现压电退化现象？为何在电场作用下出现微畴-宏畴转化现象：加电场畴增大，减电场畴变小？即如果畴是稳态就不应该变小。

铁电体在顺电相时没有偶极子，当温度趋近居里温度时介电常数会发散。如此高的介电常数被认为具有储存电场能量的基本条件，但没有偶极子还能储存电场的能量吗？

## 1.6 铁电体的特点和本书的特色

铁电体具有三大特征：①在铁电相具有两个或多个自发极化取向的偶极子时，它们能够在电场的作用下改变大小和方向；②铁电体中的偶极子具有耦合效应，平行排列的偶极子因耦合降低能量成为亚稳态的畴，从而具有 $P$-$E$ 回线；如果反平行的偶极子具有耦合效应，则会形成反铁电体从而具有反铁电体特征的 $P$-$E$ 回线；③铁电体的相变具有电场诱导的极化效应。

本书从物理模型、物理原理和基本概念三个方面，对铁电体的上述特征和基本性质做了详细阐释。第一，原有的物理模型有经典的唯象理论和从铁磁量子理论转变而来的量子理论，将量子理论中的“赝自旋”耦合概念用于经典理论，解释了铁电畴的稳定性，得到了新的物理模型；第二，运用半导体中描述非平衡态准能级的方法，将电场对各个方向偶极子的影响用多个吉布斯自由能能级分别表示，同时加入取向概率，从原理上解决了偶极子随电场作用发生的转向问题；第三，基本概念方面。①关于介电常数的概念：铁电体的介电常数与电介质的不同，它是微分形式，描述的是非线性介质在不断变化电场作用下的动态过程，与线性电介质具有电容性的概念完全不同。从现象上看，铁电体的极化强度增大会导致介电常数减小；而电介质的情况刚好相反。然而，铁电体物理的理论至今仍然将介电常数当作电容率，并将两者混淆。本书对两者做了详细比较。②铁电体的研究对象问题。与铁电体相关联的有压电体和热释电体。热释电体的偶极子仅存在于一个方向，外加电场在该方向会引起极化强度的变化。铁电体的特征是偶极子在电场作用下具有大小和方向均随电场变化的特征。然而，现有的铁电体理论将热释电体作为研究对象。本书选择了铁电体结构中最简单的四方相，仅考虑正和反电场方向的偶极子对电场的响应就可以将描述热释电体的理论用于铁电体，解决了对象问题。③弛豫铁电体中的基本问题。传统的成分起伏理论用居里温度的高斯分布描述介电性能，然而推导过程中存在符号的错误。由于弛豫铁电体存在“极性纳米微区”的分形特征，而分形联系着幂律分布。据此，作者用居里温度的幂律分布展示了与介电常数实验结果相同的规律，同时也解释了极性纳米微区对弥散性影响的机理。

本书的重点在于介绍了如何运用统计物理学的方法推导出电场对不同方向偶极子的作用，以及如何获得与测量极化强度对应的理论值；利用铁电和反铁电耦合效应，详细介绍了推导出铁电体、反铁电体和弛豫铁电体的电滞回线以及介电常数随温度和电场变化的基本方法；并给出了解决各种应用问题的理论方法。

## 参考文献

[1] Lines M E, Glass A M. Principles and Applications of Ferroelectrics and Related Materials. Oxford: Clarendon Press，1977: 9.

# 第 2 章 晶体的对称性与表示

固体物质有一定的尺寸和重量。人们可以把特定的固体物质用于光、电、磁等物理量的传感器件，这是为什么？

(1) 它的内部存在特定的一些原子或分子。

(2) 这些原子或者分子按照一定的方式排列。

(3) 我们如何观察它们的排列方式呢？

(4) 如果观察到了，应该如何分类？

(5) 这些排列方式是否对性能有影响？

固体物质分为晶体和非晶体。晶体内部的原子按照原子间周期性的方式排列。非晶体内部的原子根据实验观察为短程有序，长程无序。

晶体内原子 (或离子) 的排列必须无空隙地全部填满整个空间。同时，排列后的能量最低，达到最稳定的状态。

因此，原子或者分子按照一定的方式排列。这种方式是：周期性排列。

周期性排列是一种有序排列，有规则的排列。原子顺序为不断重复的。

固体物理学中有结晶学原胞和固体物理学原胞两种。

结晶学原胞从晶体的宏观对称性考虑。如果是立方结构，不考虑其内部的原子排列与组成。如用简单立方的方法，其基矢为三个边长方向。

但固体物理学原胞考虑内部原子是否有体心、面心或者底心。

如果有面心，则基矢会发生变化，形成更小的菱形原胞，产生一个新的晶系。如果有体心，基矢也会变化，会形成与面心不同的菱形原胞，即两者的基础原胞形状不同，生成不同的晶系。

由此，结晶学将晶体分为 7 大晶系，固体物理学再将其细分为 14 个固体物理学的晶系。如果使用分解基元的方法，可以将 7 大晶系分为 32 种空间点群。例如，两套面心立方的金刚石结构，若基元为 2 则为面心立方，将基元分解，最小对称单位为正四面体，则正四面体是不同于面心的新的点群。因此，金刚石结构属于正四面体点群。

晶体内部的周期性：不断重复的原子群先形成基础结构基元，再以特定排列方式，构筑三维空间点阵，从而形成特定的晶体结构。

即：晶体结构 = 三维空间点阵 + 基元

基元可以是一个原子 (离子) 或者若干原子 (离子)。将基元看作格点，由此构筑的三维空间点阵由元胞组成，是固体物理的基本单位。

一个二维结构具有周期性的基础单元。考虑每个基础单元由两个原子组成的情况，称为“基元”如图 2.0.1(a) 所示。再将每个基元看成一个格点，如图 2.0.1(b) 所示，构成了平面的晶体结构。三维晶体的结构也由基元构成，利用对称性填满整个空间。

金刚石是由两个面心立方原子套构而成的，基元为两个原子，结构为面心立方。这样，所有的晶体均可用相关的数学语言描述。

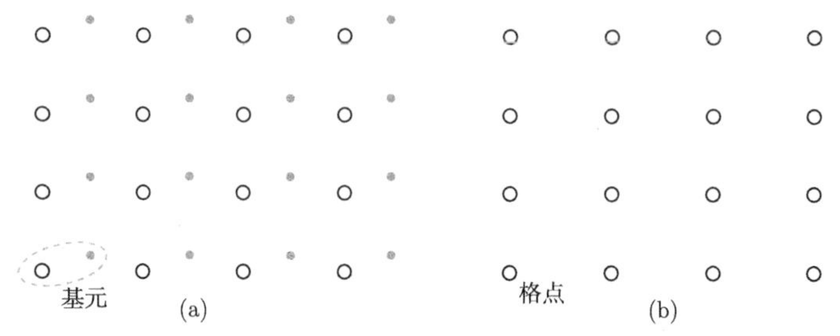


图 2.0.1 晶体点阵的周期表示：(a) 由两个原子构成的基元；(b) 以基元为格点构成的晶体点阵

这种数学语言就是：“对称性”。例如一个正方形具有对称性。可以划条线，再折叠，使其完全重合。线可以是横的、纵的、对角方向的。然而，在数学上考虑的是整体运动后的不变性。以中心点为轴心，使其转动。

在数学上，“对称性”是指通过某种独立操作 (如转动) 使其重合的特性。一个具有对称性的图形，如一个正方形可以通过中心点旋转 90° 使其重合，一个长方形可以通过中心点旋转 180° 使其重合。

这种以中心点为轴，使整个晶体保持不变的操作，称为点群。

在数学上，对所有可能的操作进行分类，根据对称性的高低，可以分为 7 个大类。根据宏观对称性分类：可以分为 32 种空间点群。再根据微观对称性分类：有 230 种对称组合 (空间群)。

结构的对称性影响了晶体性质，特别是铁电性和压电性。

## 2.1 对 称 操 作

实行对称操作，主要分为：点、线和面。点指对称中心，面指对称面，线指对称轴。

对一个三维物体进行对称操作的基本方法：将一个球分为两个部分：纸外与纸内，称为极射球。纸外用实心点表示，纸内用空心的圆圈表示。

### 2.1.1 反演对称

对称中心的操作是反演对称操作。设一个二维的圆的面心，或者三维球的球心作为中心点。作通过该点的直线，在直线距离该点的两端可以找到性质完全相同的两个对称等效点，该中心点就是对称中心。空间中任意一点向对称中心作直线并延伸等距离，必然会找到与初始点相同的点。这种操作称为反演。记为 “i”，或者数字上面加一横线。

反演对称操作：如果旋转轴是 $Z$ 轴，则坐标变化从 $(x, y, z)$ 变为 $(-x, -y, -z)$。图 2.1.1 用二维和三维图做了对应的描述。球外的实心点反演后成为了球内的空心圆。

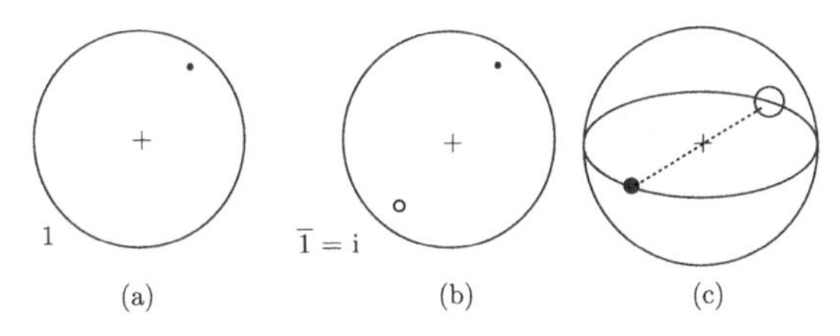


图 2.1.1 三维极射球的二维示意图：(a) 右上黑点表示外球面在平面的投影点；(b) 左下圆圈表示内球面在平面的投影点；(c) 球面的反演对称操作

### 2.1.2 旋转对称 ($C_n$, 对称素为线)

若晶体绕某一固定轴转 $2\pi/n$ 以后自身重合，则此轴称为 $n$ 次 (度) 旋转对称轴。旋转重合的图形所需的最小的重合角度被 360 除得到 $n$ 值，表示为 $C_n$。由于值只能为整数，除 1 外，晶体中允许的旋转对称轴只能是 2，3，4，6 度轴。对应图形分别为 ⬬ ▲ ■ ⬢。

如果旋转轴是 $Z$ 轴，旋转 180° 则坐标变化从 $(x, y, z)$ 变为 $(-x, -y, -z)$。表示为 “2”，或者 $C_2$。

如果分别以 $X, Y, Z$ 轴为旋转轴，表示为 “222”。图 2.1.2 右为例说明，先做三条二重旋转轴。以左下角的黑点为基点，$Z$ 轴旋转产生对角线的点，以 $Y$ 轴旋转产生右侧的圈，以 $X$ 轴旋转产生上侧的圈。

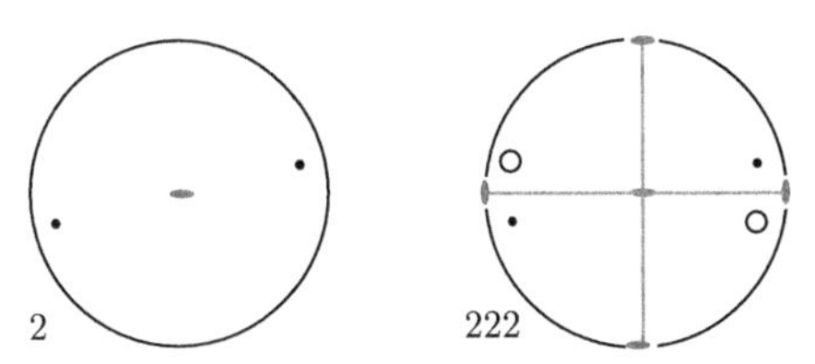


图 2.1.2 极射球形操作：二重旋转操作；$Z$ 轴旋转 180° 操作；$X$，$Y$，$Z$ 轴旋转 180° 操作

### 2.1.3 镜像反映 ($m$，对称素为面)

镜像反映操作是针对某个面作对称的镜像对称操作。一般有两种，如图 2.1.3 所示。一种是镜面通过某个轴，如图 2.1.3(a) 的 $X$ 轴时，左边的一个点通过镜像

反映到右边，两点连线与镜面垂直，两点与镜面距离相等。另一种如图 2.1.3(b) 所示，镜面垂直于某个轴，如 $Y$ 轴。同理，两点连线与镜面垂直，两点与镜面距离相等。

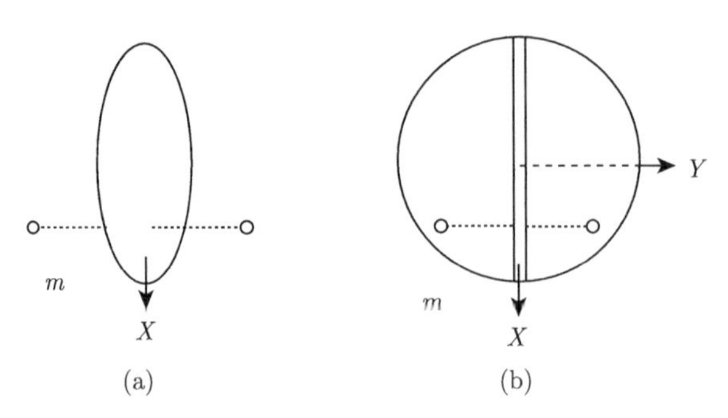


图 2.1.3　镜像面对称操作：(a) 平行于 $X$ 轴的面及其面对称操作; (b) 垂直于 $Y$ 轴的面及其面的对称操作。镜像操作将图形的任何一点 $(x, y, z)$ 变为 $(x, -y, z)$

### 2.1.4　旋转-反演对称

除了上述基本的对称操作之外，还有复合对称操作：两种基本对称操作复合后的一种对称操作。对称图形中独立部分经第一种基本操作后并不能与另一部分重合，还需要经另一种基本对称操作后才能与另一对称等效独立部分重合。

若晶体绕某一固定轴转 $2\pi/n$ 以后，再经过中心反演, 晶体自身重合，则此轴称为 $n$ 次 (度) 旋转-反演对称轴。图 2.1.4 为四重旋转-反演对称操作，其步骤是从 1 点出发，四重旋转旋转到 $1'$，再反演到格点 2，同样操作分别到达 3 和 4。即 1，2，3，4 为晶体格点，构成了正四面体，中间经过的点仅仅为过渡，是不晶格的格点。

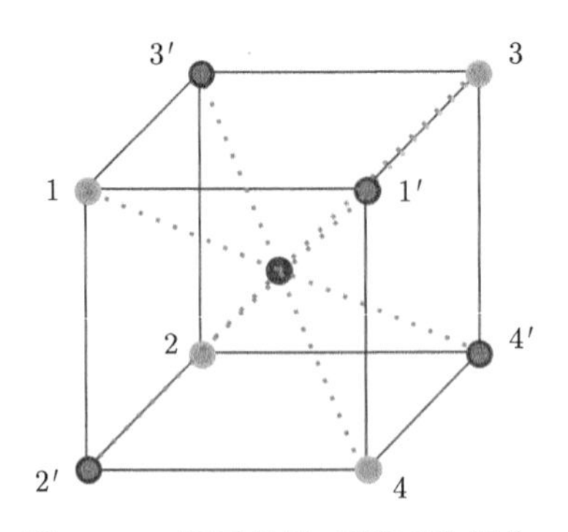


图 2.1.4　四重旋转-反演对称操作

两种基本对称操作顺序进行后，一般都可以用另外的一种或者连续的两种对称操作达到相同目的，唯一只有部分图 2.1.4 的四重旋转-反演对称操作为独立操作。且形成的对称单元为最简单的正四面体，即将图中的 1，2，3，4 分别用六条直线连接形成的基本结构单元。与最容易转动的球体相反，这种正四面体最为稳定，很难转动，是硅基半导体和铁电体中最基本的结构单元。

### 2.1.5 旋转-反映对称 $(n/m)$

先旋转角度 $n$，再对垂直于该旋转轴的面作反映操作。将两个连续操作用一个符号表示。

三重旋转-反映的操作过程：如图 2.1.5 中分为 5 步。整个操作过程不断进行，直到将所有可能点均展现。

$\frac{3}{m}$的过程：反映面为纸面。先转动$n=3$, 再上下反映

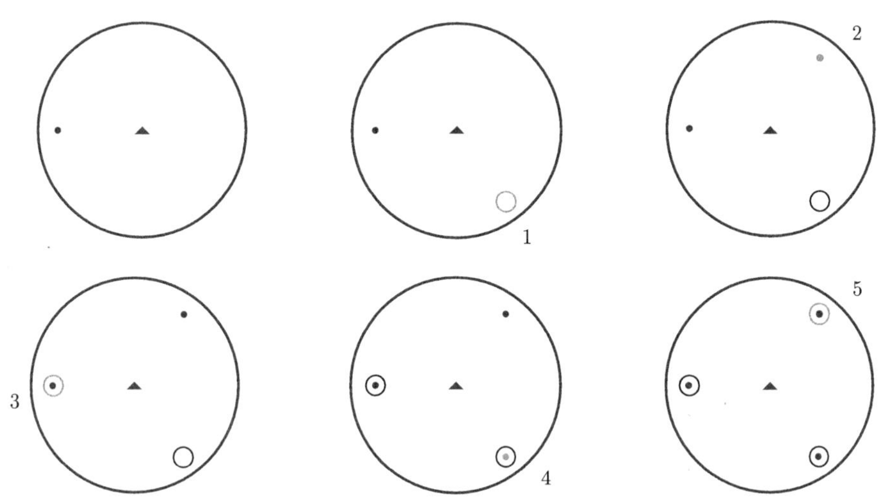


图 2.1.5 三重旋转-反映操作的过程：第一步，旋转-反演到内半球“1”；第二步，旋转-反演到外半球“2”；直到“5”，再做旋转-反映操作会与起点重合

沿对称轴的角度看，三重、四重和六重旋转操作仅在一个半球面上，而相关的旋转-反映操作则在内外两个半球上都存在，如图 2.1.6 所示。

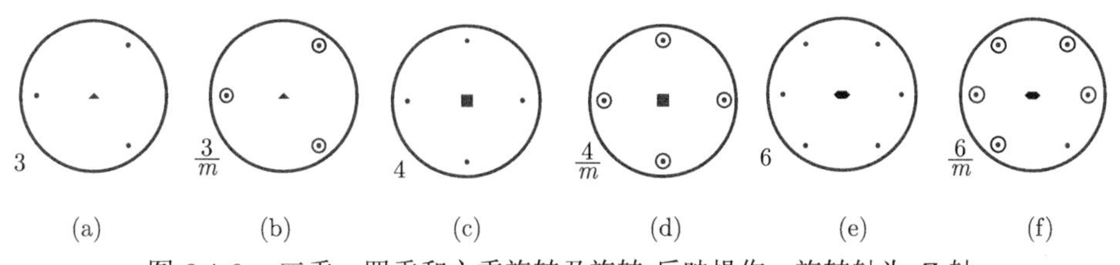


图 2.1.6 三重、四重和六重旋转及旋转-反映操作，旋转轴为 $Z$ 轴

从平行于旋转轴的角度看，$2m$ 的对称性为球的截面，既要满足垂直于轴线

的面的反映，又要满足旋转 $n=2$ 的要求，如图 2.1.7(a) 所示。图 2.1.7(b) 是沿轴线方向的参考图。图 2.1.7(c) 是在 $X$、$Y$ 两个轴的 $mm$ 操作，最后的一个 2 是非独立的 $Z$ 轴旋转操作，体现为三维。

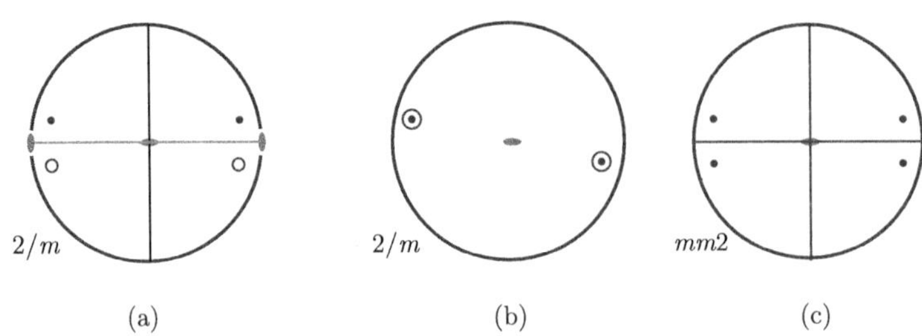


图 2.1.7　(a) 横向 $Y$ 轴及与 $Y$ 轴垂直的 $(x\ 0\ z)$ 面为反映面；(b) 纵向 $Z$ 轴及与 $Z$ 轴垂直的 $(x\ y\ 0)$ 面为反映面；(c)$(x\ 0\ z)$ 面和 $(0\ y\ z)$ 面及 $Z$ 轴为对称操作

独立的对称操作有表 2.1.1 中表示的 10 种，常用国际符号表示。其中，部分旋转-反演操作可以用具有相同效果的旋转-反映对称操作表示。

**表 2.1.1　10 种宏观对称元素**

| 对称元素名称 | 国际符号 |
|---|---|
| 对称自身 | 1 |
| 对称中心 | $\bar{1}$ |
| 对称面 | $m$ |
| 二次旋转轴 | 2 |
| 三次旋转轴 | 3 |
| 四次旋转轴 | 4 |
| 六次旋转轴 | 6 |
| 三次旋转反演轴 | $\bar{3}$ |
| 四次旋转反演轴 | $\bar{4}$ |
| 六次旋转反演轴 | $\bar{6}$ |

### 2.1.6　滑移对称

晶体的原胞中存在边心、面心和体心。可以采用原胞内的平移操作解决，其方法是用滑移对称操作的方法。滑移对称操作可由平移 + 反映构成，也可以是反映 + 平移。如果只平移 $t/2$($t$ 是所选方向的原胞长度)，再找一个距离该方向长度为 $t/4$ 的反映面，就可以完成。

滑移对称面：与平移操作平行的一个平面为滑移对称面。当平移操作沿着 $a$ 轴周期方向施行时，称之为 $a$ 滑移面；同理，沿 $b$ 或 $c$ 轴周期方向的为 $b$ 或 $c$ 滑移面。如果平移操作是沿两个晶轴 (如 $X$,$Z$ 轴) 的对角线方向周期施行，就是 $n$ 滑移面和 $d$ 滑移面。

其中，$a$ 滑移面、$b$ 滑移面、$c$ 滑移面和 $n$ 滑移面的平移量为所在方向的 1/2 周期，而 $d$ 滑移面的平移量为 1/4 周期。

采用垂直投影法时，投影作用在纸面。以坐标原点 (原胞的原点，一个顶角) 作一个正方向朝上的投影轴。用 1 表示一个周期。投影图上的数字表示被投影的点对应于投影轴的截距 (高度)。

用长的断线“- - - - -”表示 $a$，$b$，$c$ 滑移面在投影面上的垂直投影，其平移操作沿断线方向施行：即沿着处于投影面 (纸面) 的水平方向且平行于滑移面的周期方向 1/2 周期。

用点线“······”表示 $a$, $b$, $c$ 滑移面在投影面上的垂直投影，但其平移操作方向却是沿垂直于投影面 (纸面) 且平行于滑移面的周期方向 1/2 周期。

用“+”和“−”及数字表示投影点相对于纸面的位置，以展示三维效果。

对于 $a$, $b$, $c$ 滑移面，用箭头表示滑移面平移操作的方向；对于 $n$ 滑移面，用三角线表示滑移面平移操作的对角线方向；对于 $d$ 滑移面，用箭头的三角线表示滑移面平移操作的方向。

滑移面举例，先沿 $Y$ 轴做平移 1/2，再对 $X$，$Y$ 轴形成的平面做投影 [1]。

图 2.1.8 (a) 中，箭头表示沿 $Y$ 方向平移 1/2，再向纸内做投影，将纸外的“+”变为“−”。

图 2.1.8 (b) 中采用了断线法。沿 $Y$ 方向 (垂直于纸面) 平移，从 $\frac{1}{2}+$ 向上平移到 +，再对断线所在平面做投影。

图 2.1.8 (c) 中采用了断线法。沿 $Y$ 方向 (向下) 平移 1/2，再对断线所在的 $XY$ 平面做投影。

上例中，投影面的法线在 $Z$ 方向。另外，也可以对法线在 $X$ 方向的面做投影。但是，不能对法线在 $Y$ 方向的面做投影。

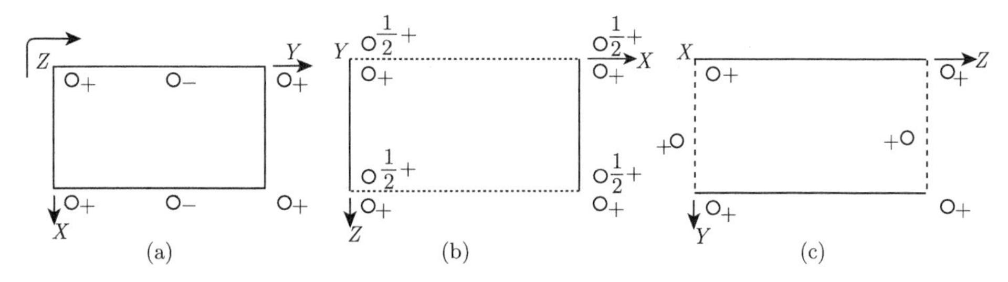


图 2.1.8 具有 $b(x\,y\,0)$ 滑移面的晶胞沿 $Z$ 轴 (a)、$Y$ 轴 (b) 和 $X$ 轴 (c) 的投影示意图

如图 2.1.9 所示，在晶体中有三个晶轴，其中两个可以构成一个面 (如 $XZ$ 平面)。选任意一点，在平行于该面且沿晶轴的方向 (如 $X$ 方向) 移动分数晶轴长度，如 $a/2$，再对面做反映，得到另外一点。如此不断重复，可以得到滑移对称面两

侧交错排列的点阵。先反映再平移也有相同的效果。这种滑移操作共有 $a$, $b$, $c$, $n$, $d$ 五种。

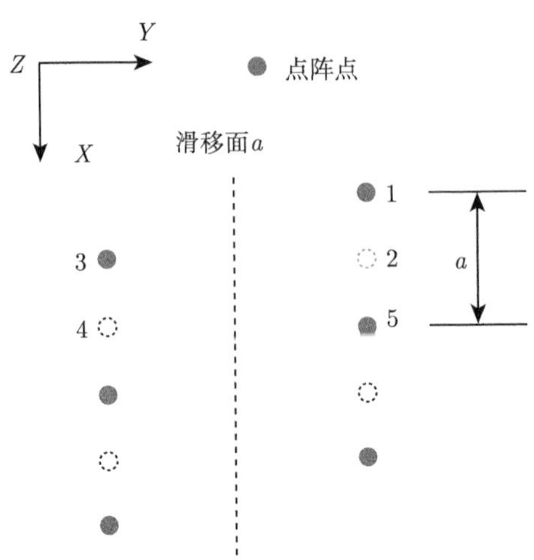


图 2.1.9　滑移操作示意图：从 1 到 2 为沿 $X$ 方向平移 $a/2$，从 2 到 3 为对 $XZ$ 平面的反映，得到点阵点。虚点为过渡点，并非真实的点

实用时，①当某个晶轴定在 $b$ 方向时，不能有 $b$ 方向的滑移。同理对 $a$，$b$，$c$ 滑移面均成立。②沿 $Y$ 方向平移，对法线在 $Z$ 的面投影，得到的是 $YZ$ 平面上的面心点。

例如，正交晶系的 $Pbcn$ 对称性，第一个 $b$ 位于 $a$ 轴的位置，晶格沿 $b$ 平移，对 $a$ 轴为法线的平面做投影 (反映)；第二个 $c$ 位于 $b$ 轴的位置，晶格沿 $c$ 平移，对 $b$ 轴为法线的平面做投影 (反映)。第三个 $n$ 对 $c$ 轴为法线的平面做投影 (反映)，再平移到体心。

### 2.1.7　螺旋对称

螺旋对称操作的含义简单表示为“螺旋 = 旋转 + 平移”。如果有一个 $n$ 次旋转轴，则可以有一个沿轴的平移基矢 $\boldsymbol{R}=m\boldsymbol{t}/n$ ($m<n$)。$\boldsymbol{t}$ 是基矢方向，其大小为原胞长度，$\boldsymbol{R}$ 小于该原胞长度，$m/n$ 表示每次平移的长度。例如：$\boldsymbol{R}=\boldsymbol{t}/6$, 表示该轴为 60° 旋转轴，每次转动 1/6, 平移 1/6 原胞长度，一般用 $6_1$ 表示。若 $\boldsymbol{R}=3\boldsymbol{t}/6$，为二次旋转轴，每次平移 1/2 原胞长度，用 $6_3$ 表示。

二次旋转轴：只有一种 $2_1$。

三次旋转轴：有二种 $3_1$，$3_2$。

四次旋转轴：有三种 $4_1$，$4_2$，$4_3$。

六次旋转轴：有五种 $6_1$，$6_2$，$6_3$，$6_4$，$6_5$。

很多晶体具有手性特征，一般用螺旋对称描述。手性用于表示结构离子排列的规则性，可用光学偏振的方法表征。铁电体的手性特征在理论和实验方面均有待深入研究，其具体结构的国际符号见表 2.1.2。

**表 2.1.2 点群中国际符号的取向**

| 晶系 | 国际符号的取向 | 取向轴 | 所属点群 |
|---|---|---|---|
| 三斜 | [000] | | |
| 单斜 | [010] | $b$ | 2; $m$; $2/m$ |
| 正交 | [100] [010] [001] | $a$, $b$, $c$ | 222; $mm2$; $mmm$ |
| 三方 | [111] [110] | $a+b+c$, $a-b$ | 3; $3m1$; 321 |
| 三方 | [001] [100] [120] | $c$,$a$, $2a+b$ | |
| 四方 | [001] [100] [110] | $c$, $a$, $a+b$ | 4; $4/m$; $4mm$; $4/mmm$ |
| 六方 | [001] [100] [120] | $c$, $a$, $2a+b$ | 6; $6/m$; $6mm$; $6/mmm$ |
| 立方 | [001] [111] [110] | $a$, $a+b+c$, $a+b$ | 23; 43; $m3m$ |

## 2.2 晶轴的定向

2.1 节所述对称元素的点和平面与晶体点阵中的原点及过原点的点阵平面的概念相对应，且对称面往往与晶体点阵中密度最大的面及点阵相一致。实际上，对称面的法线方向及对称轴的方向都是晶体中的晶带轴。

晶轴的定向就是在晶体内确定一个坐标系。需要选取 3 个坐标轴，分别用 $a$，$b$，$c$ 标记。除特殊情况外，三个轴 $a$，$b$，$c$(包含单位轴长) 与所处的坐标轴 $X$，$Y$，$Z$ 一致。在正交、四方和立方晶系，垂直于 $X$，$Y$，$Z$ 三个坐标轴的面分别用 $A$，$B$，$C$ 表示。一个立方体有前后 2 个 $A$ 面，左右两个 $B$ 面和上下两个 $C$ 面。三个轴之间的夹角分别用 $a\wedge b=\gamma$，$c\wedge a=\beta$，$b\wedge c=\alpha$ 表示。上述三个轴和三个角的 6 个参数可以完全确定晶体的基础单元：7 大晶系。

### 2.2.1 点群的国际记号

点群符号包含了对称类型中最基本的对称元素，其他对称元素均可通过已经标出的对称元素的组合推导出来。

所有的 32 个点群的符号均可用最多 3 个对称元素符号表示。然而，这些表示必须在其取向所属晶系的特定坐标系中才有意义。因此，需要确定的是特定坐标系及其对称元素。

取向是指在特定坐标系中某一通过坐标原点的直线的方向。此直线可以是对称轴，也可以是对称面的法线。一般，取向有如下约定：如果点群符号是对称轴，则此轴应与标明的取向平行；如果符号是对称面，则此对称面的法线应与标明的取向平行。

晶体的对称轴及对称面法线必定是主要晶轴，它们与主要晶棱方向平行，表达着一条通过坐标原点的直线方向。而晶棱指数表示各晶系所属点群中每一对称元素符号的取向。

说明：为了简单明了，人们总是选择合适的方向作为晶轴，以便尽量使对称元素在晶轴方向上。在 7 个晶系中，三斜晶系无对称元素。在单斜晶系中，特征元素为 2 次轴，一般认为是 2 次的 $b$ 轴。$m$ 表示存在一个垂直于 $b$ 轴的镜面，$2/m$ 表示旋转和镜面元素均存在。在正交晶系中，特征元素是三个 2 次轴，所有对称性均有标记。在四方晶系中，特征元素是 4 重对称的 $c$ 轴，第二个是等价的 $a$ 轴和 $b$ 轴，第三个是 $a$ 轴和 $b$ 轴的夹角方向 [110] 的对称性。三方晶系与六方晶系类似，$c$ 轴为对称方向，为 3 重或 6 重旋转对称。总之，有了一套完整的对称性记号，就很容易理解晶体的对称性。例如，有一个 3 重对称元素在第一个位置，该晶体一定属于三方晶系；如果有一个 3 重对称元素在第二个位置，该晶体一定属于立方晶系。

例 1：单斜晶系中的点群 $2/m$，表示一个二次对称轴 2 与对称面 $m$ 相垂直。此时，二次轴与对称面法线一致，与晶棱 [010] 的取向重合。

例 2：正交晶系中的点群 222，三个 2 次轴按顺序分别与 [100] [010] [001] 的取向重合；点群 $mmm$，三个对称面的法线分别与晶棱 [100] [010] [001] 的方向重合。

例 3：已知点群的国际符号为 $6mm$，此点群的全部对称元素及坐标如图 2.2.1 所示。

例 4：正三方的表示为 32。晶轴方向为 $a+b+c$，$a-b$。第一个轴是 3 重旋转对称，第二个轴是 2 重旋转对称。

国际符号 $6mm$ 属于六方晶系点群，其取向轴分别为 ($c$，$a$，$2a+b$)。六次轴在 $c$ 方向，如图 2.2.1 的中心数字 6 所示，两个对称面 $mm$ 的法线沿 $a$，$2a+b$ 方向，分别如图 2.2.1 的 $X$ 和 $Y$ 所示。

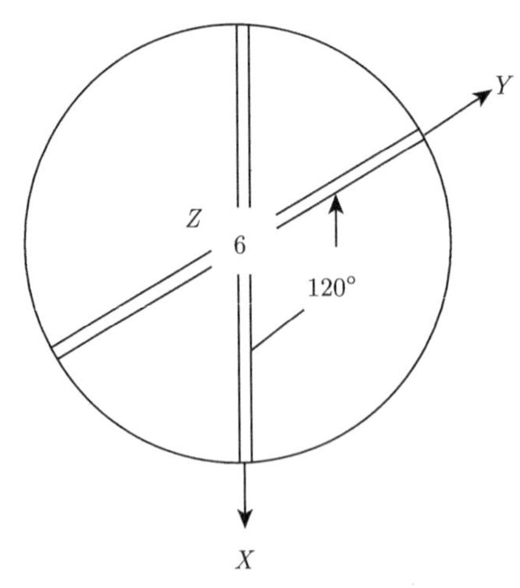


图 2.2.1　具有 $6mm$ 对称性的对称操作各元素图

### 2.2.2 等效点系的等效点数目

等效点系的组成是从一个初始点出发，经过该点群全部对称元素 (或独立对称元素) 的反复操作直至互相重复封闭所导出的一组对称等效点。

例 1：点群 $mmm$ 具有除了 3 个相互独立的对称面之外，还有 3 个二次轴和对称中心。其独立对称元素是 3 个对称面 $mmm$。每个 $m$ 的等效点数为 2，整个的等效点数为 8。

例 2：点群 $6mm$ 中或 $4mm$ 的第三个符号 $m$ 的操作是非独立的；也可以表示为 $6m$ 或 $4m$。点群 222 的第三个符号 2 的旋转操作是非独立的，等效点数为 4。点群 $2/m$ 含有两个独立操作：2 次旋转操作和 2 次旋转轴的 $m$，等效点数为 4。$6/m$ 的等效点数为 12。$6/mmm$ 的等效点数为 24。$6mmm$ 的等效点数为 12。

例 3：432 点群有 3 个相互独立的对称轴操作，分别沿 ($a$，$a+b+c$，$a+b$) 方向。当三个方向的单位长度相等 $a=b=c$ 时，过原点沿 $a$ 方向的旋转轴是四重旋转轴，有 4 种独立操作；过原点沿 $a+b+c$ 对角线方向为三重旋转轴，有 3 种独立操作；过原点沿 $a+b$ 对棱方向为二重旋转轴，有 2 种独立操作。因此，3 类之和为 48 种独立操作。等效点数为 48。

## 2.3 布拉维格子、晶系及其表示

### 2.3.1 初基格子与非初基格子

1895 年，布拉维证明了晶体中存在 14 种不同的晶体类型，称为布拉维点阵。运用上述原则，确定了这 14 种晶体点阵的每一种最小体积单元：平行六面体。晶体点阵的排列被称为布拉维格子。

如果只考虑点阵中格点的排列方式，可以分为两大类：初基格子和非初基格子。

(1) 初基格子。

初基格子为简单格子，以字母 $P$ 表示，或称 $P$ 格子。在平行六面体中除了 8 个顶角上的阵点外，没有其他阵点。阵点数目 $n$=1。

(2) 非初基格子。

非初基格子在 8 个顶角阵点基础上，在平行六面体中存在附加阵点，阵点可以存在于面心，也可在体心。

(i) 侧面心格子 (或底心格子)，分别以字母 $A$，$B$，$C$ 表示，($A$：100；$B$：010；$C$：001)。每个格点占据 1/2，2 个格点占据 1。因此，$n$=2。

(ii) 体心格子，以字母 $I$ 表示，$n$=2。

(iii) 面心格子，六个表面的面心均占有格子，以 $F$ 表示，$n$=4。

### 2.3.2　14 种布拉维格子

三维晶格被划分为 7 大晶系，每个晶系都有相似的惯用原胞，即相同的轴矢取向与相似的轴矢长度。这 7 大晶系之间是可以相互演变的：立方晶系沿某一轴伸长就形成了四方晶系，再沿另一轴伸长就形成了正交晶系；挤压正交晶系的一组对面，可变为单斜晶系；再挤压另外一组对面，单斜晶系就变成了三斜晶系。针对四方晶系，挤压 $C$ 轴的一对棱，使其上表面的一对角变为 120°，再将三个这样的挤压体拼在一起，就形成了六方晶系。而均匀地挤压立方晶系相交于一顶点的三条棱，并使它们之间的夹角相等且大于 60°，就演变成了三方晶系。

7 大晶系分为 14 种点阵是通过加心形成的。例如，简立方可加三种心：体心、面心和边心。加心后，其基矢发生了变化：简立方 (sc) 的基矢沿三个边，体心立方 (bcc) 的基矢指向三个原胞中心，面心立方的基矢指向三个面心。变化的基矢有可能形成新的原胞，形成新的点阵。

简立方体加心会破坏对称性：简立方沿 $C$ 轴有四重旋转对称性，如果单独加 $C$ 心，或者同时加 $A$ 心和 $B$ 心则不会破坏四重旋转对称性，但如果仅加了 $A$ 心或 $B$ 心，则变为了二重旋转对称性。另外，简立方沿体对角线有三重旋转对称性，三个边心如果有任意变化，都会破坏其对称性，如缺少 $C$ 心而只有 $A$ 心和 $B$ 心时。下面对 7 大晶系依此原理分析。

#### 2.3.2.1　14 种布拉维格子的点阵

(1) 三斜晶系：边长和角度均不相等，无轴对称，只有一种初基点阵。任何外来点阵加入都会破坏点阵，如果加心，则变成更小的原胞，仍然保持三斜晶系。故只存在一种 $P$ 点阵的情况。

(2) 单斜晶系：如果在上下两面加 $C$ 心，会形成更小的原胞：4 个 $C$ 心与 4 个原来的原胞格点形成新的原胞，形状不变，晶系不变。若两个侧面加 $B$ 心或 $A$ 心，原垂直于底面的 $C$ 轴变为指向面心的基矢，晶系发生了变化。故单斜晶系有 $P$ 和 $B$ 两种点阵。

(3) 正交晶系：由于正交晶系的三个轴均为 2 次轴，任意点加心均会破坏对称性。初基格子 $P$、非初基格子 $A$(或 $B$ 或 $C$)、体心 $I$ 和面心 $F$ 都会产生新的基矢。由于侧心可以交换，$A$，$B$，$C$ 归为同一种布拉维点阵。因此，共有 $P$，$A$，$I$ 和 $F$ 四种点阵。

(4) 三方 (三角) 晶系：三边相同，三角相同 (不为直角)，为棱面体，初基格子表示为 $R$。加体心格子 $I$ 和面心格子 $F$，会构成新的更小的棱面体。加底心会失去 3 次轴的对称性。故只有一种点阵。

(5) 六方 (六角) 晶系：底面是正六边形，$C$ 轴垂直于该底面。平面正六边形的夹角为 120°，其他垂直于底面的夹角为 90°。如果加底心，则会变成正交点阵。

加边心，会破坏 6 次轴的对称性。故只有一种点阵。

(6) 四方晶系 (铁电相)：立方体的 $C$ 轴拉长或缩短的长柱体。存在初基 $P$ 点阵；如果上下底面加 $C$ 心，则会变成正交晶系 (四个顶点和四个心)，其他面心也如此。体心立方为独立点阵；面心立方的六个面均加心，会变成正交体心 (四个顶点和上下四个心形成体心立方)。故有 $P$ 和 $I$ 两种点阵。

(7) 立方晶系：不存在底心 ($A$，$B$，$C$) 点阵，因为底心立方可以变换为正交晶系。因而具有 $P$，$F$ 和 $I$ 三种点阵。

7 种晶系的点阵数之和为 14。

#### 2.3.2.2 32 种晶体结构和 230 种空间群

每个点阵的格子可以是基元，且每个基元可以有若干个原子。原子的排列构成了晶体结构，晶体结构的对称性取决于点阵和基元的对称性。

同一种点阵会因基元的不同而包含不同的结构。例如，许多金属为面心立方结构，而金刚石或者闪锌矿结构的 ZnS 由两套面心立方构成。由于基元中有两个原子，对称性降低。如果按照晶体学方法分类，可以归于正四面体。因此，结构的对称性低于它所对应的空间点阵的对称性。

按照从高对称性到低对称性的顺序，将具有一定对称性的基元放到某晶系晶胞的格点上，得到该晶系一个对称性较低的新点群，一直到点群的全部元素在对称性较低的晶系中全部出现为止。以此方法可以在原有 7 种点群的基础上，再推出 25 种新的点群，共 32 种点群。

如果考虑晶体中原子的螺旋轴和滑移反映，可以得到全部的 230 种晶体结构的空间群。

#### 2.3.2.3 空间对称群的表示

(1) 对称面和对称轴的表示。

在微观空间点阵中晶棱符号表示一个点阵列的方向，且必定与宏观晶体中一个真实的晶棱方向一致。因此，需要用晶棱符号 $[mnp]$ 表示微观空间中的对称面和对称轴的取向。对称面的取向指其面的法线方向与特定方向一致；而对称的取向是指轴本身的方向与特定方向一致。显然，与坐标轴 $X$ 一致的方向应是 [100]。

(2) 坐标原点的选择。

晶体内任意一点都可成为坐标的原点；然而，坐标原点合适的选择会给后续计算带来极大的便利。一般的约定规则是：

(i) 如果存在对称中心，优先选择高对称中心点，如不同对称中心的交点；

(ii) 如果无对称中心，优先选择高次旋转轴上的点。特别是有反演时选择假想的反演点；

(iii) 如果无对称中心也无高次旋转轴，优先选择高次螺旋轴。

总之，寻找最高对称点的位置是选择的条件。

#### 2.3.2.4　空间群的国际符号

空间群的国际符号由两部分组成 [2]。

第一部分为一个大写的英文字母，它表示该空间群的晶格符号。如果是初基格子，用英文字母 $P$ 表示；如果包含非初基部分，则有，$O$：心，$A$：100，$B$：010，$C$：001，$I$：体心，$F$：面心，$R$：菱面体。其中，符号 $A$，$B$，$C$，$I$，$F$ 均可以用平移群表示：从晶格原点做一定的平移得到。

第二部分是空间群的基本对称元素，用 3 个及以下对称元素的符号，它们是最基本的微观空间对称元素，并可派生出其他非独立的对称元素。所有符号的位置次序都有严格确定的取向，这些取向取决于晶系的对称性。

(1) 三斜晶系：国际符号 $P$[000] 表示。只有自身和中心反演两种，对称元素只有 [000]。

(2) 单斜晶系：单斜晶系所属的空间群国际符号为 $P$[010]。即晶体学 $b$ 轴方向 ($Y$ 轴)。

(3) 正交晶系：正交晶系所属的空间群国际符号为 [100] [010] [001] 表示，由 3 个对称元素组成，分别沿 $a$，$b$，$c$ 的方向。

(4) 三方 (三角) 晶系：存在两种点阵类型：一种是与六方晶系相同的 $H$ 点阵；另一种是 $R$ 点阵。具有点阵的三方晶系，其国际符号以 $P$[001] [100] [120] 表示。具有 $R$ 点阵的三方晶系空间群以 $R$ [111] [1$\underline{1}$0] 表示，后者代表了垂直于 [111] 取向的三个二次轴或与三次轴平行的对称面。

(5) 六方 (六角) 晶系：所属的空间群国际符号以 $P$[001] [100] [120] 表示。它只有一种布拉维格子，为 $H$ 取向的初级 $P$ 格子。

(6) 四方晶系：所属的空间群国际符号以 $P$[001] [100] [110] 表示，由 3 个对称元素组成。第 1 个为 $c$ 轴方向，第 2 个为 $a$ 轴方向 ($a$ 与 $b$ 等价)。

(7) 立方晶系：所属的空间群以 $P$ [001] [111] [110] 表示。其中，第二部分由 3 个对称元素组成。

#### 2.3.2.5　空间群的推导原则

晶体内部结构中存在 230 种组合，可以用各种方法推导。其中，简单的方法如下：

(1) 按晶系和每一个点群推导可能存在的对称与平衡组合。

(2) 推导初基空间群，如初基格子 $P$。

将点群每一个对称元素符号的全部可能的微观对称元素列出，如符号 $m$ 所对应的元素有：$m$，$a$，$b$，$c$，$n$，都适合初基点阵。例如，在 $mmm$ 点群中，可以有 $Pbcn$。

(3) 存在可忽略的组合。例如，$d$ 滑移面只能出现在面心格子或相关性质的取向上。

例，正交晶系 $Pbcn$ 空间群的取向表示。其 3 个最基本的对称元素，滑移对称面的取向分别是: $b$ 滑移面的取向是 [100]，$c$ 滑移面的取向是 [010]，而 $n$ 滑移面的取向是 [001]。

$b$ 的含义是沿 $X$ 轴方向平移 1/2，再对平行于 $X$ 轴的面做反映，得到对称点。$c$ 的含义是沿 $Y$ 轴方向平移 1/2，再对平行于 $Y$ 轴的面做反映，得到对称点。$n$ 的含义是沿 $X$ 轴方向平移 1/2，再对平行于 $X$ 轴的面做反映，得到对称点。

例，正交晶系的空间群，点群 222。初基格子为 $P222$。

非初基格子有：侧心、体心和面心，分别表示为：$C222$，$I222$，$F222$。

#### 2.3.2.6 应用举例

在 X 射线衍射 (XRD) 的衍射卡中，通过 PDF(Powder Diffraction File) 编号可以查到相应晶体的衍射特征峰和对称性。

(1) 编号 891428 为 $BaTiO_3$ 的 XRD 衍射图，符号 $P4mm$。离子排列如图 2.3.1 所示。其解释是：该具有铁电性的结构为长方体：由正方形平面和长于该平面边长的纵轴 ($c$ 轴) 组成。设 A 位的钡离子位置不变，B 位的钛离子沿 $c$ 轴有微小的向上位移。沿 $c$ 轴方向，该位移不影响四重旋转对称性。但沿 $a$ 轴方向，位移导致了 4 重旋转对称的破缺，可以作以 $a$ 轴为法线通过原点的镜面，左右两个氧离子对 $a$ 轴反映对称，其他离子均在镜面上，满足镜面对称性，故为 $m$。同理，沿 [110] 方向，以中心的 B 离子为原点，对 [110] 方向的两个棱作轴线及垂直于该轴的平面，$c$ 轴上的 3 个离子在镜面，4 个腰部的离子满足镜面反映 $m$。

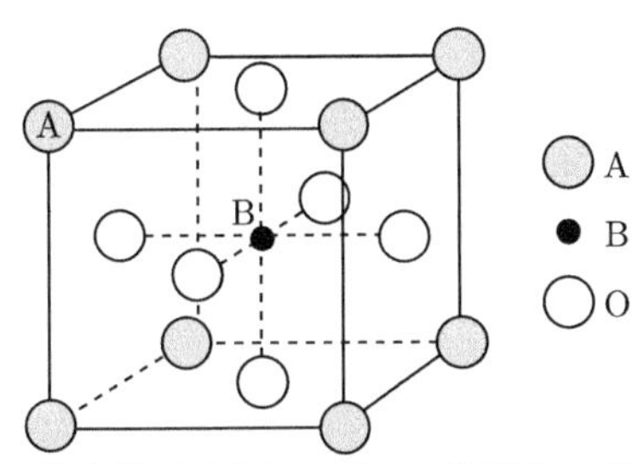


图 2.3.1 $ABO_3$ 型钙钛矿晶体结构示意图 (A 和 B 分别为二价和四价阳离子，O 为氧离子，过 $B$ 点的向上方向为 $c$ 轴，向右方向为 $a$ 轴)

(2) 编号 821430 为 $Ba_2Ti_{13}O_{22}$ 的 XRD 图，为正交结构，国际符号 $Bmab$。$B$ 表示侧心，三个轴 [100] [010] [001] 的方向分别表示三个符号的方向。$b$ 在 $c$ 位

表示在 $Y$ 轴方向平移 1/2，再在法线为 $Z$ 方向的面做镜像，得到前后面心；$a$ 在 $b$ 位表示在 $X$ 轴方向平移 1/2，再在法线为 $Y$ 方向的面做镜像，得到上下面心；如果 4 个面心格点均在中心位置，则沿 $a$ 轴方向应该是 2 重旋转对称，而 $m$ 表示 4 个面心离子不在面的中心，发生了偏移。前后面心的一对离子可以在面内做相同的平移，不能移出平面；上下面心的 2 个离子可以在以 $X$ 轴为法线的平面上下和左右平移，但不能沿 $X$ 轴前后平移。

总之，国际符号的表示与晶体结构的格点相对应。

## 参考文献

[1] 梁栋材. X 射线晶体学基础. 2 版. 北京：科学出版社，2006.

[2] 陈小明，蔡继文. 单晶结构分析原理与实践. 2 版. 北京：科学出版社，2007.

# 第 3 章　热力学特征函数及其应用

## 3.1　铁电体中的热力学特征函数

### 3.1.1　一般材料的热力学系统

在传统的热力学理论中，若仅有热和力两个子系统，则确定整个系统的性质需要两个独立的变量，热学量和力学量各一个。根据朗道理论的表述形式，热学子系统的变量为温度 $T$ 和熵 $S$，力学子系统的变量为应力 $X$ 和应变 $x$(分别对应于压强和体积)。其中，$T$ 和 $X$ 为强度 (intensive) 量，$S$ 和 $x$ 为广延 (extensive) 量。当广延量作为变量时，发生了能量的变化。$X\mathrm{d}x$ 表示对系统做功 ($\mathrm{d}x$ 相当于负 $\mathrm{d}V$)，$T\mathrm{d}S$ 表示系统吸收热量。而强度量为变量时的 $-x\mathrm{d}X$ 和 $-S\mathrm{d}T$，不对应系统能量的变化。

在热力学系统中用四个特征函数表示系统的能量状态。内能 $U$ 表示同时具有做功和吸热效应时的能量状态变化，用 $S$ 和 $x$ 作为变量：$\mathrm{d}U = T\mathrm{d}S + X\mathrm{d}x$。在其他状态下，用另外三个特征函数表示：

焓$H$表示仅具有吸热效应时的能量状态变化：$\mathrm{d}H = T\mathrm{d}S - x\mathrm{d}X$

自由能$A$表示仅具有做功效应时的能量状态变化：$\mathrm{d}A = -S\mathrm{d}T + X\mathrm{d}x$

吉布斯自由能$G$表示无做功和吸热效应时的能量状态变化：$\mathrm{d}G = -S\mathrm{d}T - x\mathrm{d}X$

在实际使用的热力学系统中，4 个热力学特征函数分别以上述 4 个变量中的两个为独立变量，且它们都呈等价关系，可以根据热力学量导出基本的关系：

$$T = \left(\frac{\partial U}{\partial S}\right)_x, \quad X = \left(\frac{\partial U}{\partial x}\right)_S$$

因而有

$$\left(\frac{\partial T}{\partial x}\right)_S = \frac{\partial^2 U}{\partial x \partial S} = \frac{\partial^2 U}{\partial S \partial x} = \left(\frac{\partial X}{\partial S}\right)_x$$

上式结果与麦克斯韦方程组的结果相同。

在相变过程中，特别是一阶相变，发生的结构变化对应体积突变和熵的突变，伴随有吸热和做功，热力学函数 $U$，$H$ 和 $A$ 均在相变点产生突变，而 $G$ 却保持两相的连续性，并平衡了体积变化和熵变。因此，常用 $G$ 描述系统连续变化的性质。

### 3.1.2　铁电体中的热力学函数

对于铁电体和压电体，需要考虑热学、力学和电学三个子系统，需要三个独立变量。因为加电场后，增加了电学子系统的两个变量：电场 $E$ 为强度量和电位移 $D$ 为广延量。

在描述压电材料时，考虑到要处理电能与机械能转换时做功的问题，常用自由能 $A$ 作为特征函数，它包含了机械能项和电场能项：

$$A = U - TS$$

$$\mathrm{d}A = -S\mathrm{d}T + X\mathrm{d}x + E\mathrm{d}D$$

在描述铁电材料时，常用 $G$ 做为特征函数，并可以在适当情况下选择使用。

$$\mathrm{d}G_1 = -S\mathrm{d}T - x\mathrm{d}X + E\mathrm{d}D$$

$$\mathrm{d}G = -S\mathrm{d}T - x\mathrm{d}X - D\mathrm{d}E$$

任何一个热力学效应，都可以用热力学变量的偏微分表示。其中，$G_1$ 称为弹性吉布斯自由能，表示无电场时的效果；$G$ 为吉布斯自由能 ($G = G_1 - ED$)，表示加电场后系统性质的变化 [1]。

由于铁电体的基本特性是自发极化以及由此而引发的各种效应，考虑到电位移 $D$ 与 $P$ 差异极小，用 $P$ 代替 $D$[2]：

$$\mathrm{d}G = -S\mathrm{d}T - x\mathrm{d}X - P\mathrm{d}E$$

在此公式中，三个强度变量 $T$，$X$，$E$ 均是实验操作过程中可人为控制的参量，如保持恒温 $\Delta T = 0$、恒压 $\Delta X = 0$ 和恒定的电场 $\Delta E = 0$。因此，使用 $G$ 符合实验条件。

四个热力学特征函数分别表示不同条件下，整个系统能量体系的状态。只有当这些特征函数取极小值时，整个系统才会处于平稳状态。在外加作用的条件下，系统会根据统计平衡原理而调整，以保持系统的整体稳定。

需要说明的是，当整个系统在电场作用下发生变化，特别是存在极化强度的变化和偶极子的转向时，由于吉布斯自由能仅仅是温度和应力的函数，而体积和熵可以通过吉布斯自由能对应力和温度求导得到，故体积和熵的相应变化不会影响吉布斯自由能和极化强度的变化。因此，也只有吉布斯自由能可以在相变过程中保持连续性的变化，适用于描述相变过程，其他热力学函数均会存在突变而不适用。

# 3.2 铁电体的雅可比行列式表示法

## 3.2.1 热力学中的雅可比行列式

热力学中两个变量可以构成一个平面。在平面上，两个系统的单元面积分别为 $\mathrm{d}X\mathrm{d}x$ 和 $\mathrm{d}T\mathrm{d}S$。两个面积之间可以用雅可比 (Jacobian) 行列式的变换表示它们的关系 [3]：

$$D = \partial(X,x)/\partial(T,S)$$

在此表达式中，分子和分母各为一个子系统的两个变量，且广延量和强度量上下对应。

在热力学中，常用雅可比行列式推导和表达热力学效应以及它们之间的关系。变量间的关系被定义为

$$\frac{\partial(A,B)}{\partial(C,D)} = \left(\frac{\partial A}{\partial C}\right)_D \left(\frac{\partial B}{\partial D}\right)_C - \left(\frac{\partial A}{\partial D}\right)_C \left(\frac{\partial B}{\partial C}\right)_D$$

其中，所用到的 4 个变量是任意的，可以相同，不受约束。因而有如下基本规则：

(1) 分子或者分母左右交换变量，改变符号：$\dfrac{\partial(A,B)}{\partial(C,B)} = -\dfrac{\partial(B,A)}{\partial(C,B)}$。

(2) 分子与分母有一个相同符号，则为偏导数：$\dfrac{\partial(A,B)}{\partial(C,B)} = \left(\dfrac{\partial A}{\partial C}\right)_B$，$\dfrac{\partial(B,A)}{\partial(B,C)} = \left(\dfrac{\partial A}{\partial C}\right)_B$。

(3) 分子与分母同时插入一个相同变量，保持不变；$(X,\ x)$ 项与 $(T,S)$ 项交换时保持不变：

$$\left(\frac{\partial T}{\partial x}\right)_S = \frac{\partial(T,S)}{\partial(x,S)} = \frac{\partial(T,S)}{\partial(x,X)}\frac{\partial(x,X)}{\partial(x,S)} = \frac{\partial(T,S)}{\partial(x,X)}\left(\frac{\partial X}{\partial S}\right)_x$$

热力学变量之间具有对应关系式：$\dfrac{\partial(T,S)}{\partial(X,x)} = -1$ 或 $\dfrac{\partial(X,x)}{\partial(T,S)} = -1$。

$T$ 和 $X$ 强度量上下对应，$x$ 和 $S$ 广延量也上下对应。由此得到与麦克斯韦关系相同的结论：

$$\left(\frac{\partial T}{\partial x}\right)_S = \left(\frac{\partial X}{\partial S}\right)_x$$

(4) 一个偏导数可分子分母同时插入一个变量，展开为两个：

$$\left(\frac{\partial A}{\partial B}\right)_C = \frac{\partial(A,C)}{\partial(D,C)}\frac{\partial(D,C)}{\partial(B,C)} = \left(\frac{\partial A}{\partial D}\right)_C \left(\frac{\partial D}{\partial B}\right)_C$$

(5) 展开表达式

$$\left(\frac{\partial x}{\partial T}\right)_X = \left(\frac{\partial x}{\partial T}\right)_S + \left(\frac{\partial x}{\partial S}\right)_T \left(\frac{\partial S}{\partial T}\right)_X$$

证明：

展开 $\dfrac{\partial(X,x)}{\partial(T,S)} = -1$，得到

$$\left(\frac{\partial X}{\partial T}\right)_S \left(\frac{\partial x}{\partial S}\right)_T - \left(\frac{\partial X}{\partial S}\right)_T \left(\frac{\partial x}{\partial T}\right)_S = -1$$

两边同时乘以 $\left(\dfrac{\partial S}{\partial X}\right)_T$，得到

$$\left(\frac{\partial S}{\partial X}\right)_T \left(\frac{\partial X}{\partial T}\right)_S \left(\frac{\partial x}{\partial S}\right)_T - \left(\frac{\partial x}{\partial T}\right)_S = -\left(\frac{\partial S}{\partial X}\right)_T$$

由于

$$\left(\frac{\partial S}{\partial X}\right)_T \left(\frac{\partial X}{\partial T}\right)_S = \frac{\partial(S,T)}{\partial(X,T)} \frac{\partial(X,S)}{\partial(T,S)} = -\frac{\partial(X,S)}{\partial(X,T)} = -\left(\frac{\partial S}{\partial T}\right)_X$$

因而得到

$$\left(\frac{\partial S}{\partial T}\right)_X \left(\frac{\partial x}{\partial S}\right)_T + \left(\frac{\partial x}{\partial T}\right)_S = \left(\frac{\partial S}{\partial X}\right)_T$$

再利用关系

$$\left(\frac{\partial S}{\partial X}\right)_T = \left(\frac{\partial x}{\partial T}\right)_X$$

两个偏导数之间可以交换位置，结果得证。

由此可以推导出更一般的关系式：

$$\left(\frac{\partial A}{\partial B}\right)_C = \left(\frac{\partial A}{\partial B}\right)_D + \left(\frac{\partial A}{\partial D}\right)_B \left(\frac{\partial D}{\partial B}\right)_C$$

上述各种方法可以简便地求出热力学系数之间的关系。

应用：

(1) 试求证麦克斯韦关系式组：

$$\left(\frac{\partial T}{\partial X}\right)_S = -\left(\frac{\partial x}{\partial S}\right)_X, \quad \left(\frac{\partial S}{\partial X}\right)_T = \left(\frac{\partial x}{\partial T}\right)_X, \quad \left(\frac{\partial S}{\partial x}\right)_T = -\left(\frac{\partial X}{\partial T}\right)_x$$

证明：

$$\left(\frac{\partial T}{\partial X}\right)_S = \frac{\partial(T,S)}{\partial(X,S)} = \frac{\partial(T,S)}{\partial(X,x)}\frac{\partial(X,x)}{\partial(X,S)} = -\left(\frac{\partial x}{\partial S}\right)_X$$

$$\left(\frac{\partial S}{\partial X}\right)_T = \frac{\partial(S,T)}{\partial(X,T)} = \frac{\partial(S,T)}{\partial(x,X)}\frac{\partial(x,X)}{\partial(X,T)} = \left(\frac{\partial x}{\partial T}\right)_X$$

(2) 利用 $(X,-x)$ 与 $(P,V)$ 的对应关系，可导出等压热容与等容热容的关系式

$$C_P = T\left(\frac{\partial S}{\partial T}\right)_P = T\left(\frac{\partial S}{\partial T}\right)_V + T\left(\frac{\partial S}{\partial V}\right)_T\left(\frac{\partial V}{\partial T}\right)_P$$
$$= C_V + \alpha TV\left(\frac{\partial S}{\partial V}\right)_T = C_V + \alpha TV\left(\frac{\partial P}{\partial T}\right)_V$$

其中，$\alpha = (\partial V/\partial T)_P/V$ 为体膨胀系数。

上述关系可用于建立各种物理效应之间的等价关系。为形象地理解热力学特征函数 ($U$、$A$、$H$、$G$) 与热力学变量 ($P$、$V$、$T$、$S$) 和应用时涉及的热力学系数 (特征函数对变量的偏导数) 的关联，将热力学变量之间的关联用图简洁地表示。

图 3.2.1 的组成为：最内圆为 4 个热力学特征函数，其外的正方形 4 个顶角是它们的变量，每个特征函数由两个相邻的变量组成；最外层是材料的热力学系数。例如，吉布斯自由能 $G$ 以温度 $T$ 和应力 $X$(或压强) 为变量，它们是强度量。强度量是可以由实验操作者控制的物理量。内能的两个变量是熵和应变 (或体积)，应变用 $x$ 表示，它们是广延量。强度量由材料特性决定，并根据强度量的变化而变化。重要的物理参数往往是广延量对强度量的偏导数，即由实验条件的变化导致性能变化的物理量。

在铁电体物理学的研究中，正确的方法是使用以强度量为变量的 $G$，因为它是解决相变问题的特征函数，具有不可替代性。然而，在文献中经常会遇到用 $A$ 作为特征函数的情况，在不涉及做功的情况下可以替代，否则不可用。

其中用到压强系数$\beta$、等温压缩系数$\kappa_T$、弹性顺度 $s$ 和弹性系数 $c$，以及它们的关系：

$$\beta = (\partial X/\partial T)_x/X, \quad \kappa_T = (\partial x/\partial X)_T/x, \quad \alpha = \beta\kappa_T X$$

$$s = \left(\frac{\partial x}{\partial X}\right), \quad c = -\left(\frac{\partial X}{\partial x}\right)$$

其中，压强系数$\beta$ 和弹性顺度 $s$ 具有对称的表示，膨胀系数$\alpha$ 有 4 个不同的等价关系。图 3.2.1 有助于理解热力学量之间的关联，并扩展用于铁电体中。

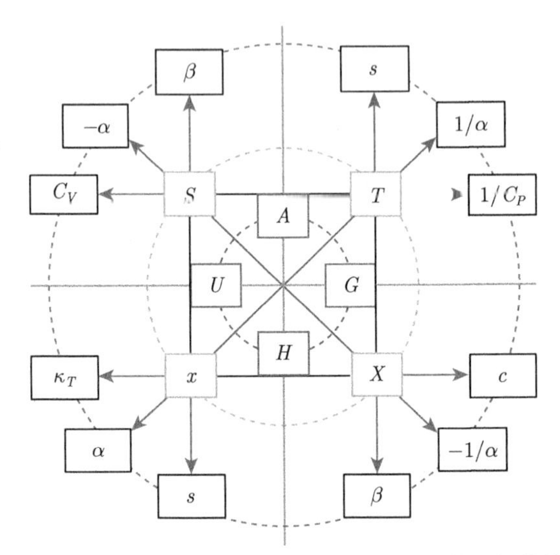


图 3.2.1 热力学特征函数、热力学变量与热力学系数之间的关联示意图

练习：

(1) 若 $ABC$ 是三个任意的变量，求证：

$$\left(\frac{\partial A}{\partial B}\right)_C \left(\frac{\partial B}{\partial C}\right)_A \left(\frac{\partial C}{\partial A}\right)_B = -1$$

(2) 如果 $X = X_0 - ax$，求 $T$-$S$ 之间的关系式。

### 3.2.2 铁电体中热力学效应的关联

根据 3.1.2 节中吉布斯自由能 $G$ 的微分表达式，可以导出对其三个变量的微分结果

$$\frac{\partial G}{\partial T} = -S, \quad \frac{\partial G}{\partial X} = -x, \quad \frac{\partial G}{\partial E} = -P$$

$P$ 为介质的极化强度。

其中，此处的 $P$ 为铁电体的极化强度，热力学中的压强 $P$ 用压力 $X$ 代替。利用 $G$ 的二阶导数的关联，可以得到

$$-\frac{\partial^2 G}{\partial X \partial E} = -\frac{\partial^2 G}{\partial E \partial X} = \left(\frac{\partial x}{\partial E}\right)_{X,T} = \left(\frac{\partial P}{\partial X}\right)_{E,T} = d^T$$

$d^T$ 为压电常量，或等温电致伸缩系数。

$$-\frac{\partial^2 G}{\partial E \partial T} = -\frac{\partial^2 G}{\partial T \partial E} = \left(\frac{\partial P}{\partial T}\right)_{E,X} = \left(\frac{\partial S}{\partial E}\right)_{T,X} = p^X$$

$p^X$ 为等压热释电系数。

$$-\frac{\partial^2 G}{\partial X \partial T} = -\frac{\partial^2 G}{\partial T \partial X} = \left(\frac{\partial x}{\partial T}\right)_{X,E} = \left(\frac{\partial S}{\partial X}\right)_{T,E} = \alpha^E$$

$\alpha^E$ 为热膨胀系数。

$$-\frac{\partial^2 G}{\partial X^2} = \frac{\partial x}{\partial X} = s^{E,T}$$

$s^{E,T}$ 为弹性系数的倒数，即弹性顺度。

$$-\frac{\partial^2 G}{\partial E^2} = \frac{\partial P}{\partial E} = \varepsilon^{X,T}$$

$\varepsilon^{X,T}$ 为介电常数。

$$-\frac{\partial^2 G}{\partial T^2} = \frac{\partial S}{\partial T} = \frac{pc^{X,E}}{T}$$

表示温度对熵的影响关系，由温度、热释电系数和等压热容的等效关系得到。

两个不同偏导数相等的情况，也可以用雅可比行列式变换得到。其中，需要利用到恒等式：

$$\frac{\partial(P,E)}{\partial(S,T)} = -1, \quad \frac{\partial(x,X)}{\partial(S,T)} = -1, \quad \frac{\partial(x,X)}{\partial(P,E)} = -1$$

$$\left(\frac{\partial P}{\partial T}\right)_E = \frac{\partial(P,E)}{\partial(T,E)} = \frac{\partial(P,E)}{\partial(S,T)}\frac{\partial(S,T)}{\partial(T,E)} = -\frac{\partial(S,T)}{\partial(T,E)} = \left(\frac{\partial S}{\partial E}\right)_T = -p$$

热力学偏导数的等价性对应于两种热力学效应的等价或者可以相互替换。也可以理解为正效应与逆效应之间系数间的关系。上式中的 $p$ 是热释电系数，如下文所解释。

实际上，在三维空间中，这些系数为张量，与方向有关。由于本书重点考虑铁电体，而不是压电体，故忽略了张量对应的下标。因为只有当铁电体在饱和电场作用下，偶极子的取向均沿电场方向时，偏导数的意义才有效，而在一定电场作用下，偶极子在三维空间取向分布的概率会发生变化，导致各种物理量发生变化，许多函数是无效的。根据吉布斯自由能已经导出了 6 个热力学系数，但需要固定 2 个参量。通常一个效应会受到多种因素的影响，需要全面考虑。

铁电体中物理量的关联，通过雅可比行列式的变换，可以得到铁电体物理效应的系数所具有的关联。在图 3.2.2 中，铁电体共由 3 个子系统组成：热学、力学和电学。每个系统均由一个强度量和一个广延量组成。内圆为 3 个强度量：温度 $T$、电场 $E$、应力 (或压强) $X$，外圆为 3 个广延量：熵 $S$、极化强度 $P$、应变 (或体积) $x$。用广延量对强度量的偏导数得到了各种效应的物理量系数：熵对温度的偏导数对应于热容量，极化强度对电场的偏导数 (不是比值) 是介电常数。

$p$ 是热释电系数，表示加电场后温度的变化。$\Delta s$ 是场致应变，对应于电致伸缩系数。图 3.2.2 示出了它们的等价关系。

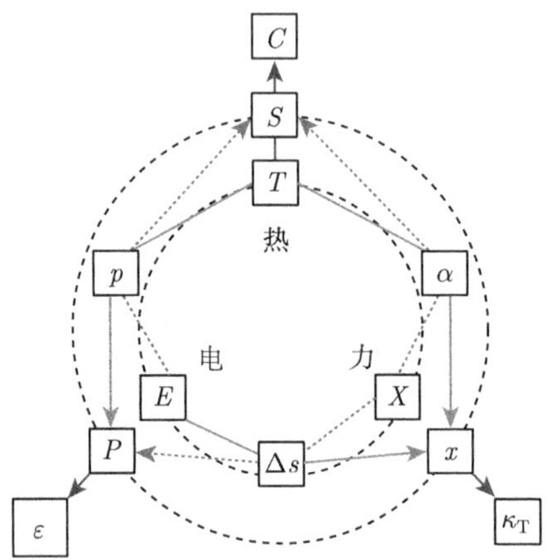


图 3.2.2 铁电体中各种效应的系数与物理量的关系 (最外的三个物理量为相邻量对次相邻内变量的导数，如热容 $C$ 可由 $S$ 对 $T$ 的导数得到)

图 3.2.2 给出了物理效应直观的对应关系。如果某个物理量的上下偏导数分别属于两个不同的系统，如热和电，则其具有两种等价的效应；而如果只涉及一个系统，则只有单独的一种效应，没有等价关系。例如，热释电系数 $p$ 涉及热和电两个系统，可以是在恒定电场下极化强度 $P$ 对温度 $T$ 的偏导数，如向下箭头所指；也可以是在固定温度 $T$ 下熵 $S$ 对电场 $E$ 的偏导数，如向上箭头所指。介电常数只涉及电学系统，因而没有等价的测量方式。

除了等价性之外，上述关联还提供了测试物理量的实验方法。例如，如果想知道加电场对熵变的影响，可以利用关系：

$$\left(\frac{\partial S}{\partial E}\right)_T=\left(\frac{\partial P}{\partial T}\right)_E$$

得到 $\Delta S=\left(\frac{\partial P}{\partial T}\right)_E\Delta E$，即 $S\left(E_2\right)-S\left(E_1\right)=\int_{E_1}^{E_2}\left(\frac{\partial P}{\partial T}\right)_E\mathrm{d}E$。

需要说明的是，上述关系没有考虑偶极子的转向问题，仅适用于压电体和热释电体。

### 3.2.3 压电体中热力学效应的关联及雅可比行列式表示

由于铁电体中偶极子及其畴在各个方向均有取向，而利用电场极化制备的热释电材料具有压电性，其相应的效应适用于描述压电性而不适用于铁电性。根据热力学函数的系数关系可以得到表示如下：

$$d=\left(\frac{\partial P}{\partial X}\right)_E=\left(\frac{\partial x}{\partial E}\right)_X,\quad h=-\left(\frac{\partial E}{\partial x}\right)_P=-\left(\frac{\partial X}{\partial P}\right)_x$$

$$g=\left(\frac{\partial E}{\partial X}\right)_P=-\left(\frac{\partial x}{\partial P}\right)_X,\quad e=-\left(\frac{\partial P}{\partial x}\right)_E=\left(\frac{\partial X}{\partial E}\right)_x$$

上述四个参量均反映了力学量与电学量间相互耦合的线性效应。$d$ 为压电性与电致伸缩的关联；$h$ 为应变产生的电场和极化导致的压力，分别称为压电应力常量和压电常量。$g$ 为应力引起的电场，分别称为压电应变常量和压电电压常量；$e$ 为夹持状态电场引起的应力。

另外，还有 4 个相关的偏导数关系：

$$s=\left(\frac{\partial x}{\partial X}\right),\quad c=\left(\frac{\partial X}{\partial x}\right),\quad \varepsilon=\left(\frac{\partial P}{\partial E}\right),\quad \lambda=\left(\frac{\partial E}{\partial P}\right)$$

在铁电体及压电体的应用中，人们通常采用等温或绝热过程。如果考虑等温过程，则系统有两个独立变量，力学和电学各一个，这两个变量可以通过上述系数建立与另外两个变量的关联：

① $x=s^E\cdot X+d_t\cdot E$; ②$x=s^P\cdot X-g_t\cdot P$; ③$X=c^E\cdot x+e_t\cdot E$; ④$X=c^P\cdot x-h_t\cdot P$

⑤$P=d\cdot X+\varepsilon^X\cdot E$; ⑥$E=g\cdot X+\lambda^X\cdot P$; ⑦$P=-e\cdot x+\varepsilon^x\cdot E$; ⑧$E=-h\cdot x+\lambda^x\cdot P$

其中，上标表示不变量，下标 “$t$” 表示矩阵元为其原变量的转置。根据上面 8 个公式，可以得知其系数是相互关联的，如：

$$x=s^P\cdot X-g_t\cdot\left(d\cdot X+\varepsilon^X\cdot E\right)=\left(s^P-g_td\right)\cdot X-g_t\varepsilon^X\cdot E$$

$$s^E=s^P-g_td,\quad d_t=-g_t\varepsilon^X$$

这种热力学系数之间的关系也可以用雅可比行列式换算得到，如利用关系

$$\left(\frac{\partial A}{\partial B}\right)_C=\left(\frac{\partial A}{\partial B}\right)_D+\left(\frac{\partial A}{\partial D}\right)_B\left(\frac{\partial D}{\partial B}\right)_C$$

得到

$$s^E=\left(\frac{\partial x}{\partial X}\right)_E=\left(\frac{\partial x}{\partial X}\right)_P+\left(\frac{\partial x}{\partial P}\right)_X\left(\frac{\partial P}{\partial X}\right)_E=s^P-g_td$$

$$d_t = \left(\frac{\partial x}{\partial E}\right)_X = \frac{\partial(x,X)}{\partial(E,X)} = \frac{\partial(x,X)}{\partial(P,X)}\frac{\partial(P,X)}{\partial(E,X)} = \left(\frac{\partial x}{\partial P}\right)_X\left(\frac{\partial P}{\partial E}\right)_X = -g_t\varepsilon^X$$

铁电体和压电体中所有热力学系数之间的关系都可以使用上述方法推导得到，如等压比热 $c^X$ 与等容比热 $c^x$，以及固定电场下的等压热释电系数 $p^X$ 与等容热释电系数 $p^x$。

$$\begin{aligned} c^X &= T\left(\frac{\partial S}{\partial T}\right)_X = T\left[\left(\frac{\partial S}{\partial T}\right)_x + \left(\frac{\partial S}{\partial x}\right)_T\left(\frac{\partial x}{\partial T}\right)_X\right] = c^x + T\alpha\left(\frac{\partial S}{\partial x}\right)_T \\ &= c^x + T\alpha\left(\frac{\partial X}{\partial T}\right)_x \\ p^{E,X} &= \left(\frac{\partial P}{\partial T}\right)_{E,X} = \left(\frac{\partial P}{\partial T}\right)_{E,x} + \left(\frac{\partial P}{\partial x}\right)_{E,T}\left(\frac{\partial x}{\partial T}\right)_{E,X} \\ &= p^{E,x} + \alpha\left(\frac{\partial P}{\partial x}\right)_{E,T} = p^{E,x} + \alpha\left(\frac{\partial P/\partial X}{\partial x/\partial X}\right)_{E,T} = p^{E,x} + \frac{\alpha d^T}{s^E} \end{aligned}$$

其中，$\alpha$ 为体膨胀系数。上述关系反过来还可构造热力学函数关系。

### 3.2.4　应力作用下的铁电体吉布斯自由能函数

利用 3.2.3 节中系数间的关系，可用以描述应力作用下铁电体的吉布斯自由能。

考虑热力学效应间的对称性，等温条件的吉布斯自由能可以表示为

$$G = G_0 + \frac{\partial G}{\partial X_i}\cdot X_i + \frac{\partial G}{\partial P_i}\cdot P_i + \frac{1}{2}\frac{\partial^2 G}{\partial X_i \partial X_j}X_iX_j + \frac{1}{2}\frac{\partial^2 G}{\partial P_i \partial P_j}P_iP_j + \frac{\partial^2 G}{\partial X_i \partial P_j}X_iP_j$$

上式为外加应力作用下铁电体的变化规律。在铁电体的顺电相，若有极弱的电场作用诱导偶极子在一个方向排列，则可以导出作用的应力在电场方向的吉布斯自由能

$$G = \frac{\partial^2 G}{\partial X^2}X^2 + \frac{\partial^2 G}{\partial P^2}P^2 + \frac{\partial^2 G}{\partial X \partial P}XP - EP = \frac{1}{2}sX^2 + \frac{1}{2}\lambda P^2 - \frac{1}{2}gXP - EP$$

外加应力的作用：产生一个应力与极化强度的耦合项和一个应力的二次项。

对于二阶相变铁电体，在铁电相时，以极化强度 $P$ 为初级变量，$x$ 为次级变量。存在应力作用时带电场的吉布斯自由能表示为 [1]

$$G = \left(\frac{1}{2}\alpha P^2 + \frac{1}{4}\beta P^4 - EP\right) - \frac{1}{2}gXP + \frac{1}{2}sX^2 - EP$$

如果是二阶相变铁弹相的铁弹性，以应变 $x$ 为初级变量，$P$ 为次级变量，则有

$$A=\left(\frac{1}{2}sx^2+\frac{1}{4}ux^4-xX\right)-\frac{1}{2}hxP+\frac{1}{2}\alpha P^2$$

由此，利用热力学系数可得到基本的铁电体热力学特征函数，为解决铁电体问题提供了基础的解决方案。

## 参 考 文 献

[1] Lines M E, Glass A M. Principles and Applications of Ferroelectrics and Related Materials. Oxford: Clarendon Press, 1977: 74.

[2] 三井立夫，达崎达，中村英二. 铁电物理学导论. 倪冠军, 译. 北京：科学出版社，1983.

[3] Yu B, Ryvkin M S. Thermodynamics, Statistical Physics, and Kinetics. Moscow: Mir Publishers, 1980: 39.

# 第 4 章　铁电体的基本概念与原理

## 4.1　铁电体中的电荷与电场

### 4.1.1　偶极子间的相互作用

#### 4.1.1.1　单电荷

1) 单电荷的受力作用

在电场作用下，正电荷受到沿电场方向的作用力 (沿电场方向运动)；负电荷受到反电场方向的作用力，两者受力方向相反，如图 4.1.1(a) 所示。单电荷对单电荷的作用：同性相斥，异性相吸。大电荷对小电荷的作用如图 4.1.1(b) 所示。尽管此结果尽人皆知，但用于偶极子的作用时却被漠视了。

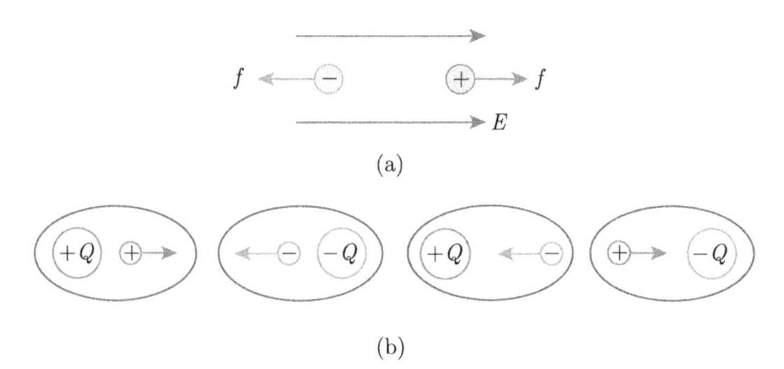


图 4.1.1　电场对单电荷的作用力 (a) 和单电荷之间的相互作用力 (b) 示意图

2) 单电荷对电极的感应效果

当一个电荷位于两个电极的正中央时，对两侧电极的感应相同，两电极之间的电荷差为零，如图 4.1.2(a) 所示；当电荷位于某个电极表面时，仅对该电极产生感应，使其带反号电荷，两电极之间的电荷差为最大，如图 4.1.2(b) 和 (c) 所示；当电荷位于电极之间某个位置时，对两电极的感应与其距离成反比，如图 4.1.2(d) 所示。设一正电荷 $Q$ 与较近电极的距离为 $x$，与较远电极的距离为 $1-x$，则对两电极的感应电荷分别为 $-Q(1-x)$ 和 $-Qx$，感应电荷差为 $Q(1-2x)$ 。

样品中无电荷时，两电极之间的电荷差为 0；加了电荷后，会对电极产生感应电荷，感应电荷的变化对应着电流的产生，将电流对时间积分，可算出电荷量，并导致两端的电压 $V=Q/C$。当电荷消失时，也会产生电流。

图 4.1.2 的意义在于，电荷出现在样品中的不同位置对表面感应出的电荷量是不同的。电荷出现的位置越靠近表面，产生的感应效果越强。因此，为了提高电场对介质的作用效果，常常将样品做得很薄，并用多层并联的方式提高效果。

另外，当一个电荷从一侧向另外一侧运动穿过样品时，也会导致表面感应电荷的变化。其效果类似于偶极子的转向，而测量仪器往往难以分辨。

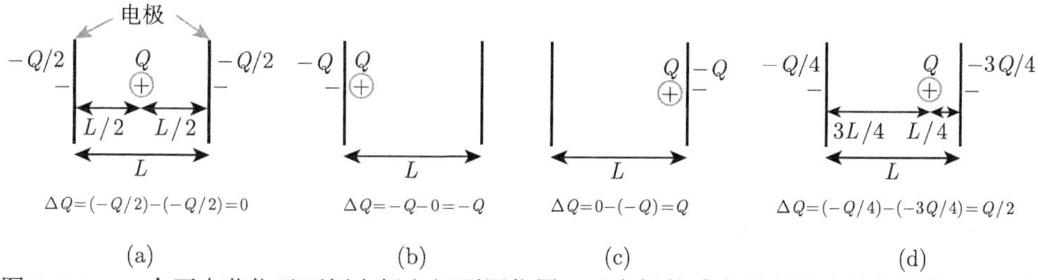


图 4.1.2 一个正电荷位于两侧电极之间不同位置，对电极的感应及所导致的电荷差：(a) 电荷在体内中央时，感应的电荷差为零；(b) 和 (c) 正电荷位于两侧时，所感应的电荷数值最大；(d) 在某一点时，两电极的感应电荷分别与距离成反比，两个电极的电荷差等于远电极与近电极的感应电荷差

#### 4.1.1.2 双电荷 (偶极子)

1) 介质中的偶极子与极化强度

一个偶极子由正负两种电荷组成，它们的电荷量大小相同，相距一定的距离，如图 4.1.3(a) 所示。其偶极矩用$\mu$ 表示。偶极子的方向是从负电荷指向正电荷。它能在周围环境中产生电场，并作用于其他电荷。电场大小为 $E=\dfrac{1}{4\pi\varepsilon_0}\left(\dfrac{3\mu r^0}{r^3}r^0-\dfrac{\mu}{r^3}\right)$。

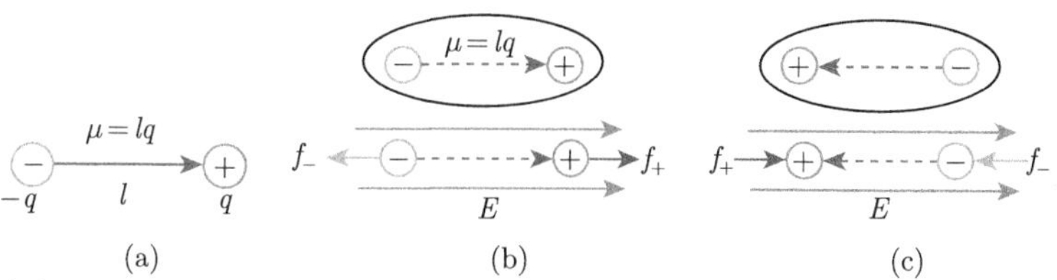


图 4.1.3 偶极子与偶极矩 (a)，电场对同向偶极子拉伸 (b) 和电场对反向偶极子压缩 (c) 作用的示意图

极化强度 $P$：在一般的电容器中，用于确定介电常数的大小，其定义为单位表面积累的电荷量：$Q/S$。$Q$ 为表面的净电荷量，$S$ 为表面的面积。在一个介质体内，有 $N$ 个完全相同的偶极子，当偶极子为均匀分布时，偶极子密度为 $N/V$。若一个偶极子的偶极矩是$\mu = lq$，则单位体积内的偶极矩是 $N\mu/V$，它相当于单位表面产生的感应电荷量，即极化强度 $P$。

2) 偶极子能级的变化

在电场作用下，当偶极子的方向与电场方向相同时，沿电场方向的偶极子被拉伸，会伸长，使极化强度增大；反之，逆电场方向的偶极子被压缩，会缩短，使极化强度减小。

铁电体中偶极子形成的原理：中心的正电荷向一侧移动，导致正负电荷中心不平衡。图 4.1.4(a) 为顺电相的中心对称，中心的正离子发生振动，振动中心在中点，无偶极子。图 4.1.4(b) 为温度下降到居里温度以下的铁电体结构，正电荷偏移出中心，导致正负电荷等效中心不重合，产生偶极子。偏移程度随温度的下降增大，极化强度增大。

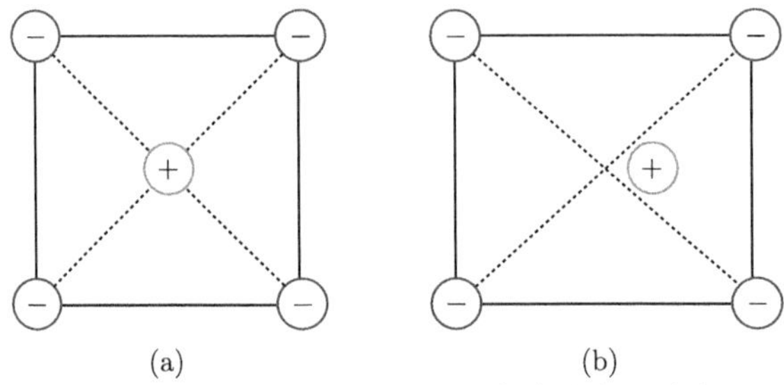


图 4.1.4 铁电体中偶极子形成的原理：(a) 顺电相正负电荷中心重合，无偶极子；(b) 铁电相正负电荷中心分离，产生了等价的偶极子

设偶极子的偶极矩大小相同，均为$\mu$。若两个偶极子为左右平行排列，根据 (4.1.1) 式得到作用势 $U=\mu^2/r^3$。若两个偶极子为左右反平行排列，则得到作用势 $U=-\mu^2/r^3$。

若两个偶极子为前后在一条线上排列，方向相同时的作用势是 $U=-2\mu^2/r^3$，方向相反时的作用势是 $U=2\mu^2/r^3$。因此，偶极子排列最小的能级状态是：一排向上，邻近的一排向下，交替进行。

#### 4.1.1.3 偶极子对点电荷的作用

正的点电荷在偶极子的中垂线上，距离为 $r$，则点电荷的受力方向与偶极子的取向相反。当该电荷沿受力方向移动到与偶极子的负电荷平行位置时，处于相对低能量的位置；反之，负的点电荷在偶极子的中垂线上，距离为 $r$，则该点电荷的受力方向与偶极子的取向相同。当该电荷沿受力方向移动到与偶极子的正电荷平行位置时，也处于相对低能量的位置。

#### 4.1.1.4 偶极子间的相互作用

根据静电学原理，两个偶极子相距为 $r$，它们的相互作用势是矢量关系：

$$U=-\frac{3(\mu_1 r)(\mu_2 r)-r^2(\mu_1\mu_2)}{r^5} \tag{4.1.1}$$

图 4.1.5(a) 左图为偶极子对负点电荷的作用，正电荷的吸引力和负电荷的排斥力使总的受力向上。当负点电荷向上移动后 (中间图) 处于低能状态，向下移动后 (右边图) 处于高能状态。图 4.1.5(b) 左图为偶极子对正点电荷的作用，正电荷的排斥力和负电荷的吸引力使总的受力向下。当正点电荷向下移动后 (中间图) 处于低能状态，向上移动后 (右边图) 处于高能状态。

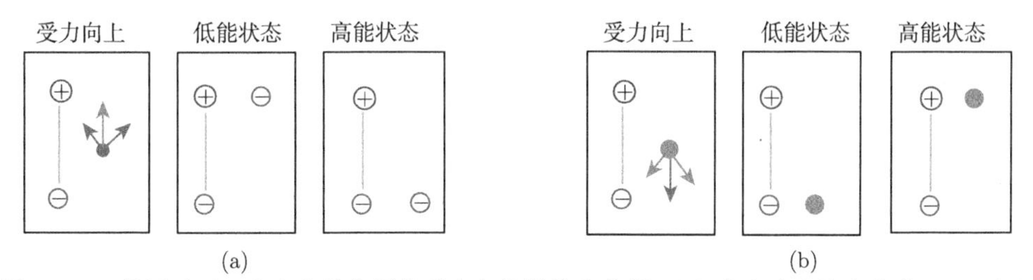


图 4.1.5 偶极子对一个点电荷作用的受力与能量状态分析：(a) 实心小点为负电荷；(b) 实心大点为正电荷

两个偶极子平行排列，其能级状况如何？通过图 4.1.6 可以给出如下分析。

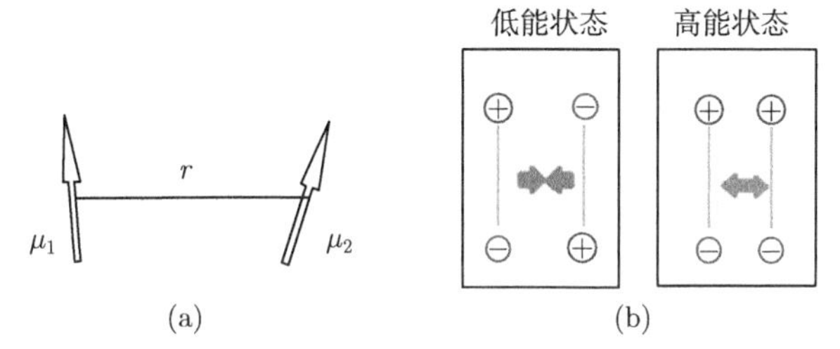


图 4.1.6 偶极子的相互作用 (a) 与能态 (b) ：反平行为低能状态，平行为高能状态

偶极子在平行排列时，如果方向相同，偶极子间的相邻电荷会相互排斥，导致的结果是使偶极子处于高能不稳定的状态；反之，反平行排列时，相邻电荷相互吸引，使偶极子处于低能的稳定状态。铁电畴中的偶极子排列方式完全相同，是电场作用的结果。由于存在耦合，它们处于亚稳态。

结论：偶极子相互平行排列时为不稳定的高能状态。

### 4.1.2 电场对偶极子自由能的影响

在图 4.1.7 中，设初始状态为正负电荷重合。正负电荷分别顺电场作用而运动为低能状态；逆电场作用而运动为高能状态。即沿电场方向的偶极子具有低的稳定的能量状态，反电场方向的偶极子具有高的不稳定的能量状态。具体的能量大小是：电场对偶极子作用的能量变化为 $-\mu E$；电场对极化强度作用的能量变化为 $-PE$。结论：电场使原来相同的偶极子能级发生了上下移动。

电场对偶极子作用的能量变化形成了如图 4.1.7 所示的结果。图 4.1.7(a) 表示：如果正负电荷可以移动，则初始状态为正负电荷重合，在电场作用下正负电荷分离，分别顺电场作用而运动为低能状态，逆电场作用而运动为高能状态。图 4.1.7(b) 表示初始无电场时两个方向相反的偶极子有相同的能量，外加电场后 (红色箭头表示方向及大小)，沿电场方向的偶极子将被降低能量，达到低能量状态，反电场方向的偶极子将被增加能量，达到高能量状态。电场越大，能级移动的幅度越大。结论：电场使原来相同的偶极子能级发生了上下移动。处于低能级的偶极子，状态更加稳定，并且数量会增多。

在一个系统中，有 $N$ 个完全相同的偶极子。若一个偶极子的偶极矩是$\mu=lq$，则极化强度 $P_s$(偶极子密度，或称自发极化) 是单位体积内的偶极子数目 $P_s=N\mu/V$。从概念上理解，极化强度 $P$ 也对应两个电极的电荷密度差。

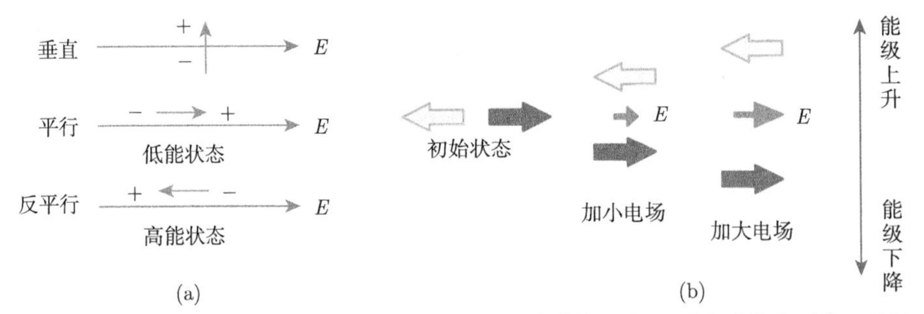


图 4.1.7　电场作用下，偶极子的能态变化：(a) 电场与偶极子相互垂直时能态不变，平行时为低能状态，反平行时为高能状态；(b) 平行于电场方向的偶极子能态下降，反之上升。能级随电场的增大而增大

若偶极子分别沿正反电场方向取向，当电场为 0 时，正反方向的偶极子数量相同。用测量电荷的方法测量时，两电极间的电荷差为 0，得到 $P=0$。

若外加弱电场，仅使一个反向的偶极子转到了正向，则正向比反向多了两个偶极子，可以测量到 $P=2P_s/N$，原理如图 4.1.8 所示。

图 4.1.8 表示若外加弱电场，仅使一个反向的偶极子转到了正向，则正向比反向多了两个偶极子，会使铁电体的体表面带电，在两个内表面间产生电势差，导致电荷从一个电极表面流动到另一个电极表面，以补偿体内电荷并抵消电势差。实验中，仪器对流过的电流进行时间积分得到电荷量，可算出极化强度。

当所有偶极子都转向到了电场方向时，会达到极大的饱和状态。测量的极化强度为理想的最大值，即理论值：$P=P_s$。

如果有表面缺陷、表面晶格失配或者某种退化因素，使靠近表面的偶极子数量减少，则有图 4.1.9 所示的原理，只有当所有偶极子都转向到了电场方向时，才会有 $P=P_s$。测量的极化强度为单个原胞的极化强度，如图 4.1.9 (a) 所示。

图 4.1.9(a) 示出了加最大电场时的饱和状态，两个电极的电荷差最大。图 4.1.9(b) 的右侧靠近电极失去了一个偶极子，图 4.1.9(c) 的右侧靠近电极失去了两个偶极子，再靠中间失去了一个。相当于靠近电极失去了一个长度为 $L/4$ 的偶极子和一个长度为 $L/2$ 的偶极子，其效果是：两侧电荷差的减小与失去偶极子的数量和位置均相关。越靠近电极处，影响越大。

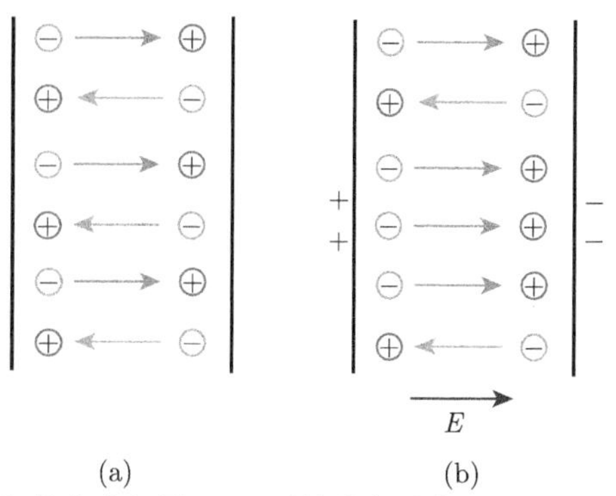


图 4.1.8 偶极子翻转引起的电荷积累：(a) 平均分布时表面无电荷积累；(b) 外加电场使部分偶极子翻转，诱导表面电极感应空间自由电荷，达到电中性平衡

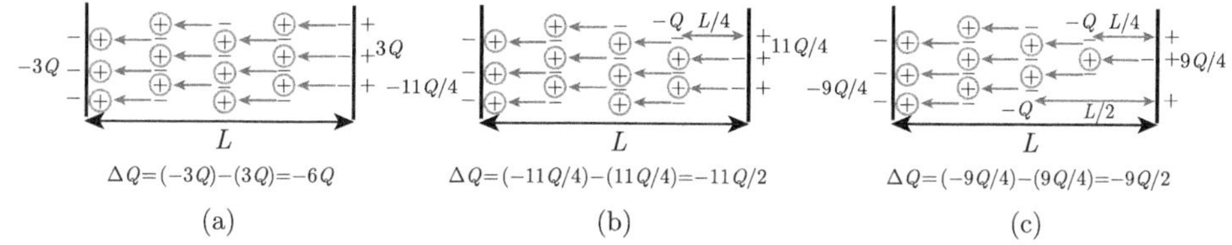


图 4.1.9 偶极子定向排列引起的电荷积累：(a) 全部沿相同方向排列，两电极间有最大电荷差；(b) 右侧表面缺少偶极子，诱导的表面电极感应空间自由电荷减少；(c) 右侧不同深度缺少偶极子，诱导的表面电极感应空间自由电荷继续减少

## 4.2 偶极子的转向原理

对于一个可自由转动的偶极子，如极性液体中的分子，当它改变方向时，整个分子中的所有原子同时转动，并保持相对位置不变。这种偶极子的转动模型被移用到位移型铁电体和反铁电体中，是否可能？

图 4.2.1 示出了简单的结论：当偶极子垂直于电场方向时，正电荷受力沿电场方向，负电荷受力沿反电场方向，因而受到的是力矩的作用，会转动到电场方向。

在铁电体或反铁电体的顺电相，原胞中的离子振动位移构成了瞬态偶极子：中心位置的离子发生位移的一瞬间，会产生偶极子。这种离子位移型的偶极子对介电常数产生了贡献。另外，电场会诱导偶极子沿电场方向排列，即离子的振动中心发生了偏移。由于离子振动只发生在固定的特定方向，外加电场施加后，可以很容易地改变离子的振动方向和偏移方向，同时构成原胞的其他离子的振动受电场的影响，但原胞不发生转动。例如，$BaTiO_3$ 中的 $Ti^{4+}$ 因振动而贡献了偶极子。当电场反转时，瞬态偶极子的振动会转向电场方向，诱导偶极子也会转向电场方向。

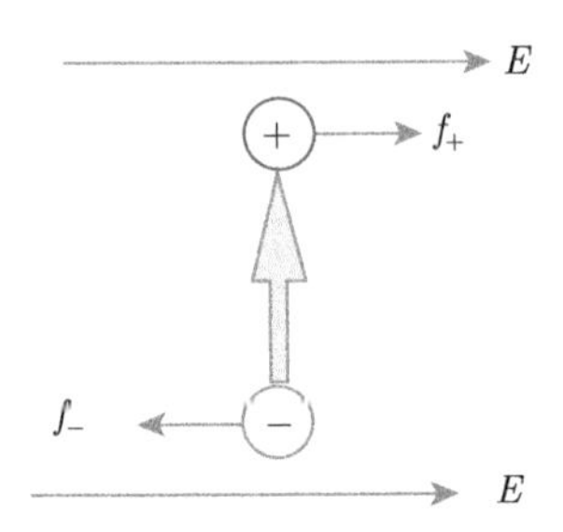


图 4.2.1 电场对偶极子的扭动作用

在低于居里温度的铁电相，考虑一个图 4.2.2 所示的 $BaTiO_3$ 原胞，电场方向与原胞偶极子的方向成 90°，并将迫使偶极子转到电场方向。电场对各个离子的作用力分析如下：设电场方向向右，原胞中的离子可以分为三层：上层的正离子受到向右的作用力，负离子受到向左的作用力；同理，下层的离子受力相同。电场将强迫上层和下层的正离子向电场方向移动，同时强迫负离子向反方向移动。原胞的转动是受到上下两层的作用力之差而导致的。很明显，电场的这种作用并没有任何差异，产生不了扭转的力矩。因此，上下层的离子均不会受到电场的作用而转动。在中间层，负离子受力向左，并且这 4 个面心上的离子均为相邻两个原胞共享，所受到的作用力极大，发生转动更是不可能的。中间一个正离子 (钛离子) 受力向右，氧离子形成了一个等效的负电荷中心，两者形成了偶极子，在电场作用下可以产生图 4.2.1 的效果，有单独转动的可能。

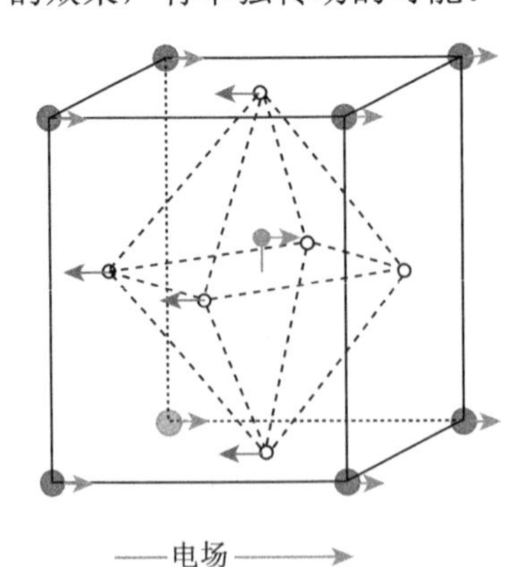


图 4.2.2 电场对一个 $ABO_3$ 结构原胞中各个离子的作用力分析示意图 (箭头表示受力方向，向右为正离子，向左为负离子) 。受力分析的结论是：电场不可能使整个原胞发生整体转动

总之，对正离子产生电场方向的力，对负离子产生反电场方向的力。上层与下层离子具有对称分布，无原胞旋转的力矩。电场只对中心偏心约 1%的幅度的阳离子产生微小的扭力，难以使整个原胞转动。

普遍的观点是偶极子的转动是由其所在的原胞整体转动所引起的。这种观点借用了液体分子转动的原理。然而，液体的分子与固体的原胞有着本质的区别：构成液体分子的离子均为该分子所占有，因而当分子转动时所有离子均随之转动；与之不同的是，固体原胞中原胞表面的离子为相邻的两个或者多个原胞所共享，这些离子不可能参与某一个原胞的转动而不对相邻所共享的原胞产生影响，即单个原胞的转动是不可能独立实现的。

考虑铁电体的具体情况，如在 $BaTiO_3$ 的四方相，自发极化偶极子有 6 个可能的取向方向，设沿坐标轴的 6 个方向。产生偶极子的原因为中心钛离子沿取向方向的位移。后面将会讲到，在偏离中心的平衡位置，钛离子有最低的能量，而在中心位置则有较高的能量，形成了势垒。温度越低势垒越高。

在一定温度下，特别是在室温，存在离子间的振动。不仅在高于居里温度的顺电相存在可用拉曼光谱观察到的振动，而且在低于居里温度的铁电相也存在相同振动。原胞中的钛离子存在往返于所有可能的铁电相的平衡位置与原胞中点之间的振动。因而这种振动有助于振动离子到达较高能量的原胞中点。偶极子的转向可以认为是在振动的帮助下从一个平衡位置经过中点再转向其他可能的取向点从而完成转向的过程，不需要原胞中的其他离子参与转动。考虑到钛离子的位置对整个原胞尺寸的影响，沿钛离子位移的方向原胞尺寸大于其他方向。故整个过程为钛离子从一个平衡位置收缩到原点，再伸展到最终的平衡位置，由此完成了转向过程，可用收缩-伸展模型描述，如图 4.2.3 所示。

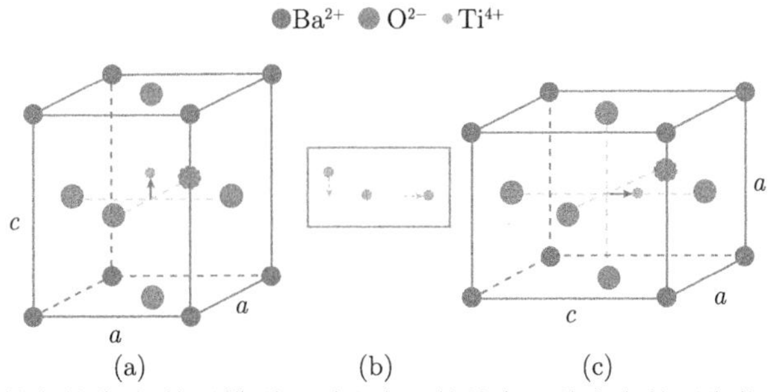


图 4.2.3 偶极子转向的收缩-伸展模型。原胞中心的钛离子从向上的平衡位置收缩到原点，再伸展到向右的平衡位置。(a) 为初始状态；(b) 为钛离子的转向过程；(c) 为最终状态

如果只考虑中心钛离子的变化和吉布斯自由能 $G$ 的变化，可以得到图 4.2.4。图 4.2.4 显示，偶极子的转向是由原胞中心的阳离子改变取向方向而产生的，

同时伴随长度的变化，引起了一个方向的伸长和另一个方向的缩短。从吉布斯自由能的变化可以看出，这种转向所需要的能量较低，在微弱的电场作用下就会有特定比例的偶极子发生转向。随着电场增大，转向的比例逐渐增加，其转向的比例服从吉布斯统计分布，导致了电滞回线在初始阶段极化强度的连续变化。同理，畴的转向也是由畴内平行排列的偶极子在耦合作用的支撑下全部同时发生。因此，畴的转向只发生在偶极子特定的取向方向之间，不存在中间态；而如果是原胞所有分子整体转向，则有可能存在中间态。

中心阳离子的转向模型一方面说明了偶极子转向的过程，另一方面也否定了所谓的“钉扎效应”(pinning effect)。后者的原因是氧离子缺位或者杂质离子只会抑制顶角离子的转动而难以限制中心离子的转向；并且钉扎效应所解释的实验现象是束腰型的电滞回线，而对离子转动抑制的效果应该是使电滞回线更宽，不是变窄。因此，钉扎效应的模型是值得怀疑的。

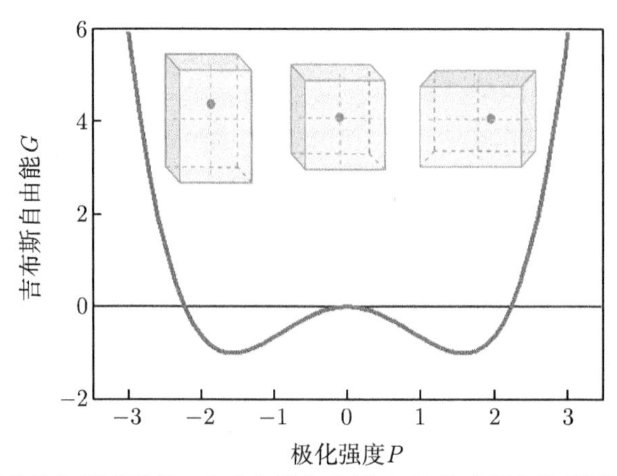


图 4.2.4　偶极子的转向相当于从一个吉布斯自由能 $G$ 的谷底到先收缩到中心位置再转到另一个谷底的变化

需要补充说明的是偶极子的转向伴随着不同方向尺寸的变化。如果外加电场，这种转向会导致沿电场方向的增长和垂直于电场方向的收缩，即电致伸缩效应。

面对一些暂时难以解释的实验现象时，人们常有三种选择：从实验角度考虑，将其归于与具体材料相关的内容，如缺陷、铁弹相、界面相或者其他各类物质；从数学角度考虑，在现有公式中引入新的参量，加以补充说明。从物理学的角度出发，利用物理学的各种原理，从概念的定义、实验过程的分析出发，建立合理的模型，再进行数值模拟，对现象作出解释。总之，本书的出发点是：铁电体的物理原理支配了各种令人眼花缭乱的实验现象。理解了本书后续的物理原理，大部分难以理解的实验现象均可得到合理的解释。

# 4.3 电滞回线的原理

## 4.3.1 电滞回线的测试原理

电滞回线是铁电性表现的主要现象。1930 年，Sawyer 和 Tower 首次发明了一个电路用以表征罗谢尔盐的铁电性 [1]。此后，电滞回线的测量电路被称为 "Sawyer-Tower" 电路。

图 4.3.1 中，左侧的交流电压符号表示输入一个长周期的电信号，可以是正弦的，也可以是三角波的。使用三角波信号，可以等间隔地加在样品上，便于样品响应，也便于理论分析。实际测试中大多使用这种方法。

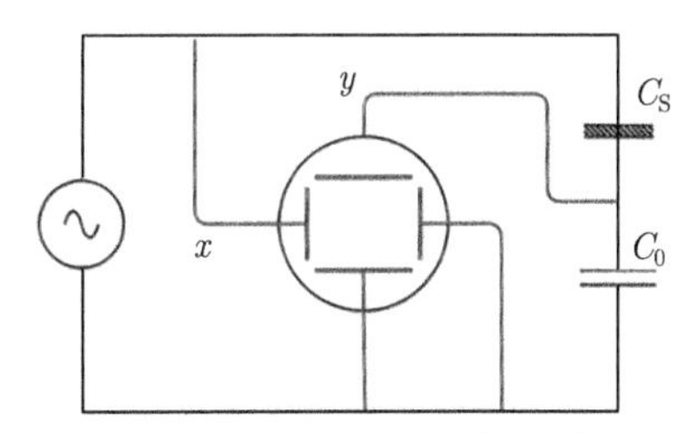


图 4.3.1 "Sawyer-Tower" 电路原理示意图

输出显示是用传统的示波器。横坐标 $x$ 表示外加输入电压信号的变化；纵坐标 $y$ 表示相应的输出电压的信号。电路中有两个电容串联在一起，一个是样品的电容 $C_S$，另一个是采样电容 $C_0$，采样电容远大于样品的电容。

当施加了外电压时，它作用在两个串联的电容上。在样品 $C_S$ 的两个表面，会因内部偶极子的变化而在表面产生电荷，对外感应从而积累表面电荷。设上下两个表面所积累的电荷量分别为 $+Q$ 和 $-Q$ 时，采样电容 $C_0$ 表面的电荷也因此而发生感应，上下两个表面也积累同样的电荷量 $+Q$ 和 $-Q$。这样，加在样品上的电压为 $Q/C_S$，而加在采样电容 $C_0$ 上的电压为 $Q/C_0$。相比较可以看出：电容越大被加的电压越小。当外加电压加在两个串联的电容上时，电容较小的样品 $C_S$ 上承受了绝大部分的电压，相当于电压全部加在了样品上。尽管 $y$ 轴输出端的电压 $Q/C_0$ 很小，但 $C_0$ 为已知量，通过输入样品的表面积 $S$，可以得到输出的样品 $C_S$ 的极化强度 $P=Q/S$。它显示在仪器屏幕的 $y$ 轴上。

## 4.3.2 铁电体电滞回线的描述和传统解释

原则上，每一种铁电材料都有其独特的滞后环作为其特征的指纹。通过电滞回线可以直接识别铁电性。

图 4.3.2 是一个典型的铁电体的电滞回线，通过它可以确定自发极化 ($P_s$)、剩余极化 ($P_r$) 和矫顽电场 ($E_c$) 等特征参数。由于能量极小的要求，多晶材料中

的晶粒以单独的随机取向的偶极子为主，在电场作用下，偶极子会转向到电场方向，相互平行的偶极子会形成亚稳态的畴。当外加电场超过 $E_c$ 时，电场的作用方向转向。如图 4.3.2 所示，随着电场强度的增大，铁电畴逐渐增大，产生较大的极化。在高场强端，当几乎所有偶极子都转向到电场方向时，极化达到饱和，材料表现为线性介质，将其变化做反向延伸可以得到实验中测量不到的静态自发极化 $P_s$。当电场从极大值开始反向降低时，一些畴会减小，到某个临界点会出现反向偶极子。到零电场时，由于亚稳态的原因，会剩余一些没有消失或者反转的铁电畴，导致净极化不为零的剩余极化 $P_r$。当电场反向后，原来正向的偶极子会转向，铁电畴也会消失或者转向。在矫顽场，两者达到平衡。随着反向电场强度的增加，在负场部分会发生畴的形成和增加。铁电体的原胞为矩形，偶极子在转向过程中伴随长度变化，在外加电场的作用下会产生长度的伸缩变化。因此，如果同时监测应变和极化，就可以观察到“蝴蝶”式的应变-电场曲线。

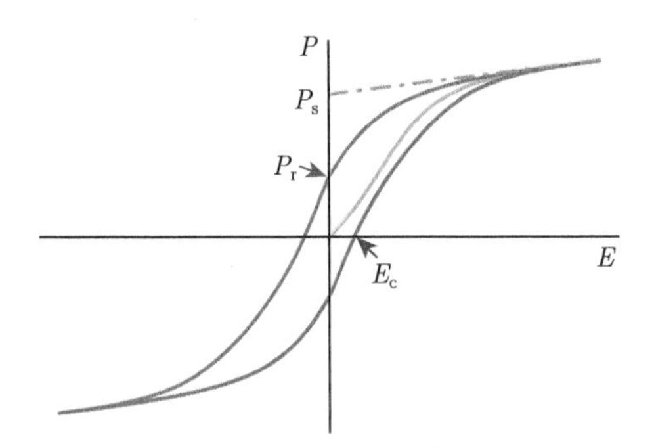


图 4.3.2　铁电体的电滞回线及相关参量

### 4.3.3　电滞回线中的极化强度

铁电畴不是铁电体的稳定态，初始态中不存在。施加电场后会因电场作用下的耦合效应而形成亚稳态的畴，从而具有剩余极化。传统模型能够定性地描述电滞回线，但不能定量地准确描述其变化规律。

如果要了解电滞回线产生的原因，首先要了解极化强度产生的原因。通常人们认为极化强度是形成电滞回线的主要因素。然而，很多材料中都具有自发极化，但不一定具有铁电性。由此，必须从仪器测量极化强度的基本原理出发，详细了解测量过程和原理，从而建立相应的数学方程。设铁电体的初始态为原始态，内部没有畴，偶极子均匀分布在各个取向方向上，如图 4.3.3 所示。

在图 4.3.3 中，测量过程的初始时刻，当电压为 0 时，加到样品上的电场为 0。偶极子在正反电场方向分布的数量相同，表面没有感应电荷，如图 4.3.3(a) 所示；施加向右电场 $E$，样品内发生了偶极子翻转 (图 4.3.3(b) 示出了一个偶极子翻转)，产生了偶极子导致的内部极化 $P$。为了实现电中性的平衡，在样品的两侧电极上产生

了等量电荷 $Q(Q = A \cdot P, A$ 为表面积) 。用仪器测量产生电荷的过程，得到了 $P$-$E$ 的关系曲线。

在整个测量过程中，极化强度是由两方面产生的：一个是偶极子的反转；另一个是电场对偶极子的作用。电场会强迫其他方向的偶极子转到电场方向，也会使电场方向的极化强度增大。两者共同作用，导致了两个外电极表面将被诱导出自由的空间电荷，以产生电中性，屏蔽内部的极化电荷。这种空间电荷在产生的过程中会流过测量电路，被仪器探测到。通过对电流的积分得到两个表面的电荷积累。随着电场的增大，铁电体内部的极化强度变化越来越大，表面积累的自由空间电荷也越来越多，形成了电滞回线的初始上升过程。

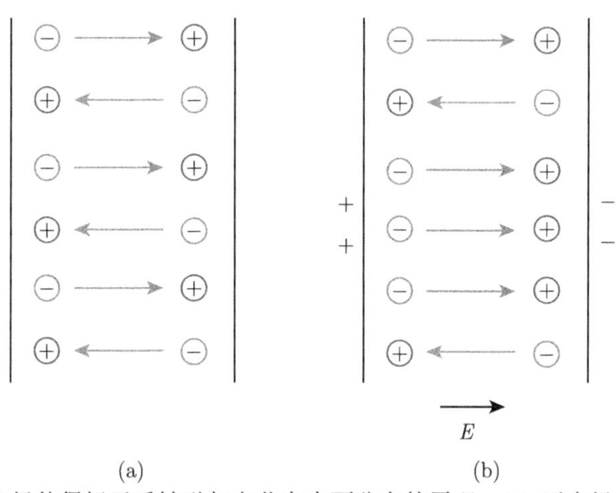


图 4.3.3 外加电场使偶极子反转引起电荷在表面分布的原理：(a) 无电场；(b) 施加了向右的电场

总之，在铁电体电滞回线测量过程中，仪器测量到的是空间电荷的变化。或者严格地说，在低电场时，铁电体内的自发极化不能够直接测量出来。只有当电场增大到一定的饱和值时，使所有的偶极子均转向到电场方向，再增大电场，不会出现偶极子的转向后，测量得到的才是电场作用下的自发极化 $P_s(E)$。将其向零电场外延，就是自发极化 $P_s$。对此，Lines[2] 在其著作中给予了明确的说明。

在铁电体中，自发极化强度不能够在低电场下直接测量出来。许多理论模型以单一方向的极化强度为变量，构筑方程，将其解作为自发极化强度，这只对热释电体是正确的，对铁电体不正确。因为铁电体的极化强度由多个方向的矢量和构成，例如，在无电场时存在各个方向大小相同的自发极化强度，但其矢量和为零，故极化强度的实验结果为零。十分遗憾的是，文献报道的理论方法均将铁电体当成了热释电体处理，这是在不考虑偶极子转向的条件下，不得已而为之。

总之，不考虑偶极子转向的研究对象是热释电体，其研究方法得不到真实的电滞回线；实验测量得到的极化强度 $P$ 包含了偶极子的转动，理论研究中需要考虑转向的因素。

### 4.3.4 相关问题的讨论

极化强度的测试原理涉及物理量之间的关系，决定了它们可测量性和本质，关联一些基本问题：

(1) 最基本的问题是：实验测量的极化强度与理论分析中的自发极化是否为相同概念？

不是。当电场为零时，电滞回线测量的是剩余极化 $P_{\mathrm{r}}$，而理论研究用的是 $P_{\mathrm{s}}$。零电场时的 $P_{\mathrm{s}}$ 是通过饱和极化向零电场做延长线交于纵轴而得到的。然而，可悲的是，很多理论研究都将 $P_{\mathrm{s}}$ 的推导结果与实验中的 $P_{\mathrm{r}}$ 相比较，借此说明理论与实验的一致性，没有仔细考虑它们之间的差异。

原因：①在电场作用下存在偶极子的转向；②铁电体不是线性介质，极化强度与电场也没有比值关系。

解释：线性介质的 $\varepsilon$ 是描述储存电荷量的电容率，表示一个电容容纳电荷量的多少。铁电体不是电容类线性介质，不能用 $\varepsilon$ 描述储存电荷量的程度，一般用电滞回线所围成的面积计算。

然而，实验测量铁电体得到了极高的介电常数，它有什么含义？为什么？

(2) 能否直接测量出公式 $P=\varepsilon_0\varepsilon E$ 中的电容率 $\varepsilon$？

不能。既然不能直接测量出自发极化，根据公式 $P=\varepsilon_0\varepsilon E$，当然也测量不出式中的电容率 $\varepsilon$。由此可以推论：实验中测量的铁电体的介电常数不是电容率，不表示对电荷容量的大小。

结论：自发极化测量不出来，自发极化对电场的比值也测不出，$\varepsilon$ 当然也测量不出来。

原因：①在电场作用下存在偶极子的转向，测量的极化强度包含了转向成分；②铁电体不是线性介质，极化强度与电场也没有比值关系。

(3) 一般在低频下测量电滞回线的极化强度，在高频下测量介电常数。

### 4.3.5 电滞回线的滞后机理

如果一个铁电体内单位体积的偶极子数是 $N$，在一维时分别存在于正反两个方向，正向的数量是 $N_+$ 表示偶极子的取向沿着外加电场 $E$ 方向；反向的数量是 $N_-$ 表示偶极子的取向沿反电场方向。当电场 $E$=0 时，偶极子的数量满足关系：

$$\frac{N_+}{N}=\frac{N_-}{N}=\frac{1}{2},\quad N_++N_-=N \tag{4.3.1}$$

如果增加外电场，使 $E>0$，取向方向的数量发生变化，满足玻尔兹曼分布：

$$\frac{N_+}{N}=\frac{\mathrm{e}^{\mu E/(kT)}}{\mathrm{e}^{\mu E/(kT)}+\mathrm{e}^{-\mu E/(kT)}}>\frac{1}{2},\quad \frac{N_-}{N}=\frac{\mathrm{e}^{-\mu E/(kT)}}{\mathrm{e}^{\mu E/(kT)}+\mathrm{e}^{-\mu E/(kT)}}<\frac{1}{2},\tag{4.3.2}$$

其中，$\mu$ 表示一个偶极子的偶极矩。总的极化强度为

$$\begin{aligned}P&=N_+\mu-N_-\mu=N\mu\frac{\mathrm{e}^{\mu E/(kT)}-\mathrm{e}^{-\mu E/(kT)}}{\mathrm{e}^{\mu E/(kT)}+\mathrm{e}^{-\mu E/(kT)}}\\&=P_0\tanh\left(sP_0E/T\right)\\P_0&=N\mu,\quad s=1/(Nk)\end{aligned}\tag{4.3.3}$$

无电场时，铁电体由原胞形变产生的自发极化是

$$P_{\mathrm{s}}=P_0=N\mu$$

铁电体中的电偶极子存在耦合项 [2]，用偶极矩和极化强度作为变量表示为

$$H=-\frac{1}{2}\sum_{i,j}J_{ij}\mu_i\mu_j=-JN\mu\left\langle\mu_j\right\rangle=-J\mu\left\langle P_j\right\rangle=-J\mu\bar{P}$$

对于吉布斯自由能，用极化强度为变量，因偶极子的耦合而导致的能量变化为 $-JP^2$。该项将最近邻的平均极化强度用变量 $P$ 代替，这种近似是合理的，因为两者的变化是一致的。

滞后原理分析：当偶极子为反平行时，没有相互作用。在电场作用下，相邻偶极子均平行于电场方向，电场使它们产生了耦合作用，能量下降了 $-JP^2$，处于更稳定的亚稳态，即形成了铁电畴。当电场达到最大的饱和状态时，畴为最大，均沿电场方向。

由此，在电场作用下，形成了亚稳态的可逆“畴”：电场增大畴增大，电场减小畴减小；电场反向，畴会在一定的反向临界电场后反向，具体原理如下。

在电场减小直至为零的过程中，畴沿电场的方向不变，但由于维持畴的电场力下降，因而电畴减小，而不是转向。因为即使电场减小，也会阻止电畴转向的。由于畴是亚稳态的，当电场为零时，仍然有指向原电场方向的小电畴存在，表现为剩余极化。如果不外加电场，这些小电畴会长久存在。如果外加电场反向增加，剩余电畴反转，偶极子的转向不断增加。在远离居里温度的较低铁电相温度下，剩余电畴和偶极子的行为相近，偶极子发生转向时，剩余电畴几乎同时反转，表现为标准的铁电体电滞回线。然而，当温度接近居里温度时，两者差异较大，在低的临界电场偶极子先反转，再到较高的临界电场剩余畴发生反转。由此存在两个

极化突变，形成了类似“反铁电体”的双电滞回线，实际上并无反铁电体的成分存在。在二阶相变铁电体中，偶极子的反转较弱，一般难以观察到；而剩余畴的反转相对较为明显，测量电滞回线时会观察到一个小的台阶变化。在一阶相变铁电体中，这种行为在整个相变区域极其明显。用此原理可以解释铁电体和反铁电体电滞回线的所有行为。

根据上述讨论，可以对饱和电场的条件作如下近似讨论：方程 (4.3.3) 仅仅描述了无耦合时的效应。当外加电场使偶极子产生了耦合，并形成畴时，具有亚稳态的能量，可以用内建电场表示为 $E_{\mathrm{d}}$，作用于偶极子后为$-\mu E_{\mathrm{d}}$，电场作用下可以测量的极化强度是

$$P=N_{+}\mu-N_{-}\mu=P_{0}\frac{\mathrm{e}^{\mu E/(kT)}-\mathrm{e}^{-\mu(E+E_{\mathrm{d}})/(kT)}}{\mathrm{e}^{\mu E/(kT)}+\mathrm{e}^{-\mu(E+E_{\mathrm{d}})/(kT)}}=P_{0}\tanh\left[sP_{0}\left(E+\frac{1}{2}E_{\mathrm{d}}\right)/T\right] \tag{4.3.4a}$$

当电场从最大值减少到 0 时，从电滞回线上测量的值是剩余极化 $P_{\mathrm{r}}$

$$P_{\mathrm{r}}=P_{0}\tanh\left(sP_{0}E_{\mathrm{d}}/(2T)\right) \tag{4.3.4b}$$

当电场为负并继续减小，直到 $P=0$ 时，其电场的数值被称为矫顽场：$E_{\mathrm{c}}=E_{\mathrm{d}}/2$。它是铁电畴最后反转的力场。当电场达到最小值后，再继续正向上升，则反向畴引起的回线为

$$P=P_{0}\tanh\left[sP_{0}\left(E+\frac{1}{2}E_{\mathrm{d}}\right)/T\right] \tag{4.3.4c}$$

将 (4.3.4a) ~ (4.3.4c) 式绘制成图，可以得到如图 4.3.4 所示的效果。

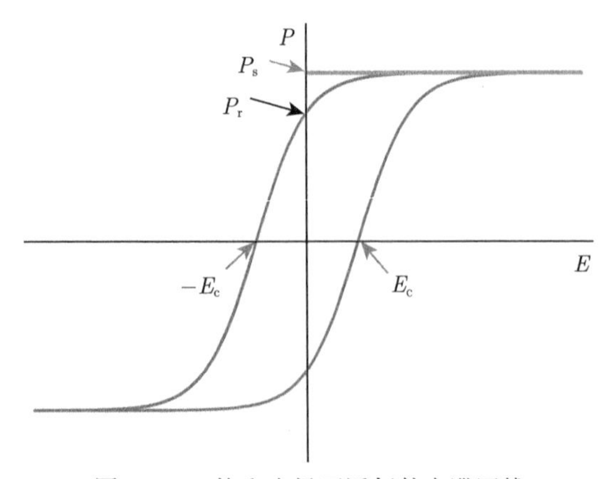


图 4.3.4　饱和电场下近似的电滞回线

需要说明的是，图 4.3.4 中的曲线只用了 $\tanh(1.8x-1)$ 和 $\tanh(1.8x+1)$ 。没有考虑 $E$ 对 $P$ 的影响。

如果假设偶极子形成畴的矫顽场与温度相关，到居里温度时为零，近似地有

$$\mu E_{\mathrm{d}} = 3k\,(T_{\mathrm{c}} - T)\,, \quad T_{\mathrm{c}} = J/k$$

其中，$T_{\mathrm{c}}$ 是居里温度，$J$ 是偶极子的耦合系数。利用电场对极化强度的近似作用可以得到图 4.3.5 的结果。

引入电场的作用后得到的电滞回线更接近于实验结果。上述结果仅是一维的情况。

三维的铁电体可以尝试用朗之万 (Langevin) 函数表示。在三维空间，偶极子或畴在电场的作用下转向角度为$\theta$，转向后的能量变化为$-EP\cos\,\theta$。在热平衡条件下，电场作用而转向为$\theta$ 角的概率是 $\exp\left(EP_0\cos\theta/(kT)\right)\sin\theta$，则总的极化强度为

$$P = A\int_0^{\pi}\left[\exp\left(EP_0\cos\theta/(kT)\right)\sin\theta\right]\cos\theta\mathrm{d}\theta = nP_0(\coth L - 1/L), \quad L = P_0E/(kT) \tag{4.3.5}$$

其中，$A = n\Big/\displaystyle\int_0^{\pi}\exp\left(EP_0\cos\theta/(kT)\right)\sin\theta\mathrm{d}\theta$ 是归一化因子，$n$ 是偶极子的密度。式中的函数 $\coth(x)\ -1/x$ 为朗之万函数。

图 4.3.5 所用的函数非常简单：$1/\tanh(2x-1)\ -1/(2x-1)$ 和 $1/\tanh(2x+1)\ -1/(2x+1)$ 。给出上述数学形式供读者练习。图 4.3.6 的曲线可以通过将数值直接代入 (4.3.5) 式在绘图软件中显示出来。

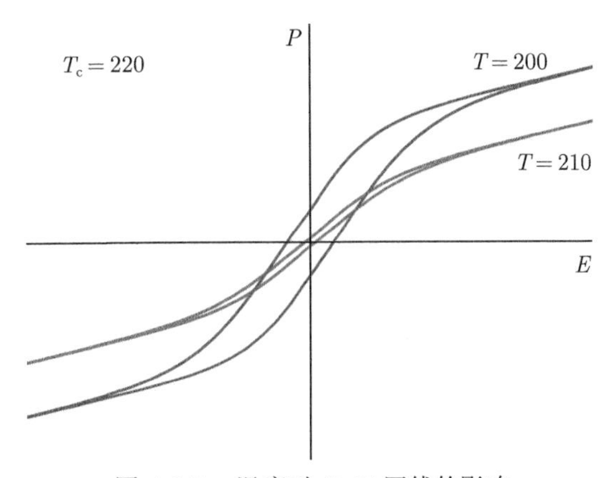


图 4.3.5 温度对 $P$-$E$ 回线的影响

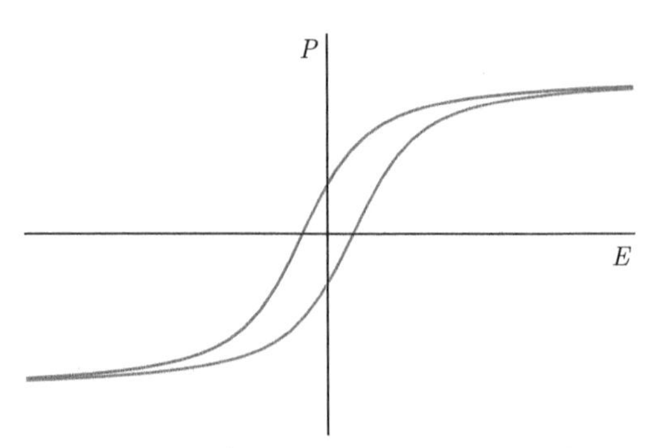


图 4.3.6　朗之万函数表示的电滞回线

## 4.4　铁电体的电容率与介电常数

由于在实验中用阻抗分析仪测量铁电体的介电常数时单位为电容，故常被误解为电容率，以至于介电常数的大小成为了表征电容量的标志。然而，铁电体充放电荷的实验却发现铁电体可容纳的电荷量与介电常数的大小不相关。

下面将证明铁电体用于电路中与频率相关的介电常数在概念上不同于存储电荷的静态电容率，即在零直流电场下测试的高的介电常数不代表储存电荷的能力。希望通过提高介电常数以提高电荷存储能力的研究途径无理论依据。

### 4.4.1　电容率

在传统的电介质物理学中，相对静态介电常数被定义为：对于各向同性介质，介电常数为电位移 $D$ 与所加电场 $E$ 的比值，其定义式为

$$D=\varepsilon_0\varepsilon_{\mathrm{r}}E \tag{4.4.1a}$$

其中，$\varepsilon_0$ 和$\varepsilon_{\mathrm{r}}$ 分别为真空介电常数和介质的相对介电常数。一般忽略$\varepsilon_0$ 的作用，并将相对介电常数表示为$\varepsilon$。对于铁电体，由于相对介电常数较大，近似地表示为

$$P=(\varepsilon-1)E=\varepsilon E \tag{4.4.1b}$$

在较小的电场下，上式成立。对于非线性介质，上式不成立，或介电常数是电场的函数。

一个平行板电容器的电容 $C=\varepsilon S/d$，$S$ 和 $d$ 分别是电容器的电极面积和厚度。用$\varepsilon$ 表示电容量的大小。因此，介电常数越大，电容器的电容量就越大。

介电常数产生的机理被认为其介质内部存在偶极子，偶极子对电场的响应导致了介电常数的产生。偶极子的数量越多，电容量越大。

实验测量铁电体的极化强度表现出了如图 4.4.1(a) 所示的规律，外加电场增大，极化强度增大。然而，所测量的介电常数表出现了如图 4.4.1(b) 所示的规律，这种规律与偶极子产生电容的效果有以下疑问：

(1) 在顺电相，没有偶极子却有很大的介电常数，越接近相变温度介电常数越大，表现出有规律的居里-外斯 (Curie-Weiss) 定律；

(2) 在铁电相，温度越低极化强度越大，偶极子的作用也越强，然而介电常数却越小，与偶极子对电容贡献的机理相矛盾；

(3) 在顺电相和铁电相，加电场后介电常数均减小，与普通电介质的行为完全不同。

由于铁电体被广泛研究可用于能量存储，而铁电体极高的介电常数被认为是高储能的依据。然而，由于介电常数不是与储能相关的电容率，因而有必要详细说明。

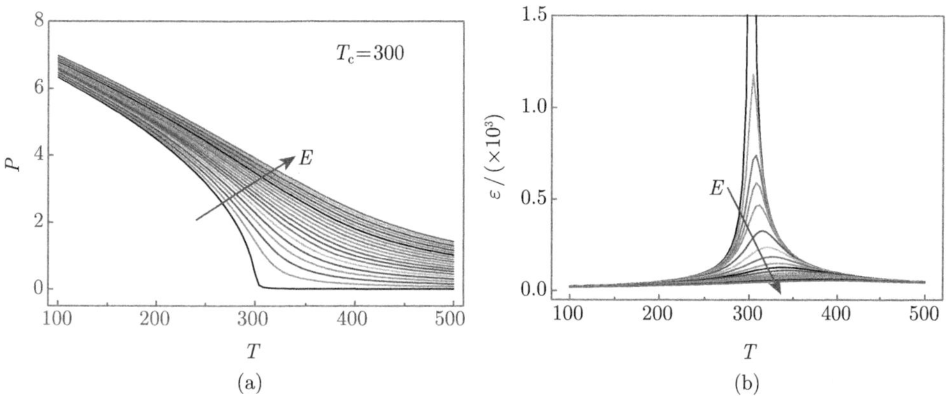


图 4.4.1 电场和温度对铁电体电场方向的极化强度 (a) 和介电常数 (b) 的影响规律 (箭头表示电场增加)

## 4.4.2 铁电体的介电常数

要理解介电常数的含义，首先要了解测量原理。与测量电滞回线的低频电场变化原理不同，测量介电常数往往采用相对较高的频率。外加一个微弱的交流电压，测量极化强度的变化 $\Delta P$，它与电场变化 $\Delta E$ 的比值，即为介电常数：

$$\varepsilon = \Delta P/\Delta E \tag{4.4.2}$$

式中的介电常数被称为微分介电常数。对于线性介质电容器 $\Delta P/\Delta E = P/E$，即微分介电常数与电容率 $P/E$ 相等。

### 4.4.2.1 无直流电场时的介电常数

对于铁电体，上述两个概念有不同的含义。在铁电体中，对介电常数产生贡献的有偶极子的大小变化和偶极子的转向变化。

在铁电体的顺电相，无固定的偶极子，但在接近居里温度时，极小的电场就能产生极大的极化位移效应，使介电常数增大。然而，当电场消失时诱导的极化强度也同时消失，因而没有储存电荷的功能。因而在顺电相接近居里温度时，尽管有很大的介电常数，但却没有储存电荷的能力。

在铁电体的铁电相，有固定的偶极子。在原始态，偶极子随机分布在各个可能的取向方向上。当外加电场沿着某个方向施加时，会使偶极子转动方向，温度越低转动能力越弱。因此，在较高的接近居里温度的条件下，由于偶极子的转动能力强，介电常数较大；而在低温下，偶极子的转动能力弱，介电常数小。

当测量介电常数的实验为固定样品在夹具上绝热测量时，表达式为

$$\varepsilon^{S,X}=\left(\frac{\partial P}{\partial E}\right)_{S,X}=\left(\frac{\partial P}{\partial E}\right)_{T,X}+\left(\frac{\partial P}{\partial T}\right)_{E,X}\left(\frac{\partial T}{\partial E}\right)_{S,X}$$

根据热力学的关系

$$\begin{aligned}\left(\frac{\partial T}{\partial E}\right)_{S,X}&=\left(\frac{\partial(T,S)}{\partial(E,S)}\right)_{X}=\left(\frac{\partial(T,S)}{\partial(E,P)}\frac{\partial(E,P)}{\partial(E,S)}\right)_{X}=-\left(\frac{\partial P}{\partial S}\right)_{E,X}\\&=-\frac{(\partial P/\partial T)_{E,X}}{(\partial S/\partial T)_{E,X}}=-Tp^{E,X}/C^{X}\end{aligned}$$

$$\varepsilon^{S,X}=\varepsilon^{T,X}-Tp^{E,X}/C^{X,E}$$

理论上，介电常数的绝热测量和等温测量之间的差异受温度 $T$、热释电系数 $p$ 和等压热容 $C^X$ 的影响，实际测量过程中，由于测量时间很短，没有考虑这种差异。

#### 4.4.2.2 有直流电场时的介电常数

在二阶相变铁电体的顺电相，外加直流电场会诱导偶极子沿电场方向如图 4.4.1(a) 所示，电场越大，产生的极化强度也越大，并使顺电相变为诱导的铁电相。在铁电相，外加直流电场会导致其他取向方向的偶极子转向到电场方向，使电场方向的极化强度增大。整体上，在居里温度时，极化强度的增加量为最大，并将两相的极化强度连接为连续变化的曲线。

然而，极化强度的增大与介电常数的变化相反。由于在顺电相没有偶极子的转向，只有诱导效应，因此在外加的直流电场下再加小的电场，诱导效应相对会减小，导致介电常数下降。在铁电相，由于极化强度是以偶极子的转动为主，外加的直流电场已经使部分偶极子转向到电场方向了，再使其他没有转向的偶极子发生转向，比例相应减少了。外加直流电场后，铁电体达到了相对的平衡，再加小的测量信号又达到了新的平衡。因此，用于计算介电常数的极化强度差为加信

号后的与加之前存在直流电场作用的差。由此可以得出结论：加直流电场后的介电常数会减小，其变化规律如图 4.4.1(b) 所示。

传统理论所采取的方法是 [2]，针对某个原胞 $l$ 施加的均匀电场变化为

$$E(t) = E + \delta E \exp(\mathrm{i}\omega t)$$

其中，$\delta E$ 表示施加交变电场的幅度，得到的极化率函数为

$$\delta\langle P\rangle = \chi(\omega)\delta E$$

该方法使用的是两者的变化率，没用 $P$ 与 $E$ 之间的比值关系，因而得到的是微分极化率。上述分析能够合理地解释实验结果，也由此可以说明：铁电体的介电常数在概念上以偶极子的转动为主，没有反映出自发极化的大小。对比图 4.4.1 中铁电相部分的极化强度与介电常数可以看出，极化强度越大，介电常数越小。因而该介电常数不是电容率，不能反映铁电体存储电荷的能力。

如果铁电体用于储存电荷，只能依靠电滞回线来判断，根据曲线对极化强度所围的面积计算电荷的存储和释放能力。

### 4.4.3 铁电体中电容率与介电常数的差异

电介质中电容率的定义为 (4.4.1b) 式，铁电体中介电常数的定义为 (4.4.2) 式。介电常数在形式上是一种微分的表达式。当电介质为线性介质时，两者相同，为非线性介质时，两者不同甚至会导致相反的性能。

电容率是介质在加电场后的效应。考虑铁电体加电场后产生可测量的极化强度和介电常数。区别两者最简单的方法是在一个电滞回线中取第二象限中的任意两点，如图 4.4.2 所示。

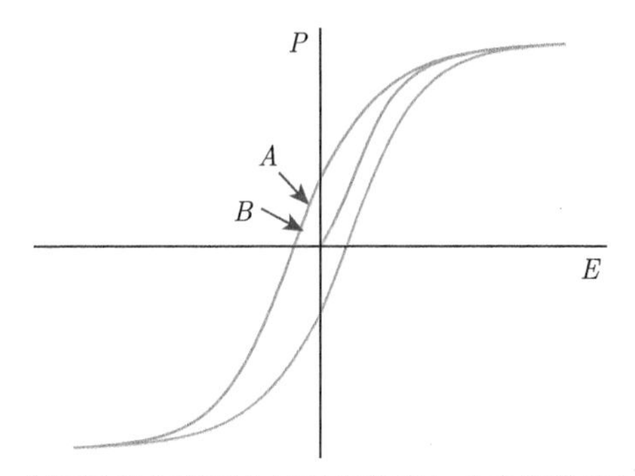


图 4.4.2 电滞回线上取两点展示电容率与介电常数差异的示意图

在图 4.4.2 中，在第二象限取了 $A$ 和 $B$ 两点。根据电容率定义的 (4.4.1b) 式，只需要一个点 (如 $A$) 即可以确定：由于 $P$ 为正值和 $E$ 为负值，电容率为负。根

据介电常数定义的 (4.4.2) 式，极化强度的差值为 $B$ 点与 $A$ 点之差，由于 $B$ 点的极化强度较小，故差值为负。$B$ 点与 $A$ 点的电场强度之差也为负，故介电常数为正值。

由于在第二象限的电容率为负和介电常数为正，说明两者有本质的区别，不能混用，特别是介电常数不能用于能量存储。更加详细的解释见 6.2 节。

### 4.4.4　有效场在铁电体中的失效原理

介电常数产生的原理是铁电体的重要内容。在电介质物理及对铁电体介电常数的机理研究中，出现了洛伦兹有效场这一理论，并被公认了理论的合理性。尽管将该理论与实验结果比较发现了不一致的地方，但在理论上并没有直接否定。

在电磁学的教材中，使用了洛伦兹有效场定义普通介质的介电常数，而这种定义仅在极性液体中证实是有效的。在此，通过理论分析，证明了它不适用于铁电体类的介质材料。另外一个重要的方面是，由该有效场引起的数学附加项被引进了铁电体的相关方程中，因而必须对此做出认真讨论，排除这些不合理的因素。

洛伦兹有效场产生的条件是所有偶极子均沿电场方向排列，计算过程是先挖空一个较小的球形空间，计算周围表面介质对该空间的影响，再补上介质球。得到经退极化场补偿的介电常数。

热释电体的分子排列均沿一个极化轴，所有偶极子均沿该方向排列，在电场作用下不会发生转向。该理论成立的条件是，外加电场刚好加到了偶极子排列的方向上，且必须完全一致，任何方向的偏离均无效。

这种方法对于分子容易发生转向的气体和液体在理论上可能是合理的，因为气体和液体中的偶极子转向阻力极小，可以默认为在极小的电场作用下就会转向到电场方向。

然而，铁电体却不同：有若干等价的偶极子取向。在没有经过电场极化的铁电体中，偶极子内没有铁电畴，没有固定的择优取向。电场加在任意方向，得到的各种测试结果均与方向无关。介电测量也应如此，当微小的电场加在样品上时，偶极子的各向同性均匀分布不会变化，也就是说不会产生沿电场方向排列的偶极子 (温度越低难度越大)，没有所谓的洛伦兹退极化场。只有当直流电场强度达到饱和极化程度时，偶极子均发生转向，并导致了沿电场方向排列的铁电畴，从而具有了热释电性质，才有可能具有退极化场。然而，这与弱电场下测量的介电常数具有本质上的不同。

也就是说，实验测量的介电常数是在交变的小电场下进行的，在极高的电场下，介电常数已经很小了，有效场的作用可以完全忽略了。

其次，物理学原理告诉我们，固体本身具有的性质是客观存在的，与人为选取的单元无关。我们可以选取一个正方形或者圆形作为研究对象，但选取对象的形状不应该影响最终结果。退极化场的结果也应该如此，其值不应该包括人为选取单元的因素。

在 Lines 的书中，在构造吉布斯自由能时用有效场表示偶极子间的耦合，但其作用相当于洛伦兹的有效场，考虑上述因素，本书忽略了这种有效场的附加作用，认为可以利用吉布斯自由能对电场的响应，直接推导出介电常数的理论值，不需要再附加这种修正。

## 4.5 极化的耦合原理

### 4.5.1 耦合与相变

铁电性的起因是平行排列的偶极子会在电场作用下黏连在一起形成更稳定的畴，同时克服静电的排斥力。当电场撤消的时候，它们仍然会黏连在一起。如果静电的排斥力较大，它们会脱离这种黏连状态，回到反平行的稳定状态。若当电场撤消到零时，全部回到反平行的稳定状态，则没有了铁电性。

人们一直困惑居里温度产生的机理。对于纳米铁电晶体，主要问题在于居里温度是否与尺寸相关。如果尺寸减小使耦合强度下降，最终导致居里温度降低，以及铁电性的降低，则会弱化纳米铁电体在铁电和介电等各个方面的应用。因此，必须找到使铁电体失去“黏连”的物理机理。

在朗道理论中，用 Ising 模型的方法可以得到磁性物质的居里温度中被认为正比于磁偶极子的耦合强度。Lines 引入了这一观点，同样使用了 Ising 模型的方法，引入了有效场，使用了居里温度正比于偶极子的相互作用势 (耦合强度) 的观点，即原胞之间在电场作用下形成畴的能力大小 [3]。

铁电体分为两大类，一类是有序-无序型，另一类是位移型。最初的有序-无序型是含氢键的铁电体，在高于居里温度的顺电相，氢键在双势阱中均匀分布，为无序状态；而在低于居里温度的铁电相，氢键有序分布导致了偶极子。位移型铁电体是以钛酸钡等陶瓷为基础的铁电体，由离子偏离平衡位置引起。

铁电体的 Ising 模型引用了朗道理论中铁磁体相变的概念和公式，首先用于解释有序-无序型铁电体的相变。当氢键在双势阱中时，可以用波动描述其自旋，即自旋波，它有一定的概率使氢离子以波动形式隧穿势垒，从一个阱到另一个阱。Lines[2] 曾将其机理引入铁电体物理中，得到了与哈密顿量的关系

$$H = -\frac{1}{2}\sum_{i,j} J_{i,j} S_i S_j - \Omega \sum_i S_i$$

其中，$\Omega$ 为隧穿频率，$J_{i,j}$ 为相邻位置的耦合系数。根据平均场理论，考虑最近邻作用，以及相同的耦合系数 $J$，将 $\Omega$ 看成横向场。两者的关系与居里温度相关，为

$$J = 2\Omega \tanh\left(-\frac{\Omega}{2kT_{\mathrm{c}}}\right)$$

对于位移型铁电体，横光学波的频率与温度的关系是 $\omega^2(q) = L(q)\cdot(T - T_{\mathrm{c}})/T_{\mathrm{c}}$。$L(q)$ 是比例系数。两者的关联是 $\omega^2(q) = \Omega\left[\Omega - \frac{1}{2}J_q \tanh\left(\frac{\Omega}{2kT}\right)\right]$。在甚高温度右边第二项为零，横光学波的频率等于隧穿频率。当温度降低时，耦合项的作用增大；接近相变温度时，横光学波的频率趋于零会导致 $\Omega = \frac{1}{2}J_q \tanh\left(\frac{\Omega}{2kT}\right)$。

在布里渊区中心，$q \to 0$，对应于每个原胞具有几乎相同的振动模式，软模频率为 $\omega^2(0) = L(0)\cdot(T - T_{\mathrm{c}})/T_{\mathrm{c}}$，它表示每个原胞均匀极化。

实际上，耦合仅仅发生在相邻原胞之间，因而波长为两个原胞长度，对应的波矢在布里渊区边界。尽管此条件被认为是反铁电体存在的条件，但对铁电体也仍然有效。因为铁电体中允许相邻原胞的偶极子反平行。可用铁磁体的判断依据：$J>0$ 时为铁电体，当 $J<0$ 时为反铁电体。

在隧穿可忽略的条件下，外加电场的变化使顺电相诱导极化发生变化

$$\delta P = 2N\mu\delta\langle S_i\rangle = \varepsilon_0\chi(\omega)\delta E$$

其中，$\chi$ 为极化函数。它与频率的关系为

$$\chi(\omega) = \frac{\chi(0)}{1 + \mathrm{i}\omega\tau} = \frac{\chi(0)}{1 + (\omega\tau)^2} - \mathrm{i}\frac{\omega\tau\chi(0)}{1 + (\omega\tau)^2}$$

其中，$\tau = \tau_0 T/(T - T_{\mathrm{c}})$。当温度 $T$ 趋于 $T_{\mathrm{c}}$ 时，弛豫时间趋于无穷长，极化函数的实部会趋于无穷大。

总之，根据 Ising 模型，居里温度与偶极子间的耦合强度成正比；接近居里温度，弛豫时间慢化。耦合系数 $J$ 是相邻偶极子发生“黏连”的物理起因。$J$ 越大，铁电性越大；$J$ 为负时，表示反向平行的偶极子有“黏连”效应，为反铁电体。

### 4.5.2 耦合与畴的形成

Lines 在相变的静电场理论模型中，使用了平均场的理论 [2]。一个原胞中的偶极子与其他原胞中的偶极子作用的结果是 $-\sum_{l'} v_{ll'}\xi_l\xi_{l'}$。在平均场条件下：$v(0) = \sum_{l'} v_{ll'}$，则有

$$W_l = V(\xi_l) - h\xi_l - v(0)\xi_l\langle\xi_{l'}\rangle$$

其中，$V(\xi_l)=\dfrac{1}{2}\omega_0^2\xi_l^2+A\xi_l^4$。$W_l$ 的含义是所有内外作用及势场对某个原胞 “$l$” 产生的影响，用能级表示。对任意一个物理量 $Y$，其统计平均表示为

$$\langle Y\rangle=\sum_{\xi_l}Y_l\exp\left(-W_l/(kT)\right)/\sum_{\xi_l}\exp\left(-W_l/(kT)\right)$$

将 Lines 的上述理论作适当转化，偶极子间的相互作用限于最近邻有效，耦合系数 $J$=$\upsilon(0)$ 。变量还原为极化强度 $P$，电场 $h$ 用 $E$ 表示。将原胞产生的偶极子根据性质分为三类：沿外电场方向的第一类 (用 “+” 表示) ，反电场方向的第二类 (用 “ −” 表示) 和垂直于电场方向的第三类 (用 “$v$” 表示) ，前面的关系可分解为

$$W_+=V(P_+)-EP_+-JP_+\langle P_+\rangle,\quad P_+>0 \tag{4.5.1a}$$

$$W_-=V(P_-)-EP_-,\quad P_-<0 \tag{4.5.1b}$$

$$W_v=V(P_v),\quad P_v>0 \tag{4.5.1c}$$

其含义分别是：电场与偶极子的作用是矢量相乘。偶极子之间的耦合是由电场作用产生的，沿电场方向的 (4.5.1a) 式有耦合，反电场方向的 (4.5.1b) 式和垂直于电场方向的 (4.5.1c) 式没有耦合。

(4.5.1a) 式中耦合后的偶极子能级降低，电场作用也使能级降低；(4.5.1b) 式中电场作用使能级上升，(4.5.1c) 式中垂直的偶极子能级不变。由此可以得到对物理量的平均

$$\overline{Y}=\frac{Y_+\exp\left(-W_+/(kT)\right)+Y_-\exp\left(-W_-/(kT)\right)+Y_v\exp\left(-W_v/(kT)\right)}{\exp\left(-W_+/(kT)\right)+\exp\left(-W_-/(kT)\right)+\exp\left(-W_v/(kT)\right)}$$

平行排列的偶极子是相互排斥的，只有利用耦合作用，才可以将它们束缚在一起，形成亚稳态的畴。即使反平行排列的偶极子为独立的，即没有相互作用，它也是稳定状态，畴的分解会使平行排列的偶极子转变为反平行排列。

## 4.6 传统的电卡效应理论

对极性介质施加一个外电场从而诱导极化强度方向的改变并伴随温度变化的现象被称为电卡效应 (electrocaloric effect，ECE) ，其原理与磁制冷完全相同。电卡效应用于制冷的示意图见图 4.6.1，其原理是：在未施加外电场时，铁电材料内部的偶极子呈无序状态，偶极子的取向是随机的 ($A$ 点) ；加电场后，铁电材料内的偶极子沿外电场的方向定向排列，使铁电体内部偶极子的无序程度下降，从而使整个铁电体的熵下降，在绝热条件下，材料的温度会升高 ($B$ 点) 。维持电场不

变，则铁电体也维持着相应的偶极子有序态，系统总熵不发生变化，用外部设备将热量吸出，则材料的温度会缓慢降低 ($C$ 点)；随后将施加在铁电材料的电场撤去，材料由于退极化效应，内部的偶极子会从有序状态变为无序状态，导致系统熵的增加进而使材料的温度下降 ($D$ 点)；电卡效应制冷利用的是 $C$-$D$ 过程，重复进行加-撤电场循环，就可以进行循环的加热和冷却，从而实现电卡的制冷效应。

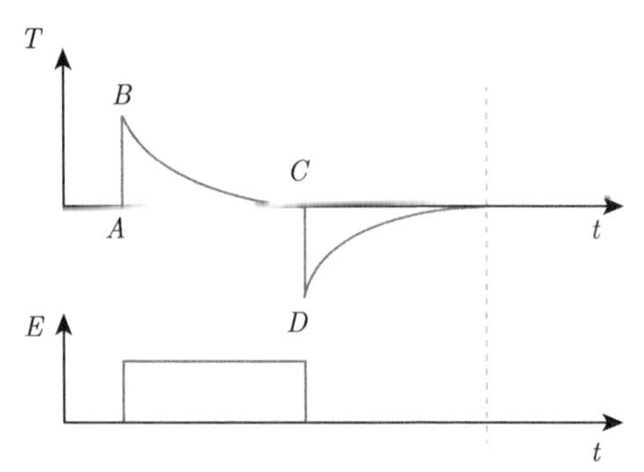


图 4.6.1　电卡效应原理图：$A$ 点施加电场到 $D$ 点终止。施加电场时铁电体放热，撤消电场时铁电体吸热

电卡效应最初是在 1930 年开始研究的，并在各种铁电体及其薄膜中进行了深入的探讨。1981 年，发现了 $Pb_{0.99}Nb_{0.02}(Zr_{0.75}Sn_{0.2}Ti_{0.05})O_3$ 陶瓷具有 2.5K 的绝热温变；2002 年，Shebanovs 报道了 $PbSc_{0.5}Ta_{0.5}O_3$ 陶瓷的绝热温变可达 2.4K，引起了研究者广泛的兴趣。特别是 2006 年和 2008 年，*Science* 期刊发表了两篇关于铁电体电卡效应的文章，一篇是 Mischenko 等在 $PbZr_{0.95}Ti_{0.05}O_3$ 薄膜材料的居里温度附近 (226℃) 获得了高达 12K 的绝热温变，其相应的电场强度为 48kV/mm[4]；另一篇是 [P(VDF-TrFE)](聚 (偏氟乙烯-三氟乙烯)，polyvinylidene fluoride) 铁电聚合物 [5]。由此重新唤醒了人们对铁电体电卡效应的研究热情。

在实现高效微型固体制冷器件方面，介质材料的电卡效应具有潜在的应用前景，特别是在利用 5V 电压的铁电薄膜集成片式 (on-chip) 制冷、传感器和医用设备的温度调控方面。

固体物质的熵来源于两个方面：一是晶格离子的热振动，它形成了热力学方程描述的振动熵；二是原子排列有序程度形成的构型熵。在铁电体中原子排列的有序程度会表现为偶极子排列的有序与无序性。偶极子分布的无序性越大，熵也越大。熵 $S$ 的变化对应着吸热放热效应，表示为

$$\Delta Q = T\Delta S$$

因此，熵变越大，吸收或释放的热量也越大。如果忽略外加电场所引起的振动效应，通过分析电场引起的吉布斯自由能变化对偶极子有序排列的影响，可以

导出熵与电场和温度的变化关系。

电卡效应的实验方式是测量温度变化，分为直接法和间接法。直接法是直接测量温度差，用吉布斯自由能对应的熵变进行理论解释，期望得到的是偶极子转向对熵的影响，其结论是熵随电场的增加线性增大。间接法是测量热释电系数 (即极化强度对温度的导数) 。

根据热力学变量之间雅可比行列式的关系，$S$ 与 $T$ 和 $P$ 与 $E$ 具有如下关系：

$$\frac{\partial(S,T)}{\partial(P,E)}=-1$$

因此，可以得到

$$\left(\frac{\partial S}{\partial E}\right)_T=\frac{\partial(S,T)}{\partial(E,T)}=\frac{\partial(S,T)}{\partial(E,P)}\cdot\frac{\partial(E,P)}{\partial(E,T)}=\left(\frac{\partial P}{\partial T}\right)_E$$

由此得到了产生电卡效应的基本熵变公式：

$$\Delta S=\int_{E_1}^{E_2}\left(\frac{\partial P}{\partial T}\right)_E\,\mathrm{d}E \tag{4.6.1}$$

利用热力学的基本关系：$\Delta Q=-T\Delta S=c\Delta T$，得到

$$\Delta T=-\int_{E_1}^{E_2}\frac{T}{c}\left(\frac{\partial P}{\partial T}\right)_E\,\mathrm{d}E \tag{4.6.2}$$

其中，$Q$ 表示系统的吸热，$c$ 是摩尔比热。两式为热释电系数 $p(p=\partial P/\partial T)$ 对电场强度的积分。温度上升会导致极化强度下降，所以热释电系数 $p$ 为负值，使得熵变为负，温度变化为正，即加电场时温度上升，几乎所有对铁电体电卡效应的实验结果分析中，均以此为依据。由于电卡效应利用的是撤除电场的过程，所以能够解释实验规律。

由 (4.6.1) 式和 (4.6.2) 式可知：只要在实验上获得了固定电场下极化强度随温度的变化规律，再进行一阶求导及对电场进行积分，代入密度和比热容就能得到温度的变化。且间接法对材料的质量要求不高，能够对质量很小的材料如薄膜等进行计算，并且精度较高，因此得到了广泛应用。但由于一些弛豫铁电体用直接法测试的绝热温变远远大于间接法计算出来的结果，以及一些陶瓷材料和单晶刚好相反，由此引起了人们对直接法的重视。

由于 (4.6.1) 式和 (4.6.2) 式为间接法测量热释电系数的表达式，因此不能用于描述直接测量热量得到的实验结果。直接法是对电卡效应所产生的热量变化或温度变化进行直接测量，分为两类：第一类是测量热量变化，如使用量热计或改造的差热分析仪；第二类是测量温度变化，可用红外测温仪。

在理论上，为了研究直接测量电卡效应的原理，传统的理论方法是从吉布斯自由能为出发点，对熵进行了更详细的推导。在铁电相外加电场后，可以用吉布斯自由能描述其电场方向偶极子的能量状态

$$G = \frac{1}{2}\alpha_0 (T - T_0) P^2 + \frac{1}{4}\beta P^4 - EP, \quad T < T_0$$

在自由条件或者恒定应力条件下，熵可以从 $G$ 对 $T$ 的一阶导数求出，其方法是

$$S = -\frac{\mathrm{d}G}{\mathrm{d}T} + E\frac{\partial P}{\partial T} = -\frac{\partial G}{\partial T} - \frac{\partial G}{\partial P}\frac{\partial P}{\partial T} + E\frac{\partial P}{\partial T}$$

由于在平衡条件下，$G$ 对 $P$ 的一阶导数为零刚好是平衡条件，由此得到的结果是

$$S = -\frac{1}{2}\alpha_0 P^2$$

为了得到熵变，Pirc 等采用了一种错误的假设 [6]：在加电场前的极化强度为 $P_0$，且由 $P_0$ 导致的熵 $S_0$ 为零。很明显，铁电相在加电场前由极化强度导致的熵为 $S_0 = -\frac{1}{2}\alpha_0 P_0^2$。还有一种说法是，起始状态为顺电相，而顺电相的极化强度为零，熵为零。由假设产生了熵差为

$$\Delta S = -\frac{1}{2}\alpha_0 P^2$$

总之，此式成为了通过测量极化强度的变化得到熵变的基本公式。然而，它的推导中存在如下两个严重的问题。

第一个是逻辑性问题。以未加电场时的铁电态为初态，加电场后的铁电态为终态。计算两个状态的熵差时，用的是终态的熵减去顺电相的熵而不是铁电相的熵。其原因是，未加电场的 $P_0$ 可以从系数和温度中直接得到，而加电场的极化强度 $P$ 不能用一个简单的公式直接表示，因而难以简单地表述电卡效应。

第二个是加电场后偶极子转向的问题。偶极子会随着电场的增大，逐步转到电场方向。而熵变的表达式并未包含此项内容。

上述推导中，暗含了吉布斯自由能对极化强度的一阶导数为零的条件。另外，假设 $P_0$=0 的目的是将简单的理论结果用于描述实验结果，否则难以获得合理的公式解释实验结果。

由于上述传统理论只考虑了电场方向偶极子在电场作用下长度的变化，没有考虑偶极子的转向对电卡效应的影响，因而其研究对象是热释电体而不是铁电体。即使能够得到结论，也难以用于描述铁电体所具有的特性。因此，铁电体的电卡效应理论需要考虑铁电体的特性。

## 4.7 居里原理

一个正六边形，以中心为原点，做垂直于平面的旋转轴，该轴为 6 重旋转轴，有 6 个操作元素。然而，它是一个可约的：可以分解为一个 2 重旋转和一个 3 重旋转。即一个可约的 6 重旋转轴点群包含了一个 2 重旋转和一个 3 重旋转的点群。

2 重旋转是 6 重旋转的子群，每次转动角度为 $\pi$；3 重旋转也是 6 重旋转的子群，每次转动角度为 $2\pi/3$。但 2 重旋转与 3 重旋转之间无关。

在铁电体的顺电相，它具有高的对称性和较多的对称操作，为可约点群。而在铁电相，高的对称性发生了破缺，变为了低对称性的点群，产生了自发极化。当这种自发极化可以根据对称性进行操作导致存在两个及以上自发极化的方向时，为铁电体；但若自发极化只有一个方向且不可操作时，为热释电体。

综合上述内容，从数学上发展出了对称性变化的原理，如下所示。

居里原理：考虑两个对称性不同的几何图形，当它们按照一定的相对取向组成一个新的几何图形时，其对称群是这两个几何图形对称群的最大公共子群。如果分为一个主图形和一个约束图形，则居里原理可以理解为所产生几何图形的对称性不能大于原主图形的对称性。

居里原理的含义是：已知相变前的结构及对称性，可以给出相变后各种可能的极化强度的方向，并可知道相变后的结构及对称性。这种转变，可以用一个约束表示，如图 4.7.1 所示 [7]。

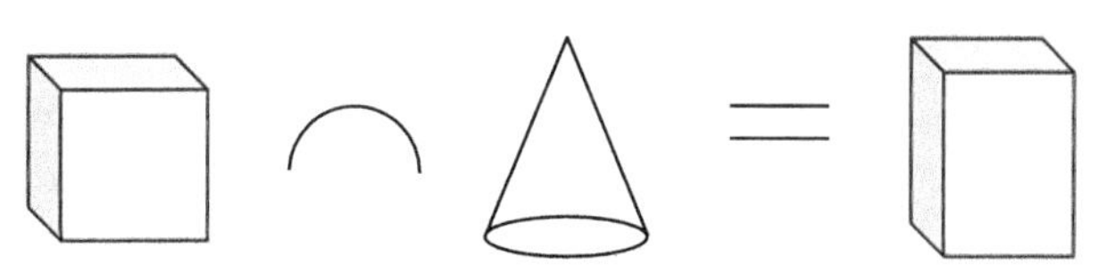

图 4.7.1 一个立方体与一个圆锥体相交，对称性取最大公共子群为长方体

一个立方体与一个圆锥体的对称性取最大公共子群为长方体的对称元素。

锥体表示自发极化，沿着特定的方向，两者相交，使圆锥的轴与立方体的轴重合。立方体变成了长方体。

如果锥体沿着 (110) 或 (111) 方向，该如何？

在铁电相变前后，晶体的对称性发生了变化。相变前晶体有高对称性；而相变后则有低对称性。

(1) 相变后的低对称为相变前高对称的子对称。

(2) 相变后的低对称形式可以有多种，它们之间的对称性无关，都与原型相对称性相关。

其意义是：相变前的原型相有 48 种对称操作，而其子对称只能有 $48/n$ 种，$n$ 为正整数。

铁电相的对称性为 24、16、12、8、6、4、3 和 2。

因而从高温到低温发生的相变是 $48 \to 12$，$48 \to 8$，$48 \to 6$ 等与对称操作相关的结构变化，从而有多个顺电相及铁电相，且铁电相与铁电相之间也会发生相变。

更详细的内容可以参考文献 [7] 所列顺电-铁电相变中对称性的变化。一种顺电相的对称性可以产生多种铁电相的对称性，产生的规则需要满足上述两条规则。

例 1，顺电相点群为 $2/m$，表示在 [010] 方向有二重轴，(010) 面为镜面。自发极化可以在 [010] 方向发生，与其反向 $[0\underline{1}0]$ 等效对称，表示为 2(2)，前面一个 2 表示对称性，后面的 2 表示对称等效方向的个数。

例 2，自发极化出现在镜面内某一方向，则可得出顺电相点群为 $m$。且因反向等效，所以其铁电相表示为 $m(2)$。

如果在顺电相中，出现自发极化的方向只与其反方向对称等效，则该铁电体为单轴铁电体；如果对称等效方向多于两个，则为多轴铁电体。

由于铁电体中的偶极子是可以反向的，所以单轴铁电体只能出现 180° 畴。

当 $BaTiO_3$ 的取向沿 [100] 方向时，为 $P4mm$ 点群，有 8 个对称元素和 6 个沿坐标轴的等效方向，表示为 8(6)；取向沿 [110] 方向时，为 $Pmm2$ 点群，有 4 个对称元素和 12 个等效方向，表示为 4(12)；取向沿 [111] 方向时，为 $P3m$ 点群，有 6 个对称元素和 8 个等效方向，表示为 6(8)。因此 $BaTiO_3$ 是多轴铁电体。而同样结构的铌酸锶钡 ($SrBi_2Nb_2O_9$，SBN) 则是单轴铁电体。两者的差别在于其原型相的对称性不同。

居里原理的含义是：任何铁电相的空间群都只是其原型相的一个子空间群，且铁电相的空间群相互之间是无关的。也就是说：在钛酸钡铁电体中，顺电相的点群有 48 种对称操作，为可约表示。铁电相可以分为三种，存在一个顺电相-铁电相的相变和两个铁电相-铁电相的相变。后两者之间是无关的，在每个相变点，它们的吉布斯自由能均相等。由于偶极子的取向方向和数量均发生了变化，导致各种性能发生了相应的变化。

限制条件：一般讨论的铁电体属于其中的“非极性方向”，即自发极化可反转。否则，不能用已经给出的吉布斯自由能描述。

## 参 考 文 献


[1] Sawyer C B, Tower C H. Rochelle salt as a dielectric. Phys Rev, 1930, 35: 269-275.

[2] Lines A M. Statistical theory for displacement ferroelectrics. Phys Rev, 1969，177: 797.

[3] Jonker G H. Nature of aging in ferroelectric ceramics. J Am Ceram Soc, 1972，55: 57-58.

[4] Mischenko A S, Zhang Q M, Scott J F，et al. Giant electrocaloric effect in thin-film $PbZr_{0.95}Ti_{0.05}O_3$. Science，2006，311: 1270.

[5] Neese B, Chu B, Lu S G. Large electrocaloric effect in ferroelectric polymers near room temperature. Science, 2008, 321: 821.
[6] Pirc R, Kutnjak Z, Blinc R，et al. Electrocaloric effect in relaxor ferroelectrics. J Appl Phys，2011，110(7) : 074113.
[7] 钟维烈. 铁电体物理学. 北京: 科学出版社, 1996: 96.

# 第 5 章　铁电体的相变理论

## 5.1　铁电体的软模理论

实验发现，在不加直流外电场时，铁电体在顺电相时仍然存在介电常数，并且当温度从高温降低到接近居里温度 $T_C$ 时，介电常数还会急速上升，表现出居里-外斯定律的规律。由于顺电相不存在偶极子，即不存在静态的极化强度，由此假定介电常数不是来源于极化强度。

由于仪器测量的原理是外加一个极小的电场，测量感应电荷的变化量，根据电荷量的变化与电场量的变化比算出介电常数，因此该介电常数具有动态性质。动态变化的机理可以用简单的弹簧运动描述。对于一个一端固定，另一端为一个小球的弹簧来说，将小球从平衡位置拉开一段距离 $x$ 后松手，弹簧对小球会产生一个回复力 $f$，其大小为

$$f = -kx$$

其中，$k$ 是弹性系数。如果小球的质量为 $m$，则小球振动的频率是 $\omega^2 = k/m$。

小球被拉开后弹簧的弹性势能 $g$ 为外力做功的负值

$$g = -\int_0^x f\mathrm{d}x = \frac{1}{2}kx^2$$

将小球的运动做类比，对于晶格振动，当晶体中正负电荷因振动而发生分离时，会产生一个偶极子，因电荷而产生的能量是

$$g = \frac{1}{2}k\frac{\mu^2}{q^2}, \quad \mu = \bar{x} \cdot q$$

考虑晶体中的振动，如果振动的频率是$\omega$，则能量为

$$g = \frac{1}{2}\omega^2\langle Q\rangle^2$$

其中，$Q$ 是振动位移 $x$ 的简正量，为正则位移。考虑单位体积，偶极子的密度是 $n$，则能量密度 $G$ 是

$$G = ng = \frac{1}{2}n\frac{k}{q^2}\mu^2 = \frac{1}{2}\frac{k}{nq^2}P^2 = \frac{1}{2}\alpha P^2, \quad P = n \cdot \mu$$

理论研究表明，其能量与离子振动频率的平方成正比，且在某个温度 $T_0$ 下趋于零

$$G=\frac{1}{2}\alpha P^2\propto\frac{\omega^2}{\omega_0^2}\propto(T-T_0)$$

由此，有下列关系：

$$k\propto\omega^2\propto\alpha=\alpha_0(T-T_0)$$

由于 $k$ 是振动模，它与温度的关系被称为弹性系数的软化，同时也是频率的软化。

由此可以得到晶格振动的吉布斯自由能为

$$G=\frac{1}{2}\alpha_0(T-T_0)P^2,\quad \alpha=\alpha_0(T-T_0) \tag{5.1.1}$$

其中，$T_0$ 被称为居里-外斯温度。

1940 年，Lyddane-Sachs-Teller 针对简立方的碱卤化物晶体导出了著名的 “LST” 关系式：

$$\varepsilon(0)/\varepsilon(\infty)=\omega_L^2/\omega_T^2 \tag{5.1.2}$$

式中，$\varepsilon(0)$ 和$\varepsilon(\infty)$ 分别为静态介电常数和高频介电常数 (其中的 0 和 $\infty$ 表示频率值)，$\omega_L$ 和$\omega_T$ 分别为晶体的纵向和横向振动频率。在晶体中的各种横光学模中，只要有其中一个发生了软化，则总的效果均为趋于零。

根据黄昆方程，可以得到相关的介电函数：

$$\varepsilon(\omega)=\varepsilon(\infty)+\frac{\varepsilon(0)-\varepsilon(\infty)}{\omega_T^2-\omega^2}\omega_T^2$$

利用 LST 关系式，可以得到

$$\varepsilon(\omega)=\varepsilon(\infty)\frac{\omega_L^2-\omega^2}{\omega_T^2-\omega^2}=\varepsilon(\infty)+\varepsilon(\infty)\frac{\omega_L^2-\omega_T^2}{\omega_T^2-\omega^2}$$

由此式可以看出，$\omega_L$ 为介电函数的零点频率，$\omega_T$ 为极点频率，一般在 $10^{13}\mathrm{s}^{-1}$。由于$\varepsilon(0)>\varepsilon(\infty)$，以及$\omega_L>\omega_T$，介电常数随频率的上升而增大。

对比弹簧的情况，对于一定质量的小球，弹簧对其产生的弹力与位移和弹性系数成正比，同时弹簧的振动具有固定的频率。如果频率越低，弹性系数越小，则弹簧越软，越容易被拉动。如果有两个完全相同的小球，固定端被铁丝相连并悬空，当有一个小球振动时，会通过铁丝传递给另外一个，最终两个小球同步振动。对于晶体，原胞相当于小球，原胞之间的关联相当于铁丝。晶体内的各种振动，来源于温度导致的晶格离子的集体共振，与某个原胞内离子的作用无关。当一个原

胞振动时，通过关联作用，影响到周围原胞产生共振。如果这种振动与周围的环境温度谐调，将不断保持；如果不能谐调，则会逐渐衰减直至消失。因此，当温度变化时，原胞间集体振动的频率会相应地谐调变化，与温度相适应的振动将加强，不适应的将消失。同时，原胞间的关联作用也发生变化。

晶格振动的光学模就是这种集体振动。在温度趋向 $T_c$ 时，晶格振动的横光学模$\omega_T$ 具有变小软化的性质 (正比于 $T-T_c$)，即共振频率趋于零。这种软化的振动意味着相关离子离开平衡位置后，弹簧的弹性系数极小，回复难度极大，这种情况属于朗道性质的长程关联性，所有光学模在 $T=T_c$ 时振动慢到停止，为二阶铁电相变。如果振动无关联或者短程关联，振动与偶极子共存或者在平衡位置的振动可以转化为具有稳定性的偶极子，且两者保持一定的温度相关的比例，这种情况对应着一阶铁电相变。

二阶铁电相变是最基本的连续相变，是传统的朗道理论所研究的对象。居里温度是唯一的临界点，不存在两相共存：在无电场和压力的条件下，高于居里温度为顺电相，低于则为铁电相。无两相共存的特点，导致了理论与实验结果的清晰可辨，因而成为了理论研究的对象。

1958 年，安德森 (Anderson) 提出了软模理论，同时科克仑 (Cochran) 也独立地进行了详细的研究。他们提出，导致铁电相变的晶格不稳定与布里渊区的横向光学振动模的软化相关，由此提出了“软模”这一概念。Barker 和 Tinkham 运用红外光谱以及随后考利 (Cowley) 利用非弹性中子散射实验对 $SrTiO_3$ 的结果进行了实验验证。截至 1970 年，关于铁电材料晶格动力学的主要思想已经得到了透彻的理解。

之后，铁电相变的研究已从静态过渡到了动态的水平，并用拉曼 (Raman) 衍射的方法测量横光学模随温度的变化理解晶格的振动特征。在理论上，将相变与晶格振动密切关联，阐明了由于存在非谐振性，作用在离子上的微观力是温度的函数，离子间弹性力常数的振动模随温度变化，当晶体趋于相变温度时，横光学振动模趋于零。这种与弹性模量相关的晶格振动模所表现出的温度关系，称为软模。它发生在高于居里温度的顺电相，并导致了介电常数服从居里-外斯定律，由此得到了普遍的认可。

那么，什么是软模？晶体中的离子处于不停的振动状态。这种振动，保持了晶体与周围环境温度的一致性。要维持稳定的振动，对频率或波长有特殊要求：对于横波，波传播方向的长度 $L$ 必须是稳定振动的波长的整数倍。波长最大为 $L$，最小为晶格长度的 2 倍，以满足一个上下变化的周期。由于波矢与波长呈倒数关系，当波长为晶体的宏观尺度时，波矢趋于零。软模理论考虑的条件即为波矢趋于零的长波近似。当然，如果晶体为纳米尺寸，波矢趋于零的软模理论假设只能成为近似，晶格振动模的软化与尺寸关系还需要进一步研究。

在三井立夫的著作中讨论了 BT 的振动模式 [1]：原胞有 5 个离子，12 个光学模中有 4 个纵向模和 8 个横向模。考虑到二重简并，有 4 个横向模，其中有一个是非光学活性的，因此共有 3 种光学活性模。一个是 Ba 与 $TiO_2$ 的相对振动。另外两个是内 $TiO_2$ 的伸缩振动。图 5.1.1(a) 表示了一种伸缩振动：钛离子向上移动时，所有氧离子均向下；图 5.1.1(b) 表示了另一种弯曲振动：当钛离子向上移动时，在其上下的氧离子也向上移动，而其他与钛离子共面的 4 个氧离子则向下移动。氧离子的这种移动产生了抵消位移电流的效果。在对 BT 晶体中子非弹性散射实验中，无论是立方顺电相还是铁电相，均证实了氧离子的振动具有上述两种模式，且布里渊区中心的模式强度始终为零，被认为是过阻尼。

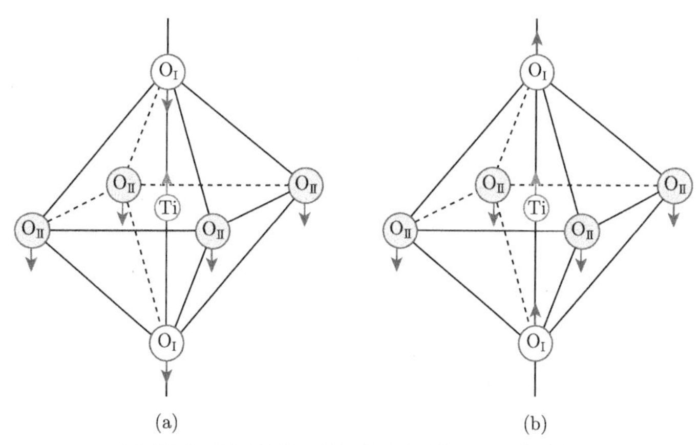


图 5.1.1 $TiO_6$ 八面体红外活性简正振动示意图：(a) 伸缩振动；(b) 弯曲振动

在这两种振动模式中，哪种导致了模的软化存在着争议 [2]。如果是前者，可以认为离子晶体的晶格振动产生的格波与其组成结构相关。当一个 3 维晶体的基本单元只有一种原子或离子时，只产生声学波。当晶体的基本单元由 $n$ 个正负离子组成时，有 3 个声学波和 $3n-3$ 个光学波。声学波是频率较低的振动，且相邻离子同向振动。光学波频率较高，相邻正负离子相向振动。除了频率有关之外，格波还与倒空间的布里渊区有关：正空间的波长与倒空间的波矢成反比。如果格波的波长达到晶体的宏观长度，则波矢为最小，接近于零。格波的波长最小为两倍晶格常数，其波矢位于布里渊区边界。

光学波分为两种，一种是纵向的光学模，其离子的振动方向与传播方向相同。正负离子的相对位移会导致较大的正负电荷在空间的积累，由此产生的极化场会影响光的传播，为具有电极化性质的光波。另外一种是横向的光学模，有 2 个垂直的分量。当正负离子向相反的方向发生移动时，会沿正离子的移动方向产生位移电流，同时感应出磁场。因而，横光学波具有诱导磁极化的性质。在布里渊区边界，相邻晶格的正负离子在光学模的作用下会反向运动，产生的位移电流会相互抵消；而在布里渊区中心，会产生较大的瞬时位移电流和感应磁场，通过反馈的形式影响光学模的振动状态。

以 $BaTiO_3$ 的横光学波为例，考虑典型的 Ti—O 键的相对运动。当横波的一个波振面到达某个平面引起原胞内正负离子反向运动时，设波所到达的原胞中，中心的钛离子向上运动，周围的氧离子向下运动，从而总体形成了一个向上的离子位移电流。由于横波对整个波前面内的原胞具有相同的作用，使得该原胞上下的相邻原胞中的离子产生同步振动，所形成的位移电流从下到上，并感应出围绕离子振动的磁场，该磁场将会影响波的下一个波前的离子振动。对于靠近布里渊区中心的长波，其接下来的波前与产生磁场的振动基本相同。已经产生的磁场将会影响未来产生的电流，有可能使振动改变。对于布里渊区边界的短波，沿着波前方向相邻原胞的振动方向相反方向，形成了垂直于光波前进方向的交替变化的电流：一列电流向上，下一列电流向下。所产生的感应磁场也上下交替变化，并感应出交替变化的电场，伴随着光波的传播。可以将交替变化的磁场以及由此而感应的交变电场看成是一种对横光学模作用的反馈，其影响还有待深入研究。

在拉曼光谱中，可以测量到横光学模的强度在布里渊区内的变化，且不同的铁电体相互间会有差异，这与原胞中的离子振动模式相关。振动模式不同，与光波的作用也不同，需要具体分析。需要说明的是，振动模式的改变对微波介质陶瓷会有一定的影响，因为协同作用产生的磁场会导致明显的宏观磁性质的巨大变化。另外，离子相同方向振动所产生的瞬时偶极子为平行排列，相互排斥，形成了不稳定的状态。所以，尽管在理论上被公认，但仍然存在上述值得怀疑的隐患。与之相反，当波矢最小时，瞬时偶极子振动方向相反。从另外一个角度分析，可以认为相邻的位移电流方向相反，相互抵消，具有较弱的磁效应，状态较为稳定。

在朗道的统计理论中，接近相变温度，晶体中的晶格振动会产生关联，这种关联可以用关联长度表示，它正比于距离相变温度的温度差。所谓关联，是指所有离子振动的一致性，所有离子一致性地无差异地发生变化，其最终效果同样是离子振动具有一致性，它支持布里渊区中心模的软化假设。

最早是 Barker 用 $SrTiO_3$ 红外谱对做的实验。虽然 $SrTiO_3$ 是先兆性铁电体，但属于立方晶系，且在 93K 的温度点，其介电常数满足居里-外斯定律，具有与 $BaTiO_3$ 相同的规律。用介质对光的反射率与介电常数实部和虚部的关系，可以证实其具有模的软化和高阻尼效应。

1972 年，Stirling 报道了对 $SrTiO_3$ 的中子非弹性散射的实验结果。声子色散关系的研究表明：布里渊区中心的光声子是软模，且不随温度变化，但随着波矢的增加迅速变硬。在布里渊区边缘也存在声子模式软化，其模强随温度的升高而增大。即在 $x$、$y$ 和 $z$ 方向上均具有两个晶格常数周期性的布里渊区区域边界的软模式，锶离子在相反方向上交替位移振动。此实验证实了，在长波长时，布里渊区中心的光学横模被抑制了，且与温度无关。而在布里渊区边界，光学横模也被抑制了，且与温度有关，导致了可发生相变的软模。

零波矢时横光学模为零的现象引起了人们较大的困惑，认为是过阻尼引起的。首先，从理论上推导了过阻尼对介电常数的影响；之后认为在位移型相变中存在有序-无序相变，以及过阻尼是由于横光学模与其他低频激发的相互作用引起的。没有人考虑过位移电流导致的感应磁场产生的阻尼作用，即它是一个自洽的阻尼过程。

需要特别说明的是，此部分内容只是给读者介绍 20 世纪四五十年代因铁电体 (及其他一些材料如超导体等) 的迅猛发展而出现了一些让人迷惑的实验问题，急需理论解释。同时理论物理在晶格动力学等领域的成就使其可用于解释铁电体。对应晶格振动及其模式软化，是理论假设及其相关推导的结果，能够描述在不加电场或只加了微小电场时的情况，得到的物理图像能够很好地说明介电常数的静态特征，但仍然存在两个重要的问题：一个是拉曼光谱的模式软化实验结果与理论不能唯一地对应；另一个是不能解释外加电场后顺电相介电常数随电场的变化规律。如果不用上述理论，传统唯象理论在三维条件下的数学公式能够得到加电场后所诱导的极化强度，再将诱导的极化强度推导出相应的介电常数，其理论结果与实验结果完全一致，因而软模理论未必正确。同时，产生相变的物理机理需要重新探索。

## 5.2 铁电体的相变原理

物质的相变可以分为一阶 (或一级) 相变 (first-order phase transition) 、二阶 (或二级) 相变 (second-order phase transition) (有可能有多级相变) 。在自然界中用热力学势的一阶导数和二阶导数的连续性表示相变的级数。当体积、密度和熵等热力学势在某个温度点两侧的一阶导数物理量不同 (发生突变) 时，为一阶相变。而上述参量经过相变点发生连续变化，且二阶或高阶导数突变时，为二阶或者高阶相变。

对于单一成分的物质所发生的相变，二阶相变的特点是在某个温度只能有一个相，转变点称为居里点，或者居里温度 $T_c$。居里温度两侧的温度可以无限地趋近而保持在该相。至今，最完整的相变理论是朗道的相变理论，即基于铁磁体在相变临界区域所发生的长程关联性所导致的临界分数指数行为。通过引入一个“序参量”(order parameter) 描述相变，使相变的研究从物理概念上升到了数学上的精确描述。伴随着数学上的序参量，“对称破缺” 是与其相变的物理含义，两者一起构成了当今相变理论的基础。

固体-固体的一阶相变在性质方面不完全等同于自然界中物质的相变，因为它是随温度变化在结构上的连续调整。两者有相同与相异之处。相同之处在于两者均允许两相共存；结构的变化对应于熵的变化 (即存在吸热、放热效应) 。例如，水在 0℃ 的一阶相变点时，冰和水两相共存。冰吸热会溶化为水，温度保持不变。冰吸热越多溶化为水的量越大；相比而言一阶铁电相变、铁磁相变和超导相变也允许两相共存。一阶铁电相变在一个相变区域内逐渐变化。当铁电相原胞与顺电相原胞转变时，会发生局部微小的物理量突变，导致吸热或放热效应。然而两相的比例是温度的函数，起始转变温度称为居里-外斯温度，两相等能量温度为居里温度，最终转变温度为 $T_1$。当温度变化时，两相的比例才会发生变化，引起熵变及对应的热效应。因此，判断铁电体放热效应使用的是示差扫描量热的测量方法，通过连续升高温度测量吸热。而不适合使用自然界的方法，在某一固定的相变温度测量吸热或放热。如果将自然界的相变规则 (如突变) 强加于铁电体，则会人为地掩盖相应的物理现象，迷失研究方向。如在传统的铁电体理论中，已经用吉布斯自由能描述了相变区域内的变化过程，同时表明了存在两相共存的两种能谷，它们是随温度连续变化的；但人们却又从经典相变理论中引进了突变所具有的特征，即相变潜热和介电常数在居里温度的突变。如此互不相容的矛盾共存，使传统理论难以解释铁电体的各种性质。因而本书会先澄清概念，从最基础的物理原理入手，再逐步引入铁电体的各种行为并加以解释。

为合理描述铁电体的相变过程及铁电体在各个相的性质，主要需要解决三个方面的问题。其一，在理论上，铁电体的相可以用热力学函数描述。用什么函数描述最合理？在所用的热力学函数中，采用什么样的数学形式能够描述铁电体的相，且不失去任何信息以解释铁电体的各种对外界的响应？其二，铁电体是三维的，在最初始的原始态，偶极子在各个可能的特定方向等概率取向，并用极化强度作为热力学函数的基本变量，它们对电场的响应与极化强度的方向相关。热力学函数应该如何描述？其三，一阶相变铁电体的性质应该用热力学函数在相变区域的变化描述，考虑两相共存随温度变化对性能的影响，而不是在居里点进行切断式处理。

### 5.2.1 铁电体相变的热力学函数

在描述铁电材料时，经常可以见到文献中用自由能 $A$ 或吉布斯自由能 $G$ 作为特征函数描述系统的性质，它们的差异在哪里？

自由能 $A$ 和吉布斯自由能 $G$ 的差异主要体现在所使用的环境及适应该环境的变量。热力学中的吉布斯自由能用应力 (或压强) 和温度为变量，是实验操控过程中可以人为控制的强度量，并在热力学相变时保持不变的量。因此，一般的相变过程均用它。在热、力、电三个变量的铁电体中，如果不考虑电场的影响，极化强度只是温度的函数，一般用弹性吉布斯自由能描述，其微分形式为

$$dG_1 = -SdT - xdX + EdP$$

如果考虑电场的作用，极化强度的方向与电场的方向一致或相反时，使用吉布斯自由能函数：

$$dG = -SdT - xdX - PdE \text{ 或 } G = G_1 - P \cdot E$$

在 $G$ 的公式中，$T$，$X$，$E$ 均是可人为控制的参量，如保持恒温 $\Delta T = 0$、恒压 $\Delta X = 0$ 和恒定的电场 $\Delta E = 0$。所得到的理论结果可以与实验结果比较。

如果使用自由能 $A$(有些书用 $F$)，其表达式是

$$A = U - TS, \quad dA = -SdT + Xdx + EdD$$

与吉布斯自由能不同的是，自由能 $A$ 使用应变 $x$ 而不是应力 $X$ 作为变量。由于在外加电场的过程中，会发生尺寸变化产生电致伸缩效应，应变不再是常量，且会对过程产生影响。因此，自由能 $A$ 不适用于描述有外加电场时铁电体的状态变化过程，或者说使用 $A$ 是不严格的。

铁电体被强电场极化后形成了热释电体，常被用于压电效应，将应变作为变量，描述机械能与电能的转化，此时必须用自由能 $A$。

### 5.2.2 热力学函数的数学形式

#### 5.2.2.1 基本函数形式

根据热力学原理，铁电体在无电场时用弹性吉布斯自由能 $G_1$ 描述：

$$G_1 = G_{10} + \frac{1}{2}\alpha_0 (T - T_0) P^2 + \varphi(P) \tag{5.2.1a}$$

其中，$G_{10}$ 是常数；$\alpha_0$ 是一个正的热力学系数；$T_0$ 是居里-外斯温度；$\varphi(P)$ 是极化强度 $P$ 的函数，不同的形式分别对应一阶和二阶相变铁电体。

仅考虑电场方向的极化强度，$G_1$ 对 $P$ 的一阶导数为

$$E = \frac{\partial G_1}{\partial P} = \alpha_0 (T - T_0) P + \varphi'(P) \tag{5.2.1b}$$

$G_1$ 对 $P$ 的二阶导数为介电隔离率$\lambda$(介电常数$\varepsilon$ 的倒数)

$$\frac{1}{\varepsilon} = \lambda = \frac{\partial E}{\partial P} = \frac{\partial^2 G_1}{\partial P^2} = \alpha_0 (T - T_0) + \varphi''(P_0) \tag{5.2.1c}$$

根据吉布斯自由能与弹性吉布斯自由能的关系：$G = G_1 - EP$，并忽略常数 $G_{10}$，可以得到

$$G = \frac{1}{2}\alpha_0 (T - T_0) P^2 + \varphi(P) - EP \tag{5.2.2a}$$

平衡时 $G$ 对 $P$ 的一阶导数为零

$$\frac{\partial G}{\partial P}=\alpha_0\left(T-T_0\right)P+\varphi'(P)-E=0 \tag{5.2.2b}$$

(5.2.2b) 式与 (5.2.1b) 式等效。求解 (5.2.2b) 式可以得到平衡时的极化强度 $P_0$。

$G$ 对 $P$ 的二阶导数被定义为介电隔离率$\lambda$，所包含的 $P_0$ 为平衡值，不再是变量

$$\frac{1}{\varepsilon}=\lambda=\frac{\partial^2 G}{\partial P^2}=\alpha_0\left(T-T_0\right)+\varphi''\left(P_0\right) \tag{5.2.2c}$$

总之，两种表达式是等效的，且 $G$ 对 $P$ 的一阶导数为零成为了判断系统状态平衡的判据。

根据三井立夫提出的定理一：对于具有对称中心的晶体，所有奇次级系数张量元均为零，因而有

$$G=\frac{1}{2}\alpha_0\left(T-T_0\right)P^2+\varphi\left(P^2\right)-EP \tag{5.2.3}$$

需要说明的是，在最初的吉布斯自由能函数中，极化强度考虑了四方相三个垂直方向的分量，其表达式为

$$G_1=G_{10}+\frac{1}{2}\alpha_0\left(T-T_0\right)\left(P_x^2+P_y^2+P_z^2\right)+\varphi\left(P_x^2,P_y^2,P_z^2\right) \tag{5.2.4}$$

这种偶数形式包含了极化强度的 6 次方的各种组合，考虑极化强度 $P$ 沿坐标的某个轴，故将矢量变量用标量代替。物理上对应于将铁电相用热释电相代替，因而应该还原其原始状态。(5.2.4) 式的最大缺陷在于没有考虑偶极子在各个方向的分布：每个偶极子只能占据一个取向方向，所有可能的取向方向都会被偶极子占据，且每个取向上的数量是一定的，就形成了一种分布，即每个方向都有一定的概率。吉布斯自由能应该由这种分布构成。

#### 5.2.2.2　含应变的函数形式

三井立夫提出的定理二：对于具有对称中心的晶体，在一级近似中，当不存在外力时，应变组元 $x$ 可以用极化强度的双线性函数来表示。铁电体是具有对称中心的晶体，由此可以表示为

$$A=\frac{1}{2}\alpha_0\left(T-T_0\right)P^2+\varphi\left(P^2\right)-EP+\frac{1}{2}cx^2+\frac{1}{2}qxP^2 \tag{5.2.5}$$

在应变为零的条件下：$X=(\partial A/\partial x)_P$，得到

$$cx+\frac{1}{2}qP^2=0$$

这种应变与极化强度的平方关系往往用于电致伸缩效应。另外，在 (5.2.5) 式中，如果将两个 $P^2$ 项合并，将得到应变对居里-外斯温度的影响。根据居里-外斯温度与居里温度的关联性，应变将会提高居里温度，由此可以解释为什么铁电薄膜中当膜与基底发生应变时，居里温度会升高。

### 5.2.3 多极化强度方向的热力学体系描述

外加某种作用会导致一个系统产生响应，从一种平衡状态变到另外一种平衡状态或者准平衡状态。如果是系统内在变量的变化，如温度变化，系统可以达到另一个平衡态。然而，如果外加的作用使系统内部的性质发生变化，往往可以用准平衡态描述，所用参数也会相应变化。例如，对一个磁性材料加磁场，一个电子能级会因自旋而分裂为两个。用这种方法可以分析材料中元素的精细能级结构。对于一个半导体材料，光照会使非平衡载流子浓度增加特别是少数载流子会增大若干数量级。描述平衡状态的一个费米能级变为两个准费米能级，分别用于描述导带的电子浓度和价带的空穴浓度。类似于半导体的这种描述方法，当铁电体外加电场后，偶极子的能级也会由于取向方向的差异而发生变化。

由于大多数铁电体从顺电相转变到铁电相时的相为四方相，再降低温度会转变到其他相。所以，本书仅以铁电体的四方相为例进行分析。四方相是以正方形为底面的长方体，以垂直于正方形底面的法线方向为偶极子的取向方向。因此，一个四方相铁电体共有 6 个偶极子的取向方向，分别设定为在三个坐标轴 $X$、$Y$、$Z$ 的正反取向方向上。若外加电场沿正 $X$ 方向，则 $X$ 方向的偶极子形成了正向极化强度，反 $X$ 方向的偶极子形成了反向极化强度，其他方向的偶极子形成了垂直极化强度。正向极化强度能量下降 $-PE$，反向极化强度能量上升了 $PE$，垂直极化强度能量不变。总之，外加电场导致了一个能级分裂成了三个。用于描述平衡条件的吉布斯自由能也需要三个。由于极化强度的每个分量均为垂直关系，交叉的矢量乘项为零，因而可以表示如下：

$$G_+ = \frac{1}{2}\alpha P_+^2 + \varphi\left(P_+^2\right) - EP_+, \quad P_+ > 0 \tag{5.2.6a}$$

$$G_- = \frac{1}{2}\alpha P_-^2 + \varphi\left(P_-^2\right) - EP_-, \quad P_- < 0 \tag{5.2.6b}$$

$$G_v = \frac{1}{2}\alpha P^2 + \varphi\left(P^2\right) \tag{5.2.6c}$$

(5.2.6a) 式和 (5.2.6b) 式能够通过吉布斯自由能对相应极化强度的一阶导数为零求解以获得平衡时的值 $P_{+0}$ 和 $P_{-0}$。同样方法解方程 (5.2.6c) 式能够得到 $P_0$, 为零电场下的 $P_{+0}$。

对于四方相的铁电体，根据 Mason 和 Matthias 提出的方案 [3]，自发极化的取向分别沿四方相轴的六个方向 [±1 0 0]，[0 ±1 0] 和 [0 0 ±1]。如果外加电场沿其中一个轴的方向，表示为下标“+”，极化强度 $P$ 沿相应的六个方向将被划分为: 电场方向的 $P_+$、反电场方向的 $P_-$ 和垂直于电场方向的 $P_v$。总的吉布斯自由能将由上述三个部分组成:

$$G = \rho_+ G_+ + \rho_- G_- + 4\rho_v G_v, \quad \rho_+ + \rho_- + 4\rho_v = 1 \tag{5.2.7}$$

在此$\rho_+$，$\rho_-$ 和$\rho_v$ 分别为三个极化强度的取向概率。

当 $E = 0$ 时，$P_{+0} = P_0 = -P_{-0}$ 并且 $\rho_+ = \rho_- = \rho_v = 1/6$，即极化强度在每个方向的比例均相同。当电场 $E$ 增加到一个正值时，三个极化强度均可通过 (5.2.6a) ~(5.2.6c) 式推导出来，且相应的吉布斯自由能的平衡值也能得到。作为表达平衡状态的特征函数，以及极化强度为经典物理系统中的量，概率函数满足玻尔兹曼分布 [3]

$$\rho_+ = \exp\left(-G_+/(kT)\right) / \left[\exp\left(-G_+/(kT)\right) + \exp\left(-G_-/(kT)\right) + 4\exp\left(-G_v/(kT)\right)\right] \tag{5.2.8a}$$

$$\rho_- = \exp\left(-G_-/(kT)\right) / \left[\exp\left(-G_+/(kT)\right) + \exp\left(-G_-/(kT)\right) + 4\exp\left(-G_v/(kT)\right)\right] \tag{5.2.8b}$$

$$\rho_v = 1 - \left(\rho_+ + \rho_-\right)/4 \tag{5.2.8c}$$

当偶极子反转时, $\rho_-$ 减小及$\rho_+$ 增大。当偶极子从四个垂直方向旋转到电场方向时，$\rho_v$ 减小。

根据电中性原理，当体内的偶极子改变大小和方向后可以在表面产生相应的感应电荷。在 $P$-$E$ 测量实验中，测量的极化强度是因外加电场而积累在两个电极表面的电荷量之差。由于垂直方向的极化强度对电极表面的积累电荷没有产生影响，而只有 $P_{+0}$ 和 $P_{-0}$ 对测量的极化强度 ($P_{\mathrm{t}}$) 有影响 [4]，其表达式为

$$P_{\mathrm{t}} = \rho_+ P_{+0} + \rho_- P_{-0}, \quad P_{+0} > 0, \quad P_{-0} < 0 \tag{5.2.9}$$

低于居里温度 $T_{\mathrm{c}}$，偶极子是沿着取向方向根据晶体的晶相自发形成的，例如四方相中的六个取向方向。当一个偶极子改变它的方向时，有两种可能的途径：一种是传统的在极性液体中的方法，偶极子可以自由转动；另一种是在晶体中的，借助于集合振动模式的能量帮助，由中心离子越过中心势垒，从一个平衡态转向到另一个平衡态而完成，如图 4.2.2 所示。

由于介电常数也只与电场方向相关，垂直于电场方向的偶极子对介电常数没有贡献，则总的介电常数为

$$\frac{1}{\varepsilon} = \frac{\rho_+}{\varepsilon_+} + \frac{\rho_-}{\varepsilon_-} = \rho_+ \frac{\partial^2 G_+}{\partial P_+^2} + \rho_- \frac{\partial^2 G_-}{\partial P_-^2} \tag{5.2.10}$$

# 5.3 铁电体的顺电相

## 5.3.1 铁电体的顺电相吉布斯自由能

在铁电体的顺电相，当有电场作用时仍用 (5.2.4) 式，当没有电场时，$G$ 通常被表示为

$$G=\frac{1}{2}\alpha_0\left(T-T_0\right)P^2 \tag{5.3.1}$$

以 $P$ 为变量，$G$ 的函数形式是一个抛物线。平衡点为中心点 $P_0=0$，$G_0=0$。下标 0 表示平衡时的数值。由此，可以得到介电常数

$$\frac{1}{\varepsilon}=\lambda=\alpha_0\left(T-T_0\right) \tag{5.3.2}$$

此式为居里-外斯公式。需要强调的是：顺电相的吉布斯自由能 $G$ 不为零，只是平衡点为零。其含义是 5.1 节描述的离子振动所产生的位移极化。

然而，上述内容是否合理？还需要考虑 $G$ 是否满足顺电相的极化强度为零和 (5.3.2) 式的先决条件。在 (5.2.6) 式的条件下，$G$ 的最大可能条件是结合了 (5.3.1) 式的：

$$G=\frac{1}{2}\alpha_0\left(T-T_0\right)P^2+\varphi\left(P^2\right),\quad T>T_0 \tag{5.3.3}$$

由于铁电体具有中心反演对称性，且若 (5.3.3) 式的右边第二项始终为正值，则 $G$ 只有一个中心能谷，其解为 $P_0=0$。介电常数的测量是在平衡条件下进行的，即 $P_0=0$ 的条件。因而如果 $\varphi(0)=0$ 成立，则描述顺电相的吉布斯自由能应该是 (5.3.3) 式而不是传统意义上的 (5.3.1) 式。

(5.3.3) 式成立的意义并不仅仅是公式本身，而是当顺电相加电场时描述方程应该用

$$G=\frac{1}{2}\alpha_0\left(T-T_0\right)P^2+\varphi\left(P^2\right)-EP,\quad T>T_0 \tag{5.3.4a}$$

如果沿用传统方法得到的是

$$G=\frac{1}{2}\alpha_0\left(T-T_0\right)P^2-EP,\quad T>T_0 \tag{5.3.4b}$$

上述两式的差异是：利用 (5.3.4a) 式可以求解得到极化强度及由此产生的各个物理量，解决多种效应的物理问题；然而，如果用 (5.3.4b) 式极化强度和介电常数得到的结果却是

$$P=E/\alpha_0\left(T-T_0\right),\quad T>T_0$$

和

$$\frac{1}{\varepsilon}=\lambda=\alpha_0\left(T-T_0\right)$$

显然，上述结论与实验现象完全不符。实验中，顺电相的介电常数也会随电场的增大而减小，不会保持不变。

对于铁电体，顺电相的吉布斯自由能仍然应该是 (5.3.4a) 式。其条件是必须满足 $G$ 对 $P$ 的一阶导数为零时 $P_0=0$。显然，以 $P^2$、$P^4$ 和 $P^6$ 为变量的函数均可以实现。

因此，必须特别说明的是：在传统的吉布斯自由能表达式中，其顺电相部分的表示是不充分的，难以解释加电场后铁电体的行为。

### 5.3.2 铁电体的介电常数机理

在铁电体的顺电相，当没加电场时，无偶极子。加电场后会产生诱导极化效应，通过吉布斯自由能可算出诱导的电场方向的极化强度大小，该诱导极化强度与电场强度的比值即为介电常数。

当外加电场时，小的电场变化 $\Delta E$ 诱导了正负离子的反向分离，形成了沿电场方向的偶极子排列，即小的极化强度 $\Delta P$。当温度接近居里点时，弹性系数变得很小，极小的电场力就能将偶极子的正负电荷产生极大的分离，以产生极大的诱导极化强度 $\Delta P$。由于介电常数为 $\Delta P/\Delta E$，因而介电常数极大。由于电场是交变的，诱导极化强度的变化也是交变的，从而形成了顺电相的电滞回线。理论上分析，在居里点时，介电常数可以达到无限大。同时，由于弹性系数在接近居里点时会减小，偶极子的弹性系数也减小。弹性回复力不够，会使偶极子在伸长后来不及跟随电场的反向变化，产生严重的滞后，导致损耗的增大。由此产生电场诱导的损耗。

需要提到的是，在顺电相加外电场诱导的偶极子均沿电场方向排列。当保持电场同时降温时，这种状态不会发生变化。且温度越低，诱导的偶极子数量越多，极化强度也越大。当温度降低到铁电相时，偶极子会保持原来状态并形成尽可能大的铁电畴。降低到远离居里点的温度后，缓慢释放电场，铁电畴会尽可能保持原状，由此形成了最稳定的热释电体。

对铁电陶瓷极化形成压电体可以使用变温的方法：先在较高的温度加电场，再降温后去掉电场。对于铁电体陶瓷，可以在顺电相加电场，到低温的铁电相去掉电场，可以保证所使用的热释电性或压电性具有长期稳定性。铁电单晶一般是在铁电相时加电场，再适当降温后去除电场。这些是黄昆对固体物理学的重要贡献，构成了黄昆方程的基础。

铁电-顺电相变的过程，晶格振动的模式发生了变化。反之，晶格振动是否会导致相变，或者说软模是否存在，还没有得到证实。后面的内容证明，顺电相加外电场后，如果仍然用软模相关的方程，则介电常数为常数，与实验结果不符；而当用电场诱导顺电相为铁电相的方程时，得到的结果与实验结果相符。此内容软模理论无法解释。

## 5.4 掺杂对铁电体相变特性的影响

铁电体满足“成分-结构-性能”关联的一般规律。铁电体的结构受成分的控制，当成分发生连续的微小变化时，其结构及性能会发生从量变到质变的过程。例如，许多简单成分的铁电体都是一阶相变铁电体，掺杂等价元素替换原位离子后会变为二阶相变铁电体。掺杂不等价元素替代会加速这种变化。例如，$BaTiO_3$ 和 $PbTiO_3$ 是一阶相变铁电体，掺杂 ZrO 后其分子式为 $Ba(Ti_{1-x}Zr_x)O_3$ 和 $Pb(Ti_{1-x}Zr_x)O_3$，其性能会随 $x$ 的量而发生变化。下面以 $Ba(Ti_{1-x}Zr_x)O_3$ 为例讨论。

钛酸钡和钛酸铅等简单元素构成的铁电体可以简单地表示为：$ABO_3$。其中，A 位和 B 位分别为 2 价和 4 价阳离子，氧位为 2 价阴离子。它们具有标准的一阶相变铁电体的特征：在居里-外斯温度以上有一个两相共存的相变温区；以下有两个铁电-铁电相变转变，依次为四方相 (T) 转变到正交相 (O) 和正交相转变到菱方相 (R)。

A 位和 B 位的等价元素替代会改变一阶铁电体的上述相变特征。以 $BaTiO_3$ 为例，当 A 位用二价的锶元素替代和 B 位用四价的锆元素替代时，会改变一阶相变铁电体的特性。

替代后的分子式分别为 $(Ba_{1-x}Sr_x)TiO_3$ 或者 $Ba(Ti_{1-x}Zr_x)O_3$。其中，下标的变量 $x$ 表示掺杂替代的比例。

元素替代的效果：

(1) 纯钛酸钡的介电-温度谱峰过于尖锐，温度变化对性能影响较大。替代后峰发生了宽化，且介电常数得到了适当的提高。

(2) 居里-外斯温度向低温移动，适当掺杂可以调节到室温。这种调节具有简单替代量与居里-外斯温度的线性变化关系，特别是 A 位用 Sr 替代。以此可以很好地控制介电常数的峰温和大小，用于各类电子器件的制备。

图 5.4.1 显示，随着 Zr 代替 Ti 含量的增加，介电常数峰逐渐上升并移向低温。当含量达到 13%的替代比例时，出现了最高的尖锐介电峰。当替代量再增加时，介电峰会宽化，同时变宽。当替代量达到 20%时，介电峰接近室温并出现了宽化。当替代量达到 25%时，介电峰接近 0℃，宽化程度继续增大。

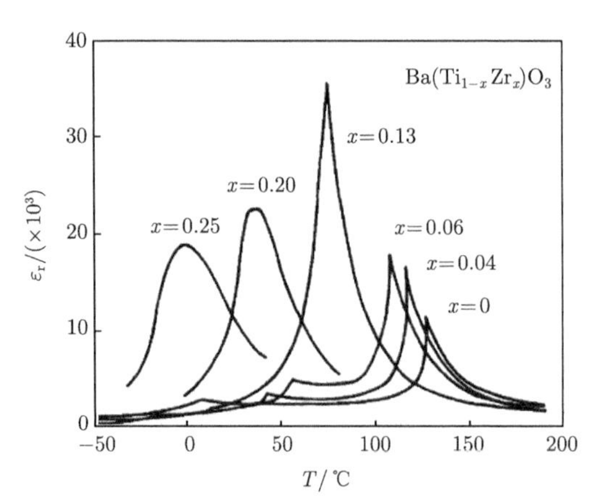


图 5.4.1　Ba(Ti$_{1-x}$Zr$_x$)O$_3$ 陶瓷中 Zr 代替 Ti 的含量变化对介电常数峰的影响 (引自文献 [5])

图 5.4.2 显示了 Ba(Ti$_{1-x}$Zr$_x$)O$_3$ 陶瓷中，晶粒尺寸和 Zr 含量对单相比例的影响。从 (a) 与 (b) 的比较可以看出，晶粒减小会有较宽的两相共存区域；(c) 和 (d) 的比较显示，当 Zr 含量增大时，两相共存的温度区域逐渐减小。图 5.4.3 示出了 Ba(Ti$_{1-x}$Zr$_x$)O$_3$ 陶瓷中当 Zr 掺杂替代的浓度达到 9%时，铁电-顺电相变潜热的影响接近于 0。两者均意味着当 Zr 的掺杂替代的浓度大于 9%以后，Ba(Ti$_{1-x}$Zr$_x$)O$_3$ 变成了二阶相变铁电体。

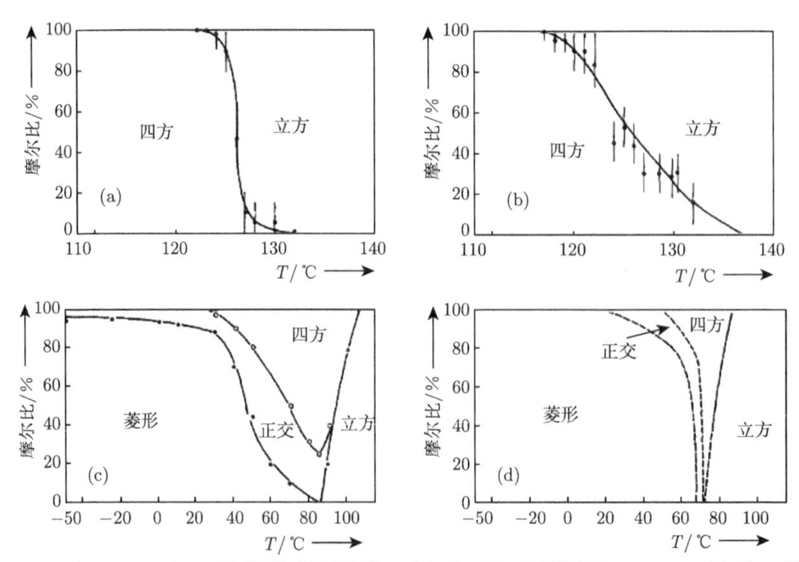


图 5.4.2　Ba(Ti$_{1-x}$Zr$_x$)O$_3$ 陶瓷的相变过程。(a) 和 (b) 分别是纯 BaTiO$_3$ 陶瓷，晶粒大小分别为 50μm 和 3~5μm：当晶粒减小时，两相共存的区域增大。(c) 和 (d) 分别是 BaTi$_{0.9}$Zr$_{0.1}$O$_3$ 和 BaTi$_{0.88}$Zr$_{0.12}$O$_3$ 陶瓷，晶粒大小均为 50μm 时，两相共存的温度区域消失 (引自文献 [5])

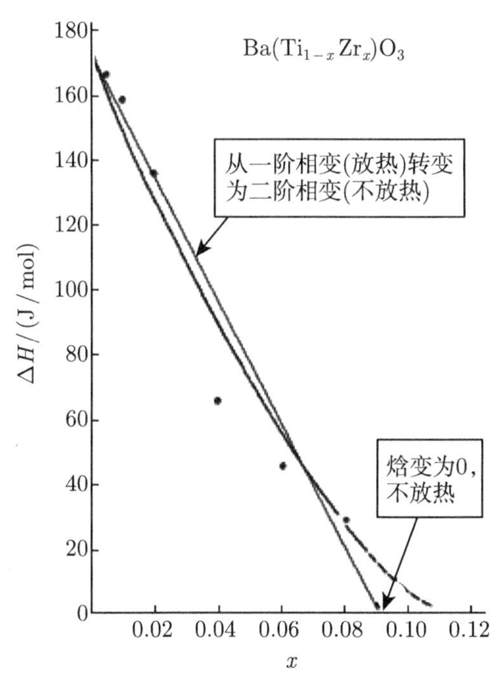


图 5.4.3 $Ba(Ti_{1-x}Zr_x)O_3$ 陶瓷中，差热扫描方法测量 Zr 含量与铁电-顺电相变潜热的影响(引自文献 [5])

一阶相变铁电体的吉布斯自由能用 3 个参量描述为

$$G=\frac{1}{2}\alpha_0\left(T-T_0\right)P^2+\frac{1}{4}\beta P^4+\frac{1}{6}\gamma P^6,\quad \alpha_0>0,\beta<0,\gamma>0$$

二阶相变铁电体在铁电相的特征用 2 个参量描述为

$$G=\frac{1}{2}\alpha_0\left(T-T_0\right)P^2+\frac{1}{4}\beta P^4,\quad \alpha_0>0,\beta>0$$

上述两种铁电体在顺电相的公式与在铁电相的公式相同。

因此，掺杂导致了一阶相变铁电体转变为了二阶相变铁电体，表示参量随着掺杂量的增加而逐渐减小，并且从正值变为负值。

图 5.4.4 显示了当 Zr 含量分别为 20%和 25%时，介电常数峰随频率上下分离，产生了扩散相变。在图 5.4.5 中，当 Zr 含量高于 30%以后，介电常数频谱的峰发生了左右移动，高频峰移向高温，为弛豫铁电体的典型特征。

总之，B 位等价替换元素，会导致铁电体从一阶相变变到二阶相变，再转变为弛豫铁电体。Sr 在 A 位替换，也会使铁电体从一阶相变变到二阶相变，但很难得到具有强烈弛豫性能的铁电体。

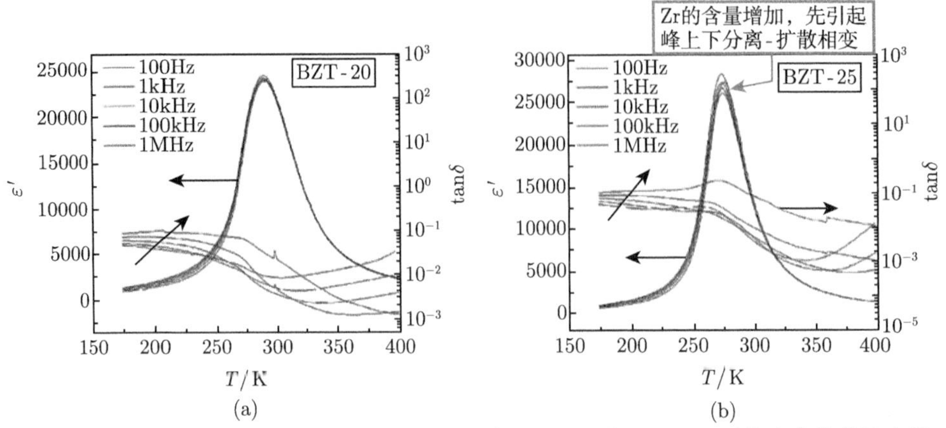


图 5.4.4 $Ba(Ti_{1-x}Zr_x)O_3$ 陶瓷中，Zr 含量为 20%(a) 和 25%(b) 时的介电常数温度谱 (引自文献 [6])

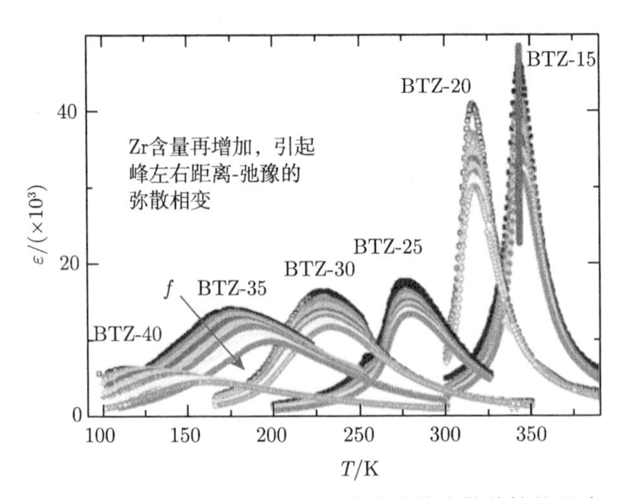


图 5.4.5 $Ba(Ti_{1-x}Zr_x)O_3$ 陶瓷中，Zr 含量对介电常数弥散特性的影响 (引自文献 [6])

## 参 考 文 献


[1] 三井立夫，达崎达，中村英二. 铁电物理学导论. 倪冠军, 译. 北京：科学出版社, 1983.

[2] Barker Jr A S, Tinkham M. Far-infrared ferroelectric vibration mode in $SrTiO_3$. Phys Rev, 1962, 125: 1527-1530.

[3] Mason W P, Matthias B T. Theoretical model for explaining the ferroelectric effect in barium titanate. Phys Rev, 1948, 74: 1622-1636.

[4] Qu S H, Chen G L, Cao W Q, et al. Influence of polarization effect by electric field on energy storage. Ferroelectr Lett Sec, 2019, 46(1-3) : 30-37.

[5] Hennings D, Schnell A, Simon G. Diffuse ferroelectric phase transitions in Ba($Ti_{1-y}$ $Zr_y$) $O_3$ ceramics. J Am Ceram Soc, 1982, 65: 539-544.
[6] Maiti T, Guoz R, Bhalla A S. Structure-property phase diagram of $BaZr_xTi_{1-x}O_3$. J Am Ceram Soc, 2008, 91: 1769-1780.

# 第 6 章　二阶相变铁电体

二阶相变铁电体的结构特征是，当铁电体从顺电相降温到居里温度时，极化强度处于临界状态，再下降一个极低的温度，原胞中心的阳离子发生极其微小的位移，这种位移导致了对称性的破坏，称为对称破缺，同时产生了极小的极化强度，从而发生了相变。由于这种相变随温度的下降是连续变化的，因而也称为连续相变或二阶相变。

$BaTiO_3$ 和 $PbTiO_3$ 等铁电体为一阶相变铁电体，具有极其尖锐的介电峰和突变的极化强度；温度的变化对其性能的影响极大。当这些铁电体掺杂一定比例的其他元素后，介电峰变得平缓，居里温度大多向低温移动。掺杂合适的元素及比例将居里温度调节到室温附近时，往往能够获得稳定的介电和极化特性。此方法被用于制作介质电容器和红外探测器等电子器件。

二阶相变铁电体在外加电场作用下介电常数和极化强度均发生变化，可用于制作各种器件，通过外加电场控制性能的变化，如储能器件和电致伸缩器件。因此，有必要从理论上分析其机理，为设计器件提供基础性的依据。

## 6.1　二阶相变铁电体的电滞回线

对于铁电体而言，求解极化强度的规律是解决各种问题的关键。一旦解决了极化强度，其他所有应用均可与极化强度的问题发生关联，而极化强度的直观形式是电滞回线。早在 1948 年，Mason 和 Matthias[1] 就提出解决极化强度要考虑各个方向偶极子响应的问题，只是被后来者忽略了，并误解为铁电体的偶极子仅沿电场方向排列。这种理论的缺陷，造成了概念常被混淆：求解理论公式得到的是单一方向的极化强度，而通过实验测量得到的是多方向矢量和的极化强度。传统理论尝试用单一方向的极化强度理论解释电滞回线，由于不满足铁电体中存在偶极子转动的基本性能，因而在一般的铁电体理论书籍中没有相应的介绍。

本节将用传统的朗道-德文希尔 (Landau-Devonshire) 理论，以吉布斯自由能的平衡能谷作为偶极子存在的稳定条件，以此解释偶极子的旋转效应；再通过引入电场作用下平行排列偶极子的耦合效应，解释铁电体极化强度随温度变化的原理。此原理可用以解释二阶相变铁电体、一阶相变铁电体和反铁电体电滞回线随温度的变化规律。

目前，人们还习惯于使用一个方程描述一个物理效应的常规方法，但它对铁电体是失效的。本章及后继章节均需要用方程组联合求解的方法描述电滞回线及其引起的各种物理效应。因此，很难用一个方程解释实验出现的异常现象，必须对相关方程组进行编程并数值模拟，通过分别找出各种因素影响的数值规律性解释其物理起因。因此，各节的排列均采取了先推导出理论公式，再给出数值模拟的结果并讨论其规律。

后续章节的内容没有采用任何假设，特别是否定了使用“加电场后生成了新物质或改变了原有结构”的假设方法及相关联的各种“猜想”。本书的理论证明了：只要各种铁电体在制备时没有引入半导化等增大载流子浓度的方法或者破坏铁电性的人为因素，铁电体的本征因素足以解释各种实验现象及相关联的各种效应。

### 6.1.1 二阶相变铁电体电场方向的吉布斯自由能

本节为铁电体的传统理论，所有偶极子均处于一个方向，即实际对象为热释电体。无外加直流电场时，理论推导的介电常数与铁电体的实验结果一致。有外加电场时，理论结果与铁电体的实验结果不一致。在加周期变化的电场时，解释不了电滞回线及与之对应的介电常数随电场的变化。

二阶相变铁电体的基本特征是居里温度 $T_c$ 等于居里-外斯温度 $T_0(T_c = T_0)$，又称相变温度。理论上，铁电体在二阶相变具有 $\varphi\left(P^2\right) = \dfrac{1}{4}\beta P^4$ 的形式，在直流电场 $E = 0$ 时吉布斯自由能 $G$ 为

$$G = \frac{1}{2}\alpha_0\left(T - T_0\right)P^2 + \frac{1}{4}\beta P^4, \quad \alpha_0 > 0, \beta > 0 \tag{6.1.1a}$$

根据 (6.1.1a) 式，通过改变参量，得到了图 6.1.1(a) 的结果，显示了参量对 $G$ 的影响。证实 $G$ 的变化存在最小值，简称能谷。$G$ 在正和负两个方向均有能谷，由于在铁电相温度低于相变温度，方程 (6.1.1a) 的第一项为负，因而增大 $\alpha_0$ 会加深两个能谷。能谷 $G$ 是系统状态稳定平衡的标志，在能谷可以求出平衡时的极化强度 $P_0$，进而得到平衡时的 $G_0$。其中，下标“0”表示变量在平衡时的数值。

图 6.1.1(b) 显示了温度对 $G$ 的影响。接近相变温度只有很浅的能谷，而随着温度降低，能谷加深，极化强度增大，表示铁电性增大。

当系统处于稳定状态时，$G$ 的能谷可以用 $G$ 对 $P$ 的一阶导数为零求出：

$$\frac{\partial G}{\partial P} = \alpha_0\left(T - T_0\right)P + \beta P^3 = 0 \tag{6.1.1b}$$

从 (6.1.1b) 式可以推导出极化强度的三个解，一个为零，另外两个是正和负的解。将 $G$ 对 $P$ 求二阶导数，可以分别得到大于和小于零的结果。其结论是：$P$ 为零时 $G$ 处于峰值，不是稳定解；正和负的解是稳定解，真实存在。图 6.1.1(b) 为 $T$ 对 $G$ 能谷的影响，其关系可从 (6.1.1b) 式解得

$$P_{\mathrm{s}}=\pm(\alpha_0(T_0-T)/\beta)^{1/2} \tag{6.1.1c}$$

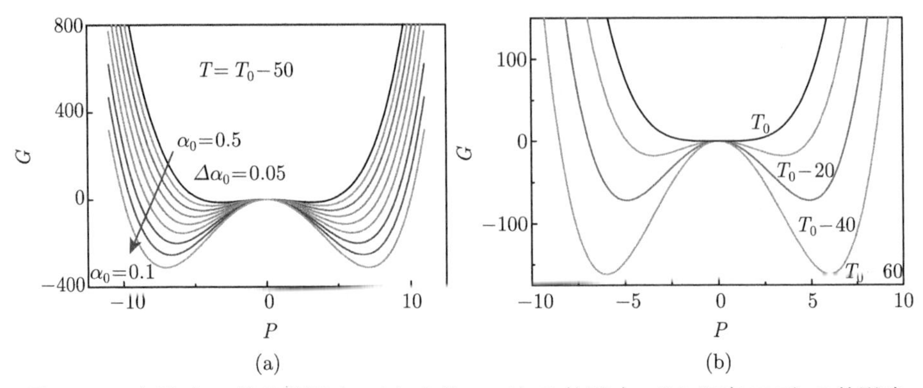


图 6.1.1　参量对 $G$ 能谷的影响：(a) 参量 $\alpha_0$ 对 $G$ 的影响；(b) 温度 $T$ 对 $G$ 的影响

由于 (6.1.1c) 式是电场为零时利用能谷得到的偶极子的极化强度，称为自发极化，用 $P_{\mathrm{s}}$ 表示。加电场后利用能谷得到的偶极子的极化强度用 $P_0$ 表示，下标“0”表示平衡的数值。

铁电体的介电常数是通过施加一个微小的交流电场，得到偶极子对它的响应。无外加电场的情况下，实验测量的介电常数可以等效地表示为

$$\begin{aligned}\lambda&=\frac{1}{\varepsilon}=\frac{\partial^2 G}{\partial P^2}=\alpha_0(T-T_0)+3\beta P_0^2=2\beta P_0^2,\quad T\leqslant T_0\\ \lambda&=\frac{1}{\varepsilon}=\frac{\partial^2 G}{\partial P^2}=\alpha_0(T-T_0)+3\beta P_0^2=\alpha_0(T-T_0),\quad T>T_0\end{aligned} \tag{6.1.2a}$$

(6.1.2a) 式在铁电相和顺电相均成立。在铁电相 $P_0=P_{\mathrm{s}}$，在顺电相 $P_0=0$。但外加电场后，$P_0$ 不为零。

图 6.1.2 为 (6.1.1c) 式得到的自发极化温度关系和 (6.1.2a) 式得到的介电隔离率和介电常数的温度关系。竖直线指示了相变点的温度。

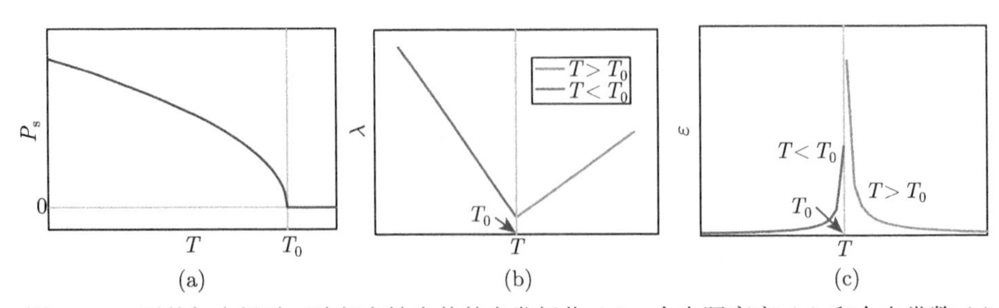


图 6.1.2　无外加电场时二阶相变铁电体的自发极化 (a)、介电隔离率 (b) 和介电常数 (c)

需要着重说明的是，传统的方法在顺电相使用的公式是

$$G=\frac{1}{2}\alpha_0(T-T_0)P^2,\quad \alpha_0>0,\ T>T_0 \tag{6.1.2b}$$

相应的介电常数为

$$\frac{1}{\varepsilon}=\frac{\partial^2 G}{\partial P^2}=\alpha_0(T-T_0),\quad T>T_0$$

上式与实验结果一致。然而，外加电场后

$$G=\frac{1}{2}\alpha_0(T-T_0)P^2-EP,\quad T>T_0$$

得到的极化强度和介电常数的表达式分别是

$$\begin{aligned}&P=E/\left(\alpha_0(T-T_0)\right)\\&\frac{1}{\varepsilon}=\lambda=\frac{\partial^2 G}{\partial P^2}=\alpha_0(T-T_0),\quad T>T_0\end{aligned} \tag{6.1.2c}$$

在顺电相无外加电场时，(6.1.1a) 式对 $P$ 的一阶导数为零得到的结果是 $P_0=0$，与传统方法得到的结果一致。推导介电常数，得到的结果也与 (6.1.2b) 式一致。说明增加了 $P$ 的 4 次项后对结果并无影响。

在顺电相外加电场后，(6.1.2c) 式的极化强度与电场的正比关系及介电常数与电场无关的结论均与实验结果不符，说明传统方法 (6.1.2b) 式的结果是错误的，其理论来源是晶格振动及其软化导致了相变。而 (6.1.1a) 式解的数值模拟结果与实验结果完全一致，因此相变与晶格振动及软化无关，其起因需要考虑其他因素。

图 6.1.2(a) 显示了 (6.1.1c) 式自发极化的温度关系；图 6.1.2(b) 和 (c) 分别为 (6.1.2a) 式的介电隔离率和介电常数温度谱。其中，铁电相的 $\lambda$ 是顺电相 $\lambda$ 的 2 倍，图 6.1.2(b) 的直线斜率反映了这种关系，图 6.1.2(c) 也反映了上述关系：介电常数在铁电相有急剧的变化。

图 6.1.2 仅仅给出了传统的简单关系，用于定性理解。如果施加较大的直流电场，则上述情况会发生变化。原因有两点：一是电场会诱导极化强度的增大，而在铁电相极化强度越大，介电常数越小。二是基于测量原理，需要考虑电场方向和反电场方向的偶极子对介电常数有贡献。从 (6.1.2b) 式可以看出，较多的偶极子转向到电场方向，对介电常数有贡献的极化强度将会增大，导致介电常数减小。当施加的直流电场达到饱和时，所有偶极子转向到电场方向，极化强度达到最大及介电常数达到最小。所以，图 6.1.2 只是形象地描述了介电常数随温度的变化规律。由于此规律与实验结果完全吻合，从而证实了唯象理论的成功，并被广泛地认可。

(6.1.2a) 式意味着，铁电相的介电常数与自发极化强度的平方成反比：介电常数越大，极化强度越小。比较图 6.1.2(a) 和 (c) 的铁电相部分可以明显看到这种关系。由于铁电体介电常数和极化强度的关系与普通电介质的相反，因而是最容易误解的地方。需要指出的是，人们不应该运用“介电常数越大极化强度越大”的原理指导实验工作。

还需要说明的是在推导极化强度的 (6.1.1b) 式中，上述两项保持符号相反，但数值上大小相等，该结果用于推导介电常数得到了后续结论：在 (6.1.2a) 式中的铁电相 $T < T_0$ 表达式中，介电常数的倒数由两项构成，第一项为负，第二项为正且数值上比第一项大 3 倍。如果采用所谓“线性化”的方法，人为地去除第二项，则去掉了介电常数较大的正值项，就可以得到负的介电常数。这显然是为了解释“负介电常数”的假设而采用的错误做法；在极化强度中，去掉了后一项得到的结果将为零。另一个应用是在铁电薄膜的理论中，以此“线性化”理论为基础，通过推导得到了系列的结果，至今仍被引用，详见文献 [2]。去高次项的结果之一就是负介电常数，它相当于具有电感效应。广泛用于铁电-场效应管的机理解释。显然这是错误的，因为铁电体已经被广泛地应用于多层陶瓷电容器，不可能再具有电感的作用。如果考虑铁电体在电场作用下偶极子的转向引起的半导体感应电荷效应，则不必要求铁电体具有负电容性。

本书在此指出了“去高次项”存在的错误，以告知读者。

### 6.1.2 二阶相变铁电体电场方向的诱导效应

本节针对的对象仍为所有偶极子均处于一个方向的热释电体，它是铁电体的理论基础。在电场作用下，二阶相变铁电体的吉布斯自由能在铁电相和顺电相可统一表示为

$$G = \frac{1}{2}\alpha_0(T - T_0)P^2 + \frac{1}{4}\beta P^4 - EP, \quad \alpha_0 > 0,\ \beta > 0 \tag{6.1.3a}$$

平衡时 $G$ 的一阶导数为零：

$$\frac{\partial G}{\partial P} = \alpha_0(T - T_0)P + \beta P^3 - E = 0 \tag{6.1.3b}$$

从 (6.1.3b) 式可以得到

$$E = \alpha_0(T - T_0)P + \beta P^3 \tag{6.1.3c}$$

(6.1.3c) 式的含义是，由于参量及温度都是先给定的数值，因此可以给定一个极化强度 $P$ 后得到一个唯一的电场值 $E$。如果只考虑电场方向的极化强度 $(P > 0)$，当 $E = 0$ 时的值为

$$\begin{aligned} &P_{\mathrm{s}} = \pm(\alpha_0(T_0 - T)/\beta)^{1/2}, \quad T < T_0 \\ &P_{\mathrm{s}} = 0, \quad T > T_0 \end{aligned} \tag{6.1.4}$$

对 (6.1.3a) 式和 (6.1.3b) 式做数值模拟，得到顺电相的结果为如图 6.1.3(a) 和 (b) 所示；对 (6.1.3c) 式输入数值计算，得到的结果为图 6.1.4。

电场对顺电相吉布斯自由能的作用见图 6.1.3(a)；对顺电相极化强度的诱导效应见图 6.1.3(b)。在顺电相，只有电场方向的吉布斯自由能出现能谷及存在诱导极化强度。

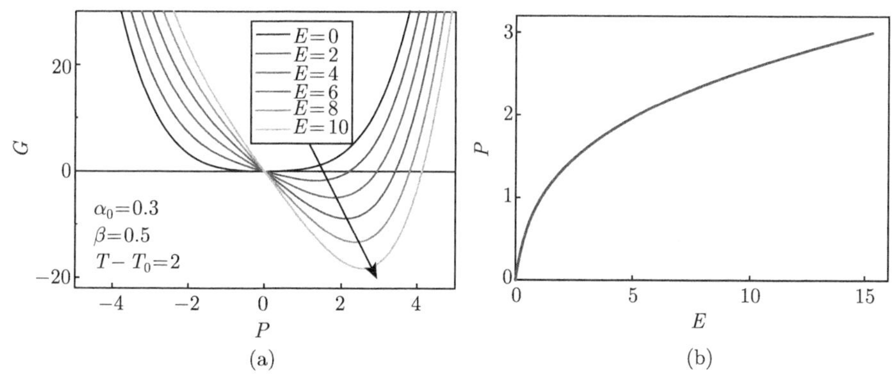


图 6.1.3 电场 $E$ 在顺电相的诱导效应：(a) 吉布斯自由能的变化，能谷对应诱导的极化强度 $P_+$；(b) 诱导的极化强度 $P_+$ 随电场的变化

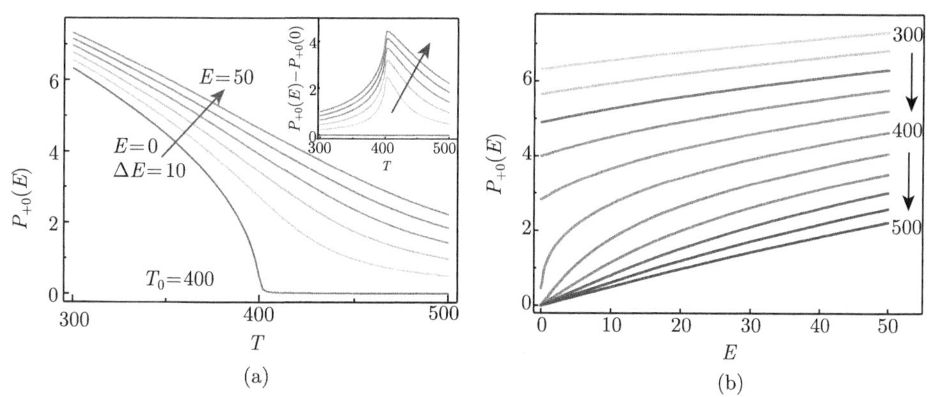


图 6.1.4 (a) 电场方向的极化强度 $P_{+0}$ 随电场和温度的变化关系，插图为加电场后的极化强度与未加电场的两者之差，显示了电场对极化强度的诱导效应 (引自文献 [4])；(b) 在不同温度下，加电场对极化强度的影响

在全温区，电场对电场方向极化强度 $P_{+0}$ 的诱导效应见图 6.1.4(a)。将加电场后的 $P_{+0}$ 与未加电场的 $P_{+0}$ 之差作为纵坐标绘于插图，其峰值温度点表明，在居里温度时对极化强度有最大的诱导效果，由此解释了各种器件将最佳温度设置在居里温度的原因：这种最大的诱导效应会导致极小的电场产生最大的极化强度变化量，而这种变化量决定了各种效应，而不是极化强度的大小。图 6.1.4(b) 的

曲线数据与图 6.1.4(a) 的相同，只是表达方式不同，可以显示在顺电相电场使极化强度从零增大的过程，温度越高变化越小并趋向于直线。此结果也与文献的实验结果一致[3]。

当铁电体的参量发生变化时，诱导效果也随之变化，如图 6.1.5 所示。

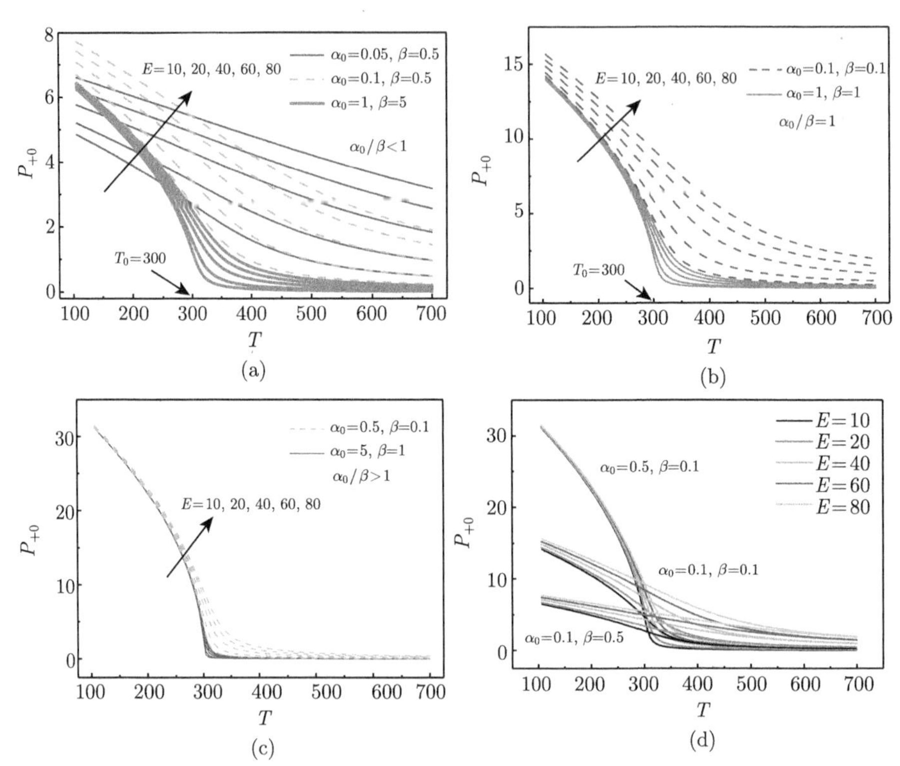


图 6.1.5　$T_0 = 300$ 时三个不同参数组，电场诱导的电场方向的极化强度随温度的变化：(a)$\alpha_0/\beta < 1$；(b)$\alpha_0/\beta = 1$；(c)$\alpha_0/\beta > 1$；(d) (a) 到 (c) 的比较 (引自文献 [5])

### 6.1.3　二阶相变铁电体的吉布斯自由能

6.1.2 节介绍了电场对偶极子在单一方向铁电体 (即热释电体) 吉布斯自由能的影响，给出了极化强度和介电常数的变化规律，其内容常见于实验报道和现有书籍。而铁电体的基本特征是电滞回线，上述方法不足以解释，需要考虑电场对三维铁电体的作用效果。本节介绍在电场作用下三维铁电体吉布斯自由能在各个方向的演变及得到电滞回线的基本方法。

铁电体在低于居里温度的铁电相有自发极化形成的偶极子。在四方相铁电体中，这些偶极子有 6 个可能的方向。在顺电相外加电场后，电场产生诱导极化作用，在电场方向产生偶极子，同时抑制反电场方向的振动，垂直于电场方向的状态保持不变。

考虑铁电相和顺电相的两种情况，在三维情况下，偶极子在各个方向大小相同、分布均匀。如果在某个方向外加电场 $E$，设其为“+”方向，则有

$$
\begin{aligned}
&G=\rho_+G_++\rho_-G_-+4\rho_vG_v,\quad \rho_++\rho_-+4\rho_v=1,\quad T<T_0\\
&G=\rho_+G_++4\rho_vG_v,\quad \rho_++4\rho_v=1,\quad T>T_0
\end{aligned}
\tag{6.1.5a}
$$

$G$ 由三个方向的分量构成：除了之前介绍的用“+”表示电场方向，再增加了“$-$”表示反电场方向；“$v$”表示垂直于电场方向 (共有 4 个等价方向)。$\rho_+$，$\rho_-$ 和 $\rho_v$ 分别是偶极子在三个方向的取向概率 (即三个方向极化强度的比例)，对应的三个方程是

$$G_+=\frac{1}{2}\alpha_0(T-T_0){P_+}^2+\frac{1}{4}\beta {P_+}^4-EP_+,\quad P_+>0 \tag{6.1.5b}$$

$$G_-=\frac{1}{2}\alpha_0(T-T_0){P_-}^2+\frac{1}{4}\beta {P_-}^4-EP_-,\quad P_-<0 \tag{6.1.5c}$$

$$G_v=\frac{1}{2}\alpha_0(T-T_0)P^2+\frac{1}{4}\beta P^4 \tag{6.1.5d}$$

在已知 $\alpha_0$，$\beta$ 和 $T_0$ 参数的条件下，能够通过设计程序而分别求解 (6.1.5b) 式和 (6.1.5c) 式得到其平衡状态下的解 $P_{+0}$ 和 $P_{-0}$，而 (6.1.5d) 式的解就是 $P_{\rm s}$ 或 $P_0$，不随电场而变化。

在铁电相，当 $E=0$ 时，$P_{+0}=P_0=-P_{-0}$，以及 $\rho_+=\rho_-=\rho_v=1/6$。当 $E$ 增大到一个正值时，三个极化强度得到后，可同时得到三个 $G$ 在平衡点的数值，$G_+$，$G_-$ 和 $G_v$，即三个平衡态的能级值。利用这些能级值可得到偶极子在这三个方向的取向概率

$$\rho_+=\exp(-G_+/(kT))/[\exp(-G_+/(kT))+\exp(-G_-/(kT))+4\exp(-G_v/(kT))] \tag{6.1.6a}$$

$$\rho_-=\exp(-G_-/(kT))/[\exp(-G_+/(kT))+\exp(-G_-/(kT))+4\exp(-G_v/(kT))] \tag{6.1.6b}$$

$$\rho_v=1-(\rho_++\rho_-)/4 \tag{6.1.6c}$$

在顺电相，无反向极化强度及取向概率，即 $\rho_-$ 为零。而在垂直于电场的方向，仍然存在 $P=0$ 的能谷。其含义是 $P=0$ 的偶极子有一定的存在概率，类似于一阶相变铁电体的两相共存。

在电场作用下，当极化强度发生反向翻转时，$\rho_-$ 的减小量使 $\rho_+$ 增大了相同的数值；而从垂直方向的旋转使 $\rho_v$ 减少也使 $\rho_+$ 增大了与 $\rho_v$ 的变化相同量的数

值。它们随电场的变化关系由图 6.1.6 表示，为 (6.1.6a)~(6.1.6c) 式在铁电相模拟的值。其规律表明：外加电场使各个方向的偶极子均转到电场方向。低电场下偶极子 $P_-$ 因 $G$ 上升而快速降低, 垂直于电场的偶极子 $P_0$ 的 $G$ 不变。当电场足够大时，电场方向偶极子的取向概率趋近于 1。表示所有偶极子均处于相同的电场方向，为饱和极化。

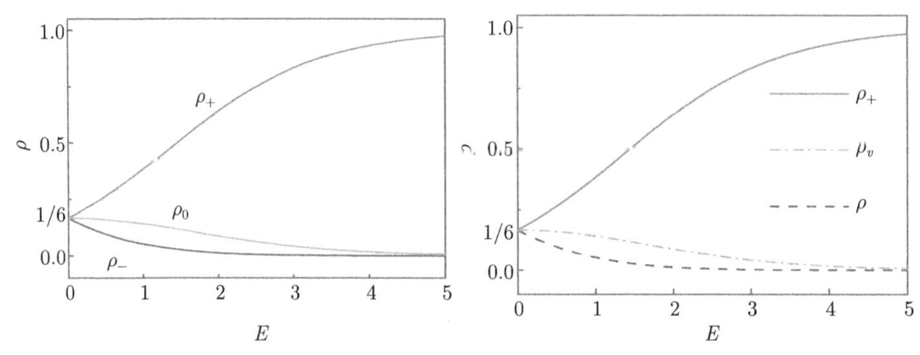


图 6.1.6　偶极子各个方向的取向概率随电场强度的变化

在电场作用下正负方向的极化强度也发生了一定的变化，根据电中性原理，测量的极化强度应该考虑偶极子的转动和极化强度的变化两个因素。因此，

$$P_{\mathrm{t}} = \rho_+ P_{+0} + \rho_- P_{-0}, \quad P_{+0} > 0, P_{-0} < 0 \tag{6.1.7}$$

由此得到了满足实验原理的极化强度 $P_{\mathrm{t}}$。

### 6.1.4　二阶相变铁电体的临界电场

在铁电相，(6.1.1) 式的效果展示在图 6.1.2(a) 中，当 $T > T_0$ 时为顺电相，平衡值在 $P = 0$ 的能谷，且 $G = 0$。当铁电体处于 $T < T_0$ 的铁电相时，曲线的变化满足 (6.1.3d) 式，出现了正负方向的两个能谷，其解满足 (6.1.1c) 式。这两个解为稳定的平衡态，也可以用 $P_{+0}$ 和 $P_{-0}$ 表示。

外加电场后，$G$ 和其解 $P$ 均随 $E$ 而变化。$G$ 可以用一个表达式包含正反两个方向的极化强度表示，也可以分开用两个公式表示。在 (6.1.5b) 式中，电场作用项 $-EP_+$ 导致了 $G_+$ 的下降及 $P_{+0}$ 的增大，即电场使其方向的极化强度增大；而在 (6.1.5c) 式中，电场作用项 $-EP_-$ 导致了 $G_-$ 的能谷下降及 $P_{-0}$ 的减小，即电场使反其方向的极化强度减小。

图 6.1.7 显示了增加电场对吉布斯自由能和正反极化强度的影响效果。在图 6.1.7(a) 中一条 $G$ 的曲线包含了两个部分，在 $P$ 大于零的部分表示正向的极化强度，在 $P$ 小于零的部分表示反向极化强度。外加电场低于临界电场 $E_0$ 时，吉布斯自由能存在正负两个能谷，分别表示为 $G_+$ 和 $G_-$，其势垒高度分别表示

正和负偶极子转向需要跃过的能量高度。$G_+$ 的能谷会随电场增大而下降，$G_-$ 的能谷会上升，同时伴随图 6.1.7(b) 中 $P_+$ 不断增大，及 $P_-$ 不断减小并消失。当电场升到临界点 $E_0$ 时，因 $G_-$ 的能谷消失 (图 6.1.7(a) 中曲线 $E = 2.8$) 而导致所有反向的偶极子转到其他方向 (图 6.1.7(b) 中 $D'$ 点)。需要说明的是 0 点始终不是稳定状态，而是偶极子转向时瞬间经过的过渡点。

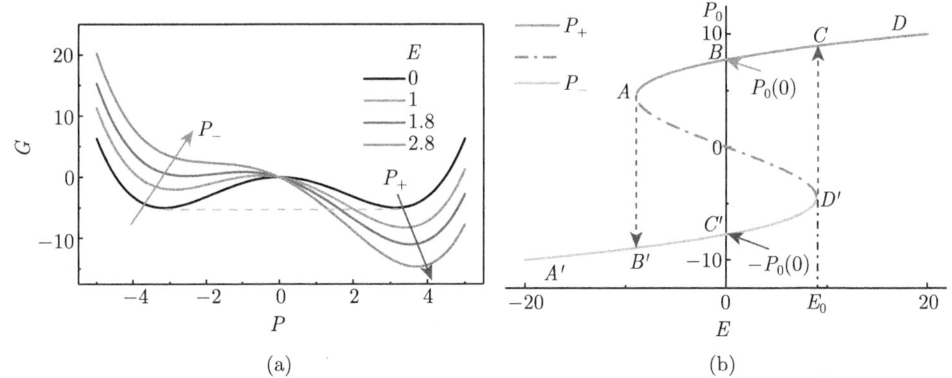


图 6.1.7　电场对正反极化强度的作用。(a) 不同电场作用下 $G$ 的变化过程。当达到某一临界电场 $E_0$ 时 $G_-$ 的能谷消失，$P_-$ 也同时消失。(b) 极化强度随电场强度的变化：上曲线从 $A$ 到 $D$ 表示电场方向极化强度 $P_+$ 的变化。下曲线从 $A'$ 到 $D'$ 表示反电场方向极化强度的变化。$D'$ 表示 $P_-$ 的临界电场，$A$ 表示电场反向后 $P_+$ 的临界电场 $-E_0$。从 $D'$ 经过 0 点到 $A$ 的虚线过程并不存在 (引自文献 [6, 7])

图 6.1.7(b) 中给出的临界电场确定方法：加电场后吉布斯自由能的能谷值，其基本公式如下：

$$G_- = \frac{1}{2}\alpha_0(T - T_0)P^2 + \frac{1}{4}\beta P^4 - EP, \quad P < 0$$

上式有正负两个能谷。如果 $E > 0$，则正向能谷始终存在，而反向能谷则会在一个临界电场消失，其临界电场的推导方法是：根据 $G_-$ 对 $P$ 的一阶导数和二阶导数均为零

$$\alpha_0(T - T_0)P + \beta P^3 - E = 0$$

$$\alpha_0(T - T_0) + 3\beta P^3 = 0$$

由此推导出了临界电场 $E_0$

$$E_0 = 2\beta\left[\frac{\alpha_0(T_0 - T)}{3\beta}\right]^{3/2} \tag{6.1.8}$$

为了更详细地说明电场和温度对 $P_+$ 和 $P_-$ 的影响，将图 6.1.7(a) 中平衡值的关系计算出来后展示于图 6.1.8 中。由此可以看到参量的数值大小及其比例对极化强度的影响。

当电场增大到一个临界值 $E_0$ 时反电场方向的能谷消失，转变为了一个拐点，拐点的出现意味着反向极化强度稳定状态的消失，对应于极化强度 $P_{-0}$ 的消失。在实验中经常观测到这种变化，并称在临界点极化强度的突变为“开关效应”。从公式 (6.1.8) 可以看出临界电场随着温度的降低而增大，图 6.1.8 直观显示了这种变化关系。

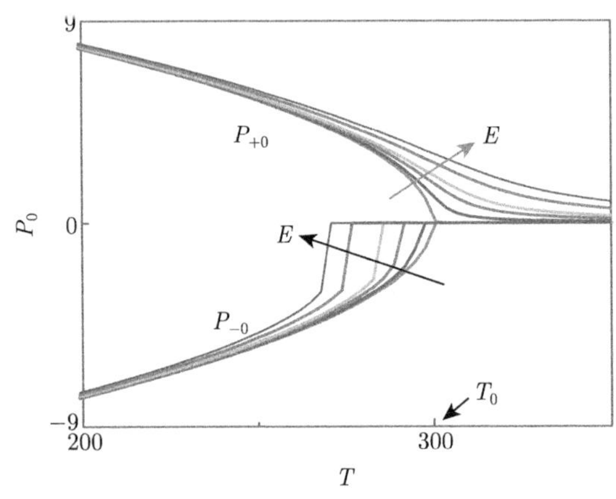


图 6.1.8　外加电场对电场方向 (正，$P_+$) 和反电场方向 (反，$P_-$) 极化强度的影响：当电场为零时，两条曲线在 $T_0$ 相交。当电场增大时，正向极化强度 $P_+$ 不断增大；反向极化强度 $P_-$ 的临界点会不断移向较低的温度，或者说温度越低，所需的临界电场越大 (引自文献 [8])

图 6.1.9(a) 比较了 $E = 0$ 时 $G$ 在铁电相和顺电相的特征。$G$ 能谷的高低表示偶极子的稳定态，越低越稳定。铁电相和顺电相的能谷差表示极化强度转动的势垒高度；能谷的横坐标表示极化强度的大小。为了更仔细地介绍各个方向极化强度随外加电场的变化，图 6.1.7 的内容被合并在了图 6.1.9(b) 中，$P_-$ 随电场直至临界点的变化如箭头所指。当电场到达 $E_c$ 时，曲线的能谷消失。图 6.1.8 表示两个极化强度的变化规律：$P_{+0}$ 一直均匀地增大，而 $P_{-0}$ 到了临界点就消失了，用虚线表示上升，意味着极化强度 $P_{-0}$ 反转到了正方向，使 $P_{+0}$ 的数量增多，测量到了极化强度增大。当电场增加到 $E_0$ 以上时，5 个方向的极化强度按 (6.1.9a) 和 (6.1.9b) 式的统计规律重新分配 $P_{-0}$ 消失的数量。

$$\rho_+ = \exp(-G_+/(kT))/[\exp(-G_+/(kT)) + 4\exp(-G_v/(kT))] \tag{6.1.9a}$$

$$\rho_v = 1 - \rho_+/4 \tag{6.1.9b}$$

在顺电相，电场使偶极子存在于 5 种能谷上，即使在顺电相的能谷没有偶极子，但存在相应的平衡态。电场只使一个方向的能谷发生如图 6.1.9(c) 所示的移动，而测量的极化强度只考虑电场方向偶极子的存在概率和极化强度大小两个因素

$$P_{\mathrm{t}} = \rho_+ P_{+0}, \quad P_{+0} > 0 \tag{6.1.10}$$

由此得到了高于临界电场并满足实验原理的极化强度 $P_{\mathrm{t}}$。

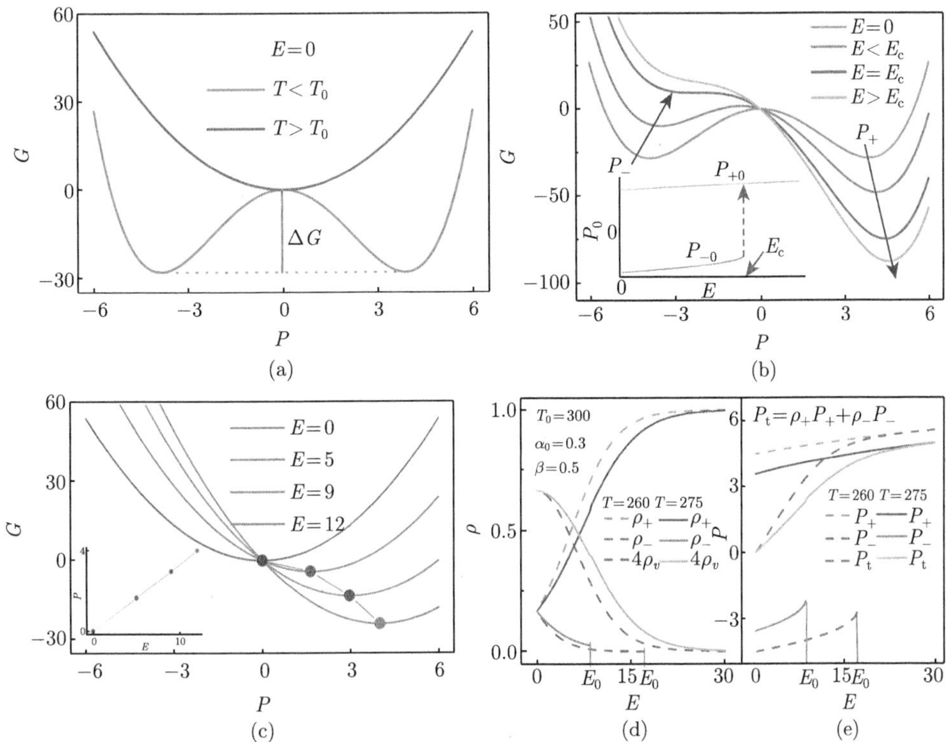


图 6.1.9 $G$，$\rho$ 和 $P$ 随温度 $T$ 和电场 $E$ 的变化关系：(a)$E=0$ 时 $G$ 在铁电相和顺电相的特征，其中，$G$ 的能谷表示稳定态，有两个能谷的下曲线表示铁电相；有一个能谷的上曲线表示顺电相。铁电相和顺电相的能谷差表示极化强度转动的势垒高度；(b) 在铁电相，电场方向 $G$ 的能谷随电场的移动、反电场方向能谷的上升及在临界电场 $E_0$ 变为拐点，插图表示相应极化强度的变化；(c) 在顺电相，电场方向 $G$ 的能谷随电场的移动，实心点为能谷，其横坐标为极化强度。插图表示极化强度随电场的变化关系；(d) 在两个温度点 260 和 275，三种取向概率随电场的变化；(e) 在两个温度点 260 和 275，$P_+$，$P_-$ 和 $P_{\mathrm{t}}$ 随电场的变化

外加电场后，铁电体在顺电相时的状态也会发生相应的变化，其规律可以用 (6.1.5b) 式描述。因为在顺电相时无偶极子，只有沿六个平衡方向的振动状态产生瞬时偶极子。$G$ 的变化如图 6.1.9(c) 所示，沿电场方向的能谷发生向电场方向

的移动，能谷偏离了零，并位于正方向的一点，其变化由能谷谷底点确定，该点表示产生了电场诱导的极化强度，其值 $P_{+0}$ 可用 (6.1.5b) 式求出。极化强度与电场的关系如图 6.1.9(c) 中的插图所示，接近线性变化。沿反电场方向的状态受到了电场的抑制作用而消失，如同铁电相时高于临界电场的状态；垂直于电场方向的状态保持不变，且 $G_v = 0$，可用 (6.1.7a) 和 (6.1.7b) 式算出概率，再用 (6.1.8) 式算出与实验结果对应的极化强度 $P_{\mathrm{t}}$。

图 6.1.9(d) 和 (e) 分别给出了在铁电相的两个温度点各个方向极化强度取向概率 ($\rho_+$，$\rho_-$，$\rho_v$) 的变化和极化强度大小的变化 (设定居里温度为 300) 及 $P_{\mathrm{t}}$ 的变化。图 6.1.9(d) 中，正方向的取向概率 $\rho_+$ 随电场强度的增大而增加，且低温在低电场增加得较快；$\rho_-$ 的临界电场与温度相关，温度越接近居里温度，临界电场越低；垂直于电场方向也会发生相应变化，温度越低，低场强时的变化越快。整体来看，要实现饱和极化 (所有方向的极化强度均处于电场方向) 需要较高的电场。并且，温度越高，所需要施加的电场也越高。图 6.1.9(e) 显示了对应极化强度的变化。沿正方向有两条较高的平行直线，温度越低，直线越高，极化强度越大。反向极化强度有较大的变化，在临界点消失；测量的极化强度 $P_{\mathrm{t}}$ 只与正反极化强度和概率相关。由于两条曲线对应的温度较低，因此发生开关效应的现象并不明显，只有 $T = 275$ 的曲线在突变点有小的突跃。

根据上述结果可以判定：低温时极化强度较大且有较大的变化幅度，因此形成的电滞回线较大，变化也较剧烈；高温的电滞回线幅度较小且变化较为平坦。

### 6.1.5 二阶相变铁电体的电滞回线

施加一个电场 $E$ 会导致偶极子处于平行排列的状态，同时电场还会促使相邻平行排列的偶极子产生耦合，类似于磁场对磁极子的作用。这种耦合作用的大小正比于不变的耦合系数 $J$，也正比于相邻平行排列的偶极子数目。电场从零开始增大时，平行排列的偶极子数目逐渐增多，主要是反转作用。因此，有效的耦合系数为 $J(\rho_+ - \rho_-)$。用“++”表示耦合的极化强度，可以用吉布斯自由能 $G_{++}$ 表示 [9]

$$G_{++} = \frac{1}{2}\alpha_0(T - T_0)\cdot P_{++}^2 + \frac{1}{4}\beta P_{++}^4 - J(\rho_+ - \rho_-)P_{++}{}^2 - E\cdot P_{++} \quad (6.1.11\mathrm{a})$$

(6.1.11a) 式的一阶导数为零则有

$$[\alpha_0(T - T_0) - J(\rho_+ - \rho_-)]P_{++} + \beta P_{++}^3 - E = 0 \quad (6.1.11\mathrm{b})$$

利用 (6.1.11b) 式可以求出 $P_{++0}$[9]，它表示电场方向偶极子的耦合或畴的极化强度。改变 (6.1.11b) 式的表示方法，将耦合项的作用变为温度的含义，可以得到

$$[\alpha_0(T - T_0 - \Delta T_J)]P_{++} + \beta P_{++}^3 - E = 0, \quad \Delta T_J = J(\rho_+ - \rho_-)/\alpha_0 \quad (6.1.11\mathrm{c})$$

如果耦合项为零，居里-外斯温度 $T_0$ 为测量的介电常数峰值；当耦合不为零时 $\Delta T_J > 0$，则介电峰的温度向高温移动到 $T_0 + \Delta T_J$。同样在电滞回线的测量中，高于 $T_0$ 温度也会观察到电滞回线，直到 $T_0 + \Delta T_J$ 温度电滞回线才会变成细长的在原点交叉的回线。也就是说耦合使居里温度移向到了高温。由于温差 $\Delta T_J$ 与正反偶极子所产生的极化强度概率之差成正比，以至于施加的最大电场越大，概率差也越大，温差 $\Delta T_J$ 也越大。因而可以说明实验现象：所加的电场越大，介电峰向高温移动的幅度越大。因而可以说明实验现象：所加的电场越大，介电峰向高温移动的幅度越大。

平衡值 $P_{++0}$ 可以根据 $E$ 的变化从 (6.1.11b) 式推导得到。由于相邻为电场方向的偶极子都产生了耦合，相邻为相反方向的偶极子没有耦合。由此可以理解为每个反电场方向的偶极子被一个电场方向的偶极子平衡。因而对极化强度有贡献的偶极子有三种：正和反电场方向的极化强度，其概率均为 $\rho_-$，耦合的极化强度 (电场方向的畴) 为 $\rho_+ - \rho_-$。据此可以推导出测量的极化强度为

$$P_{\mathrm{t}} = \rho_-(P_{+0} + P_{-0}) + (\rho_+ - \rho_-)P_{++0}, \quad E < E_0 \tag{6.1.12a}$$

$$P_{\mathrm{t}} = \rho_+ P_{++0}, \quad E \geqslant E_0 \tag{6.1.12b}$$

当上升电场达到最大的 $E_{\max}$ 时，电场方向极化强度的概率也达到最大，有效耦合系数可表示为 $J\Delta\rho_{\max}$。在电滞回线从最大电场 $E_{\max}$ 减小到 0 的过程中，如果要产生反向的极化强度，一定是畴的反向或者偶极子从畴脱离耦合而反向，由于耦合效应使畴具有亚稳态的性质，可以认为其耦合强度保持初始上升曲线中的最大值不变，即 $J\Delta\rho_{\max}$ 为常数。从原理上分析，初始上升曲线是正向极化强度与反向的竞争，而下降曲线则是正向亚稳态畴的极化强度与反向极化强度竞争，以此产生滞后。因而电场方向畴的吉布斯自由能为

$$G_{++} = \frac{1}{2}\alpha_0(T - T_0)\cdot P_{++}^2 + \frac{1}{4}\beta P_{++}^4 - J\Delta\rho P_{++}^2 - E\cdot P_{++} \tag{6.1.13a}$$

其中，从 $E_{\max}$ 到 0 过程的下降曲线中，反电场方向偶极子的概率为

$$\begin{aligned}
\rho_- &= 0, \quad E > E_0 \\
\rho_- &= \exp(-G_-/(kT))/\exp(-G_{++}/(kT)) \\
&\quad + \exp(-G_-/(kT)) + 4\exp(-G_v/(kT)), \quad E < E_0
\end{aligned} \tag{6.1.13b}$$

测量的极化强度为

$$P_{\mathrm{t}} = \rho_+ P_{++0}, \quad E \geqslant E_0 \tag{6.1.13c}$$

$$P_{\mathrm{t}} = \rho_+ P_{++0} + \rho_- P_{-0}, \quad E < E_0 \tag{6.1.13d}$$

在电滞回线从 0 到 $-E_{\max}$ 的过程中，存在两种转变。原来正向的偶极子在临界电场 $-E_0$ 反转，转向后的偶极子重新按照统计规律分布，另外还存在一个正向畴的临界电场 $-E_J$，当电场反向减小到 $-E_J$ 时，其吉布斯自由能出现拐点，所有剩余的正向畴全部反转，极化强度出现突变。超过了此临界电场后，过程与初始上升曲线的原理相同。由于在偶极子的临界电场 $-E_0$ 转向的数量较少，而畴的反转数量较多，因此会形成双回线。当温度接近于 $T_0$ 时，两个临界电场均较小，会出现较明显的双回线。当温度较低时，临界电场增大。偶极子在到达临界电场时大部分已经转向，剩余极少量的转变所显示的极化强度突变就显得很小了。通过推导得到畴的临界电场为 [10]

$$E_J = 2\beta \cdot \left(\alpha_0(T_0 + \Delta T_J - T)/(3\beta)\right)^{3/2}, \quad T < T_0 + \Delta T_J \tag{6.1.13e}$$

以上公式推导的电滞回线的过程可以用数值模拟的方法实现，如图 6.1.10 所示。

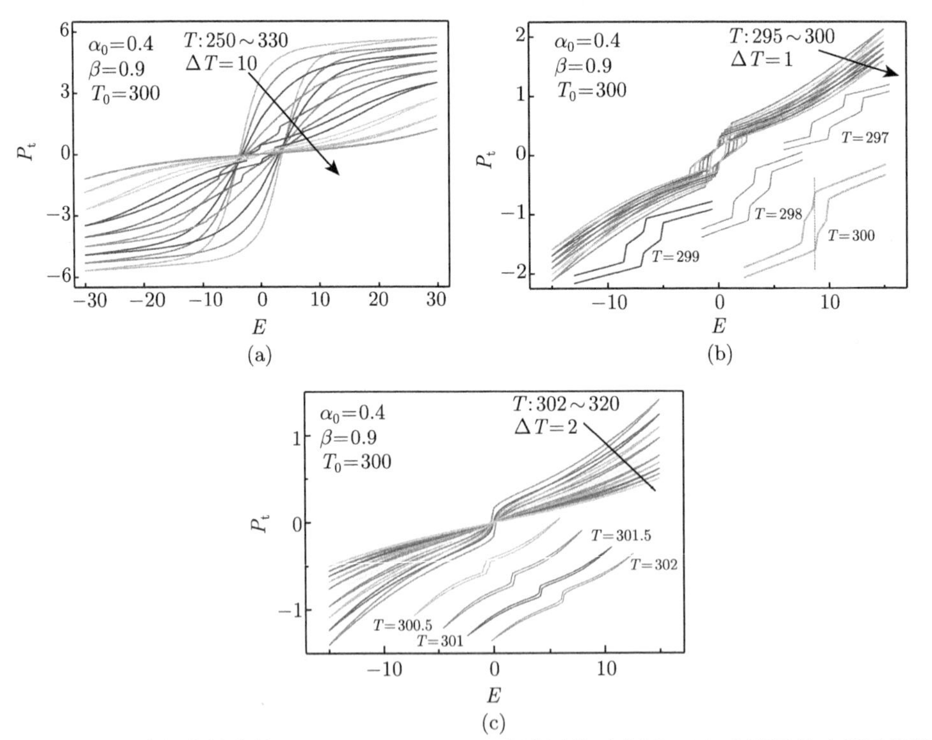


图 6.1.10　二阶相变铁电体 ($\alpha_0 = 0.4$，$\beta = 0.9$) 电滞回线示意图：(a) 全温区的电滞回线演化；(b) 接近 $T_0$ 的铁电相电滞回线；(c) 接近 $T_0$ 的顺电相电滞回线 $T_0$

图 6.1.10(a) 展示了温度从 250~330，居里温度为 300 时 ($T_c = T_0 = 300$) 电滞回线的变化过程。其中，在居里温度附近 (290~300) 发现了接近双电滞回线的形状。为了详细了解双回线的变化规律，图 6.1.10(b) 仔细绘出了温度从 $T = 295$ 到 $T = 300(T_0)$、$\Delta T = 1$ 时的电滞回线，并将更接近居里温度的回线中间部分放大，用上述理论说明其原理：在初始上升曲线和电场从 $E_{\max}$ 下降到 0 的回线部分，存在一个临界电场 $E_c$。电场下降经过 $E_c$ 时，反向极化强度的吉布斯自由能出现了拐点及能谷，导致了极化强度的突变。该临界电场接近 $E = 0$ 点。当电场反向导致畴在另外一个临界电场 $E_J$ 反转时，正向畴消失导致反向极化强度的数值增大，表现为下降曲线的拐点。由于电滞回线满足对原点的中心反演对称，故电滞回线呈现对称性。上述原理解释了图 6.1.10(b) 中双回线产生的机理，且温度升高电场减小。在居里点，$E_0 = 0$；当温度高于居里点时 $E_c$ 消失。插图显示了回线的变化过程：随着温度的升高，回线的中间部分逐步并拢，变得更加细长。图 6.1.10(c) 为电滞回线在顺电相温度区域的变化图，其中，耦合效应诱导了极化，且在低电场下作用较大。插图显示，温度升高到达 $T_0 + \Delta T_J$ 时回线经过原点。

由于铁电体测量电滞回线时经常会出现当测试温度接近居里温度时，实验结果发生如图 6.1.10(b) 中插图所示极化强度突变的现象，实验者会疑惑所发生实验现象的真实性。对此，用图 6.1.11 进行了更详细的分析。

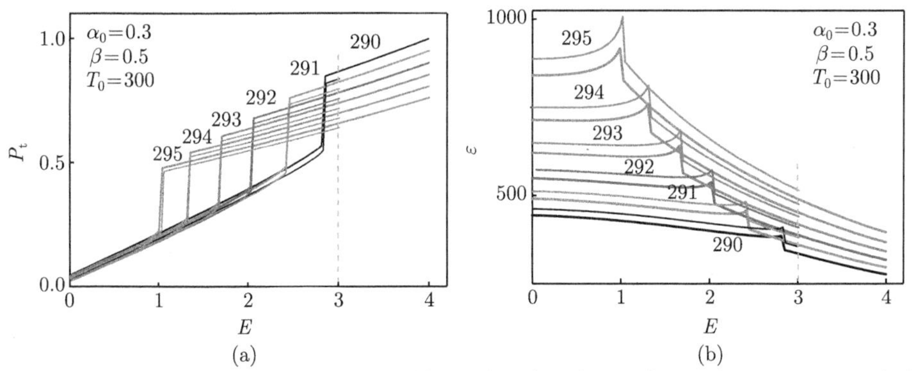


图 6.1.11 电滞回线接近居里温度时第一象限极化强度和介电常数随温度及最大电场的变化。当最大电场 $E_{\max}$ 分别为 3 和 4 时，从 $E_{\max}$ 最大下降到零的过程中所发生的变化：(a) 极化强度的变化；(b) 介电常数的变化

根据临界电场的 (6.1.8) 式，临界电场只与温度和材料参数相关，与所加最大电场无关。图 6.1.11(a) 中示出了相同的结论：不同温度下，当两个最大电场不同时，极化强度的突变所发生的临界电场是相同的。最大电场会影响极化强度的大小，使发生突变时极化强度的变化值有所不同：最大电场越大，极化强度越大，引发的突变越大。需要注意的是，太大的突变可能会损坏材料的性能。

极化强度的突变往往对应于介电峰的出现，并且极化越小介电常数越大，这是一般的规律。图 6.1.11(b) 很好地符合了这一规律，对应于所有的极化强度突变均出现了介电峰，且相同温度下介电常数的电场相同。温度越低，介电常数越小，所发生的介电峰也越小。

可以用与电滞回线对应的介电常数的变化验证电滞回线中出现突变的原理，即极化强度和介电常数发生突变的原因均是临界电场效应。

上述内容合理地解释了在温度接近居里温度时所出现的双电滞回线的原理：即临界电场与耦合临界电场之间的差异造成的，不存在其他成分的影响，也不存在相的转变。其原理是，在高电场时为纯的铁电畴，没有反向偶极子；则当电场低于临界值后，部分正向畴分解成为反向偶极子或畴的转向，因而该现象属于铁电体的本征现象。

## 6.2　二阶相变铁电体的介电常数与电容率

在铁电体中，通常用电学中描述普通线性介质的介电常数定义：

$$P = \varepsilon_0(\varepsilon - 1) \cdot E \approx \varepsilon_0\varepsilon \cdot E, \quad \varepsilon \gg 1$$

该定义中认为介电常数是 $P$ 与 $E$ 的比例系数。此关系被认为适用于铁电体，默认用于铁电体的电卡效应、储能效应、热电转换和晶格振动等各个领域。其中，$P$ 是沿电场方向的极化强度且不考虑其他方向极化强度的影响。然而，该定义是否符合铁电体的性能，需要实验结果的确认。

通过对铁电体极化强度和介电常数的实验测量，得到了如图 6.2.1(a) 和 (b) 所示的基本结果。图 6.2.1(a) 为极化强度 $P$ 在电场下随温度的变化。在 $E = 0$ 时有明显的相变点，$E > 0$ 后就变成了连续的曲线。图 6.2.1(b) 为介电常数 $\varepsilon$ 随温度的变化，介电峰随外加直流电场的上升而向高温移动。根据上述的两个实验结果，以比值 $P/\varepsilon$ 作为变量得到图 6.2.1(c) 的结果，数值与 $E$ 成正比才满足定义的条件。图 6.2.1(c) 的曲线分别是不同电场下 $P/\varepsilon$ 随温度的变化规律。为了进一步说明在个别温度点 $P/\varepsilon$ 与 $E$ 的关系，交换变量后从 $T = 200$ 到 400，每隔 20 做一条曲线，结果如插图所示，基本表现为线性关系。在铁电相相互平等，但起点不为零，因此公式并不成立。在顺电相，也表现出了线性关系，斜率随温度升高而下降。

总之，这种定义在铁电体中存在问题，需要找到其物理起源，用满足物理原理的公式替代。

上述定义是不成立的，原因在于铁电体不同于普通的电介质，铁电体的介电常数与电容率是两个不同的物理概念，并且极易混淆。人们对一些基本问题的理解发生了错误，会导致在错误的方向上开展实验研究，因而实验结果难以达到预期目的却不明白原因。例如，①离子位移振动有可能呈现很大的介电常数，它能否储存能量？为何介电常数算出的储能与释放电流的储能不同？其具体原因是什么？②半导化的陶瓷表现出了超高的频率弥散型介电常数 (甚至可达 40 万)[11,12]，它能否储存能量？在上述方向的实验研究所投入的长期且巨大的人力物力是否值得？

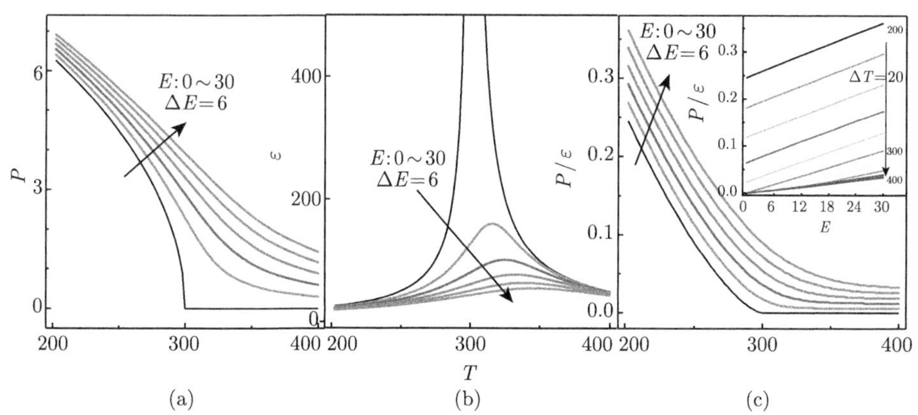


图 6.2.1　二阶相变铁电体中：(a) 电场对极化强度 $P$ 的影响；(b) 电场对介电常数 $\varepsilon$ 的影响；(c) 电场对 $P/\varepsilon$ 的影响，插图中 $E$ 为变量，比较 $E$ 与 $P/\varepsilon$ 的线性关系

解决此问题的根本是了解介电常数和电容率的定义[9]。在忽略真空介电常数 ($\varepsilon_0$) 的条件下，在铁电体中，介电常数被定义为极化强度对电场的一阶导数，具有微分形式；而电容率则为两者的比值。线性电容器介质两者相同，但铁电体是非线性的。在实验中，可以直接测量介电常数以及可以通过测量电滞回线得到两者的比值。

### 6.2.1　基本原理

将铁电体的微分 (differential) 介电常数用 $\varepsilon_\mathrm{d}$ 表示，将测量电滞回线得到的 $P/E$ 用 $\varepsilon_\mathrm{s}$ 表示，为静态 (static)。铁电体中极化强度与介电常数的一般关系满足 (4.4.2) 式，因而为

$$\begin{aligned}\lambda_\mathrm{d} &= \left.\frac{\partial^2 G(P,E)}{\partial P^2}\right|_{P=P_0} = \sum_i \left(\rho_i \left.\frac{\partial^2 G_i}{\partial P_i^2}\right|_{P_i=P_{i0}}\right) = \sum_i (\rho_i \lambda_i) \\ \varepsilon_\mathrm{d} &= 1/\lambda_\mathrm{d} = 1/\sum_i (\rho_i/\varepsilon_i)\end{aligned} \tag{6.2.1}$$

实验测量得到的介电常数实际是由三个部分组成，用变量 $i$ 表示。电场方向的介电常数、反电场方向的介电常数和电场方向的畴产生的介电常数。再用相关介电常数的概率按照串联的组合构成。由于介电常数是测量值，因此涉及的 $P$ 不是

变量而是平衡值。在电滞回线中，极化强度 $P_{\mathrm{t}}$ 与 $E$ 的比值表示静态介电常数或电容率

$$\varepsilon_{\mathrm{s}} = P_{\mathrm{t}}/E \tag{6.2.2}$$

$P_{\mathrm{t}}$ 是 $P$-$E$ 电滞回线的测量值。由于耦合效应导致的滞后，$\varepsilon_{\mathrm{s}}$ 在第二和第四象限会因 $P$ 与 $E$ 的反号而出现负值。

在电场作用下畴生长的过程中，总吉布斯自由能与各个方向之间的关系为

$$G = \rho_- G_+ + \rho_- G_- + (\rho_+ - \rho_-) G_{++} \tag{6.2.3}$$

$$\frac{\mathrm{d}^2 G}{\mathrm{d}P^2} = \rho_- \frac{\mathrm{d}^2 G_+}{\mathrm{d}P_+^2} + \rho_- \frac{\mathrm{d}^2 G_-}{\mathrm{d}P_-^2} + (\rho_+ - \rho_-) \frac{\mathrm{d}^2 G_{++}}{\mathrm{d}P_{++}^2} \tag{6.2.4}$$

其中，$G_+$ 和 $G_-$ 可分别由 (6.1.5b) 式和 (6.1.5c) 式得到，$G_{++}$ 可由 (6.1.13a) 式得到，$\rho_+$ 和 $\rho_-$ 可由 (6.1.13b) 式得到。相应的二阶导数也可相应推导出来。动态隔离率 $\lambda_{\mathrm{d}}$ 可根据 (6.2.5) 式得到

$$\begin{cases} 1/\varepsilon_{\mathrm{d}} = \lambda_{\mathrm{d}} = \rho_- \lambda_+ + \rho_- \lambda_- + (\rho_+ - \rho_-) \lambda_{++} \\ \lambda_- = \alpha_0 (T - T_0) + 3\beta P_{-0}^2 \\ \lambda_+ = \alpha_0 (T - T_0) + 3\beta P_{+0}^2 \\ \lambda_{++} = \alpha_0 (T - T_0) + 3\beta P_{++0}^2 \end{cases}, \quad E < E_0 \tag{6.2.5a}$$

$$\begin{cases} 1/\varepsilon_{\mathrm{d}} = \lambda_{\mathrm{d}} = \rho_+ \lambda_{++} \\ \lambda_{++} = \alpha_0 (T - T_0) + 3\beta P_{++0}^2 \end{cases}, \quad E \geqslant E_0 \tag{6.2.5b}$$

(6.2.5a) 式中的微分介电常数来源于各项极化强度的平衡值与相应的比例，均可由 6.1.3 节的相关公式导出。(6.2.5a) 式仅是电滞回线初始上升部分低于临界电场的介电常数，而 (6.2.5b) 式是高于临界电场的介电常数。整个回线的介电常数可利用此原理，通过计算极化强度及其概率按 (6.2.5a) 和 (6.2.5b) 式的规则得到。

图 6.2.2 展示出了文献 [13] 所报道的电滞回线及其对应介电常数的实验结果，在电滞回线中，极化强度变化最大的电场值刚好对应介电常数的峰值。

运用 (6.1.11a)~(6.1.13e) 式，可以得到铁电体电滞回线随温度变化的数值；运用 (6.2.5) 式的基本关系，与电滞回线的过程结果，可以得到铁电体介电常数的回线随温度变化的数值。总之，图 6.2.2 所示的关系可以用上述原理导出准确的对应关系。整体过程以程序迭代求解平衡时的极化强度为基础。

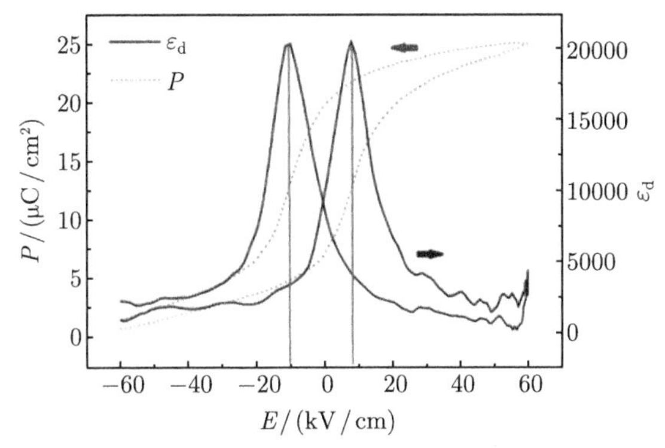


图 6.2.2 铁电体介电常数回线测试结果图 (引自文献 [13])

### 6.2.2 理论结果与分析

基于上述分析，推导出了如下的结果。

#### 6.2.2.1 $\varepsilon_d$ 和 $\varepsilon_s$ 基本性能的比较

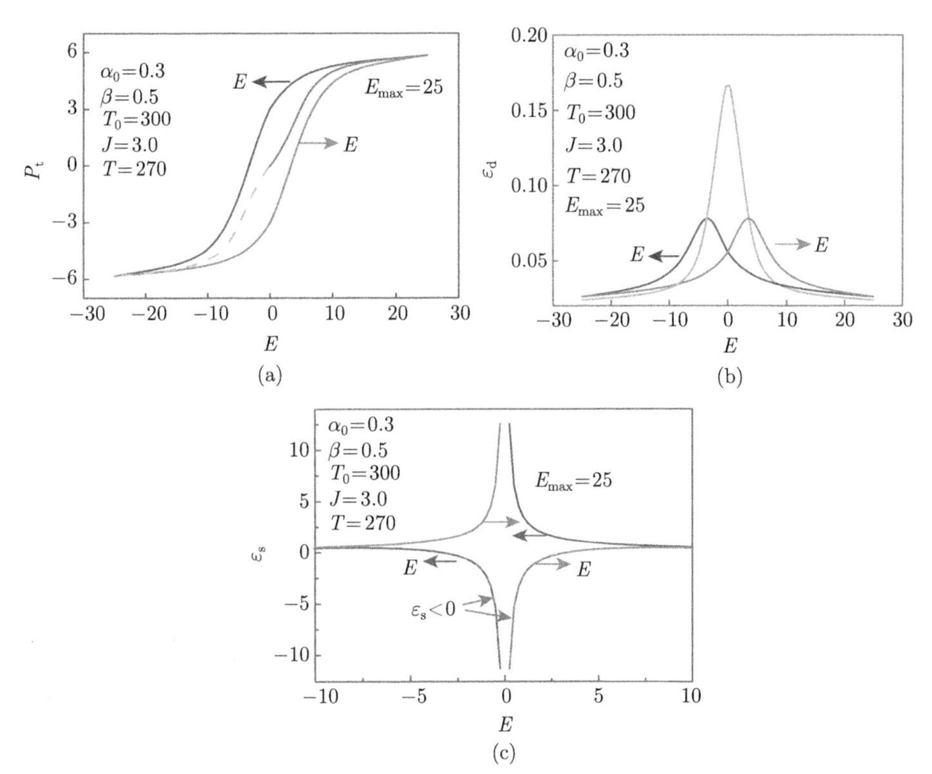


图 6.2.3 (a) 电滞回线；(b) 相应的微分介电常数 $\varepsilon_d$；(c) 静态介电常数 $\varepsilon_s$(引用文献 [9])

图 6.2.3(a) 展现出了相应参量的电滞回线，图 6.2.3(b) 是对应的微分介电常数 $\varepsilon_{\mathrm{d}}$，图 6.2.3(c) 显示了静态的介电常数或用公式对应的电容率 $\varepsilon_{\mathrm{s}}$。图 6.2.3(b) 中，中间的最大峰对应于初始变化，两个较小点的峰出现了平移，是由极化强度的滞后所导致的，与实验结果一致；图 6.2.3(c) 中的曲线是由电滞回线所导出且不可测量的，当电场趋向于零时，静态介电常数趋向于极大。这是 $P$ 值一定而 $E$ 值接近于零所致。其中，用 $E_{\max}$ 表示所加的最大电场。

#### 6.2.2.2　$E_{\max}$ 对 $\varepsilon_{\mathrm{d}}$ 和 $\varepsilon_{\mathrm{s}}$ 性能的影响

图 6.2.4 给出了不同最大电场强度下的电滞回线及相应的介电常数 $\varepsilon_{\mathrm{d}}$ 和 $\varepsilon_{\mathrm{s}}$ 回线。很明显，随着最大电场强度的增大，电滞回线变宽，最大极化强度增大。对应的微分介电常数 $\varepsilon_{\mathrm{d}}$ 的双峰向两边展宽，峰的高度下降。图 6.2.4(c) 显示出 $\varepsilon_{\mathrm{s}}$ 随 $E_{\max}$ 的增大向外展宽且变得更大。

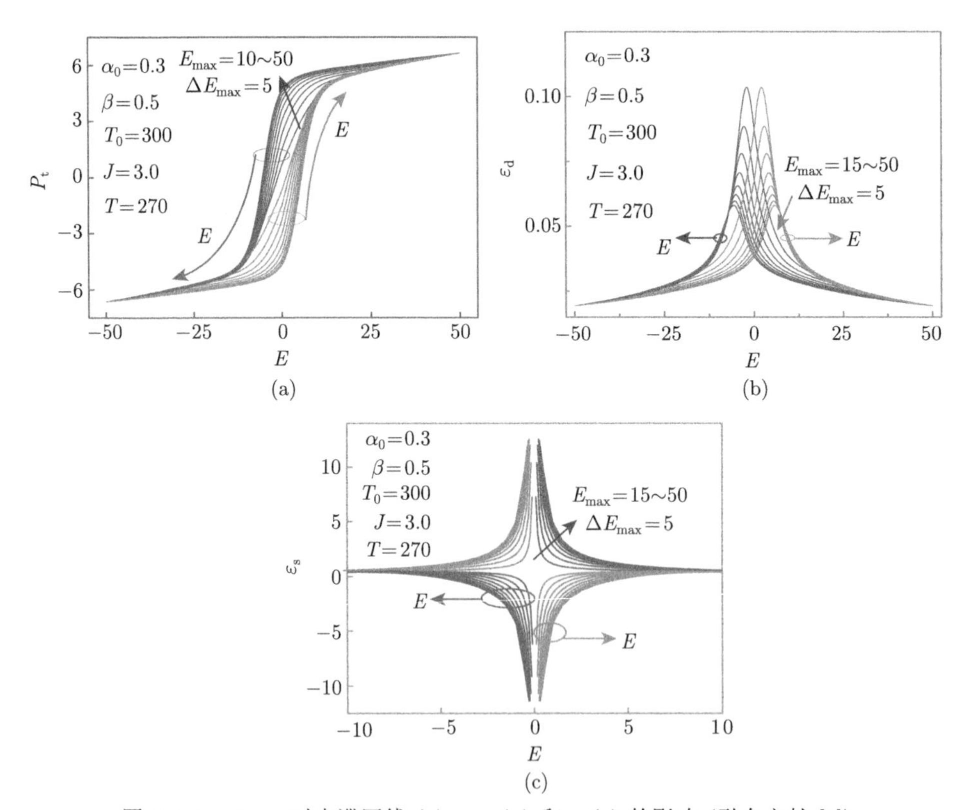


图 6.2.4　$E_{\max}$ 对电滞回线 (a)，$\varepsilon_{\mathrm{d}}$ (b) 和 $\varepsilon_{\mathrm{s}}$(c) 的影响 (引自文献 [9])

#### 6.2.2.3　温度对 $\varepsilon_{\mathrm{d}}$ 和 $\varepsilon_{\mathrm{s}}$ 性能的影响

典型的在铁电相和顺电相温度对 $\varepsilon_{\mathrm{d}}$ 和 $\varepsilon_{\mathrm{s}}$ 性能的影响效果显示如图 6.2.5 所示。

图 6.2.5(a)~(c) 显示了在相同条件下温度对铁电相电滞回线、$\varepsilon_{\mathrm{d}}$ 和 $\varepsilon_{\mathrm{s}}$ 的影响。随着温度的上升，电滞回线变得倾斜，极化强度的变化趋向缓慢，与前面分析的一致。$\varepsilon_{\mathrm{d}}$ 的峰随温度的上升而增大，其原因是接近居里温度时介电常数趋向峰值。与之相反的是，当 $E$ 接近 0 时，$\varepsilon_{\mathrm{d}}$ 却在下降，如图 6.2.5(c) 所示。由此表明两种介电常数的效果刚好相反。

图 6.2.5(d)~(f) 为顺电相的结果。当温度略高于居里温度时，由于存在电场诱导的极化强度，且相邻之间存在耦合及滞后，形成了细长的回线，且随着温度的上升而变得细小，如图 6.2.5(d) 所示。在图 6.2.5(e) 中，$\varepsilon_{\mathrm{d}}$ 显示了随着温度升高而下降的规律，也是由于远离了介电峰的缘故。图 6.2.5(f) 中的 $\varepsilon_{\mathrm{s}}$ 表现得很有意思，原来在铁电相当 $E$ 接近 0 时，$\varepsilon_{\mathrm{s}}$ 趋向极大的中心，在顺电相表现为一个峰，且随温度升高而变小。最后表现为两边高中间低的曲线。这种变化源于电场对诱导极化的减小。

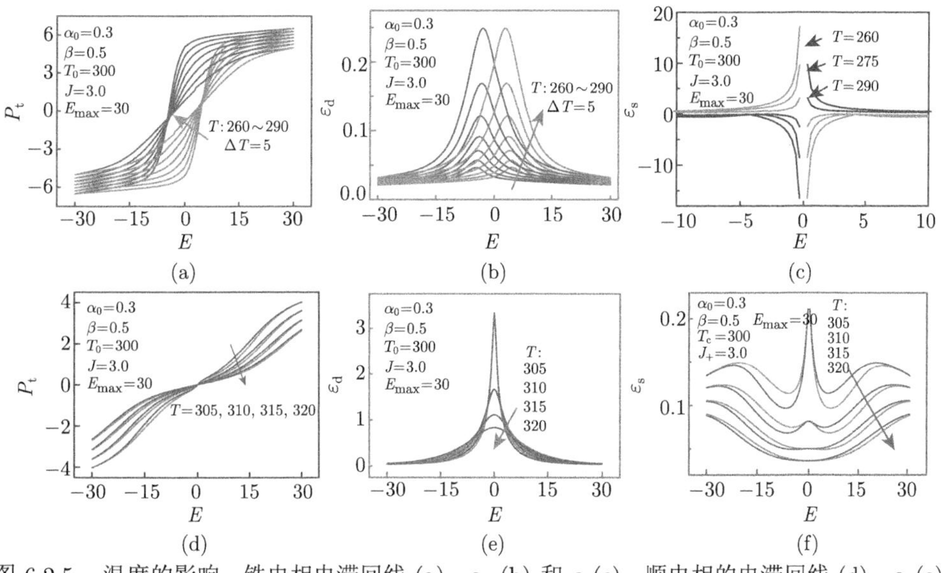


图 6.2.5　温度的影响：铁电相电滞回线 (a)，$\varepsilon_{\mathrm{d}}$ (b) 和 $\varepsilon_{\mathrm{s}}$(c)；顺电相的电滞回线 (d)，$\varepsilon_{\mathrm{d}}$(e) 和 $\varepsilon_{\mathrm{s}}$(f)

总之，上述结果体现了公式对电滞回线、$\varepsilon_{\mathrm{d}}$ 和 $\varepsilon_{\mathrm{s}}$ 随温度变化的规律。为了理解 $\varepsilon_{\mathrm{d}}$ 峰向两边移动的机理和 $\varepsilon_{\mathrm{s}}$ 变化的原因，还需要对公式进行更详细的数值模拟。

#### 6.2.2.4　耦合对 $\varepsilon_{\mathrm{d}}$ 和 $\varepsilon_{\mathrm{s}}$ 的影响分析

可以用 (6.1.6) 式和 (6.1.9) 式推导出 $\rho_+$，$\rho_-$ 和 $\rho_v$ 在固定温度 $T$ 随电场 $E$ 的变化关系。只有 $\rho_+$ 和 $\rho_-$ 与两种介电常数的变化有关，图 6.2.6(a) 中示出了它们的变化。由于偶极子的耦合或者沿电场方向的畴影响了这两种取向的概率，$\rho_+$ 和 $\rho_-$ 两条曲线的交点发生了左移，对应着电滞回线中的左上侧曲线。图 6.2.6(b) 展示了 $\rho_+$ 和 $\rho_-$ 对 $\varepsilon_{\mathrm{d}}$ 两个部分的影响，尝试找出电场作用下形成介电常数峰的机理。结果证实在电场的正方向，正的极化强度导致的介电常数起主要作用；反之在反方向，负的极化强度所导致的介电常数起主要作用。图 6.2.6(a) 中两条曲线的交点在图 6.2.6(c) 中形成了左偏的介电峰，即峰的偏离是由耦合所导致的。图 6.2.6(c) 中的点线作为峰偏离中心线的参考。其中，电场的箭头表示电场的变化方向是从 $E_{\max}$ 到 $-E_{\max}$。

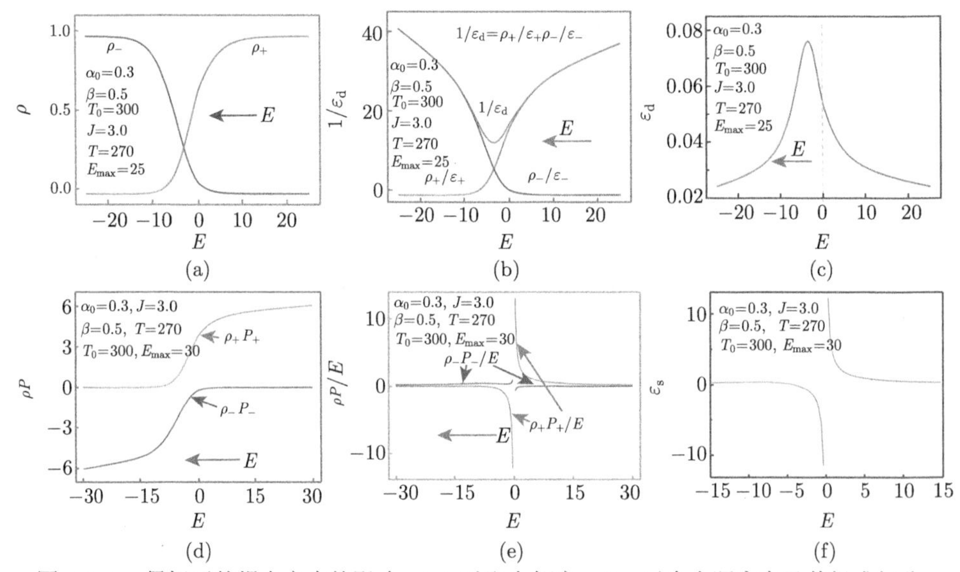


图 6.2.6　偶极子的耦合产生的影响：(a) 对取向概率；(b) 对介电隔离率及其组成部分；(c) 对介电常数；(d) 分别对 $\rho_+P_+$ 和 $\rho_-P_-$；(e) 分别对 $\rho_+P_+/E$ 和 $\rho_-P_-/E$；(f) 对静态介电常数 $\varepsilon_{\mathrm{s}}$

图 6.2.6(d)~(e) 用单项分解方法分析了耦合对形成静态介电常数各种因素的影响。由于 $\varepsilon_{\mathrm{s}}=P_{\mathrm{t}}/E=\rho_+P_+/E+\rho_-P_-/E$，因此可以采用逐项分析的方法。图 6.2.6(d) 展示了耦合对极化强度的正 $(\rho_+P_+)$ 和负 $(\rho_-P_-)$ 两个部分的影响；图 6.2.6(e) 展示了耦合分别对正静态介电常数 $(\rho_+P_+/E)$ 和负静态介电常数 $(\rho_-P_-/E)$ 两个部分的影响；图 6.2.6(f) 中的两条曲线为静态介电常数的变化，在第二象限为负，进入第三象限后数值太小，接近于零。整体变化上，没有显示出

耦合的影响。

总之，对应于电滞回线的变化，用阻抗分析仪测量的介电常数为微分 (或动态) 介电常数，其峰显示了与电滞回线相同的左右偏离；而电容率 (或静态介电常数) 显示出不受耦合的影响，仍然为对称的曲线。

#### 6.2.2.5 电场和温度对 $\varepsilon_{\rm d}$ 和 $\varepsilon_{\rm s}$ 的影响

图 6.2.7 用三维图像的方法展示了电场和温度对 $\varepsilon_{\rm d}$ 和 $\varepsilon_{\rm s}$ 的影响。在图 6.2.7(a) 中，当电场为零时，介电常数 $\varepsilon_{\rm d}$ 的峰在居里温度。随着电场的增加，峰的高度下降并展宽。在居里温度附近低电场时出现了小峰，将在下节分析。在图 6.2.7(b) 中，当电场为零时，温度越低静态介电常数 $\varepsilon_{\rm s}$ 越大，即低温下的电容量越大。在铁电相，$\varepsilon_{\rm s}$ 随电场增大而下降，而在相变点，随电场的变化不明显。总之，电场使 $\varepsilon_{\rm s}$ 随温度的变化在低温剧烈，在高温较平缓，与 $\varepsilon_{\rm d}$ 刚好相反。

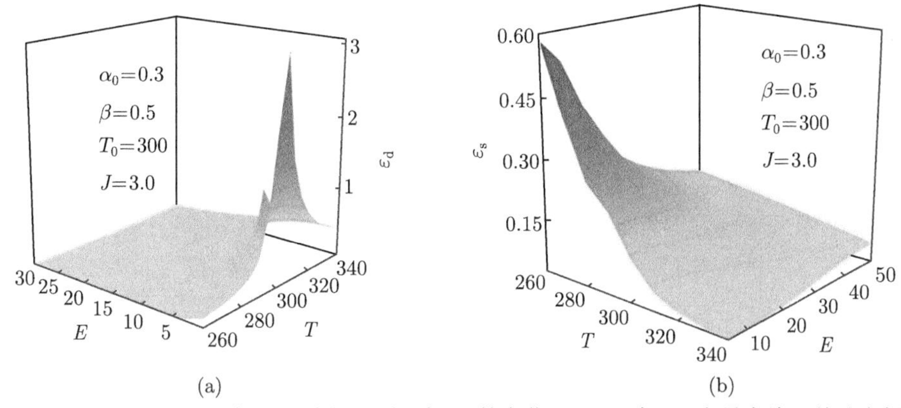


图 6.2.7 $\varepsilon_{\rm d}$ 和 $\varepsilon_{\rm s}$ 随温度 $T$ 及电场 $E$ 经过 $T_0$ 的变化：(a)$\varepsilon_{\rm d}$ 在 $T_0$ 有最大峰，并随电场的增大而下降；(b)$\varepsilon_{\rm s}$ 在低温和低场显示了极大值。在低温时随电场有较大幅度下降，居里点变化平缓，高温顺电相随电场缓慢增大

极化强度的变化是导致 $\varepsilon_{\rm d}$ 和 $\varepsilon_{\rm s}$ 变化的基本原因。如前所述，电场对极化强度的影响有两种效应：一种是诱导效应；另一种是转动效应。在 6.1.2 节中详细论述了诱导效应，在图 6.1.4(a) 的插图中，当温度处于相变点时有最大的诱导效应；在 6.1.4 节中介绍了转动效应，特别是图 6.1.9(d) 比较了两个不同温度的转动效果：在较低的温度时，低电场会引起较多的偶极子转动，并导致了电滞回线中极化强度的较大增加，见图 6.1.9(e)。因此，图 6.2.7(a) 介电常数 $\varepsilon_{\rm d}$ 在相变点有极大的原因是由诱导效应引起的；而图 6.2.7(b) 中电容率 $\varepsilon_{\rm s}$ 在低温低电场有较大值的原因则是转动效应主导的。

用数值分析的方法举例介绍上述两种情况。例如，设铁电体的偶极子由正反方向各 6 个构成，设加电场 $E=3$ 时有 3 个偶极子转到电场方向，$E=6$ 时有

5 个偶极子转到电场方向，$E=9$ 时有 6 个偶极子均转到电场方向。如果暂不考虑诱导效应，则加电场及转向前后的偶极子大小相同，对介电常数的贡献也相同。根据介电常数 $\varepsilon_\mathrm{d}$ 的 (6.2.5) 式，无论偶极子在正或反方向，对其贡献相同。然而，若用实验仪器测量极化强度，分别是 6、10、12 个偶极子的贡献，对应于 $\varepsilon_\mathrm{s}$ 为 6/3、10/6 和 12/9。

这两种现象有各自的应用领域：与介电常数 $\varepsilon_\mathrm{d}$ 相关的应用有多层陶瓷电容器 (MLCC) 电路中应用的高频电容器、热释电器件等；与电容率 $\varepsilon_\mathrm{s}$ 相关的应用有铁电薄膜调制半导体电、光等效应器件，例如铁电薄膜调制的 CMOS(互补金属氧化物半导体) 器件和各种半导体器件，只要远离相变点，在较小的电场下就能够调控极化翻转，产生电荷感应。

铁电体最基本且最关键的性质是介电常数和电滞回线。介电常数代表了具有高频特征的介电性，电滞回线代表了具有低频特征的铁电性。电介质的极化强度-电场关系经常被用于描述铁电体的介电性，例如通过电滞回线可以得到这两者的比值，并与高频直接测量的介电常数相比较，故本节对上述内容给出了详尽的分析与比较。最终的结论为：直接通过仪器测量的介电常数是微分型，铁电体的电容率是滞后型静态介电常数对应于电滞回线，且与电场强度大小相关。两种介电常数均与偶极子的旋转、电场诱导的极化和耦合相关。理论推导出了微分介电常数在电场作用下的双峰与实验结果一致，逐项分析表明主要来源于耦合对取向概率的影响，并且这种影响也支配了静态介电常数从 $E_{\max}$ 到 $-E_{\max}$ 的过程。

#### 6.2.2.6 低电场时 $\varepsilon_\mathrm{d}$ 的侧峰效应

在无电场时，介电常数 $\varepsilon_\mathrm{d}$ 为

$$\frac{1}{\varepsilon_\mathrm{d}}=\lambda_\mathrm{d}=\frac{\partial^2 G}{\partial P^2}=\alpha_0(T-T_0)+3\beta P^2$$

$T_0$ 是无电场时的介电峰温度。加电场后的效应：$E$ 对偶极子产生了极化效应，在顺电相也诱导了偶极子。介电常数可以表达为

$$\frac{1}{\varepsilon_\mathrm{d}(E)}=\lambda_\mathrm{d}(E)=\alpha_0(T-T_0)+3\beta {P_0}^2(E) \tag{6.2.6}$$

由于介电常数是在平衡条件下测量的，其极化强度为平衡值。不考虑偶极子间的耦合作用，其数值由电场作用下的平衡条件决定

$$\left.\frac{\partial G}{\partial P}\right|_{P=P_0}=0=\alpha_0(T-T_0)P_0(E)+\beta {P_0}^3(E)-E$$

在 $T<T_0$ 的铁电相，引入新的量 $T_\mathrm{P}$ 代替 $T_0$

$$\frac{1}{\varepsilon_{\mathrm{d}}(E)} = \lambda_{\mathrm{d}}(E) = \alpha_0(T - T_{\mathrm{P}}), \quad T_{\mathrm{P}} = T_0 - \frac{3\beta {P_0}^2(E)}{\alpha_0} \tag{6.2.7}$$

此结果意味着尖锐的峰将向低温移动。

对于介电常数的整条曲线，在峰值处存在介电常数或介电隔离率对温度的一阶导数为零

$$\frac{\partial \lambda_{\mathrm{d}}}{\partial T} = \alpha_0 + 6\beta P_0(E)(\partial P_0(E)/\partial T) = 0 \tag{6.2.8}$$

当所加电场不变时，将 $E$ 看成固定量，平衡关系是确定的，当温度变化时，极化强度也会相应变化，因而可以将 $P_0(E)$ 和 $T$ 为变量做微分

$$\Delta[\alpha_0(T - T_0)P_0(E) + \beta {P_0}^3(E) - E] = 0$$

$$\partial P_0(E)/\partial T = -P_0(E)/(T - T_{\mathrm{P}})$$

根据平衡条件，上式中的温度 $T$ 为峰值。利用 (6.2.8) 式得到介电峰值温度 $T_{\mathrm{m}}$

$$T_{\mathrm{m}} = T_{\mathrm{P}} + \frac{6\beta {P_0}^2(E)}{\alpha_0} = T_0 + \frac{3\beta {P_0}^2(E)}{\alpha_0} \tag{6.2.9}$$

(6.2.7) 式和 (6.2.9) 式表示：$T_{\mathrm{P}}$ 是电场作用下的 $T_0$，其含义为介电峰在温度谱发生向低温铁电相的移动。(6.2.7) 式的含义是：如果 $E$ 增大，则 $P(E)$ 增大，$T_{\mathrm{P}}$ 下降。数值模拟发现此峰只存在于低电场的居里温度附近，增加电场会使峰远离居里温度同时降低了峰的高度。另外，若从介电常数的整体曲线考虑，存在峰的条件是一阶导数为零，得到了向高温移动的宽介电峰 $T_{\mathrm{m}}$。

如果考虑三维铁电体同时存在正向、反向和垂直于电场方向的偶极子。由于介电常数是 $G$ 对 $P$ 的二次导数，因而正向和反向偶极子对介电常数有相同的贡献。例如，全部是正向的偶极子、全部是反向的偶极子和各有一半时，在极化强度相同的条件下测量的介电常数应该完全相同。在此条件下得到的小电场作用下的介电常数如图 6.2.8(a) 所示。在顺电相，$T > T_0$，只有正向的极化强度，并满足 (6.2.6) 式：温度越高，第一项越大，介电常数越小；但同时第二项越小介电常数越大。即两项相互制约，当两者相等时出现了介电常数最大。因此，在较大电场下会有图 6.2.8(b)。

需要说明的是，这种侧峰现象主要发生在反铁电体中。在反铁电体中由于反铁电耦合作用，需要比铁电体更大的电场才能让偶极子转向，因而这种侧峰现象发生在较高的电场及较宽的温度范围，所导致的实验现象也更容易发现。而如图 6.2.8(b) 所示的介电常数随外加电场的变化被视为反铁电体介电常数的典型温度特征。

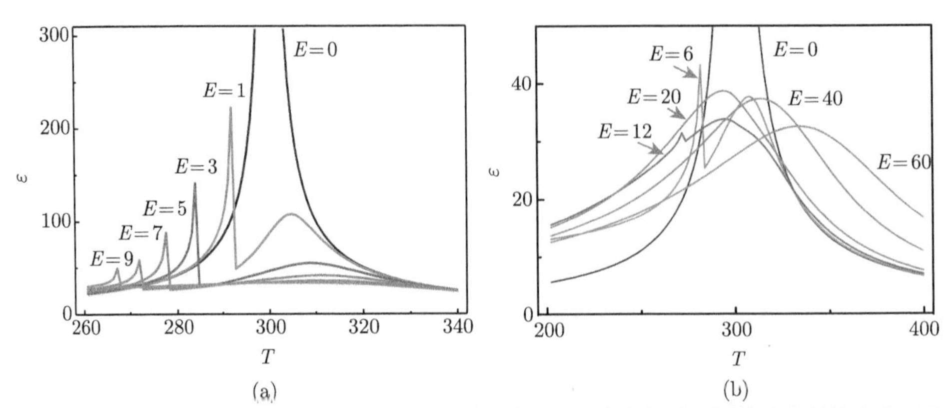


图 6.2.8 铁电体在电场作用下介电常数的移峰现象。(a) 小电场时，侧峰随电场的上升而移向低温；(b) 大电场时，主峰随电场的上升先移向低温，再移向高温

## 6.3 极化强度、电滞回线及介电常数 (教学型)

铁电体的主要特征是结构相变和介电谱与电滞回线。结构相变是成分相关的结构随温度的演化，介电谱与电滞回线是这种演化的表现形式。无外加直流电场时，铁电体表现为介电温谱和频率谱；外加直流电场后，主要表现特征是电滞回线。

由于传统的铁电体理论是基于热释电体为研究对象，且以不加电场为主要特征。本节尊重历史传统，用简单的方法介绍主要内容。尽管有不妥之处，但这些内容毕竟为铁电体的理论做出了巨大的贡献，且各高校铁电体物理的研究生教学也是以此为主。

铁电体的定义决定了它在高温顺电相具有特定方向的振动，这种振动状态随温度变化会保持到低温的铁电相，成为偶极子的特定取向方向，且方向之间具有反演对称性。即任意一个取向方向，经过原点的反演后一定能够找到另一个取向。当外加电场沿某一个取向方向产生作用时，其效果与将电场反向的作用效果相同。即沿任意偶极子取向的方向施加电场都会有相同的结果。这是铁电体不同于其他晶体的独特特征。

二阶相变铁电体满足连续相变的特征：居里温度 $T_{\rm c}$ 与居里-外斯温度 $T_0$ 相同。在此相变点发生结构变化：当温度低于 $T_{\rm c}$ 无穷小时，结构从立方体变为长方体，其变化也为无穷小。尽管如此，仍然存在结构对称性的变化，称为结构破缺。随着温度的继续降低，变化逐渐增大。铁电体的性质是通过外界施加作用而显现的。铁电体在居里点是最“软”的，对外界的响应是最大的。极小的外界作用会产生最大的响应，其作用可以是电、力、热、光等物理量。

### 6.3.1 无电场时极化强度和介电常数的温度关系

20 世纪 50 年代，为研究铁电体的相变机理，人们开展了晶格振动的理论研究，猜想顺电相晶格振动的软化有可能导致相变。这种晶格振动类似于弹簧，弹

性力 $f$ 和弹性势能 $W$ 与位移 $x$ 之间的关系是

$$f = -kx$$

$$W = -\int_0^{x_0} (-kx)\mathrm{d}x = \frac{1}{2}kx_0^2$$

其中，$k$ 是弹性系数，$W$ 也类似于弹簧储能。铁电体的典型特征函数为吉布斯自由能 $G$，在应力和温度这两个变量不变的条件下，极化强度 $P$ 为其变量。在不同的温度下，$G$ 随之变化。由于反演对称，$G$ 只能是 $P$ 的偶函数。当二阶相变铁电体处于温度高于 $T_0$ 的顺电相时，由于平衡时的极化强度为零，以及仅有振动产生离子位移型的极化强度，因而有

$$G = \frac{1}{2}\alpha_0(T - T_0)P^2, \quad \frac{\partial G}{\partial P} = 0, \quad T > T_0 \tag{6.3.1a}$$

$\alpha_0(T - T_0)$ 相当于弹簧的弹性系数。从顺电相的高温降温到 $T_0$ 时 $k$ 不断减小直至零，称为振动模式的软化及冻结。在铁电相时为

$$\begin{aligned} G(P) &= \frac{1}{2}\alpha_0(T - T_0)P^2 + \frac{1}{4}\beta P^4 \\ \frac{\mathrm{d}G}{\mathrm{d}P} &= \alpha_0(T - T_0)P + \beta P^3 = 0 \end{aligned} \tag{6.3.1b}$$

设定参量值：$\alpha_0 = 2$，$\beta = 5$，$T_0 = 300$。将 $P$ 作为变量，用 Origin 软件绘图，如图 6.3.1 所示。

(6.3.1b) 式有正负两个解：$P_0 = \pm\sqrt{\alpha_0(T_0 - T)/\beta}$。选择图 6.3.2 中给出的参量值绘图。

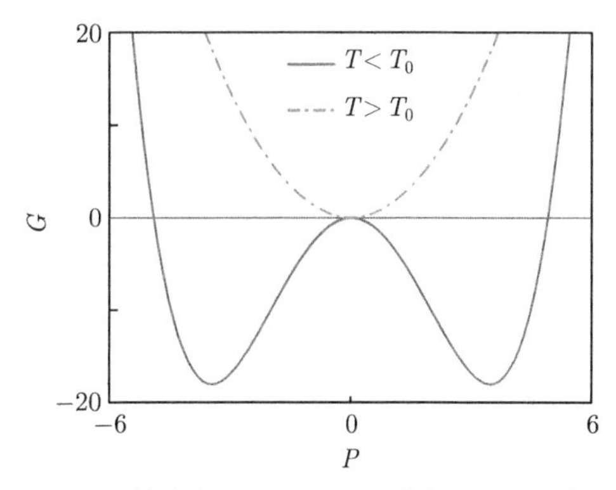


图 6.3.1 铁电相 $T < T_0$ 和顺电相 $T > T_0$ 的 $G$

从图 6.3.1 可以看出，$G$ 在顺电相只有一个能谷在 $P_0=0$ 点，且 $G$ 的平衡值始终为零；而在铁电相，有正负两个 $G$ 的能谷，对称相等。其横坐标表示极化强度 $P_0$ 的大小，顺电相的能谷与 $G$ 的能谷差值表示势阱深度，为偶极子转动需要克服的势垒高度。

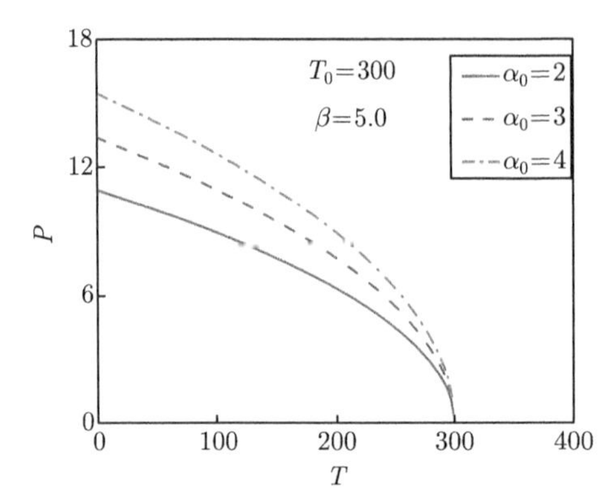


图 6.3.2　不同 $\alpha_0$ 值时极化强度与温度的关系

根据吉布斯自由能对 $P$ 的二次导数，可以得到介电常数的温度关系：

$$
\begin{aligned}
&\frac{1}{\varepsilon}=\lambda=\frac{\partial^2 G}{\partial P^2}=\frac{\partial E}{\partial P}=\alpha_0(T-T_0)+3\beta P^2=2\alpha_0(T_0-T),\quad T<T_0\\
&\frac{1}{\varepsilon}=\lambda=\frac{\partial^2 G}{\partial P^2}=\frac{\partial E}{\partial P}=\alpha_0(T-T_0),\quad T>T_0
\end{aligned}
\tag{6.3.2}
$$

已知参量就可用 (6.3.2) 式得到介电常数的温度关系。需要对两个参量做两个图：一个在铁电相的低温区，另一个在顺电相的高温区。设定参量值：$\alpha_0=0.3$，$\beta=0.5$，$T_0=300$。将 $T$ 作为变量得到图 6.3.3。

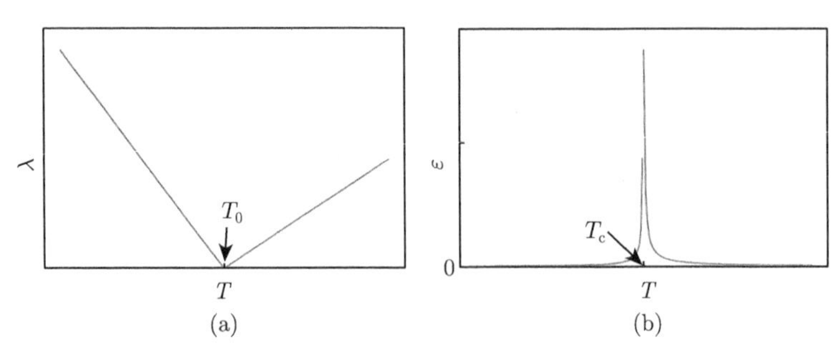


图 6.3.3　铁电体的介电性：(a) 介电隔离率的温度谱；(b) 介电常数的温度谱

图 6.3.3 展示了铁电体介电性的温度关系。图 6.3.3(a) 为介电隔离率的温度

谱，为两条直线关系，斜率是变化率，铁电相的比顺电相的大一倍；而图 6.3.3(b) 是介电常数的温度谱，随温度剧烈变化，需要在很小的温度范围才能有良好的分辨。

需要说明的是，对于真实的三维铁电体，在四方相结构中，尽管没有外加直流电场，但仪器测量时会施加交变电场，该电场会使电场方向和反电场方向的偶极子产生响应，导致介电常数随温度的变化。因此，只有 1/3 的偶极子对介电常数有贡献。在电场作用下，由于存在偶极子的转向，导致电场越大，参与对介电常数贡献的偶极子数量越多。

根据 (6.3.2) 式，在铁电相时，极化强度越大介电常数越小。其原理是介电常数被定义为电场对极化强度的微分量。电场产生的原因是所加的交变小量而不是直流成分，由此导致介电常数不是电场对极化强度简单的比值关系，因而介电常数不再具有电容率的含义，不能被表征用于材料电容量的大小。

### 6.3.2 加电场后的自由能与极化强度

在电的作用下，铁电体中的偶极子作为非平衡电荷，满足电场与偶极子作用的矢量乘法规律：$-EP$。当电场与偶极子方向垂直时，无相互作用；两者方向相同时，能量下降；相反时能量上升。其他物理量的作用也遵循基本的物理规律。

与一般晶体不同的是，铁电体在电场作用下，平行排列的偶极子会相互诱导产生耦合，形成更稳定的状态“畴”。在形成的过程中会释放能量，该能量与偶极子的大小和耦合系数成正比。这种亚稳态的畴导致了电滞回线的形成。

为了方便，仅考虑加饱和电场的情况，可以用简便的方法得到电滞回线和介电常数的电场与温度关系。可用以下步骤进行推导及数值模拟。

预告设定相关参量的数值 $\alpha_0$，$\beta$，$T_0$，$x_0$(等价于 $J$)，选定一个温度 $T$(低于 $T_c = T_0$)，由极化强度确定加电场后吉布斯自由能的能谷值，其基本公式如下：

$$G_+ = \frac{1}{2}\alpha_0(T - T_0)P_+^2 + \frac{1}{4}\beta P_+^4 - EP_+, \quad P_+ > 0$$

$$G_- = \frac{1}{2}\alpha_0(T - T_0)P_-^2 + \frac{1}{4}\beta P_-^4 - EP_-, \quad P_- < 0$$

上述两个方程可以统一表示为

$$E = \alpha_0(T - T_0)P + \beta P^3 \tag{6.3.3}$$

当 $E = 0$ 时，(6.3.3) 式的解为平衡时的 $P_{+0}$ 和 $P_{-0}$ 值

$$P_{+0} = \left[\frac{\alpha_0(T_0 - T)}{3\beta}\right]^{1/2}, \quad P_{-0} = -\left[\frac{\alpha_0(T_0 - T)}{3\beta}\right]^{1/2}$$

当 $E>0$ 时，(6.3.3) 式的解可以通过设置参量的数值后通过绘图得到。若设 $\alpha_0=2$，$\beta=0.5$，$T_0=300$，以 $P$ 为变量，若给定若干个 $E$ 值，则可以求出 $T$-$P$ 关系，再利用坐标转换得到 $P$-$T$ 关系。求解前需要先将 (6.3.3) 式变形为 $T=T_0+(E-\beta P^3)/(\alpha_0 P)$，根据上式的 $T$-$P$ 关系，选择合适的电场值代入，导出结果见图 6.3.4(a)。再利用坐标交换功能得到图 6.3.4(b)，其结论与图 6.1.8 所示 $P_{+0}$ 的结果相同。

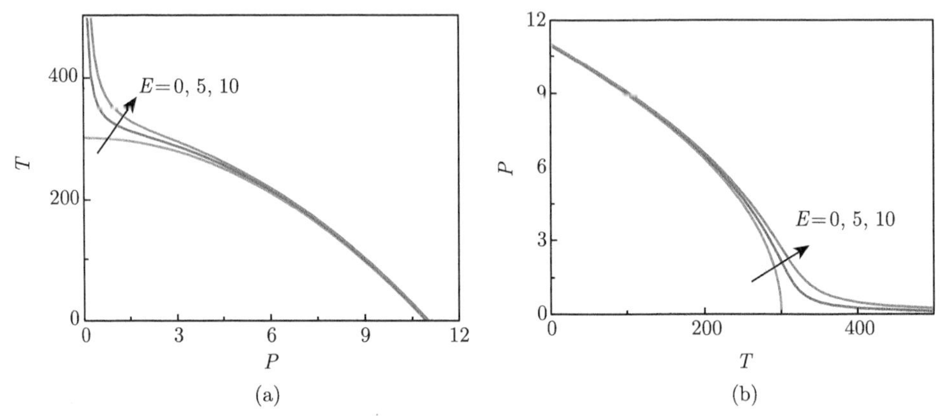


图 6.3.4　分别加电场 $E=0,5,10$ 的效果：(a)$T$-$P$ 关系；(b)$P$-$T$ 关系

### 6.3.3　一维的简单电滞回线

电滞回线是铁电体的基本特征，该特征来源于铁磁体的磁滞回线。磁滞回线的解释是以电子的自旋为基础，考虑磁偶极子与磁场的作用而得到的。一般用两种方法描述，经典连续变化的朗之万函数和量子分立变化的布里渊函数。经典的朗之万函数可以用于铁电体，而量子的方法由于涉及电子自旋的分立能级而不适用于铁电体。朗之万函数表示为 $L(x)=\text{ctanh}(x)-1/x$。两种函数的详细内容及推导过程见附录 A。由于朗之万函数仅仅是简单的数学表达式，没有涉及铁电体中偶极子的转动和畴的变化等具体的物理意义，且在较小的电场下回线难以闭合，因而需要根据铁电体的物理意义进行详细讨论和推导。

一维时只有正反电场两个方向。

(1) 可以算出取向概率：

$$\rho_+=\frac{\exp(-G_+/(kT))}{\exp(-G_+/(kT))+\exp(-G_-/(kT))}$$

$$\rho_-=\frac{\exp(-G_-/(kT))}{\exp(-G_+/(kT))+\exp(-G_-/(kT))},\quad \rho_++\rho_-=1$$

(2) 可以算出电滞回线的基本公式：

$$P_{\mathrm{t}}=\rho_{+}P_{+}+\rho_{-}P_{-}=P(T)\frac{\exp(-G_{+}/(kT))-\exp(-G_{-}/(kT))}{\exp(-G_{+}/(kT))+\exp(-G_{-}/(kT))}$$

$$=P(T)\frac{\exp(-(G_{+}-G_{-})/(kT))-1}{\exp(-(G_{+}-G_{-})/(kT))+1}$$

$$=P(T)\frac{\exp((G_{-}-G_{+})/(2kT))-\exp(-(G_{-}-G_{+})/(2kT))}{\exp((G_{-}-G_{+})/(2kT))+\exp(-(G_{-}-G_{+})/(2kT))}$$

$$=P(T)\tanh[(G_{-}-G_{+})/(2kT)]\approx P(T)\tanh[sP(T)\cdot E/T]$$

考虑到偶极子的耦合效应，正向的吉布斯自由能附加一个矫顽场 $E_{\mathrm{c}}$，近似得到

$$\rho_{+}=\frac{\exp(sP\cdot(E\pm 2E_{\mathrm{c}})/T)}{\exp(sP\cdot(E\pm 2E_{\mathrm{c}})/T)+\exp(sP\cdot E/T)}$$

$$=\frac{\exp(sP\cdot(E\pm E_{\mathrm{c}})/T)}{\exp(sP\cdot(E\pm E_{\mathrm{c}})/T)+\exp(-sP\cdot(E\pm E_{\mathrm{c}})/T)}$$

$$\rho_{-}=\frac{\exp(-sP\cdot(E\pm E_{\mathrm{c}})/T)}{\exp(sP\cdot(E\pm E_{\mathrm{c}})/T)+\exp(-sP\cdot E/T)}$$

$$\rho_{+}-\rho_{-}=\tanh[sP\cdot(E\pm E_{\mathrm{c}})/T]$$

由此得到电滞回线的公式：

$$P_{\mathrm{t}}=P(T)\tanh[sP(T)\cdot(E\pm E_{\mathrm{c}})/T] \tag{6.3.4a}$$

以及介电常数的近似公式：

$$\varepsilon=\frac{\partial P_{\mathrm{t}}}{\partial E}=(sP^2(T)/T)/\cosh^2[sP(T)\cdot(E\pm E_{\mathrm{c}})/T] \tag{6.3.4b}$$

其中，(6.3.4a) 式和 (6.3.4b) 式中的极化强度 $P(T)$ 为 $E=0$ 时的值。对参量 $s$ 选取确定的数值，可以绘出电滞回线。温度越高，$E_{\mathrm{c}}$ 的值越小，因而使偶极子全部转向所加的最大电场值也可相应地减小。

将 (6.3.4a) 式和 (6.3.4b) 式分别简化为

$$\begin{aligned}P_{\mathrm{t}}&=a\tanh[b(x\pm x_0)]\\ \varepsilon&=a/\cosh^2[b(x\pm x_0)]\end{aligned} \tag{6.3.5}$$

设定 $a=1$，$b=2$，$x_0=2$，得到图 6.3.5 的结果。

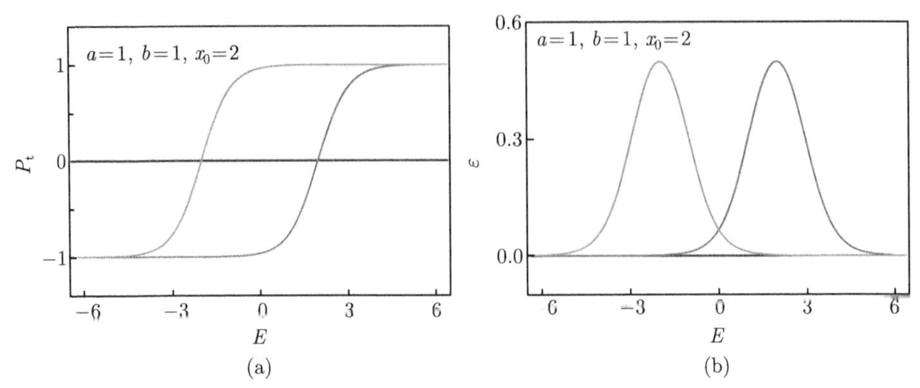


图 6.3.5　一维简化方法得到的 $P_\mathrm{t}$-$E$ 电滞回线 (a) 和介电常数 (b)

### 6.3.4　三维的电滞回线、介电常数和电容率

如前，先确定无电场极化强度和吉布斯自由能。

三维铁电体从零开始加电场的初始阶段，有四个垂直于电场的方向和正与反平行于电场的方向，则偶极子在正反方向的概率分别是

$$\rho_+ = \frac{\exp(-(G_+ - G_v)/(kT))}{\exp(-(G_+ - G_v)/(kT)) + \exp(-(G_- - G_v)/(kT)) + 4}$$

$$\rho_- = \frac{\exp(-(G_- - G_v)/(kT))}{\exp(-(G_+ - G_v)/(kT)) + \exp(-(G_- - G_v)/(kT)) + 4}$$

其中，$G_v$、$G_+$ 和 $G_-$ 分别是垂直方向和正反方向的吉布斯自由能。忽略电场对极化强度的影响，用导出电滞回线的基本方法，可以得到

$$P_\mathrm{t} = P\frac{\exp(EP/(kT)) - \exp(-EP/(kT))}{\exp(EP/(kT)) + \exp(-EP/(kT))} = P\tanh(EP/(kT))$$

由于三维的极化强度与电场无关，因此

$$P_\mathrm{t} = P\frac{\exp(EP/(kT)) - \exp(-EP/(kT))}{\exp(EP/(kT)) + \exp(-EP/(kT)) + 4}$$

分母加了“4”表示垂直方向的作用，由此推导为

$$P_\mathrm{t} = P\frac{\sinh(EP/(kT))}{\cosh(EP/(kT)) + 2}$$

即原来的 $\tanh(x)$ 改为了 $\dfrac{\sinh(x)}{\cosh(x)+2}$。

上述内容为无滞后的结论。当出现畴并产生滞后时，相应的公式变为

$$P_{\rm t} = P\frac{\exp((E\pm 2E_1)P/(kT)) - \exp(-EP/(kT))}{\exp((E\pm 2E_1)P/(kT)) + \exp(-EP/(kT)) + 4}$$
$$= P\frac{\exp((E\pm E_1)P/(kT)) - \exp(-(E\pm E_1)P/(kT))}{\exp((E\pm E_1)P/(kT)) + \exp(-(E\pm E_1)P/(kT)) + 4\exp(-E_1P/(kT))}$$

电场方向的极化强度会形成畴，稳定其作用。当电场逐步减弱时，畴会附加一个电场 (数值设为 $2E_1$) 成为退极化的滞后项，三维的电滞回线由此变为了

$$P_{\rm t} = P\frac{\sinh(a(x\pm x_0))}{\cosh(a(x\pm x_0)) + 2\exp(-ax_0)} \tag{6.3.6}$$

介电常数近似为

$$\varepsilon = \frac{\varepsilon_+}{\rho_+ + \rho_-},\quad \rho_+ + \rho_- = \frac{\cosh(a(x\pm x_0))}{\cosh(a(x\pm x_0)) + 2}$$

$$\varepsilon = \varepsilon_+\frac{\cosh(a(x\pm x_0)) + 2}{\cosh(a(x\pm x_0))} = \varepsilon_+\left(1 + \frac{2}{\cosh(a(x\pm x_0))}\right) \tag{6.3.7}$$

三维偶极子的取向有 6 个，正反电场方向的偶极子均对介电常数有贡献。$E=0$ 时占比为 1/3，因而

$$\frac{1}{\varepsilon_+} = 2\alpha_0(T_0 - T)/3 = 2\beta P^2/3 \tag{6.3.8}$$

电容率可以认为是静态的介电常数，为测量得到的极化强度 $P_{\rm t}$ 与所加电场 $E$ 的比值:

$$\varepsilon_{\rm s} = P_{\rm t}/E = P\frac{\sinh(a(x\pm x_0))}{\cosh(a(x\pm x_0)) + 2\exp(-ax_0)}\Big/(E_0x) \tag{6.3.9}$$

其中，$E_0$ 是所加电场的最大值。设定 $a=1$，$b=2$，$x_0=2$，得到图 6.3.5 的结果。

图 6.3.6 中的曲线使用了上述简化的方法，主要是忽略了电场对极化强度的作用。数值拟合的结果与大多数实验结果相符。

如果考虑温度的因素，通过引入关系 $P(T)$-$T$ 到 (6.3.6) 式、(6.3.8) 式和 (6.3.9) 式以及涉及的变量中可以得到相应参量随温度变化的回线。

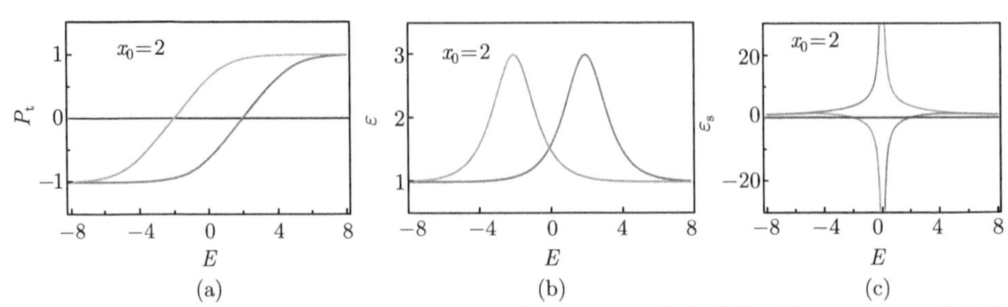


图 6.3.6　三维简化方法得到的：$P_t$-$E$ 电滞回线 (a)；$\varepsilon$-$E$ 介电常数回线 (b)；$\varepsilon_s$-$E$ 电容率 $(P_t/E)$ 回线 (c)

### 6.3.5　半导化对电滞回线的影响

如果铁电体不是绝对绝缘，在体内有一定的电阻值，外加电场后，会产生电流，常用电流密度 $J$ 表示：$J=\sigma E$，$\sigma$ 是相应的电导率。由于铁电体本身具有电容性，因而两者的作用之和相当于串联或者并联。

如果用样品电容 $C_s$ 与一个电阻 $R$ 并联，再与标准电容 $C_0$ 串联，就构成了并串联电路。电路的输入和输出均为电压。在数学上可以用拉氏变换方法求解，用 $s$ 表示变换的变量，为时间 $t$ 的反变换。

无电阻 $R$ 时的阻抗函数为

$$Z(s)=\frac{1}{C_0 s}+\frac{1}{C_s s}=\frac{C_0+C_s}{C_0 C_s s}$$

当输入 $V_{in}$ 加在 $C_0$ 和 $C_s$ 上，输出 $V_{out}$ 加在 $C_0$ 上时，两者的关系是

$$V_{out}^0=V_{in}\frac{1}{C_0 s}\bigg/\frac{1}{Z(s)}=V_{in}\frac{C_s}{C_0+C_s}$$

有电阻 $R$ 时的阻抗函数为

$$Z(s)=\frac{1}{C_0 s}+\frac{1}{(C_s+1/(Rs))s}\approx\frac{C_s}{C_0}+\frac{1}{C_0 R}\frac{1}{s+1/(C_0 R)}$$

作反拉氏变换，得到时间相关的输出 $V_{out}$ 为

$$V_{out}=V_{out}^0\left(1+\frac{1}{C_s R}e^{-t/(C_0 R)}\right)$$

一般测试的外加电场为三角波输入，可利用基本关系 $E(t)=\Delta E\cdot t$ 求解，其中，$\Delta E$ 为三角波的电场高度，时间 $t$ 为中间的过渡量。在三角波输入的半个周

期内，极化强度的响应等价于电场的变化从而导出电滞回线变化的公式：

$$P_{\mathrm{t}}=P_{\mathrm{t}}^{0}(1+\mathrm{e}^{-t/\tau_0}/\tau_{\mathrm{s}})=P_{\mathrm{t}}^{0}\left(1+\mathrm{e}^{-E/(\mathrm{d}E\cdot\tau_0)}/\tau_{\mathrm{s}}\right)$$

式中，用上标 0 表示正常的电滞回线表达式。在饱和极化的条件下，可以得到近似解 $P_{\mathrm{t}}=P(T)\tanh(a(E\pm E_{\mathrm{c}}))(1+b\exp(-cE))$，其中，参数 $a$，$b$，$c$ 可以人为调整。

上述结果直接代入参数绘成图，结果如图 6.3.7 所示。正常的标准电滞回线是用饱和极化近似函数 $\tanh(x)$ 绘出作为参考。而带电阻和电容的电滞回线由标准电滞回线函数附加时间衰减函数构成。主要有效部分限于第一象限。

设定具体参数值为 $1.5\times\tanh(0.5\times(x+3))\times(1+1.5\times\exp(-0.05\times x))$，则可以得到图 6.3.7(a) 中模拟回线曲线的上线。而用 $1.5\times\tanh(0.5\times(x-3))\times(1+1.5\times\exp(-0.05\times x))$ 可以得到曲线的下线。图 6.3.7(a) 显示，电场为零时的极化强度有了极大增加，在电场增大过程中，极化强度向下弯曲。大量的实验结果与此曲线的变化一致。由此说明，电导的增大会导致极化强度的增大，且这种增大仅仅是一种表观的虚增，实际的极化强度并没有增大。它给了人们一种极化强度变化的错觉。另外，对介电常数的增大更加明显，甚至会出现几十倍的虚增，让人误以为这种材料能够储能。图 6.3.7(b) 为引自文献的实验结果，可以证明理论的合理性。

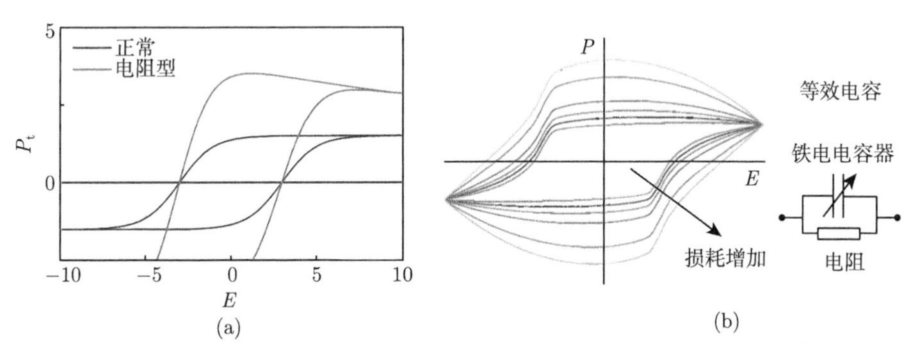


图 6.3.7 铁电体的电导对电滞回线的影响 (第一象限)：(a) 电导导致了极化强度的虚增与变形；(b) 实验结果 (引自文献 [14])

判断导电性增大对极化强度虚增的论据是阻抗谱的频率弥散性。如果电阻或介电常数随测量频率的增大呈现明显的下降变化，则可认为存在受电导影响的极化强度和介电常数。用一种实验仪器直接测量的结果已经不可靠，具体性能需要用其他实验方法加以证明。例如，在常用的能量存储特性的研究中，会发现介电常数增大或者电滞回线的极化强度增大，但用极化储能的方法测量放电电流时会发现，其释放的电荷量反而减少了，即储能性能发生了恶化。

### 6.3.6　死畴对电滞回线的影响

如果存在铁电畴，且该畴对电场的作用无响应，但又占据一定的能级，则可以被视为死畴 (dead domain，DD)。如果死畴的方向在电场或者反电场方向，则它的存在会影响电滞回线。死畴也是畴，是由偶极子的耦合引起的，因此其能量为畴在最大电场时的吉布斯自由能，并由畴界上的某种钉扎效应所钉死。

还有另外两种可能的情况：一是铁电畴的边界相互作用及挤压，难以在电场作用下实现转向；二是铁电体的体内与靠近两个电极的差异。电场有可能先对靠近电极的偶极子产生作用，之后带着屏蔽的效果作用于体内的偶极子。在一定梯度电场的作用下，体内偶极子转向的效果远远小于近表面偶极子的转向效果。

如果铁电体样品先在某个较大的电场下经过了测试或者极化，体内保持了一定稳定程度的亚稳态畴。在此条件下，用一个小于极化样品的电场测试样品的电滞回线，会出现电滞回线的平移现象，但不会出现束腰 (narrow waist，NW) 的变化。

如果死畴的能级为所加电场最大畴的吉布斯自由能，且加电场的过程中，畴的能级不变，则在三维条件下近似地有

$$P_{\mathrm{t}} = P\frac{\sinh(a(x \pm x_0))}{\cosh(a(x \pm x_0)) + 2\exp(-ax_0) + \exp(r \cdot ax_0)/2} \tag{6.3.10}$$

其中，$r$ 表示畴的稳定性，$r$ 越大能级越低越稳定。

图 6.3.8(a) 示出了 (6.3.10) 式的数值模拟结果。一维时回线为竖直状，三维时发生了倾斜，有较弱的死畴影响则会更加倾斜。

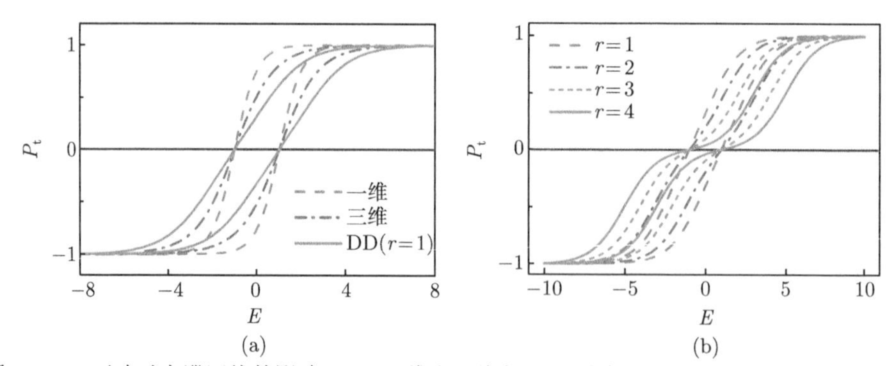


图 6.3.8　死畴对电滞回线的影响：(a) 一维和三维与 DD 时电滞回线的比较；(b) 死畴比例变化对电滞回线的影响

实验结果中经常能够观察到束腰形电滞回线，其形状如图 6.3.8(b) 中 $r = 4$ 所示。产生的机理是正常三维表达式的分母增加了一个较大的不动项或阻尼项，

导致整个分数整体下降。这种情况有时也被误认为与反铁电体的双回线相似，因为阻尼主要发生在回线的低电场部分。

图 6.3.8(b) 说明了样品经过极大的饱和电场极化形成压电体后，再测量电滞回线则有可能出现束腰的形状。其原因有极化畴过于稳定，在交变电场下保持不变。当极化的铁电体作为压电器件应用时，畴的稳定性是最重要的因素，图 6.3.8(b) 提供了一个可供判断的因素。利用介电常数的大小来判断极化的效果是错误的，或者说是刚好相反的。

### 6.3.7 加电场后的介电移峰效应

仅考虑电场对极化强度大小的影响，电场对介电常数的移峰效应可以做近似分析 [15]，也可以用公式详细推导。

在无电场时，介电隔离率为

$$\lambda_{\mathrm{P}} = \frac{\partial^2 G}{\partial P^2} = \alpha_0(T - T_0)$$

$$\lambda_{\mathrm{F}} = \frac{\partial^2 G}{\partial P^2} = \alpha_0(T - T_0) + \beta 3P^2 = 2\alpha_0(T_0 - T)$$

$T_0$ 是无电场时的介电峰温度；下标分别用 P 表示顺电相，F 表示铁电相。加电场后，统一用 $E$ 表示

$$\lambda_E = \frac{1}{\varepsilon} = \alpha_0(T - T_0) + 3\beta {P_0}^2(E) \tag{6.3.11}$$

不考虑偶极子间的耦合作用，电场作用下的平衡条件是

$$\alpha_0(T - T_0)P_0(E) + \beta {P_0}^3(E) - E = 0$$

变换形式为

$$\beta P_0^2(E) = -\alpha_0(T - T_0) + E/P_0(E) \tag{6.3.12}$$

将 (6.3.12) 式代入 (6.3.11) 式，得到介电常数

$$\frac{1}{\varepsilon} = \alpha_0(T - T_0) + 3\beta {P_0}^2(E) = 2\alpha_0(T_{\mathrm{m}} - T) \tag{6.3.13}$$

介电峰 $T_{\mathrm{m}}$ 在顺电相

$$T_{\mathrm{m}} = T_0 + 3E/(2\alpha_0 P_0(E)), \quad E > 0 \tag{6.3.14}$$

由于上式中的 $P_0(E)$ 仍然是随温度和电场的变化量，因而只是近似关系，且在峰值处并不会出现极大的现象。实验通常观察到的现象是在电场作用下介电常

数的峰值向高温移动，如图 6.3.9(a) 所示。可以用图 6.3.9(b) 极化强度在电场作用下随温度变化的规律理解：极化强度均以相同的曲率变化，在零点截断，即在截断点有最大的变化率，相应于介电峰值。由 (6.3.13) 式的规律可以看出，$\alpha_0$ 越小，介电峰的移动对电场越敏感。此效应在各种实用器件中有重要的意义，如热释电器件、微波器件等。因而此效应是设计各种铁电体实用器件中必须考虑的重要因素。

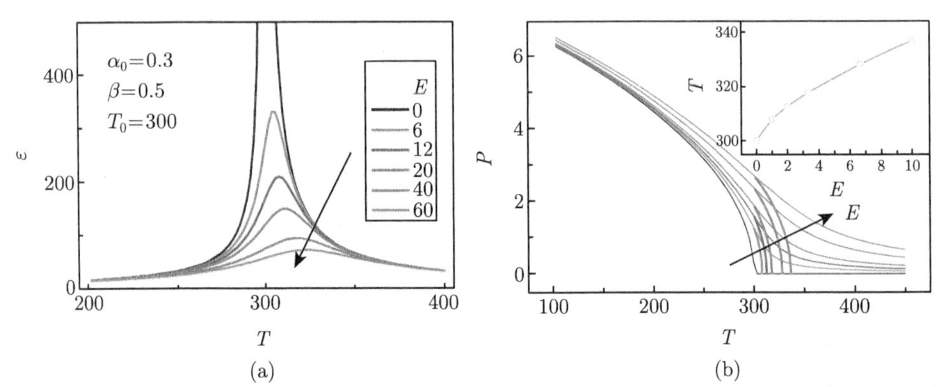


图 6.3.9　电场对介电峰的移峰效应：介电常数峰随电场的增加向高温移动 (a)；极化强度的变化 (b)(引自文献 [5])

## 6.4　热释电效应原理

1.3.2 节给出了热释电效应的定义和产生的基本原理。铁电陶瓷因其具有优异的热释电系数，成为了红外探测器的首选材料。铁电材料的基本性质是自发极化能随外电场、应力和温度等作用而改变大小及方向，成为了诸多功能效应的物理基础。由于铁电体可以在外加强电场作用下形成本征的热释电体，同时具有热释电性和压电性，因而用于热释电器件就可以分为两种效应：一是铁电体的应用，在外加电场作用下，温度变化引起的偶极子转向效应；二是不加电场，直接利用热释电体所具有的本征热释电效应。因而分为本征型和非本征型热释电探测模式 [16] 两种工作模式。

考虑电场对三维二级相变铁电体的作用和平行排列偶极子的耦合效应，分别推导了电场对极化强度和偶极子转向对热释电效应的贡献，得到了热释电本征模式和铁电场致增强模式的热释电系数与电场和温度的关系，用数值的方法展示了模型效果，并与实验结果进行了对比。

### 6.4.1 热释电效应的物理原理

#### 6.4.1.1 本征型热释电探测模式

对于传统的热释电材料，偶极子均沿一个固定的方向排列，宏温度发生变化会改变偶极子的大小而产生热释电效应。施加外电场，只会改变材料内部偶极子的大小，不会改变偶极子的取向方向，一旦温度超过了居里温度，热释电效应将会失效。

热释电体的本征热释电模式以具有强压电性的锆钛酸铅 (PZT) 和铌镁酸铅-锆钛酸铅 (PMN- PZT) 为主，只能在低于居里温度 ($T_c$) 时工作。铁电体的场致增强模式以钛酸锶钡 (BST) 和锆钛酸钡 (BZT) 为代表，$T_c$ 接近室温。介电常数和热释电系数的峰值出现在 $T_c$ 附近, 且峰值和峰位会随偏置电场的大小发生移动。揭示两种热释电效应的物理机理并进行对比研究，在理论和热释电器件的开发应用上均具有重要意义。

在热释电体的本征模式下，所有偶极子均沿电场方向取向，其自发极化强度为 $P_s$，可以得到如下的结论：

$$G = \frac{1}{2}\alpha_0(T - T_0)P^2 + \frac{1}{4}\beta P^4$$

在平衡条件下

$$\frac{\partial G}{\partial P} = \alpha_0(T - T_0)P + \beta P^3 = 0$$

再对 $T$ 求偏导数，可以得到

$$\alpha_0 P + (\alpha_0(T - T_0) + 3\beta P^2)\frac{\partial P}{\partial T} = 0$$

另外，求解得到的 $P$ 为自发极化强度 $P_s$，可以得到介电常数

$$\frac{1}{\varepsilon} = \alpha_0(T - T_0) + 3\beta {P_s}^2 = 2\beta {P_s}^2$$

从而得到本征型的热释电系数 $p_e$ 及其与介电常数关联

$$p_e = -\frac{\partial P}{\partial T} = \alpha_0\varepsilon P_s = \frac{\alpha_0}{2\beta P_s}$$

$$p_e/\varepsilon^{1/2} = \alpha_0/\sqrt{2\beta}$$

相关的实验结果如图 6.4.1 所示。

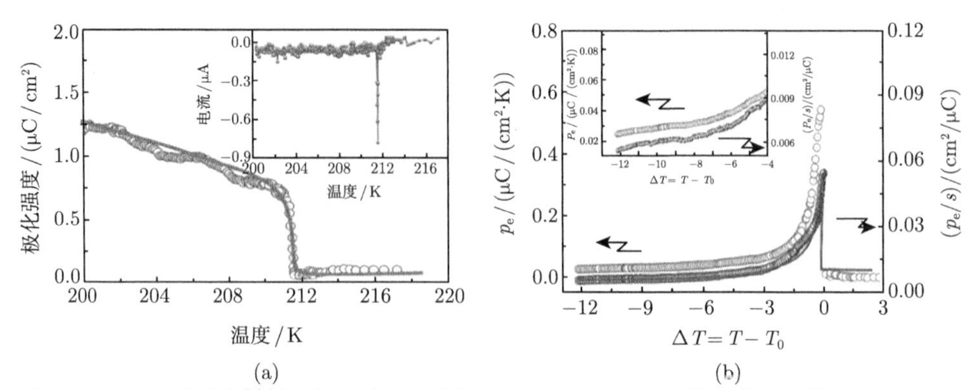


图 6.4.1　本征热释电材料三氟乙酸二丁胺的极化强度和热释电系数与介电常数的对比 (引自文献 [17])

热释电系数应该为负，图 6.4.1 用了正值，表示公式中加了正号，数值没变。

具有热释电性和压电性的热释电体被实验证实其热释电系数随温度变化较大，使得热释电探测器工作性能难以稳定。书中的理论工作给出了相关的解释：在低于居里温度的范围内热释电系数较小，远低于铁电体在加电场后的情况，而在接近居里温度附近会有急剧增大的热释电系数，且在顺电相突变为零。此结论与图 6.4.1 所示的三氟乙酸二丁胺热释电体的实验结果完全相符。

对于本征热释电体，另外一个特点是在居里温度以下，热释电系数与介电常数的 1/2 次方的比值为常数。

#### 6.4.1.2　非本征型热释电探测模式

铁电体在铁电相存在偶极子，随机等概率地分布在各个可能的取向方向。尽管温度变化会导致偶极子的偶极矩改变，但因偶极子在各个方向均匀分布，其对称性使其宏观不表现出极化强度的变化，因而零电场时铁电体处于原始态，无热释电性。铁电体的初始状态可以分为三种：第一种是当温度变化时，铁电材料的自发极化强度发生变化，但各个方向的变化相互抵消而不表现出电荷释放现象，即无热释电效应。铁电体具有电场诱导效应：当电场周期变化时，偶极子发生可逆的转动使极化强度以电滞回线形式变化，其热释电效应为场致增加模式。第二种是电场作用下，偶极子在电场方向的极化强度和取向概率均增大，导致宏观极化强度从零逐渐增大。若电场撤消而部分偶极子仍然保持排列状态不变，则剩余极化留存在铁电体内，升高温度时会出现热释电峰，该峰不是材料的本征特性，而是与剩余极化的大小相关。第三种是电场撤消而绝大部分偶极子仍然保持排列状态不变，该电场的作用过程称为“压电极化”，极化后的铁电体为热释电体，它具有零电场的本征热释电性和压电性。因为温度变化会使平行排列的偶极子产生宏观极化强度的变化，引起表面积累电荷的变化，从而具有热释电效应。因此，第一种称为非本征型热释电探测模式，第三种称为本征型热释电探测模式。

在第一种情况下，外加一定强度的电场会使部分偶极子改变取向方向，其数量与温度相关。使各个方向的偶极子数量发生不平衡的变化时，当温度发生了微小的变化时，偶极子的取向分布和大小均会发生相应的变化，从而导致热释电效应，形成介电测辐射热计工作模式，又称介电增强型热释电探测模式 [16]。

另外，铁电陶瓷在一定温度和一定的直流电场作用下，强迫偶极子沿电场方向取向并形成亚稳态的铁电畴，形成具有单一极轴点群的热释电性。尽管热释电材料不局限于铁电材料，但由于铁电材料中极化强度会因偶极子取向方向的改变而产生较大的热释电效应，会使热释电效应更显著。

由于电场能够在铁电体的顺电相诱导出极化强度，因而非本征型的铁电体在居里温度仍然具有较大的热释电效应。如果采用动态的电场对温度变化进行补偿，铁电体将会在很宽的温度区域，从铁电相到顺电相，保持稳定的工作状态。一直以来，铁电体都是非制冷红外探测敏感材料的研究重点。

### 6.4.2　热释电效应的测量原理

热释电性源于古老发现，在绝缘的热释电体上，如果发生了微小的温度变化就会产生高电场。例如，一个热释电系数为 $10^{-8}$，介电常数为 50，温度仅仅变化了 25℃ 的热释电体，就足以击穿空气 (50000V/ cm)。

一个热释电体，当其内部电荷发生变化时，两个表面会出现不连续的极化，产生极高的电场。这时，空间的自由电荷会自动地对其补偿实现电中性。当一个晶体温度变化时，自发极化也发生相应变化，自由电荷在补偿的过程中会产生电流，其方向依赖于自发极化的方向。在测量热释电性时，如果晶体处于自由膨胀的状态，应力变化为 0，存在电场和温度变化

$$\Delta D = \varepsilon^{X,T} \Delta E + p^{X,E} \Delta T$$

$$\frac{\partial D}{\partial t} = J = \varepsilon \frac{\partial E}{\partial t} + p \frac{\partial T}{\partial t}$$

#### 6.4.2.1　热释电的探测电路

如果晶体处于受夹状态，相应的电流密度 $J$ 为

$$J = \sigma E + \frac{\partial D}{\partial t}$$

上式的 $\sigma$ 为电导率。测量时会外接一个有负载电容 $C_{\mathrm{L}}$ 和电阻 $R_{\mathrm{L}}$ 的电路，如图 6.4.2(a) 所示。上式的电流作用于外电路，电场加在了负载电阻 $R_{\mathrm{L}}$ 上，负载

电容 $C_{\mathrm{L}}$ 上产生了电位移 $D$，形成了如下关系：

$$AJ + aC_{\mathrm{L}}\frac{\partial E}{\partial t} + a\frac{E}{R_{\mathrm{L}}} = 0$$

其中，$A$ 和 $a$ 分别是电极面积和电极间距。如果将热释电体也等效于电容与电阻的并联，且与负载并联，如图 6.4.2(b) 所示，汇总各项得到

$$V\left(\frac{1}{R_{\mathrm{X}}} + \frac{1}{R_{\mathrm{L}}}\right) + (C_{\mathrm{X}} + C_{\mathrm{L}})\frac{\partial V}{\partial t} + Ap\frac{\partial T}{\partial t} = 0$$

其中，$V = Ea$，$C_{\mathrm{X}} = \varepsilon A/a$，$R_{\mathrm{X}} = a/(\sigma A)$。$C_{\mathrm{X}}$ 和 $R_{\mathrm{X}}$ 分别为热释电体的电容和电阻。上式针对的是线性热释电系数，与电场相关的热释电系数还需要详细分析。

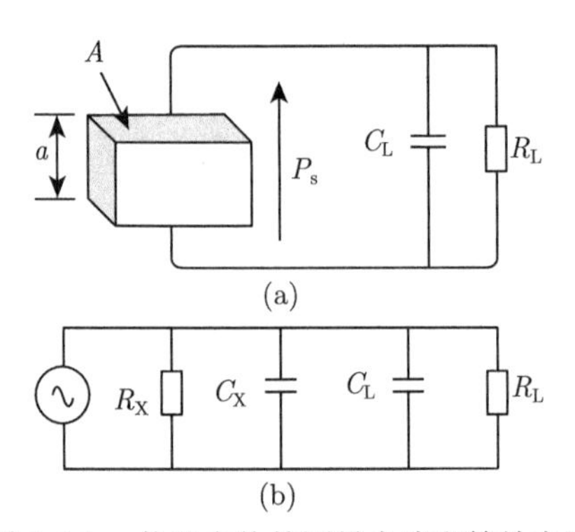


图 6.4.2　热释电体的测量电路和等效电路

对于其他热探测器，热释电体可用于探测任何温度变化的辐射源，从 X 射线到微波。甚至可用于室温的温度探测，可以不需要外加偏置电场。然而，与其他类型的热探测器相比，热释电电流的响应依赖于温度的变化率而不是温度本身。由此，最大的响应要远短于热弛豫时间，因而要使用高频器件。

#### 6.4.2.2　铁电体热释电的探测电路

铁电体有极小的电导，同时，设置极小的外电路电导，其电路不干涉测量结果，考虑到 $\Delta D = \varepsilon^{X,T}\Delta E + p^{X,E}\Delta T$，将 $D$ 转化为 $P$。

(1) 本征型热释电探测模式：在短路的条件下 ($E$=0)，电流的响应是

$$J = p\frac{\partial T}{\partial t},\quad p = \frac{\Delta P}{\Delta T} = \frac{\partial P}{\partial T}$$

(2) 非本征型热释电探测模式：当外加偏置电场 $E$ 时，温度的变化与介电常数有关联

$$J = p\frac{\partial T}{\partial t} = \left\{\left(\frac{\partial P}{\partial E}\right)_T + \left(\frac{\partial P}{\partial T}\right)_E \frac{\Delta T}{\Delta E}\right\}\frac{\Delta E}{\Delta t}$$

需要说明的是，传统的方法使用了 $D$ 或 $P$ 与介电常数的关系，得到的结论是

$$\frac{\partial P}{\partial t} = \{E(\partial\varepsilon/\partial T)\}(\partial T/\partial t)$$

上式潜在地应用了 $P$ 与 $E$ 的正比关系，并定义其比例系数为介电常数。前面讨论过，这种处理实际上是不正确的，因为铁电体的介电常数是极化强度与电场的微分形式。从实验中归纳的规律与 $\varepsilon^{1/2}$ 有关，与上式无关。图 6.4.3 给出了一般铁电体热释电系数与温度的对应表，其中有两个特例，一个是最传统的 BT 基陶瓷，具有低的居里温度和高的热释电系数，主要用途是室温用热释电材料，另一个是层状铋基 (BLSF) 陶瓷，具有高的居里温度和低的热释电系数。铅基陶瓷处于中等的居里温度和中等的热释电系数。表 6.4.1 给出了几个纯的陶瓷材料的热释电特性，供读者参考。更详细的数据见文献 [18]。

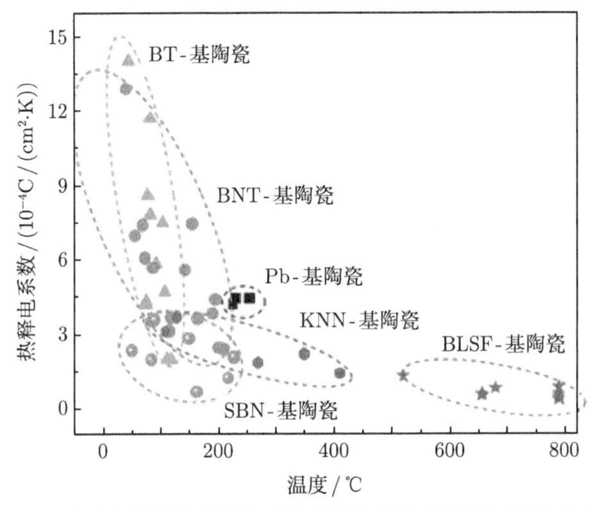


图 6.4.3 不同铁电体体系的热释电系数与温度的关系 (引自文献 [18])

**表 6.4.1 通过计算实验结果得到的热释电相关参数**

| 材料 | $\varepsilon$ | $P_s$ /(μC/cm$^2$) | $\beta$ /($10^6$·K$^{-1}$) | $p$/ ($10^{-8}$ C/( cm· K)) | |
|---|---|---|---|---|---|
| | | | | 计算 | 实验 |
| TGS | 43 | 2.8 | 308 | 3.7 | 2.7 |
| $BaTiO_3$ | 160 | 26 | 5.8 | 2.4 | 2.0 |
| $LiTaO_3$ | 46 | 50 | 6.2 | 1.4 | 1.9 |
| $Sr_{1/2}Ba_{1/2}Nb_2O_6$ | 400 | 27 | 2.9 | 3.1 | 6.0 |

### 6.4.3 热释电探测模式理论

铁电体的热释电探测可以分为本征型和非本征型两种模式。本征型模式是在饱和电场极化下使铁电体成为热释电体，在不加电场下的工作模型；非本征型模式是铁电体在加电场下的工作模式。

#### 6.4.3.1 本征型热释电探测模式

热释电效应 (pyroelectric effect) 是在一类材料中可观察到的物理效应，由温度变化引起电荷释放。热释电系数用 $p$ 表示，它是实验测量的极化强度 $P$ 对温度 $T$ 的变化率：

$$\Delta P = p\Delta T \tag{6.4.1}$$

唯象理论可以导出在饱和电场 $E$ 作用下的 $P$-$T$ 关系，因而可以导出铁电体的热释电系数。以二级相变四方相铁电体为例，外加电场后偶极子的能量变化为矢量相乘的 $-EP$，对吉布期自由能 $G$ 的影响为

$$G(P,E) = \frac{1}{2}\alpha_0(T-T_0)\cdot P^2 + \frac{1}{4}\beta P^4 - E\cdot P \tag{6.4.2a}$$

平行排列的偶极子会因电场而产生耦合形成铁电畴以降低能量

$$G(P,E) = \frac{1}{2}\alpha_0(T-T_0)\cdot P^2 + \frac{1}{4}\beta P^4 - JP^2 - E\cdot P,\quad J>0 \tag{6.4.2b}$$

其中，$J$ 为耦合系数。由于饱和电场下所有偶极子均在电场方向，因而取向概率为 1，且所有偶极子均处于畴的状态。在平衡条件下 $G$ 的一阶导数为零，可由此求解 (6.4.2a) 和 (6.4.2b) 式得

$$\alpha_0(T-T_0)P_{++0}(E) + \beta P_{++0}^3(E) - 2JP_{++0} - E = 0 \tag{6.4.3a}$$

$P_{++0}(E)$ 是平衡时沿电场方向的耦合极化强度，即铁电畴的极化强度，可以从 (6.4.3a) 式推导出其数值。设电场撤消后畴的性质不变，以及该极化强度也保持不变，因而热释电系数为

$$\begin{aligned}
&\alpha_0(T-T_0-2J/\alpha_0) + \beta P_{++0}^2 = 0\\
&p = \frac{\Delta P_{++0}}{\Delta T} = -\frac{\alpha_0^{1/2}}{2[\beta(T_0+2J/\alpha_0-T)]^{1/2}},\quad T<T_0+2J/\alpha_0\\
&p=0,\quad T\geqslant T_0+2J/\alpha_0
\end{aligned} \tag{6.4.3b}$$

(6.4.3b) 式的含义是高于居里温度的 $2J/\alpha_0$ 为实际相变的临界温度，耦合系数 $J$ 反映了铁电性的强弱：其值越大，畴的耦合力度越大，畴越稳定，且由畴所导致的介电移峰效应越强，电滞回线也越宽。

本征型热释电探测模式在 $T_0 + 2J/\alpha_0$ 温度以下工作。

#### 6.4.3.2 非本征型热释电探测模式

在三维铁电体四方相的六个极化方向中，设其中一个为电场方向，另一个为反电场方向，其余四个垂直于电场方向。(6.4.2a) 式中的 $P$ 与 $E$ 为矢量乘积。正向时 $G$ 的能量下降，反向时 $G$ 的能量上升，垂直时不变。然而，反向极化强度对 $E$ 存在一个临界电场 $E_0$。当电场 $E$ 大于 $E_0$ 时，反向偶极子 $G$ 的能谷消失，其一阶导数不存在，意味着反向偶极子全部转到其他方向，对应着电滞回线的向上突变。利用 $G$ 对 $P$ 的一阶导数和二阶导数均为零可以导出

$$E_0 = \frac{2\alpha_0(T_0 - T)}{3} \cdot \left(\frac{\alpha_0(T_0 - T)}{3\beta}\right)^{1/2}, \quad T_0 \geqslant T \tag{6.4.4}$$

随着电场正向增加，各个方向的偶极子取向能级由平衡时的 $G(P_0, E)$ 表示。根据玻尔兹曼统计分布原理：

$$\rho_+ = \frac{\exp(-G(P_{+0}, E)/(kT))}{\exp(-G(P_{+0}, E)/(kT)) + 4\exp(-G(P_0)/(kT)) + \exp(-G(P_{-0}, E)/(kT))} \tag{6.4.5a}$$

$$\rho_- = \frac{\exp(-G(P_{-0}, E)/(kT))}{\exp(-G(P_{+0}, E)/(kT)) + 4\exp(-G(P_0)/(kT)) + \exp(-G(P_{-0}, E)/(kT))} \tag{6.4.5b}$$

$$\rho_v = \frac{\exp(-G(P_0)/(kT))}{\exp(-G(P_{+0}, E)/(kT)) + 4\exp(-G(P_0)/(kT)) + \exp(-G(P_{-0}, E)/(kT))} \tag{6.4.5c}$$

其中，$\rho_v$ 是垂直于 $E$ 方向的极化强度取向概率，$\rho_+$ 和 $\rho_-$ 分别是平行和反平行于 $E$ 方向的偶极子取向概率。取向概率的变化实质上为偶极子的转向。在测量电滞回线的实验中，有效部分是可测量的偶极子强度变化及其转向对电荷的诱导。垂直于电场方向的偶极子在测量中为无效部分，因此, 未加电场时的极化强度为

$$P_\mathrm{t} = \rho_+ P_{+0} + \rho_- P_{-0}, \quad P_{+0} > 0,\ P_{-0} < 0 \tag{6.4.6a}$$

其中，$P_\mathrm{t}$ 是两电极间测量的极化强度。施加的外电场低于临界电场 $E_0$ 时的极化强度为

$$P_\mathrm{t} = \rho_-(P_{+0} + P_{-0}) + (\rho_+ - \rho_-)P_{++0}, \quad E < E_0 \tag{6.4.6b}$$

高于临界电场 $E_0$ 时，反方向的极化强度为零，则测量的极化强度为

$$P_{\mathrm{t}} = \rho_{++}P_{++0}, \quad E \geqslant E_0 \tag{6.4.6c}$$

在温度高于居里温度的顺电相，无电场时 $G$ 的能谷在 $P=0$，表示无自发极化；加电场后会使 $G$ 的能谷移到 $P>0$，在 $E$ 方向产生极化强度，即电场的诱导作用产生诱导极化，同时在电场的反方向抑制能谷。因偶极子的取向概率仍然需要服从 $G$ 能谷之间的统计规律，因而存在 (6.4.6c) 式的概率，$\rho_{++}$ 可由 (6.4.5) 式根据 $E_0=0$，$\rho_{-}=0$ 和 $G(P_0)=0$ 导出。

根据 (6.4.1) 式热释电系数的定义和加电场后极化强度的表达式 (6.4.6b) 和 (6.4.6c)，相应的热释电系数可推导得到 [19]

$$p = \frac{\Delta P_{\mathrm{t}}}{\Delta T} = \sum_i \frac{\Delta(\rho_i P_i)}{\Delta T} = \sum_i \left(\frac{\Delta P_i}{\Delta T}\rho_i + \frac{\Delta \rho_i}{\Delta T}P_i\right) \tag{6.4.7a}$$

(6.4.7a) 式的两部分分别对应电场作用下转动 $p_{\mathrm{R}}$ 部分和诱导极化强度 $p_{\mathrm{P}}$ 部分，还可详细推导。

$$p = p_{\mathrm{R}} + p_{\mathrm{P}}$$

$$p_{\mathrm{R}} = -\alpha_0 \sum_i \rho_i P_i \varepsilon_i, \quad p_{\mathrm{P}} = -\sum_i \rho_i P_i \left(\sum_j \rho_j R_j - R_i\right) \tag{6.4.7b}$$

其中，$R_i = \dfrac{1}{kT^2}\left(G_i - T\dfrac{\partial G_i}{\partial T}\right) = \dfrac{1}{kT^2}\left(G_i - \dfrac{1}{2}\alpha_0 T P_i^2\right)$。

低于临界电场时，(6.4.7b) 式可以具体表示为

$$\begin{aligned} p = & -\alpha_0(\rho_- P_{+0}\varepsilon_+ + P_{-0}\varepsilon_- + \rho_+ - \rho_- P_{++0}\varepsilon_{++}) \\ & - \rho_+\rho_-[(2P_{++0} - P_{+0} - P_{-0})\cdot(R_- - R_+)] \end{aligned} \tag{6.4.7c}$$

其中，

$$\begin{aligned} & R_+ = \frac{1}{kT^2}\left(G_+ - \frac{1}{2}\alpha_0 T P_{+0}^2\right), \quad R_- = \frac{1}{kT^2}\left(G_- - \frac{1}{2}\alpha_0 T P_{-0}^2\right) \\ & \varepsilon_+ = 1/[\alpha_0(T-T_0) + 3\beta P_{+0}^2], \quad \varepsilon_- = 1/[\alpha_0(T-T_0) + 3\beta P_{-0}^2] \\ & \varepsilon_{++} = 1/[\alpha_0(T-T_0) + 3\beta P_{++0}^2 - 2J] \end{aligned} \tag{6.4.7d}$$

高于临界电场时，热释电系数为

$$p = -\alpha_0\rho_{++}P_{++0}\varepsilon_{++} - \Delta\rho_{++}P_{++0} \tag{6.4.7e}$$

其中，

$$\varepsilon_{++} = 1/[\alpha_0(T - T_0) + 3\beta P_{++0}^2 - 2J]$$

$$\Delta\rho_{++} = \rho_{++}(1 - \rho_{++})R_{++}, \quad R_{++} = \frac{1}{kT^2}\left(G_{++} - \frac{1}{2}\alpha_0 T P_{++0}^2\right)$$

在顺电相，

$$P_{\mathrm{t}} = \rho_+ P_{++0}, \quad \rho_+ = \frac{\exp(-G_+/(kT))}{\exp(-G_+/(kT)) + 4} \tag{6.4.8a}$$

$$p = \frac{\Delta P_{\mathrm{t}}}{\Delta T} = \frac{P_{++0}(T + \Delta T) - P_{++0}(T)}{\Delta T} \tag{6.4.8b}$$

取温度差为合理的小值可求解 (6.4.8b) 式。由理论所导出的 (6.4.7) 式和 (6.4.8) 式构成了铁电体的热释电系数公式。

综上分析，考虑到实用的合理近似，可以做整体安排如下：

$$G = \sum_i \rho_i G_i = \sum_i \rho_i \left[\frac{1}{2}\alpha_0(T - T_0)\cdot P_i^2 + \frac{1}{4}\beta P_i^4 - JP_i^2 - E\cdot P_i\right] \tag{6.4.9a}$$

单组分平衡条件是

$$\frac{\partial G_i}{\partial P_i} = \alpha_0(T - T_0)P_i + \beta P_i^3 - 2JP_i - E = 0$$

单组分的热释电系数可以求得

$$\begin{aligned} &\frac{\mathrm{d}}{\mathrm{d}T}\left(\frac{\partial G_i}{\partial P_i}\right) = \frac{\partial}{\partial T}\left(\frac{\partial G_i}{\partial P_i}\right) + \frac{\partial^2 G_i}{\partial P_i^2}\frac{\partial P_i}{\partial T} = 0 \\ &p_i = \frac{\partial P_i}{\partial T} = -\alpha_0 P_i \Big/ \frac{\partial G_i}{\partial P_i} = -\alpha_0 \rho_i P_i \varepsilon_i, \quad \varepsilon_i = 1/(\rho_i \partial G_i/\partial P_i) \end{aligned} \tag{6.4.9b}$$

假设在极小的温度变化范围内，仅极化强度发生变化，可以得到 $p$ 的简洁表达式：

$$p = \sum_i \rho_i p_i = \sum_i -\alpha_0 \rho_i^2 P_i \varepsilon_i \tag{6.4.9c}$$

早期的理论模型没有考虑偶极子的转动，得到的低电场热释电系数表达式近似为 (6.4.7b) 式右边第一项，其结论与实验规律一致。

如果将铁电体在强电场下极化，使偶极子全部转向到电场方向并形成亚稳态的铁电畴，则可以简化为

$$p = -\alpha_0 P\varepsilon \tag{6.4.9d}$$

由于热释电效应很少被用于强电场，所以 (6.4.9d) 式仅仅表示表达极致条件下的关系。而 (6.4.9c) 式可以广泛用于估算热释电系数与电场和温度的关系。

在热释电器件的制备中，还常用 $p/\varepsilon^{1/2}$ 和 $p/\varepsilon$ 表示器件的性能。

### 6.4.4 热释电理论数值模拟结果

上述理论公式从引入电场作用及偶极子在电场下的耦合出发，所得到的 (6.4.6a)～ (6.4.6c) 式可用于计算电滞回线。(6.4.7d) 式可用于计算与电滞回线对应的介电常数。

将上述计算内容数值化，可以得到下述各种结论，用于对比实验结果。图 6.4.4(a) 示出了铁电体 ($T_0$ =300) 从低温铁电相 (260) 到高温顺电相 (320) 电滞回线的变化规律。从低温接近 $T_0$ 时，电场作用产生的耦合效应和临界电场效应，使高电场时极化产生的畸在反向电场时消失，因而表现出了从正常回线、束腰形回线到弱反铁电形回线的变化过程。当温度高于 $T_0$ 时，电滞回线逐渐重合为单一回线。电滞回线的这种变化规律为后续各种应用打下了基础。

图 6.4.4(b) 为与电滞回线对应的铁电相的介电常数。尖锐的介电峰表示临界电场时反向偶极子全部转向导致电滞回线发生突变。低温时曲线的介电峰对应电滞回线中极化强度的最大变化点，其电场值为回线的矫顽电场。在顺电相电滞回线重合为单一回线时，介电常数表现为单峰。

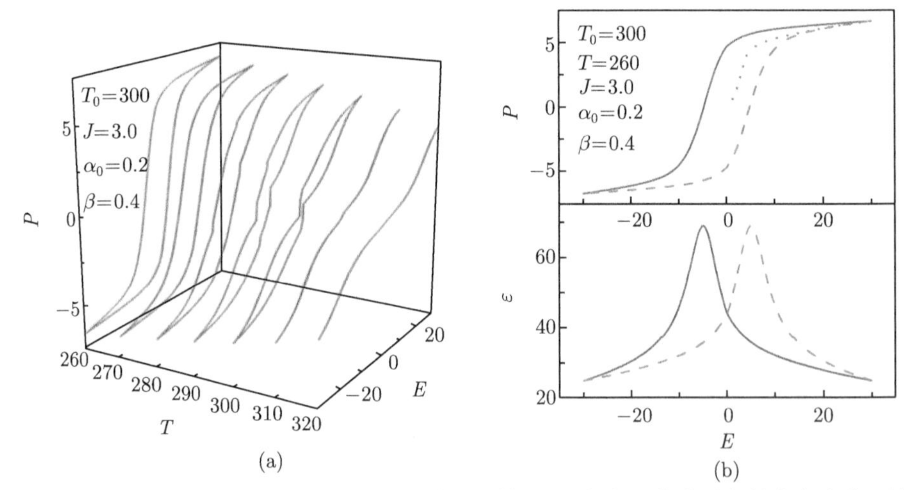


图 6.4.4 (a) 电滞回线从铁电相到顺电相的变化规律；(b) 偶极子耦合引起的介电常数双峰效应。介电常数峰是偶极子的耦合效应导致的结果

(6.4.3b) 式可用于根据温差计算热释电系数；(6.4.7e) 式可用于计算铁电体在铁电相的电场诱导热释电效应；(6.4.8a)～(6.4.8c) 式可用于计算铁电体在顺电相的电场诱导热释电效应。

对于铁电体加电场形成的非本征热释电体，在低电场时，铁电体的负热释电系数在低温时有极大，在反向偶极子消失的临界电场出现了正的尖锐峰，且电场越低该峰越高。当 $E>12$ 时该尖锐峰逐渐减小并移向低温。$E$=25 时，宽大的

热释电系数峰在 $T_0$ 附近; $E > 30$ 时热释电系数峰移向较高温度且值不断减小。

热释电系数表现为与电滞回线对应的变化，考虑到实验与应用中均为单向增加电场的过程，因而铁电体的场致诱导热释电系数仅考虑了从电场为零到最大的电滞回线初始增加过程。正常铁电体和热释电体的热释电系数为负值。图 6.4.5 为不同电场作用下的热释电系数。为了进行对比，图中给出了经饱和电场极化成为热释电体后在无电场时的本征热释电系数变化曲线，在 $T_0 + 2J/\alpha_0$ 时负热释电系数有一个向下的峰，高于 $T_0$ 时热释电体转变为顺电相，热释电系数为零。尽管峰值较大，但由于温度稳定性较差，实用性较小。对于图 6.4.5 所示的铁电体加电场形成的非本征热释电体，在低电场时，铁电体的负热释电系数在低温时有极大，在反向偶极子消失的临界电场出现了正的尖锐峰，且电场越低该峰越高。当 $E > 12$ 时该尖锐峰逐渐减小并移向低温。$E$=25 时，宽大的热释电系数峰在 $T_0$ 附近；$E > 30$ 时热释电系数峰移向较高温度且值不断较小。

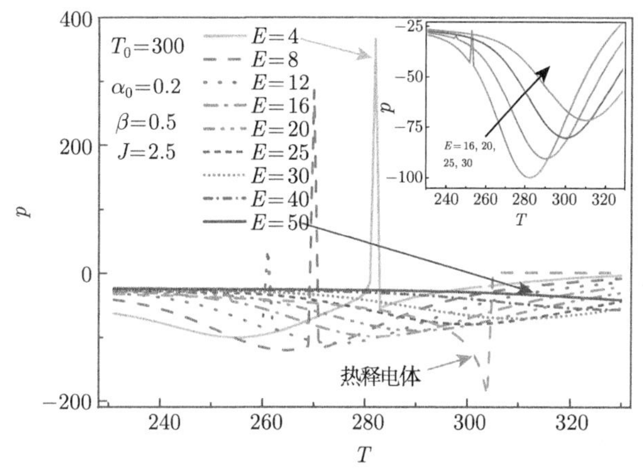


图 6.4.5 铁电体在不同电场时热释电系数的温度谱和热释电体在无电场时的热释电系数温度谱 (引自文献 [19])

电场作用下热释电系数的变化与电滞回线的变化相对应。尽管热释电体在 $T_0$ 附近有较大的热释电系数，但大部分温区其热释电系数远小于铁电体，且整体的温度稳定性较差。因而下面主要讨论非本征的情况。

为了更直观地观察温度和电场对 $p$、$p/\varepsilon^{1/2}$ 和 $p/\varepsilon$ 参数的影响，以及热力学参数的变化对热释电性能的影响，利用 (6.4.9b) 式进行了数值模拟，图 6.4.6 和图 6.4.7 分别给出了数值模拟结果。

图 6.4.6 中用两个面展示结果：一个是 3D 立方曲面；另一个是在底部的平面。3D 图中，根据 $E$ 从低到高绘出了随温度变化的曲线，辅以颜色深浅的变化；而 2D 平面用轮廓线辅以颜色深浅，划分不同数值大小的区域。在图 6.4.6(a) 中，

2D 平面显示 $p$ 的大小主要有三个不同的区域。第一个是热释电性能最佳的核心区域，位于温度 250～280 和 $E<20$；其次是热释电性能次佳的包围了核心区域的浅色区域，温度范围是 230～300 及 $E<30$。最弱的区域是之外的随着温度升高电场增大的区域。在此三个区域之外，热释电性能较弱。图 6.4.6(b) 显示了参数为 $p/\varepsilon^{1/2}$ 的两个等效的 3D 曲面和 2D 平面。3D 曲面展示了增大电场使峰逐渐变小并向高温移动的过程。在 $T_0$ 处的低电场时有个尖锐的正峰，是由 $\varepsilon$ 的效应引起。2D 平面具有不同的颜色区域，其核心区域宽于与 $p$ 的核心区域。其他的有效区域也较宽。图 6.4.6 (c) 显示了参数为 $p/\varepsilon$ 的两个等效 3D 曲面和 2D 平面。增大电场同样会使峰逐渐变小并移向高温。在 $T_0$ 处的低电场也保留了由 $\varepsilon$ 的效应引起的尖锐峰。在高电场下平面区域变得越来越平坦。2D 的核心区域极小，电场很低。

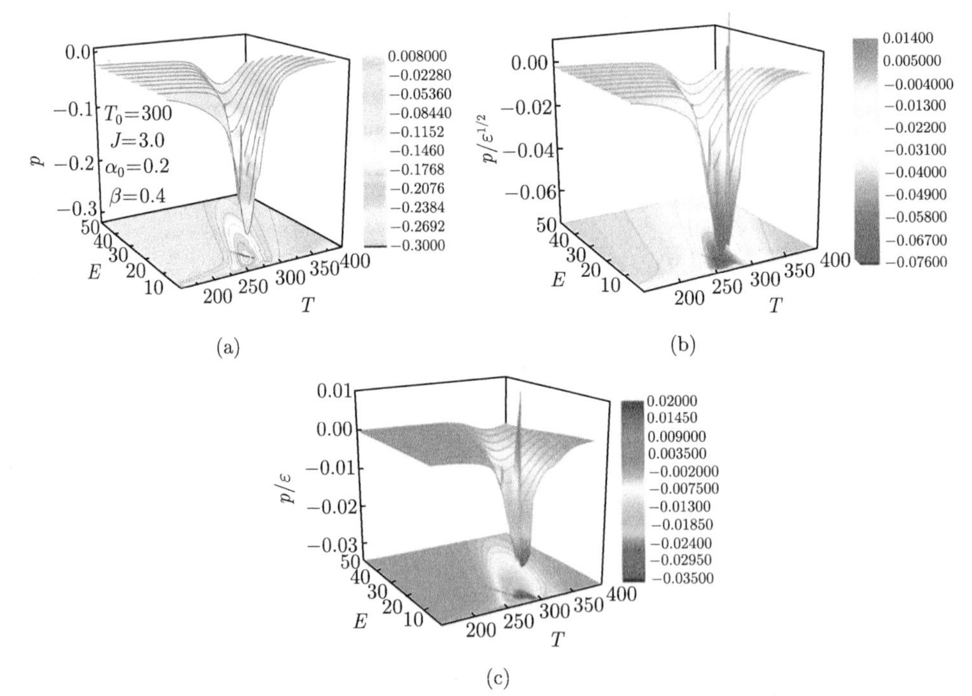


图 6.4.6　热释电主要参数的 3D 电场和温度谱：(a) $p$；(b) $p/\varepsilon^{1/2}$；(c) $p/\varepsilon$

图 6.4.7(a)～(c) 是一组 2D 图，以 $T$ 和 $E$ 为变量，在 2D 平面比较 $\alpha_0$ 从 0.2 变化到 0.3 后参量 $p$、$p/\varepsilon^{1/2}$ 和 $p/\varepsilon$ 的不同区域的变化情况，展示热力学参量对热释电性能的影响。由图 6.4.7(a) ～(c) 可以看出，当 $\alpha_0$ =0.3 时，$p$、$p/\varepsilon^{1/2}$ 和 $p/\varepsilon$ 均发生了相似的变化规律，即核心区的谷更深，范围更大，但次佳的区域温度范围变窄。即 $\alpha_0$ 增大后，热释电性能在更窄的温区变得更强了。

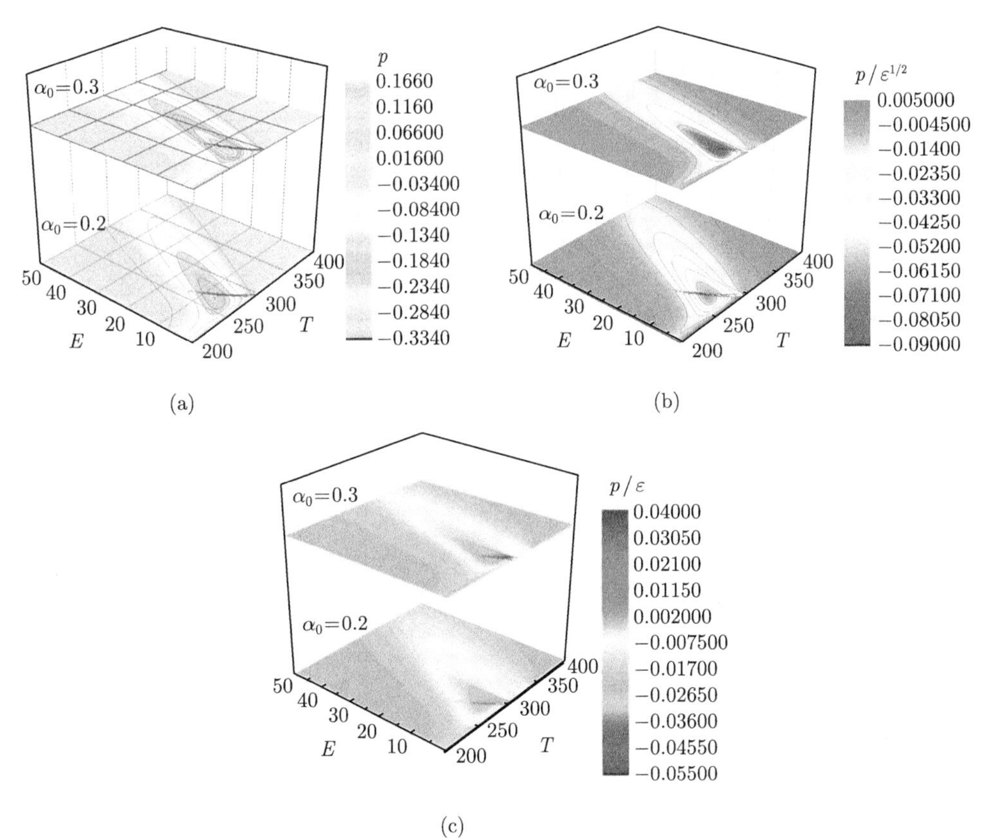


图 6.4.7 $\alpha_0$ =0.2 和 0.3 时，$E$ 和 $T$ 为变量的热释电参数二维图谱：(a) $p$；(b) $p/\varepsilon^{1/2}$；(c) $p/\varepsilon$

根据 (6.4.7) 式，铁电体在电场作用下的热释电系数 $p$ 由场致偶极子转动导致的转动热释电系数 $p_{\mathrm{R}}$ 和电场诱导极化的热释电系数 $p_{\mathrm{P}}$ 构成。图 6.4.8 示出了从铁电相到顺电相在不同电场强度下，热释电系数及其构成的转动热释电系数和电场诱导极化的热释电系数的变化。在 150 ~ 250 的温度范围内，电场作用的效果几乎完全相同，因而图 6.4.8 从温度为 250 开始。在 $T$ =250 时，图 6.4.8(a) 中示出热释电系数主要由偶极子的转动贡献：热释电系数的峰在较低的电场 $E$ =5；当温度升高到图 6.4.8(b) 的 $T$ =275 时，热释电系数峰减小且电场增大到了 $E$ =10，主要贡献仍然是偶极子的转动。因而在铁电相热释电系数主要由转动贡献。而当温度达到 $T_0$ 时如图 6.4.8(c) 所示，热释电系数的主要贡献变为了诱导极化强度，峰移到了更高的电场 $E$ =30 且更平稳；到了顺电相的图 6.4.8(d)，主要贡献仍然是诱导极化强度，且热释电系数不断减小。

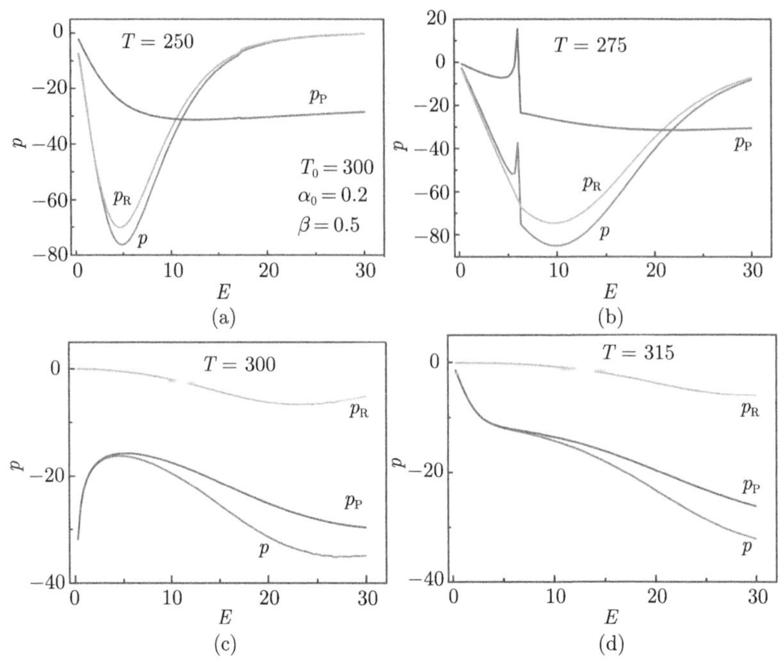


图 6.4.8　电场对热释电系数 $p$、转动热释电系数 $p_R$ 和极化热释电系数 $p_P$ 在不同温度的影响：(a)$T = 250$；(b)$T = 275$；(c)$T = 300$；(d)$T = 315$ (引自文献 [19])

变换图 6.4.8 的变量 $E$ 和 $T$，得到了图 6.4.9。图 6.4.9(a) 为总的热释电系数，在低电场 $E = 15$ 时出现了位于铁电相的热释电系数负峰；而当 $E = 20$ 时，负峰向高温移动到了居里温度；当 $E > 20$ 时，峰连续地向高温移动。这就是铁电体热释电器件在加电场使用的条件下将居里温度调整到略低于实用温度的原因。图 6.4.9(b) 展示了转动热释电系数负峰随电场向高温移动的规律，说明其贡献占主要成分。图 6.4.9(c) 显示，在居里温度及略低的温度范围内，电场诱导的极化强度的贡献大小。显然，当温度升高后，其贡献在逐渐减小。

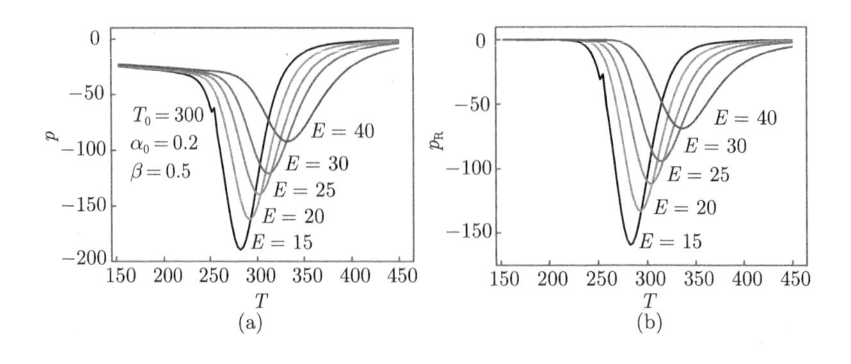

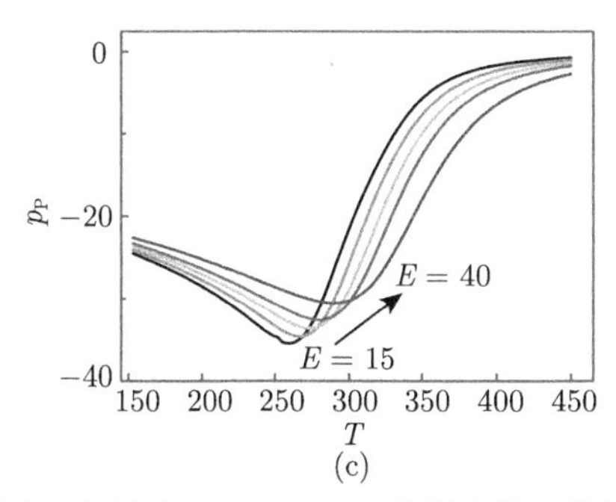


图 6.4.9 不同电场时 $p$、$p_R$ 和 $p_P$ 的温度谱 (引自文献 [19])

### 6.4.5 数值模拟结果与实验结果比较

由于实验测量的结果总体包含了各种因素，因而只能与图 6.4.4(a) 的模拟结果进行比较；同时，对比实验结果，可以验证理论。

首先是在陶瓷中的实验结果。图 6.4.10 所示为掺杂 $0.06BaTiO_3$ 和 $0.15SrTiO_3$ 的 $Na_{0.5}Bi_{0.5}TiO_3$ (NBT-BST) 铁电陶瓷热释电系数的测量结果，特征是能谷随电场变化呈现清晰的温度移动规律。当电场为 5kV/cm 时，热释电系数能谷在 100℃ 左右，$p$ 值达到 −0.6；当电场增加到 25kV/cm 时，能谷在 110℃ 左右，$p$ 值约为 −0.125；最大的电场达到 40kV/cm 时，热释电系数能谷在 150℃ 左右，$p$ 值只有约 −0.05。图 6.4.11 为动态测量 Li-doped $(Ba_{0.85}Ca_{0.15})(Zr_{0.1}Ti_{0.9})O_3$(Li-BCZT) 陶瓷热释电系数的实验结果。所加电场从零到 20kV/cm，间隔为 1kV/cm，以及温度从 20℃ 上升到 120℃。尽管实验结果的变化不如 NBT-BST 陶瓷剧烈，

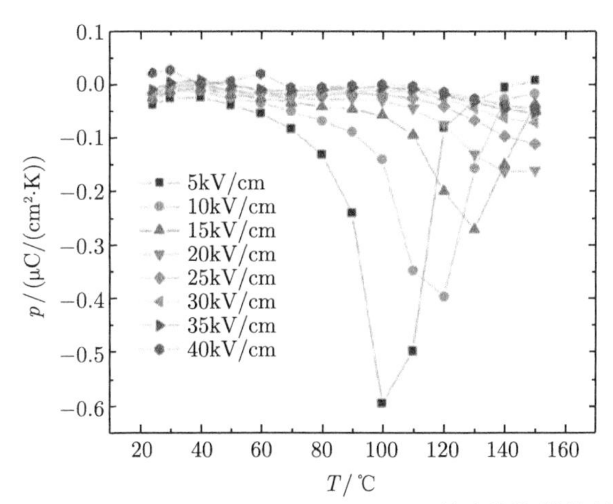


图 6.4.10 $0.79Na_{0.5}Bi_{0.5}TiO_3$-$0.06BaTiO_3$-$0.15SrTiO_3$ 铁电陶瓷的热释电系数的实验结果 (引自文献 [20])

但仍然反映出了与图 6.4.9(a) 的结论基本一致的规律：在低电场时有较低温度及较大的热释电系数峰，并随电场增大热释电系数峰减小及移向高温。

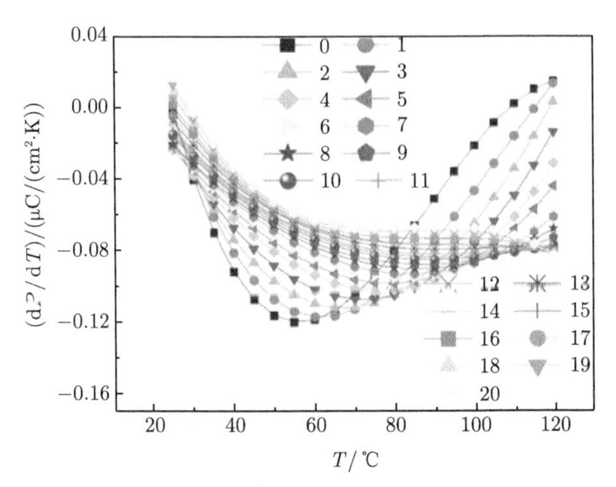


图 6.4.11　施加 0 到 20kV/cm 电场及均匀升温测量 Li-doped $(Ba_{0.85}Ca_{0.15})(Zr_{0.1}Ti_{0.9})O_3$ 陶瓷的热释电系数的实验结果 (引自文献 [21])

在低温下低电场时热释电系数有最低的能谷，主要由转动的偶极子贡献；随温度升高偶极子的转动发生在较宽的温度范围并需要较大的电场，导致了热释电系数能谷的展宽。对于 $Pb(Mg_{1/3}Nb_{2/3})$-$PbTiO_3$(PMN-PT) 弛豫铁电陶瓷 [22] 和 Bi 系 $0.94(Bi_{0.5}Na_{0.5})TiO_3$-$0.06Ba(Zr_{0.25}Ti_{0.75})O_3$(BNT-BZT) 铁电陶瓷 [23]，热释电系数随 $T$ 和 $E$ 的变化也服从图 6.4.10 和图 6.4.11 所示的满足 (6.4.9b) 式的结果。

铁电单晶也有类似的特性。图 6.4.12(b) 为 (111) 取向的 0.9PMN-0.1PT 铁电

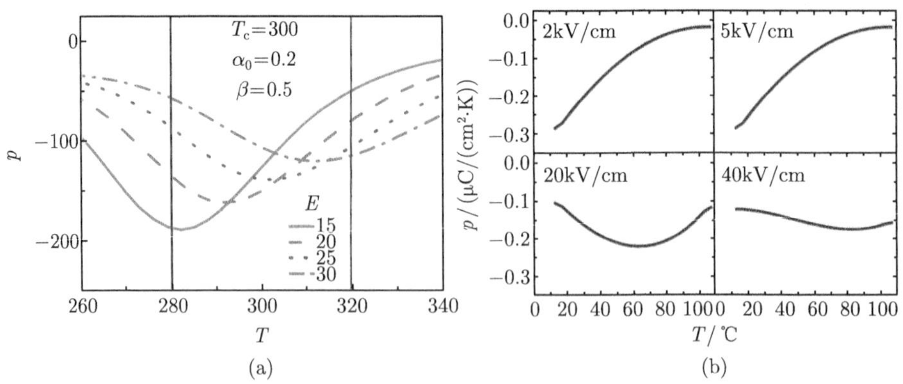


图 6.4.12　铁电单晶热释电系数理论与实验结果的比较：(a) 取自图 6.4.9(a) 的理论结果，两条竖线内的曲线用于与实验结果比较；(b) (111) 取向的 0.9 $Pb(Mg_{1/3}Nb_{2/3})$-$0.1PbTiO_3$ (0.9PMN-0.1PT) 铁电单晶体的热释电系数实验结果。两者对比，变化规律完全一致 (引自文献 [24])

单晶外加电场后得到的热释电系数实验结果 [24]。该结果可以与理论曲线进行比较。首先在图 6.4.12(a) 中用两条竖线截取中间的一个区域以进行比较：在 2kV/cm 和 5kV/cm 的低电场下，曲线的变化规律与理论值在 $E$=15 时的实曲线相同；当电场增加到 20kV/cm 时，下弯的曲线与 $E$=20 时的短线相同；当电场为 40kV/cm 时，曲线的变化与 $E$=30 时的长短曲线变化相同。整体来看，仍然表现出了随着电场的增大热释电系数的负能谷减小并向高温移动的特性。

### 6.4.6 铁电体热释电材料的主要特色

铁电体在铁电相经强电场极化后形成了内部偶极子沿极化电场方向排列的热释电体，它具有本征热释电性，被用于红外探测领域。然而，由于其热释电系数的温度稳定性较差，被具有场致增强效应的非本征型铁电体广泛取代，它们的主要特征如下。

(1) 本征型。铁电体经电场极化后形成的热释电体在温度较低于居里温度时，相比于场致增加效应的铁电体，具有较小的热释电系数；在接近居里温度的范围内，热释电系数随温度增加急剧增大，表现为明显的温度不稳定性；在高于居里温度的顺电相热释电系数为零。

(2) 非本征型。场致增强效应的铁电体存在产生两种热释电效应因素：极化强度的温度效应和偶极子的转动。前者产生的机理与热释电体的机理相同，为极化强度随温度降低而增大。

(3) 非本征型的铁电体在远离居里温度的低温区，当外加电场从零增加时，热释电系数先在低电场以偶极子的转动为主形成一个尖锐的峰；当电场增大到某个临界值时，变为以场致诱导极化为主的较平稳的曲线。

(4) 在铁电相随着温度的增加，以偶极子转动引起的热释电系数峰向高电场方向移动，同时峰的宽度增大，占据主要地位。

(5) 在顺电相，尽管以偶极子转动引起的热释电系数峰仍然继续向更高的电场方向移动，但数值减小。而场致诱导极化引起的热释电系数却明显占据主要地位。

综上所述，铁电体的热释电系数在铁电相以偶极子的转动为主，随着温度的增加峰值向高电场移动且峰宽增加及幅度减小；在顺电相以场致诱导极化为主，增大电场可以获得较大的热释电效应。总之，以铁电体为主的热释电器件，外加电场的大小与工作温度相关：温度越高，需要施加的电场也越大，此原理不仅适用于铁电相温区，也适用于顺电相温区。适当的调节可以保证器件有较好的温度稳定性。

## 6.5 铁电体的储能

铁电体作为电容，有两个方面的应用。一是作为电子元器件的电容器。在交变电场作用下，利用铁电相变温度区域所具有的高介电常数和良好的温度稳定性，通过内置叉指电极形成高电容量的多层铁电薄膜，其器件已广泛应用于各种电子设备中。

二是在直流电场作用下，作为充放电的电容器。因具有超快充电/放电速度、超高功率密度、低损耗和良好的温度稳定性，高击穿电场和大极化强度的大功率脉冲电容器能够满足器件快速起动的广泛应用需求。聚合物材料具有极高的击穿电场可用于制备高储能材料，但极化强度较低使其储能容量始终不能越过 30 J/cm$^3$[25]。铁电体被认为具有较高的极化强度和快的充电/放电速度，成为了高能密度的候选材料。外加电场强迫偶极子转向、诱导偶极子的增大和产生新的电场方向的偶极子导致两电极表面积累诱导电荷是铁电体储能的基本原理。其表征物理量为极化强度。铁电体、铁电厚膜和薄膜已被证实具有可观的能量密度，如锆钛酸铅 (PLZT) 铁电薄膜和高电场下的弛豫铁电薄膜达到了 45J/cm$^3$，较高的超过了 55J/cm$^3$[25]，异质结构排列的能够达到 60J/cm$^3$[26]，部分无铅铁电薄膜也能够达到 50J/cm$^3$[27]。

### 6.5.1　铁电体的储能原理

铁电体的储能 $W$ 与所加的最大电场 $E_{\max}$ 相关，表达式为

$$W = \int_0^{E_{\max}} E\mathrm{d}P \tag{6.5.1a}$$

储能一般有两个研究方法。首先，通用的方法是利用传统的介电常数与极化强度和电场的关系。其传统的说法是：铁电体具有极高的介电常数峰，因而具有极大的储能可能。这种方法看起来是一种非常简单的方法，通过测量介电常数就可以估算出储能，利用了公式

$$W = \int_0^{E_{\max}} E\mathrm{d}P = \frac{1}{2}\varepsilon E_{\max}^2 \tag{6.5.1b}$$

是错的，原因上述公式在于默认了介电常数为极化强度与电场呈正比的关系，这显然是将电介质的公式直接套在了铁电体上，而没有考虑到铁电体的非线性特性，即铁电体的 P-E 电滞回线关系。铁电体的介电常数为极化强度与电场的微分，上式还偷换了介电常数与电容率的概念。

在铁电储能材料的研究中，尽管已经确定了提高击穿电场和极化强度的研究方向，但在材料的突破方向上并没有明确的目标，存在较大的随机性。在材料的性能上，特别是温度变化影响铁电体的电荷存储能力方面也没有更多地考虑，而是力争在某个特殊温度达到储能最大。如何选择这个温度，除了实验之外，在理论上一直没有能够提供支撑。

在铁电相，介电常数随温度降低而下降，电滞回线得到的饱和极化却随温度降低而增大。由此产生了人们难以理解的现象，温度变化如何影响铁电体的电荷存储能力？因此，第一种方法是错误的。

第二种是用电滞回线的方法得到极化强度与电场和温度的关系，再计算积分，确定铁电体的储能。为详细解释上述问题，将吉布斯自由能应用到四方相铁电体，通过推导得出电滞回线与电场强度和温度的关系，本节主要从介电常数和饱和极化两个角度探讨储能机理：①假设高介电常数对应高储能密度，导出了人们所期望的储能与铁电参数、外加电场及温度的关系；②利用极化与储能的机理推导得到了铁电体的储能与铁电参数、外加电场和温度的关系；③铁电体的介电常数和储能均取决于铁电参数，使介电常数温谱与储能温谱产生了对应关系，铁电参数的变化导致了介电常数峰及相应的储能峰的变化，其规律能够用于指导实验及材料开发。

### 6.5.2 铁电相的储能

铁电体是由三维晶体构成的，铁电相是内部的偶极子等概率地分布在与晶格取向相关的特定极化方向上，如四方相时为 6 个 (100) 轴的方向。外加电场后，各个方向的偶极子对电场的响应不同：① 极化强度会发生不同的变化；② 取向概率会发生变化，随电场增大电场方向的取向概率增大，偶极子数量增多。由于现有的理论仅针对沿电场方向极化强度的变化而没有考虑上述两种因素，因此难以在理论上解释铁电体的储能问题。传统的德文希尔理论包含三维的吉布斯自由能，人们为方便使用而简化成了一维的。

铁电体中的极化强度有两个极易混淆的基本概念：铁电体的自发极化强度 $P_{\mathrm{s}}$ 和外加电场测量的极化强度 $P_{\mathrm{t}}$。以四方相二阶相变铁电体为例：无电场时自发极化强度为 $P_{\mathrm{s}}$ 的偶极子在三个坐标轴的正反方向上随机排列。因六个取向方向概率相同，宏观上不表现出极化特性。当外加电场加在其中一个方向上时，与电场方向相同的极化强度表示为 $P_+$，反电场方向的表示为 $P_-$，垂直于电场方向的表示为 $P_0$。电场作用下 $P_+$ 和 $P_-$ 会发生变化，其取向概率也会变化。实验测量的极化强度 $P_{\mathrm{t}}$ 服从：

$$P_{\mathrm{t}} = \rho_+ P_{+0} + \rho_- P_{-0} \tag{6.5.2}$$

其中，$\rho_+$ 和 $\rho_-$ 分别表示正与反电场方向偶极子的取向概率。电极测量到的电荷积累由转向偶极子诱导产生，引起的极化只与正、反极化强度差相关。在电场为 0 时，$P_+ = P_0 = -P_-$。

电滞回线的初始上升曲线与临界电场和畴的耦合相关。低于临界电场时，存在畴的耦合，导致沿电场方向的偶极子发生耦合使极化强度增大为 $P_{++0}$，根据电

滞回线的形成原理，测量的极化强度为

$$P_{\rm t}=\rho_-(P_{+0}+P_{-0})+(\rho_+-\rho_-)P_{++0},\quad E<E_0 \tag{6.5.3}$$

其中，$E_0$ 是反向偶极子全部翻转的临界电场。当电场高于临界电场时，反向极化强度消失，导致沿电场方向的偶极子全部发生耦合使极化强度变为 $P_{++0}$，根据电滞回线的形成原理，测量的极化强度为

$$P_{\rm t}=\rho_+P_{++0},\quad E\geqslant E_0 \tag{6.5.4}$$

极化强度随电场而增加的过程为电滞回线的初始上升过程，积累了能量 $W$。电场减小时极化强度下降，形成了可恢复 (recoverable) 能量 $W_{\rm re}$ 和回线所围的不可恢复 (irrecoverable) 能量 $W_{\rm ir}$。利用电滞回线的电场上升过程 (充电) 和下降过程 (放电)，如图 6.5.1 所示表示为

$$\begin{aligned}W_{\rm s}&=W_{\rm ir}+W_{\rm re}=\int_0^{P_{\rm tm}}E{\rm d}P_{\rm t}\\W_{\rm re}&=\int_{P_{\rm tm}}^{P_{\rm r}}E{\rm d}P_{\rm t}\end{aligned} \tag{6.5.5}$$

其中，图 6.5.1 中的 $P_{\rm r}$ 和 $P_{\rm tm}$ 分别表示剩余极化和最大电场时的极化强度。储存的总能量 $W_{\rm s}$ 表示为

$$W_{\rm s}=\int_0^{P_{\rm tm}}E{\rm d}P=E_{\max}P_{\rm tm}-\int_{E_{\rm c}}^{E_{\max}}P_{\rm t}{\rm d}E \tag{6.5.6}$$

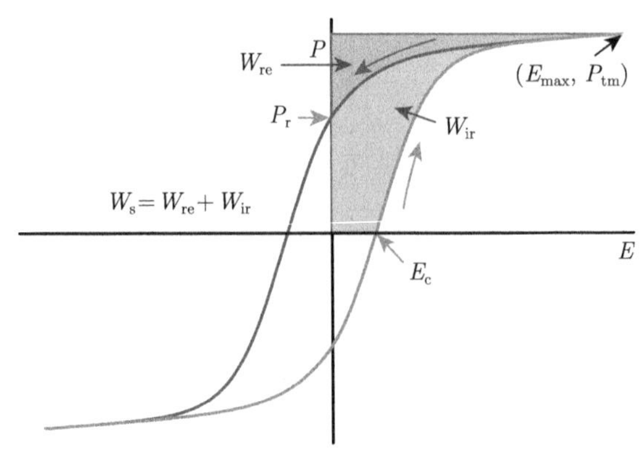


图 6.5.1　电场使偶极子转向所储存的能量 $W_{\rm s}$ 及回线内的不可恢复能量 $W_{\rm ir}$ 与回线外的可恢复能量 $W_{\rm re}$，其中，$P_{\rm r}$ 和 $E_{\rm c}$ 分别表示电滞回线的剩余极化和矫顽场

充电过程储存的电荷 (storaged) 能量为 $W_s = W_{re} + W_{ir}$，放电效率为 $W_{re}/(W_{re} + W_{ir})$。从电滞回线的形状可以看出，为了提高放电效率，实验中通常的做法是，选择合适的材料制备具有细长条的电滞回线，尽可能降低剩余极化。然而，电滞回线的形状是温度的函数，剩余极化与剩余的铁电畴相关。要减少剩余极化只有减少铁电耦合系数，掺杂具有非铁电性的介电材料。

在三维情况下，垂直于电场方向偶极子的极化强度仍为 $P_0$，$E$ 超过临界电场增大到一定程度后，极化强度达到饱和：$P_-$ 和 $P_0$ 均趋于 0 以及 $P_+$ 趋于 1，此时所有偶极子均在电场方向取向，其状态为加电场后的自发极化。此饱和状态向低电场做反向延伸，使线性的延长线与纵轴相交，交点即为自发极化强度 $P_s$，它表示无电场时单位体积内的偶极矩之和，表示为 $P_s$。

图 6.5.2(a) 给出了铁电相极化强度对电场响应的曲线，为电滞回线的初始上升阶段。在最大电场 $E_{max}$ 时的极化强度为 $P_{tm}$。图 6.5.2(b) 给出了从铁电相到顺电相 $P_{tm}$ 曲线对 $P_t$ 积分的面积 $W_s$，即同样参数下储存电荷能量的温度关系。在低电场时，储能峰在较低的温度，随着电场增加，储能峰沿直线向高温移动，并不断接近 $T_0$。此关系是根据 (6.5.6) 式得到的极化储能数值模拟结果，表示铁电体的储能曲线会出现为一个峰，随电场的增大整体面积增大，储能峰向高温移动。

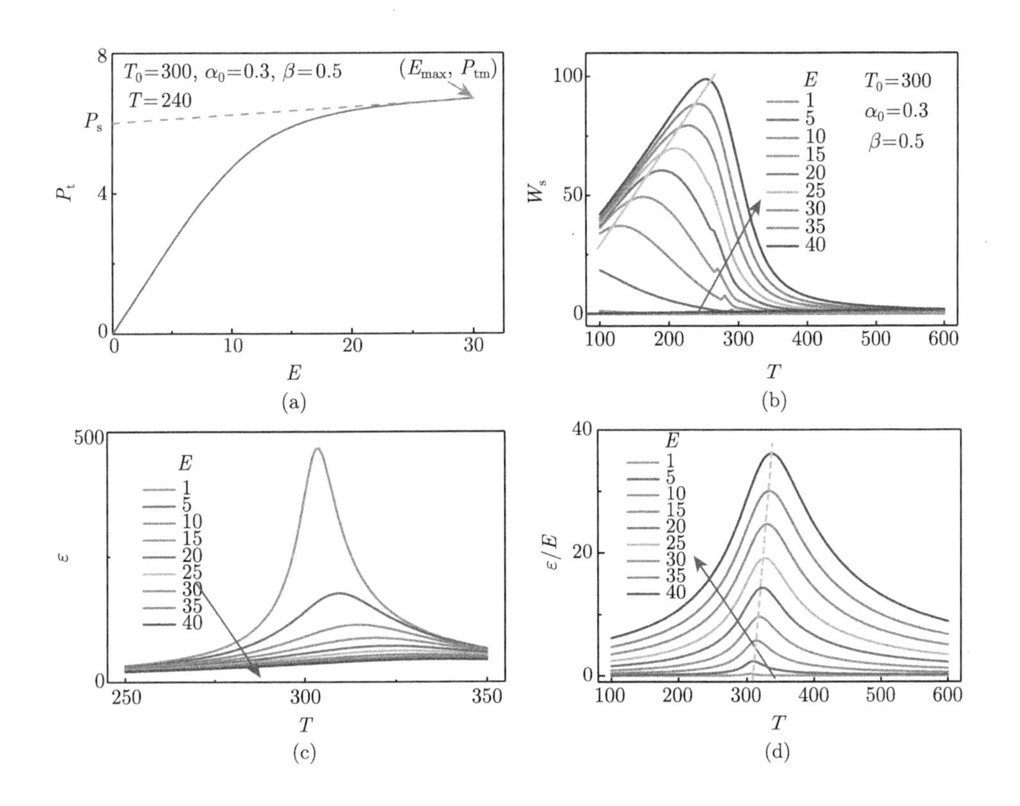

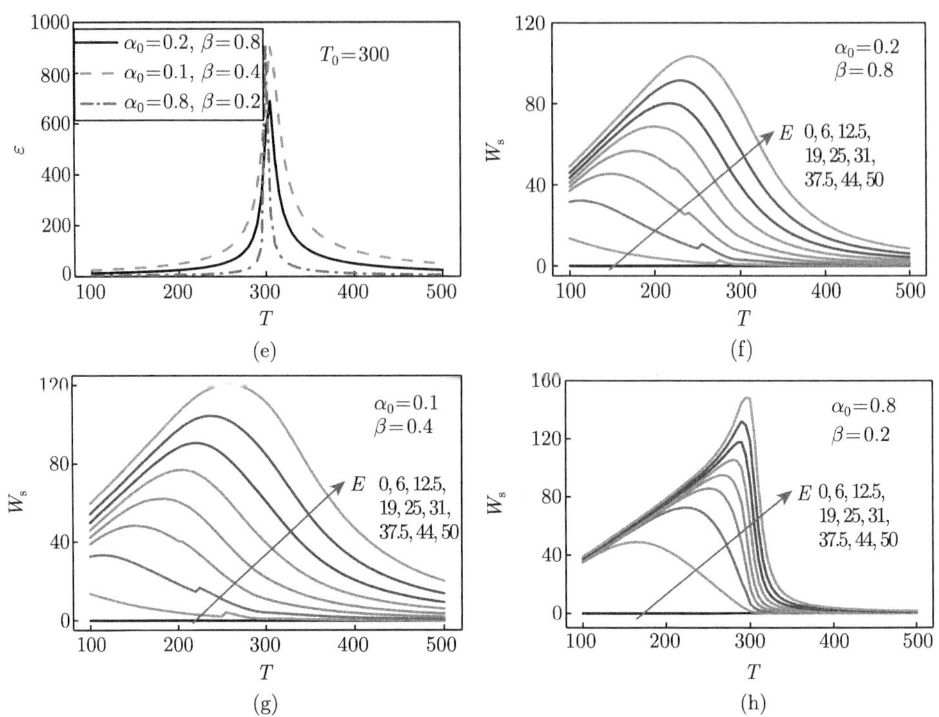


图 6.5.2 从初值开始，电场对极化强度和储能的影响：(a) 电场对极化强度的影响；(b) 极化强度所围的储能面积 (引自文献 [28])；(c) 电场对介电常数 $\varepsilon$ 的影响；(d) 介电常数对应的 $\varepsilon E^2/2$，其峰值高于 $T_0$，并随电场增大而线性地移向高温；(e) 参量对介电常数形状的影响；(f) 参量 $\alpha_0$=0.2，$\beta$=0.8 时电场对储能的影响；(g) 参量 $\alpha_0$=0.1，$\beta$=0.4 时电场对储能的影响；(h) 参量 $\alpha_0$=0.8，$\beta$=0.2 时电场对储能的影响

图 6.5.2(c) 为介电常数随电场的变化关系，用于对比图 6.5.2(d) 介电常数与电场的平方关系，即假设的所谓储能 $(\varepsilon_{\rm s}E_{\rm max}{}^2/2)$ 与温度和电场的关系，在固定电场下呈现了峰值变化，其峰值从居里温度 ($T_{\rm c}$=300) 开始，随电场增加移向高温，如图中虚直线所示。与之对应的介电常数随电场的增加而减小并移向高温。两者相比，如当 $E$=1 时，尽管介电常数最高但 $\varepsilon E^2/2$ 值最小。因此，大的介电常数对应大的储能说法不科学。相对于介电储能，实际极化储能的数值较高。为了说明介电常数与铁电体储能的关联，图 6.5.2(e)~(h) 给出了三组不同的参量加以说明。介电常数在顺电相和铁电相的斜率均与 $\alpha_0$ 成反比：图 6.5.2(e) 中当 $\alpha_0$=0.1，0.2，0.8 时，介电峰逐渐变尖锐。对比图 6.5.2(f) 和 (g)，由于 $\alpha_0$ 与 $\beta$ 的比值相同，导致极化强度相同，介电常数随电场和温度的变化趋势也相同，只是图 6.5.2(g) 的储能值略高。储能峰随电场增加向高温移动范围很大，温度从 100 到 270 附近，储能峰位于铁电相区域。图 6.5.2(e) 中，$\alpha_0$=0.8 时显示了尖锐的介电峰，且范围较窄，并迅速接近到居里温度。对应的储能规律显示在图 6.5.2(h) 中：随着电场增

大储能峰从较高的温度到达居里温度。高电场时，在铁电相的变化较为平缓，过了居里温度急剧下降。总之，铁电体极化强度所围的总储能面积对温度会呈现一个峰，该峰低于介电常数的峰温，并随电场增大移向高温。

### 6.5.3 顺电相的储能

顺电相无偶极子，加电场会使顺电相的吉布斯自由能能谷移动到电场方向从而诱导出偶极子导致正向的极化强度。所有诱导的偶极子平行排列，产生耦合极化强度 $P_{++0}$；电场对垂直方向的吉布斯自由能能谷无诱导效应，其极化强度为 0。因而，加电场后的原胞有两个能级状态：低能级的偶极子取向铁电态和高能级的顺电态。随着电场的增加，取向为铁电态的密度 $\rho_+$ 不断增大，总的极化 $P_{\mathrm{t}}=\rho_+P_{++0}$ 也不断增大。由于顺电相的临界电场为 0，因此电场诱导的极化强度始终满足 (6.5.4) 式。

$$\rho_+=\frac{\exp(-G(P_{++0},E)/(kT))}{4+\exp(-G(P_{++0},E)/(kT))},\quad \rho_0=(1-\rho_+)/4 \tag{6.5.7}$$

其中，$P_{++0}$ 为电场方向的偶极子产生的极化强度，4 表示垂直于电场的 4 个方向，其平衡时的极化强度为 0。顺电相介质的储能依然满足 (6.5.5) 式，但电场消失后因返回顺电相，储能也随之释放。

在顺电相略低于居里温度时，由于电场诱导的偶极子会产生耦合效应，因此电滞回线从 $E_{\max}$ 降低到 0 时仍然存在剩余极化强度 $P_{\mathrm{r}}$，仍然存在较小的不可逆能量消耗 $W_{\mathrm{ir}}$，直到降低到偶极子的耦合难以补偿的温度，$P_{\mathrm{r}}$ 才会为零。

剩余极化强度 $P_{\mathrm{r}}$ 的大小是施加最大电场 $E_{\max}$ 的函数。$E_{\max}$ 越大，偶极子翻转的数量越多，耦合强度越大，其 $P_{\mathrm{r}}$ 也越大。人们期望施加尽可能大的电场 $E_{\max}$ 以获得较小的 $P_{\mathrm{r}}$。因为具有较小 $P_{\mathrm{r}}$ 的电滞回线为细长的形状，因此可以获得较大的可逆储能和较小的损耗。这种情况只存在于接近或者略为超过居里温度时。

设定相关参量为 $\alpha_0=0.1\sim0.5$，$\beta=0.5\sim1.0$，$J$=3.0。为了描述储能效果，先给出相关电滞回线随电场和温度的变化规律，得到图 6.5.3 所示的规律。在图 6.5.3(a)~(d) 中，电滞回线从低温变化到 $T_0$ 具有相似的形状，用于确定参量 $\alpha_0$ 和 $\beta$ 对温度区域大小的影响规律。在图 6.5.3(a) 中，$\alpha_0$ 为最小的 0.1，低温点 180 为最低，说明电滞回线随温度的变化最缓慢。图 6.5.3(b) 和 (c) 中，$\alpha_0$ 分别增加到 0.25 和 0.5，保持相似回线的低温点分别升到了 220 和 260。然而，当 $\alpha_0$ 仍然保持为 0.5 并将 $\beta$ 增大 1 倍到 1.0 时，图 6.5.3(d) 显示其低温点降到了 220，说明 $\beta$ 的增大与 $\alpha_0$ 的减小具有相反的效果。

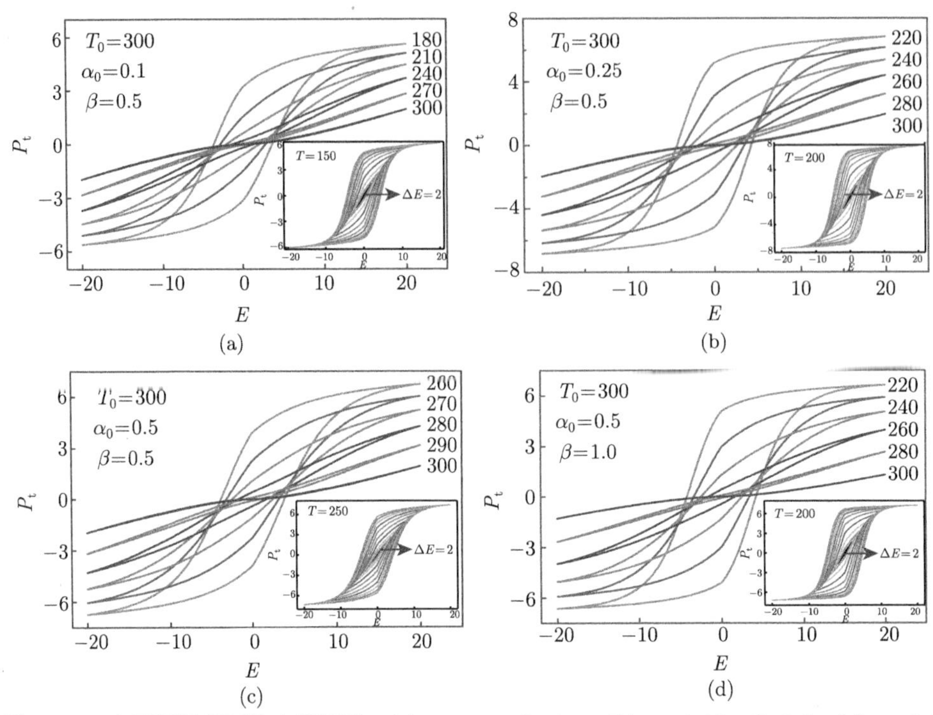


图 6.5.3 在不同温度下的电滞回线：(a)$\alpha_0$=0.1，$\beta$=0.5；(b)$\alpha_0$=0.25，$\beta$=0.5；(c)$\alpha_0$=0.5，$\beta$=0.5；(d)$\alpha_0$=0.5，$\beta$=1.0，$E_{\max}$ =20。(a)～(d) 插图：$T$=150，200，250 和 200，$E_{\max}$=2～20 间隔为 2 (引自文献 [29])

图 6.5.4 显示了与图 6.5.3 相对应的可逆储能的效果。图 6.5.4(a) 显示了参量 $\alpha_0$=0.1 和 $\beta$=0.5 具有最宽的可逆储能温度区域，从 150 到 600 的范围，峰的温度为最高；而图 6.5.4(b) 中 $\alpha_0$=0.25 和 $\beta$=0.5 具有的温度区域为 200 到 500。两个图的峰值高度接近。$\alpha_0$=0.5 和 $\beta$=0.5 的图 6.5.4(c) 中，峰的温度区域继续变窄，峰温接近 $T_0$，峰的高度不变。若 $\beta$ 从 0.5 增大到 1.0，如图 6.5.4(d) 所示，尽管峰的温度区域有所增大，可逆储能的峰值出现了明显的下降，储能应用的价值降低。

图 6.5.4(e)～(f) 显示了与图 6.5.4(a)～ (d) 对应的不可逆储能的效果，在 $T_0$ 以上的顺电相 $W_{\rm ir}$ 均极小，而在 $T_0$ 以下的铁电相 $W_{\rm ir}$ 均随电场增大而增大，且温度越低，$W_{\rm ir}$ 上升的幅度越大。图 6.5.4(e)～(g)，随着 $\alpha_0$ 增大，$W_{\rm ir}$ 的最大幅度不断增大。图 6.5.4(f) 与 (h) 相比，两者的参数比例相同，在相同的温度范围内，$W_{\rm ir}$ 的大小相同，变化规律略有差异：图 6.5.4(h) 中低电场时上升较快。在更低的温度，电滞回线接近方形，$W_{\rm ir}$ 会下降，形成峰形。图 6.5.4(g) 与 (h) 相比，$\beta$ 越小不可逆储能 $W_{\rm ir}$ 的峰越高。

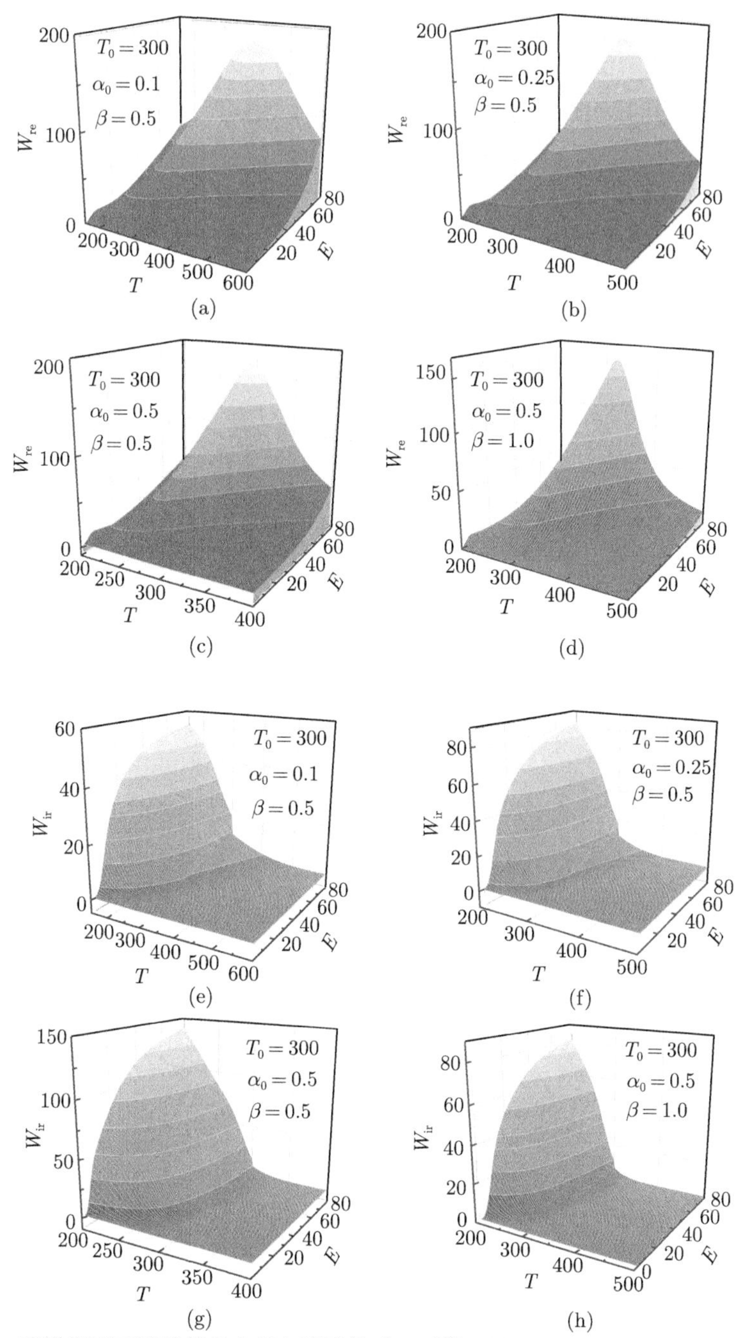


图 6.5.4 可逆和不可逆储能的电场与温度关系。可逆: (a) $\alpha_0$=0.1，$\beta$=0.5; (b) $\alpha_0$=0.25，$\beta$=0.5; (c) $\alpha_0$=0.5，$\beta$=0.5; (d) $\alpha_0$=0.5，$\beta$=1.0。不可逆: (e) $\alpha_0$=0.1，$\beta$=0.5 (f) $\alpha_0$=0.25，$\beta$=0.5; (g) $\alpha_0$=0.5，$\beta$=0.5; (h) $\alpha_0$=0.5，$\beta$=1.0 (引自文献 [29])

图 6.5.5 总结了图 6.5.4 的规律，电场值从 $E$=8 增加到 80。$T_{\max}$ 为 $W_{\mathrm{re}}$ 的峰值温度。其中，参量 $\alpha_0$=0.1 和 $\beta$=0.5 有最大的变化幅度，在 $E$=80 时为 $T_{\max}$=400。其次是 $\alpha_0$=0.25 和 $\beta$=0.5。参量为 $\alpha_0$=0.25 和 $\beta$ =0.5 的一组与参量为 $\alpha_0$=0.5 和 $\beta$ =1.0 的另一组有几乎相同的规律。

在 $\beta$=0.5 时可逆储能 $W_{\mathrm{re}}$ 的三个图中，变化范围从 172 到 180。而当 $\beta$=1.0 时，最大储能下降到了 150，显示出 $\beta$ 越小储能越大。对于不可逆储能 $W_{\mathrm{ir}}$，规律相同。图 6.5.5 为图 6.5.4 中可逆储能 $W_{\mathrm{re}}$ 的峰温 $T_{\max}$ 和最大储能值的规律图，直观地展示了参数对铁电储能的影响效果。

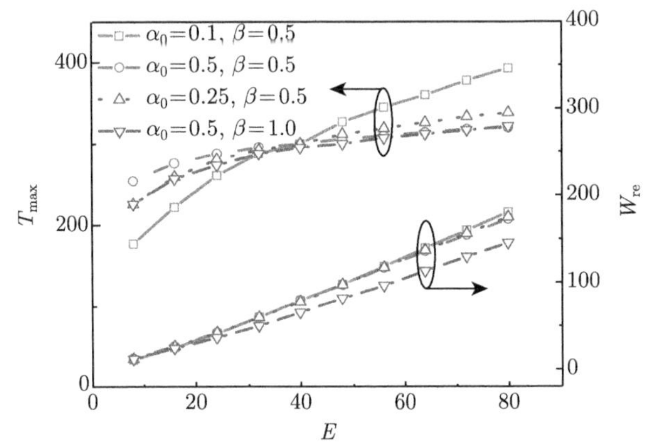


图 6.5.5 不同参量时最大储能 $W_{\mathrm{re}}$ 峰温和最大储能 $W_{\mathrm{re}}$ 数值随电场变化的规律。规律显示，$\alpha_0$ 对 $T_{\max}$ 的变化起主要作用；而 $\beta$ 对 $W_{\mathrm{re}}$ 数值的变化起主要作用 (引自文献 [29])

在二阶相变铁电体中，温度越低极化强度越大，以及顺电相的极化强度只有靠电场的诱导才能产生，其值更小。然而，在顺电相却具有最大储能。其原理可以通过电滞回线的变化用图 6.5.6 说明。

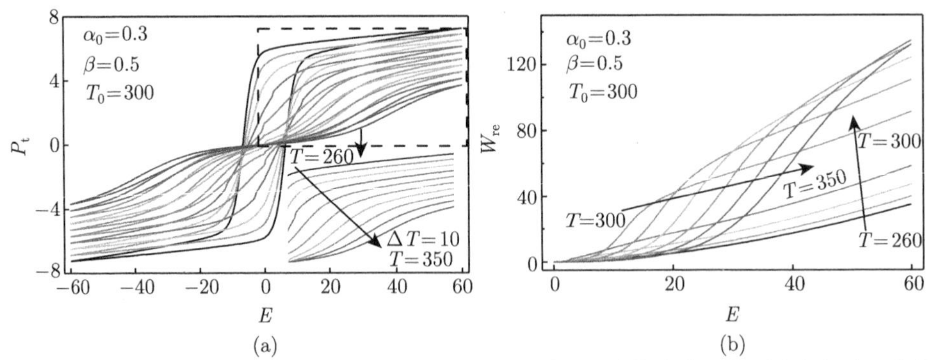


图 6.5.6 铁电体储能随温度变化的机理：(a) 电滞回线随温度的变化，插图为方框内回线的上曲线部分。随着温度升高极化强度不断减小；(b) 曲线表示图 (a) 的插图曲线向纵轴所围的储能面积

图 6.5.6 很好地解释了铁电体中可逆储能项 $W_{\rm re}$ 随温度变化的机理。图 6.5.6(a) 所示插图的含义是，尽管低温时极化强度很大，但施加电场后极化强度随电场的变化不大，对极化强度纵轴所围的面积也不大。在温度高于居里温度的顺电相，极化强度随电场的诱导效应较大。图 6.5.6(b) 显示了在不同温度下储能随电场增加的关系，特别是在顺电相变化明显。温度越高，起始上升所需要的电场也越大，并导致曲线右移，与纵轴所围的面积不断增大。整体上，电场越大，储能越大。

# 6.6 电致伸缩效应原理

在光通信、天文、医学和制动器等众多领域，需要精密的微位移器通过电场方便地在纳米到微米的范围内重复地对器件的工作长度进行调节，如光波的光程、医用超声成像、声呐和微驱动器。铁电材料的电致伸缩效应 (electrostrictive effect, ESE) 在此应用领域已经有 30 多年的广泛应用和系统研究 [30]。

电致伸缩的含义是在电场的作用下电介质 (非导电材料) 发生应变的效应。主要分为两种具体的效应。①极化效应：在电场作用下正离子沿电场方向位移，负离子沿反方向位移，在晶体中形成了微小的离子位移，导致了沿电场方向整体的应变和极化效应。原理上最大只能移动 0.01%的距离。电场反向不改变其应变方向，应变尺寸正比于极化强度的平方。②偶极子的偏转效应：垂直于或偏离于电场方向取向的偶极子转向电场方向。因偶极子的纵向比横向长，转向后引起了沿电场方向的长度伸长。另外，如果电场使物质的晶格结构发生变化，会产生效应更明显的伸长，其电致伸缩效应可达同样材料的 40 倍。在铁电材料的实际应用方面，主要偏重介电峰在室温的弛豫铁电体，利用其场致诱导极化的效应增大伸缩幅度 [30]。电子辐射后的 P(VDF-TrFE)(Poly(vinylidene fluoride-trifluoroethylene)) 共聚物能够实现较大的伸缩尺度 (4%)[31]，且应变与极化强度的平方具有良好的线性特性。

## 6.6.1 电致伸缩的热力学原理

一个铁电体的电致伸缩来源于两个部分：压电性和电致伸缩性。在张量方法表示法中，其伸缩量 $s_i$ 可表示为极化强度的幂函数形式 [32]：

$$s_i = g_{mi}P_m + Q_{i,mn}P_mP_n, \quad (i,m,n) = 1,2,3 \tag{6.6.1}$$

其中，$i$ 是电场方向，$m$ 表示偶极子的取向，$g_{mi}$ 是电场存在时的压电系数，$Q_{i,mn}$ 和 $P_m$ 分别是电致伸缩系数和极化强度。

在铁电体中，压电效应来源于热释电体或极化的铁电体。缺少应力时，压电

效应可以忽略，电致伸缩系数可以表示为

$$s_i = Q_{i,mn} P_m P_n \tag{6.6.2a}$$

当电场作用于一个四方相的铁电体或者反铁电体时，设电场沿某一个偶极子的取向方向，电致伸缩系数可以用一个二阶张量表示 $Q_{im}$，同时应变和极化强度为一阶矢量

$$s_i = Q_{im} P_m^2 \tag{6.6.2b}$$

如果电场和应变均在同一个方向，电致伸缩方程可以进一步简化为

$$s = QP^2 \tag{6.6.2c}$$

$s$ 与 $P$ 分别为无外应力时的应变和极化强度。铁电材料的 $P$ 与电场强度 $E$ 不成正比，因而应变 $s$ 与电场强度 $E$ 的平方不具有比例关系。相关的实验经验规律有 [33]：电致伸缩系数 $Q$ 的大小与居里-外斯常数 $C(1/\alpha_0)$ 的乘积为常数，且 $Q$ 正比于热膨胀系数的平方。尽管早期 Cross 提出了 $ABO_3$ 型钙钛矿结构 A 位和 B 位的原子尺寸对电致伸缩的影响机理 [34]；Wang 等提出过大伸缩的 90° 取向开关模型 [35]，但由于一直将铁电体当成偶极子仅沿电场方向的热释电体处理，致使电致伸缩的实验结果及经验规律仍然没能得到有效解决。本节通过考虑极化强度在三维的分布及电场作用下的转向，合理地解释了铁电体的电致伸缩效应。

前面已经说明了，实验中通过介电谱仪测量得到的铁电体的介电常数是极化强度对电场的微分，不具有 $P = \varepsilon_0 \varepsilon E$ 的线性关系，然而大量文献仍使用这种方法得到了

$$s_i = Q_{im} P_m^2 = Q_{im} \varepsilon^2 E_m^2 = M_{im} E_m^2 \tag{6.6.3}$$

尽管电场是实验可以直接测量的施加量，应变也是可以直接测量的响应量，人们还是希望能够有一个直观的表达式，然而在铁电体中并不存在。理论上需要根据铁电体偶极子在空间三个方向对电场的响应，以及偶极子的极化强度与长度之间的关系推导出两者的复杂关联。或许在实验中部分结果与理论会有一致性，但物理意义并不成立。

### 6.6.2 铁电体的电致伸缩原理

众所周知，铁电体的性质取决于内部偶极子的取向及由此形成的极化。当铁电体从高温的顺电相转变到低温的铁电相时，最典型的铁电相是四方相。为了理论分析的方便，模型用双势阱描述钙钛矿铁电体。

铁电体中偶极子的旋转不同于一般的电介质，并不是整个偶极子在旋转。如在 $ABO_3$ 型的铁电体中，A 位较大尺寸的金属离子构成了大的骨架，中间小的 B

位金属离子有较大的可移动的自由空间。在四方相，它可以沿 [100] 晶向的 6 个等价方向做偏离中心的移动以形成偶极子。这种偏离中心的移动从一个晶向到另一个晶向的变动对应着偶极子的旋转。如果移动位置沿 [100] 方向，则极化方向也在 [100] 方向，其原胞尺寸为 $c$，$a$，$a$。典型的 $BaTiO_3$ 铁电体具有 $c > a$ 的特性。根据德文希尔的计算，极化强度的平方与 $c - a$ 成正比[36]。

$$c - a = \delta \cdot P^2 \tag{6.6.4}$$

$\delta$ 是比例系数，被证明为常数。在电场作用下偶极子会发生转向，从非电场方向转到电场方向，并使电场方向的长度伸长。

在无外电场无压力的条件下，B 位金属离子在 6 个等价位随机占据。在坐标轴的 3 个方向中，任意一个方向的长度是

$$d = \frac{2a + c}{3} = a + \frac{1}{3}\delta \cdot P^2$$

$d$ 为一个原胞的平均长度。当温度从 $T_1$ 升高到 $T_2$ 时，极化强度从 $P(T_1)$ 下降到 $P(T_2)$。设晶体的热膨胀系数为 $l$(单位温度变化下长度变化的百分比)，因温度变化导致的原胞长度变化为

$$\Delta d = d(T_2) - d(T_1) = d \cdot l \cdot \Delta T + \frac{1}{3}\delta \cdot [P^2(T_2) - P^2(T_1)], \quad \Delta T = T_2 - T_1$$

其中，$d(T_2)$ 和 $d(T_1)$ 分别为 $T_2$ 和 $T_1$ 时的原胞长度。铁电体的吉布斯自由能在无外应力时可以表示为 $P$ 的函数：

$$G(P) = \frac{1}{2}\alpha_0(T - T_0)P^2 + \frac{1}{4}\beta P^4$$

$G(P)$ 在铁电相呈现双势阱，两个谷底对应极化强度 $P^2 = \alpha_0(T_0 - T)/\beta$，两谷之间峰的高度 $\alpha_0^2(T_0 - T)^2/(4\beta)$ 对应偶极子转向需要克服的能量势垒。测试温度 $T$ 距离 $T_0$ 越远，偶极子跃迁的 $G$ 势垒越高，偶极子的转向就越困难。由极化强度的温度关系可以得到原胞长度随温度的变化[37]：

$$\Delta d = \left(d \cdot l - \frac{\alpha_0 \delta}{3\beta}\right)\Delta T, \quad \frac{\Delta d}{d} = \left(l - \frac{\alpha_0 \delta}{3\beta d}\right)\Delta T \tag{6.6.5}$$

温度越低极化强度越大，引起的形变也越大，刚好与热膨胀的变化相反。因此，实验上实际测量得到的热膨胀系数为两者之和，低于实际晶体的热膨胀系数。

### 6.6.3　饱和电场近似 (教学型)

在三维条件下，当电场对极化强度的作用达到饱和状态时，形成的耦合畴具有足够大的稳定性，导致了近似闭合的电滞回线和固定的矫顽场，由此可以推导出电致伸缩的规律。将适当的参数输入到公式中算出数值结果，可绘出电致伸缩的效果。并针对所产生的各种现象，提供了分析其物理原理的基本方法。由于方法简单，且输出图像与实验结果基本一致，饱和电场的经验公式成为了实验的验证方法，可作为教学内容指导学生绘图。

本节从最基本的内容开始分析，电场对极化强度的影响分为极化效应和偶极子的偏转效应。极化效应是指电场对极化强度的直接影响，其应变量是

$$\frac{\Delta d(E)}{d}=\frac{d(E)-d(0)}{d}=\frac{\delta}{3d}\cdot\left[P^2(E)-P^2(0)\right]=\frac{\delta}{3d\beta P(E)}\cdot E \tag{6.6.6}$$

这种应变主要发生在沿电场方向的偶极子上，对垂直于电场方向的偶极子无效。从结果看，由于包含了 $P(E)$ 项，这种应变效应不是电场 $E$ 的显函数，即很难用一个独立的系数描述应变与电场强度之间的关系。

电场对偶极子的偏转效应可以用平衡态统计的方法处理。若 $E$ 沿晶体的 [1 0 0] 正方向，反 [1 0 0] 方向的偶极子转到正方向时能量会下降 $2E\mu(E)$。而 [0 1 0] 和 [0 0 1] 取向的偶极子转到 [1 0 0] 方向能量下降 $E\mu(E)$，且会产生长度变化。$\mu$ 是偶极矩，极化强度为单位体积的偶极矩，即 $P=N_{\mathrm{p}}\mu$，$N_{\mathrm{p}}$ 表示单位体积内的偶极子数量。能量变化会导致偶极子在各个方向的取向的概率发生变化

$$\rho_1,\quad \rho_2,\quad \rho_3=\frac{\exp\left(\dfrac{EP(E)}{kTN_{\mathrm{p}}}\right),\quad 4,\ \exp\left(-\dfrac{EP(E)}{kTN_{\mathrm{p}}}\right)}{\exp\left(-\dfrac{EP(E)}{kTN_{\mathrm{p}}}\right)+4+\exp\left(\dfrac{EP(E)}{kTN_{\mathrm{p}}}\right)} \tag{6.6.7}$$

其中，$\rho_1$，$\rho_2$，$\rho_3$ 分别为正 [1 0 0]，垂直于 [1 0 0]，反 [1 0 0] 取向的偶极子在温度 $T$ 平衡时的概率。

其次，由 (6.6.7) 式可以得到在电场作用下反 [1 0 0] 方向的偶极子转到正 [1 0 0] 电场方向的概率：

$$\frac{1}{6}-\frac{\exp(-x)}{\exp(-x)+4+\exp(x)},\quad x=\frac{EP(E)}{kTN_{\mathrm{p}}}$$

垂直于 [1 0 0] 方向的偶极子转到正 [1 0 0] 电场方向的概率：

$$\frac{2}{3}-\frac{4}{\exp(-x)+4+\exp(x)}$$

正 [1 0 0] 方向偶极子增加的概率：

$$\frac{5}{6}-\frac{\exp(-x)+4}{\exp(-x)+4+\exp(x)}=\frac{\exp(x)}{\exp(-x)+4+\exp(x)}-\frac{1}{6}$$

对电场方向伸缩有贡献的量是垂直于 [1 0 0] 方向的转变比例：

$$f(x)=\frac{2}{3}-\frac{2}{\cosh(x)+2} \tag{6.6.8a}$$

其中，2/3 为转动前垂直于 [1 0 0] 方向偶极子的概率，$2/(\cosh(x)+2)$ 为转动后的概率。

考虑任意一个原胞，无电场时平均长度是 $a+(c-a)/3$。若从垂直于 [1 0 0] 方向转变到 [1 0 0] 方向，转变概率是 $2/3-2/(\cosh(x)+2)$，转变后的长度增加量是 $c-a$。因此，沿 [1 0 0] 方向原胞的长度增加量是 $(c-a)[2/3-2/(\cosh(x)+2)]$。当电场达到极大时，最大增加量为 $2(c-a)/3$，最终达到 $[a+(c-a)/3]+2(c-a)/3=c$。

最后，[1 0 0] 方向原胞长度为 $c$，与实际相符。原胞伸长量 $\Delta s$ 为

$$\Delta s=(c-a)f(x)=\delta\cdot P^2(E)\cdot f(x) \tag{6.6.8b}$$

在电场作用下，沿电场方向原胞平均长度为

$$a+(c-a)/3+\Delta s=a+(c-a)[f(x)+1/3]$$

如果铁电体是各向同性的，在垂直于电场的两个等价方向，平均每个原胞长度变为 $a+(c-a)[1/3-f(x)/2]$。因此，在等温条件下加电场在各个方向均有伸缩。

$x$ 方向偶极子的伸长量与转向到 $x$ 方向偶极子所导致的相对伸长之和为 [37]

$$\frac{\Delta s}{d}=\frac{\delta}{3d}\cdot\left[P^2(E)-P^2(0)\right]+\frac{\delta}{d}P^2(E)f(E) \tag{6.6.9}$$

(6.6.9) 式中右边的两项分别对应于偶极子长度的变化 (即极化效应) 和转动对伸长的贡献。极化效应对应一定的逆压电效应。偶极子的转动效应是主要的电致伸缩效应，因为从 (6.6.9) 式可以得到结论：转动效应比极化效应大得多，因而极化效应可以忽略。如前所述，类似于铁磁体中平行排列的磁偶极子间所具有的耦合效应，铁电体的铁电性来源于偶极子之间的耦合效应，即耦合系数越大，矫顽场越大，铁电性越强，形成的电畴所释放的能量越大。耦合效应会导致转向到 [1 0 0] 方向的偶极子产生能量下降，平均每个偶极子的耦合系数为 $J$，对转向概率函数产生的效果为

$$f_{\pm}(E)=\frac{2}{3}-\frac{2\exp\left[\pm gP(E)J\left\langle P(E)\right\rangle/T\right]}{2\exp\left[\pm gP(E)J\left\langle P(E)\right\rangle/T\right]+\cosh[gP(E)\cdot(E\pm J\left\langle -P(E)\right\rangle)/T]} \tag{6.6.10}$$

其中，函数 $f_+$ 和 $f_-$ 分别表示电场增加和减小方向的概率函数，$\langle P(E)\rangle$ 是统计平均场方法得到的一个偶极子的最近邻偶极子的平均值，始终为正且近似为 $P(E)$。

在 $P(E) = P(0)$ 条件下，考虑到交换耦合系数后，将各种参量的数值代入 (6.6.10) 式，以及从 (6.6.10) 式中得到的电场作用的伸缩效应如图 6.6.1 所示。

图 6.6.1 是根据 (6.6.10) 式绘出的效果图。用参数 $g(= 1/(N_p k))$ 表示曲线的倾斜程度。$g$ 越大，有效伸缩范围越窄。同时，偶极子密度越大，$g$ 越小，伸缩变化越平缓，或需要较大的电场才能达到饱和。与导致电滞回线的原理相同, 耦合项也导致了应变的回线，但在低电场时，因滞后回线导致了收缩的出现。$J$ 越大，回线越宽，出现收缩的范围越大。

图 6.6.2 比较了热力学系数的比值对电致伸缩性能的影响。而交换耦合系数 $J$ 也是铁电性大小的重要指标。一个铁电体的 $J$ 越大，它的矫顽场和剩余极化也都越大。$J$ 和 $T$ 对电致伸缩回线的影响可以用数值模拟的方法检验。

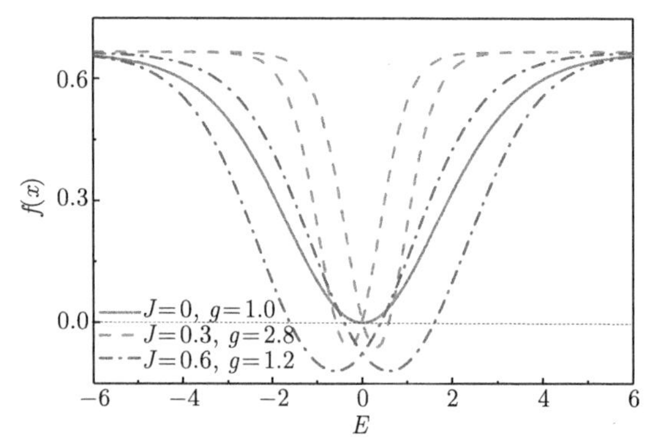


图 6.6.1　偶极子间的交换耦合系数 $J$ 对转向概率函数 $f(E)$ 的影响 (引自文献 [37])

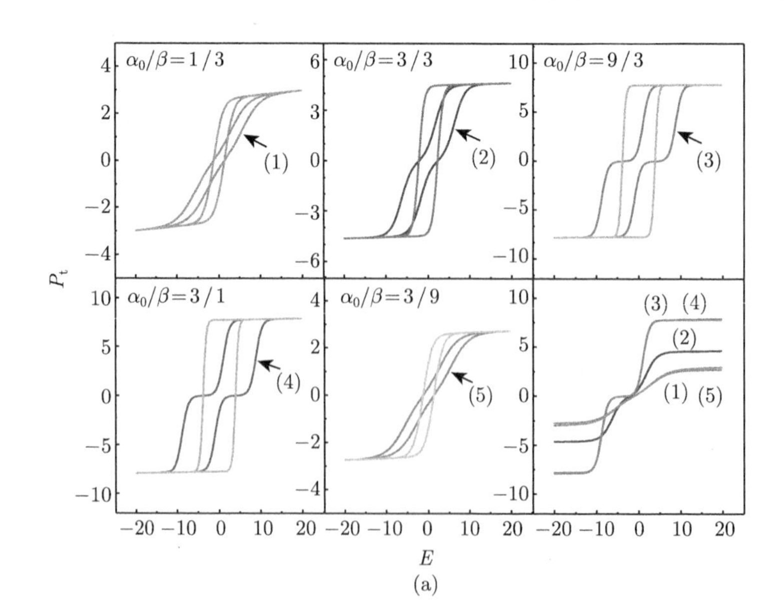

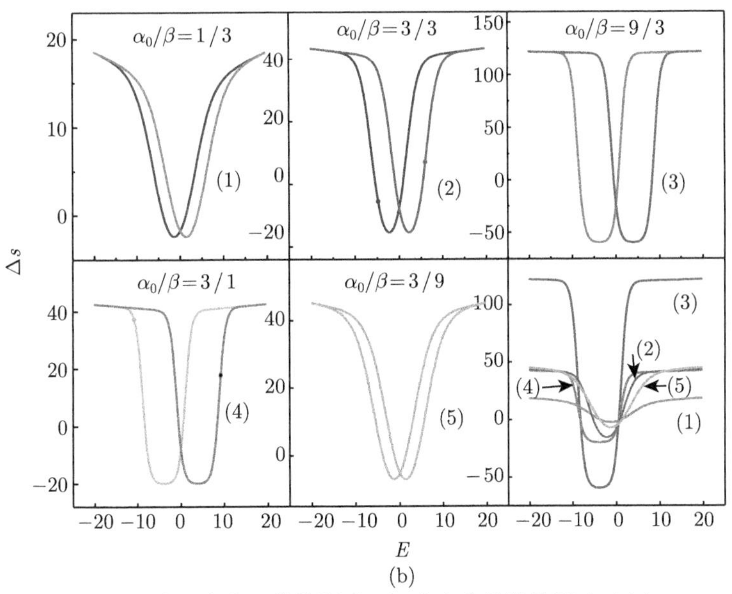


(b)

图 6.6.2 $\alpha_0$ 和 $\beta$ 的比值对电滞回线的影响 (a) 和电致伸缩的影响 (b)($J$=0.5，$T_0$=300，$T$=280)。(a) 中的两个回线分别表示仅有 180° 翻转的偶极子为竖直回线，包含 180° 和 90° 旋转的偶极子为倾斜回线。(b) 中的回线表示包含 180° 和 90° 旋转的伸缩应变。(a) 和 (b) 中右下角的图是前面 5 个图的集合，选择了每个小图中左侧的曲线做比较 (引自文献 [37])

在铁电相，电致伸缩回线如图 6.6.3(a) 所示为花瓣状，而在居里点电致伸缩回线如图 6.6.3(b) 所示为蝴蝶状。$J$ 越大，回线的面积越大及曲线向下也越深，甚至出现了负值。随着温度的升高，两个回线的区域交点随着 $J$ 的增大而出现了分离。

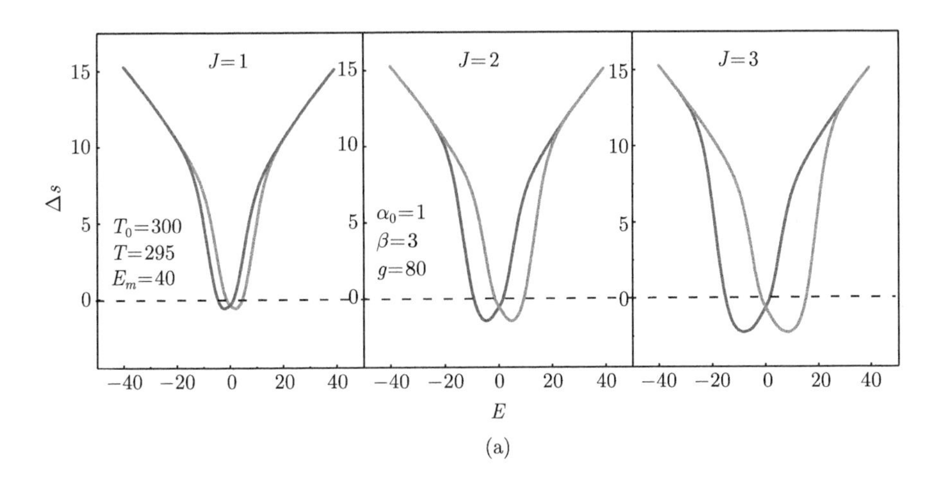


(a)

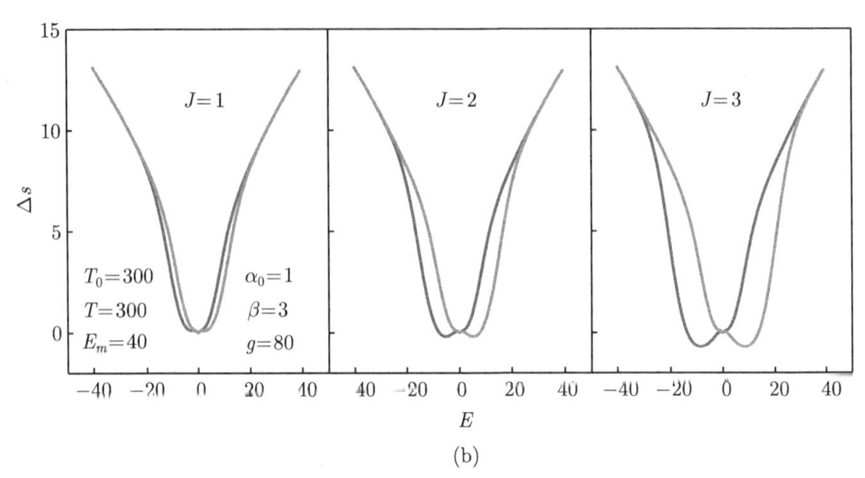


(b)

图 6.6.3 两个不同温度下 $J$ 对电致伸缩的影响：(a)$T$ =295；(b)$T$=300($T_0$=300)

### 6.6.4 电致伸缩回线原理与数值模拟

#### 6.6.4.1 电滞回线相关的伸缩原理

在铁电相，当偶极子的转向导致了电场方向发生耦合后，引入与电滞回线相关的取向概率 $\rho$ 和耦合极化强度 $P_{++0}$，则变化的应变量 $\Delta s$ 为

$$\Delta s = Q\left[\rho_-(P_{+0}^2(E) + P_{+0}^2(E)) + (\rho_+ - \rho_-)P_{++0}^2(E) - \frac{1}{3}P_0^2\right] \tag{6.6.11a}$$

其中，${P_0}^2/3$ 为初始电场为零时的电场方向尺寸；电场增大导致极化强度发生变化，以及偶极子的转向 ($P_{+0}$ 增大和 $P_{-0}$ 减小) 和铁电畴的形成 ($P_{++0}$ 增大)，使伸缩应变增大。(6.6.11a) 式中的各项服从电场低于反向偶极子发生翻转的临界电场时电滞回线中初始变化的规律。当电场达到临界值使反向偶极子发生翻转时，(6.6.11a) 式中反向的极化强度消失，电致伸缩突然增大，并服从如下规律：

$$\Delta s = Q\left[\rho_{++}P_{++0}^2(E) - \frac{1}{3}P_0^2\right] \tag{6.6.11b}$$

式中，没有了反向偶极子，平行排列的电场方向偶极子发生耦合，$\rho_{++}$ 表示耦合偶极子的比例。由于存在垂直于电场方向的偶极子且对应变没有贡献，因而 $\rho_{++}$ 小于 1。

需要说明的是，(6.6.11a) 和 (6.6.11b) 式适用于电场从零开始增大的一阶相变铁电体、二阶相变铁电体和反铁电体。只要将吉布斯自由能中的相关项进行修改，整体原则不变。

电滞回线的上曲线：当电场达到最大值后会减小，而畴的耦合在电场增加过程中不断增大。当电场减小时该耦合强度被认为保持不变，大于电场上升过程的数值。因此，形成的极化强度曲线也高于上升过程的曲线。当电场减少到小于临界值时，出现了负电场方向的偶极子与正电场方向畴竞争的状态，导致电滞回线下降，服从的规律为

$$G_{++}=\frac{1}{2}\alpha_0(T-T_0)P_{++}^2+\frac{1}{4}\beta P_{++}^4-EP_{++}-J\Delta\rho_{\max}P_{++}^2$$
$$G_{-}=\frac{1}{2}\alpha_0(T-T_0)P_{-}^2+\frac{1}{4}\beta P_{-}^4-EP_{-}$$

电滞回线中的极化强度则为

$$P_{\rm t}=\rho_{++}P_{++0},\quad E\geqslant E_0 \tag{6.6.12a}$$

$$P_{\rm t}=\rho_{-}(P_{+0}+P_{-0})+\rho_{++}P_{++0},\quad E<E_0 \tag{6.6.12b}$$

其中，$E_0$ 是临界电场。由此得到上曲线对应的电致伸缩曲线为

$$\Delta s=Q\left[\rho_{++}P_{++0}^2(E)-\frac{1}{3}P_0^2\right],\quad E\geqslant E_0 \tag{6.6.13a}$$

$$\Delta s=Q\left[\rho_{-}(P_{+0}^2(E)+P_{-0}^2(E))+(\rho_{++}-\rho_{-})P_{++0}^2(E)-\frac{1}{3}P_0^2\right],\quad E<E_0 \tag{6.6.13b}$$

电滞回线的下曲线：当电场到零后继续在负电场方向减小，导致正反方向的畴与正反方向的偶极子同时存在。正向畴在电场减小的过程中不断减少，而反向畴不断增大。当电场为负后，正向畴的耦合强度会随电场的数值而同比例变化，反向畴也会同比例增强。在电场反向变化的过程中，会出现一个正向畴消失的临界电场值 $E_{{\rm c}J}$：

$$E_{{\rm c}J}=[2\alpha_0(T_0-T)/3+J\Delta\rho_{\max}(1+E/E_{\max})]\cdot[\alpha_0(T_0-T)/3\beta]^{1/2}$$

当电场强度大于 $-E_{{\rm c}J}$ 时，存在反向偶极子和剩余未转向的正向畴，相应的吉布斯自由能表示为

$$G_{++}=\frac{1}{2}\alpha_0(T-T_0)P_{++}^2+\frac{1}{4}\beta P_{++}^4-EP_{++}-J\Delta\rho_{\max}(1+E/E_{\max})P_{++}^2$$
$$G_{-}=\frac{1}{2}\alpha_0(T-T_0)P_{-}^2+\frac{1}{4}\beta P_{-}^4-EP_{-}$$

两种取向概率分别为

$$\rho_+ = \frac{\exp(-G(P_{++0}, E)/(kT))}{\exp(-G(P_{++0}, E)/(kT)) + 4\exp(-G(P_0)/(kT)) + \exp(-G(P_{-0}, E)/(kT))}$$

$$\rho_- = \frac{\exp(-G(P_{-0}, E)/(kT))}{\exp(-G(P_{++0}, E)/(kT)) + 4\exp(-G(P_0)/(kT)) + \exp(-G(P_{-0}, E)/(kT))}$$

电滞回线中的极化强度和电致伸缩分别为

$$P_{\mathrm{t}} = \rho_-(P_{+0} + P_{-0}) + (\rho_+ - \rho_-)P_{++0} \tag{6.6.14a}$$

$$\Delta s = Q\left[\rho_-(P_{+0}^2 + P_{-0}^2) + (\rho_+ - \rho_-)P_{++0}^2 - \frac{1}{3}P_0^2\right] \tag{6.6.14b}$$

当电场强度小于 $-E_{cJ}$ 时，正向畴全部翻转为负方向的畴，吉布斯自由能表示为

$$G_{--} = \frac{1}{2}\alpha_0(T - T_0)P_{--}^2 + \frac{1}{4}\beta P_{--}^4 - EP_{--} - J\Delta\rho_{\max}(-E/E_{\max})P_{--}^2$$

$$\rho_- = \frac{\exp(-G(P_{--0}, E)/(kT))}{\exp(-G(P_{--0}, E)/(kT)) + 4\exp(-G(P_0)/(kT))}$$

得到对应的极化强度和电致伸缩分别为

$$P_{\mathrm{t}} = \rho_- P_{--0} \tag{6.6.15a}$$

$$\Delta s = Q\left(\rho_- P_{--0}^2 - \frac{1}{3}P_0^2\right) \tag{6.6.15b}$$

总之，归纳上述公式，可以得到对比结论：

$$P_{\mathrm{t}} = \sum_i \rho_i P_i \tag{6.6.16a}$$

$$\Delta s = Q\left(\sum_i \rho_i P_i^2 - \frac{1}{3}P_0^2\right) \tag{6.6.16b}$$

根据上述与电场强度相关的公式，编辑成软件，可以得到数值模拟的效果和两者对比结果。

#### 6.6.4.2 理论结果

图 6.6.4(a)~(c) 分别为铁电相、顺电相和居里点三个不同温度下电滞回线与电致伸缩回线的对比图。根据 (6.6.16a) 和 (6.6.16b) 式极化强度与伸缩应变的比较可以发现，两者仅在极化强度的幂次上有所差异，各个部分的贡献以及取向概率均相同。由此导致了两者的基本特性具有相同点：图 6.6.4(a) 和 (b) 显示了电滞回线的最大变化点对应于电致伸缩的最低拐点。在顺电相电致伸缩的拐点消失，表现为低电场时平缓的伸缩变化。电滞回线的倾斜程度与电致伸缩回线的倾斜程度相对应，以及回线之间上下分离的程度也相互对应。

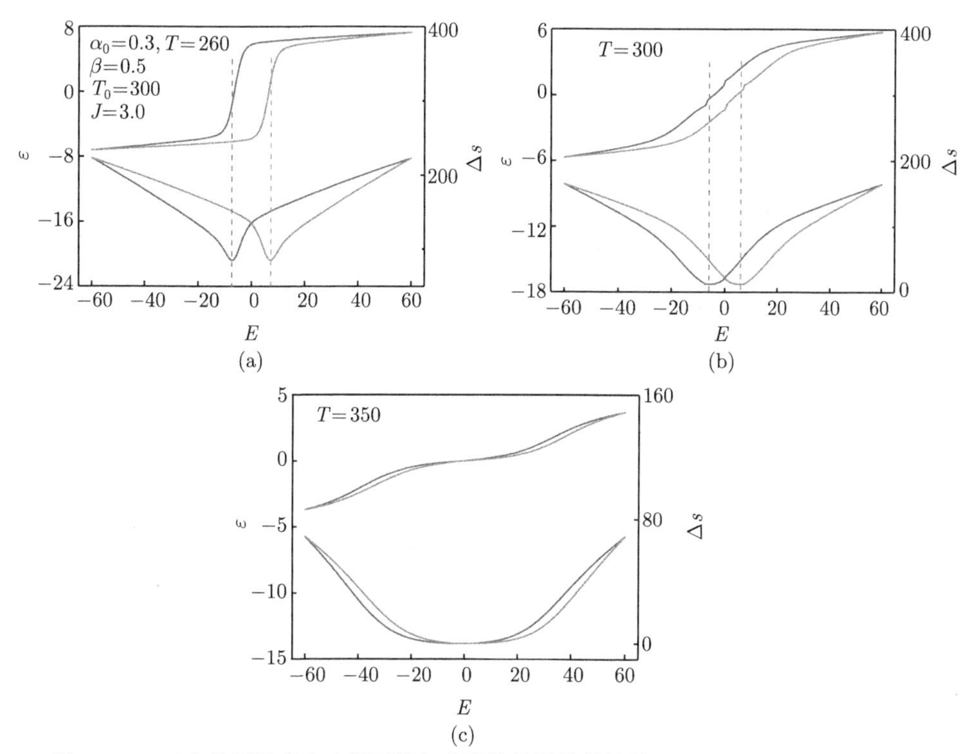


图 6.6.4 三个特征温度点电滞回线与电致伸缩回线的比较：(a)$T=260$；(b)$T=300$；(c)$T=350$($T_0=300$)

图 6.6.5 显示了参量 $\alpha_0$ 和温度 $T$ 对电致伸缩的影响。图 6.6.5(a)~(c) 中的变化为随着 $\alpha_0$ 的增大电致伸缩的变化规律图。当 $\alpha_0$ 为 0.1 时，随着温度的升高，应变回线下移，底部变得平缓，回线间的距离较小；而当 $\alpha_0$ 增大后，回线底部的平缓程度加剧，回线从圆弧向下型变得展平。图中表现出了应变回线间距离的增加。总的规律是：随着温度接近居里温度，蝶形回线的底部逐渐接近零点。在图 6.6.5(d) 两个曲线的比较中，由于 $\alpha_0$ 增大导致了回线随温度会有急剧的变化，从

而显示出在 $T$=260 时 $\alpha_0$ 为 0.5 在上方，而在 $T$=350 时顺序相反。

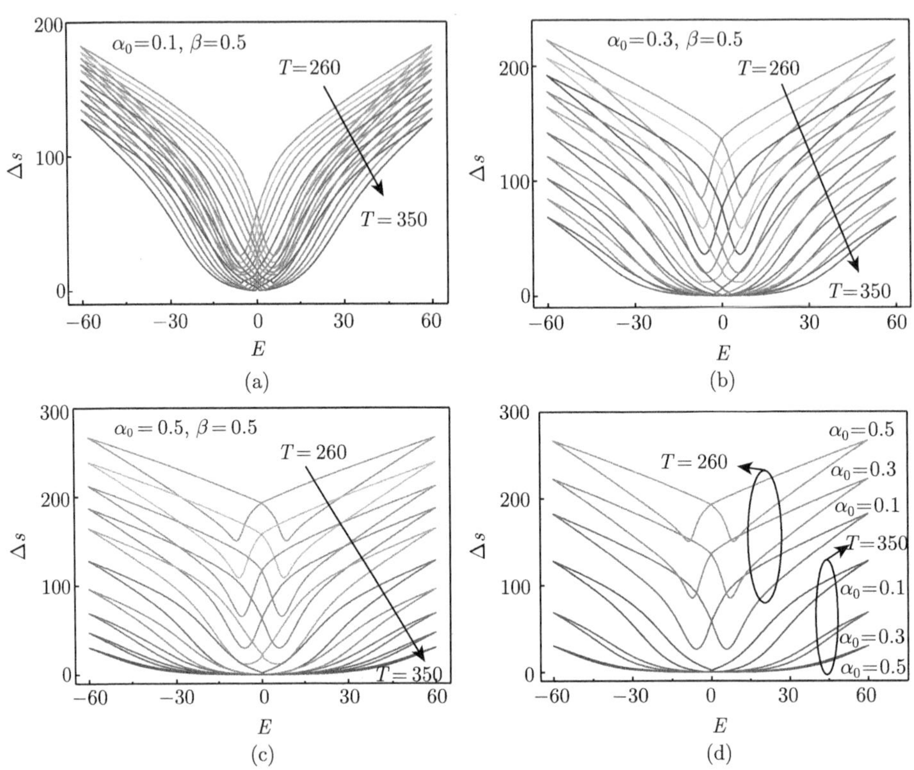


图 6.6.5　参量 $\alpha_0$ 和温度 $T$ 对电致伸缩的影响。(a)$\alpha_0$=0.1；(b)$\alpha_0$=0.3；(c)$\alpha_0$=0.5；(d)$\alpha_0$=0.1，0.3，0.5 分别在 $T$=260 和 $T$=350 的比较 ($T_0$=300)

图 6.6.6 显示了温度为 290 接近居里温度 (300) 时，耦合系数 $J$ 对电致伸缩应变回线的影响。$J$ 的大小表示铁电性的强弱。当 $J$ 较大时，在最大电场有最大的伸缩量，并在最低点也依然保留了较大值，形成的蝶形回线面积也为最大。随着 $J$ 的减小，从零产生的电致伸缩最大值逐渐减小，整个回线的最大值与最小值差距并不大。因此，在实际应用中，较小的 $J$ 值会保留最好的线性特性和从零开始的变化。

当 $J$ 值较大时，电致伸缩应变回线呈现了两个明显的变化区域：当电场较小时，以偶极子或畴的转变方向为主，电致伸缩应变随电场而急剧变化。经过一个拐点后；当电场继续增加时，表现为电场诱导极化强度的增大效应。

在一定的条件下，电致伸缩回线的最低可能为负值，其原因主要来源于畴与电场的作用。正电荷与负电荷的作用中，偶极子的方向是负电荷指向正电荷；而电场的方向是正电荷指向负电荷，两者相反。当外电场与偶极子的方向相同时，偶极子的能量下降，同时伸长；当电场与偶极子的方向相反时情况相反。畴中存在偶极子排列成一条直线的情况，其中一个偶极子受前后同方向的偶极子作用，相当于受到反向电场的作用，能级上升并压缩。因此，当正向最大减小到零再到反向负的矫顽场时，正向畴受到的压缩逐步增大，其长度低于无电场时偶极子的长度，甚至形成负的伸缩。

在顺电相，由于不存在偶极子的转向效应以及极小的畴的转向效应，回线的最低点交叉在电场为零的中心点，因而只呈现了电场诱导极化强度变化的特性，在应用中具有较好的线性特性；然而，线性越好，伸缩的幅度反而越小。

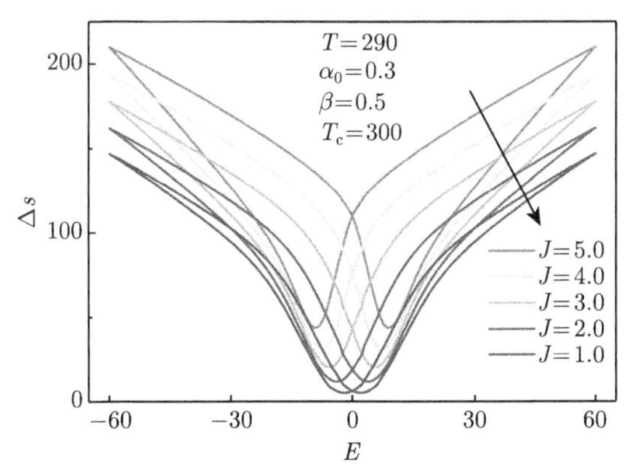


图 6.6.6 偶极子间的耦合系数 $J$ 对电致伸缩应变回线的影响

从图 6.6.7 可以看出随着最大电场的减小电致伸缩应变回线的变化。当电场从大减小时，最低的回线点在逐步下降到接近零点。当电场较小时，电场导致的两个不同区域的效果不明显，特别是电场在 20 以下时，基本上以转动效应为主。电场越大，电场对偶极子的诱导效应越大。

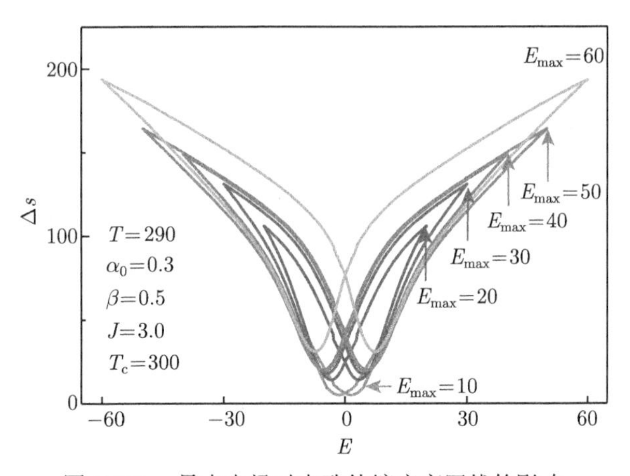


图 6.6.7 最大电场对电致伸缩应变回线的影响

图 6.6.8 中的数据取自电致伸缩回线的初始上升曲线部分，因此图 6.6.8(b) 中没有显示出回线的滞后效应。图 6.6.8(a) 为应变与极化强度在不同电场作用下随温度变化的比较。在较低电场 ($E$=20) 时，应变与极化强度的变化非常接近；而随着电场的增大，偏离增大。这种偏离表现为应变绝对值在低温时的增大和在高温时的减小。尽管绝对值较大，但在电致伸缩回线中的相对值却没那么大。图 6.6.8(a) 中的应变曲线在高电场下表现出随温度上升接近线性下降的趋势。其中 $E$=60 的曲线与图 6.6.8(b) 中右侧 $E$=60 的边缘线相同。图 6.6.8(b) 更直观地显示出了在铁电相低温时应变随电场的增加而表现出的两个部分；以及高温时在低电场为平坦变化，之后缓慢上升的过程。

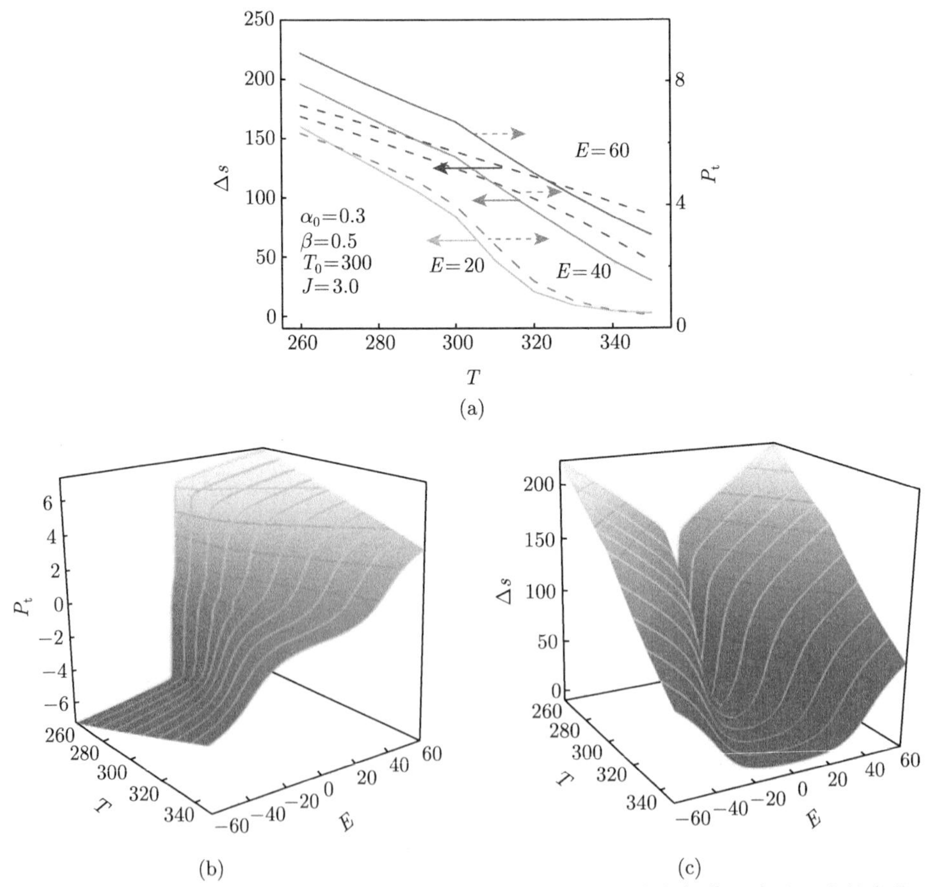


图 6.6.8　电场和温度对电致伸缩的影响：(a) 三个电场下应变与极化强度随温度的变化；(b)$E_{\max}$=60 时，应变随电场和温度的变化；(c)$E_{\max}$=60 时，极化强度随电场和温度的变化

上述理论结果所针对的铁电体为原始状态，即进行电致伸缩的回线测量前没有经过高的直流电场的极化或者没有进行过带有高电场的任何测试。因为高的直

流电场会引起内部极化效应，使铁电体成为铁电性与热释电性的混合体。这种混合体在测试之前就已经具有一定的初始拉伸，从而导致在电致伸缩的测量中出现负值的变化过程。

### 6.6.5 与实验结果的比较及机理分析

2008 年，文献 [38] 报道了 BNT-BT-KNN(其中，KNN 为铌酸钾钠 ($K_{0.5}Na_{0.5}NO_3$)) 铁电体具有大应变的实验结果。各个样品的居里温度不同，但在相同的室温下测量了电致伸缩。当样品的居里温度接近室温时，样品的电滞回线形状呈现了小矫顽场的窄而长的回线形状，电致伸缩类似于图 6.6.3(a) 和 (b) 所示。

2015 年，文献 [39] 报道了 $0.83Na_{0.5}Bi_{0.5}TiO_3$-$0.17Bi_{0.5}K_{0.5}TiO_3$(BNT-BKT) 铁电体电滞回线和电致伸缩在 20~120℃ 范围内 5 个温度点的实验结果。在 80~120℃ 范围内，电滞回线具有束腰状，且电致伸缩回线具有中心交点分离的形状，与图 6.6.3(b) 的变化规律相同。低于 50℃，电滞回线趋向正常及电致伸缩呈现蝶形形状。上述实验现象证实了模型分析和用数学公式进行近似拟合的合理性。

在 2021 年，文献 [40] 报道了 Bi 掺杂 BCZT 铁电陶瓷的电致伸缩等效应。当 Bi 的比例为 0.02 时，在 30~120℃ 的电致伸缩实验结果中，其变化规律与图 6.6.5 (c) 所示的规律完全相同。

在本节上述的理论探讨中，伸缩系数 $Q$ 被认为是仅与材料相关的常数，与外界的温度和所加的电场及应力无关。

2014 年，根据各类铁电体的特性，在对各种实验结果的综合比较的基础上，总结和归纳出了铁电体物理量之间的基本关系式。当铁电体发生伸缩效应时，会伴随压电性。压电性用 $d_{33}$ 参量表示，两者的关系为 [41]

$$d_{33}=\frac{\partial\Delta s_{33}}{\partial E}=\frac{\partial(Q_{33}P^2)}{\partial E}=\frac{2Q_{33}P\partial P}{\partial E}=2Q_{33}P\varepsilon_{33} \tag{6.6.17a}$$

上式仅为近似结论：电致伸缩量与该铁电体所具有的压电性相关联。实际上，根据 (6.6.16b) 式，得到的结果应该是

$$d_{33}=\frac{\partial\Delta s}{\partial E}=2Q\sum_i\rho_iP_i\varepsilon_i \tag{6.6.17b}$$

上述两式之间存在一定差异，因为 (6.6.17b) 式是从 (6.6.3) 式中的 $s=M_{33}E^2$ 导出的，并不适用于电致伸缩效应。产生差异的原因主要有两点：其一是混淆了介电常数与电容率两个不同的概念；其二是该式使用了 $P$ 与 $E$ 的线性比例关系，因而系数 $M_{33}$ 不是常数，而是与电场变化相关的回线。

自 1980 年发现铁电性电致伸缩陶瓷如 $Pb(Mg_{1/3}Nb_{2/3})O_3$ (PMN) 以来，电致伸缩效应随着一系列新的开发和在商业应用领域的出现，已成为研究和精密控制的热点之一。

钙钛矿结构铁电陶瓷在致动器器件中至关重要，因为它们允许通过施加外部电场获得可控且快速的响应应变。当驱动场强度较低，通常远低于矫顽场时，压电效应主导应变响应特性。当驱动场强度足够强时，如远高于矫顽场时，电致伸缩效应可调节应变响应。一般情况下，电场引起的电致伸缩应变 ($s$) 与纵向极化强度 ($P$) 呈平方正比关系。比例系数 $Q_{33}$ 为纵向电致伸缩系数。偶极子晶体模型可以很容易地解释电致伸缩现象。偶极子的方向与电场方向相同时，偶极子被拉伸，反之被压缩。偶极子形成铁电畴后，极化强度增大，在电场的作用下拉伸效果也增大。

不同类型的材料有完全不同的 $Q_{33}$，但对于性质相同的材料，可以得到一般的范围。例如，聚合物通常由链环组成，表现出“柔软和可变形”的特性，因此它们的 $Q_{33}$ 值远高于无机非金属材料 (如离子晶体或玻璃)。同样，虽然铁电体和弛豫铁电体具有更高的极化，但它们的 $Q_{33}$ 通常低于玻璃或线性介质，这些材料都是由离子键组成的。根据理论和实验结果，钙钛矿结构铁电体的许多物理现象和材料特性都与晶格结构中的 B—O 链有关，实验发现 $Q_{33}$ 与 B—O 键长呈正相关关系。

大量文献引用 (6.6.17a) 式描述铁电体的压电性与铁电性和介电性的关系，同时也发现了只有在大电场使偶极子形成畴沿电场的纵向排列时理论值与实验值才符合得较好的现象。因此，对极化良好的压电体，(6.6.17a) 式是适用的，但用于描述与电滞回线相关的现象时，仍然不能简单照搬，只能用 (6.6.17b) 式分步描述。

## 6.7 电卡效应原理

铁磁性物质被施加外磁场时，内部的磁矩由杂乱变为有序，磁熵减小。磁熵减小的绝热过程为排熵的过程，对外释放热量，撤消磁场时吸收热量，实现制冷。由于热量的单位为卡路里 (Calorie)，因而磁性物质在磁场作用下的热效应被称为磁卡效应，磁卡效应已被实用。例如，在低温接近绝对零度时，先将磁性物质在平衡温度加磁场并利用其他的制冷效应保持恒温，再撤消磁场，可以达到制冷的效果。

简单来说，磁卡效应利用了磁矩转动引起的熵变；而铁电性物质在电场作用下存在电矩引起的熵变，导致吸热和放热效应，因而称为电卡效应 (electrocaloric effect)。

对于普通的电子器件来说，加电场比加磁场更方便。由于电子器件的过热是应用中的极大问题，因而人们设想利用电卡效应解决这一问题。与磁卡效应的原理相同，具体应用时分为四个步骤：一是加电场时偶极子转向电场方向，有序化使电熵减小，对外放热。二是保持电场不变，铁电材料与散热片接触，热量被散热片吸收，达到平衡。三是撤消电场，偶极子变为杂乱取向。四是保持零电场状态，铁电材料与散热片分离再与负载 (需要被冷却的物体) 接触，实现制冷。通过铁电体与散热片和负载的循环接触与分离实现连续制冷。

在唯象理论中，应用吉布斯自由能 $G$ 描述施加和撤消电场的过程。$G$ 以温度和压强为函数，理论上考虑等温和等压条件得到 $G$ 对极化强度的函数关系。加电场后由于有热效应，会破坏等温条件，因而将施加电场的过程分解为等温加电场发生熵变和绝热进行热交换的两个过程。而理论上只对前者进行分析。撤消电场时也为相同的两个过程。这样就能够与实用中的四个步骤相对应。

电卡效应的测量分为直接法和间接法。直接法用量热器直接测量释放的热量；间接法所用的原理是在唯象理论中极化强度随电场的变化，再通过理论推导换算出热效率。由于铁电制冷是在撤消电场时产生的，为便于说明原理，本节先推导了传统方法中极化强度随电场增加导致制热的原理，具体讨论的电卡效应原理比 4.6 节介绍的传统的间接法所用原理更加详尽。其次，推导了电场导致有序-无序熵变化的原理，考虑偶极子转向的有序化使熵减小，从而向外排热导致制热。最后，考虑了电滞回线相关的铁电性的作用。铁电性偶极子耦合系数的大小对电卡效应的影响，因为铁电性的来源是铁电畴，加电场产生畴的过程是放热，撤消电场畴的湮灭过程对应吸热。总之，三种效应在加电场时会导致温度上升；撤消电场使温度下降。

综合上述，需要从三个方面分别给出铁电体的电卡效应原理。①电场诱导极化强度的吸热放热效应。②在电场作用下，铁电体中偶极子转向引起的有序性变化。由于偶极子沿电场方向为低能量取向方向，因此随着电场增大，偶极子的转向逐步增多。特别是在强电场作用下，偶极子几乎全部沿电场方向排列，有序程度最大，微观状态数最小，熵近似为零。可以运用统计原理推导电场对熵的影响，并得到定量关系。③铁电体中偶极子的耦合成畴会使吉布斯自由能降低同时放热，也会影响电卡效应。

### 6.7.1 热释电体的电卡效应

电场对偶极子均沿电场方向的热释电体具有极化诱导效应，导致了热力学变量熵的变化，从而产生了电卡效应。这种电卡效应的热力学原理可以用传统的热力学理论解释。考虑电场方向的热释电效应，利用热力学变量的雅可比关系式得到

$$p_E=\left(\frac{\partial P}{\partial T}\right)_E=\frac{\partial(P,E)}{\partial(T,E)}=\frac{\partial(P,E)}{\partial(T,S)}\cdot\frac{\partial(T,S)}{\partial(T,E)}=-\frac{\partial(T,S)}{\partial(T,E)}=-\left(\frac{\partial S}{\partial E}\right)_T=-\left.\frac{\Delta S}{\Delta E}\right|_T$$

其中，$p_E$ 为恒定电场的热释电系数，上式可以转化为

$$\Delta S = -\left(\frac{\partial P}{\partial T}\right)_E \cdot \Delta E, \quad \left(\frac{\partial P}{\partial T}\right)_E < 0$$

或表示为

$$\Delta S = -\int_{E_1}^{E_2} \left(\frac{\partial P}{\partial T}\right)_E \mathrm{d}E \tag{6.7.1}$$

其含义是电场增大会使熵减小，而熵减小意味着放热。在绝热条件下放出的热量又被材料所吸收使温度上升，表示为 $\Delta Q = C_E \Delta T = -T\Delta S$。$C_E$ 为加电场时的热容量。由于测量 $P(T)$ 比测量 $T(E)$ 更容易，因此采用了变换的方法通过测量热释电系数 $p_E$ 得到温变：

$$\Delta T_p = -\frac{1}{\rho}\int_{E_1}^{E_2} \frac{T}{C_E}\left(\frac{\partial P}{\partial T}\right)_E \mathrm{d}E \tag{6.7.2}$$

为了区分另外两种因素产生的温度变化，将电场诱导极化强度的吸热放热效应引起的温差标记为 $\Delta T_{\mathrm{p}}$。根据热力学原理，吉布斯自由能与熵具有如下关系：$S = -\mathrm{d}G/\mathrm{d}T$。

温度变化会导致极化强度变化，从而影响吉布斯自由能的变化。对于热释电体来说，

$$S = -\frac{\mathrm{d}G}{\mathrm{d}T} = -\frac{\mathrm{d}}{\mathrm{d}T}\left(\frac{1}{2}\alpha_0(T-T_0)P^2 + \phi(P) - EP\right) = -\frac{1}{2}\alpha_0 P^2 + \frac{\partial G}{\partial P}\frac{\partial P}{\partial T} = -\frac{1}{2}\alpha_0 P^2 \tag{6.7.3}$$

其中，(6.7.3) 式利用了平衡条件下 $G$ 对 $P$ 的一阶导数为零。上述公式为 4.6 节的内容。与之不同的是电场对熵的改变源自电场对极化强度的诱导作用：

$$\Delta S(E) = S(E) - S(0) = -\frac{1}{2}\alpha_0(P_0^2(E) - P_0^2(0)) \tag{6.7.4a}$$

$$\Delta T_{\mathrm{p}} = \alpha_0(P_0^2(E) - P_0^2(0))T/(2C_E) \tag{6.7.4b}$$

其中，$P_0(0)$ 表示无电场时极化强度的大小，$P(E)$ 表示加电场后在电场方向极化强度的大小。(6.7.4a) 和 (6.7.4b) 式分别为电场诱导极化对熵及电卡效应的影响。加电场是熵减小的过程，因而该过程为温度上升的放热过程。

另外，电场的诱导效应还对反电场方向的偶极子产生作用，使偶极子大小收缩，极化强度减小，引起熵向 (6.7.4a) 和 (6.7.4b) 式相反的方向变化。随着电场的增大，反向的偶极子数量减小，正向的增加，总熵会增大。本节没有讨论反向

偶极子的效应，因为该效应只发生在临界电场以下，而一般的电卡效应均会加较大的电场。

图 6.7.1 显示了热释电体中电场对极化强度的增强效应。图 6.7.1(a) 和 (b) 分别给出了两组参数作为对比，图 6.7.1(c) 为两组参数连续变化时极化强度的变化规律。整体来看，当 $\alpha_0$=0.1 时，极化强度的数值较小且随温度的变化也较为平稳；当 $\alpha_0$=0.5 时，从低温到高温，极化强度的变化幅度增大。因而较小的 $\alpha_0$ 时在整个温区极化强度随电场的变化幅度相对较大，即电场很容易诱导出极化强度。

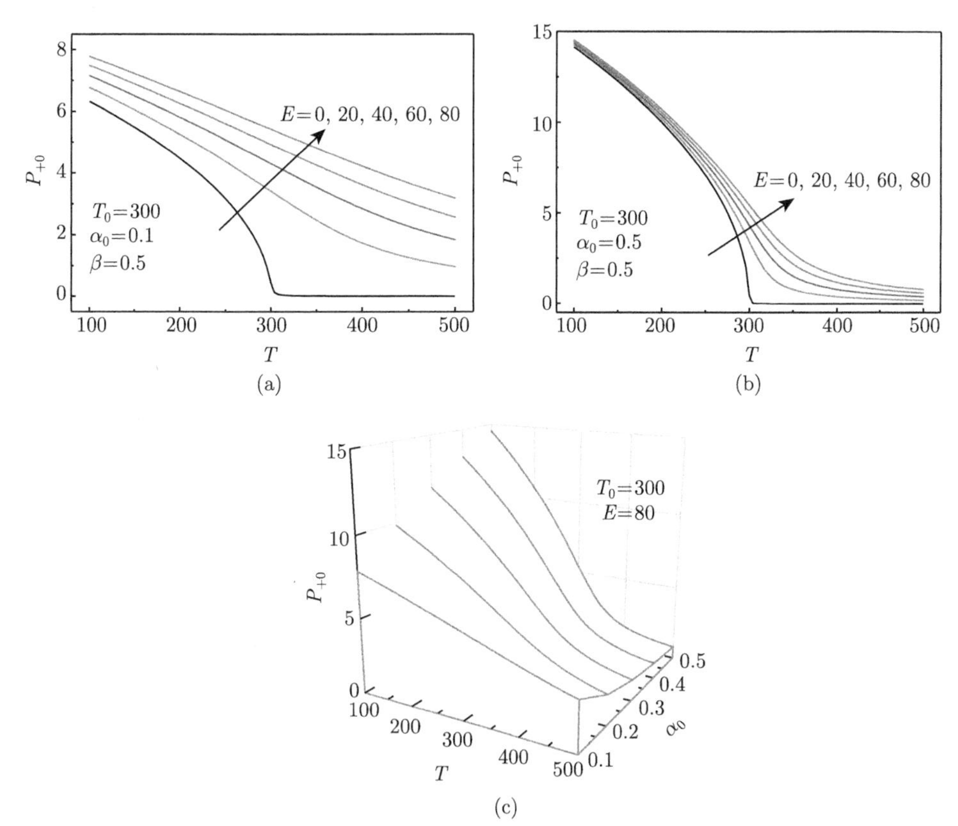


图 6.7.1　外加电场诱导的极化强度谱：(a)$\alpha_0$=0.1；(b)$\alpha_0$=0.5；(c)$\alpha_0$=0.1~0.5(引自文献 [42])

根据 (6.7.4) 式，熵变的大小取决于加电场后的极化强度量与未加电场的极化强度量之差，含义是电场诱导的极化强度，称为诱导极化。由于诱导极化的大小与温度和参量相关，需要用数值模拟的形式表现。图 6.7.2(a) 和 (b) 给出了极化强度的平方差，对应于加电场后的熵变。与图 6.7.2(b) 相比，图 6.7.2(a) 的峰温度范围较宽；在较高电场下，两者的高度接近。

在实验测量中，常使用固定温度改变电场的方法测量不同铁电体的放热或吸热量。可以通过交换变量 $T$ 和 $E$ 绘出结果。对图 6.7.1 的数据进行处理，得到了图 6.7.2 的结果。其中，图 6.7.2(c) 的数据源于图 6.7.2(a) 的 $\alpha_0=0.1$，选择每隔温度 40 作一条曲线，并用亮线表示。图 6.7.2(d) 的数据源于图 6.7.2(b) 的 $\alpha_0=0.5$，方法如前。两图中的横线为等高线，从等高线的宽度可以看出参数 $\alpha_0$ 对性能的影响：图 6.7.2(d) 中无论在铁电相还是顺电相都有较宽的等高线。如前所述，由于源于极化强度的这种参数宽度对应于较宽的介电常数，因而可以通过介电常数的宽度判断电卡效应的温度宽度：介电常数峰的温度越宽，电卡效应峰的温度也越宽。此方法适用于前述各种效应中。

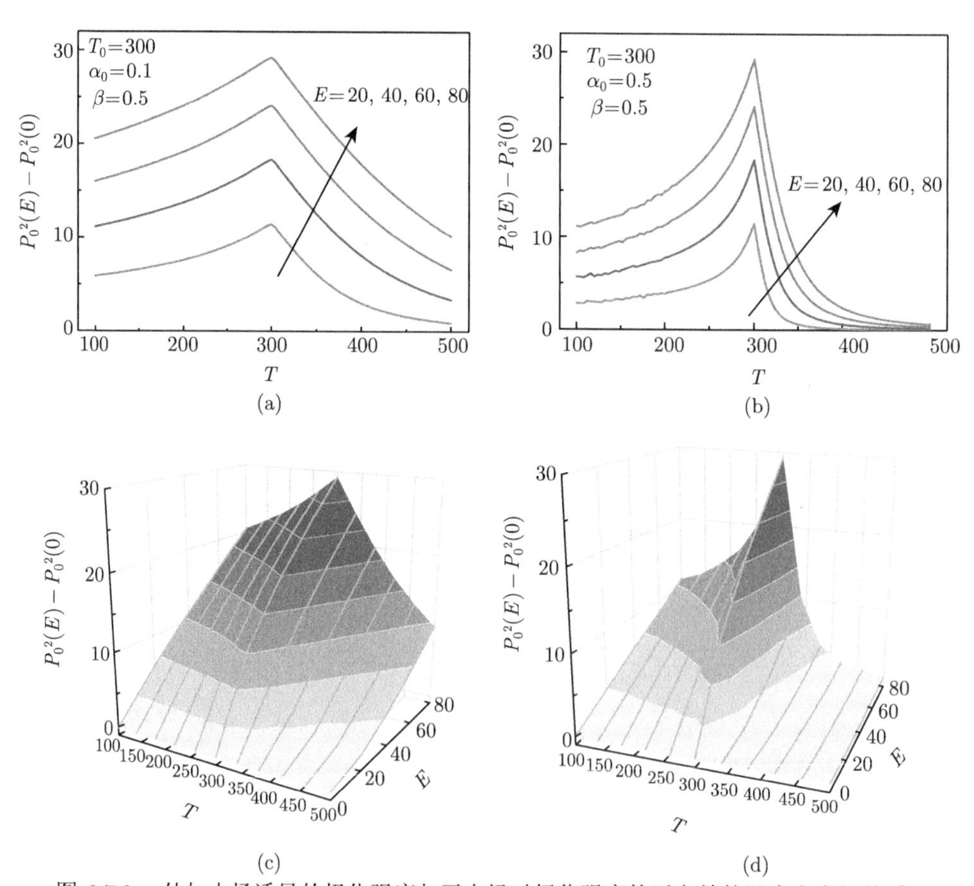


图 6.7.2 外加电场诱导的极化强度与无电场时极化强度的平方差的温度和电场关系：(a) $\alpha_0=0.1$；(b) $\alpha_0=0.5$。极化强度平方差三维图，曲线表示电场谱：(c) $\alpha_0=0.1$；(d) $\alpha_0=0.5$ (引自文献 [42])

为了观察加电场放热的效果，图 6.7.3 比较了两个 $\alpha_0$ 值的效果。图 6.7.3(a)

和 (b) 显示了尽管 $\alpha_0$ 值不同，但放热峰在居里点均有最大值。根据 (6.7.4b) 式，$\alpha_0$ 与温变 $\Delta T$ 成正比。如所预期，与图 6.7.3(b) 相比，较小的 $\alpha_0$ 值有小而宽的峰，而较大的值展示了极高的放热峰，其原因是电场诱导了极大的极化强度。图 6.7.3(c) 显示了温度在 100~500 范围内放热峰随 $\alpha_0$ 的变化过程。结果显示：当铁电体具有较大的 $\alpha_0$ 时会有偶极子旋转引起的电卡效应。

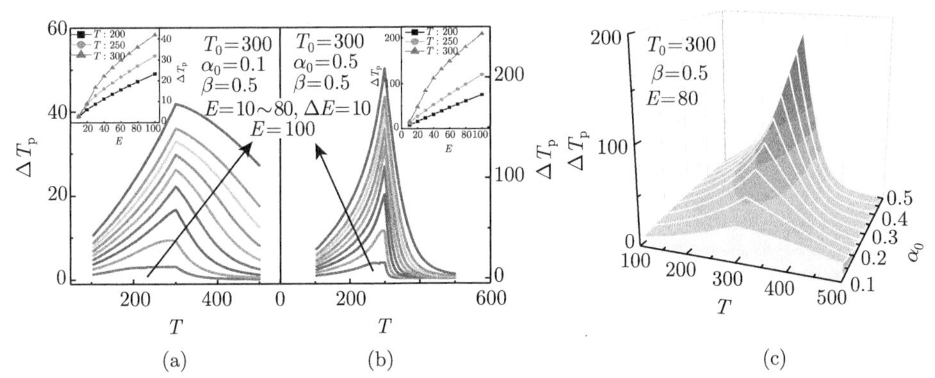


图 6.7.3 电场诱导极化导致 $\Delta S_p(E)$ 所产生的放热效应：(a)$\alpha_0$=0.1，$\beta$=0.5；(b)$\alpha_0$=0.5，$\beta$=0.5 在电场为 80 时的放热效应。插图中的点表示在三个典型温度 (200，250，300) 时 $\Delta T_p$ 与 $E$ 的关系。(c)$\alpha_0$ 从 0.1~0.5 在 $E$=80 作用下，放热效果的演化 ($C_p$=102J/(mol· K))(引自文献 [42])

由于极化熵对居里点附近的熵变起着主导作用，因此用极化强度的诱导效应方法描述峰附近温区的行为是合理的。图 6.7.3(a) 和 (b) 的插图证实了固定温度下，电场导致的放热与电场具有简单的比例关系。

在平衡状态时，$G$ 对 $P$ 的一阶导数为零，因而熵 $S$ 仅与电场 $E$ 作用下极化强度的平方成负的正比。偶极子在电场作用下会趋向方向一致，由于熵 $S$ 被定义为偶极子取向的无序性，它会随电场 $E$ 的增大而减小。然而，在公式 (6.7.3) 中并没有反映偶极子的旋转，因而需要考虑这一因素。

### 6.7.2 铁电体中场致偶极子分布的电卡效应

本节用熵的统计物理学概念讨论铁电体中电场对偶极子分布变化产生的热效应。考虑四方相的铁电体中，电场沿某个偶极子的取向方向，则在该铁电体中存在平行、反平行和垂直于电场方向的偶极子，并且随着电场强度的增大而重新分布，导致无序性熵的变化。而描述热释电体的 (6.7.4a) 式仅考虑了一个方向偶极子导致的极化强度变化，没有考虑到三维偶极子重新分布。因而 (6.7.4a) 式的结果仅仅表示电场诱导偶极子在电场方向的变化，且均存在于各种铁电体的铁电相和顺电相。因此，由熵变导致的 (6.7.4b) 式仅用于偶极子沿同一方向取向热释电体的温变，而具有偶极子的转向与耦合效应的铁电体讨论如下。

电滞回线是由偶极子转动引起的，较小的 $\alpha_0$ 会使电场产生宽温度区域的诱导极化强度效应大，因而在图 6.7.4(a) 中温度范围选择了 120~300，而图 6.7.4(b) 中温度范围选择了 200~300。接近居里点时所出现的细长的电滞回线是由于电场的诱导效应。利用理论导出电滞回线中的极化强度可以得到极化强度转动的信息，并算出放热效应。

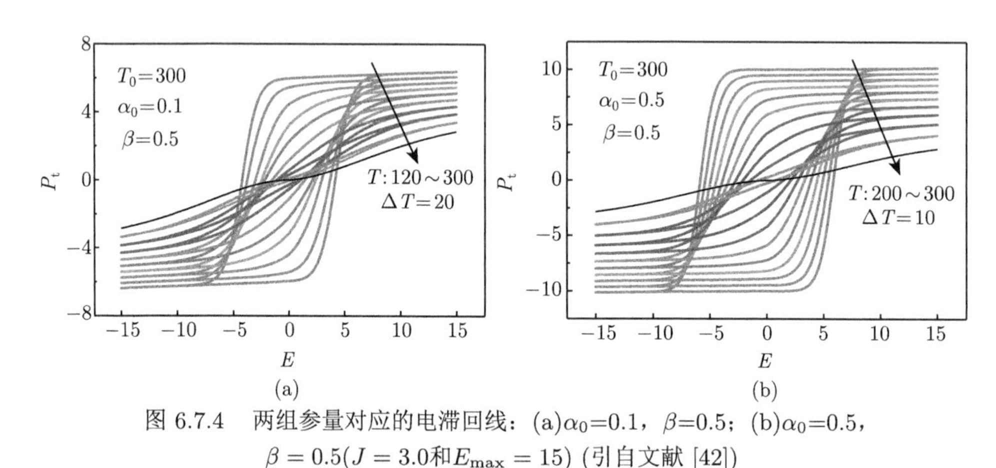


图 6.7.4　两组参量对应的电滞回线：(a)$\alpha_0$=0.1，$\beta$=0.5；(b)$\alpha_0$=0.5，$\beta = 0.5$($J = 3.0$和$E_{\max} = 15$) (引自文献 [42])

根据 (6.7.4a) 式，考虑到偶极子在电场作用下的转向，可以得到 [43]

$$\Delta S_{\rm c}(E) = -\frac{1}{2}\alpha_0 \left\{\rho_+[P_+^2(E) - P_0^2] + \rho_-[P_-^2(E) - P_0^2]\right\} \tag{6.7.5a}$$

其中，$\Delta S_{\rm c}(E)$ 表示加电场后因构型 (configuration) 变化引起的熵变；$\rho_+$ 和 $\rho_-$ 分别表示加电场后正和反电场方向偶极子的取向概率。随着偶极子排列更加有序化，熵减小。熵变所释放的能量在绝热条件下被铁电体吸收而导致温度上升，其上升的幅度为

$$\Delta T_{\rm s} = -\frac{T \cdot \Delta S_{\rm c}(E)}{C_{\rm p}} \tag{6.7.5b}$$

其中，$\Delta T_{\rm s}$ 表示加电场后熵变引起的温度变化。电场作用下偶极子的转向，产生了偶极子在各个方向的重新分布，导致了有序性的增加。根据极化强度与熵的关系，考虑偶极子的取向概率，结合前面对电滞回线的方法，得到了两组参量下电滞回线与温度的关系。

根据统计原理，由偶极子排列引起的系统微观状态数的变化也会引起系统熵的变化。在铁电体处于四方相初始状态时，六个方向的偶极子分布概率均为 1/6。

微观状态数用 $W_0$ 表示。当偶极子被 $E$ 重新定向后，微观态数变为 $W(E)$。熵的取向改变引起的熵也可以看成是一种构型熵 $\Delta S_\mathrm{c}$，服从熵的一般定义 [43]：

$$\Delta S_\mathrm{c} = k\left\{\ln(W(E)) - \ln W_0\right\} \tag{6.7.6a}$$

$$\ln W(E) = -[\rho_+ \ln\rho_+ + \rho_- \ln\rho_- + 4\rho_v \ln\rho_v], \quad \rho_+, \rho_-, \rho_v \leqslant 1 \tag{6.7.6b}$$

在此，$k$ 是玻尔兹曼常量；4 是指垂直于电场方向偶极子的数量，它们分布在垂直于电场平面的坐标轴正反方向，统一用“$v$” (vertical) 表示。(6.7.6a) 式和 (6.7.6b) 式可被用于推导施加电场后的 $\Delta S_\mathrm{c}$。而 $\Delta S_\mathrm{c}$ 导致的温度变化 $\Delta T_\mathrm{s}$ 具有关系

$$\Delta T_\mathrm{s} = -\frac{T\cdot\Delta S_\mathrm{c}(E)}{C_\mathrm{p}} \tag{6.7.6c}$$

总之，电场对偶极子的影响所导致的电卡效应分为两个部分：一是极化强度的变化；二是分布函数的变化。(6.7.5b) 式为偶极子转向对极化强度变化的影响，而 (6.7.6c) 式包含了微观状态分布的影响。

图 6.7.5(a) 和 (b) 显示了偶极子转向所产生的放热峰随电场强度的变化关系，即分布函数变化的影响。$\alpha_0$ 较小时放热峰从低温到高温的移动非常明显，并在 $E$=40 时到达居里温度，若电场继续增大则放热峰继续向高温移动，并显示出较大的放热温差。而当 $\alpha_0$ 较大时，放热峰向高温的移动变窄，高度下降。$\alpha_0$ 的变化与放热温度 $\Delta T_\mathrm{s}$ 的变化详见图 6.7.5(c)。需要说明的是，当 $\alpha_0$ 为 0.5 时在居里温度，放热温差随电场急剧变化，即在居里点时加电场会引起最大的热效应。

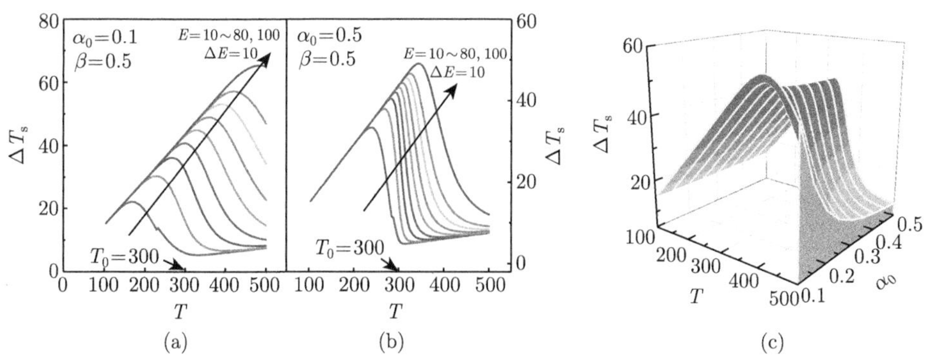


图 6.7.5 电场导致偶极子转向产生 $\Delta S_\mathrm{c}(E)$ 构型熵变化所引起的放热温差，两组参数分别为: (a) $\alpha_0$=0.1，$\beta$=0.5；(b) $\alpha_0$=0.5，$\beta$=0.5。(c)$E$=80 时，$\alpha_0$ 从 0.1~0.5 ($C_\mathrm{p}$=102 J/mol·K) (引自文献 [42])

图 6.7.6 显示了电场诱导极化强度和电场导致偶极子转向引起的放热效应，它们表现为两种不同的放热峰的变化。图 6.7.6(a) 显示当 $\alpha_0$ =0.1 时，以偶极子转向为主，表现为随电场的增大放热峰向高温移动，峰的形状为圆弧形；图 6.7.6(b) 显示当 $\alpha_0$ =0.5 时，以诱导极化的变化为主，表现为随电场的增大放热峰始终位于居里点，且增加幅度极大，温区较窄，峰的形状为尖顶形。图 6.7.6(c) 显示出随着 $\alpha_0$ 的增大，放热效应从峰随电场移动为主变化到在居里点增大的整个过程。

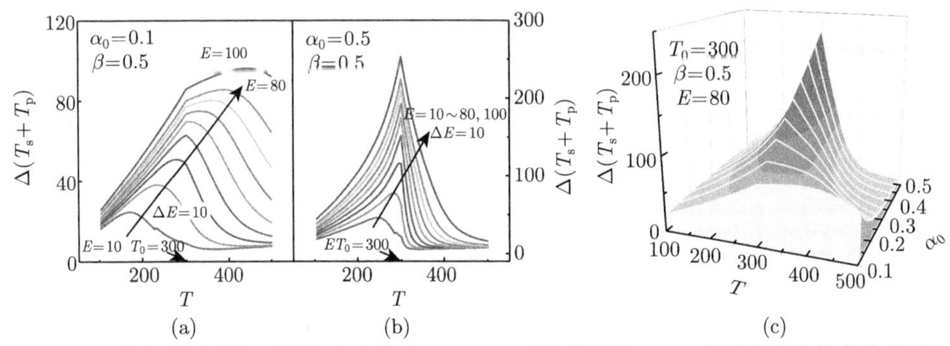


图 6.7.6　电场导致偶极子转向产生熵变 $\Delta S_c(E)$ 引起的温变 $\Delta T_s$ 和极化强度的变化所引起的温变 $\Delta T_p$。两组参数分别为: (a) $\alpha_0$=0.1，$\beta$=0.5；(b) $\alpha_0$=0.5，$\beta$=0.5；(c)$\alpha_0$ 从 0.1～ 0.5，$E$=80 ($C_p$=102J/mol·K) (引自文献 [42])

### 6.7.3　铁电体中偶极子耦合对电卡效应的影响

与磁偶极子相对应，一个偶极子与相邻偶极子的耦合产生了畴，导致了能量下降，状态更加稳定。能量下降需要对外释放能量，根据耦合作用原理，其释放的能量为 $JP^2$，其中 $J$ 是偶极子间的铁电耦合系数。由于能够产生耦合的偶极子数量仅限于相邻平行的偶极子，正比于 $(\rho_+ - \rho_-)$，因此可以从能量角度得到温度的变化 [42,43]：

$$E_J = JP^2 \cdot (\rho_+ - \rho_-) = k\Delta T_J \tag{6.7.7}$$

其中，$E_J$ 表示偶极子耦合引起的能量降低量，$\Delta T_J$ 表示在绝热过程中释放的热量又被铁电体吸收而使其温度上升的大小，为正值。在三维四方相的情况下，考虑到偶极子取向的具体方向，(6.7.7) 式可以表示为

$$\begin{aligned} E_J =& 2JP^2 \left[\frac{1}{6} - \frac{\exp(-(G_+ - G_0)/(kT)) - \exp(-(G_- - G_0)/(kT))}{\exp(-(G_+ - G_0)/(kT)) + 4 + \exp(-(G_- - G_0)/(kT))}\right] \\ &+ 4JP^2 \left[\frac{1}{6} - \frac{1}{\exp(-(G_+ - G_0)/(kT)) + 4 + \exp(-(G_- - G_0)/(kT))}\right] \end{aligned} \tag{6.7.8}$$

(6.7.8) 式分为两个部分：前面一部分为反向偶极子翻转 180° 到正向的贡献；后面一部分为从 4 个垂直于电场方向的偶极子转向 90° 到电场方向的贡献。

图 6.7.7(a) 和 (b) 显示了随电场强度增大偶极子耦合所产生的放热效应。两者均表现为随着温度的升高而下降。其行为类似于图 6.7.1 所显示的电场作用下极化强度的变化规律。当 $\alpha_0$ 较小时，耦合放热相对较小。当电场较大时为平缓的过程一直越过居里温度。在电场作用下有较大的场致诱导效应，即曲线间的差异较大。而当 $\alpha_0$ 较大时，低温放热较大，并主要发生在铁电相，放热线从低温的较高值近似直线下降到居里温度。图 6.7.7(c) 显示出在 $E$=80 时随着 $\alpha_0$ 的增大，放热效应随电场变化的整个过程。

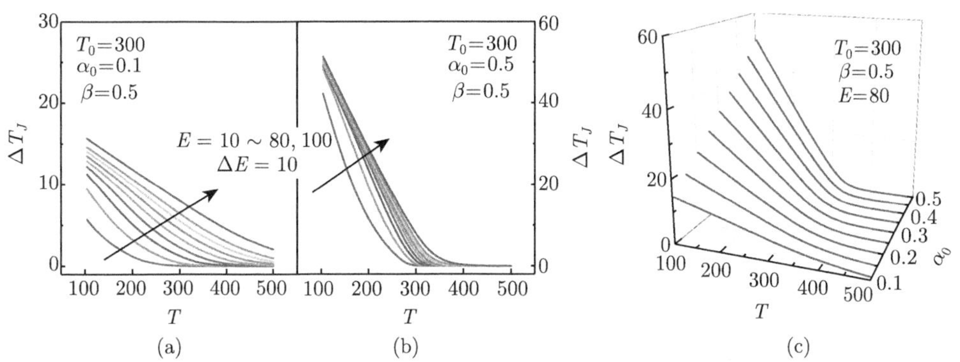


图 6.7.7 电场导致偶极子转向之后产生耦合所引起的放热温差，两组对比参数分别为：(a) $\alpha_0$=0.1，$\beta$=0.5；(b) $\alpha_0$=0.5，$\beta$=0.5；(c) $\alpha_0$ 从 0.1~ 0.5，$E$=80 ($C_p$=102J/mol·K)

图 6.7.7(a) 和 (b) 给出了 $\alpha_0$=0.1 和 $\alpha_0$=0.5 时成畴耦合 $\Delta T_J$ 引起的温度变化，这种变化主要发生在低温部分，且 $\alpha_0$=0.5 时有较明显的效果。

### 6.7.4 理论结果与分析

结合前面分析的三种情况，将其汇总得到整体的效果图。根据变量将模拟结果分为两种：一种是以温度为变量，在不同电场下的效果；另一种是以电场为变电，在不同温度下的效果。

#### 6.7.4.1 温度为变量的模拟效果

将电场对极化强度和偶极子转向的电卡效应一起比较，得到图 6.7.8(a) 和 (b)。显然，系数 $\alpha_0$ 对两种放热峰有明显的影响。图 6.7.8(a) 显示出 $\alpha_0$ 较小时，极化强度变化产生的峰高于偶极子转向产生的峰；反之，图 6.7.8(b) 显示出 $\alpha_0$ 较大时，极化强度变化产生的峰低于偶极子转向产生的峰。

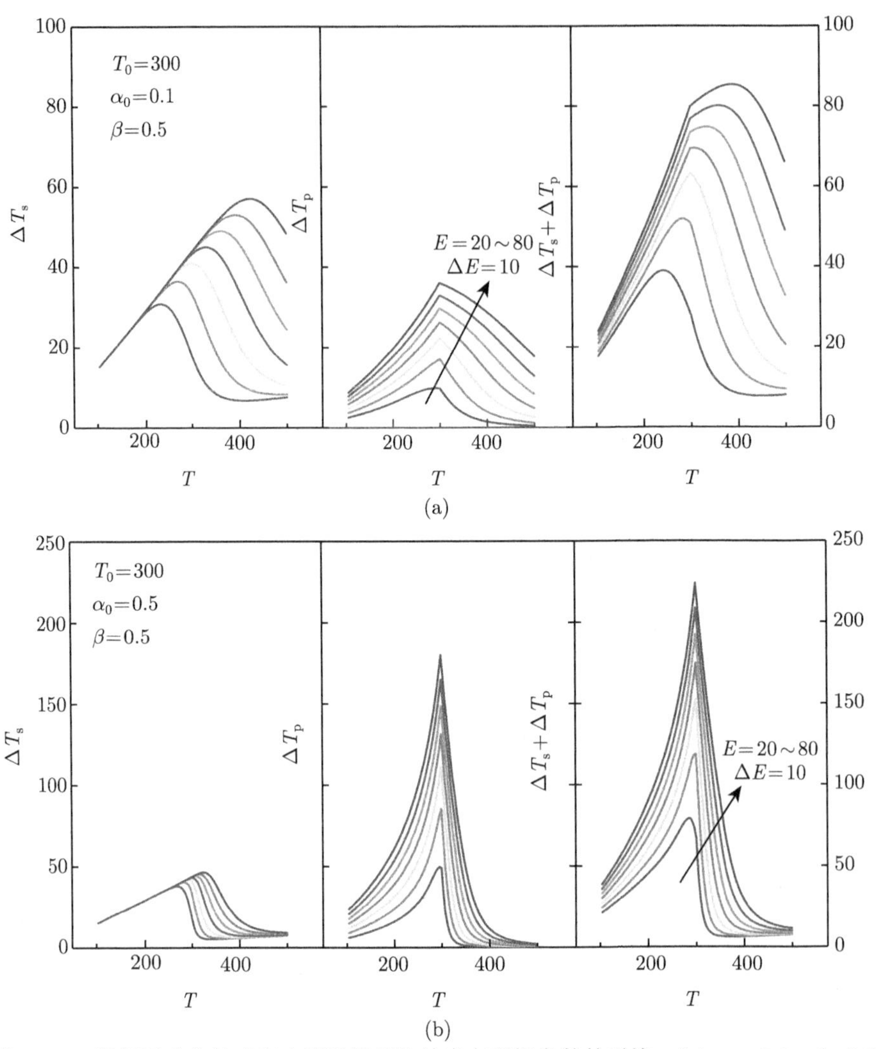


图 6.7.8　偶极子分布效应和电场诱导极化效应在两组参数的对比：(a) $\alpha_0=0.1$，$\beta=0.5$；(b) $\alpha_0=0.5$，$\beta=0.5$ ($E=20\sim80$) (引自文献 [42])

#### 6.7.4.2　电场为变量的模拟效果

实际上，当电场施加在铁电体上，超过了临界电场时，会发生所谓的开关效应，导致极化强度的突变和熵在不同温度下随电场而发生的突变。考虑熵变和温变在不同的温度下随电场而变化，以电场为横坐标可以显示突变的状态。

图 6.7.7(a) 和 (b) 给出了 $\alpha_0=0.1$ 和 $\alpha_0=0.5$ 时成畴耦合 $\Delta T_J$ 引起的温度变化，这种变化主要发生在低温部分，且 $\alpha_0=0.5$ 时有较明显的效果。比较图 6.7.6(a) 和 (b) 与图 6.7.8(a) 和 (b) 可以发现，图 6.7.8 中的低温部分产生了较大的差异；

高温部分：$\alpha_0$=0.1 时的峰从 300 到 500 极其平缓，而 $\alpha_0$=0.5 时的峰仍然在居里温度且有小幅上升。将前面内容的图一起比较，得到图 6.7.9(a) 和 (b)。

由于偶极子分布引起熵变导致的温度变化主要发生在 $\alpha_0$ 较小的情况，故主要讨论 $\alpha_0$ =0.1 时的情况。从图 6.7.9(a) 可以看出基本规律: 在 $T$=100 的低温时，熵变主要发生在低电场 (左图下曲线) 及极化强度 $P_{+0}$ 有较大值且随电场变化平缓 (右图上曲线)。当温度上升到 $T_0$ 时，极化强度随电场的变化量最大。随着温度的升高，熵变逐渐减小及极化强度变化增大。尽管电场方向的极化强度是连续变化的，但由于反向极化强度的突变引起了熵的突变：在 $T$=280 时，在 $E$=5 附近发生了小幅的突变。到 $T$=240 时，在 $E > 10$ 时发生了较大电场的突变，熵变的幅度随之逐步减小。图 6.7.8(b) 的左图显示了不同温度下熵变导致的温变，其突变与熵变的规律相对应。

图 6.7.9(b) 的中间图为耦合引起的温变，中间图的刻度与两侧图的刻度相同。在低温时较大，高温特别是高于居里温度后基本可以忽略。右图为两种温变之和。并显示出：熵变导致的温变大于耦合温变，且耦合温变主要发生在低温区域。

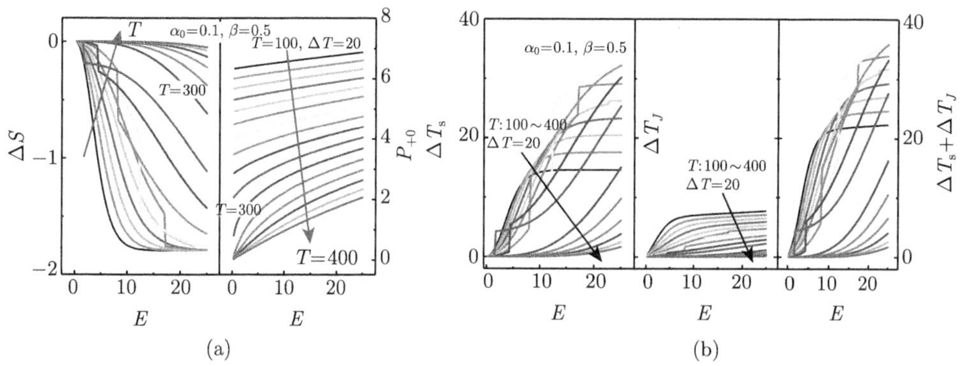


图 6.7.9 在不同温度下，$\alpha_0$=0.1，$\beta$=0.5 时：(a) $\Delta S$-$E$ 和 $P_{+0}$-$E$ 的关系；(b) $\Delta T_s$-$E$，$\Delta T_J$-$E$ 和 $\Delta T_s + \Delta T_J$-$E$ 的关系 (引自文献 [43])

#### 6.7.4.3 三种效应的总体模拟效果

三种效应导致温度的上升汇集在图 6.7.10 中。由于偶极子的耦合主要影响低温范围，因此图 6.7.10(a) 和 (b) 中曲线的低温端比图 6.7.6(a) 和 (b) 的低温端有了明显升高。比较图 6.7.10(a) 和 (b) 的曲线可以发现，图 6.7.10(b) 的曲线几乎可以覆盖图 6.7.10(a) 的曲线。因此，当铁电体具有较大的 $\alpha_0$ 时才会具有较大的电卡效应。

在实际的应用中，耦合效应对温度的影响在峰的温度区域较小，如图 6.7.7 所示。转动效应在图 6.7.10(a) 中示出了较宽的温度效应。

最明显的效应是对较小的 $\alpha_0$ 值，放热峰出现了显示的右移现象；而对较大的 $\alpha_0$ 值，放热峰出现了在居里温度急剧上升的现象，其作用主要是由偶极子的极化效应引起的。如果 $\alpha_0$ 低于 0.2，该效应将保持，如图 6.7.10(c) 所示。

图 6.7.10 (a) 和 (b) 分别给出了 $\alpha_0$=0.1，$\beta$ =0.5 及 $\alpha_0$ =0.5，$\beta$=0.5 时电场增大后诱导极化强度 $\Delta T_{\rm p}$、偶极子分布 $\Delta T_{\rm s}$ 和成畴耦合 $\Delta T_J$ 引起的温度变化之和。比较图 6.7.3(a) 和 (b) 在 $E$=100 时的诱导极化强度 $\Delta T_{\rm p}$，$\alpha_0$=0.1 和 $\alpha_0$ =0.5 时的峰值分别是 40 和 200，且电场增大引起的峰均保持在居里温度不变。其次，比较图 6.7.5(a) 和 (b) 在 $E$=100 时的偶极子分布 $\Delta T_{\rm s}$，$\alpha_0$=0.1 和 $\alpha_0$ =0.5 时的峰值分别近似为 70 和 50。另外，$\alpha_0$=0.1，电场从 $E$ =10 增大到 $E$=100 时，引起的峰从 $T$=150 大幅度上升到了 $T$=450；而 $\alpha_0$ =0.5 时的峰仅从 220 上升到了 360。上述两者之和的图 6.7.6(a) 和 (b) 给出了峰值分别是 90 和 250；$\alpha_0$ =0.1 时表现为明显的向高温移动的效应，说明偶极子分布引起的效应占据主导；而 $\alpha_0$ =0.5 时放热峰几乎不变，说明诱导极化强度引起的效应占据主导。两者完全不同。比较图 6.7.6(a) 和 (b) 与图 6.7.10(a) 和 (b) 可以发现，图 6.7.10 中的低温部分产生了较大的差异；高温部分：$\alpha_0$=0.1 时的峰从 300 到 500 极其平缓，而 $\alpha_0$=0.5 时的峰仍然在居里温度且有小幅上升。

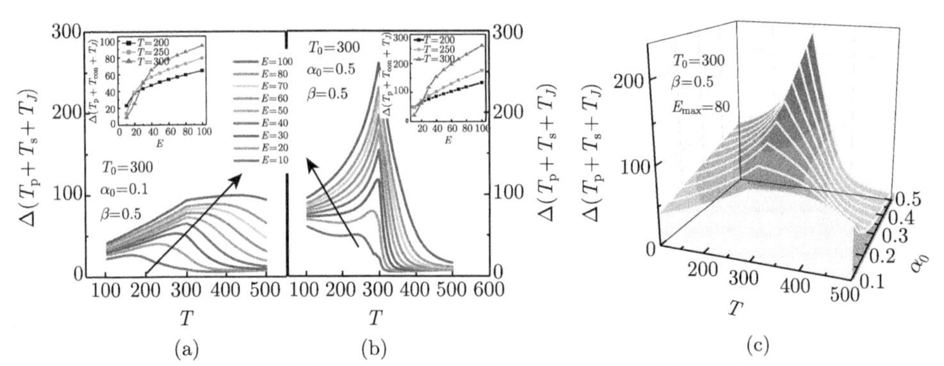


图 6.7.10 电场导致极化强度的诱导效应、偶极子转向及随后产生耦合所引起的放热效应，两组对比参数分别为：(a) $\alpha_0$=0.1，$\beta$=0.5，$E_{\rm max}$=100；(b) $\alpha_0$=0.5，$\beta$=0.5，$E_{\rm max}$=100；(c) $\alpha_0$ 从 0.1~0.5，$E_{\rm max}$=80。(a) 和 (b) 中的插图表示在三个典型温度 ($T$=200，250，300) 时的电卡效应

铁电体的铁电性用参数 $J$ 表示其大小。$J$ 越大电滞回线越宽，形成铁电畴的能力也越强。当 $J$ 为零时，电滞回线为单一曲线，无铁电性。$J$ 对电卡效应三种成分的影响是：对 $\Delta T_{\rm p}$ 影响较小；对 $\Delta T_J$ 影响较大，为正比关系；而对 $\Delta T_{\rm s}$ 的影响没有简单的关系，需要具体分析。根据基本原理，得到的数值模拟如图 6.7.11 所示。由于 $\Delta T_{\rm s}$ 随电场上升而增大并向高温移动，因此两条 $J$=0 的曲线代表了基本关系。当 $J$ 增大时，$\Delta T_{\rm s}$ 呈现增大：在低温部分增大较多，高温部分增大较

少。几乎表现出了 $\Delta T_J$ 的特性。

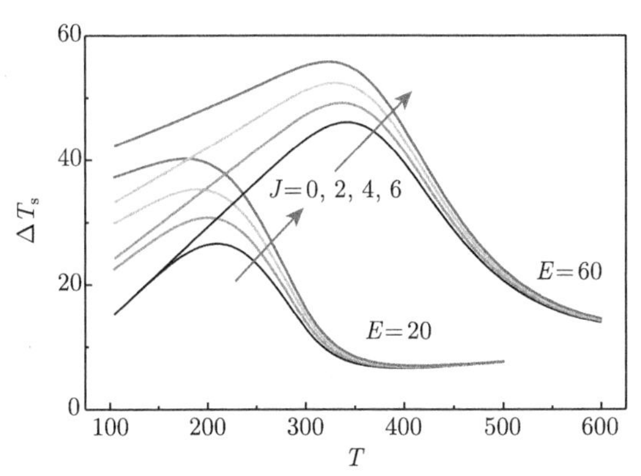


图 6.7.11 当 $\alpha_0$=0.1，$\beta$=0.5 时，电场 $E$ 分别为 20 和 60 时 $J$ 增大对 $\Delta T_\mathrm{s}$ 影响的温度关系 (引自文献 [43])

最后需要说明的是铁电体中的偶极子间耦合系数的大小是随着制备样品时掺杂元素的性质而发生变化的，这种变化会影响电卡效应。

总之，外加电场对电卡效应的贡献有三种方式：一是传统理论所讨论的电场诱导极化的效应产生的放热峰，它会随电场的上升而增大，但该峰不发生温度的移动；二是偶极子分布导致的放热峰，随电场的上升从低温的铁电相移动到高温的顺电相；三是偶极子的耦合效应产生的放热，没有峰，主要在低温时有一定的贡献。铁电性 (耦合系数 $J$) 越大，其贡献也越大。如果铁电体在电场作用下形成畴后，该畴是可逆的，减小电场畴减小或者消失，才会有这种耦合贡献；反之，如果畴较为稳定，电场撤消时畴只发生翻转而极少的比例分解，则耦合效应的贡献较少。

电卡效应主要由前两种方式决定，均与热力学系数 $\alpha_0$ 密切相关：当 $\alpha_0$ 较大 (如 0.5) 时，电场诱导极化的效应为最大，放热峰在 $T_0$，其次才是偶极子的分布熵导致的效应。整体表现为峰保持在居里温度不变，或者变化较小。当 $\alpha_0$ 较大 (如 0.1) 时，偶极子的分布熵导致的效应为最大，放热峰随电场的上升而移向高温并越过 $T_0$。

上述仅讨论了两种极端情况，而在实验中，一般会出现两种主要的情况：一种是电卡的峰在某个温度点随电场几乎不变；另外一种情况是随电场的上升峰缓慢移向高温。

对铁电体加电场是放热，与之相反，撤消电场时是制冷，可以以电滞回线的分析方法为基础，结合本节所介绍的三种方法得到电场变化的电卡效应。电滞回线存在剩余极化强度，降低了极化强度的变化差，其数值会适当减小，但基本变化趋势应该不变。

### 6.7.5　与实验结果的比较

直接测量法: 在恒定温度下, 先用绝缘胶将样品固化在示差扫描量热仪 (DSC) 的测试腔内；用两根细导线连接直流电源，该直流电源产生脉冲电压对样品施加电场，样品释放脉冲热流，用 DSC 仪器记录所产生的热流数据。改变电压大小，可以得到不同脉冲电场下的脉冲热流，如图 6.7.12 所示。

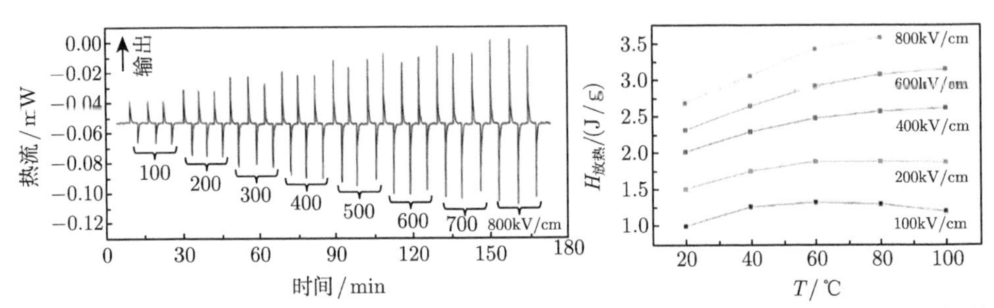


图 6.7.12　电卡效应的直接测量法测量热流 (单位：mW，毫瓦) 和 $BaTiO_3$ 厚膜的放热热量随温度变化的实验结果 (引自文献 [44])

利用间接法得到的结果有很多，所测试的材料包括了陶瓷、单晶和薄膜。人们已经进行了大量的实验，所用方法基本相同，得到的实验规律非常相似，如下三个典型的例子。

图 6.7.13 示出了利用间接法通过计算转化得到的 BCZT 陶瓷的电卡效应峰，峰的温区很宽。随着电场的增加，温差曲线不断升高，同时曲线的峰值逐渐从低电场时的 60℃ 移向了高电场时的 80℃[45]。

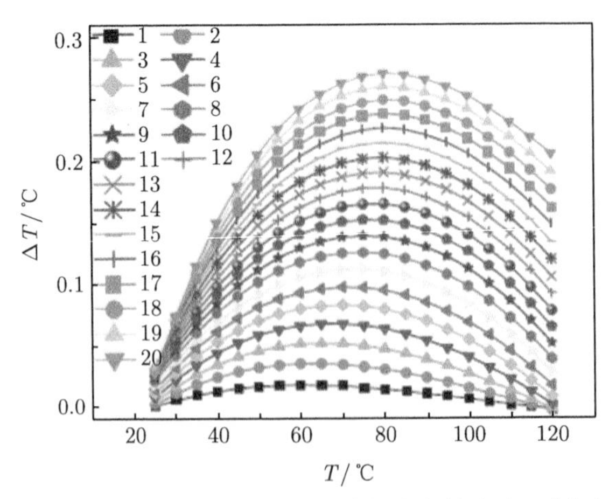


图 6.7.13　间接法计算得到 BCZT 陶瓷的电卡效应峰 (引自文献 [45])

Luo 等报道了用间接法通过计算转化得到的 0.9PMN-0.1PT 单晶的电卡效应结果，如图 6.7.14 所示在室温区的放热峰的电场在 20~40kV/m 范围内与数值模拟的结果一致 [24]。温度变化所显示的电卡效应与图 6.7.13 的结果一致，也显示了相同的规律 [25]。

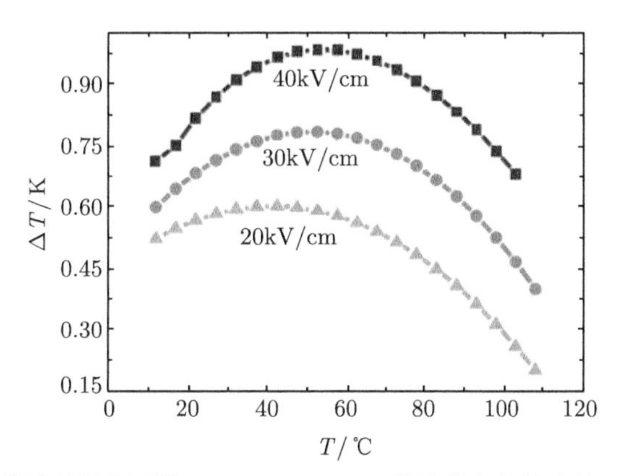


图 6.7.14 间接法计算得到的 0.9PMN-0.1PT 单晶的电卡效应峰 (引自文献 [24])

在 $PbZr_{0.95}Ti_{0.05}O_3$ 薄膜中，间接法计算得到的温差可以达到 12℃，引起了人们极大的关注 [46]，见图 6.7.15。

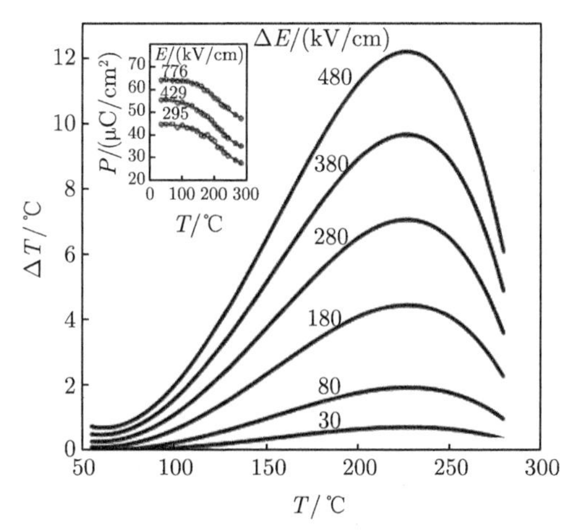


图 6.7.15 间接法计算得到的 $PbZr_{0.95}Ti_{0.05}O_3$ 薄膜的放热效应 (引自文献 [46])

文献还报道了大量的实验结果，大部分都与模拟结果一致或者能够用模拟结果解释。例如，Bai 等报道的 $Na_{0.5}Bi_{0.5}TiO_3$-$BaTiO_3$ 无铅陶瓷电卡效应在室温区的放热峰的电场在 10~40kV/m 范围内与图 6.7.8 的数值模拟结果一致 [47]。

从表 6.7.1 中可以看出各种材料的特点：PMN-PT 系列和 PVDF-TFE 聚合物可以承受较大的电场以产生较大的电卡效应。其中，0.63PMN-0.37PT 弛豫铁电单晶具有最大的温差；PVDF-TFE 聚合物的温度范围在室温。PbZr0.095$Ti_{0.005}O_3$ 陶瓷的使用温度较高，可以用于半导体发热时的降温。

**表 6.7.1　部分电卡效应材料的实验结果** [48]

| 物质 | $T_{op}^{b}$/K | $\Delta E$/(kV/cm) | $\Delta T$/K | $\Delta S$/(J · K · kg) |
|---|---|---|---|---|
| 罗息盐 | 265 ~ 298 | 1.2 | 0.003 | ? |
| KCl:Li, KCl:CN | 4 | 50 | 0.5 | ? |
| $NH_4HSO_4$ | 271 | | | |
| $BaTiO_3$ | 490 | 11.8 | | |
| PVDF-TFE | 278 ~ 338 | 774 | 6.5 | 7.9 |
| PbZr0.095$Ti_{0.005}O_3$ | 503 | 480 | 12 | 8 |
| 0.9PMN-0.1PT | 348 | 895 | 5 | |
| 0.63PMN-0.37PT | 413 | 750 | 31 | |
| 0.93PMN-0.07PT | 298 | 720 | 9 | |

十分遗憾的是，尽管实验规律与理论结果一致，但大量报道的电卡效应的结果大多为间接法测量后的计算结果而不是实验结果。如果计算公式存在疑问，则结论也会存疑。

### 6.7.6　二阶相变铁电体的电卡效应讨论

目前的电卡效应研究用 (6.7.1) 式推导熵，用 (6.7.2) 式推导放热导致的温度变化。所存在的问题主要有如下两点。

一是熵的含义问题。物体吸热熵会增大。例如，冰吸收热量融化为水是熵增加的过程。然而在电卡效应中，所有的文献报道均是：电场作用后熵增加了，同时表现为放热，与上述原理相反。二是 (6.7.2) 式的问题。由于没有考虑偶极子的转向，所研究的对象的结构属性为单一取向的热释电体而非有着多取向方向且随电场而变化的铁电体。

通过解决上述问题，还可以得到一些有用的基本原理，具有正交-菱形相界的铁电体将具有巨大的放热效应，因为对于偶极子，正交相有 12 个方向，菱形相有 8 个方向。

弛豫铁电体表现出与本研究不同的行为，不同电场上的放热峰出现在几乎相同的温度。其原因可能与弛豫性质和其他与铁电性有关的性质有关。因为目前的熵变模型只涉及偶极子的取向变化，而不涉及铁电体的特性。偶极子是一般电介质的共同性质。因此，该研究还可以进一步开展。

$\alpha_0$ 越大，偶极子转向熵的温差和铁电畴耦合的温差越小，但极化强度变化产生的温差较大，并随温度急速变化。由于介电常数随温度的变化也越剧烈，由此提供了通过介电常数判断电卡效应的依据。

熵变导致的温变和耦合导致的温变均有可能导致较大的电卡效应，与参量 $\alpha_0/\beta$ 的比值相关。

# 6.8 热电能量转换原理

在生物医学植入物、结构嵌入式微型传感器、恶劣环境及污染区域的安全监测设备等领域，需要持续不断地输入低功耗能量。电池的使用寿命是有限的，最终的解决方案被认为是通过回收环境能量以补充系统的消耗。可能的环境能源是热能、光能或机械能。从可再生能源中捕获能量激发了各个领域的研究工作。从毫米级到微米级的器件已经出现，平均功率在 10μW~10mW。

利用铁电体的热释电效应从环境的废热中捕获能量并转化为电能是铁电体领域长期的一项研究工作。它所具有的优势在于：①环境温度高达 1200℃ 时具有比其他材料更好的工作稳定性；②可以从低于 200℃ 的低等级废热中为自供电系统提供能量；③具有将大部分电磁辐射频谱 (紫外线、红外线、微波、X 射线和太赫兹) 的能量转换为电能的能力；④高适应性，如地热。

在将环境中的废热转化为电能方面有两种材料可供选择。一是热电材料，在温度空间梯度上利用塞贝克效应，但缺点是必须在样品上产生温度梯度；二是铁电材料，在温度时间波动上利用热释电效应，只需要有温度差而不需要温度梯度。两种材料的应用范围有所不同。

铁电体加电场后会增大热释电性，通过热与电的循环将热量转换为电能。由于热释电能量转换可以在地球和太空中得到广泛应用，人们在材料和热释电循环两个方面进行了广泛研究，有望提供低成本和高功率密度的发电机。在材料研究方面，已经对铁电晶体、铁电聚合物、铁电陶瓷和薄膜进行了深入研究。在热释电循环方面，循环方式的改进促进了转换效率不断提高。

## 6.8.1 热电能量转换的原理与传统理论

### 6.8.1.1 卡诺循环

铁电体的热电能量转换起始于热力学中的卡诺循环原理。卡诺循环被定义为两个绝热过程和两个等温过程，用 $PE$ 循环的曲线 (图 6.8.1) 作为能量收集周期，其最佳效率是

$$\eta = 1 - \theta_{\mathrm{L}}/\theta_{\mathrm{H}}$$

在图 6.8.1 中，在高温 $\theta_{\mathrm{H}}$ 通过降低电场的 $BC$ 过程中所吸收的热量 $Q_{\mathrm{H}}$ 和在低温 $\theta_{\mathrm{L}}$ 通过升高电场的 $DA$ 过程所释放的分别热量 $Q_{\mathrm{L}}$ 分别是

$$Q_{\mathrm{H}} = -pE_{\mathrm{M}}\theta_{\mathrm{H}}, \quad Q_{\mathrm{L}} = -pE_{\mathrm{M}}\theta_{\mathrm{L}}$$

其中，$p$ 是铁电材料的热释电系数，为负数；$E_{\mathrm{M}}$ 是施加的正最大电场。由此得到理想的转化能量 $W_{\mathrm{c}}$ 为

$$W_{\mathrm{c}} = -pE_{\mathrm{M}}\eta$$

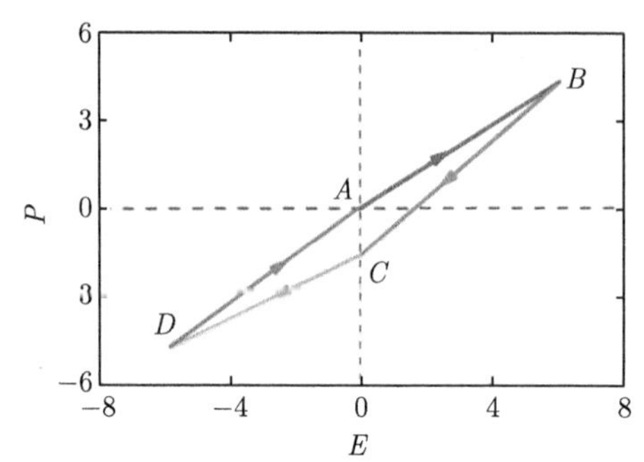


图 6.8.1　热力学卡诺循环：$AB$ 为绝热增加电场过程 (同时升温)；$BC$ 为等温 (在高温 $\theta_{\mathrm{H}}$) 降低电场过程；$CD$ 为绝热反向增加电场过程 (同时降温)；$DA$ 为等温增加电场过程 (在低温 $\theta_{\mathrm{L}}$)

上述的循环可以在器件层面实现，由“H”型的 4 个开关与能量存储单元构成。图 6.8.2 为电路的原理，开关的“开”和“关”用高频脉宽调制器实现，速度远高于温度的变化周期。

当铁电体处于温度 $\theta_{\mathrm{L}}$ 时，开关 $\mathrm{S}_1$ 处于“关”的导通状态，电路通过电感 L 放电；之后升温时开关 $\mathrm{S}_1$ 处于“开”的状态，开关 $\mathrm{S}_2$ 和 $\mathrm{S}_3$ 处于“关”的导通状态，铁电体对储能单元充电。

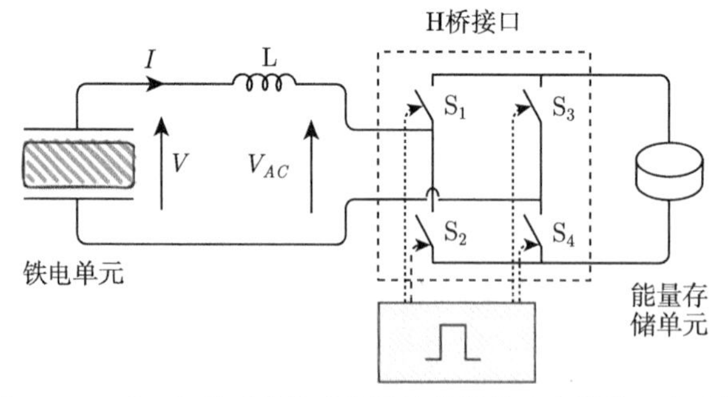


图 6.8.2　“H”型开关模式能量捕获器件及存储单元电路图

用上述方法进行的实验表明，在 300~310K 的温度范围内，电容为 1nF 的 (111) 取向 PMN-0.25PT 单晶转化的能量密度为 0.149J/cm$^3$，功率达到 0.32mW。

#### 6.8.1.2 Ericsson 循环

在热释电能量转换的情况下，卡诺循环是不现实的，因为很难控制连续的绝热和等温条件，而且即使有限的温度变化也需要过多的电场。因此，单方向施加电场的循环被提出了，如 Ericsson 循环 (两条恒定的电场路径和两条等温路径)，它是一种比卡诺循环更高效的热力学循环。

图 6.8.3 示出了 Ericsson 循环的过程。从 $A$ 到 $B$ 是低温的等温过程，加电场对其充电并使极化强度增大；从 $B$ 到 $C$ 是升温过程，电场保持不变。温度上升使极化强度下降，表面积累的电荷减少从而对外放电，为实现热电转换的主要过程。从 $B$ 到 $C$ 是高温的等温过程，降低电场，极化强度继续减小且对外放电。从 $D$ 到 $A$ 是在零电场条件下的降温过程，具有冻结偶极子转向的效应，故极化强度只会略有增加。

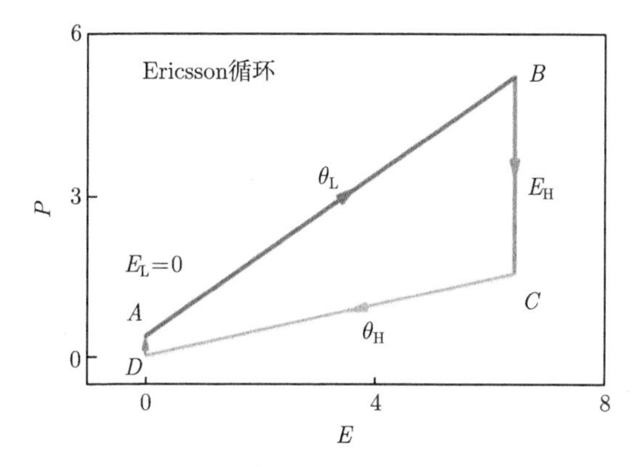


图 6.8.3 Ericsson 循环原理图，箭头指示了循环过程

在 Ericsson 循环过程中吸收的热量 $Q_H$ 为

$$Q_H = c(\theta_H - \theta_L) + \int_0^{E_M} p\theta_H \mathrm{d}E$$

其中，$c$ 为铁电材料的热容量。循环过程输出的电能 $W_c$ 为

$$W_c = -(\theta_H - \theta_L)\int_0^{E_M} p\mathrm{d}E$$

定义循环效率为

$$\eta = \frac{W_c}{Q_H} = \int_0^{E_M} p\mathrm{d}E \Bigg/ \left(c + \frac{\theta_H}{\theta_H - \theta_L}\int_0^{E_M} p\mathrm{d}E\right)$$

如果考虑卡诺循环的效率 $\eta_{\text{Carnot}} = (\theta_H - \theta_L)/\theta_H$，则循环的相对效率为

$$\frac{\eta}{\eta_{\text{Carnot}}}=\int_0^{E_{\text{M}}}p\theta_{\text{H}}\text{d}E\bigg/\left(c(\theta_{\text{H}}-\theta_{\text{L}})+\int_0^{E_{\text{M}}}p\theta_{\text{H}}\text{d}E\right)$$

很显然，Ericsson 循环的转换效率与高低温度和温度差相关。另外，热释电系数越大，转换效率越接近卡诺循环的效率。

图 6.8.4 显示了 $0.90\text{Pb}(\text{Mg}_{1/3}\text{Nb}_{2/3})\text{O}_3$-$0.10\text{PbTiO}_3$ 单晶的实验结果。低温为 35℃，温度差为 50℃，最大电场达到 3kV/mm。与此同时，图中模拟了温差从 10℃ 到 70℃ 的转换能量。另外，实验发现，在循环的 $A$ 点和 $D$ 点基本重合。

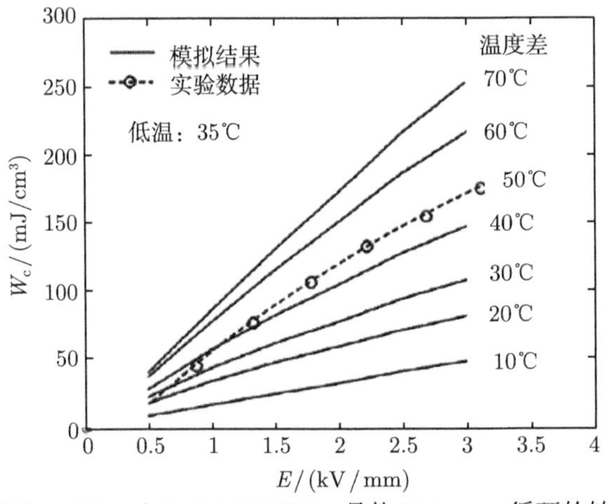


图 6.8.4 $0.90\text{Pb}(\text{Mg}_{1/3}\text{Nb}_{2/3})\text{O}_3$-$0.10\text{PbTiO}_3$ 晶体 Ericsson 循环的转换能量与电场关系 (引自文献 [49])

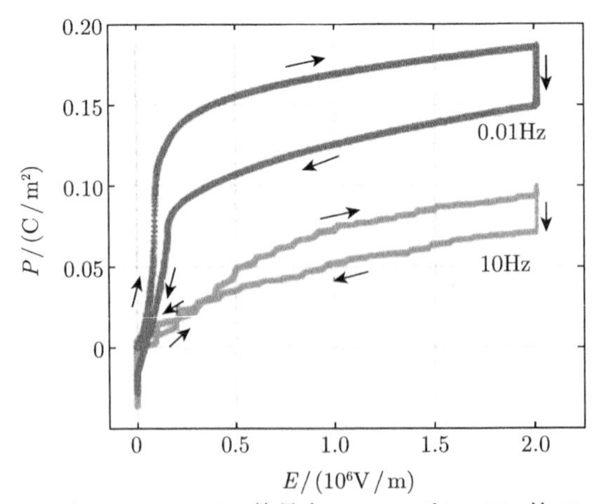


图 6.8.5 $\text{Pb}(\text{Zn}_{1/3}\text{Nb}_{2/3})_{0.955}\text{Ti}_{0.045}\text{O}_3$ 单晶在 0.01Hz 和 10Hz 的 Ericsson 循环中产生的热电能量转换比较 (引自文献 [50])

图 6.8.5 显示了 $\text{Pb}(\text{Zn}_{1/3}\text{Nb}_{2/3})_{0.955}\text{Ti}_{0.045}\text{O}_3$ 单晶在两个不同循环频率时极

化强度的变化过程。当频率为较高的 10Hz 时，极化强度的变化跟不上电场的变化，具有较小的极化强度变化和较小的循环面积，能量转换效率较低；而当频率下降到 0.01Hz 时，极化强度明显上升，循环面积增大，能量转换效率增大。然而，在实际应用中必须考虑时间的效率，即在单位时间内转换的能量。频率为 0.01Hz 所需要的时间是频率为 10Hz 的 1000 倍，因而循环频率不一定越低越好。另外，实验发现，循环的 $A$ 点和 $D$ 点基本重合。

#### 6.8.1.3 Olsen 循环

如果将 Ericsson 循环中的零电场改为较低的电场，则为 Olsen 循环 [51]。图 6.8.6 示出了典型的热释电转换 Olsen 循环，它由两个等温和两个等电场过程构成。具体步骤为：在初始温度 $T_L$(低温) 先对铁电体加电场到 $E_{max}$，其状态设为 1 点；保持电场强度 $E_{max}$ 不变，升温到 $T_H$(高温)，其状态为 2 点；维持温度 $T_H$ 等温放电，降低电场强度到 $E_{min}$ 或为零，该状态为 3 点；保持电场强度 $E_{min}$ 不变，降温到 $T_L$ (低温)，其状态为 4 点；最后在 $T_L$ 温度增加电场到 $E_{max}$ 返回 1 点，从而完成等电-等温-等电-等温的循环。两个对外放电和两个充电的过程之和为对外放电，放电量为回线的面积。严格地说，电卡效应的存在会导致等温过程不能严格存在；然而，等温过程与绝热过程的差异不大，应用时可以忽略两者的差异。

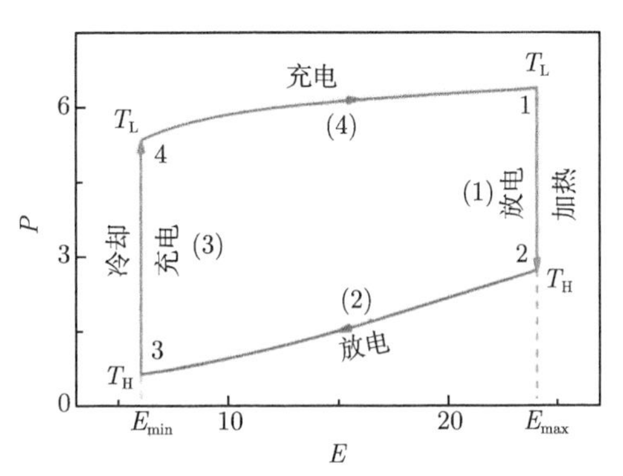


图 6.8.6 两个等温线和两个等电场线构成的 Olsen 循环。第 (1) 步，在高电场时吸热升温及对外放电 (从 1 点到 2 点)；第 (2) 步，与高温热源接触时降低电场放电 (下曲线)；第 (3) 步，在低电场时放热降温及充电 (从 3 点到 4 点)；第 (4) 步，在低温时增加电场及充电 (上曲线)。回线内围成的面积等于一次热循环过程对外释放的电能

热力学循环可以在熵-温度空间或电荷-电场空间中实施，图 6.8.6 为电荷-电场空间的过程。仅考虑一次循环的时间，热释电转换效率可以表示为

$$\eta = W_{out}/Q_{in} = (W_{ideal} - W_{loss})/(C\Delta T + Q_{intrinsic} + Q_{leak}) \tag{6.8.1}$$

其中，$W_{\mathrm{out}}$ 是一次循环时间内输出的电功率；$Q_{\mathrm{in}}$ 是在高温时输入的热量；$W_{\mathrm{ideal}}$ 是每个循环输出的理想电功率；$W_{\mathrm{loss}}$ 是每个循环中各种能量损耗之和；$Q_{\mathrm{intrinsic}}$ 是本征极化强度变化吸收的热量，为运转热机所需的热力学基本量；$Q_{\mathrm{intrinsic}}$ 至少要大于 $W_{\mathrm{ideal}}/\eta_{\mathrm{Carnot}}$，$\eta_{\mathrm{Carnot}}$ 是卡诺效率；$Q_{\mathrm{leak}}$ 为转换器的热量流失。在原理上，可以先不考虑 $W_{\mathrm{loss}}$ 和 $Q_{\mathrm{leak}}$ 以得到理想结果。

在图 6.8.6 所示的第 1 步铁电体吸热的过程中，极化强度减小并对外放电。尽管极化强度的变化会产生熵增大的电卡效应，但其变化与吸热相比可以忽略。且当电场较大时偶极子均沿电场方向取向，吸热过程导致偶极子转向的电卡效应会更弱。因而热释电转换效率简化为

$$\eta = W_{\mathrm{ideal}}/(C\Delta T) \tag{6.8.2a}$$

在热力学中，高温 $T_{\mathrm{H}}$ 与低温 $T_{\mathrm{L}}$ 之间的卡诺循环理想效率为 $(T_{\mathrm{H}}-T_{\mathrm{L}})/T_{\mathrm{H}}$。当热释电循环的效率达到理想效率时，用标度效率 (scaled efficiency，$\eta_{\mathrm{s}}$) 的 100% 表示。其定义是

$$\eta_{\mathrm{s}} = (T_{\mathrm{H}}/\Delta T)\cdot(W_{\mathrm{ideal}}/(C\Delta T)),\quad \Delta T = T_{\mathrm{H}} - T_{\mathrm{L}} \tag{6.8.2b}$$

在 Olsen 循环中，每单位体积材料在单次循环中产生的电能称为能量密度 $N_{\mathrm{D}}$，定义为

$$N_{\mathrm{D}} = \oint E\mathrm{d}D \tag{6.8.3}$$

(6.8.3) 式的积分路径为循环过程，$N_{\mathrm{D}}$ 为循环的面积，用于表示循环的效率。$N_{\mathrm{D}}$ 相当于 Ericsson 循环过程输出的电能 $W_{\mathrm{c}}$，可以认为仅仅是一些文献中用了不同的符号，含义相同。

在热释电循环具体的实施方案中，有各种电场和温度依次变化的方式。由此产生了大量的实验结果。在对实验结果的分析中，公认了高温等温过程是电滞回线的上曲线。然而，对低温等温过程却没有统一的认识。因此，难以从理论上研究每个热释电循环所转换的能量和效率。

Olsen 循环的过程可以用电路进行控制，图 6.8.7 给出了简单的电路原理：电

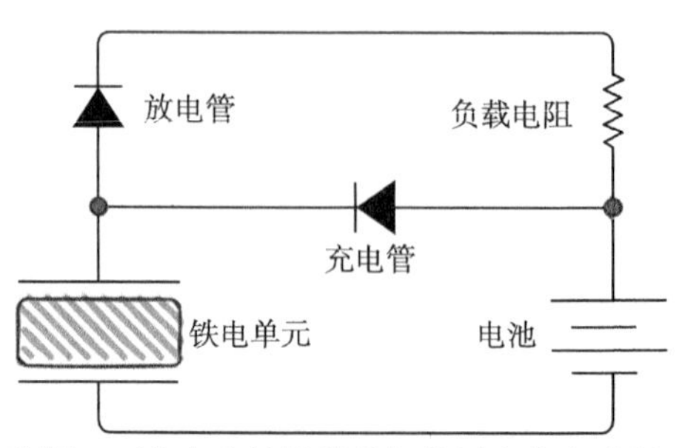


图 6.8.7 Olsen 循环电路图：可充电电池提供外加偏压和充电流源。二极管的排列使铁电体在循环放电过程中能够对电池再充电和对负载输出电能 (引自文献 [51])

池可以通过充电二极管给铁电单元维持高低电场；另外铁电单元产生的电能又可通过放电管加到负载电阻上并给电池充电。实际上，充电和放电两个二极管常用桥式电路和四个二极管代替。

为了实现循环，必须要让带电场的铁电体在两个不同温度的热源之间切换。人们提出并实施了各种方案。典型的方案有旋转法、左右移动法和上下移动法。图 6.8.8 给出了它们的原理图：图 6.8.8(a) 中将冷源和热源左右用聚四氟乙烯 (TEFLON) 分开，两个样品分别放在冷源 (145°C) 和热源 (165°C) 的腔内，上、下表面均与电极接触用于施加电场，通过一定时间的旋转实现循环。图 6.8.8(b) 中的左右两侧分别为冷源和热源，样品以多层交错的形式分别与冷源和热源接触并切换，通过左右移动实现循环。图 6.8.8(c) 中的上下分别为散热冷源 (heat sink) 和加热热源 (heat source)，用弹性及具有良好热接触性能的液态金属液滴 (liquid metal droplet) 在两个热源分别与铁电体样品接触传热或在样品表面加金属膜，样品下部用活塞使之上下移动，样品上下两个表面通过电极连线到外电源。

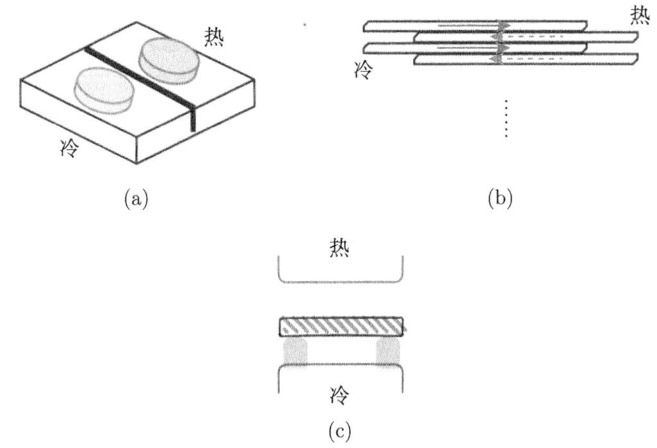


图 6.8.8 Olsen 循环的实现方法：(a) 在两个热源间旋转样品法；(b) 在左右两个热源间层式移动切换法；(c) 在上下两个热源间移动，弹性接触热源的方法

现代测试方法：为了更容易地在实验室条件下操作实验，需要将样品固定不动。人们用交变脉冲电流产生热量，用电压的高低控制温度，实现样品温度的循环变化。实验原理如图 6.8.9 所示，加上高低不同的梯形脉冲电场，可以使样品产生正弦形式的温度波动，获得热释电电流和极化强度的周期性变化规律 [52]。图 6.8.9(a) 和 (b) 分别为所加的梯形脉冲电场和样品温度的周期变化，对应于图 6.8.9(c) 和 (d) 的脉冲电流变化和由此产生的极化强度周期性变化，通过计算极化强度在一个循环内所围的面积，可以得到能量密度 $N_{\mathrm{D}}$。

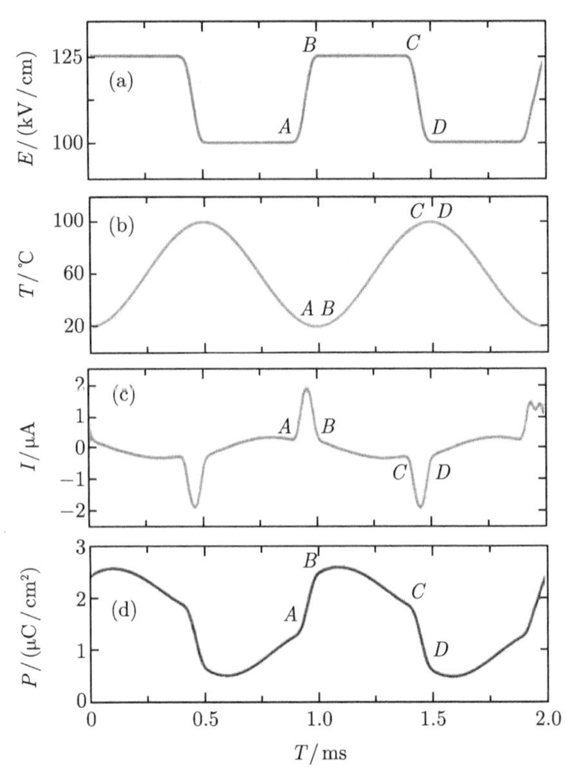


图 6.8.9　铁电样品上施加电场形成 $ABCDA$ 的循环：$AB$ 为低温加电场，$BC$ 为保持电场升温，$CD$ 为高温时撤消电场，$DA$ 为保持低电场降温。(a) 施加梯形电场的过程；(b) 电场产生的热量随时间的变化形式；(c) 加电场及温度变化流过样品的电流；(d) 循环过程中，极化强度的变化 (引自文献 [53])

### 6.8.2　Olsen 循环的实验结果

运用各种实验方法可以实现 Olsen 循环。常用铁电材料进行测量。图 6.8.10 为掺镧锆钛酸铅 (PLZT) 陶瓷在一定条件下测量得到的能量转换结果：固定低电场，改变高电场在 45℃ 和 160℃ 之间所捕获的电能。

电场是单位长度上的电压，两者的作用效果是相同的。实验操作是加电压，之后根据样品尺寸换算为电场。图 6.8.11 直接显示了 $Pb_{0.99}Nb_{0.02}(Zr_{0.68}Sn_{0.25}Ti_{0.07})_{0.98}O_3$ 铁电陶瓷 (居里温度为 148℃) 在 Olsen 循环中输出的能量密度与电压的关系 [51]。图 6.8.11(a) 为低电压在 0～500V 时，高电压在 200～700V 时的能量密度。图 6.8.11(b) 给出了另外一种表示，固定高电压，得到能量密度与低电压的关系。图 6.8.11(a) 的结果很明确，能量密度随高电压的增大而增大，随低电压的增大而减小，变化的斜率基本一致。而图 6.8.11(b) 给出的结论是：当高电压高于 500V 时与图 6.8.11(a) 的结论一致：随低电压的增大，能量密度下降；但在高电压低于 400V 时却表现出了随低电压的升高先上升再下降的现象。

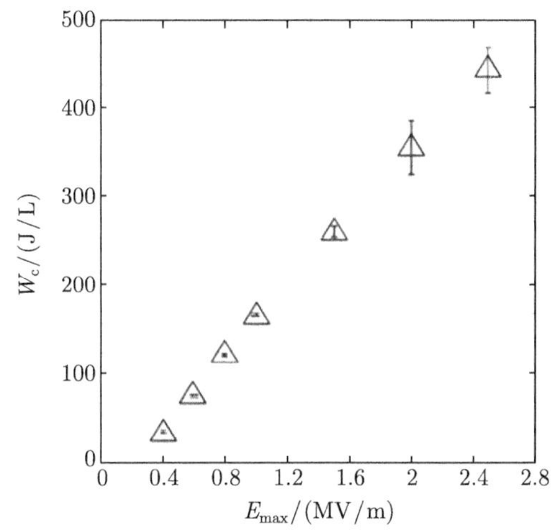


图 6.8.10 8/65/35PLZT 弛豫铁电陶瓷在 Olsen 循环中，在 $T_H = 160°C$，$T_L = 45°C$ 和 $E_{min}$=0.2MV/m 条件时，$E_{max}$ 在 0.4~2.5MV/m 范围内的转换能量密度与 $E_H$ 的关系 (引自文献 [51])

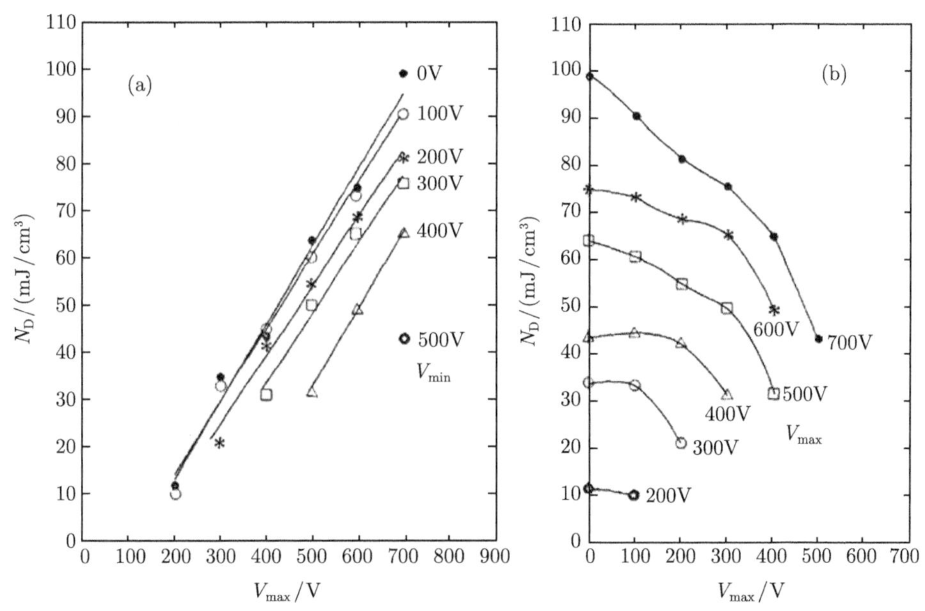


图 6.8.11 Olsen 循环中输出能量密度与高和低电压的关系：(a) 低电压不变时能量密度与高电压的关系；(b) 高电压不变时能量密度与低电压的关系 (引自文献 [51])

图 6.8.12 显示出在 Olsen 循环过程中从高温等电场降温时，降温时的电场

$E_L$ 越低，可以达到的极化强度越小，增加电压的过程中极化强度也较小，如实线所示。

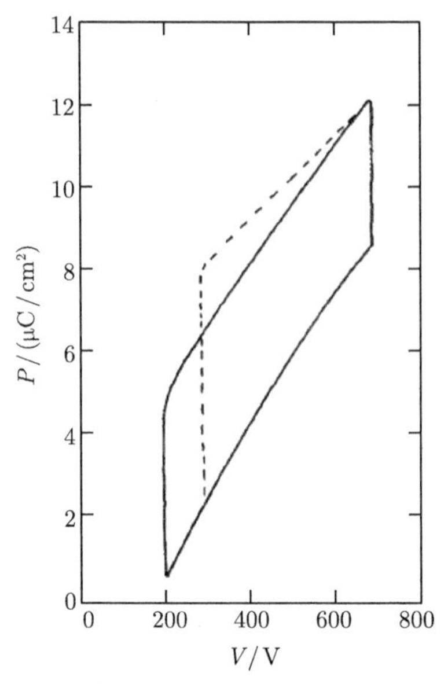


图 6.8.12　Olsen 循环中低电压 $E_{min}$ 对循环过程的影响 (引自文献 [51])

图 6.8.13 为四个不同高温 $T_H$ 的 Olsen 循环过程，结果表示出当 $T_H$ 较低时，图 6.8.13(a) 的结果表现为循环过程在低温时距离低温的电滞回线较远，而当上升后的图 6.8.13(b) 和 (c)，循环过程的低温等温过程距离低温的电滞回线越来越近。当温度达到最高的图 6.8.13(d) 时，两者才完全重合。由此说明高温部分的温度越高，对偶极子在低温时的响应有极大响应。

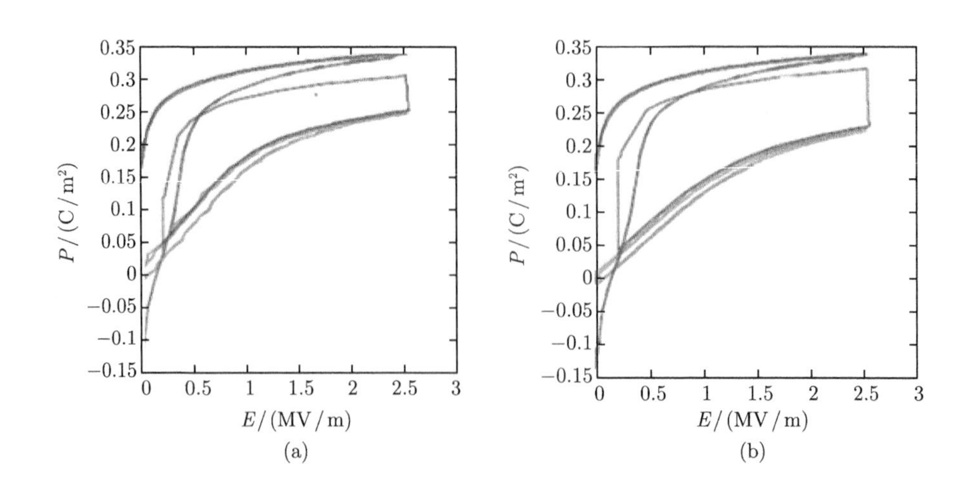

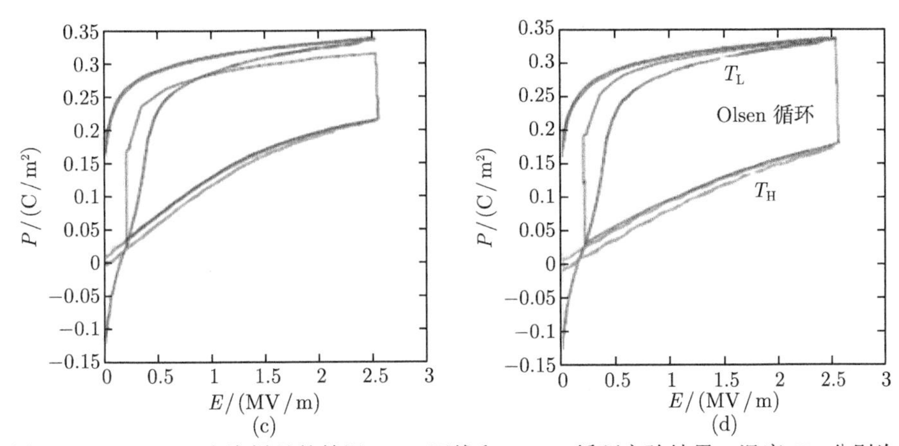


图 6.8.13 PLZT 陶瓷样品的等温 $P$-$E$ 回线和 Olsen 循环实验结果。温度 $T_H$ 分别为：(a)100℃；(b)120℃；(c)130℃；(d) 160℃。其中，$T_L = 45℃$，$E_{min}$=0.2MV/m，$E_{max}$=2.5MV/m(引自文献 [54])

图 6.8.14 是四种成分略有差异的陶瓷样品在电场为 0~40kV/cm 之间及在低

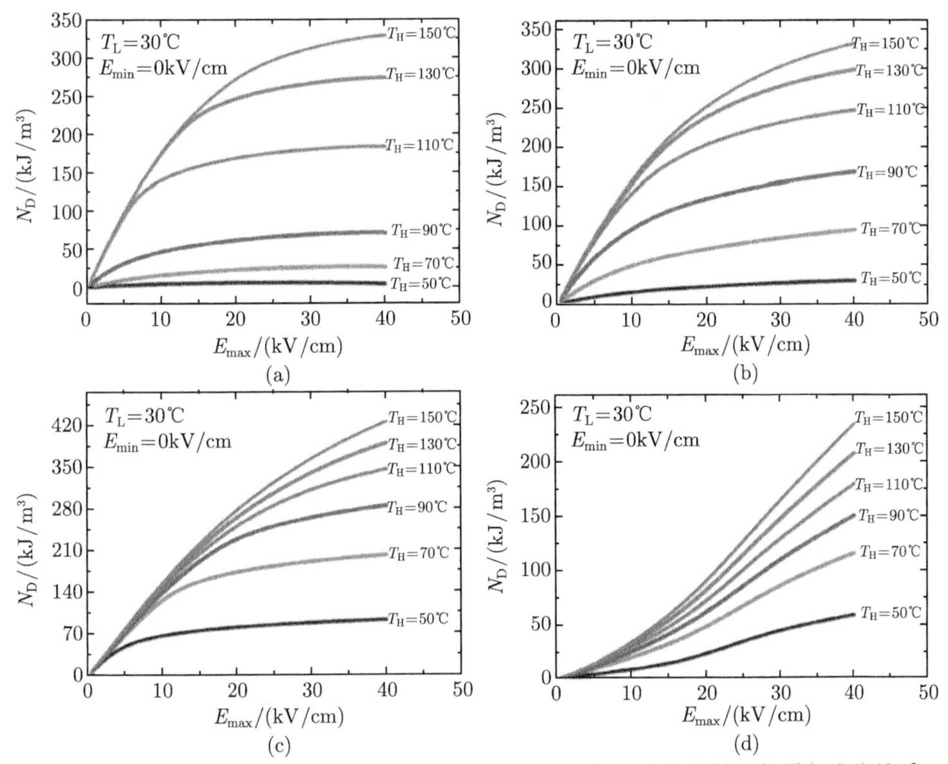


图 6.8.14 $(0.94-x)Na_{0.5}Bi_{0.5}TiO_3$-$0.06BaTiO_{3-x}SrTiO_3$ 陶瓷的转化能量与成分关系：(a)$x$=0.10；(b)$x$=0.15；(c)$x$=0.20；(d)$x$=0.25(引自文献 [55])

温为 30℃ 和高温在 50~150℃ 之间的转换能量密度。图 6.8.14(a)~(d) 的样品，居里温度分别接近 110℃、90℃、70℃ 和 50℃。因而在居里温度时曲线之间的上下幅度差异最大，如在图 6.8.14(a) 中，$T_{\mathrm{H}} = 110℃$ 的曲线与 130℃ 和 90℃ 的曲线间隔比其他曲线的间隔都大。

P(VDF-TrFE) 的 Olsen 循环结果发现，当高电压加得太大时，所捕获的能量密度反而会下降 [56]。上述实验结果提供了基本的实验数据，为理论研究提供了可供参考的实验规律。

### 6.8.3 Olsen 循环的基本理论

由于理论上无法导出电滞回线的 $P$-$E$ 关系，因而解释 Olsen 循环的公式普遍采用的是

$$D(E,T) = \varepsilon_0\varepsilon_{\mathrm{r}}(E,T)E + P_{\mathrm{s}}(E,T)$$

其中，当 $E$=0 时，电位移 $D$ 为自发极化 $P_{\mathrm{s}}$。其观点在于热释电体的偶极子均沿电场方向。此式显然与铁电体的基本特性相矛盾。在能够用吉布斯自由能函数推导出电滞回线的条件下，可以根据 Olsen 循环各个过程的不同初始条件推导出相应的理论公式，避免上述错误。

根据 6.1 节的三维铁电体模型得到的二阶相变铁电体的电滞回线及其介电常数和热释电系数与温度和电场的理论基础，将该理论拓展到变温和变电场的条件，可以得到热释电循环过程的理论结果。

铁电体的定义是具有多个偶极子的取向方向，且可以相互转动；而热释电体的定义为仅有一个不动的方向。当部分偶极子转动到电场方向并形成固定取向的畴后，此部分偶极子具有热释电特性。铁电体外加电场后形成了铁电体与热释电体的混合体，当所有偶极子均在电场方向时为热释电体。因而铁电体中热释电效应的来源是畴的贡献。

针对热释电循环的四个步骤：高电场升温，高温降低电场，低电场降温和低温增加电场。可以用推导铁电体电滞回线的滞后效应分析：铁电体热释电效应的过程与初始状态相关，影响过程的物理量是耦合强度和正反偶极子概率之差，即畴的状态和数量。其过程按照图 6.8.6 的顺序分别介绍如下。

(1) 高电场升温过程。当电场在 $T_{\mathrm{L}}$ 温度从零施加电场到 $E_{\max}$ 时，铁电体达到循环的起始状态。然后，温度从 $T_{\mathrm{L}}$ 升高到 $T_{\mathrm{H}}$ 的加热过程，通过重新分配偶极子的取向概率以影响极化状态和畴的状态，从而连续地保持平衡。在温度 $T$ 下测量的两电极之间的极化可以由相对于临界场 $E_0$ 的平衡条件导出。由施加外电场后产生铁电畴时的平衡条件可导出相对于临界电场 $E_0$ 时的极化强度

$$P_{\mathrm{t}} = \rho_-(P_{+0} + P_{-0}) + (\rho_+ - \rho_-)P_{++0}, \quad E \geqslant E_0 \tag{6.8.4a}$$

$$P_{\mathrm{t}} = \rho_+ P_{++0}, \quad E \geqslant E_0 \tag{6.8.4b}$$

其中，$E_0 = 2\beta \cdot (\alpha_0(T_0 - T)/3\beta)^{3/2}$ ,$T \leqslant T_0$。$P_{\mathrm{t}}$ 是两电极间测量的极化强度，只有正和反电场方向的偶极子有贡献，垂直于电场方向的偶极子没有贡献。正反取向概率 $\rho_+$ 和 $\rho_-$ 随温度而变化的规律服从 (6.1.6a) 和 (6.1.6b) 式，导致耦合强度也随温度和电场而变化

$$\begin{aligned} J_{\mathrm{H}} &= J(\rho_{+\max} - \rho_-), \quad E < E_0 \\ J_{\mathrm{H}} &= J\rho_{+\max}, \quad E \geqslant E_0 \end{aligned} \tag{6.8.5}$$

其中，$\rho_{+\max}$ 是 $E_{\max}$ 时与温度相关的 $\rho_+$ 的最大值。在 $T_{\mathrm{L}}$ 升高到 $T_{\mathrm{H}}$ 的加热过程中铁电体吸收热量升温，极化强度降低致使铁电体对外放电输出电能。

(2) 高温降低电场过程。在温度恒定条件下降低电场的过程就是电滞回线中从最大电场 $E_{\max}$ 向零的变化。其特点是整个过程的耦合强度不变，由初始状态决定。也就是说，尽管正反方向的偶极子数量会发生变化，但这种变化不影响耦合强度。并且，这种耦合强度只对电场方向的畴起作用，对其他方向的偶极子不起作用。电场方向畴的吉布斯自由能为

$$G_{++} = \frac{1}{2}\alpha_0(T - T_0) \cdot P_{++}^2 + \frac{1}{4}\beta P_{++}^4 + \frac{1}{6}\gamma P_{++}^6 - J_{\mathrm{High}} P_{++}^2 - E \cdot P_{++} \tag{6.8.6}$$

式中，$J_{\mathrm{High}}$ 表示高温时的耦合强度。对 (6.8.6) 式求解为零的一阶导数可以得到极化强度 $P_{++0}$，其中的取向概率仍然服从 (6.1.6a) 和 (6.1.6b) 式。此步为图 6.8.6 的放电过程，极化强度急剧减小。

(3) 低电场降温过程。一般来说，保持低电场强度 $E_{\min}$ 同时降温是一个“冷冻极化”的过程，能够将高温时的极化状态保持到低温。相比于在低温加电场，有更好的极化效果。因而在该过程中，降低温度导致了极化强度增大。

铁电体的滞后效应来源于耦合系数 $J$ 与所经历过的温度和 $E_{\max}$。温度越低、$E_{\max}$ 越大及 $J$ 越大，所导致的滞后效应也越大。降温过程有两个效果：耦合强度 $J$ 和 $\rho_+(T) - \rho_-(T)$ 均会发生与过程相关的变化。整个过程分为两个阶段：初始阶段具有类似于电滞回线中处于滞后阶段的特征，在初始的高温条件下，耦合强度为高温状态下的非平衡值 $J_{\mathrm{High}}$。降温过程中 $\rho_+(T) - \rho_-(T)$ 不断增大，使平衡的耦合强度 $J(\rho_+(T) - \rho_-(T))$ 增大。在某个临界温度会出现 $J_{\mathrm{High}} = J(\rho_+(T) - \rho_-(T))$ 的情况；第二个阶段当温度继续降低，耦合强度为最大的临界值不再变化，影响极化强度的程度减弱。

(4) 低温增加电场过程。耦合强度取决于两个因素：耦合系数 $J$ 与过程相关的正反偶极子概率之差 $(\rho_+(E) - \rho_-(E))$ 的乘积，即 $J \cdot (\rho_+(E) - \rho_-(E))$。电场

增大会导致 $\rho_+(E)-\rho_-(E)$ 增大，从而使耦合强度增大，畴的作用增大。然而，温度越低极化强度的变化越小，如图 6.8.6 的充电过程。

总之，整个循环过程的每一步，都是在解决某种初始状态下，极化强度随 $T$ 和 $E$ 变化的演化过程。通过求解这四个过程的耦合强度与净电场方向的偶极子概率，以推导出极化强度和畴的变化。循环过程转化的能量为循环内的面积，所用的公式为

$$W_{\mathrm{c}}=-\sum_{i=1}^{100}E_i\Delta P_i$$

每个过程都分为 100 个点，$\Delta P_i$ 为邻近两点的极化强度之差。第一步和第三步电场分别为固定的 $E_{\max}$ 和 $E_{\min}$，第二步和第四步的电场为均匀变化。取对外输出能量为正，电场对铁电体做功为负，故上式中有个负号。例如第一步，电场为 $E_{\max}$，极化强度的变化 $\Delta P_i$ 为负，取负号后对外放电为正。

### 6.8.4 Olsen 循环理论的数值模拟结果

将上述原理设计为程序，再进行数值模拟，得到了相应的结果。由于电滞回线具有滞后效应，因此按照将回线分为上线和下线的方法，可以得到 Olsen 循环过程与上线和下线的关系，如图 6.8.15 所示。

图 6.8.15 首先以低温 $T_{\mathrm{L}}$=360 和高温 $T_{\mathrm{H}}$=400，在 $E_{\min}$=5 和 $E_{\max}$=15，25，35 分别进行循环。插图给出了温度为 $T_{\mathrm{L}}$ 以及电场为三个 $E_{\max}$ 的电滞回线作为参考，再取其第一象限的部分，用线段绘在主图中。其中，$T_{\mathrm{L}}$ 温度电滞回线的上、中、下曲线均用竖直的椭圆作了标记。然后，给出了循环回线的数值模拟结果，均用实线及箭头表示。循环的第一步是向下的箭头，第二步是从箭头点的 $E_{\max}$ 到 $E_{\min}$=5V/cm 的实曲线。循环的第三步是竖起向上，$E_{\max}$=15，25，35 的循环分别到达 $A$、$B$ 和 $C$ 三点。当 $E_{\max}$=15 时，$A$ 点基本上落在中线上，而 $C$ 点接近上线，$B$ 点在中线与上线之间。循环第四步为低温等温加电场的过程，$E_{\max}$=15 时基本上与电滞回线的中线重合；$E_{\max}$=35 时过程接近电滞回线的上线；$E_{\max}$=25 时过程起始接近电滞回线的中线，电场增大后很快与上线重合。由此得出结论：$E_{\max}$ 越大，起点值越接近上线，并随电场的增大而迅速地趋向上线。

需要说明的是，图 6.8.15 给出的结论是设定循环过程为稳态条件，循环频率过快将会影响与低温相关的过程。另外，文献报道的循环过程并不一致。例如对于循环的第二步，有些用上线，有些用下线描述其过程，循环的第四步也有差异。上述理论证明了，循环过程与各种条件相关，可以根据给出的条件理论推导出具体的过程。

基于以上分析，可以得出温度影响热循环性能的结果。设定居里温度 $T_{\mathrm{c}}$=400K，外加最大电场为 $E_{\max}$=30 和最小电场 $E_{\min}$=5，最低温度为 320K，分别考虑低温点相对于 $T_{\mathrm{c}}$ 时的转化效率。相对于 $T_{\mathrm{c}}$=400，$T_{\mathrm{L}}$=320 和 440 时的状态

分别相当于远低于和高于居里温度。对 $T_H$ 温度从 350 到 440 每隔 10 做一个热循环，得到如图 6.8.16(a) 和 (b) 的结果。

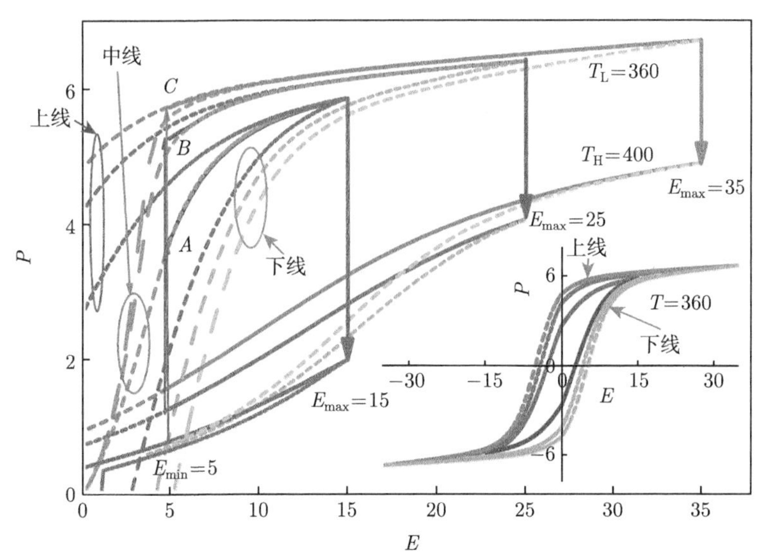


图 6.8.15 不同 $E_{max}(15, 25, 35)$ 对循环过程极化强度的影响。分为五个部分，循环前在 $T_L$ 加电场的过程，极化强度沿电滞回线的中线进行。循环第一步：在 $E_{max}$ 从 $T_L$ 升温到 $T_H$，过程如箭头所示；循环第二步：在 $T_H$ 从 $E_{max}$ 降低电场到 $E_{min}$，如下实线所示；循环第三步：在 $E_{min}$ 降温，过程分别到达 $A$、$B$ 和 $C$ 三点；循环第四步：在 $T_L$ 从 $E_{min}$ 增大电场到 $E_{max}$，如实线所示。插图为 $T_L$ 时不同 $E_{max}$ 的电滞回线，显示了回线的上线和下线的变化。设 $T_L$=360 和 $T_H = 400(T_c)$

图 6.8.16(a) 中的曲线显示了两个保持温度的等电场过程，所有曲线与电滞回线的上线重合：第 (2) 步中，$T_H$ 温度越低极化强度越大，变化较平稳；反之, 温度越高极化强度越小，变化也平稳；$T_c$ 时极化强度随电场的变化最大。第 (4) 步为 $T_L$=320 时的等温增加电场，所有曲线重合。图 6.8.16(b) 的曲线显示了两个等温过程：第 (1) 步的升温过程，变化到高温部分的极化强度与低温段重合；而第 (3) 步保持低电场的降温过程中，$T_c$ 以下的铁电相，从温度为 400 开始减小的极化强度与从较低温开始减小的部分重合。然而到顺电相后，温度越高极化强度的下降越大。

图 6.8.16(c) 显示了热循环的效率与 $T_H$ 温度的关系。实际热效率 $\eta$ 在超过 $T_c$ 的温度是 420 时为极大，其原因是外加电场使有效的居里温度上升，如介电常数谱也会显示介电峰移向高温。而标度热效率 $\eta_s$ 在低温时有较大值，$T_c$ 附近变化平稳，过了 $T_c$ 又继续下降。

当低温点 $T_L$=360 时，高温点从 380 开始每隔 5 的热循环过程如图 6.8.17 所示。图 6.8.17(a) 和 (b) 的变化规律与图 6.8.16(a) 和 (b) 的变化规律完全相同。

在图 6.8.17(c) 中，热效率 $\eta$ 随温度上升均匀增大，且在 415 时为极大，标度热效率增大了一倍以上。

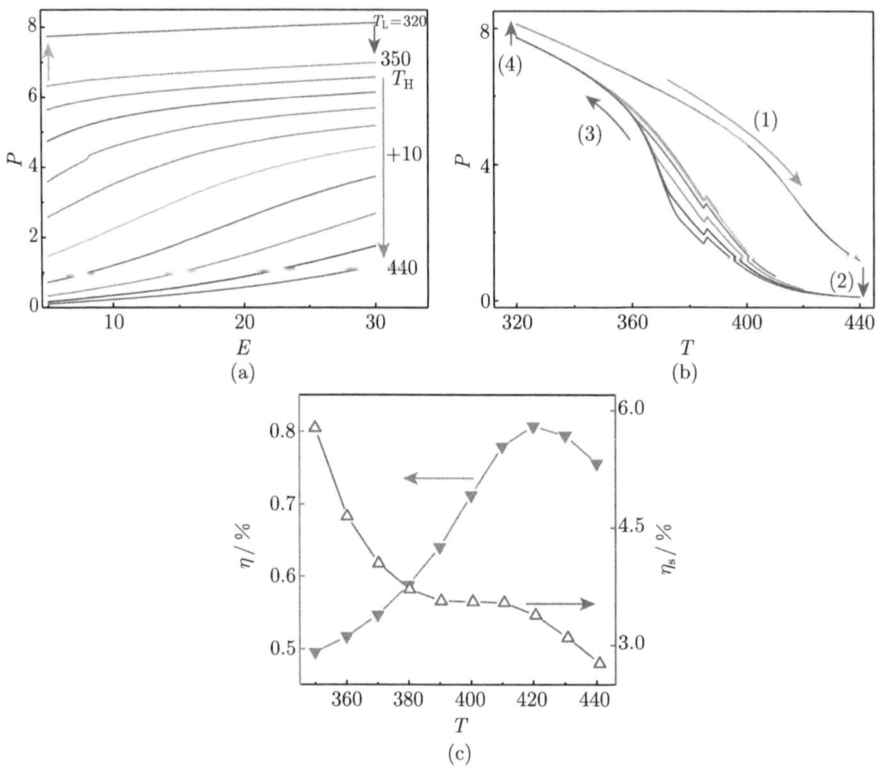


图 6.8.16　$T_L$=320 及 $T_H = 350 \sim 440$ 间隔 10 的热释电循环过程：(a) 循环过程中第 (2) 和 (4) 步极化强度的变化；(b) 循环过程中第 (1) 和 (3) 步极化强度的变化；(c) 热效率 $\eta$ 和标度热效率 $\eta_s$ 随温度的变化关系 (引自文献 [57])

当低温点为居里温度时，高温端每隔 5 的热循环过程如图 6.8.18 所示。

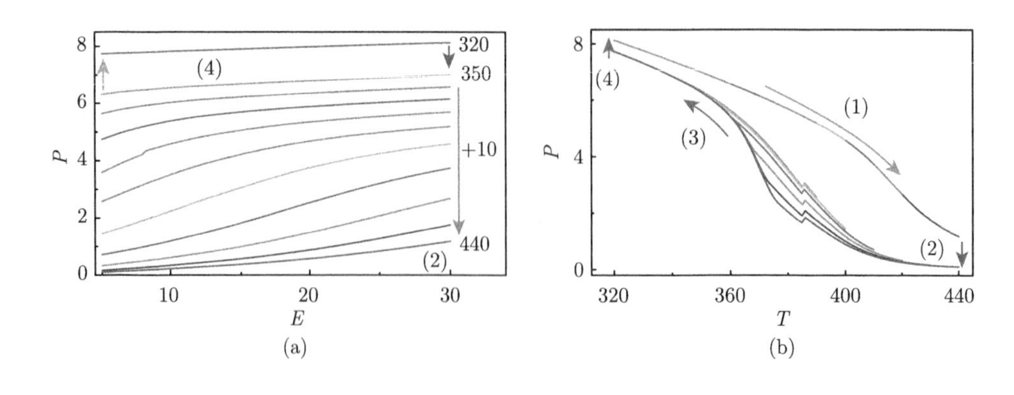

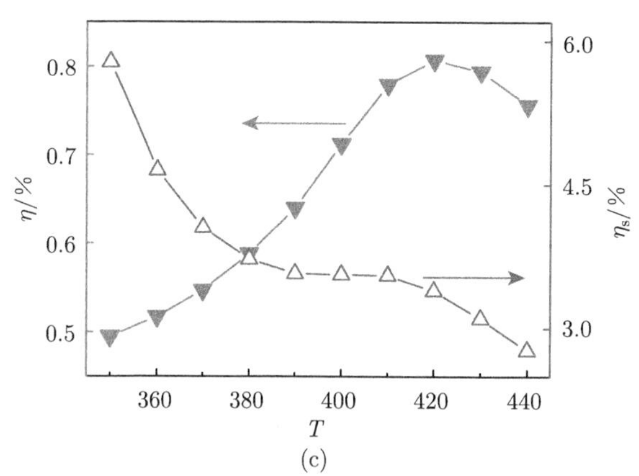

(c)

图 6.8.17 $T_L$=360 及 $T_H = 380 \sim 420$ 间隔 5 的 Olsen 循环过程。(a) 循环过程中第 (2) 和 (4) 步极化强度的变化；(b) 循环过程中第 (1) 和 (3) 步极化强度的变化；(c) 循环过程的热效率 $\eta$ 和标度热效率 $\eta_s$ 随温度的变化关系 (引自文献 [57])

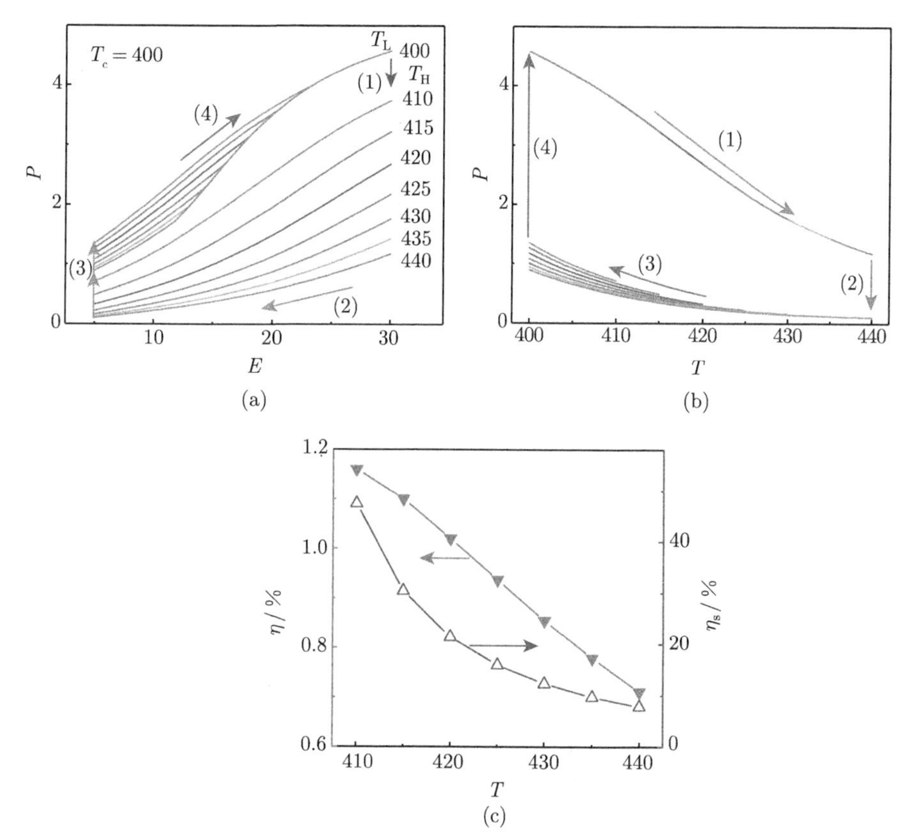

(c)

图 6.8.18 $T_L$=400 及 $T_H = 410 \sim 440$ 间隔 5 的热释电循环过程。(a) 循环过程中第 (2) 和 (4) 步极化强度的变化；(b) 循环过程中第 (1) 和 (3) 步极化强度的变化；(c) 循环过程中热效率 $\eta$ 和标度热效率 $\eta_s$ 随温度的变化关系 (引自文献 [57])

图 6.8.18(a) 和 (b) 的变化规律与图 6.8.17(a) 和 (b) 的变化规律不再相同。由于顺电相的电滞回线为单一曲线，且极化强度的变化与 $T_H$ 相关，因而在图 6.8.18(a) 低温点的等电场变化中出现了 $T_H$ 越低极化强度在低电场部分越大的现象。在图 6.8.18(b) 的第 (3) 步中出现了与之对应的变化：高温端温度越低极化强度相对越大的现象。在图 6.8.18(c) 中，热效率 $\eta$ 随温度上升而下降，在 410 时为极大。标度热效率在相同温度区间有了极大的提升，整体热循环性能有了明显的增强。

在热循环过程中热效率 $\eta$ 是反映热释电转换的标志性指标，将三个过程中的曲线合在一起比较，得到了图 6.8.19 的结果。从低温端点分析，当 $T_L$=320 时，当高温端处于居里温度以上 40 温区时转换效率较大；当 $T_L$=360 时，转换效率有了进一步提升，峰值略向低温端移动，变化较为平稳；当 $T_L$=400 时，热释电转换效率随温度上升急剧下降，在最低的温度 410 时为最大。

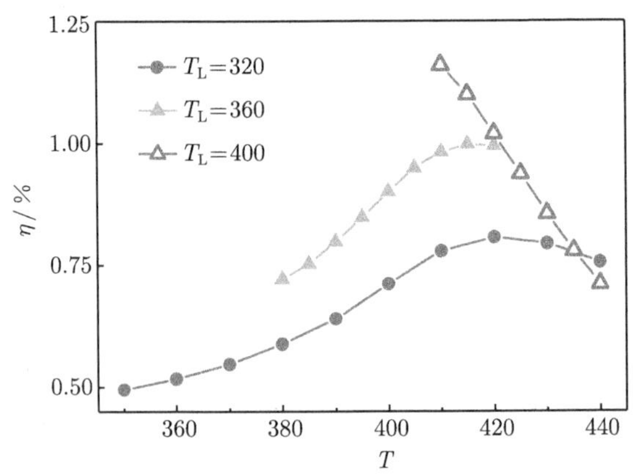


图 6.8.19　$T_L$ 分别为 320，360 和 400 时热效率 $\eta$ 的比较。数据源自图 6.8.16(c)，图 6.8.17(c) 和图 6.8.18(c)(引自文献 [57])

上述理论结果可以与报道的实验结果作对比。在 $0.94Bi_{0.5}Na_{0.5}TiO_3$-$0.06BaZr_xTi_{1-x}O_3$ 铁电陶瓷中，经过 4kV/mm 极化后，样品出现了低温介电峰，随 Zr 含量从 25%、20%减小到 0，峰温从 38℃、55℃ 不断增加。在能量转换实验中，当的温度范围在低温 25℃ 到高温 50℃ 之间时，转化效率在 Zr 含量为 25%时最高，其次是 20%，并随 Zr 含量的增加依次减小。高温端的 50 比 38℃ 的介电峰略高，符合理论预期的最大值；而 55℃ 及以上的介电峰相当于居里温度高于热释电循环中的高温，因而热释电转换效率依次下降。在 0.68PMN-0.32PT 弛豫铁电体中 [58]，居里温度为 125℃，低温点为 25℃，在高温点从 35℃ 到 115℃ 变化的热循环过程中，能量密度表现出随高温点升高而增大及标度效率反之减小的规律，与理论结果完全一致。在 Si 掺杂的 $HfO_2$ 电容器中，当 Si 的比例分别是 5.6%(mol)、4.3%(mol) 和 3.8%(mol) 时，其居里温度从 50℃ 开始依次升高；三个样品的单位循环能量密度曲线从高到低依次下降，典型值是在温差为 80K 时分别约为 4.8J/cm$^3$、3.2J/cm$^3$ 和 1.0J/cm$^3$。上述三个不同材料的实验结果均与图 6.8.16(c) 中高温点低于 400 的规律相同：居里温度越接近低温点，能量收集密度或循环效率越高。

### 6.8.5 Olsen 循环的优化策略

从实用性考虑，当 $T_{\rm L}$ 和 $T_{\rm H}$ 分别为给定环境温度和废热温度时，如何选择铁电体的居里温度和高低电场，以及如何判断循环的最大转换效率，成为了需要解决的问题。通过对比各种模拟条件的结果，可以归纳出相应结论。

第一步，需要知道能量密度 $W_{\rm c}$ 与 $E_{\max}$ 的关系，在此先考虑与 $T_{\rm H}$ 的关系。图 6.8.20 示出了 $E_{\min}=0$ 和 $T_{\rm L}$=300 时，$T_{\rm c}$=450、400 和 350 的模拟结果。在图 6.8.20(a) 中 $T_{\rm c}$=450，随着 $T_{\rm H}$ 从 350 增大到最大的 450，$W_{\rm c}$ 不断增大，重要的是相邻曲线间的差异不断增大，到 $T_{\rm H}=T_{\rm c}$ 时为最大，且曲线表现为弧形。在图 6.8.20(b) 中 $T_{\rm c}$=400，随着 $T_{\rm H}$ 从 350 增大到最大的 450，相邻曲线间的差异在 $T_{\rm H}=T_{\rm c}$ 时为最大，$T_{\rm H}$=450 曲线表现为接近直线的弧形。在图 6.8.20(c) 中 $T_{\rm c}$=350，相邻曲线间的差异在 $T_{\rm H}=350$ 为最大，$T_{\rm H}$=450 的曲线表现为直线。$T_{\rm H}$ 从 400 到 450，$W_{\rm c}$ 之间的差异很小，因而将 $T_{\rm c}$ 设定在远低于 $T_{\rm H}$ 的温度会降低热电转化效率。三个图中 $T_{\rm H}=T_{\rm c}$ 的曲线变化规律基本相同，提供了根据曲线的形状判断合适 $T_{\rm c}$ 的方法。

在图 6.8.14 所示的 $(0.94-x){\rm Na_{0.5}Bi_{0.5}TiO_3}$-$0.06{\rm BaTiO_{3-x}SrTiO_3}$ 铁电陶瓷的实验结果中，$T_{\rm c}$ 从 90℃ 变化到 20℃ 对应于 $x$ 从 0.15 到 0.25，所得到的能量密度在 $T_{\rm L}$ 和 $T_{\rm H}$ 之间循环的结果无论是曲线的形状变化还是曲线之间的间隔，都与图 6.8.20 的模拟结果一致。

第二步是分析 $E_{\max}$ 对循环过程的影响以确定 $E_{\min}$ 的合理数值。图 6.8.21 给出了 $E_{\min}$=0、5 和 10 时的模拟结果。图 6.8.21(a) 为 $E_{\min}$=0 时，$E_{\max}$ 从 50 减小到 10 的循环过程。在循环的第三步 $E_{\min}$=0 降温时，$E_{\max}$ 越小，极化强度的上升也越小，同时也影响到第四步极化强度的变化过程，最终导致循环内的面积减小。当 $E_{\min}$=5 时，过程如图 6.8.21(b) 所示，循环过程中第三步和第四步的极化强度变化得到了明显改善。在图 6.8.21(c) 中 $E_{\min}$=10，$E_{\max}$ 从 15 增大到 50，第三步的极化强度直接到达回线的上曲线，并且若考虑等宽度电场变化所围的面积，平均来看，低电场要大于高电场时的面积，即较低的 $E_{\max}$ 反而有较大的电场效率。由此给出的结论是：如果 $E_{\max}$ 足够大 ($E_{\max}>30$)，较低的 $E_{\min}$(如 $E_{\min}$=0) 有利于获得较大能量转换效率，此过程为 Ericsson 循环。但若能够获得的 $E_{\rm H}$ 较小 ($E_{\max}$<20)，适当增大 $E_{\min}$ 有利于获得较大的能量转换效率。因此，尽管在低电场部分有较大的效率，但它存在的条件是要有较大的 $E_{\max}$。

总之，当 $E_{\max}$ 足够大时，两条等温线 (第二和第四步) 均沿各自电滞回线的上线变化。

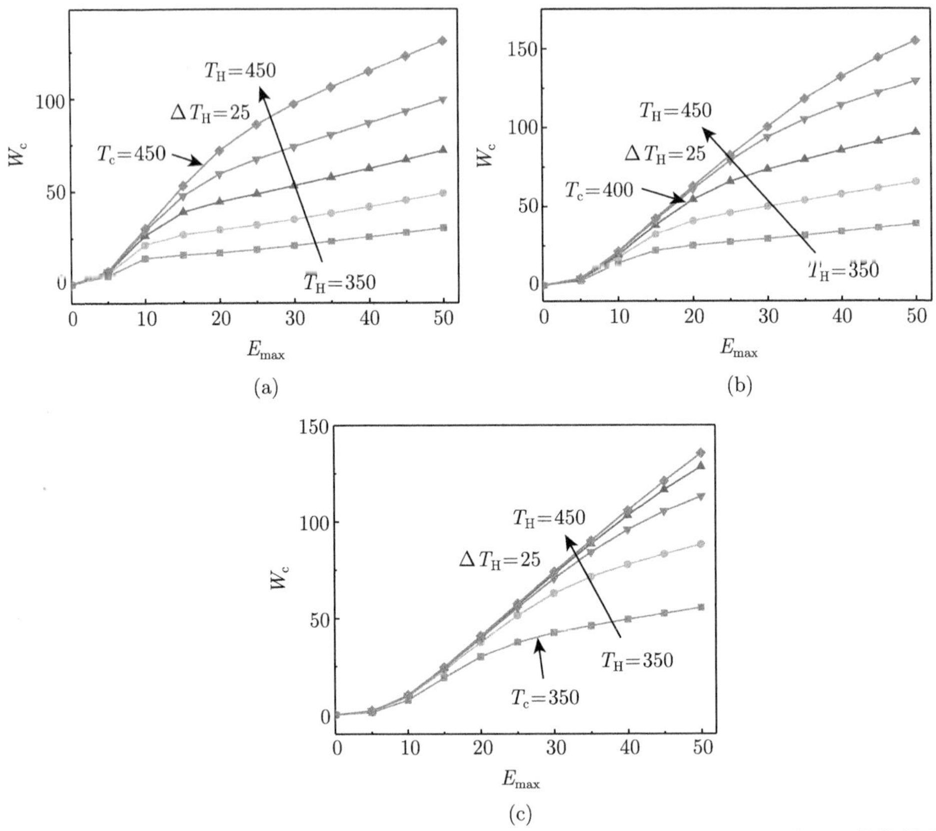


图 6.8.20　$E_{\min}=0$，$T_L=300$ 和 $E_{\max}$ 从 5 到 50 间隔为 5 时，$T_H$ 从 350 到 450 的能量密度 $W_c$ 与 $T_c$ 的关系。$T_c$ 分别为：(a)450；(b)400；(c)350

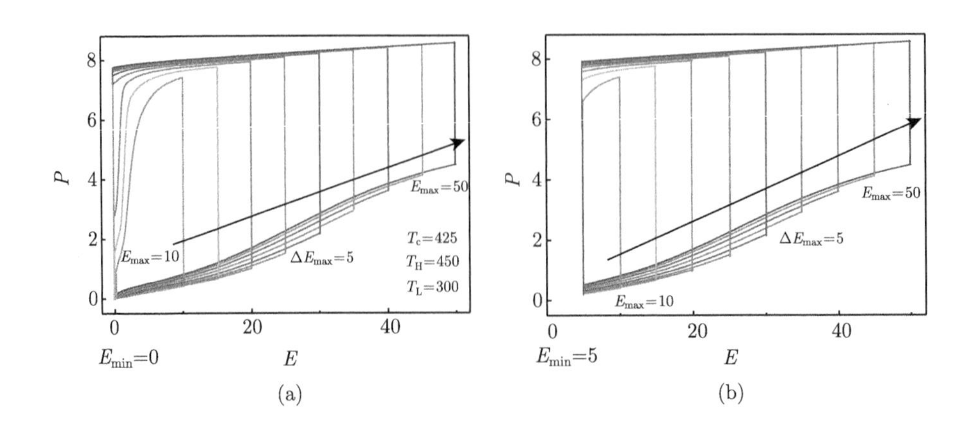

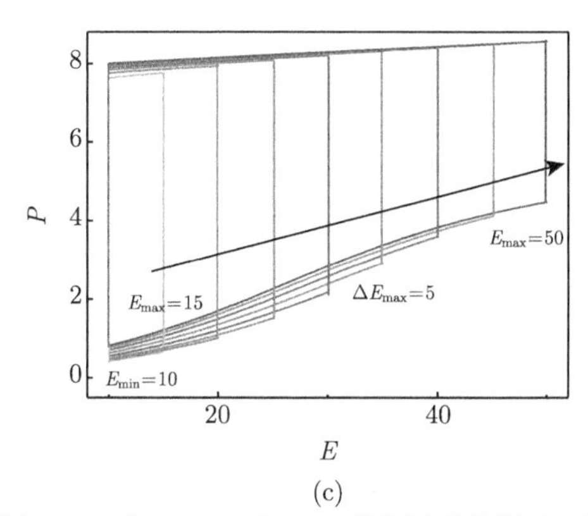

(c)

图 6.8.21 Olsen 循环中 $E_{min}$ 和 $E_{max}$ 对 $P$-$E$ 演化过程的影响 (设定 $T_c$=425，$T_L$=300，$T_H$=450)：(a)$E_{min}$=0，$E_{max} = 10 \sim 50$；(b)$E_{min}$=5，$E_{max} = 10 \sim 50$；(c)$E_{min}$=10，$E_{max} = 15 \sim 50(\Delta E_{max} = 5)$

图 6.8.21(a) 的结果能够解释图 6.8.11(b) 的实验结果：当 $E_{max}$ 较低时 ($V_{max}$ 小于 400V)，随着 $V_{min}$ 下降接近零时，能量密度出现了下降的变化。其原理是，$E_{max}$ 较低导致了偶极子间的耦合较弱及剩余极化强度较小，降低温度时弱耦合导致了极化强度的回升较小，以及低的剩余极化强度导致了增大电场的过程中极化强度沿中线变化，使得热电能量转换效率较低。图 6.8.21 的结果与图 6.8.15 中三个 $E_{max}$ 对应的循环过程完全一致。

比较图 6.8.21(a) 和 (b) 的结论，能够很好地解释图 6.8.12 中实验结果所示的 $E_{min}$ 对 Olsen 循环过程的影响：$E_{min}$ 增大导致循环向高极化强度的方向进行循环从而提高单位电场下转换的电能输出。

为了了解极化强度在循环中的连续演化过程，将循环中的温度变化和电场变化用统一的时间量表示，且设定 $\Delta t = \Delta T$ 和 $\Delta t = \Delta E$。循环的整个过程只用一个时间量描述。根据图 6.8.6 所示的循环过程，$T_c$ 对循环过程中极化强度的变化有重要的影响，因而可以考察 $T_c$ 对循环各个过程的影响规律，掌握机理后便于实际应用。

图 6.8.20(c) 显示出当 $T_c$ 接近低温端 $T_L$ 时，高温部分的能量转换效率很低，而图 6.8.20(a) 和 (b) 显示出当接近循环温度中间或向上接近 $T_H$ 时，会有较大的热电转化效率，因而在图 6.8.22 中由此设定了 $T_c$=425，位于 $T_H$=450 和 $T_L$=300 之间靠近 $T_H$ 的温度，并讨论外加电场 $E_{max}$ 足够大，且 $E_{min}$=10 的情况。

图 6.8.22 分别给出了 $E_{max}$=30，40 和 50 循环过程中极化强度的变化过程。共同的特点是在起点，居里温度较高时有较大的极化强度，且极化强度的高低差较大，而到了中间点 $t_2$ 结束时，极化强度的差最小。$t_2$ 过程的极化强度变化随着居里温度的下降而减小，或者说 $t_3$ 过程的放热使极化强度增加的幅度较大。由

于 $E_{\max}$=30 已经达到了饱和极大的条件，因而图 6.8.22(a)，(b) 和 (c) 之间的规律差异不大，仅仅是 $t_2$ 和 $t_4$ 过程的时间逐渐延长了，极化强度的变化幅度增大了。

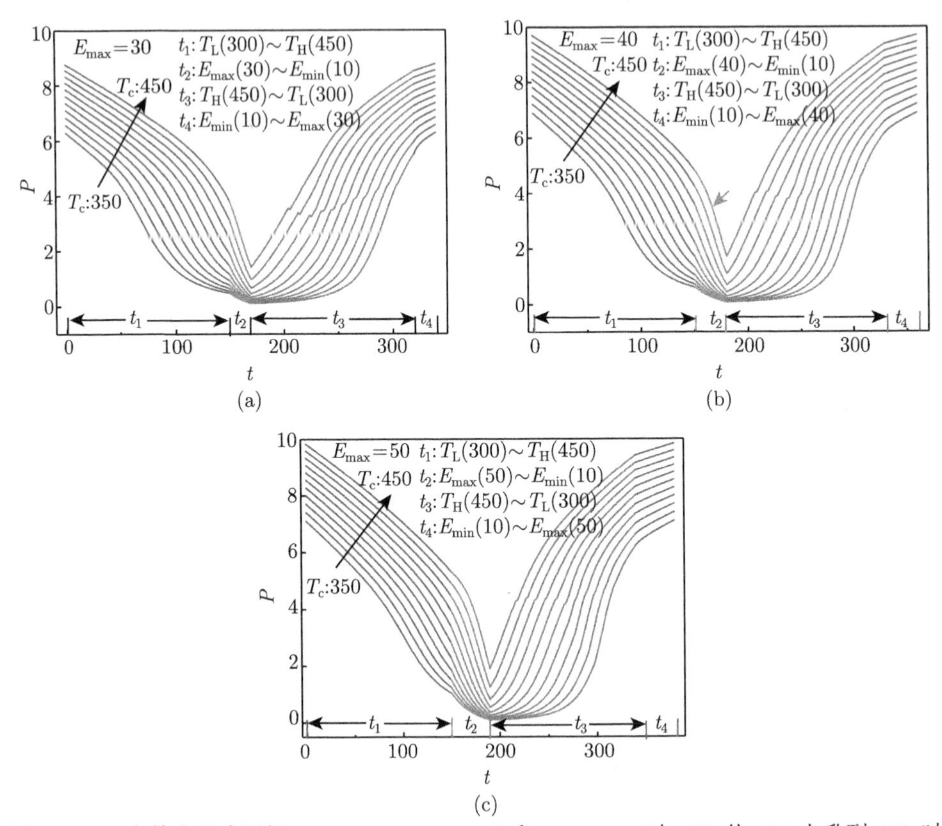


图 6.8.22　在特定温度区间 ($T_L$=300，$T_H$=450) 和 $E_{\min}$=10 时，$T_c$ 从 350 上升到 450 时，在 Olsen 循环中极化强度随时间的演化循环过程：(a)$E_{\max}$=30；(b)$E_{\max}$=40；(c)$E_{\max}$=50

第三步是归纳数值模拟效果以得到合理的结论。由于循环过程中的时间因素会影响能量转换效率，因而单位时间转化的效率在实用中更为重要。由此可以设定一个单位时间转化的能量。由于循环时间与温度变化和电场变化相关，可以引入一个单位转化能量密度 $W_{TE}$

$$W_{TE} = W_c/[(T_H - T_L)(E_{\max} - E_{\min})]$$

图 6.8.23(a) 显示了在 $T_L$=300，$T_H$=450 和 $E_{\min}$=10 的循环条件下，$T_c$ 以间隔为 5 增加时 $W_c$ 与 $T_c$ 的关系随饱和电场 $E_{\max}$ 作用下的变化规律。$E_{\max}$=35 的 $W_c$ 峰值出现在 $T_c$=405；$E_{\max}$=50 的 $W_c$ 峰值出现在 $T_c$=385。显示出随 $E_{\max}$

的增大，$W_c$ 的峰值移向低的 $T_c$，同时 $W_c$ 的数值不断增大的效果。

与图 6.8.23(a) 中 $W_c$ 的大小与 $E_{max}$ 的效果相比，图 6.8.23(b) 显示的 $W_{TE}$ 的大小与 $E_{max}$ 的作用效果刚好相反：$W_{TE}$ 的大小随 $E_{max}$ 的增大而降低，随 $T_c$ 变化的 $W_{TE}$ 峰值却仍然向低温移动：从 $E_{max}$=35 时的 410 移动到了 $E_{max}$=50 时的 380。

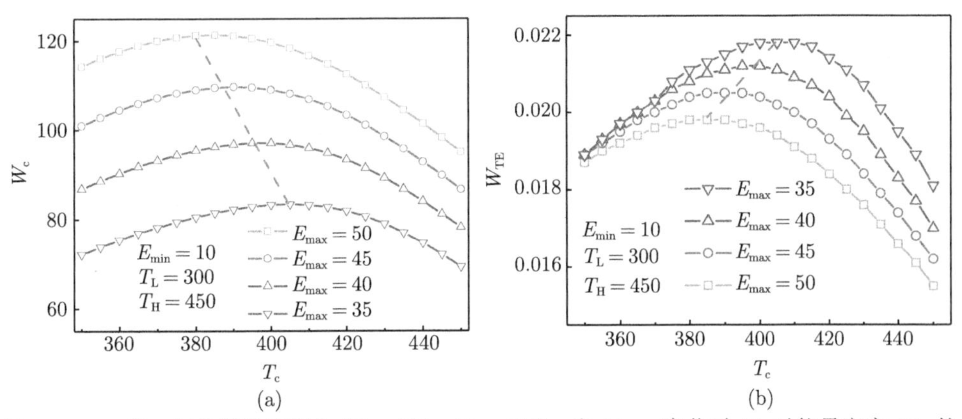


图 6.8.23 在一定的温度范围内 ($T_L$=300，$T_H$=450)，当 $E_{max}$ 变化时 $T_c$ 对能量密度 $W_c$ 的影响 (a) 和有效能量密度 $W_{TE}$ 的影响 (b)

考虑到图 6.8.23(a) 中的 $W_c$ 和图 6.8.23(b) 中 $W_{TE}$ 的大小随 $E_{max}$ 的变化效果，得知转换能量的最佳范围在 $T_c = 380 \sim 410$ 之间，而高低温度范围在 $T_L$=300 和 $T_H$=450。即当 $T_c$=380 时处于中间温度，而当 $T_c$=410 时为接近高温端的 1/4。因此，在饱和电场 $E_{max}$ 作用下，根据环境温度 $T_L$ 和 $T_H$ 可以选择居里温度在 $T_L$ 和 $T_H$ 之间偏向 $T_H$ 端 1/2 到 1/4 的铁电材料以获取较好的热电转化效率。

第四步是解释图 6.8.23 的机理。选择 $E_{max}$=40 进行分析：最大的 $W_c$ 在 $T_c$ 为 395，另外再分别选择高和低 $T_c$ 各一个。图 6.8.24(a) 为 $T_c$ 从 395 下降到 375 的变化结果。其中，低温等温过程的极化强度有较大的下降，而高温等温过程的极化强度只有较小的下降，所围面积相应减少。图 6.8.24(b) 为 $T_c$ 从 395 上升到 420 的变化结果。其中，低温等温过程的极化强度有较小的上升，而高温等温过程的极化强度却有较大的上升，所围面积也相应减少。

图 6.8.25(a) 为 $E_{max}$=30，$E_{min}$=3 和 $T_c$=400 时一个周期内 $W_c$ 与 $T_L$ 和 $T_H$ 的关系。当 $T_L$ 分别为 300 和 350 时，结果显示，$W_c$ 的增长均在 $T_c$ 附近较大。当 $T$ 大于 420 以后，$W_c$ 的增长减慢。此结论能够解释图 6.8.10 和图 6.8.11(a) 的实验结果。

图 6.8.25(b) 为能量密度转化效率 $\eta$ 和等时间能量密度转化效率 $\eta_T$ 与 $T_L$ 和 $T_H$ 的关系。$\eta_T$ 的含义是设定一个循环的标准时间长度，短于该长度的循环则应

该扩大相应的 $\eta$ 倍数。如一个循环 $T_L$=300 和 $T_H$=440 过程的周期是 $t$=334：而另外一个循环 $T_L$=300 和 $T_H$=350 过程的周期是 $t$=154，考虑到 334/154=2.17。若前一个周期的效率为标准值 $\eta$，则后一个周期的效率 $\eta_T$=2.17$\eta$。因而可以认为 $\eta_T$ 是等时间转化效率。在图 6.8.25(b) 中，最长循环过程的效率 $\eta$ 被定为 $\eta_T$ 的标准值。

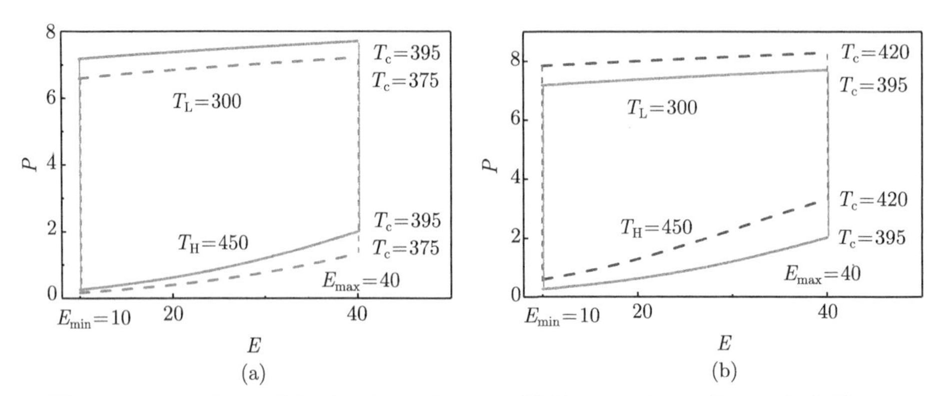


图 6.8.24　$T_c$ 对 $W_c$ 的影响：(a)$T_c$ 从 395 下降到 375；(b)$T_c$ 从 395 上升到 420

在 $T_L$=300，350 和 $T_c$=400 时条件下，图 6.8.25(b) 所示的一个循环的热电转换效率 $\eta$ 的结果与图 6.8.25(a) 所示的能量转换密度的结果相反：较小的 $W_c$ 却对应较大的 $\eta$。$T_L$=300 和 350 的 $\eta$ 峰值分别在 420 和 410 处。而 $\eta_T$ 却有相对较高的值，但随 $T_H$ 的增加而不断减小。结果表明，$T_L$ 越接近 $T_c$，$\eta_T$ 值越大。

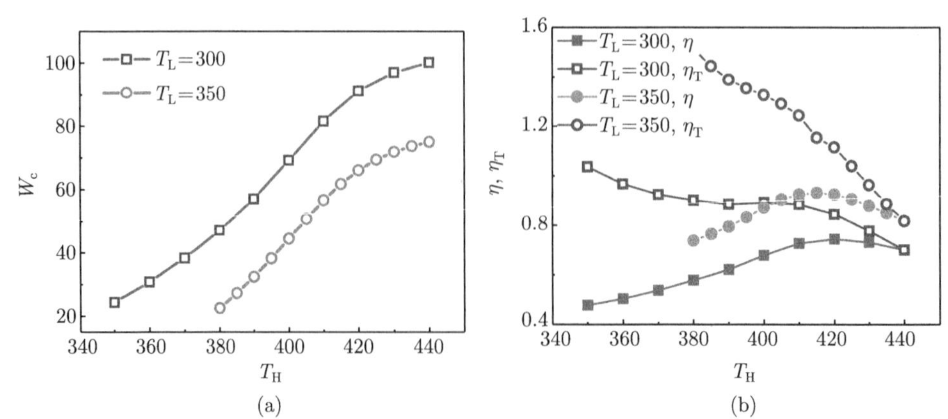


图 6.8.25　一个 Olsen 循环输出的：(a) 能量密度 $W_c$；(b) 能量密度转化效率 $\eta$ 及等时间能量密度转化效率 $\eta_T$ 与 $T_L$ 和 $T_H$ 的关系

为了理解图 6.8.25 中热电转换效率变化的原因，可以用热释电系数 $p_{\mathrm{pyro}}$ 随温度的变化来理解。正常的热释电系数是负值。图 6.8.26 的模拟条件是 $E_{\max}=30$，$E_{\min}=3$ 和 $T_{\mathrm{c}}=400$。图中绘出的短线长方框是图 6.8.25 中循环的高温段。显然，温度为 400 时的热释电效应为最强，低电场 $E_{\max}$ 时热释电系数随温度上升变化最大，适用于较窄的温区；而高电场 $E_{\max}$ 时变化较为平稳，适用于较宽的温度区域。在温度高于 $T_{\mathrm{c}}$ 的顺电相，温度越高热释电效应越低，转换能量的效率也越低，由此解释了居里温度靠近 $T_{\mathrm{H}}$ 的原因。

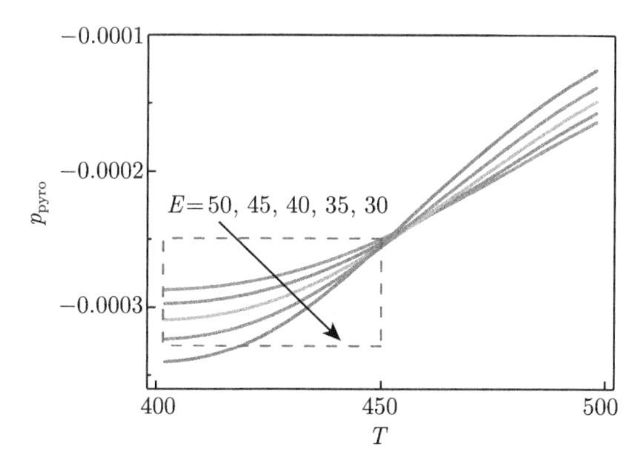


图 6.8.26　不同电场作用下热释电系数 $p_{\mathrm{pyro}}$ 随温度的变化关系

实验结果为分析理论工作的有效性提供了基础数据。例如，沿 [001] 方向极化的 68PMN-32PT 单晶样品，表面积为 $1\mathrm{cm}^2$，厚度为 140μm，居里温度为 150℃。为了研究相变对能量密度的影响，实验采用 $T_{\mathrm{L}}=80$℃ 维持正方相，$T_{\mathrm{H}}$ 在 130～170℃ 之间变化，该样品能够承受高达 9kV/cm 的 $E_{\max}$，因此选择了 $E_{\max}$ 为 6.0kV/cm 和 9.0kV/cm 时的实验数据，用 6.8.3 节的理论公式拟合得到图 6.8.27 的结果，拟合曲线能够在实验温度范围很好地符合实验数据的变化，并指出了能量密度随温度升高的变化趋势。

最后，需要讨论的是 $E_{\max}$ 的大小。尽管一般认为 $E_{\max}$ 越大越好，然而图 6.8.23(b) 的结论是有效的效率会降低；图 6.8.26 也给出了 $T_{\mathrm{c}}$ 温度附近的 $p_{\mathrm{pyro}}$ 绝对值会变小；需要外电源维持较大功率；较长的循环时间和可能的较大损耗。实验发现在 P(VDF-TrFE) 薄膜中，当 $E_{\max}$ 从 500kV/cm 上升到 600kV/cm 时转换的能量大幅下降。总之，应用中可以先确定 $E_{\max}$ 的大小，再根据 $T_{\mathrm{L}}$ 和 $T_{\mathrm{H}}$ 选择合适 $T_{\mathrm{c}}$ 的铁电材料，从而实现 Olsen 循环的优化。

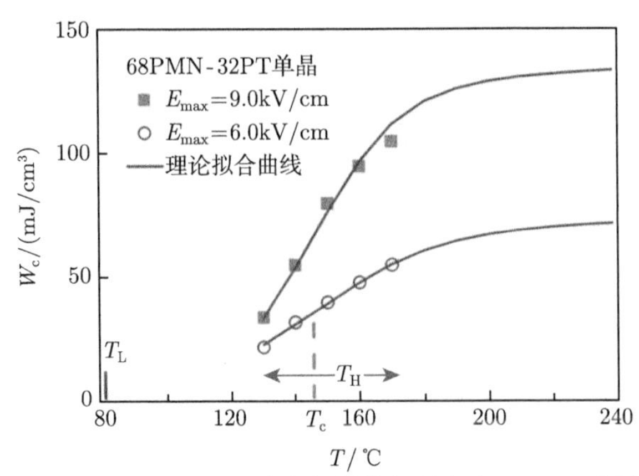


图 6.8.27 68PMN-32PT 单晶随 $T_H$ 变化的转化能量密度。$E_{max}$ 分别为 6.0kV/cm 和 9.0kV/cm，$T_L$ 维持在 80℃ 和 $E_{min}$ 为 2kV/cm。实验数据引自文献 [60]。两条曲线为理论拟合结果

## 参 考 文 献

[1] Mason W P, Matthias B T. Theoretical model for explaining the ferroelectric effect in barium titanate. Phys Rev, 1948, 74: 1622-1636.

[2] 钟维烈. 铁电体物理学. 北京: 科学出版社, 1996: 132.

[3] Sebald G, Seveyrat L, Guyomar D, et al. Electrocaloric and pyroelectric properties of $0.75(Mg_{1/3}Nb_{2/3})O_3$-$0.25PbTiO_3$ single crystals. J App Phys, 2006, 100: 124112.

[4] 曹万强, 陈甘霖, 陈勇, 等. 铁电体的极化储能效应. 中国科学: 技术科学, 2019, 49(8): 930-938.

[5] 陈勇, 卞梦云, 张灿灿, 等. 高电场下弛豫铁电体的场致效应. 中国科学: 技术科学, 2017, 47: 32-38.

[6] 陈勇, 姜朝斌, 秦路, 等. 反铁电体的极化与介电效应. 中国科学: 技术科学, 2019, 49: 1309-1318.

[7] Qu S H, Mei M, Cao W Q, et al. Exothermic effect of entropy change in second order phase transition ferroelectrics. Ferroelectr Lett Sec, 2018, 45(4-6): 66-75.

[8] Qu S H, Chen G L, Cao W Q, et al. Influence of polarization effect by electric field on energy storage. Ferroelectr Lett Sec, 2019, 46(1-3): 30-37.

[9] Gan Y C, Cao W Q, et al. Mechanism analyses of differential and static dielectric constants in ferroelectrics. Ferroelectr Lett Sec, 2020, 47(4-6): 96.

[10] Cao W Q, Yue Y C, Qu S H, et al. Mechanism of double-loop and double-dielectric peak in antiferroelectrics. Ferroelectr Lett Sec, 2019, 46(4-6): 65-72.

[11] Cao W Q, Ismail M M. Giant dielectric constant phenomena in $Bi_2O_3$-doped $Ba_{0.8}Sr_{0.2}$-$TiO_3$ ferroelectrics. Mater Technol, 2017, 32(5): 321.

[12] Cao W Q, Chen W. Dielectric properties of $Y_2O_3$ donor-doped $Ba_{0.8}Sr_{0.2}TiO_3$ ceramics. Mater Chem Phys, 2014, 143: 676-680.

[13] Feng Y, Wei X, Wang D, et al. Dielectric behaviors of antiferroelectric-ferroelectric transition under electric field. Ceram Int, 2004, 30: 1389-1392.

[14] Jin L, Li F, Zhang S. Decoding the fingerprint of ferroelectric loops: comprehension of the material properties and structures. J Am Ceram Soc, 2014, 97(1): 1-27.

[15] Pan R K, Li Y, Cao W Q, et al. Effects of electric field induced polarization on dielectric tunability and pyroelectric coefficient. Ferroelectr Lett Sec, 2017, 44(4-6): 81-92.

[16] Whatmore R W. Pyroelectric devices and materials. Rep Prog Phys, 1986, 49: 1335.

[17] Sun Z, Tang Y, Zhang S, et al. Ultrahigh pyroelectric figures of merit associated with distinct bistable dielectric phase transition in a new molecular compound: di-n-butylaminium trifluoroacetate. Adv Mater, 2015, 27: 4795-4801.

[18] 郭少波, 闫世光, 曹菲, 等. 红外探测用无铅铁电陶瓷的热释电特性研究进展. 物理学报, 2020, 69(12): 127708.

[19] 陈勇, 段文燕, 黎明锴, 等. 铁电体热释电系数的本征和场致增强模式的机理. 科学通报, 2020, 65(20): 2112-2119.

[20] Luo L, Jiang X, Zhang Y, et al. Electrocaloric effect and pyroelectric energy harvesting of $0.94Na_{0.5}Bi_{0.5}TiO_3$-$0.06BaTiO_{3-x}SrTiO_3$ ceramics. J Euro Ceram Soc, 2017 37: 2803-2812.

[21] Shi J, Zhu R, Liu X. Large electrocaloric effect in lead-free $(Ba_{0.85}Ca_{0.15})(Zr_{0.1}Ti_{0.9})O_3$ ceramics prepared via citrate route. Materials, 2017, 10: 1093.

[22] Choi S W, Shrout R T R, Jang S J, et al. Dielectric and pyroelectric properties in the $Pb(Mg_{1/3}Nb_{2/3}O_3)$-$PbTiO_3$ system. Ferroelectr, 1989, 100: 29.

[23] Shen M, Li W, Li M Y, et al. High room temperature pyroelectric property in lead-free BNT-BZT ferroelectric ceramics for thermal energy harvesting. J Eur Ceram Soc, 2019, 39: 1810.

[24] Luo L, Chen H, Zhu Y, et al. Pyroelectric and electrocaloric effect of (1 1 1)-oriented 0.9PMN-0.1PT single crystal. J Alloy Compd, 2011, 509: 8149.

[25] Zhang X, Shen Y, Xu B, et al. Giant energy density and improved discharge efficiency of solution-processed polymer nanocomposites for dielectric energy storage. Adv Mater, 2016, 28: 2055.

[26] Zhang T, Li W, Zhao Y, et al. High energy storage performance of opposite double heterojunction ferroelectricity-insulators. Adv Func Mater, 2018, 28: 1706211.

[27] Sun Z X, Ma C R, Liu M, et al. Ultrahigh energy storage performance of lead-free oxide multilayer film capacitors via interface engineering. Adv Mater, 2017, 29: 1604427.

[28] Lovinger A J. Ferroelectric polymers. Science, 1983, 220: 1115-1121.

[29] Chen Y, Du Y K, Yue Y C, et al. Correlation between energy storage density and differential dielectric constant in ferroelectrics. J Elec Mater, 2020, 49: 659-667.

[30] Park J H, Kim B K, Park S J. Electrostrictive coefficients of $0.9Pb(Mg_{1/3}Nb_{2/3})$-$0.1PbTiO_3$ relaxor ferroelectric ceramics in the ferroelectricity-dominated temperature range. J Am Ceram Soc, 1996, 79: 430-434.

[31] Zhang Q M, Bharti V, Zhao X. Giant electrostriction and relaxor ferroelectric behavior

in electron-irradiated poly(vinylidene fluoride-trifluoroethylene) copolymer. Science, 1998, 280: 2101-2103.

[32] Uchino K. Electrostrictive actuators: materials and applications. Am Ceram Soc Bull, 1986, 65: 647-652.

[33] Nomura S, Uchino K. Electrostrictive effect in $Pb(Mg_{1/3}Nb_{2/3})O_3$ type materials. Ferroelectrics, 1982, 41: 117-132.

[34] Cross L E. Relaxor ferroelectrics. Ferroelectrics, 1987, 76: 241-267.

[35] Wang L X, Liu R, Roderick V N. Modeling large reversible electric-field-induced strain in ferroelectric materials using 90° orientation switching. 中国科学: 技术科学, 2009, 52: 141-147.

[36] Devonshire A F. Theory of barium titanate. Philos Mag, 1949, 40: 1040-1063.

[37] 曹万强, 方凡, 陈勇, 等. 双势阱铁电体的场致应变效应. 中国科学: 技术科学, 2017, 47(4): 402-410.

[38] Zhang S T, Kounga A B, Aulbach E, et al. Lead-free piezoceramics with giant strain in the system $Bi_{0.5}Na_{0.5}TiO_3$-$BaTiO_3$-$K_{0.5}Na_{0.5}NbO_3$. I. Structure and room temperature properties. J Appl Phys, 2008, 103: 034107.

[39] Bai W F, Xi J H, Zhang J, et al. Effect of different templates on structure evolution and large strain response under a low electric field in ⟨0 0 1⟩ textured lead-free BNT-based piezoelectric ceramics. J Eur Ceram Soc, 2015, 35: 2489-2499.

[40] Wei F, Zhang L, Jing R, et al. Structure, dielectric, electrostrictive and electrocaloric properties of environmentally friendly Bi-substituted BCZT ferroelectric ceramics. Ceram Int, 2021, 47: 34676-34686.

[41] Li F, Jin L, Xu Z, et al. Electrostrictive effect in ferroelectrics: an alternative approach to improve iezoelectricity. Appl Phys Rev, 2014, 1: 011103.

[42] Chen Y, Chen Y, Du Y, et al. Influence of polarization, reorientation, and coupling of dipole on electrocaloric effect in ferroelectrics. Int Appl Cer Tech, 2020, 17: 1382-1391.

[43] 潘瑞琨, 潘一路, 陈勇, 等. 铁电性和偶极子转向对电卡效应的影响. 中国科学: 物理学力学天文学, 2020, 50(3): 037701.

[44] Bai Y, Zheng G P, Ding K, et al. The giant electrocaloric effect and high effective cooling power near room temperature for $BaTiO_3$ thick film. J Appl Phys, 2011, 110: 094103.

[45] Shi J, Zhu R. Large electrocaloric effect in lead-free $(Ba_{0.85}Ca_{0.15})(Zr_{0.1}Ti_{0.9})O_3$ ceramics prepared via citrate route. Materials, 2017, 10: 1093.

[46] Mischenko A S, Zhang Q M, Scott J F, et al. Giant electrocaloric effect in thin-film $PbZr_{0.95}Ti_{0.05}O_3$. Science, 2006, 311: 1270.

[47] Bai Y, Zheng G P, Shi S Q, et al. Abnormal electrocaloric effect of $Na_{0.5}Bi_{0.5}TiO_3$-$BaTiO_3$ lead-free ferroelectric ceramics above room temperature. Mater Res Bull, 2011, 46: 1866-1869.

[48] Scott J F. Electrocaloric materials. Annu Rev Mater Res, 2011, 41: 229-240.

[49] Sebald G, Pruvost S, Guyomar D. Energy harvesting based on Ericsson pyroelectric cycles in a relaxor ferroelectric ceramic. Smart Mater Struct, 2008, 17: 025021.

[50] Zhu H, Pruvost S, Guyomar D, et al. Thermal energy harvesting from $Pb(Zn_{1/3}Nb_{2/3})_{0.955}Ti_{0.045}O_3$ single crystalsphase transitions. J Appl Phys, 2009, 106: 124102.

[51] Olsen R B, Bruno D A, Briscoe J M. Pyroelectric conversion cycles. J. Appl. Phys, 1985, 58: 4709.

[52] Shen M, Qin Y, Zhang Y, et al. Enhanced pyroelectric properties of lead-free BNT-BA-KNN ceramics for thermal energy harvesting. J Am Ceram Soc, 2019, 102(7): 3990.

[53] Bhatia B, et al. High power density pyroelectric energy conversion in nanometer-thick $BaTiO_3$ films. Nanoscale Micros Thermophy Eng, 2016, 20: 137-146.

[54] Lee F Y, Goljahi S, Ian M McKinley, et al. Pyroelectric waste heat energy harvesting using relaxor ferroelectric 8/65/35 PLZT and the Olsen cycle. Smart Mater Struct, 2012, 21: 025021.

[55] Luo L, Jiang X, Zhang Y, et al. Electrocaloric effect and pyroelectric energy harvesting of $(0.94-x)Na_{0.5}Bi_{0.5}TiO_3$-$0.06BaTiO_{3-x}SrTiO_3$ ceramics. J Euro Ceram Soc, 2017, 37: 2803-2812.

[56] Navid A, Pilon L. Pyroelectric energy harvesting using Olsen cycles in purified and porous poly(vinylidene fluoride-trifluoroethylene) [P(VDFTrFE)] thin films. Smart Mater Struct, 2011, 20: 025012.

[57] 曹万强, 沈孟, 张清风, 等. 铁电体热释电循环的能量转换机理. 科学通报, 2023, 68(8): 972-980.

[58] Pandya S, Wilbur J, Kim J, et al. Pyroelectric energy conversion with large energy and power density in relaxor ferroelectric thin films. Nat Mater, 2018, 17: 432-438.

[59] Zheng K, Yao Y, Shen M, et al. Pyroelectric energy conversion efficiency of ferroelectrics in Olson cycle. Ferroelectrics, 2023: 607.

[60] Kandilian R, Navid A, Pilon L. The pyroelectric energy harvesting capabilities of PMN-PT near the morphotropic phase boundary. Smart Mater Struct, 2011, 20: 055020.

# 第 7 章 一阶相变铁电体

1953 年，Merz 用实验方法仔细测量了纯 $BaTiO_3$ 陶瓷在一阶铁电相变居里温度附近的双电滞回线随温度的变化规律 [1]。在该陶瓷中没有引入任何反铁电成分，而双电滞回线确实存在，并且在随后近 70 年的实验测量中不断发现铁电体的双电滞回线现象。人们普遍认为，铁电体在居里温度附近存在双回线属合理现象。基于电场对极化强度的诱导效应和平行偶极子间的耦合作者在理论上证明了双电滞回线在整个相变温区随温度的变化规律 [2]。本章首先对一阶相变铁电体的相变性质做了详细介绍，根据这些性质，结合基本的物理原理推导出了双回线产生的基本原理，再将原理转化为公式，用设计程序的方法求解含非线性项的公式，代入模拟的数值，得到了模拟结果和相应的图像，并与实验结果做了对比，解释了实验规律。

二阶相变铁电体在相变点变化的性质与一般物体二阶相变或者连续相变的性质基本相同，可用朗道理论描述。然而，一阶相变铁电体的相变特点与自然界的物质和各种晶体的相变有极大的不同，不能简单地套用热力学的公式，需要先分析其特性。

一阶相变铁电体的性质可用吉布斯自由能描述，能谷对应于稳定态。在相变区域，同时存在 $P = 0$ 的顺电相能谷和不为零的铁电相能谷，为两相共存状态。两相共存是指铁电相和顺电相共存，如同冰与水在零度的状态。当冰吸收了一部分热量后会变成水，吸收的热量越多，变化的比例也越多。如果热量加得足够多，能够使所有冰均变为水，则可以用热力学方程描述。由于温度始终不变，因此两相可以因吸热和放热同时存在及转变。在相转变的温度点，通过热量变化改变两相共存时的物质比例。在物理上，加热是熵增加的过程。在热力学理论中，吉布斯自由能与吸热和做功无关，因而在热交换的过程中，两相的吉布斯自由能不变，吉布斯自由能的两个能谷的高度也不变，但其他热力学函数均发生变化。铁电体的一阶相变与冰水相变不同的有两点：一是水为高温相，水分子处于混乱排列为高熵态，冰为规则排列的低熵态；而铁电相变刚好相反，高温时的顺电相为规则排列的低熵态，低温时的铁电相为偶极子无序排列的高熵态。二是冰水相变理论上只有一个温度点 (过冷液体除外)，而一阶铁电相变是一个区域。

一阶相变铁电体则不同，相变有一个区域。区域内性质的变化用吉布斯自由能的变化描述。考虑温度上升发生相变的过程：开始发生相变点在 $T_0$ 温度，低

于 $T_0$ 为铁电相，吉布斯自由能只有铁电相能谷，每个原胞均处于相同的偶极子状态。温度上升，原胞之间开始产生差异，部分原胞的偶极子消失，变为顺电态。到居里温度 $T_c$ 时，两相的吉布斯自由能能谷相等，两相共存且达到平衡。当温度上升到 $T_1$ 点时，不加电场时的状态 (静态) 表现为顺电相，偶极子全部消失，该温度点为第一相变温度。然而，外加电场能够改变吉布斯自由能的能谷，将部分顺电相成分诱导为铁电相成分。由于铁电相偶极子间的耦合效应，所产生的电滞回线表现为上下两个环的双回线，为电场诱导铁电相的特征。直至温度升高至 $T_2$ 点，电场不能再诱导出具有突变性质的偶极子。其电滞回线为单一曲线变化的顺电相，$T_2$ 点为第二相变温度，或者为动态 (加电场) 截止点。与冰水相变不同的是：① 高温相为低熵相；② 相变存在区域，$T_0$ 到 $T_1$ 的静态相变和 $T_0$ 到 $T_2$ 的动态相变。因此，用冰水相变的规律描述一阶铁电相变不合适，铁电体的一阶相变存在突变，且这种突变在 $T_0$ 为最大，随温度上升逐渐减小，到 $T_1$ 降低到零。该性质与一阶相变铁磁体在极低温下的超导相变性质完全相同。由于磁力线可以穿过顺磁体但不能穿过超导体，因而超导相与顺磁相的比例连续变化可用磁力线穿过的强度表示。由此，本章基于两相比例连续变化的原理，针对具体内容逐步展开分析。

二阶相变铁电体的特点是顺电相时吉布斯自由能谷底在 $P = 0$。外加电场会连续地向电场方向移动谷底，诱导出 $P$ 不为零的铁电相，变化的幅度较小。外加电场后，一阶相变铁电体也存在顺电相的吉布斯自由能谷底移动的情况，表现为与二阶相变铁电体相同的连续变化。只是由于幅度较小而不明显，仅在温度高于 $T_2$ 时才起主要作用。

对一阶相变铁电体的研究有个发展过程。最初的认识是将铁电体作为热释电体研究，即只考虑电场方向的极化强度随温度和电场的变化，并由此构成了对一阶相变铁电体的基本认识；忽略了两相共存对极化强度的影响和由此导致的各种行为。由于没有考虑到偶极子的转动，因而此方法难以理解生成畴的物理原因，只能将电滞回线归因于偶极子对电场响应滞后的非物理因素。由于它不属于物理的范畴，故在铁电体物理的书籍中基本没有关于铁电畴产生的论述。然而，铁电畴和电滞回线是铁电体的最基本特征。7.1 节首先介绍传统理论对一阶相变铁电体的基本理解和基本公式；7.2 节将其扩展到三维空间，引入偶极子的转动效应、耦合效应和两相共存效应，阐述畴形成的机理以及带来的滞后效应，由此得到 7.3 节在各个相变温区极化强度的变化规律和在电场作用下的电滞回线机理；运用基本理论推导出 7.4 节的介电常数、7.5 节的储能效应和 7.6 节的电致伸缩效应。由于铁电体相变在电场作用下的复杂性，因而必须通过设计程序并用数值模拟获取它们随温度和电场的变化规律。为了便于初学者理解，或者简单地与实验结果进行对比，7.8 节提供了电场达到饱和极大时的简化计算方程，可用于估算。

上述理论分析的结果能够解释实验结果，并可为设计实验提供理论指导。

需要重点说明的是，电场加在铁电体上不会产生任何新的物质及其新的形态。铁电体中任何实验现象及规律均可以用物理而非化学的方法得到合理的解释。

## 7.1　传统方法的介电常数与极化强度

在传统的铁电体模型中，做了两个假设：一是认为一阶相变铁电体的相变性质满足热力学的一阶相变理论，只在居里温度有突变；二是将一阶相变铁电体与二阶相变铁电体及自然界的物质相变做简单类比，并将铁电体当成热释电体处理。本节将介绍在上述假设成立的条件下，用热力学理论可以得到的基本结论。

### 7.1.1　一阶相变铁电体的吉布斯自由能

相变在热力学中的定义为：序参量连续变化的相变称为连续相变，序参量不连续变化的相变称为一阶 (级，order) 相变。连续相变是二阶和更高阶相变的总称。在连续相变中，前后两相的对称性之间有确定的联系；一阶变相中，两相的对称性之间可以不存在联系。连续相变无两相共存，无热滞；一阶相变时两相共存，并有热滞。

相变区域内铁电相与顺电相共存，描述铁电相和顺电相的吉布斯自由能分别为 $G_{\mathrm{F}}$ 和 $G_{\mathrm{P}}$。未施加外电场时，一阶相变铁电体具有 $\phi\left(P^2\right)=\dfrac{1}{4}\beta P^4+\dfrac{1}{6}\gamma P^6$。

首先讨论纯铁电相 $(T<T_0)$ 的情况，其吉布斯自由能为

$$G_{\mathrm{F}}=\frac{1}{2}\alpha_0\left(T-T_0\right)P^2+\frac{1}{4}\beta P^4+\frac{1}{6}\gamma P^6,\quad \beta<0,\gamma>0 \tag{7.1.1a}$$

$$\frac{\partial G_{\mathrm{F}}}{\partial P}=\alpha_0\left(T-T_0\right)P+\beta P^3+\gamma P^5=0 \tag{7.1.1b}$$

其中，$G$ 的下标 F 表示铁电相成分。将 (7.1.1b) 式除以一个 $P$，变为 $\alpha_0(T-T_0)+\beta P^2+\gamma P^4=0$，解此方程可以得到

$$P_{\mathrm{s}}^2=-\frac{\beta}{2\gamma}\left[1+\left(1-4\alpha_0\left(T-T_0\right)\gamma/\beta^2\right)^{1/2}\right] \tag{7.1.2a}$$

$$P_{\mathrm{s}}^2=-\frac{\beta}{2\gamma}\left[1-\left(1-4\alpha_0\left(T-T_0\right)\gamma/\beta^2\right)^{1/2}\right] \tag{7.1.2b}$$

在铁电相，(7.1.2a) 式的解是稳定态，对应真实解；而 (7.1.2b) 式的解对应吉布斯自由能的顶部，不是稳定态。当温度上升时，部分偶极子会从 (7.1.2a) 式的解 $P_{\mathrm{s0}}$

湮灭，从而产生极化强度 (作为序参量) 的突变，这种突变发生在相变的 $[T_0, T_1]$ 区间内，因而是一种有连续温区的一阶相变。

其次，讨论顺电相 ($T > T_1$) 时的吉布斯自由能。传统观点从吉布斯自由能对介电常数贡献的角度认为应该只有极化强度的平方项有贡献：

$$G_{\mathrm{P}} = \frac{1}{2}\alpha_0(T - T_0)P^2 \tag{7.1.3a}$$

其中，$G$ 的下标 P 表示顺电相成分。然而，考虑到电场作用时的效果，以及无电场与加电场之后的关联，应该增加高阶项的贡献，与铁电体的吉布斯自由能相同 (具体原理见 5.3 节)：

$$G_{\mathrm{P}} = \frac{1}{2}\alpha_0(T - T_0)P^2 + \frac{1}{4}\beta P^4 + \frac{1}{6}\gamma P^6 \tag{7.1.3b}$$

根据上述关系得到的吉布斯自由能数值模拟由图 7.1.1 展示。

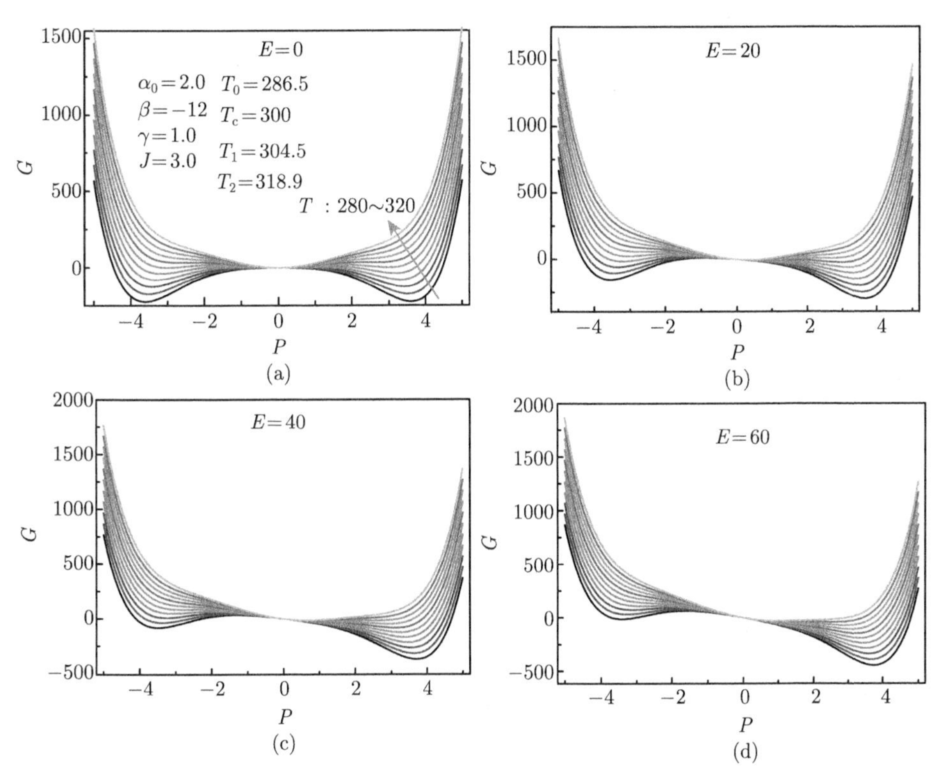


图 7.1.1 电场对一阶相变铁电体吉布斯自由能在相变温区的影响：(a) $E = 0$；(b) $E = 20$；(c) $E = 40$；(d) $E = 60$

图 7.1.1 为施加外电场后吉布斯自由能的变化过程，每个图由 10 条曲线构成温度变化的曲线。图 7.1.1(a) 为未加电场时对称的效果图，左右两侧对称。低于转变温度 $T_0$ 时，铁电相时只有两个正负能谷，中心没有形成能谷，故为纯铁电相。高于温度 $T_0$ 及低于温度 $T_1$ 时，中心存在能谷，有了顺电相的成分，吉布斯自由能存在一个中心和两个两侧的三个能谷；在 $T_c$ 时两侧的铁电相能谷与中心的顺电相能谷高低相同，为特征相变点；到了 $T_1$ 温度只有顺电相的中心能谷，铁电相能谷变为拐点。在温度从 $T_0$ 到 $T_1$ 的升高过程中，中心能谷保持为零，吉布斯自由能的两侧能谷逐渐上升，从低于 $T_c$ 时的小于零到高于 $T_c$ 时的大于零，再到 $T_1$ 时消失。图中所显示的温度为 $T=320$ 时已经高于 $T_1$ 甚至 $T_2$ 了，两侧能谷消失。两侧的图 7.1.1(b) 为施加弱电场后的效果。吉布斯自由能的能谷向右下降，左侧上升。各个温度点的能谷相应变化；其中，在 $T_1$ 时，右侧的能谷下降产生了铁电相，略低于 $T_1$ 时，左侧能谷上升，铁电相消失。图 7.1.1(c) 为 $E=40$ 时的情况，整个能谷向右下降的趋势更加明显。图 7.1.1(d) 为较大电场 $E=60$ 时的情况，左侧的能谷已经很低了，表示只在较低的温度下才有极化强度，而右侧的能谷更深，表明即使在较高的温度下也能产生极化强度。这就是电场诱导极化的效应：沿电场方向，在高于 $T_1$ (低于 $T_2$)，电场仍然能够使吉布斯自由能下降而产生铁电相的能谷。

总之，能谷的高低以及形成能谷的条件是判断是否具有极化强度形成电滞回线的基础。

### 7.1.2　相变温区的特征温度参量

一阶相变铁电体的相变温区，两相共存时的比例随温度连续变化。这个相变温区可以用四个特征温度描述 [3]。

吉布斯自由能中的基本参量关系为 $\alpha=\alpha_0(T-T_0), \alpha_0>0, \beta<0, \gamma>0, T_0$ 是居里-外斯温度。当 $T<T_0$ 时，(7.1.1b) 式在 $E=0$ 时只有 2 个解；而在 $T=T_0$ 时，从 (7.1.3b) 式可以得到 $P_s=0$ 的实数解，表示存在顺电相成分。而在 $T>T_0$ 时，(7.1.1b) 式的 5 个解均可求出实数值。

$G=\dfrac{1}{2}\alpha_0(T-T_0)P^2+\dfrac{1}{4}\beta P^4+\dfrac{1}{6}\gamma P^6$ 随温度变化过程的细节，如图 7.1.2 所示。

居里-外斯温度 $T_0$ 点是材料特有的值，是相变的起点，为第一个特征温度。依据 $T_0$ 可以推导整个相变过程。当温度高于 $T_0$ 后，会出现两种能谷：中心点能谷表示顺电相，位于 $P=0$。两侧的两个对称能谷表示铁电相。两种能谷共同存在表示两种成分共存。

一阶相变铁电体最典型的特征是在居里温度 $T_c$ 时铁电相和顺电相的 $G$ 能谷高度相同。由于顺电相的 $G$ 能谷始终为零，因而可以表示为 $\alpha_0(T_c-T_0)P_{sc}^2/2+$

$\beta P_{\mathrm{sc}}^4/4+\gamma P_{\mathrm{sc}}^6/6=0$。用 $P_{\mathrm{sc}}$ 表示自发极化强度。另外，利用能谷的一阶导数为零可解出

$$T_{\mathrm{c}}=T_0+3\beta^2/(16\alpha_0\gamma) \text{ 和} P_{\mathrm{sc}}{}^2=-3\gamma/(4\beta) \tag{7.1.4a}$$

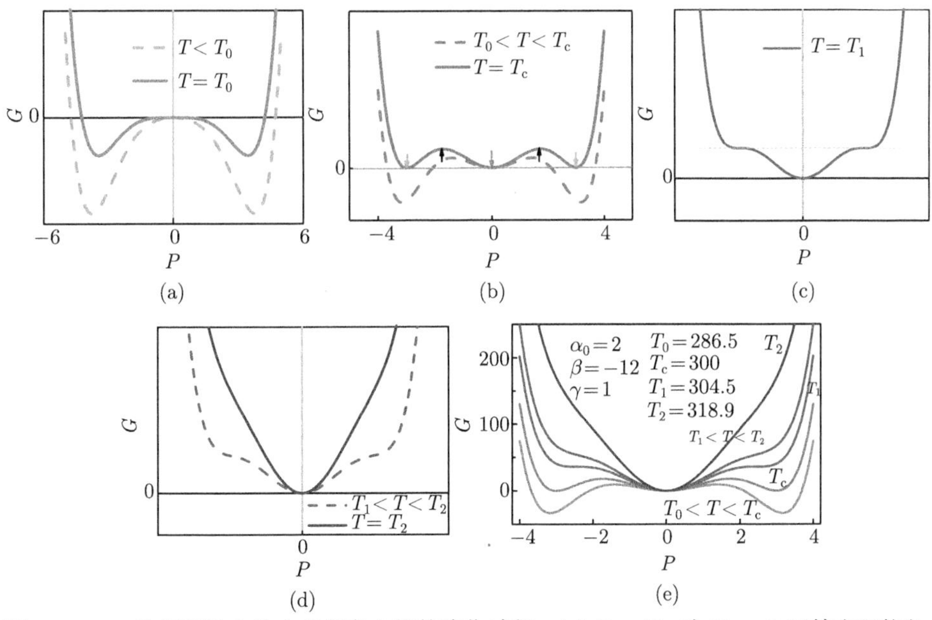


图 7.1.2 一阶相变铁电体吉布斯自由能的演化过程：(a) $T=T_0$ 时 $P_0=0$ 开始出现能谷；(b) 在 $T_{\mathrm{c}}$ 点顺电相能谷 $P_0=0$ 与铁电相能谷 $P_{\mathrm{s}}$ 高度相同，5 个箭头指向 (7.1.1b) 式的 5 个解，向下的箭头表示极化强度的解，中间的 $P_0=0$ 为顺电相解，两侧的为铁电相解 $P_{\mathrm{s}}$；(c) 第一相变点的特征是铁电相能谷的消失，虚直线表示曲线出现拐点；(d) 从 $T_1$ 到 $T_2$ 的变化比较，高于 $T_2$ 将无电场诱导的铁电相出现；(e) (a)∼ (d) 的曲线比较，示出了绘制曲线的参量

温度上升，铁电相的能谷也上升。当上升到一个临界温度 $T_1$ 时，铁电相的能谷变成了一个拐点。此温度为铁电相的临界值，高于此温度将无铁电相，为第三个特征温度。拐点的特征是 $G$ 的二阶导数为零。再利用 $G$ 的一阶导数为零，建立两个方程

$$\frac{\partial^2 G}{\partial P^2}=\alpha_0(T_1-T_0)+3\beta P^2+5\gamma P^4=0$$

$$\alpha_0(T_1-T_0)+\beta P^2+\gamma P^4=0$$

可以求解得到

$$T_1=T_0+\beta^2/(4\alpha_0\gamma) \tag{7.1.4b}$$

在无外加电场时，由吉布斯自由能能谷得到的极化强度为

$$P_{\mathrm{s}} = \pm\left\{-\frac{\beta}{2\gamma}\left[1+\left(4\alpha_0(T_1-T)\gamma/\beta^2\right)^{1/2}\right]\right\}^{1/2},\quad T < T_1 \tag{7.1.4c}$$

利用 $T_1$ 可以得到

$$\lambda = 4\alpha_0(T_1-T)+\beta[4\alpha_0(T_1-T)/\gamma)]^{1/2} \tag{7.1.4d}$$

因此，实际的介电常数测量，铁电相会延伸到高于居里温度的相变点 $T_1$。

尽管在高于 $T_1$ 后就无铁电相的成分了，但是外加电场还能够诱导出铁电相，并表现出两个环状的双回线。继续升高温度直至 $T_2$，诱导效应消失。因此，$T_2$ 为第四个特征温度。可以从 $G$ 的二阶导数为零成立的条件得到，即必须有可诱导的拐点存在：

$$\frac{\partial^2 G}{\partial P^2} = \alpha_0(T-T_0)+3\beta P^2+5\gamma P^4 = 0 \tag{7.1.5a}$$

要使上式有解，基本条件必须满足 $(3\beta)^2-4\cdot\alpha_0(T-T_0)\cdot 5\gamma \geqslant 0$。

最大温度 $T_2$ 的值为

$$T_2 = T_0 + 9\beta^2/(20\alpha_0\gamma) \tag{7.1.5b}$$

利用 $G$ 的二阶导数为零得到极化强度随温度的变化关系：

$$P_{\mathrm{s}} = \sqrt{\left(\sqrt{4\alpha_0(T_2-T)/(5\gamma)}-3\beta/(5\gamma)\right)/2} \tag{7.1.5c}$$

为了简化表示，设 $D=\beta^2/(16\alpha_0\gamma)$，综合 (7.1.4a)，(7.1.4b) 和 (7.1.5b) 三式绘出了图 7.1.3。图中展示了各个特征点距离初始相变温度 $T_0$ 的长度。比较可得：$T_2$ 到 $T_1$ 的长度最大，其次是 $T_c$ 到 $T_0$，$T_1$ 与 $T_0$ 的温度差最小。

图 7.1.3 综合了各个公式的结果。加电场后，极化强度的规律还会变化，其各个温度区域特有的极化性质将详细地逐步介绍。

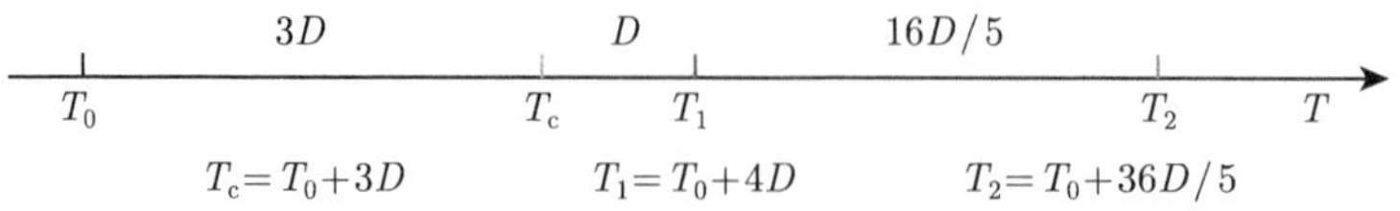

$3D$　　$D$　　$16D/5$

$T_0$　　$T_\mathrm{c}$　　$T_1$　　$T_2$　　$T$

$T_\mathrm{c}=T_0+3D$　　$T_1=T_0+4D$　　$T_2=T_0+36D/5$

图 7.1.3　一阶相变铁电体相变温区特征温度图

在传统的理论中，当温度低于居里温度时存在极化强度，而高于居里温度时则会消失，由此得到如下结论。

$T > T_c$ 时：

$$\lambda = \alpha_0(T - T_0) = \alpha_0(T - T_c) + 3\beta^2/(16\gamma) \tag{7.1.6a}$$

$T < T_c$ 时，利用 (7.1.1b) 式条件，得到

$$\begin{aligned}\lambda &= \alpha + 3\beta P^2 + 5\gamma P^4 = -4\alpha_0(T - T_0) - 2\beta P^2 \\ &= 4\alpha_0(T_c - T) + 2\beta[(\alpha_0\gamma(T_c - T))^{1/2} + \beta^2/16]/\gamma + \beta^2/(4\gamma)\end{aligned} \tag{7.1.6b}$$

铁电相时，参数 $\alpha_0$ 为正数，由于自发极化为实数，(7.1.2a) 式的解为自发极化 $P_s$ 的真实解。(7.1.2b) 式的解为虚解，不成立。由于自发极化 $P_s$ 的解为无电场时的平衡态解，故常用下标 “0” 表示平衡状态。(7.1.1b) 式中还包含了一个解 $P_0 = 0$。在吉布斯自由能曲线中有两个能谷位于正负 $P_s$ 点和一个峰顶位于 $P_0 = 0$，$G$ 的能谷是稳定解而峰顶是无效解。

因此，得到了自发极化的正和负两个解，取其正值绘于图 7.1.4(c) 中 [3]。

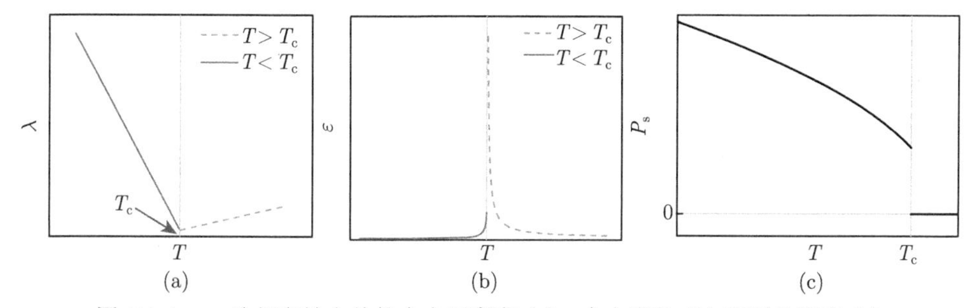


图 7.1.4 一阶相变铁电体的介电隔离率 (a)、介电常数 (b) 和极化强度 (c)

图 7.1.4 仅仅给出了传统的简单关系，用于定性理解。对于一阶相变铁电体，基于测量原理，仅仅只有电场方向和反电场方向的偶极子对介电常数有贡献，且在未加电场时，两者大小相同，有大小相等的贡献。

图 7.1.4 形像地描述了介电常数随温度的变化规律。此规律与实验结果完全吻合，证实了唯象理论的成功，因此被广泛地认可。然而，一阶相变铁电体在相变温度区间是两相共存的，上述内容仅仅是用传统热力学一阶相变的方法处理，没有考虑二相共存的问题，因而显得过于粗糙。

本节是传统的理论，只给出一般的规律，不能满足解释实验结果的实际需求。从 7.2 节开始，对一阶相变铁电体的各种行为做了详细分析。

对于铁电体而言，求解极化强度的规律是各种问题的关键。一旦解决了极化强度，其他所有应用均可与极化强度的问题发生关联，而极化强度的直观形式是

电滞回线。早在 1948 年 [4] 就提出解决极化强度要考虑各个方向偶极子响应的问题，只是被后来者忽略了，并误解为铁电体的偶极子仅沿电场方向排列，由此容易产生误解：将理论公式得到的自发极化 $P_\mathrm{s}$ 与实验测量得到的剩余极化 $P_\mathrm{r}$ 混淆。简单地说就是将电滞回线的测量值等同于不可直接测量的自发极化。

通过引入电场作用下偶极子的旋转效应和耦合效应，7.2 节将用传统的朗道-德文希尔 (Landau-Devonshire) 理论解释一阶相变铁电体在相变温度区域内极化强度变化的原理。

## 7.2　一阶相变铁电体的极化强度

铁电体的行为主要是加外电场后引起的各种效应，以对极化强度的诱导效应为主，伴随着其他各种效应，被广泛应用。

### 7.2.1　三维铁电体的吉布斯自由能

如果考虑三维情况及在加电场的条件下，可以得到与二阶相变铁电体相同的结论。三维无电场时，偶极子在各个方向均匀分布，大小相同。如果在某个方向外加电场 $E$，设其为 “+” 方向，则有

$$G = \rho_+ G_+ + \rho_- G_- + 4\rho_v G_v, \quad \rho_+ + \rho_- + 4\rho_v = 1 \tag{7.2.1a}$$

$G$ 由三个方向的分量构成:“$-$” 表示反电场方向，“$v$” 表示垂直于电场方向。$\rho_+, \rho_-$和$\rho_v$ 分别是极化强度在三个方向的概率，对应的三个方程分别是

$$G_+ = \frac{1}{2}\alpha P_+^2 + \frac{1}{4}\beta P_+^4 + \frac{1}{6}\gamma P_+^6 - EP_+, \quad P_+ > 0 \tag{7.2.1b}$$

$$G_- = \frac{1}{2}\alpha P_-^2 + \frac{1}{4}\beta P_-^4 + \frac{1}{6}\gamma P_-^6 - EP_-, \quad P_- < 0 \tag{7.2.1c}$$

$$G_v = \frac{1}{2}\alpha P^2 + \frac{1}{4}\beta P^4 + \frac{1}{6}\gamma P^6 \tag{7.2.1d}$$

在已知 (7.2.1b) 式和 (7.2.1c) 式参数的条件下，能够通过设计程序而分别求解得到其平衡状态下的解 $P_{+0}$ 和 $P_{-0}$，而 (7.2.1d) 式的解就是 $P_\mathrm{s}$。

当 $E = 0$ 时，$P_{+0} = P_0 = -P_{-0}$，以及 $\rho_+ = \rho_- = \rho_v = 1/6$。当 $E$ 增大到一个正值的时候，三个极化强度通过 (7.1.5b)~(7.1.5d) 得到，并可同时得到三个 $G$ 在平衡点的数值 $G_+, G_-$和$G_v$，即三个平衡态的能级值。利用这些能极值可得到偶极子在这三个代表状态的概率：

$$\rho_+ = \exp(-G_+/(kT))/[\exp(-G_+/(kT)) + \exp(-G_-/(kT)) + 4\exp(-G_v/(kT))] \tag{7.2.2a}$$

$$\rho_- = \exp(-G_-/(kT))/[\exp(-G_+/(kT)) + \exp(-G_-/(kT)) + 4\exp(-G_v/(kT))] \tag{7.2.2b}$$

$$\rho_v = 1 - (\rho_+ + \rho_-)/4 \tag{7.2.2c}$$

在电场作用下，当极化强度发生反向翻转时，$\rho_-$ 的减小量使 $\rho_+$ 增大了相同的数值；而从垂直方向的旋转使 $\rho_v$ 减少，又使 $\rho_+$ 增大了与 $\rho_v$ 减少量相同的数值。

### 7.2.2 正反电场方向的极化强度

如果考虑四方相铁电体，则只有正“+”和反“−”电场方向的偶极子对各种测量有贡献。

根据吉布斯自由能的平衡条件：

$$\frac{\Delta G}{\Delta P} = \rho_+ \frac{\Delta G_+}{\Delta P_+} + \rho_- \frac{\Delta G_-}{\Delta P_-} G_- + 4\rho_v \frac{\Delta G_v}{\Delta P_v} = 0$$

分别对应于三个子平衡条件：

$$\frac{\Delta G_+}{\Delta P_+} = 0, \quad \frac{\Delta G_-}{\Delta P_-} = 0, \quad \frac{\Delta G_v}{\Delta P_v} = 0$$

一阶相变铁电体的极化强度受温度的影响，以及受电场的诱导而变化。如果不考虑偶极子的旋转效应对数量的影响，仅考虑偶极子的大小对极化强度的影响，将 (7.2.1b) 和 (7.2.1c) 式进行计算模拟，可以得到极化强度的变化规律，如图 7.2.1 所示。

图 7.2.1(a) 显示了正负极化强度 $P_+$ 和 $P_-$ 对电场的响应。当电场为零时，$P_+$ 和 $P_-$ 对称变化完全相同：$P_+$ 为上图曲线中最左侧的一条，$P_-$ 为下图曲线中最右侧的一条。并且在接近临界点时有最大的极化强度垂直突变，显示了一阶相变的跃变特征。电场正向增大后，$P_+$ 会因诱导效应而增大；反之，$P_-$ 会左移，其原因是出现了临界电场导致的突变，这种突变主要出现在相变区域，而铁电相需要更大的电场强度才能产生突变。图 7.2.1(b) 是图 7.2.1(a) 的上图三维示意图。每条曲线都相互对应。可以看到在低电场时高极化强度的弯曲转变点基本相同，而低极化强度时则会随着电场的增大偏向低温。然而，到了 $E = 30$ 左右的高电场，整个曲线的变化越来越光滑，垂直变化段越来越小。

图 7.2.1(c) 和 (d) 是电场诱导极化强度的全域展示图，是用加电场后的极化强度与未加电场的极化强度的差值得到的。当 $E$ 较小时，极化强度峰在 $T_1$ 点几乎是直上直下，温度范围很窄；随着电场强度的增大，上升沿基本不变，下降过程变得缓慢了，特别是在 $E = 60$ 时，图 7.2.1(d) 显示出了很宽的温度下降过程。整

体上看，诱导极化的温度区域刚好在第一相变温度 ($T_1$) 到第二相变温度 ($T_2$) 的范围内，极化强度的最高点仍然位于 $T_1$ 点，顶层图颜色最深的一个小三角区域。

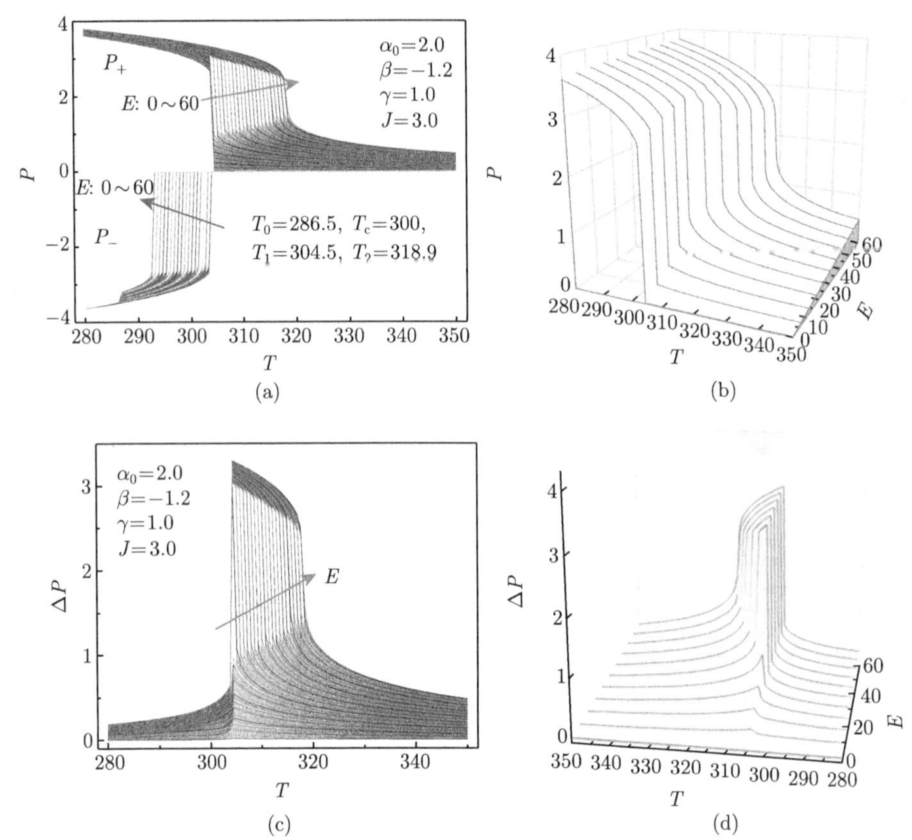


图 7.2.1　电场对极化强度 $P_+$ 和 $P_-$ 的影响。(a) 上图为 $P_+$，下图为 $P_-$。曲线变化为施加电场后的影响效果。(b) $P_+$ 的三维效果图，展示出电场大小对极化强度的影响效果，作为对图 (a) 的补充说明。(c) 表示电场的诱导极化强度 $\Delta P = P(E) - P(0)$ 示意图。图中曲线为图 (b) 中的 $P_+$ 曲线与 $E = 0$ 曲线的差值。(d) 图 (c) 的三维立体图，两图的数值完全相同，顶图为立体图的投影面，颜色越深表示数值越大

必须说明：传统观点认为一阶相变铁电体在居里温度发生突变，所有物理量包括介电常数在该温度发生突变，且物理量只在该温度发生变化，在其他温度不发生变化。这种假设没有经过严格的数学推导，与吉布斯自由能在相变温区的变化不符，也与电滞回线在相变温区演化的实验结果不符。本书先从概念上进行了澄清，再从数学上进行了严格推导，并与实验结果进行了对比。

人们对一阶相变的认识来源于高等数学：相变在居里温度发生时所有物理量均同时发生突变。然而，铁磁体和铁电体的一阶相变却并非如此，它们在一个温

度区间内两相共存，两相的比例随温度变化，变化的部分性质会发生突变。例如，铁电体会因温度上升铁电相比例下降，铁电相减少部分的极化强度从温度相关的数值转变为零，产生突变。温度上升到 $T_1$ 时，铁电相比例为零，大量的极化强度瞬间变为零，产生了明显的突变，同时引起了其他实验上可以测量的量也展示了显著的突变，其中有介电常数和熵的突变。

电场对极化强度的诱导特性也决定了各种关联效应，这也是一阶相变铁电体与二阶相变铁电体差异的来源。

在电场作用下正和反方向的极化强度也发生了一定的变化。根据测量原理，测量的极化强度应该考虑偶极子的转动和极化强度的变化两个因素，因而共同作用的结果是

$$P_{\mathrm{t}} = \rho_+ P_{+0} + \rho_- P_{-0}, \quad P_{+0} > 0, P_{-0} < 0 \tag{7.2.3}$$

由此得到了满足实验原理的极化强度 $P_{\mathrm{t}}$。在铁电相，一阶相变铁电体与二阶相变铁电体有相同的电滞回线表达式。

### 7.2.3　相变区域内的介电常数

在相变温区同时存在铁电相和顺电相，且两者均对介电常数起作用。其原理是：在二阶相变铁电体中，顺电相会被电场诱导出偶极子，也存在介电常数。将此原理用于一阶相变铁电体的相变温区，以 “F” 和 “P” 分别代表铁电和顺电成分，由此得到

$$\lambda_{\mathrm{F}} = \frac{\partial^2 G}{\partial P^2} = \alpha_0 (T - T_0) + 3\beta P_{\mathrm{F}}^2 + 5\gamma P_{\mathrm{F}}^4 \tag{7.2.4a}$$

$$\lambda_{\mathrm{P}} = \frac{\partial^2 G}{\partial P^2} = \alpha_0 (T - T_0) + 3\beta P_{\mathrm{P}}^2 + 5\gamma P_{\mathrm{P}}^4 \tag{7.2.4b}$$

尽管顺电相和铁电相的吉布斯自由能在形式上相同，但在介电常数的表现上会出现因极化强度不同而导致的差异。温度高于 $T_1$ 时吉布斯自由能只有 (7.2.4a) 式的一个解。

在无电场时，相变区 ($T_0 < T < T_1$) 两相共存时的吉布斯自由能能谷的高低决定了成分的比例，仍然由 (7.2.2) 式决定，两式可以得到三个解，两个铁电的和一个顺电的。介电隔离率也由解的值得到

$$\lambda = \rho_{\mathrm{F}} \lambda_{\mathrm{F}} + \rho_{\mathrm{P}} \lambda_{\mathrm{P}} \tag{7.2.4c}$$

$$\begin{aligned}
&\rho_{\mathrm{F}} = 2 \cdot \exp(-G_{\mathrm{F0}}/(kT))/[2 \cdot \exp(-G_{\mathrm{F0}}/(kT)) + 1] \\
&\rho_{\mathrm{P}} = 1/[2 \cdot \exp(-G_{\mathrm{F0}}/(kT)) + 1] \\
&\rho_{\mathrm{F}} + \rho_{\mathrm{P}} = 1
\end{aligned} \tag{7.2.4d}$$

$G_{\mathrm{P}}$ 的平衡值为零，$G_{\mathrm{F}}$ 的平衡值由其解 $P_{\mathrm{s}}$ 决定。由于极化强度在一维有正反两个方向，而顺电相的能谷只有一个零点，因而取向概率分别由两个吉布斯自由能的能级决定。

$G_{\mathrm{F0}}$ 表示平衡值。根据上述关系能够得到在整个温度区域内，特别是相变温区的吉布斯自由能、极化强度和介电常数的变化关系。

当电场从零点增加时，会诱导极化强度的增大和介电常数的减小，同时诱导产生铁电畴并继续增大极化强度。在图 7.2.2(a) 中反应了这种效应，电场对极化强度作用导致介电常数变化的温度谱。与传统理论结果完全不同的是，介电峰没有出现在居里温度 $T_{\mathrm{c}}$，而是出现在了更高的第一相变温度 $T_1$。同时，小电场时诱导小的变化。图 7.2.2(b) 显示出，增大电场到了中等程度，在 $T_1$ 点显示了更加明显的变化，这种变化与极化强度的突变有明显的不同：在低于 $T_1$ 时介电常数下降，高于 $T_1$ 时介电常数上升。从图 7.2.2(c) 可以看出，加了更高的电场后，会先出现一个介电峰，再随电场的增大而减小。由于取值数量较少，图 7.2.2(c) 显示出了一个一个的小峰，实际上应该是连续的从高到低的变化。上述内容为理论结果，还需要实验的验证。电滞回线对应的介电常数变化见 7.4 节。

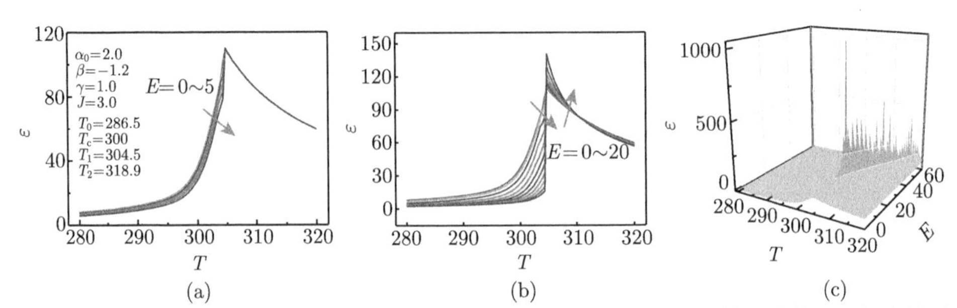


图 7.2.2　电场对介电常数影响的温度谱。(a) 低电场 ($E=0\sim5$) 时的影响效果：加电场后介电常数下降。(b) 中等电场 ($E=0\sim20$) 时的影响效果：加电场后峰的低温侧介电常数下降，高温侧上升。(c) 高电场介电常数的变化：高电场使介电常数出现临界电场，且该临界电场使介电常数增大，之后逐渐减小

### 7.2.4　电场在相变温区的诱导效应

#### 7.2.4.1　电场对铁电相的诱导效应与临界电场

在 $T_1$ 以下温度，电场对铁电体电场方向的极化强度具有增大作用，对反向极化强度具有减弱和湮灭作用。上述的作用称为诱导效应。湮灭点的电场为临界电场，在实验上表现为对极化强度的开关效应。在临界电场，吉布斯自由能 $G_{-}$ 及其一阶和二阶导数为零的表达式：

$$G_- = \frac{1}{2}\alpha_0(T - T_0)\cdot P_-^2 + \frac{1}{4}\beta P_-^4 + \frac{1}{6}\gamma P_-^6 - E\cdot P_-$$

$$\frac{\partial G_-}{\partial P_-} = 0, \quad \alpha_0(T - T_0)P_- + \beta P_-^3 + \gamma P_-^5 - E = 0 \tag{7.2.5}$$

$$\frac{\partial^2 G_-}{\partial P_-^2} = 0, \quad \alpha_0(T - T_0) + 3\beta P_-^2 + 5\gamma P_-^4 = 0$$

根据上式，通过推导，可得到反向吉布斯自由能出现拐点时的临界电场 $E_0$ 和反向极化强度 $P_-$[2]。

$$\begin{aligned} &E_0 = \alpha_0(T - T_0)\cdot P_- + \beta\cdot P_-^3 + \gamma\cdot P_-^5 \\ &P_- = -\sqrt{(\sqrt{\Delta} - 3\beta/(5\gamma))/2}, \quad \Delta = 4\alpha_0(T_2 - T)/(5\gamma) \end{aligned} \tag{7.2.6}$$

将上述结果绘成图 7.2.3。

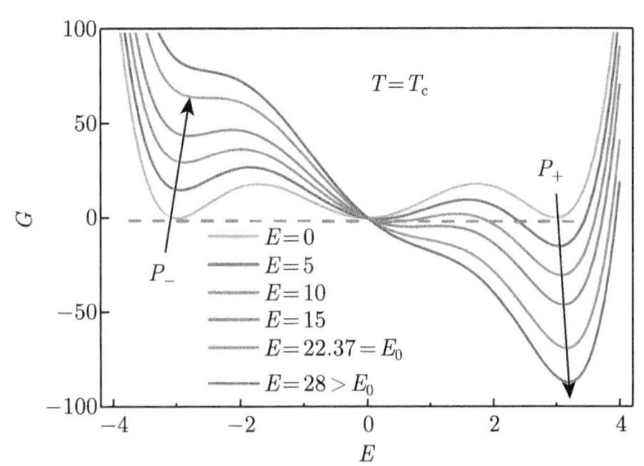


图 7.2.3　开关效应原理图。电场使反向吉布斯自由能的能谷升高，并在某个临界电场曲线从能谷变为了拐点，极化强度在该拐点处消失 (引自文献 [2])

吉布斯自由能在正负两个方向有两个解。$E = 0$ 时，它们大小相等方向相反。$E$ 增大，$G_+$ 的能谷下降，$P_+$ 增大；$G$ 的能谷上升，$P_-$ 的数值减小。$E$ 增大到临界值 $E_0$，$G_-$ 的能谷变为拐点，$P_-$ 消失。$P_-$ 全部转向 $P_+$，导致了正向极化强度突然增大，形成了开关效应。转向之前的概率分布满足 (7.2.2) 式。

转向时的临界电场求解方法是

$$\frac{\partial G_-}{\partial P_-} = 0, \quad \frac{\partial^2 G_-}{\partial P_-^2} = 0$$

转向后的概率分布为

$$\rho_+ = \frac{\exp(-G_+/(kT))}{\exp(-G_+/(kT)) + 4\exp(-G_v/(kT))}, \quad \rho_- = 0$$

#### 7.2.4.2 电场在相变区的诱导效应

当温度高于 $T_1$ 低于 $T_2$ 时，在电场作用下会发生只对电场方向的极化强度诱导铁电相的效应。在典型的温度 $T_1$，$G$ 的变化曲线如图 7.2.4 所示，中心有个较低的顺电相能谷，两侧原铁电相的能谷变为了拐点。电场的作用会产生两种效应：一是中心的顺电相能谷会发生向电场方向的移动，从而产生一种较弱的铁电体，之后随电场的增大能谷变为有拐点的曲线，这种铁电性随电场连续变化，图中表示为 $P_{\rm L}$，由于数值太小基本可以忽略。二是将铁电相能谷演变的拐点诱导为铁电相的能谷，这种变化一旦出现，将突然产生较大的极化强度，表示为 $P_{\rm H}$，并且连续地随电场的增大而增大，如图 7.2.4 虚线的箭头所示。

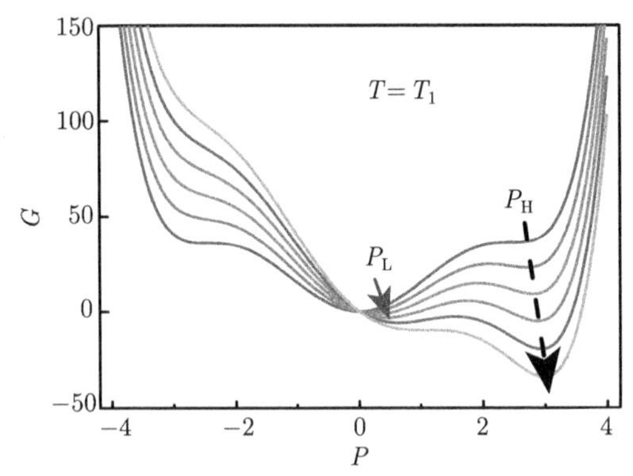


图 7.2.4 在第一相变温度 $T_1$ 时电场诱导产生铁电相的过程。$P_{\rm L}$ 为对顺电相能谷的诱导，仅在低电场有效；$P_{\rm H}$ 为对原铁电相能谷的诱导，从 $G$ 曲线的拐点开始，增大电场会突然产生一个强极化强度 (引自文献 [2])

图 7.2.5 显出了当温度升高到 $T_1 \sim T_2$ 之间时，吉布斯自由能的变化对极化强度的影响。其原理是在 $T_1$ 时所发生过的两种效应会继续发生：一是诱导顺电相产生 $P_{\rm L}$ 的值会随电场的增加而略有增大；二是电场方向的 $G_+$ 的曲线，需要到 $E_{\rm c1}$ 时才能诱导出极化强度 $P_{\rm H}$，相当于对温度的补偿以到达 $T_1$ 的临界态使 $G_+$ 曲线出现拐点，再增大电场产生诱导效应。

需要指出的是，二阶相变铁电体具有电场诱导的 $P_{\rm L}$ 而无 $P_{\rm H}$。$P_{\rm L}$ 是一种连续变化，$P_{\rm H}$ 仅在临界电场时突然出现，使极化强度阶跃式突然增大，为一阶相变的特征。由于在临界电场以下无 $P_{\rm H}$ 性质的偶极子，因而导出该临界电场 $E_{\rm c1}$ 将不涉及耦合效应。图 7.2.5 中的插图显示了出现 $P_{\rm H}$ 的温度补偿电场和 $P_{\rm L}$ 消失的过程。电场 $E_{c1}$ 可以理解为电场补偿温度效应 [2]。继续增大电场则会诱导出铁电相的极化强度，如图 7.2.5 的虚线箭头所示。而 $P_L$ 和 $P_H$ 之间的大小和变化关系如插图所示。$P_L$ 一直延续到较大的电场才消失。利用曲线拐点的性质可导出为 (7.2.7) 式。温度越高，$P_H$ 的临界电场 $E_{c1}$ 越高，温度高于 $T_2$ 时消失不再产生。当 $E$ 增大到高于临界值 $E_{c1}$ 时，电场诱导的极化强度 $P_H$ 产生如下作用。

$$
\begin{aligned}
&E_{c1}=\alpha_0(T-T_0)\cdot P_{+c}+\beta\cdot P_{+c}^3+\gamma\cdot P_{+c}^5\\
&P_{+c}=\sqrt{(\sqrt{\Delta}-3\beta/(5\gamma))/2},\quad \Delta=4\alpha_0(T_2-T)/(5\gamma)
\end{aligned}
\tag{7.2.7a}
$$

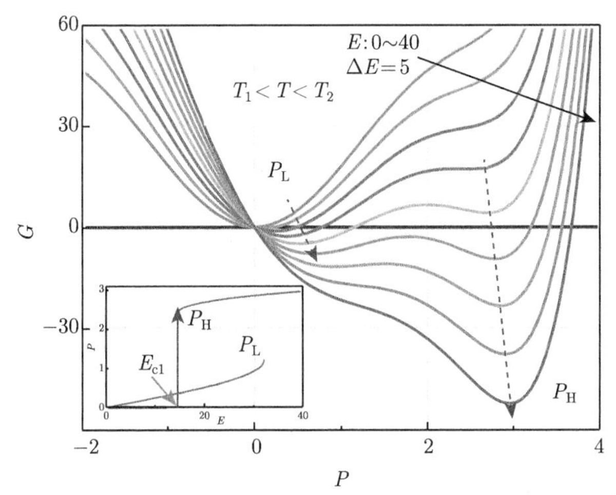


图 7.2.5　在 $T_1\sim T_2$ 范围内电场诱导极化强度的过程。$P_L$ 是诱导顺电相产生和消失极化强度的过程。电场增到 $E_{c1}$ 时，$G$ 曲线出现拐点诱导 $P_H$ 的出现。插图显示了 $P_H$ 和 $P_L$ 随电场增加的变化过程 (引自文献 [2])

当电场从最大值 $E_{max}$ 变回到零时，耦合极化形成的畴维持耦合强度不变，$P_H$ 直到临界电场 $E_{c2}$ 时才消失。

$$
\begin{aligned}
&E_{c2}=\alpha_0(T-T_0-\Delta T_J)\cdot P_{++}+\beta\cdot P_{++}^3+\gamma\cdot P_{++}^5\\
&P_{++}=\sqrt{(\sqrt{\Delta}-3\beta/(5\gamma))/2},\ \Delta=4\alpha_0(T_2-T+\Delta T_J)/(5\gamma)\\
&\Delta T_J=2J\Delta\rho_{max}/\alpha_0
\end{aligned}
\tag{7.2.7b}
$$

最后一个临界电场是 $E_{cJ}$，表示电场对耦合强度也会有影响，类似于对最大电场 $E_{max}$ 的记忆效应。因为一些电滞回线表现为与所加 $E_{max}$ 的相关性。

$$
\begin{aligned}
&E_{cJ}=\alpha_0(T-T_0-\Delta T_J)\cdot P_{++c}+\beta\cdot P_{++c}^3+\gamma\cdot P_{++c}^5\\
&P_{++c}=\sqrt{(\sqrt{\Delta}-3\beta/(5\gamma))/2},\quad \Delta=4\alpha_0(T_2-T+\Delta T_J)/(5\gamma)\\
&\Delta T_J=2J\Delta\rho_{max}(E/E_{max})/\alpha_0
\end{aligned}
\tag{7.2.8}
$$

(7.2.8) 式的推导包含了 $\Delta T_J$ 的作用，是耦合形成畴的结果。

以上内容分析了电场在一阶相变铁电体中诱导极化强度并产生突变的机理，是形成双电滞回线的主要因素。然而，形成滞后效应则需要考虑同向偶极子之间的耦合效应。

### 7.2.5 一阶相变铁电体的热滞后效应

二阶相变铁电体满足朗道相变理论的特征，在接近相变点的温度区域为长程关联；在不考虑各个区域间温差的条件下，这种长程关联保证了整体变化的一致性，每个原胞中的偶极子均表现出完全相同的变化，且在升温和降温的过程中，只要温度一定，就会表现出与过程无关的现象，因而不存在热滞后效应。

一阶相变铁电体在理想的情况下，如果能够快速地达到统计物理意义上的热平衡也不会存在热滞后效应。然而朗道相变理论不适用于一阶相变的材料，因而不存在关联性，导致热滞后效应有发生的可能。其原因是一阶相变铁电体存在一个相变温区，且在此相变温区内存在铁电和顺电两相共存。铁电相有偶极子产生的极化强度而顺电相则没有，这种差异会导致的现象是：当对铁电体进行变温测量时，升温和降温速率是一定的。当铁电体从低温的铁电相升高到顺电相时，在经历相变温区时，特别是到了居里温度时，由于铁电相和顺电相的吉布斯自由能相同，因此会保持较多比例的铁电相成分和较少的顺电相成分。尽管这是一种不平衡的状态，但能级的相同使得到达平衡状态需要较长时间，在有限的升温速率下非平衡的状态会一直保持到温度升高到 $T_1$ 以上，在加电场的条件下可能升高到 $T_2$ 温度。当过程反过来从高温到低温时，初始状态为顺电相，变化到低温的铁电相的过程中，在相同温度下极化强度低于升温过程的极化强度。

总之，升温过程有较大的极化强度而降温过程有较小的极化强度。由于极化强度的大小与介电常数刚好相反，因而升温过程有较小的介电常数，表现为在较高温度时开始上升；在降温过程有较大的极化强度即较小的介电常数，表现为在较低的温度时介电常数才开始下降。这就是极化强度的变化所支配的介电常数的变化。

无电场时，铁电体从一个非平衡状态到平衡状态的过程是依靠热涨落实现的。即在平衡条件下，总会有偏离平衡的随机状态出现，这种随机性产生了一种热力学的涨落力 $f(t)$；同时，此过程也是能量消耗的过程，即具有耗散性。如果考虑的物理量是极化强度 $P$，在理论上用耗散函数 $\alpha(t)$ 描述涨落对极化强度平均值的影响，则有

$$\begin{aligned}\langle P(t)\rangle &= \alpha(t)\otimes f(t)\\ \langle P(\omega)\rangle &= \alpha(\omega)\cdot f(\omega)\end{aligned} \tag{7.2.9}$$

上式中第一式是以时间为变量，涨落力 $f(t)$ 与耗散函数 $\alpha(t)$ 的卷积；第二

式是以频率为变量，两者是乘积。当实验的升温过程快于耗散函数所需要的平衡时间时，产生了热滞后。且这种热滞后是材料本征所具有的，除非升温过程极慢。因此，实验上的升温速率越快，滞后越大。

如果是以较慢的速率升温，则会有接近平衡的状态出现。其测量物理量的方均值与耗散函数的关系为

$$\left\langle P^2\right\rangle = T\alpha(0) \tag{7.2.10}$$

由此表现为极化强度的方均值与温度和耗散函数成正比。

总的规律是：热涨落导致了随机力的出现，它是一种外部的驱动力，可以认为与温度正相关。而耗散函数是材料的系统特征函数，耗散函数表现为时间或者频率的函数形式，描述了从非平衡态到平衡态的过程。

举例分析：当一个一阶相变铁电体从铁电态升温到居里温度时，铁电态和顺电态的吉布斯自由能能级相同，而偶极子所占的铁电态比例超过了平衡值。由于能级相同，没有能级差所造成的“力”。因此，只有依靠原子或者原胞振动所导致的随机性，会不断地有偶极子从铁电相转变到顺电相而消失，也会有相反的过程。由于两个过程的强度不同，偶极子消失的速率高于产生的速率，从而表现为一个宏观的耗散过程，对应于极化强度方均值的下降直到平衡，接近平衡时的判断标准为 (7.2.10) 式。

## 7.3 相变温区的电滞回线效应

### 7.3.1 铁电相温区的电滞回线原理

一阶相变铁电体在铁电相温区 $T < T_0$ 的耦合行为与二阶相变铁电体相同，四方相的偶极子取向有 6 个方向。外加电场后，产生了极化强度反转，出现了平行排列的偶极子。整个系统满足：

$$G = \rho_+ G_+ + \rho_- G_- + 4\rho_v G_v, \quad \rho_+ + \rho_- + 4\rho_v = 1 \tag{7.3.1a}$$

$$G_+ = \frac{1}{2}\alpha P_+^2 + \frac{1}{4}\beta P_+^4 + \frac{1}{6}\gamma P_+^6 - EP_+, \quad P_+ > 0 \tag{7.3.1b}$$

$$G_- = \frac{1}{2}\alpha P_-^2 + \frac{1}{4}\beta P_-^4 + \frac{1}{6}\gamma P_-^6 - EP_-, \quad P_- < 0 \tag{7.3.1c}$$

电场方向的偶极子相互耦合形成畴后，其耦合的吉布斯自由能 $G_{++}$ 为

$$G_{++} = \frac{1}{2}\alpha_0(T-T_0)\cdot P_{++}^2 + \frac{1}{4}\beta P_{++}^4 + \frac{1}{6}\gamma P_{++}^6 - J(\rho_+ - \rho_-)P_{++}^2 - E\cdot P_{++} \tag{7.3.1d}$$

平衡时的极化强度可以通过一阶导数得到

$$\frac{\partial G_{++}}{\partial P_{++}}=\alpha_0(T-T_0)P_{++}+\beta P_{++}^3+\gamma P_{++}^5-J(\rho_+-\rho_-)P_{++}-E=0 \quad (7.3.1e)$$

其中，(7.3.1e) 式中的所有参数和温度均为已知量，$P_{++}$ 可以由此算出。

利用上述自由能的变化和 (7.1.4) 式的取向概率的相应变化规律，可以分步推导出电滞回线。将分三步分别介绍，如图 7.3.1 所示。

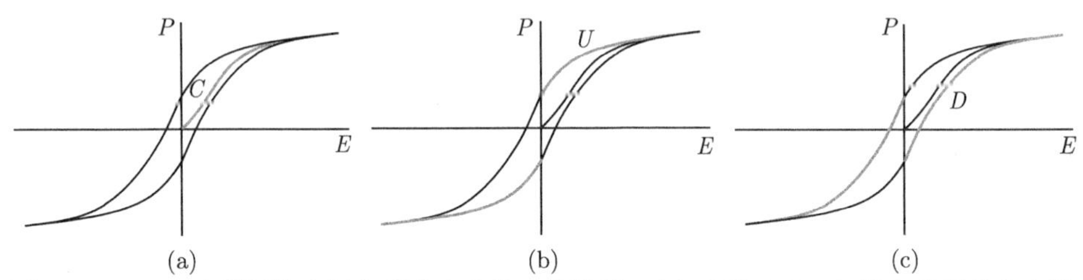


图 7.3.1　$P$-$E$ 电滞回线中极化强度变化的三个阶段：(a) 中线 ($C$)，初始上升到最大电场；(b) 上线 ($U$)，从最大电场返回零，第一象限和第三象限对称；(c) 下线 ($D$)，从电场为零上升到最大电场，第一象限和第四象限与第三象限和第二象限对称

具体电滞回线的过程分别由推导中线 ($C$)、上线 ($U$) 和下线 ($D$) 的三步组成。第一步，中线的推导为 $E=0$ 到 $E_{\max}$ 的过程，极化强度从 0 开始上升，描述的公式是

$$P_{\rm t}=\rho_-(P_{+0}+P_{-0})+(\rho_+-\rho_-)P_{++0}, \quad E<E_0$$
$$P_{\rm t}=\rho_+P_{++0}, \quad E\geqslant E_0$$

其中，$P_{+0}$，$P_{-0}$ 和 $P_{++0}$ 可以通过 (7.3.1b)~(7.3.1d) 式求解。$\rho_+$ 和 $\rho_-$ 可以通过 (7.1.4) 式求解。铁电相临界电场满足 (7.2.7) 式。

第二步，从 $E=E_{\max}$ 开始，减小电场到 0 的过程，称之为上线。当外加电场 $E_{\max}$ 大于 (7.2.7b) 式的临界电场 $E_{\rm c2}$ 时

$$P_{\rm t}=\rho_+P_{++0}$$

$$G_{++}=\frac{1}{2}\alpha_0(T-T_0)\cdot P_{++}^2+\frac{1}{4}\beta P_{++}^4+\frac{1}{6}\gamma P_{++}^6-J\Delta\rho_{+\max}(1-E/E_{\max})P_{++}^2-E\cdot P_{++} \quad (7.3.2)$$

当电场下降到低于 $E_{\rm c2}$ 时，正向畴和反向偶极子对极化强度有贡献。

$$P_{\rm t}=\rho_-P_{-0}+\rho_{++}P_{++0}$$

其中，

$$\rho_-=\frac{\exp(-G_-/(kT))}{\exp(-G_{++}/(kT))+\exp(-G_-/(kT))+4\exp(-G_v/(kT))}$$

$$\rho_{++} = \frac{\exp(-G_{++}/(kT))}{\exp(-G_{++}/(kT)) + 4\exp(-G_v/(kT))}$$

$$G_- = \frac{1}{2}\alpha_0(T - T_0) \cdot P_-^2 + \frac{1}{4}\beta P_-^4 + \frac{1}{6}\gamma P_-^6 - E \cdot P_-, \quad P_- < 0$$

第三步，从 $E = 0$ 开始到 $-E_{\max}$ 的过程，为负电场区电滞回线的上线，等同于图 7.3.1(c) 的下线。其特征是：初始时反向电场较小，剩余极化的铁电畴部分保留，在临界电场 $E_{cJ}$ 下才能完全反转，数值由 (7.2.8) 式确定。此过程的电场 $E$ 为负值。

当 $E > -E_{cJ}$ 时，存在剩余正向畴、反向偶极子和逐步形成的反向畴。测量的极化强度为

$$\begin{aligned}
P_t &= \rho_{++}P_{++0} + \rho_-P_{-0} + \rho_{--}P_{--0} \\
G_- &= \frac{1}{2}\alpha_0(T - T_0) \cdot P_-^2 + \frac{1}{4}\beta P_-^4 + \frac{1}{6}\gamma P_-^6 - E \cdot P_- \\
G_{++} &= \frac{1}{2}\alpha_0(T - T_0) \cdot P_{++}^2 + \frac{1}{4}\beta P_{++}^4 + \frac{1}{6}\gamma P_{++}^6 \\
&\quad - J\Delta\rho_{+\max}(1 + E/E_{\max})P_{++}^2 - E \cdot P_{++} \\
G_{--} &= \frac{1}{2}\alpha_0(T - T_0) \cdot P_{--}^2 + \frac{1}{4}\beta P_{--}^4 + \frac{1}{6}\gamma P_{--}^6 \\
&\quad - J\Delta\rho_{+\max}(-E/E_{\max})P_{--}^2 - E \cdot P_{--}
\end{aligned} \tag{7.3.3}$$

在反向电场的作用下，畴的吉布斯自由能受到两个方面的影响：减弱畴的极化强度和耦合强度。当 $E < E_{cJ}$ 时，只存在反向畴 $P_{--0}$。如果温度接近相变点，则会在临界电场 $E_{cJ}$ 时发生突变。

$$P_t = \rho_{--}P_{--0}$$

$$G_{--} = \frac{1}{2}\alpha_0(T - T_0) \cdot P_{--}^2 + \frac{1}{4}\beta P_{--}^4 + \frac{1}{6}\gamma P_{--}^6 - J\Delta\rho_{+\max}(-E/E_{\max})P_{--}^2 - E \cdot P_{--}$$

$$\rho_{--} = \frac{\exp(-G_{--}/(kT))}{\exp(-G_{--}/(kT)) + 4\exp(-G_v/(kT))}$$

铁电相的规律基本上可以延用于相变区，只需要考虑顺电相的因素和诱导效应。

### 7.3.2 第一临界区内的原理

第一临界区指一阶相变铁电体在 $T_0 \sim T_1$ 的温度范围。该相变温区的行为与二阶相变铁电体基本相同。外加电场后，产生了极化强度反转，出现了平行排列的偶极子。整个系统满足 (7.3.1) 式中的各个公式。

$G_{++}$ 的平衡值还可以表示为

$$[\alpha_0(T-T_0-\Delta T_J)]P_{++}+\beta P_{++}^3+\gamma P_{++}^5-E=0,\quad \Delta T_J\approx J(\rho_+-\rho_-)/\alpha_0$$

在 $T_0$ 温度以下的铁电相，各个方向的取向概率为

$$\begin{aligned}&\rho_+=\exp(-G_+/(kT))/[\exp(-G_+/(kT))+\exp(-G_-/(kT))+4\exp(-G_v/(kT))\\&\rho_-=\exp(-G_-/(kT))/[\exp(-G_+/(kT))+\exp(-G_-/(kT))+4\exp(-G_v/(kT))]\\&\rho_v=1-(\rho_++\rho_-)/4\end{aligned}\tag{7.3.4}$$

在 $T_0 \sim T_1$ 的温度范围内两相共存，正、反极化强度的概率分别为

$$\begin{aligned}\rho_+=&\exp(-G_+/(kT))/[\exp(-G_+/(kT))+\exp(-G_-/(kT))\\&+4\exp(-G_v/(kT))+3]\\\rho_-=&\exp(-G_-/(kT))/[\exp(-G_+/(kT))+\exp(-G_-/(kT))\\&+4\exp(-G_v/(kT))+3]\end{aligned}\tag{7.3.5}$$

其中，三维顺电相有三个重合的能级不零的能谷，两式分母中的“3”为顺电相的比例，其 $G$ 值为 0。外加电场后，其中一个能谷被诱导为铁电相，另外两个能谷保持为顺电相。

在电滞回线的中线，电场从零上升的过程中，极化强度为

$$P_{\mathrm{t}}=\rho_-(P_{+0}+P_{-0})+(\rho_+-\rho_-)P_{++0},\quad E<E_0\tag{7.3.6a}$$

$$P_{\mathrm{t}}=\rho_+P_{++0},\quad E\geqslant E_0\tag{7.3.6b}$$

其中，临界电场 $E_0$ 由 (7.2.6) 式确定。

当电场达到最大值后再减小到零的过程为电滞回线的上线。电场方向的极化强度 $P_{++0}$ 是通过 (7.3.1e) 式得到的，低于 $E_{\mathrm{c2}}$ 后的 $P_{-0}$ 通过 (7.3.1c) 式得到，再计算各自的取向概率，得到极化强度

$$P_{\mathrm{t}}=\rho_{+\max}P_{++0},\quad E\geqslant E_{\mathrm{c2}}\tag{7.3.6c}$$

$$P_{\mathrm{t}}=\rho_-P_{-0}+\rho_{+\max}P_{++0},\quad E<E_{\mathrm{c2}}\tag{7.3.6d}$$

其中，$\rho_{+\max}$ 为电场达到最大值后形成畴的概率，它会在正向电场下从 $E_{\max}$ 减小到 $E_{2c}$ 时保持不变。

设定参量为合适的数值，用上述方法可以得到电滞回线。温度在 $T_0$ 以下用 (7.3.4a) 和 (7.3.4b) 式计算极化强度，在 $T_c$ 以下用 (7.3.5a) 和 (7.3.5b) 式计算极化强度，得到图 7.3.2(a) 所示的结果，为标准的电滞回线。

当温度上升到高于 $T_c$，低于 $T_1$ 时，强电场仍然保持了较好的标准形状。但回线的最大电场 $E_{\max}$ 减小时，会出现双回线现象。如图 7.3.2(b) 显示了这种温度变化关系。选取 3 个温度点及 1 个 $T_1$ 点做电滞回线。在电滞回线下显示回线随温度的变化关系。最下面的双回线选取了极接近 $T_1$ 临界温度点的回线，显示出了回线在原点上下交叉的特征。

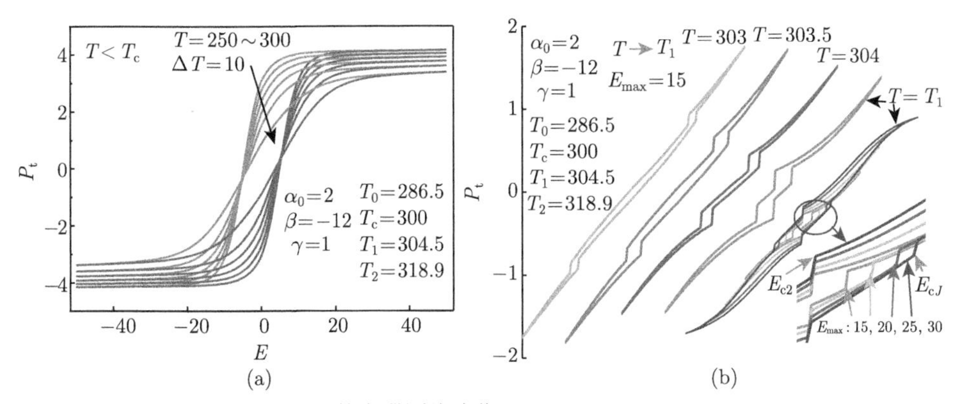


图 7.3.2 相变温区的电滞回线演化：(a) $T<T_c$; (b) $T_c<T<T_1$

双回线由两个临界电场引起。一个是偶极子反转的临界电场 $E_{c1}$；另一个是耦合畴的临界电场 $E_{cJ}$。如图 7.3.2(b) 的右下角插图中所示。上线表示电场从 $E_{\max}$ 到 $-E_{\max}$ 的下降过程，下线表示电场从 $-E_{\max}$ 到 $E_{\max}$ 的上升过程。当电场从饱和值开始下降，起始为畴的极化强度降低，到临界电场开始出现了反电场方向的偶极子。当电场上升经过零点后，仍然存在反向的畴，直到电场增大到更大的临界值，畴才全部反转。两个不同的效应导致了双回线，无反铁电体的成分存在。与特征温度相关的两个临界电场的公式分别满足 (7.2.7) 式和 (7.2.8) 式。但当温度大于第一临界温度 $T_1$ 时，$E_{c1}$ 为零；而当温度大于第二临界温度 $T_2$ 时，$E_{cJ}$ 为零。

简言之，① $E_{c1}$ 是偶极子的临界场，在电场减小到零的过程中，出现了反向偶极子；② $E_{cJ}$ 是畴的临界场：当电场增大到 $E_{cJ}$ 时，反向畴消失了。

### 7.3.3 第二临界区内的原理

第二临界区内指温度在 $T_1 \sim T_2$ 的温区，无电场时没有偶极子，自发极化为零。当温度略高于 $T_1$ 时，低电场可诱发极化强度，铁电畴的弱耦合效应在回线中仍然可以观察到。因而需要讨论其极化原理。

由于温度高于 $T_1$，吉布斯自由能变得更加向上平滑而没有拐点，加电场使吉布斯自由能弯曲，当达到某个临界值时出现拐点。此临界电场为补偿温度上升的临界场。当电场继续增大时，产生了电场诱导的极化强度。此为电滞回线中线产生的原理。经过中线形成了回线。图 7.3.3 显示了 $T_1 < T < T_2$ 相变温区电滞回线的演化规律。

首先考虑温度略大于 $T_1$ 时图 7.3.3(a) 的情况。插图的结果显示，电场为 30 及温度为 305 时，弱电场使电滞回线的下线出现了三个奇异的突变向上的性质。根据原理可知，正向增大至电场为零时，反向偶极子消失产生第一个突变；低电场时，原偶极子耦合形成畴后依然停留在弱反向电场方向，并保留极化强度在原电场方向，在低临界电场时消失产生第二个突变：该电畴反转或湮灭后产生的突变使极化强度变化到零点，表示再无反电场方向的偶极子，同时极化强度由 $P_{\mathrm{L}}$ 贡献；再到更高的临界电场 $E_{\mathrm{c}J}$ 时产生 $P_{\mathrm{H}}$，导致了第三个突变及更大的极化强度。温度再略升高后，第一个突变消失；继续升高可使第二个突变消失，形成单一的突变，这种突变导致的双回线呈现竖直状态，与 $BaTiO_3$ 在相变区的实验结果相符。

其次，考虑温度远大于 $T_1$ 及电场为 50 时图 7.3.3(b) 的情况。回线高度随着温度的升高而下降，同时双回线的正反两个部分分离增加。温度为 314 时的回线形状如左上角的插图所示，两个突变电场分别由下线的 $E_{\mathrm{c}J}$ 和上线的 $E_{\mathrm{c}2}$ 所确定。继续升高温度直到 $T_2$，同时增加电场到 80，得到了图 7.3.3(b) 下图所示的结果。回线宽度不断缩小，直至温度高于 $T_2$ 的 319 所表现出的单一曲线。比较相同电场下双回线的变化规律，图 7.3.3(c) 展示了相关结果。在温度 $T_1$ 附近，双回线变成了弯曲的单回线。右下角的插图显示出随着温度升高到 308，弯曲程度不断增大。如果温度继续上升，状态变为图 7.3.3(b) 所示的结果。其中，温度为 308，312 和 316 的左上回线分别显示了在高电场方向的初始上升曲线，该曲线应该为回线的中线，但它实际偏向了高温侧。温度越低偏离程度越大。

归纳上述三个部分，可以总结如下。

当温度低于居里点 $T_{\mathrm{c}}$ 时，电滞回线表现为正常的回线形状。当温度高于 $T_{\mathrm{c}}$ 后，随着温度的缓慢升高，回线的形状开始变化，如图 7.3.3 和图 7.3.4 所示，其所用参数与图 7.3.2 中的参数完全相同。

图 7.3.4(a) 给出的是三个临界温度点的电滞回线。在 $T_{\mathrm{c}}$ 是标准的回线形状；

在 $T_1$ 的 $E=0$ 点显示了上下两条线的突变，是双回线的一种临界状态；在 $T_2$ 的双回线刚好消失，铁电体进入了完全顺电相。图 7.3.4(a) 为较大电场 ($E_{\max}=80$) 下相变区域的电滞回线演化图。由于相变区域较窄，因此回线紧密排列。通过调整参数使相变能够在更大温度范围内演变，图 7.3.4(b) 显示了相变区域的电滞回线演化图。在接近临界点 $T_1$ 温度时，回线变得更加连续和扭曲。总之，在不同的参数下，曲线的形状会发生一定的差异。当相变温区较窄时电滞回线会观察到明显的突变，而温区较宽时，突变移向高电场且突变值减小，几乎为连续变化。

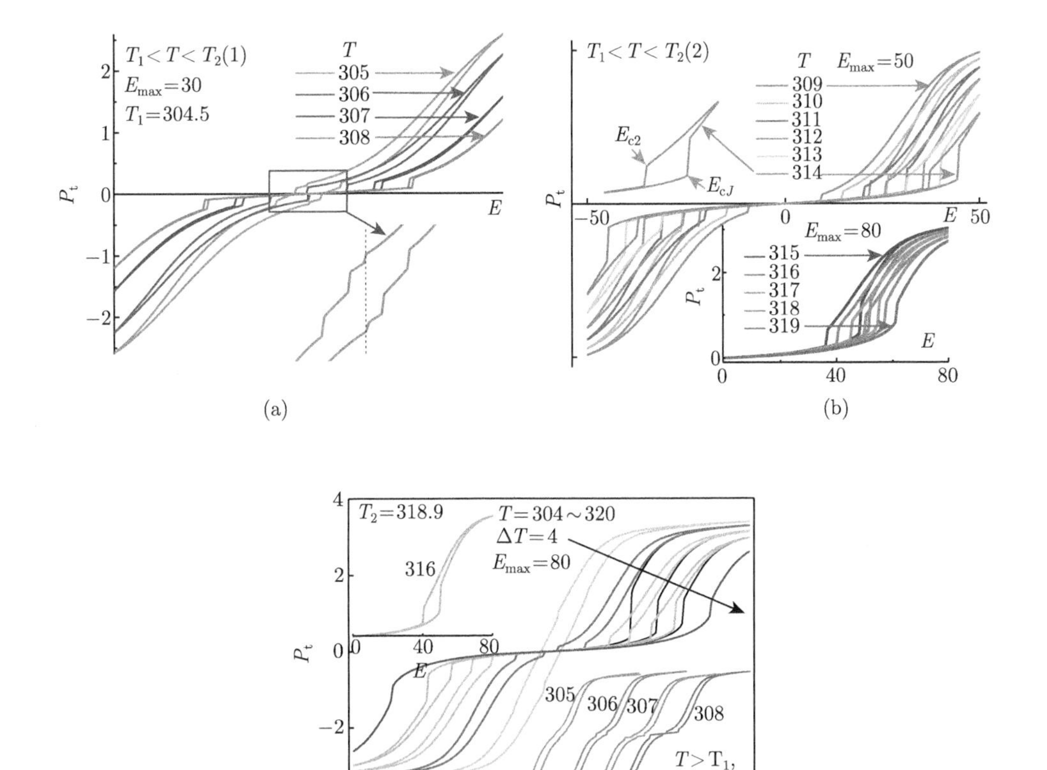


图 7.3.3 $T_1<T<T_2$ 相变温区的电滞回线演化：(a) 低电场导致弱耦合的效应；(b) 增大电场加强耦合的效应；(c) 高电场强耦合的效应，温度为 308，312 和 316 的左上回线分别显示了一条偏向高电场的初始上升曲线

图 7.3.5 展示了相变温区内电滞回线的演化过程。随着温度上升，相关临界电场不断增大，所需要施加的电场需要逐步增大。在 $T_0$ 及以下温度为标准的铁电单回线；温度上升到 $T_c$ 时腰部增大及两头减小；温度高于 $T_c$ 后开始现出双回

线，随着温度上升到接近 $T_1$，双回线逐渐接近并最终相交；温度继续从 $T_1$ 上升，双回线开始分离且回线的宽度变窄；到 $T_2$ 温度时回线的宽度变为零，即变为了单曲线。由此解释了 $BaTiO_3$ 的实验结果。

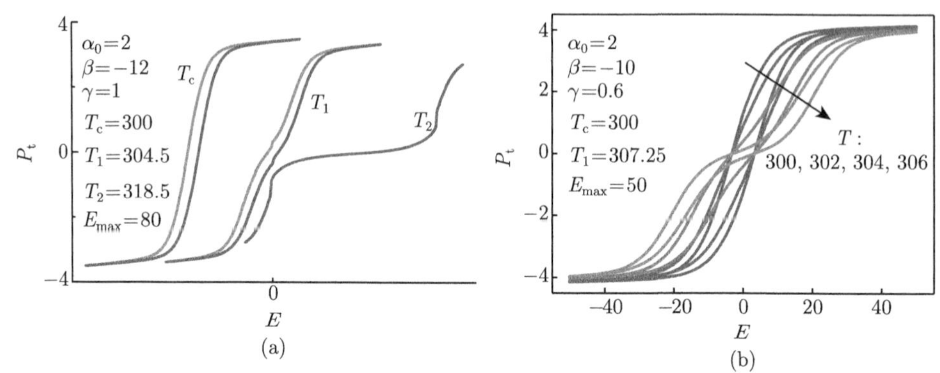


图 7.3.4 高电场下三个临界温度点 $T_c$，$T_1$ 和 $T_2$ 的电滞回线 (a) 和 $T_c$ 到 $T_1$ 相变区域电滞回线的变化 (b)

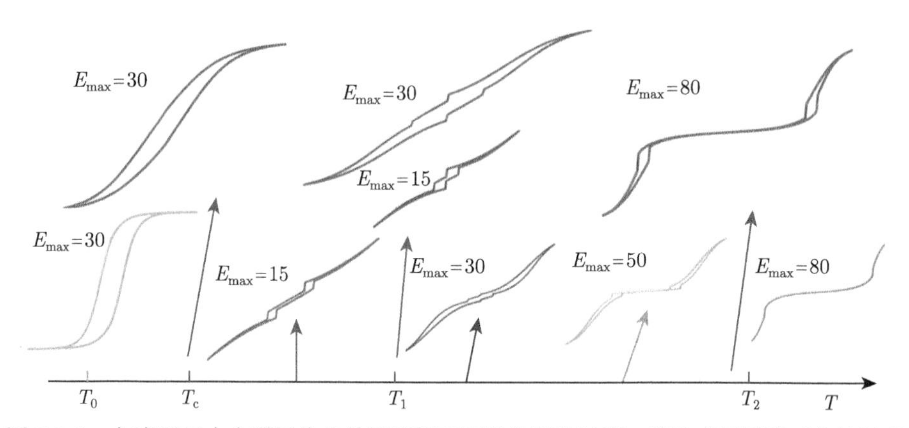


图 7.3.5 相变温区内电滞回线从单回线到双回线的演化过程，箭头表示回线对应的温度

### 7.3.4 电滞回线的束腰原理

在一阶相变铁电体的相变区域，通过调整顺电相的比例可以调节束腰特性。其原理是在一维条件下，顺电相的能谷在中心，二维和三维也均在中心，对吉布斯自由能的贡献有可能随着维数而变化。之前的讨论默认了顺电相对三维时的贡献与一维相同，如果增加其贡献的比例，对电滞回线的腰部形状将有重要的影响。

图 7.3.6(a) 显示了 $T(303)$ 在 $T_c(300)$ 到 $T_1(305.625)$ 之间顺电相的比例 (用变量 $R$ 表示顺电相与铁电相之比) 对电滞回线形状的影响。图中的结果是随着顺

电相比例的增大，在正常的电滞回线基础上中部逐渐变为带状的回线，且回线的高度略有减小。其原因相当于抑制了一定比例的铁电相偶极子使其不对电滞回线产生影响。如果顺电相的比例 $R$ 定为 3/6，耦合效应减弱 (耦合系数从数值 3 变到 1)，结果如图 7.3.6(b) 所示：电滞回线逐渐变成细长的条状。上述两种情况都是实验中已经观察到的现象。

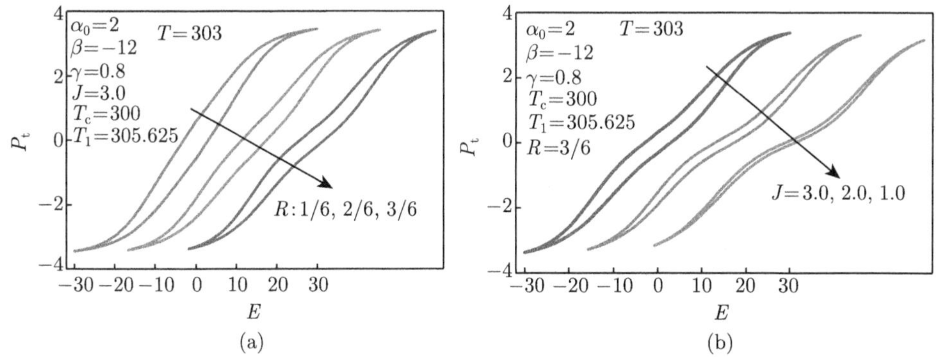


图 7.3.6 在相变温区两种因素对电滞回线的影响：(a) 顺电相的比例变化；(b) 耦合系数的变化

## 7.4 一阶相变铁电体的介电常数

不考虑非铁电性的影响，铁电体的介电常数在测试中会受到各种因素的影响：外在的因素如温度和所施加的电场强度大小，内在的因素如材料参数。由于一阶相变铁电体在相变的温度区域性能变化更加复杂，因而对于基本的理论结果需要较多的数值模拟方面的讨论。

介电常数与极化强度的基本规律是：极化强度越大，介电常数越小。加电场会增大极化强度，同时压缩介电常数，就是这个道理。在二阶相变铁电体中，铁电相的介电常数与极化强度的平方成反比；在一阶相变铁电体中趋势不变，但规律更加复杂。

### 7.4.1 介电常数的基本原理

朗道相变理论所针对的二阶及高阶相变材料不允许两相共存，而一阶相变铁电体的基本特征是允许两相共存。其导致了随温度的变化可以分为四个不同性质的区域。在低温为纯铁电性温区 (低于 $T_0$)、两相共存温区 (低于 $T_1$)、电场诱导铁电性温区 (低于 $T_2$) 和顺电相温区。

当直流偏置电场为零时，测量介电常数的偶极子由两个部分贡献：电场方向的和反电场方向的，各贡献 1/6。外加直流偏置电场后，介电常数依然由这两部分的偶极子及畴所贡献。

(1) 在纯铁电性温区，极化强度的变化以及偶极子耦合形成畴所对应的变化可以用 (7.3.1a)~(7.3.1d) 式的吉布斯自由能表示。介电常数仅与正反电场方向的偶极子及畴相关，相应偶极子的比例 $\rho_+$ 和 $\rho_-$ 可以通过 (7.3.4) 式求解。在正反交替排列的偶极子中，电场正向的偶极子比反向的多出了 $\rho_+ - \rho_-$，这些多出的偶极子平行排列形成了畴，故畴的比例为 $\rho_+ - \rho_-$。畴的形成会使极化强度增大，同时使介电常数减小。特别地，一旦在临界电场 $E_0$ 形成了极化强度的突变，则介电常数也会发生突变。突变的临界电场 $E_0$ 由 (7.2.6) 式确定。

电滞回线的推导分为中线、上线和下线三个过程，从 $E=0$ 到 $E_{\max}$ 为中线；再从 $E_{\max}$ 到 $E=0$ 为上线，然后从 $E=0$ 到 $-E_{\max}$ 为下线。因而介电常数也应该由三个部分构成，从起始 $E=0$ 时的最大值开始下降到 $E_{\max}$ 时的最小值，再按照回线的形式变化，后面的图中一般忽略了此段。

第一步，从 $E=0$ 开始到 $E_{\max}$ 的中线过程，极化强度也从 0 开始上升，初始阶段的描述公式是

$$P_{\mathrm{t}}=\begin{cases}\rho_-(P_{+0}+P_{-0})+(\rho_+-\rho_-)P_{++0}, & E<E_0\\ \rho_+P_{++0}, & E\geqslant E_0\end{cases}$$

其中，$P_{+0}, P_{-0}$ 和 $P_{++0}$ 以及 $\rho_+$ 和 $\rho_-$ 可以按照 7.2.2 节的原理求解。利用介电常数的基本关系可以得到

$$\frac{1}{\varepsilon}=\lambda=\sum_i\rho_i\lambda_i=\begin{cases}\rho_-(\lambda_{+0}+\lambda_{-0})+(\rho_+-\rho_-)\lambda_{++0}, & E<E_0\\ \rho_+\lambda_{++0}, & E\geqslant E_0\end{cases}\tag{7.4.1}$$

当 $E=0$ 时，$\rho_+=\rho_-=1/6$，$P_+=P_-=P_0$，介电常数具有最大的初值。

第二步为上线，从 $E=E_{\max}$ 开始，减小电场到 0 的过程。

如果外加电场的 $E_{\max}$ 大于临界电场 $E_0$，则分为两种情况分别讨论。

当 $E>E_0$ 时，只有电场方向的畴产生的极化强度，没有正反方向的偶极子所产生的极化强度，并保持耦合的数量 $\Delta\rho_{+\max}$ 不变，耦合强度 $J\Delta\rho_{+\max}$ 不变：

$$P_{\mathrm{t}}=\Delta\rho_{+\max}\cdot P_{++0}$$

$$G_{++}=\frac{1}{2}\alpha_0(T-T_0)\cdot P_{++}^2+\frac{1}{4}\beta P_{++}^4+\frac{1}{6}\gamma P_{++}^6-J\Delta\rho_{+\max}P_{++}^2-E\cdot P_{++}$$

$$\varepsilon=1/(\Delta\rho_{+\max}\lambda_{++0})=1/[\Delta\rho_{+\max}(\alpha_0(T-T_0)+3\beta P_{++0}^2+5\gamma P_{++0}^4)]\tag{7.4.2a}$$

其中，$\Delta\rho_{+\max}$ 为最大电场值时在电场方向取向的偶极子的比例，即为畴的比例。其含义为最大电场 $E_{\max}$ 时正反电场方向偶极子的取向概率之差，即为畴的状态。当电场高于临界值时，这种畴的状态保持不变。

当 $E < E_0$ 时，因电场减小到低于反向偶极子存在的临界电场，即有了偶极子稳定存在的条件，开始出现 $P_-$，以及伴随出现的数量相同的 $P_+$，导致反向偶极子与铁电畴共存。

$$P_t = (\rho_+ - \rho_-) \cdot P_{++0} + \rho_- \cdot (P_{-0} + P_{+0})$$

$$G_{++} = \frac{1}{2}\alpha_0(T - T_0) \cdot P_{++}^2 + \frac{1}{4}\beta P_{++}^4 + \frac{1}{6}\gamma P_{++}^6 - J\Delta\rho_{+\max} P_{++}^2 - E \cdot P_{++}$$

$$G_- = \frac{1}{2}\alpha_0(T - T_0) \cdot P_-^2 + \frac{1}{4}\beta P_-^4 + \frac{1}{6}\gamma P_-^6 - E \cdot P_-, \quad P_- < 0$$

$P_{-0}$ 和 $P_{++0}$ 可以分别对上两式求一阶导数为零得到

$$\varepsilon = 1/[\rho_+(\lambda_{-0} + \lambda_{+0}) + (\rho_+ - \rho_-)\lambda_{++0}] \tag{7.4.2b}$$

其中，$\rho_+$ 和 $\rho_-$ 可以用 (7.2.2a) 和 (7.2.2b) 式推导得到。如果外加电场最大值 $E_{\max}$ 小于临界电场 $E_0$，则电滞回线无突变，介电常数也无突变，整体上只有一步

$$P_t = (\rho_+ - \rho_-) \cdot P_{++0} + \rho_- \cdot (P_{+0} + P_{-0})$$

$$G_{++} = \frac{1}{2}\alpha_0(T - T_0) \cdot P_{++}^2 + \frac{1}{4}\beta P_{++}^4 + \frac{1}{6}\gamma P_{++}^6 - J\Delta\rho_{+\max} P_{++}^2 - E \cdot P_{++}$$

$$G_- = \frac{1}{2}\alpha_0(T - T_0) \cdot P_-^2 + \frac{1}{4}\beta P_-^4 + \frac{1}{6}\gamma P_-^6 - E \cdot P_-, \quad P_- < 0$$

$$\varepsilon = 1/[\rho_-(\lambda_{-0} + \lambda_{+0}) + (\rho_+ - \rho_-)\lambda_{++0}] \tag{7.4.2c}$$

(7.4.1) 式与 (7.4.2b) 式相比，尽管介电常数的表达形式相同，但其中 $\rho_+$ 项的内容不同。在第一步的上升阶段，$\rho_+ - \rho_-$ 逐步增大，意味着偶极子随着电场增大而不断转向；当电场达到最大值 $E_{\max}$ 时，$\rho_+ - \rho_-$ 的差值达到最大。该差值表示畴的数值，附加在耦合系数上表示耦合的强度。而在第二步，$\rho_+ - \rho_-$ 的值变为了 $\rho_{\max}$，导致耦合强度始终保持为最大值 $J\rho_{\max}$，从而影响到求解极化强度时其耦合项也始终为最大值。到达电场为零时，这种极大的耦合项导致了剩余极化，并延续到反向电场超过 $-E_0$ 到达 $-E_{cJ}$ 时才全部翻转。这种极化强度的变化影响到介电常数，其规律是极化强度越大，介电常数越小。

第三步为下线，从 $E = 0$ 开始，减小电场到 $-E_{\max}$ 的过程。

由此存在正向极化畴，其翻转电场为 $E_{cJ}$，大于 $E_0$。

首先，考虑存在一个畴反转的临界电场 $-E_{cJ}$。当电场小于该临界电场时，同时存在 4 种情况，即共有 4 种成分共存：原正向的偶极子和畴，以及反向电场引起的反向偶极子与反向畴。原正向偶极子的影响较小，可以根据实验结果进行判

断，一般可以忽略。如果在接近居里温度的条件下，下线出现了低电场的小突变和较大电场的略大点的突变，则归于偶极子和畴的临界反转。如果只表现出一个较明显的突变，则为畴的反转，并且电滞回线的测量结果表现为双回线的形式。

其次，如果施加的正向最大电场小于反向偶极子翻转临界电场，则当电场反向时还存在原正向的偶极子。需要根据它们的吉布斯自由能大小做统计分布，求解各种成分的概率时还需要考虑垂直于电场方向的偶极子能级。总的介电常数由 4 项组成：

$$\varepsilon = 1/\left[(\rho_+ - \rho_-)\lambda_{++0}(E) + \rho_+\lambda_{+0}(E) + \rho_- P_{+0}^2(E) + \rho_- P^2{}_0(E) - \frac{1}{3}P_0^2\right] \tag{7.4.3}$$

由于反向畴的翻转电场高于反向偶极子的翻转电场，因此二次翻转产生极化强度的突变会引起双回线现象，以及对应的介电常数的变化。

(2) 在 $T > T_2$ 的纯顺电相温区，仅仅存在三个空间维度的零能谷。电场对其中一个顺电相能谷诱导的极化强度连续小幅度的变化，导致了两种能级状态：两个零能谷和一个电场方向诱导偶极子形成的极化强度，且该方向的偶极子耦合形成极化强度 $P_{++}$。同样，整个过程由三步组成。

第一步中线，从 $E = 0$ 开始到 $E_{\max}$ 的过程，极化强度也从 0 开始上升，初始阶段的描述公式是

$$P_{\mathrm{t}} = \rho_+ \cdot P_{++0}$$

$$G_{++} = \frac{1}{2}\alpha_0(T - T_0)\cdot P_{++}^2 + \frac{1}{4}\beta P_{++}^4 + \frac{1}{6}\gamma P_{++}^6 - J\rho_+ P_{++}^2 - E\cdot P_{++}$$

$$\rho_+ = \frac{\exp(-G_{++}/(kT))}{\exp(-G_{++}/(kT)) + 2}$$

$$\varepsilon = 1[\rho_+\lambda_{++0}(E)] \tag{7.4.4}$$

其中，$\lambda_{++0} = \alpha_0(T - T_0) + 3\beta P_{++0}^2 + 5\gamma P_{++0}^4, \alpha_0(T - T_0) + \beta P_{++0}^2 + \gamma P_{++0}^4 = 0$。

第二步上线与第三步下线的情况与第一步完全相同。

(3) 在 $T_1 > T > T_0$ 两相共存温区，吉布斯自由能会有三个能谷表示三种状态。大于和小于零的能谷分别表示正反两个偶极子对应的极化强度 $P_{\mathrm{s}}$ 和 $-P_{\mathrm{s}}$，表示相应的铁电性。中间位于 $P = 0$ 的能谷表示顺电态，说明有些偶极子会处于无极化状态。偶极子处于铁电态或顺电态的概率取决于各个能谷的相对高低。顺电相能级的吉布斯自由能能谷始终为零。在三维的铁电体中，有三个 $G = 0$ 的能谷，取对数后得到的数值为 3。因此，在取向概率分布的分母中增加了一个简单的数值 3，表示三维的 3 个顺电相能谷形成的能级，其表达式为 (7.3.5) 式。

由于介电常数与正反偶极子在电场作用下产生的极化强度相关，故需要两个取向概率。极化强度需要用公式推导得到，相应的介电常数与其相对应，在电场初始上升过程中满足 (7.4.1) 式；在电场达到最大后下降到零的过程中，介电常数满足 (7.4.2a)~(7.4.2c) 式。

(4) 在 $T_2 > T > T_1$ 的电场诱导铁电性极化强度温区，电场 $E = 0$ 时为顺电相，在三维空间有 3 个能谷。外加电场后，除了会将顺电相能谷中的一个诱导出连续性的低极化强度外，当电场强度达到某个临界值时还会诱导出强烈的铁电性极化强度，并产生突变，如图 7.3.3 所示。产生突变极化强度的临界电场为 $E_{cJ}$。

由于临界电场 $E_{cJ}$ 是与温度相关的，当电场强度低于 $E_{cJ}$ 时，极化强度的变化服从纯顺电相的规律；当电场强度达到 $E_{cJ}$ 时，极化强度和应变会产生突变。数学规律与之前讨论的完全相同，可以直接引用上述各个阶段的公式。

### 7.4.2 结果与分析

对 7.4.1 节的公式进行数值模拟，获得了各个温度区间介电常数与温度和电场的关系，用图的形式表示出来。所有结果都是公式客观的展现，没有人为预先的设定。

根据极化强度的 $P$-$E$ 回线方程和介电常数的 $\varepsilon$-$E$ 回线方程，数值模拟出了结果。为了清楚表现各个温度点和整体的概况，对相变的 4 个温度区间选择了特征温度点。然后对整体变化规律分别做了描述。由于三维空间难以描绘回线的两条曲线的变化，因此选择了对应于回线上曲线的介电常数做演变图。

图 7.4.1 为铁电相、铁电/顺电混合相、静态顺电相和纯顺电相 4 个不同温度下电滞回线与介电常数回线的对比图。图 7.4.1(a)~(d) 的上半部分为电滞回线，下半部分为介电常数回线。图 7.4.1(a) 为标准的铁电性和介电常数回线，用竖直短线表示极化强度的最大变化点和介电峰的位置，两者具有一一对应关系，且与实验结果完全吻合。图 7.4.1(b) 为居里点的情况。由于包含了顺电相成分，铁电性中电滞回线的中间部分较宽，回线的两端变窄，形状与标准的电滞回线略有差异，两者变化的对应关系也用竖直短线表示。介电常数对极化强度的变化更为敏感：在临界电场时极化强度发生了微小的变化，介电常数则发生了较明显的突变。即介电常数的突变与极化强度的变化一一对应。

当铁电体进入 $T_1 \sim T_2$ 的温度区域后，在静态无电场情况下无极化强度。施加电场后，电场诱导极化强度呈现出了双回线的现象，对应的介电常数也呈现对应于极化的两个介电峰 (见两条竖直的短线)。当温度在 $T_1$ 点的时候，临界电场为零；随着温度的上升临界电场增大。因此，从两个回线之间的距离或者介电常数两个近零电场的峰可以判断温度距 $T_1$ 的距离。较高电场的介电峰是由极化畴引起的，可以判断铁电性的强弱。两个介电峰的距离越远，耦合强度越大，铁电性也越强。然而，耦合强度还与施加的最大电场 $E_{\max}$ 相关。$E_{\max}$ 越大，诱导的偶极子数量越多，耦合力度也越大。总之，双回线和介电双峰是此温区的判断依据。随着温度升高到高于 $T_2$ 温度的顺电相，电滞回线表现为单一的曲线，施加较大电场时会观察到介电常数的突变和一个介电峰。

测量介电常数的意义在于：① 介电常数较大的变化往往对应极化强度较小甚至难以观察到的变化；② 介电常数的增大对应于极化强度的减小，两者呈现相反的变化规律。由于介电常数的测量比极化强度的测量更为方便和准确，因而可以利用测量介电常数的变化得知极化强度的变化。特别是在制备压电材料时，由于需要用超高压直流电场对材料进行极化，故可以用极化前后介电常数的变化判断极化的效果。

图 7.4.1 的参数确定了材料的主要相变温区在 290~320。图 7.4.1(e) 和 (f) 为取间隔为 1 做极化的电滞回线和介电回线的上曲线。在图 7.4.1 (e) 中，电滞回线的整体变化为：到 $T_1$ 温度时始终保持单一回线的状态；过了 $T_1$ 点回线开始分解为双回线，且随着温度的上升分开的距离增大。特别是到了接近 $T_2$ 的温度，双回线在高电场下表现为两个向上的回线，与早期 (1948 年) 对 $BaTiO_3$ 报道的实验结果完全相同。

由于图 7.4.1(f) 只取了一条曲线的正电场，一个温度点的结果仅对应于图 7.4.1(c) 中一条低电场介电峰。且介电峰的大小远远大于图 7.4.1(c) 中的介电峰，或者说在居里点的介电峰几乎被湮没，仅在 $T_1$ 温度区间表现出随电场的增大而向高温移动的介电峰。即在 $T_1$ 时，介电峰的电场位置几乎为 0，而到了 $T_2$ 点时，介电峰的电场位置超过了 50。这种随温度上升而向高电场移动的特性与介电常数分峰向高电场移动的规律是相对应的。

电滞回线的倾斜程度与介电常数回线的倾斜程度也是相互对应的，回线之间上下分离的程度也相互对应。$P$-$E$ 回线和 $\varepsilon$ -$E$ 回线的温度关系取决于吉布斯自由能中的系数。为了观察不同 $\alpha_0$ 与 $\beta$ 参量时对介电常数在相变温区随温度变化的影响，做了对比模拟，如图 7.4.2 所示。

图 7.4.2 显示了参量 $\alpha_0$ 与 $\beta$ 的关系对介电常数回线的影响。为了与图 7.4.1 进行对比，图 7.4.2(a) 显示了 $T_\mathrm{c}$ 以下温度介电常数双峰随温度变化的规律，曲线间的温度间隔为 5°。当温度下降时，介电常数的峰值急剧下降，其原因是极化强度的增大。在 $T_\mathrm{c}$ 以上温度，在加了极大电场的条件下，介电常数峰向高电场方向移动。经过 $T_1$ 点后到达极大再逐渐减小。

图 7.4.2(c) 通过增大 $\alpha_0$ 和减小 $\beta$ 的数值，使整个相变的温区压缩，因而曲线的温度间隔也调整到了 2°。其中，$T_\mathrm{c}$=300 点温度的介电常数回线显示出了较小的临界电场和相对较大的峰值。图 7.4.2(d) 展示了从 $T_\mathrm{c}$ 到 $T_2$ 温度区间介电常数峰的变化规律：介电峰逐渐上升并在整个 $T_1$ 到 $T_2$ 温度区间保持较大的峰值。

即在该参数下，介电常数随温度上升的变化整体幅度不大。

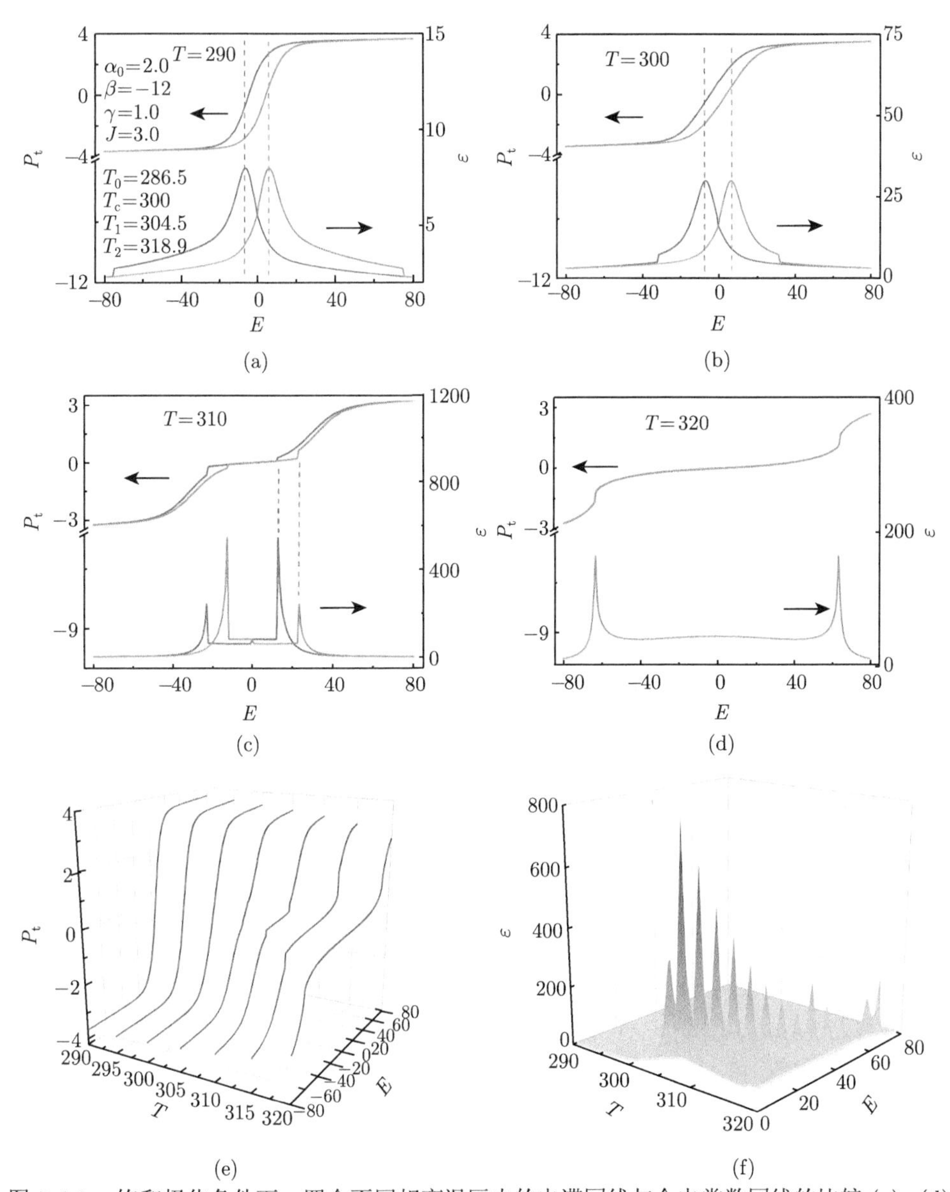


图 7.4.1 饱和极化条件下，四个不同相变温区内的电滞回线与介电常数回线的比较 (a)~(d) 和变化过程图 (e) 与 (f)。(a) $T=290$；(b) $T=300$；(c) $T=310$；(d) $T=320$；(e) 回线的上线部分对应的介电常数与电场和温度的关系，其中 $T_c=300$

与图 7.4.2(b) 相反，图 7.4.2(e) 为减小 $\alpha_0$ 和增大 $\beta$ 数值的效果。相变温区从 $T_0$ 的 273.33 到 $T_2$ 的 337.33，呈现了极大的扩展。介电常数的规律与图 7.4.2(b)

所示回线的规律基本相同，差异仅表现在介电峰值下降极大。与图 7.4.2(b) 不同的是，图 7.4.2(f) 所显示的介电常数峰在 $T_1$ 到 $T_2$ 温度区间有了极大的提升，远远高于前面两种情况。然而，这种峰随温度的变化也很快。$T_2$ 点在 337.33，然而温度仅仅过了 320，介电峰就变得很小了。

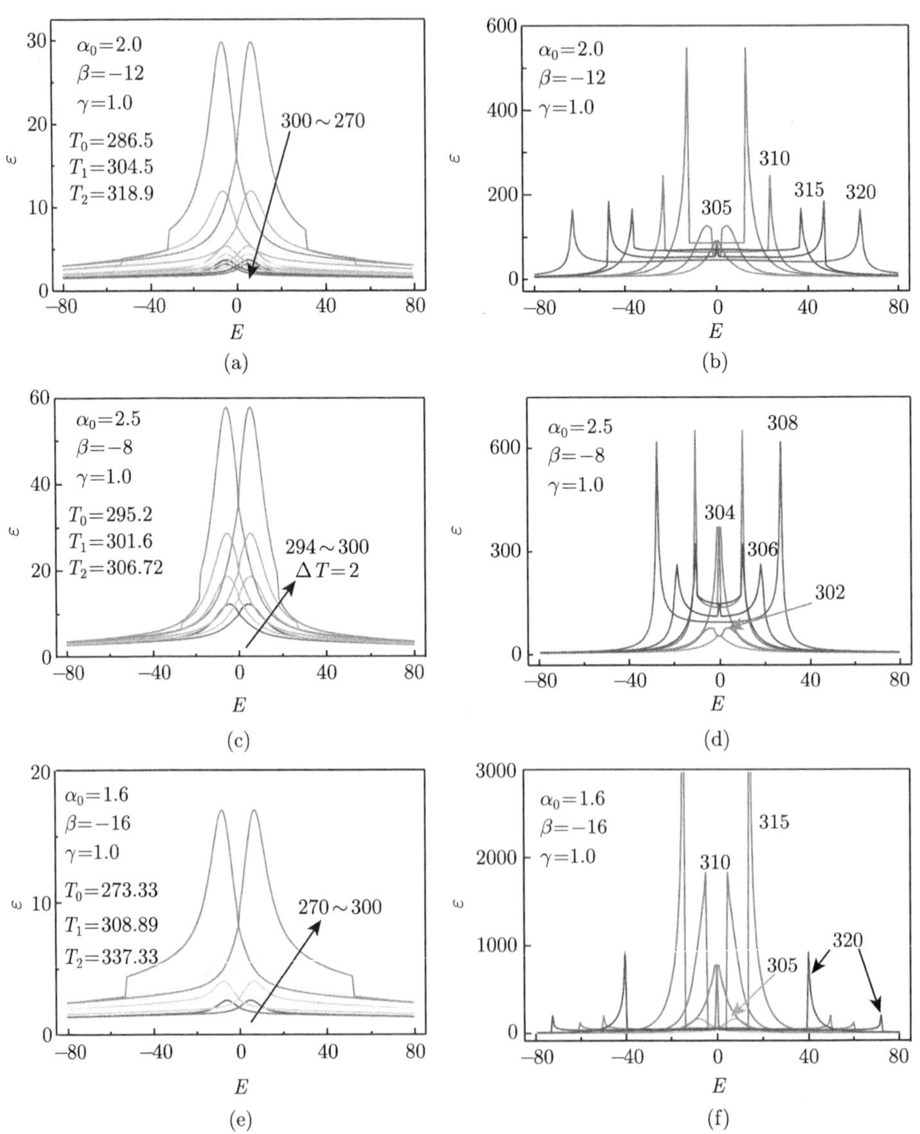


图 7.4.2　不同 $\alpha_0$ 与 $\beta$ 参量时对介电常数在相变温区随温度变化的影响。(a) 和 (b)$\alpha_0 = 2.0$，$\beta = -12$，$\gamma = 1.0$；(c) 和 (d)$\alpha_0$=2.5，$\beta = -8$，$\gamma = 1.0$；(e) 和 (f)$\alpha_0 = 1.6$，$\beta = -16$，$\gamma = 1.0$

基于上述的数值模拟，得到总的规律是：① 随着温度从铁电相上升到居里温度，介电常数回线的双峰会在 $T_c$ 点出现临界电场效应。相变温区越宽，临界电场越大，同时介电峰的高度会越小；② 经过第一相变点 (或静态相变点)$T_1$ 点后，需要有临界电场才能诱导极化，且温度越高，所需要的临界电场也越高，由此表现为介电峰向高温方向移动。

图 7.4.3 显示了在居里温度 (300) 时耦合系数 $J$ 对介电常数回线的影响，表现为回线峰的变化。当 $J$ 较小时，介电峰的峰值较高，两个峰分离得较小；随着 $J$ 的增大，介电峰下降并分离，但介电峰的两个外侧在较高电场下基本重合。上述变化的原因仍然是耦合系数 $J$ 对极化强度的影响：耦合会增加畴的形成能力，从而增大极化强度、剩余极化和矫顽电场。由于介电峰会处于矫顽电场的上方，从而有了随耦合系数的增大而变化的现象。因此，介电峰的分离状况是铁电体所具有的铁电性强弱的体现。

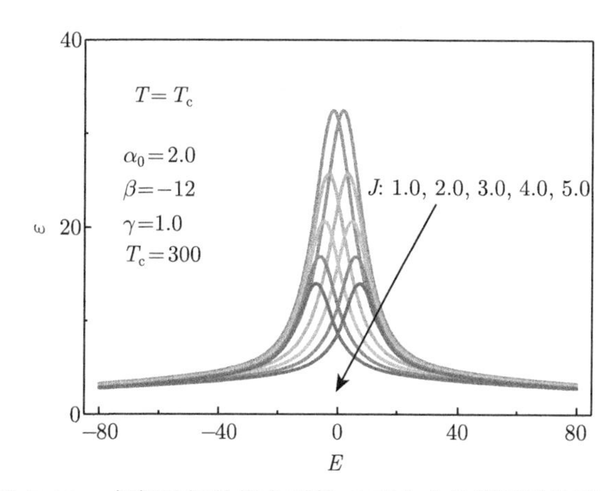


图 7.4.3 偶极子间的耦合系数 $J$ 对介电常数回线的影响

图 7.4.4 显示了一次测量时施加最大电场 $E_{\max}$ 对介电常数回线的影响，其过程相当于电滞回线的中线。当 $E_{\max}$ 为 20 时，介电峰的峰值较高，两个峰分离得较小；而电场 $E_{\max}$ 增大时，介电双峰下降并分离，介电峰的两个外侧在较高电场下重合，与耦合系数增大的规律基本相同。当电场增大到 60 以上后，介电峰基本重合在一起，这是由于极化和耦合效应均已经达到了饱和的程度。然而，介电常数的变化难以反映出是偶极子的转向还是偶极子本身极化强度的变化所产生的影响。而后续的电场-应变的伸缩变化能够清楚地区分。

在铁电体的传统理论中，介电常数的温度关系是在零直流电场下推导得到的，其峰值在居里温度。来源于二阶相变的特点：在居里温度以上极化强度为零；而在居里温度以下，全部偶极子均处于铁电相，没有考虑两相共存。一阶相变铁电体具有两相共存的特点：在 $T_0$ 到 $T_1$ 温度区间，从 100% 为铁电相连续地变化到 100% 为顺电相。

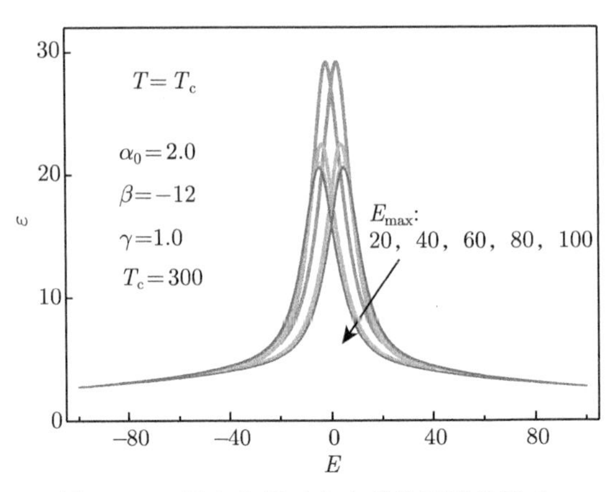


图 7.4.4　最大电场对介电常数回线的影响

图 7.4.5(a) 的数值模拟显示出当电场为零时，介电峰的位置刚好在 $T_1$；在施加较小的电场下，介电峰的位置没有明显的变化，介电常数的温度谱整体下降，这是由于电场对偶极子的诱导效应较弱的结果。温度上升越过一个温度点后，介电常数的数值非常接近，表现为几乎单一的一条曲线连续地变化到 $T_2$。当温度超过 $T_2$ 后，由于在弱电场下难以诱导极化，缺少对介电常数的贡献因素，因此介电常数会继续减小。由于这种二维平面看不到加电场后的介电常数变化，因而增加了图 7.4.5(b)，展示了三维的效果。其效果是峰值区域仍然很窄，介电常数在其余到达 $T_2$ 的整个区域变化非常平坦，即介电常数几乎不随电场而变化。在介电峰的温度 $T_1$，该峰会随电场的增大而减小，但在到达 $E_{\max}=5$ 时出现了小峰。

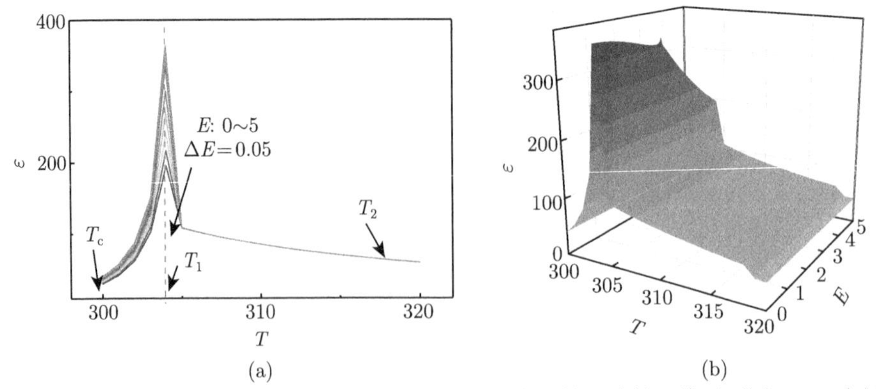


图 7.4.5　在较小的施加电场下：(a) 电场和温度对介电常数影响的二维平面图；(b) 电场和温度对介电常数影响的三维立体图 (取电滞回线正电场上曲线对应的介电常数回线部分)

出于下面原因需要继续更仔细地分温度段分析：

(1) 传统理论认为居里温度是介电常数最大的峰值温度，而图 7.4.5 给出的却是第一相变温度；

(2) 在电场较高时图 7.4.5(b) 的介电常数出现了上升，需要确定原因。

(3) 需要了解在居里温度到第一相变温度区域内极化的电滞回线与介电常数回线的相互关系，它对于分析实验结果有至关重要的作用。

将温度 $T_c \sim T_2$ 分成三段详细介绍：$T_c \sim T_1$ 为第一段，$T_1 \sim T_2$ 的前 1/3 为第二段，之后为第三段。具体内容见图 7.4.6 和图 7.4.7。

在第一温度段内，图 7.4.6(a) 和 (b) 分别为极化强度回线和介电常数回线的效果图。由于温度相对较低，因此所用的最大电场的数值也较小，为 $E_{\max}=20$。在这个电场下足以反映出介电常数的变化规律。图 7.4.6(a) 显示，在温度 $T_c$ 时极化强度仍然保留了高电场时中部较宽的非标准回线特征；当温度升至接近 $T_1$ 时，展示出了实验中常见的细长弯曲回线。由于在该回线中伴随着小的突变，因此用插图放大了该突变的上曲线部分，这种突变是由于电场下降导致与电场相反的偶极子突然变化，是温度接近临界点的明显特征。图 7.4.6(b) 给出了从居里温度至接近 $T_1$ 时的规律。需要重点说明的是：居里温度时的介电常数回线为最低的交叉回线，交叉点在 $E=0$。随着温度的上升，介电常数不断增大。因此，传统理论认为在 $T_c$ 有最大介电常数的结论与此部分的模拟结果不同。

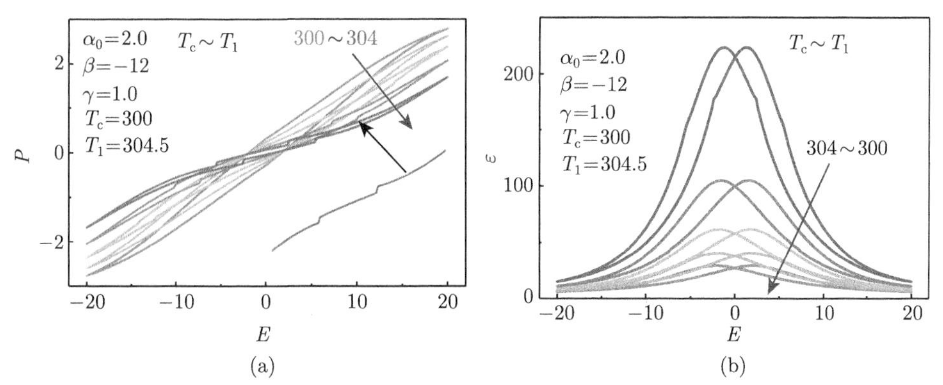


图 7.4.6　居里温度到第一相变温度区间极化强度回线与介电常数回线的对应关系：(a) 极化强度回线随温度的变化，插图曲线为 $T=304$ 上曲线正反电场时两个突变部分的放大；(b) 介电常数回线随温度的变化

在第二温度段内，即 $T_1$ 到 $T_2$ 的低温 1/3 段，图 7.4.7(a) 为其极化的电滞回线随温度的变化关系。从低电场到高电场的变化来看，图中的圆圈包含了极化强度的上升突变，其原因是电场诱导出了铁电相的极化强度，该极化强度的性质与铁电相的相同。由于温度的上升，原吉布斯自由能的能谷消失，变成向上的曲

线，而外加电场对吉布斯自由能的压缩又恢复了能谷。与极化强度的突变相对照的是图 7.4.7(b) 显示了介电常数在相同电场下的峰。尽管峰较小，但电场的位置与极化的突变刚好相同。由于所有极化突变在合适的电场都已经出现了，因此确定最大电场为 40 是合适的。当电场从正向最大减小到零时，由于极化强度全部是电场诱导产生的，均在电场方向，因而没有反向极化强度的突变产生，在电滞回线的上曲线没有突变，对应的极化强度也无峰。当电场反向后，在较小的电场下会出现极化强度突变，这是由于原来的正向极化形成了亚稳态的畴，突变是因畴的湮灭而产生的。施加的最大电场越大，畴的耦合也越大，使其湮灭需要加的反向电场也要越大。这种畴的变化导致极化强度的变化同样对应着一个大的介电峰。当畴的耦合力度大于下一个突变的临界电场时，将不会发生突变。这种情况会导致两个介电峰的消失。从性质上看，低电场时的极化突变与所施加的外电场是相关的，对应的介电峰也是与电场大小相关的。只有高电场时的介电峰与所加电场无关，但电场大到一定程度形成连续的电滞回线后将不会出现该介电峰。

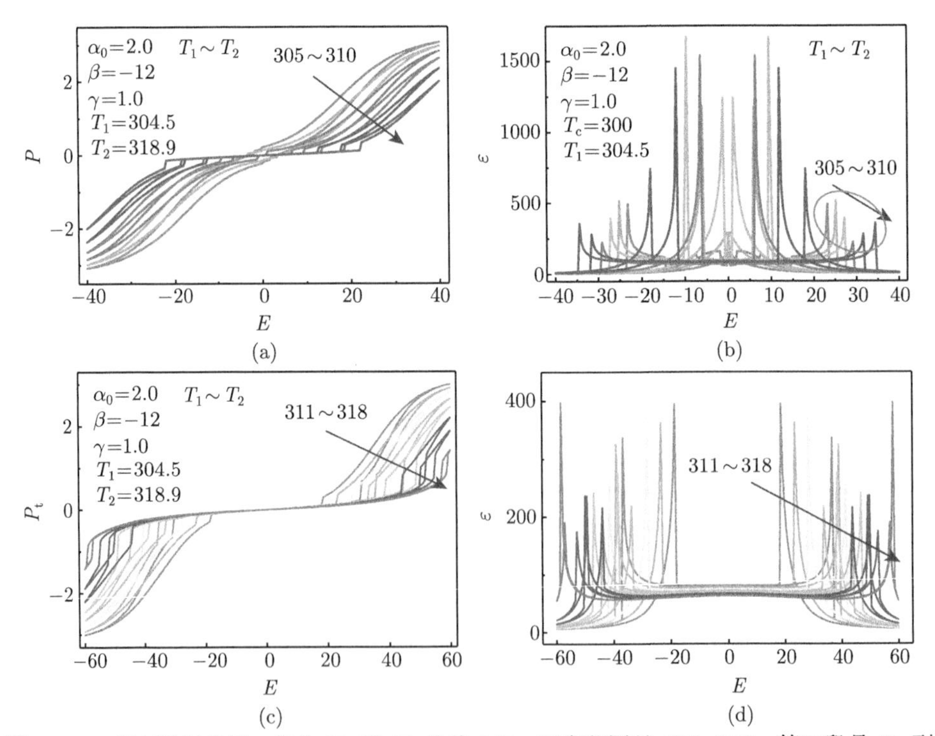


图 7.4.7　相变温区的第二段为 $T_1$ 到 $T_2$ 的前 1/3，温度范围是 305~310，第三段是 $T_1$ 到 $T_2$ 的后 2/3，温度范围是 311~318。(a) 第二段极化电滞回线随温度的变化；(b) 第二段介电常数回线随温度的变化；(c) 第三段极化强度回线随温度的变化；(d) 第三段介电常数回线随温度的变化

在第三温度段内，即 $T_1$ 到 $T_2$ 的高温后 2/3 段，图 7.4.7(c) 和 (d) 为其极化和介电的电滞回线随温度的变化关系。最大电场达到 60 就能包含最大的临界电场。在电场从零到最大的过程中，会产生与前段完全相同的临界电场，到达这个电场后极化强度突然上升，并且延续了之前的规律，温度越高所需要的临界电场越大，介电峰也随温度的上升而移向高电场。在电场达到最大值下降到零的过程中，由于温度升高的缘故，电场还没下降到零畴就已经解体了，由此发生了极化强度的突然下降，从而形成了正电场方向的回线。这种回线与二阶相变铁电体的回线起源于反向偶极子是不同的。对应着极化强度的突变产生了介电峰，低电场的介电峰较高且随电场最大值的大小而变动，回线中高电场的极化所对应的低介电峰不随最大电场而变化。

总之，对于一阶相变铁电体，在 $T_1$ 第一相变临界温度时，铁电体会表现出典型的介电峰；而传统意义上的峰在居里温度；高于 $T_1$ 温度时，可能会出现两个介电峰：低温峰较高且会随外加电场的最大值而移动；高温峰较低，不随所加电场而变动。极化强度的突变点与介电峰的峰值点相同，两者起源相同。因此，介电峰是极化突变的明显特征，也是确定相变特征温度的明显指标。

## 7.5 一阶相变铁电体的储能效应

在 6.5 节已经论述了铁电体储能的基本原理。二阶相变铁电体与一阶相变铁电体在铁电相的电滞回线方面没有差异，因而在能量储存的特性方面也没有差异。二阶相变铁电体只有一个相变温度，即居里温度。当温度高于居里温度时，会出现简单的一种连续的诱导极化。而一阶相变铁电体存在一段相变温区，同时有两相共存。居里温度也只是两相间的平衡温度，也就是说，当温度高于居里温度之后，仍然存在铁电相以及电场对顺电相部分的诱导作用。当温度高于静态的相变温度 $T_1$ 后，电场会产生两种形式的诱导作用：一种是类似于二阶相变铁电体的连续诱导；另一种是突变型，突然出现较大的铁电性极化强度的跃变。只有当温度高于动态相变温度 $T_2$ 后，这种跃变才会消失，变为具有与二阶相变铁电体相同的顺电性。

推导铁电体的储能方法有多种，只要能够计算出 $P$-$E$ 回线的曲线对极化强度所围成的面积就行，因而可以采用图 7.5.1 的方法。

在图 7.5.1 中，采用的是直接累加法，将电场等分为 100 段。随着电场的逐步增大，极化强度也增大，由此可以做出：如果已知第 $i-1$ 步时 $W_{\mathrm{re}}$ 的结果，则可以根据两个矩形 I 或 II 的面积以及 $EP$ 乘积的大小算出第 $i$ 步时 $W_{\mathrm{re}}$ 的结果。在计算中，已知条件为：$E_i$, $P_i$, $E_{i-1}$, $P_{i-1}$, $W_{i-1}$。因此，

$$
\begin{aligned}
&\mathrm{II} = (E_i + E_{i-1})(P_i - P_{i-1})/2 \\
&W_i = W_{i-1} + \mathrm{II}
\end{aligned}
\tag{7.5.1}
$$

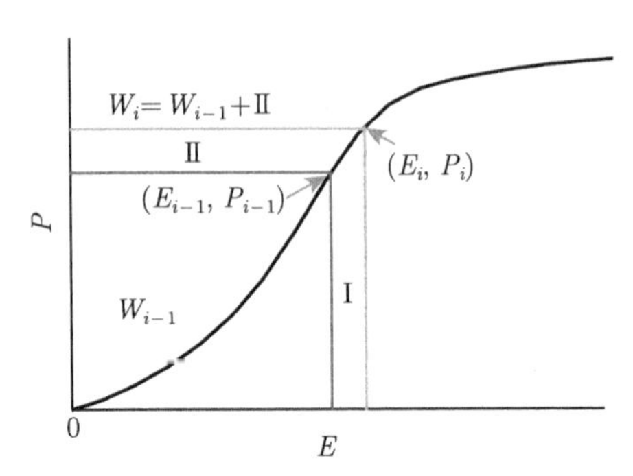


图 7.5.1　铁电可逆储能 $W_{\mathrm{re}}$ 的迭代算法

将吉布斯自由能应用到一阶相变铁电体的四方相结构中，利用已经推导出的电滞回线与电场强度和温度的关系，再将 (7.5.1) 式代入，可以得到一阶相变铁电体可逆储能的温谱。铁电参数的变化导致了介电常数峰及相应的储能峰的变化。

图 7.5.2(a) 给出了电滞回线随温度的变化关系，是储能计算的主要依据；由于铁电相回线的上线所围面积较少，储能较低，因而主要的可逆储能发生在相变温区到顺电相。图 7.5.2(b) 以电场为横坐标给出了基本的结果：温度逐步高，储能的性质也在发生着不同的变化。较低温时，储能在低电场下开始增大，而到了高电场仍然平稳变化；温度升高后，储能在高电场时开始增大，其峰也逐步移向高温，且峰值增大。因而增大电场后显示的结果是，整个峰均在高于居里温度的范围内，即完全由电场诱导或者增加的极化强度所导致。图 7.5.2 (c) 以温度为横坐标给出了电场逐步增大的二维平面结果：电场增大导致储能峰移向高温并展宽。图 7.5.2 (d) 以温度和电场为双横坐标给出了三维效果图，图中的横线为等高线。结果非常明显，最高的可逆储能区域在高温高电场。

由于图 7.5.2(d) 的储能峰值发生在相变区域，为了能够更仔细地观察到储能峰的变化规律，通过调整参量的方法，扩大相变的温度区域，在保持相同最大电场的条件下观察储能变化规律。参数调整后，从图 7.5.2 中的 22.5 调整到了图 7.5.3 中的 72。

图 7.5.3(a) 和 (b) 是由相同数值构成的两种图形，它们完全等效。图 7.5.3(a) 显示在具有较高储能效果的电场和温度区域。其中，红色围成的区域储能最大。在图 7.5.3(b) 中，用曲线的形式显示了储能的变化，便于仔细分析各个区间的性质。由于在温度为 300 以下和 330 以上的储能较小，因此忽略了其过程，以突出显示峰区。温度为 310 是根据参量算出的静态的铁电-顺电相变点 $T_1$，而温度

为 342 是算出的动态的铁电-顺电相变点 $T_2$。图 7.5.3(b) 中的储能峰主要存在于 $[T_1,(T_2-T_1)/2]$ 区间内，随电场的升高而向高温移动。

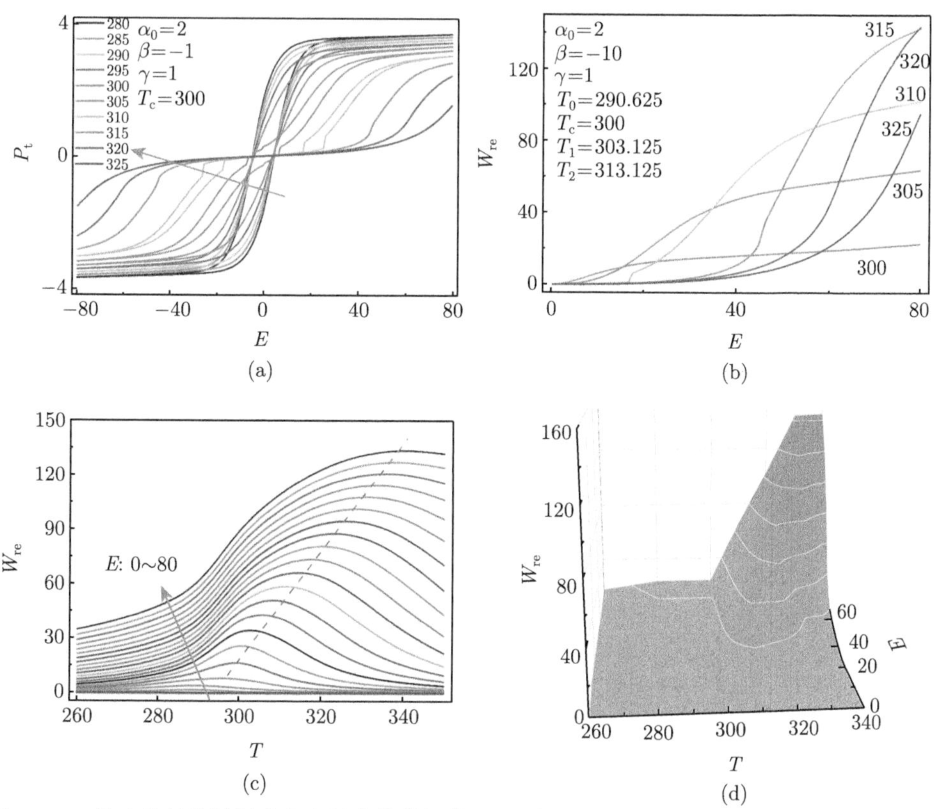


图 7.5.2 铁电体储能随温度和电场变化的规律：(a) 电滞回线随温度的变化；(b) 不同温度时 (a) 图中回线对应的可逆储能面积；(c) 以温度为变量电场不同时，(b) 的等效图；(d) 与 (b) 和 (c) 等效的立体图

图 7.5.3(a) 与图 7.5.2(d) 相比，$\alpha_0$ 从 2.0 减小到了 1.6，尽管相变温区增大了，以及储能峰增高了，但整个温区却变小了。即在窄相变区域时，反而具有更宽的储能峰的温度区域。

为了更详细地理解导致图 7.5.3 中产生储能的机理，绘出了相应的电滞回线，如图 7.5.4 所示。在图 7.5.4 中，当温度低于铁电-顺电两相共存的 $T_1$ 点时，电滞回线始终保持标准的单回线形状，同时回线向高电场方向移动。这种移动导致了曲线对极化轴所围面积的增大，即储能的增大，形成了图 7.5.3(b) 中低温阶段靠近 $T_1$=310 时的上升过程；对于 $T_1$ 临界点的电滞回线，当电场发生反向时，造成了与之前电场导致偶极子耦合形成畴的反向，使畴的作用向电场方向延伸一段然后消失，产生了靠近原点的小三角。当畴的作用消失后，回线回到低极化强度的变化过程。当正向电场达到了某个临界电场值时，吉布斯自由能的曲线从拐点变成了能谷，诱导了铁电性的强极化强度偶极子，并产生了最大的极化强度的突变量。温度继续上升，顺电性增大导致耦合的铁电畴在原点消失，突变的小三角也消失。随着温度上升，临界电场增大以及突变的极化强度量逐步减小。在图 7.5.4 中，所施加的最大电场数值为 80，没有达到更高温度所需的临界电场，导致回线没能产生突变，极化强度始终维持在极小的数值，因而曲线所围的面积极小，储能急剧减小。

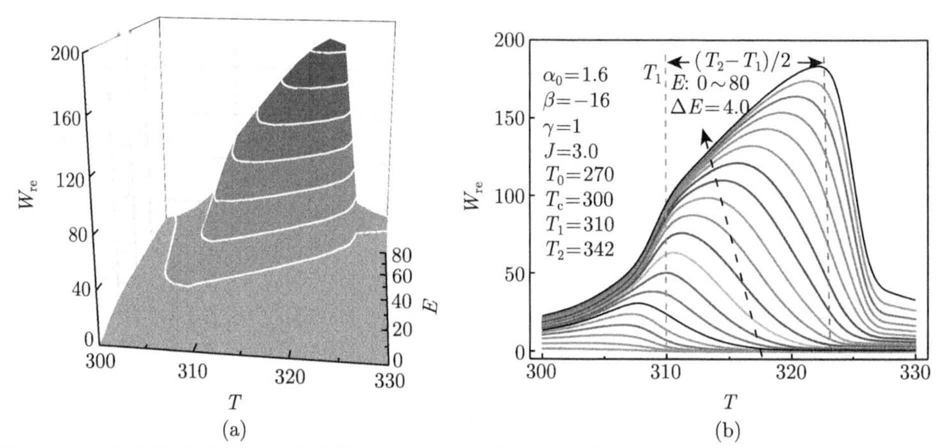


图 7.5.3　铁电体储能随温度变化的机理：(a) 以电场和温度为变量的储能立体图；(b) 以电场为变量，储能面积的温度谱

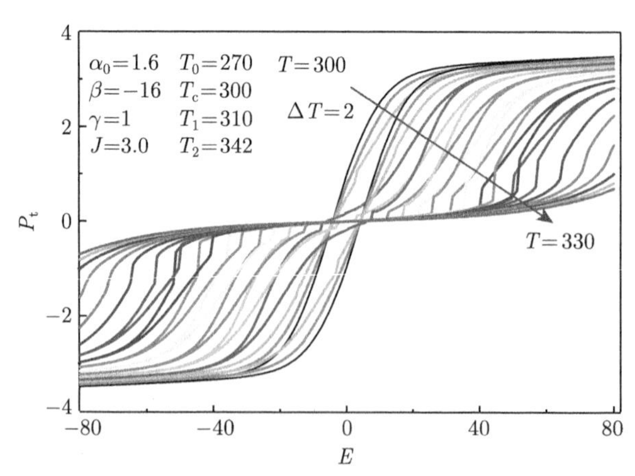


图 7.5.4　铁电体储能随温度和电场变化对应的电滞回线。共分为两个温度区域：低于 $T_1$ 的铁电-顺电两相共存区和高于等于 $T_1$ 的电场可诱导顺电相区域

因此，如果继续增大电场，使得更高温度下仍然能够产生极化强度的突变，则会使储能峰继续移向更高的温度。

由于高于 $T_1$ 温区的临界电场与各种参量相关，因此较宽相变区域的铁电体需要更高的临界电场以诱导产生极化强度的突变，因而有较窄的储能温度区域。但同时具有相对较大的储能数值。

## 7.6 一阶相变铁电体的电致伸缩效应

在原理上，一阶与二阶相变铁电体的电致伸缩效应相同，但在具体操作上略有差异，特别是一阶相变存在特定的相变区域，由此导致了两者的差异。为了充分利用铁电体中电致伸缩的应变机理，需要建立应变随温度、参数和结构变化的理论。其基础是电致伸缩的应变取向。原则上，铁电体的应变源于压电和电致伸缩。在张量表示法中，极化强度变化导致的应变 $s_i$ 可以表示为

$$s_i = g_{mi}P_m + Q_{i,mn}P_mP_n, \quad (i,m,n) = 1,2,3 \tag{7.6.1}$$

其中，$i$ 是电场方向，$m$ 表示偶极子的取向方向，$g_{mi}$ 是压电系数，$Q_{i,mn}$ 是伸缩系数。

在 (7.6.1) 式中，第一项为压电效应导致的应变；第二项为电致伸缩效应导致的应变，它是一种二阶效应。压电效应通常来源于热释电体或极化的铁电体。无应力的压电效应可以忽略。如果仅仅考虑电场方向而忽略垂直于电场的其他方向，则应变与极化的关联仍然用传统的表达式：

$$s = QP^2 \tag{7.6.2}$$

上述关系式与二阶相变铁电体的相同。由于任何偶极子的吉布斯自由能取决于其相对于 $E$ 的方向，因此总的吉布斯自由能应考虑到偶极子的旋转。

根据前面介绍的铁电体正反偶极子翻转及电场增强极化的基本理论，四方相是典型的铁电相之一。$ABO_3$ 型四方相有六个等能量的 B 位阳离子偏移形成的能谷，分别沿着 $[\pm1\,0\,0]$, $[0\pm1\,0]$ 和 $[0\,0\pm1]$ 方向形成偶极子，其中“1”指示偶极子的方向。原胞的尺寸默认 $[\pm1\,0\,0]$ 为 $[c\,a\,a]$ $(c>a)$。

$$c - a = \delta\cdot P^2 \tag{7.6.3a}$$

其中，$\delta$ 被认为是一个常数比值。

与铁电体的情况相同：无电场和应力时，B 位阳离子随机占据可能的六个平衡位置之一，在任何一个方向，原胞的平均尺寸 $d$ 为

$$d = \frac{2a+c}{3} = a + \frac{1}{3}\delta\cdot P^2 \tag{7.6.3b}$$

铁电体的典型特征是 $P$-$E$ 电滞回线。电致伸缩的应变与极化强度的变化相关联，这种关联表现为电场作用下的：① 极化强度大小的变化对应变的影响；② 偶极子的转向对电致伸缩的影响。

### 7.6.1　电致伸缩的基本原理

一阶相变铁电体比二阶相变铁电体的复杂之处在于存在一个相变温区而不是一个点，它将铁电性分为四个不同的温度区域：纯铁电性温区 (类似于二阶相变)、两相共存温区 (低于 $T_1$)、电场诱导铁电性温区、顺电相温区 (与二阶相变相同)。

(1) 在纯铁电性温区 $T < T_0$，极化强度的变化以及偶极子耦合形成畴所对应的变化可以用 (7.3.1a)~ (7.3.1d) 式的吉布斯自由能表示。径向应变仅与电场方向的偶极子及畴相关，而电场正反方向偶极子的比例 $\rho_+$ 和 $\rho_-$ 可以通过 (7.1.4) 式求解。畴的比例为 $\rho_+ - \rho_-$，可以由此分析。

在临界电场时，极化强度与应变均快速变化，导致了偶极子的转向突变，会产生最大的电致伸缩效应。自发极化 $P_s$ 和临界电场 $E_{c1}$ 随温度的变化满足之前的表达式。

电滞回线分为三个过程，从 $E=0$ 到 $E_{max}$，再从 $E_{max}$ 到 $E=0$，然后从 $E=0$ 到 $-E_{max}$。回线由后面两项构成。

第一步，从 $E=0$ 开始到 $E_{max}$ 的过程，极化强度也从 0 开始上升，初始阶段的描述公式是

$$P_t = \rho_-(P_{+0} + P_{-0}) + (\rho_+ - \rho_-)P_{++0}, \quad E < E_0$$
$$P_t = \rho_+ P_{++0}, \quad E \geqslant E_0$$

其中，$P_+, P_-$ 和 $P_{++}$ 可以通过 (7.3.1b)~(7.3.1d) 式求解。$\rho_+$ 和 $\rho_-$ 可以通过 (7.1.4) 式求解。利用 (7.6.3b) 的关系，可以得到

$$\Delta s = d(E) - d(0) = \left[a + \frac{1}{3}\delta \cdot P(E)^2\right] - \left(a + \frac{1}{3}\delta \cdot P_0^2\right) = \frac{1}{3}\delta \cdot (P(E)^2 - P_0^2) \tag{7.6.4a}$$

考虑到正反电场方向的偶极子及其取向概率，得到

$$\Delta s = Q\left[\rho_-(P_+^2(E) + P_-^2(E)) + (\rho_+ - \rho_-)P_{++}^2(E) - \frac{1}{3}P_0^2\right] \tag{7.6.4b}$$

当 $E=0$ 时，$\rho_+ = \rho_- = 1/6, P_+ = P_- = P_0, \Delta s = (P_+^2 + P_-^2)/6 - P_0^2/3 = 0$。

第二步，从 $E = E_{max}$ 开始，减小电场到 0 的过程，称之为上线。

如果外加电场的 $E_{max}$ 大于临界电场 $E_{c1}$，则分为两步：

当 $E > E_{c1}$ 时：

$$P_t = \Delta\rho_{+\max} \cdot P_{++0}$$

$$G_{++} = \frac{1}{2}\alpha_0(T-T_0)\cdot P_{++}^2 + \frac{1}{4}\beta P_{++}^4 + \frac{1}{6}\gamma P_{++}^6 - J\Delta\rho_{+\max}P_{++}^2 - E\cdot P_{++}$$

$$\Delta s = Q\left[\Delta\rho_{+\max}P_{++}^2(E) - \frac{1}{3}P_0^2\right] \tag{7.6.5a}$$

其中，$\Delta\rho_{+\max}$ 为最大电场 $E_{\max}$ 时正反电场方向偶极子的取向概率之差，即为畴的状态。当电场高于临界值时，这种畴的状态保持不变。

当 $E < E_{c1}$ 时，因电场减小到低于反向偶极子存在的临界电场，即有了偶极子稳定存在的条件，开始出现 $P_-$，导致反向偶极子与铁电畴共存。

$$P_t = \rho_{++}\cdot P_{++0} + \rho_-\cdot P_{-0}$$

$$G_{++} = \frac{1}{2}\alpha_0(T-T_0)\cdot P_{++}^2 + \frac{1}{4}\beta P_{++}^4 + \frac{1}{6}\gamma P_{++}^6 - J\Delta\rho_{+\max}P_{++}^2 - E\cdot P_{++}$$

$$G_- = \frac{1}{2}\alpha_0(T-T_0)\cdot P_-^2 + \frac{1}{4}\beta P_-^4 + \frac{1}{6}\gamma P_-^6 - E\cdot P_-, \quad P_- < 0$$

$$\Delta s = Q\left[\rho_{++}P_{++0}^2(E) + \rho_-P_{-0}^2(E) - \frac{1}{3}P_0^2\right] \tag{7.6.5b}$$

其中，$\rho_{++}$ 和 $\rho_-$ 可以用前述的方法通过一阶导数和概率分布函数推导得到。

如果外加电场的 $E_{\max}$ 小于临界电场 $E_{c1}$，则只有一步：

$$P_t = \rho_{++}\cdot P_{++0} + \rho_-\cdot(P_{+0} + P_{-0})$$

$$G_{++} = \frac{1}{2}\alpha_0(T-T_0)\cdot P_{++}^2 + \frac{1}{4}\beta P_{++}^4 + \frac{1}{6}\gamma P_{++}^6 - J\Delta\rho_{+\max}P_{++}^2 - E\cdot P_{++}$$

$$G_- = \frac{1}{2}\alpha_0(T-T_0)\cdot P_-^2 + \frac{1}{4}\beta P_-^4 + \frac{1}{6}\gamma P_-^6 - E\cdot P_-, \quad P_- < 0$$

$$\Delta s = Q\left[\rho_{++}P_{++0}^2(E) + \rho_-P_{+0}^2(E) + \rho_-P_{-0}^2(E) - \frac{1}{3}P_0^2\right] \tag{7.6.5c}$$

第三步，从 $E = 0$ 开始，减小电场到 $-E_{\max}$ 的过程。由于与第一象限的回线下线相同，故称为下线。

由此存在正向极化畴，其翻转电场为 $E_{cJ}$，大于 $E_{c1}$。对应于如图 8.3.4(b) 中的 $B$ 点。电场从 $-E_{\max}$ 到 $E_{\max}$ 的增大过程与下降过程对称。

首先，存在一个畴反转的临界电场 $-E_{cJ}$。当电场小于该临界电场时，同时存在 3 种情况：原正向的畴和反向偶极子及反向畴。如果施加的正向最大电场小于反向偶极子翻转临界电场，则当电场反向时还存在原正向的偶极子，即共有 4 种成分共存。需要根据它们的吉布斯自由能的大小做统计分布。其次，求解各种成分的概率时还需要考虑垂直于电场方向的偶极子能级。总的电致伸缩由 4 项组成：

$$\Delta s = Q\left[\rho_{++}P_{++0}^2(E) + \rho_+ P_{+0}^2(E) + \rho_- P_{+0}^2(E) + \rho_- P_{-0}^2(E) - \frac{1}{3}P_0^2\right] \quad (7.6.5\text{d})$$

在反向电场作用下畴的翻转会导致极化强度的突变，从而引起双回线现象，并由此引起了对应的电致伸缩双回线式的变化。四个临界电场将铁电体分为了四个性质不同的温区。其中，当温度低于 $T_0$ 时，与二阶相变铁电体的性质完全相同，不再单独讨论。

(2) 在 $T > T_2$ 的纯顺电相温区，情况与二阶相变铁电体相同。存在电场诱导的极化强度连续小幅度的变化。同时存在两种能级状态：平衡极化强度值为零的振动态和电场方向诱导的极化强度。振动态有 4 个垂直于电场的方向，电场诱导的极化强度只有 1 个 $P_{++}$，无 $P_-$。

第一步，从 $E=0$ 开始到 $E_{\max}$ 的过程，极化强度也从 0 开始上升，初始阶段的描述公式是

$$P_{\mathrm{t}} = \rho_{++} \cdot P_{++0}$$

$$G_{++} = \frac{1}{2}\alpha_0(T - T_0)\cdot P_{++}^2 + \frac{1}{4}\beta P_{++}^4 + \frac{1}{6}\gamma P_{++}^6 - J\rho_{++}P_{++}^2 - E\cdot P_{++}$$

$$\rho_{++} = \frac{\exp(-G_{++}/(kT))}{\exp(-G_{++}/(kT)) + 4}$$

$$\Delta s = Q\cdot\rho_{++}P_{++0}^2(E) \quad (7.6.5\text{e})$$

其中，当电场为 0 时，极化强度也为 0。

第二步和第三步的情况与第一步完全相同。

(3) 在 $T_1>T>T_0$ 两相共存温区，所出现的顺电相只增加了一个固定的顺电相能级，且该能级的吉布斯自由能始终为零。因此，所有表达式完全相同，只有偶极子以及畴的取向概率分布分母中增加了一个维数相关的数值 3。其表达式为 (7.3.4) 式，再利用纯铁电相的电致伸缩公式可以得到相应的结果。

(4) 在 $T_2 > T > T_1$ 电场诱导铁电性极化强度温区。在该温区内，电场 $E=0$ 时为顺电相。外加电场后，除了会诱导出连续性的低极化强度外，当电场强度达到某个临界值时还会诱导出强烈的铁电性极化强度，并产生突变，如图 7.3.3 所

示。产生突变极化强度的临界电场 $E_{cJ}$ 为

$$\begin{cases} E_{cJ} = \alpha_0(T-T_0)\cdot p_c + \beta\cdot p_c^3 + \gamma\cdot p_c^5, & T<T_2 \\ E_{cJ}=0, & T\geqslant T_2 \end{cases}$$

$$p_c = \sqrt{(\sqrt{\Delta}-3\beta/(5\gamma))/2}, \quad \Delta = 4\alpha_0(T_2+\Delta T_J - T)/(5\gamma)$$

$$\Delta T_J = J(\rho_+ - \rho_-)/\alpha_0$$

由于临界电场 $E_{cJ}$ 是与温度相关的，故当电场强度低于 $E_{cJ}$ 时，极化强度的变化服从纯顺电相的规律；当电场强度达到 $E_{cJ}$ 时，极化强度和应变会产生突变。

### 7.6.2 理论结果与分析

数值模拟的电致伸缩是指对铁电的四方相结构在所施加电场方向的长度变化，且设电场方向与其中的一个偶极子取向相一致。(7.5.4) 和 (7.5.5) 式给出了各个温度区间的绝对伸长量，而模拟的应变伸长需要考虑加电场前由自发极化强度导致的初始伸长量。而确定该初始伸长采用的基本原则是先确定铁电相与顺电相的比例，再根据偶极子在电场正反两个方向的取向比例算出。

温度在 $T_0$ 以下为无顺电相成分的纯铁电相，偶极子在电场正反两个方向的取向比例占总量的 1/3。因而初始伸长量为 $Q\cdot P_0^2/3$。

温度在 $T_1$ 以上的区域，在无电场时为顺电相区，无铁电相及其自发极化，故初始伸长量为零。

温度在 $[T_0,T_1]$ 的区域，为铁电相和顺电相的两相混合相变区。当铁电相和顺电相的吉布斯自由能能谷高度相同时，为居里温度。如果铁电体的结构是四方相，则三维空间有六个铁电相和三个顺电相的能谷。六个铁电相偶极子的取向可以设定为坐标轴的方向，顺电相的能谷在原点。铁电相偶极子的比例与能谷的高低相关。温度越低，铁电相能谷越低，铁电相的比例越高。由此得到的初始伸长量为

$$Q\cdot P_0^2\cdot\frac{2\exp(-G_0/(kT))}{6\exp(-G_0/(kT))+3}$$

其中，$G_0$ 为铁电相未加电场时的吉布斯自由能，$P_0$ 为自发极化强度，分数项为偶极子的取向概率，类似于 (7.6.5e) 式三项的作用。在未加电场时，两个方向均对伸长有作用。

根据极化的 $P$-$E$ 回线方程和应变的 $\Delta s$-$E$ 回线方程，考虑初始值后的数值模拟结果如图 7.6.1 所示。图 7.6.1 为铁电相、铁电/顺电混合相、静态顺电相和纯顺电相 4 个不同温度下电滞回线与电致伸缩回线的对比图。图 7.6.1 的上半部

分为电滞回线，下半部分为电致伸缩回线。根据 (7.5.4) 和 (7.5.5) 式包含的各个公式，由极化强度与伸缩应变的比较可以发现两者仅在极化强度的幂次上有所差异，各个部分的贡献以及取向概率均相同。由此导致了两者的基本特性具有相同点。由此得到的结果是：图 7.6.1(a) 和 (b) 分别显示了在铁电相和铁电/顺电混合相的基本特征，电滞回线的最大变化点对应于电致伸缩的最低拐点，用短线表示两者的对应。图 7.6.1(c) 显示了静态顺电相的特征：电场需要加到一个临界值时才能诱导出在其方向平行排列的偶极子。该偶极子会相互耦合，增强极化强度的同时产生了双回线。温度越高，所需的临界电场也越高，即双回线的起点分离的也越开。同时，$P$-$E$ 双回线的突变也对应于 $\Delta s$-$E$ 回线的突变 (如短线所示)。当温度高于纯顺电相的相变温度 $T_2$ 时，极化回线和相应的应变回线消失，表现出对电场单一平缓的伸缩变化，至某一临界电场下两者发生突变。

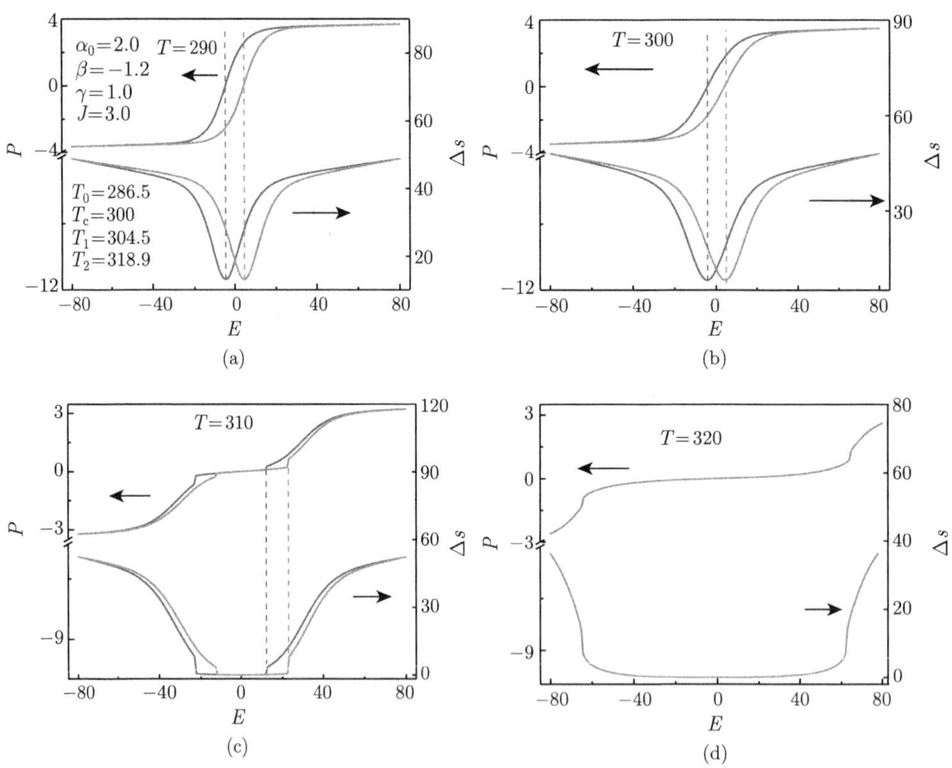


图 7.6.1　四个不同相变温区内电滞回线与电致伸缩回线的比较：(a) $T$=290；(b) $T$=300；(c) $T$=310；(d) $T$=320

电滞回线的倾斜程度与电致伸缩回线的倾斜程度相对应，回线之间的上下分离的程度也相互对应。$P$-$E$ 回线和 $\Delta s$-$E$ 回线的温度关系取决于吉布斯自由能中的系数。

图 7.6.2 显示了参量 $\alpha_0$ 与 $\beta$ 的关系对电致伸缩应变的影响。图 7.6.2(a) 和 (b) 显示了在整个温度区域电致伸缩分为两个部分：在 $T_0$ 以上及在 $T_c$ 以下的温度范围内，随着温度的上升回线整体下移；温度高于 $T_c$ 到 $T_1$ 点时，回线以细长的尖形触及最低的零点。温度高于 $T_1$ 点后，回线的底部先展平，再随电场的增加急速上升，在电场的最大值处应变回线点达到最高。随着温度的升高，开始急速上升的电场不断增大。到 $T_2$ 后，应变伸缩从双回线转变为单线。整个电致伸缩的大小及其形状变化规律与相变的特征温度密切相关。

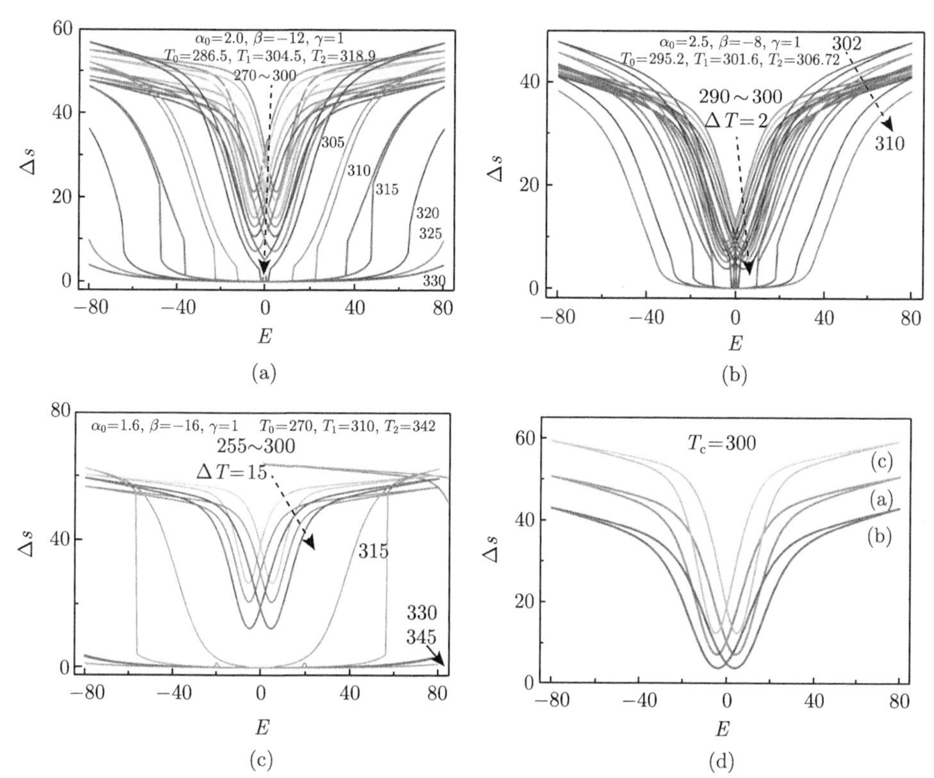


图 7.6.2 参量 $\alpha_0$ 与 $\beta$ 在相变温区对电致伸缩应变的影响。(a) $\alpha_0=2.0$，$\beta=-12$，$\gamma=1$；(b) $\alpha_0=2.5$，$\beta=-8$，$\gamma=1$；(c) $\alpha_0=1.6$，$\beta=-16$，$\gamma=1$；(d) 在 $T_c=300$ 时 (a)~(c) 的比较

图 7.6.2(b) 显示出了增大 $\alpha_0$ 和减小 $\beta$ 的值使整个相变温区压缩的效果。由于压缩效应，双回线的宽度明显减小；在高于 $T_1$ 的温度区域，应变随电场变化的底部宽度也明显减小。

与图 7.6.2(b) 相反，图 7.6.2(c) 为减小 $\alpha_0$ 和增大 $\beta$ 数值的效果。相变的居

里温度均在 300，而终点 $T_2$ 的温度从 318.9 上升到了 342。电致伸缩的规律与图 7.6.2(a) 所示回线的规律基本相同，差异仅表现在静态顺电相的温区有较大回线。

图 7.6.2(d) 给出了上述三种条件下在居里温度时电致伸缩回线的比较。在最大值与最小值之差形成的绝对伸缩量上，温区最宽的 (c) 有最大的量，其次是温区逐渐减小的 (a) 和 (b)。但考虑到最低值，三者的相对值差距并不大。图 7.6.2 总的规律是：① 随着温区从铁电相上升到顺电相，高电场时伸缩的最大值会下降到最低点再突变到最高点；② 随着温度接近居里温度，回线的底部逐渐接近零点；③ 经过静态顺电相的 $T_1$ 点后，需要有临界电场才能诱导极化，且温度越高，所需要的临界电场也越高。

图 7.6.3 显示了在居里温度 (300) 时耦合系数 $J$ 对应变回线的影响。当 $J$ 较大时，在最大电场有最大的应变，但在最低点也依然保留了较大值，形成的蝶形回线交叉点也较高；随着 $J$ 的减小，从零产生的应变最大值逐渐减小，但整个回线的最大值与最小值的差距却逐渐增大。由于蝶形交叉点较低，显示了较好的线性变化。因此，在实际应用中，较小的 $J$ 值会有好的线性特性、从零开始的变化和最大的应变伸缩量。

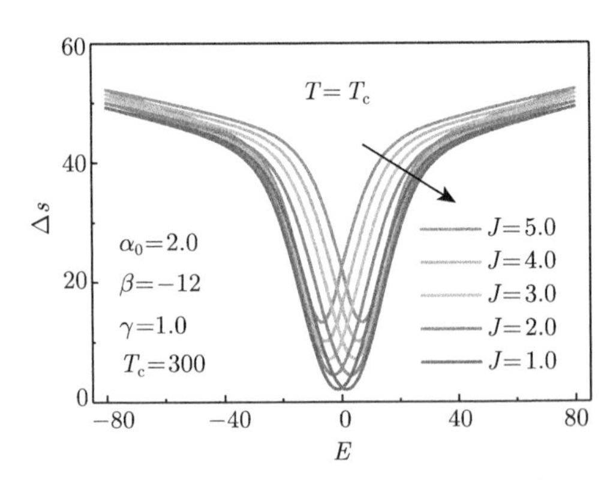


图 7.6.3　偶极子间的耦合系数 $J$ 对电致伸缩的影响

类似于二阶相变铁电体，应变回线整体上呈现了两个明显的变化区域：当电场较小时，以偶极子或畴的转变方向为主，应变随电场而急剧增大，在蝶形的交点处为拐点；当电场继续增加时，表现为电场诱导极化强度的增大效应。

图 7.6.4 为一次测量时施加最大电场 $E_{\max}$ 对应变回线的影响。当 $E_{\max}=20$ 时，从虚线竖直对应的顶点可以看到主要是偶极子的转向在起作用，同时回线的最低点接近零点。而电场 $E_{\max}$ 增大时，超过 20 以后就开始变为诱导极化所导致的伸长变化，这种变化有较低的电场-应变伸缩率。也就是说电场越大，电场对偶

极子的诱导效应越大。总的效果是：当电场较小时，应变形状有较好的线性变化，从零开始的起点和较高的电场-应变伸缩率。

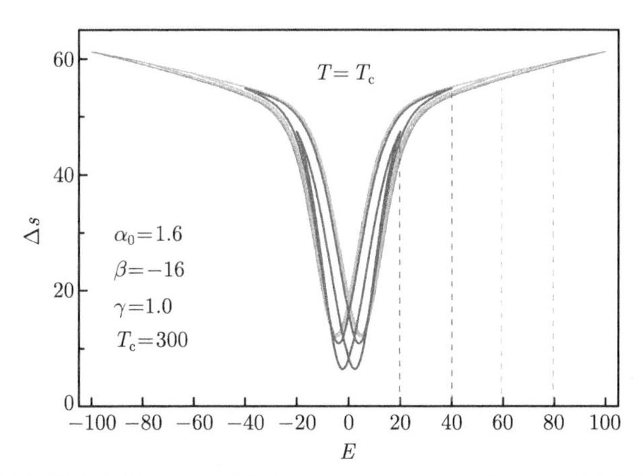


图 7.6.4 施加最大电场 $E_{max}$ 分别为 20，40，60，80 和 100 对电致伸缩的影响

图 7.6.5 中的数据取自电场周期变化从 $E_{max}$ 到零的部分，即为电致伸缩回线的上线部分。在图 7.6.5(a) 中，纵坐标表示应变，对应于图中的实线；右侧坐标表示极化强度，对应于图中的虚线。两种曲线均为最大施加电场对应变和极化强度在不同 $E_{max}$ 时随温度变化的影响。在较低 $E_{max}$=20 时，应变与极化强度的变化非常接近；随着电场的增大，极化强度的大小略有增加，曲线平缓地变化，向下弯曲部分向高温移动。而应变在温度为 $T_1$ 时出现明显的增大峰，并随着 $E_{max}$ 的增大，整个峰的范围也扩大。之后，应变的向下弯曲与极化强度的变化基本一致。为了理解这种变化，图 7.6.5(b) 和 (c) 给出了详细的过程。在低温时，尽管极化强度的绝对值较大，但施加电场引起极化强度的变化量并不大，而电致伸缩是由这种变化所引起的。在温度为 $T_1$ 时，回线的剩余极化强度接近零，电场产生的诱导极化效应最大。而在温度高于 $T_1$ 时，需要施加临界电场才能开始诱导极化，消耗了一部分无用的电场。且随着温度上升所导致的临界电场增大，极化强度急剧减小。图 7.6.5(c) 展现了电致伸缩对电场和温度的依赖关系，$T_1$ 时出现明显的增大峰。图中 $T$=305 的浅色曲线表示了峰随电场增大而出现的变化。可以看到，它的起点应变几乎为零，而在 $T_1$ 时达到最大。图 7.6.2 也显示其应变的回线只有较小的滞后效应。

总之，对于一阶相变铁电体，在 $T_1$ 临界温度时，铁电体会表现出良好的电致伸缩应用性能：应变起点几乎为零，以及良好的线性特性和最大的电致伸缩应变。

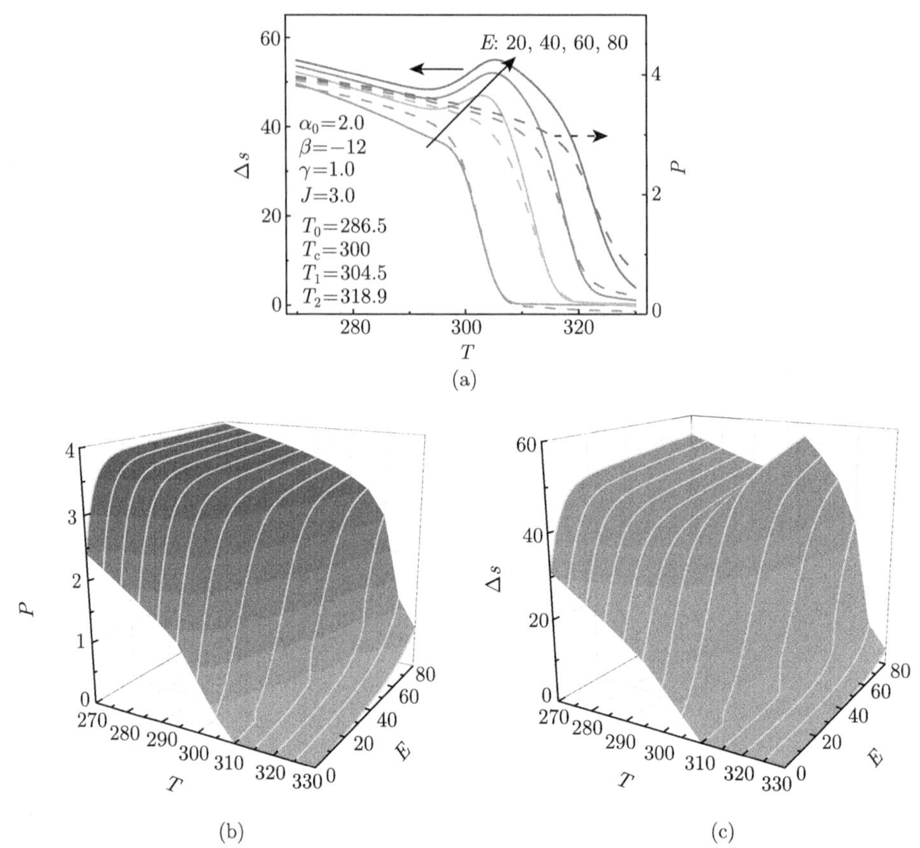


图 7.6.5　最大施加电场和温度对电致伸缩的影响：(a) 施加最大电场 $E_{\max}$ 对应变和极化强度随温度的影响的对比；(b) $E_{\max}$=80 时，极化强度随电场和温度的变化；(c) $E_{\max}$=80 时，应变随电场和温度的变化 (取电滞回线正电场上曲线)

## 7.7　一阶与二阶相变铁电体的差异

一阶相变铁电体与二阶相变铁电体之间的差异，简单看起来是吉布斯自由能 6 阶项的差异，由此导致了材料性能的差异。

从物理上理解，二阶相变铁电体具有传统的理论基本，服从朗道理论，在相变点附近的区域具有重整化特性，即原胞之间的关联程度逐渐增大。无电场时每个偶极子的状态完全相同，在居里点同时变化，不存在差异，不存在两相共存。从铁电相经过居里点时，同步变化。外加电场会引起诱导效应，顺电相会被诱导到铁电相，出现诱导的极化强度，且方向均沿电场方向。诱导效应会使偶极子间产生耦合，提高居里温度，将 $T_c$ 提升到 $T_J$，并表现出细长的双电滞回线。

一阶相变铁电体在相变区域具有两相共存的特性。从相变起始的低温点 $T_0$ 到高温点 $T_1$，比例从铁电相到顺电相逐步变化。在居里温度达到两相的吉布斯自由能平衡。外加电场会引起诱导效应，部分顺电相会被诱导出铁电相，出现诱导的极化强度，方向均沿电场方向；两相共存的铁电相部分会产生类似于电滞回线的作用。两者相比，顺电相的诱导效应可以被忽略。当温度高于 $T_1$ 低于 $T_2$ 时，由于温度的补偿效应，电场诱导的极化强度会出现突变，其电滞回线出现了类似于反铁电体的双回线特征。当温度高于 $T_2$ 时，存在电场诱导的铁电性，其行为与二阶相变铁电体一致，表现为单一的电滞回线。

由于在居里点两相的吉布斯自由能相同，当顺电相的成分与铁电相的成分与所在温度的比例不同时，不能由能量差产生变化的驱动力，即两相可以稳定地维持存在。由此导致了一阶相变铁电体的热滞后：即介电常数等需要升温和降温变化测量的物理量存在滞后的差异。这种差异是本征的，大小与相变温区的宽度相关。或者说热滞效应是一阶相变铁电体的典型特征，不可人为地通过实验手段消除。

两者的差异具体表现为：

(1) 介电常数在顺电相均满足居里-外斯关系；

(2) 在高于居里温度时，两种铁电体均会出现双电滞回线现象，表现的形式和区间不同；

(3) 一阶相变铁电体存在两相共存；

(4) 一阶相变铁电体存在热滞后现象；

(5) 一阶相变铁电体在 $T_c$ 时，自发极化不连续的变化 (即突变)，导致介电常数的突变；

(6) 一阶相变铁电体介电常数在低温侧的变化更加急剧；

(7) 一阶相变铁电体存在相变潜热，二阶相变铁电体无相变潜热。

## 7.8 极化强度、电滞回线及介电常数 (教学型)

### 7.8.1 无电场时极化强度和介电常数的温度关系

在传统的铁电体物理书籍与文献中，认为极化强度均沿电场方向，不考虑两相共存的因素，居里温度为相应点，并在此发生相变。由此可得到吉布斯自由能、自发极化强度和介电常数。

首先考虑无电场时的情况：

$$\begin{aligned} &G=\frac{1}{2}\alpha_0(T-T_0)P^2+\frac{1}{4}\beta P^4+\frac{1}{6}\gamma P^6, \quad \beta<0,\ \gamma>0 \\ &\frac{\partial G}{\partial P}=\alpha_0(T-T_0)P+\beta P^3+\gamma P^5=0 \end{aligned} \tag{7.8.1}$$

利用 $T_c = T_0 + 3\beta^2/(16\alpha_0\gamma)$ 可以得到极化强度：

$$P_s^2(T_c) = -\frac{\beta}{2\gamma}\left[1 + \left(1 - 4\alpha_0(T_c - T_0)\gamma/\beta^2\right)^{1/2}\right] = \frac{-3\beta}{4\gamma}$$

并由此得到相关的介电隔离率：

$$\lambda = \frac{\partial^2 G}{\partial P^2} = \alpha_0(T - T_0) = \alpha_0(T - T_c) + \frac{3\beta^2}{16\gamma}, \quad T > T_c \tag{7.8.2}$$

利用 (7.8.1) 式，先选择居里温度 $T_c$(如 300)，再确定 $T_0$ 值 (保证为正值)，按下式：

$$T_0 = T_c - 3\beta^2/(16\alpha_0\gamma)$$

再根据 (7.1.6b) 和 (7.1.6c) 式确定第一和第二相变温度如下：

$$T_1 = T_0 + \beta^2/(4\alpha_0\gamma)$$

$$T_2 = T_0 + 9\beta^2/(20\alpha_0\gamma)$$

第一相变温度 $T_1$ 表示不加电场条件下，铁电和顺电两相的分界点；第二相变温度 $T_2$ 表示加电场条件下，电场诱导出具有突变性双回线铁电相的铁电和顺电两相的分界点。

重新绘出图 7.1.3 为图 7.8.1。其中，$D = \beta^2/(16\alpha_0\gamma)$

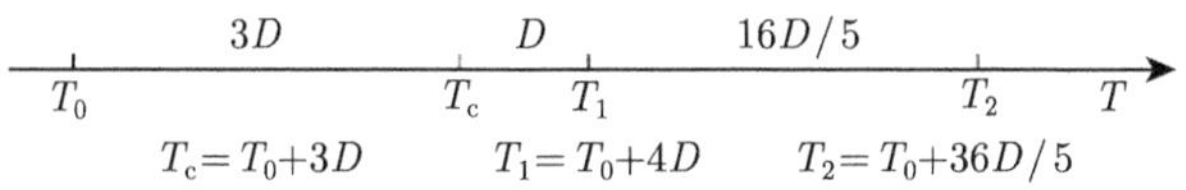

$3D$　　$D$　　$16D/5$

$T_0$　　$T_c$　　$T_1$　　$T_2$　　$T$

$T_c = T_0 + 3D$　　$T_1 = T_0 + 4D$　　$T_2 = T_0 + 36D/5$

图 7.8.1　一阶相变铁电体相变温区特征温度图

四个典型温度时的吉布斯自由能，显示如图 7.8.2 所示。

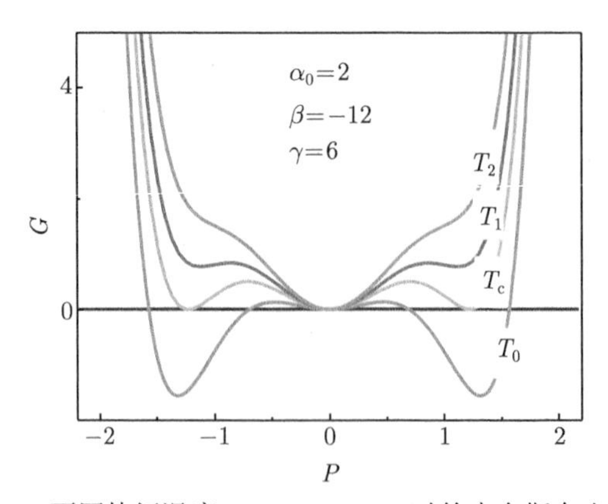


图 7.8.2　不同特征温度 $T_0$, $T_c$, $T_1$, $T_2$ 时的吉布斯自由能曲线

上述公式为简化的表达式，主要用于教学中简单地解释实验结果。如果考虑第一临界相变点高于居里温度，且始终有极化强度存在，则基于公式 (7.8.1) 可以得到极化强度与温度的关系：$\alpha_0(T-T_0)+\beta P^2+\gamma P^4=0$，并由此求解得到平衡值：

$$\begin{aligned}P_0^2&=-\frac{\beta}{2\gamma}\left\{1+\left[1-4\alpha_0\gamma\beta^{-2}(T-T_0)\right]^{1/2}\right\}\\&=-\frac{\beta}{2\gamma}\left\{1+\left[\frac{1}{4}-4\alpha_0\gamma\beta^{-2}(T-T_{\mathrm{c}})\right]^{1/2}\right\}\\&=-\frac{\beta}{2\gamma}\left\{1+\left[4\alpha_0\gamma\beta^{-2}(T_1-T)\right]^{1/2}\right\}\end{aligned}\tag{7.8.3}$$

$$\begin{aligned}\lambda&=4\alpha_0(T_{\mathrm{c}}-T)+\frac{\beta^2}{4\gamma},\quad T<T_{\mathrm{c}}\\&=4\alpha_0(T_1-T)+\frac{\beta}{\gamma}\left[4\alpha_0\gamma(T_1-T)\right]^{1/2},\quad T<T_1\end{aligned}\tag{7.8.4}$$

基于 (7.8.3) 式可以得到极化强度与温度的关系图，以及基于 (7.8.4) 式可以得到介电隔离率和介电常数与温度的关系图。

由于 $T_1$ 点是相变的临界点，低于 $T_1$ 存在极化强度和介电隔离率，如图 7.8.3(a) 和 (b) 所示。然而在测量时，由于是变温测量，以居里温度为平衡点，存在突变，如图 7.8.3(c) 所示。

需要说明的是，教学版假设了在居里温度以下为铁电相，以上为顺电相，只有一个突变温度 $T_{\mathrm{c}}$。然而实际上，一阶相变铁电体在整个相变温区都存在突变，介电常数的峰在 $T_1$ 而不在 $T_{\mathrm{c}}$。

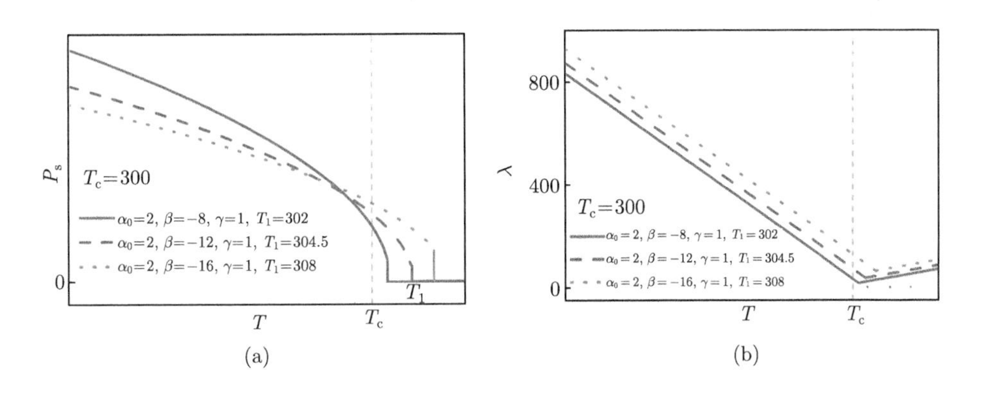

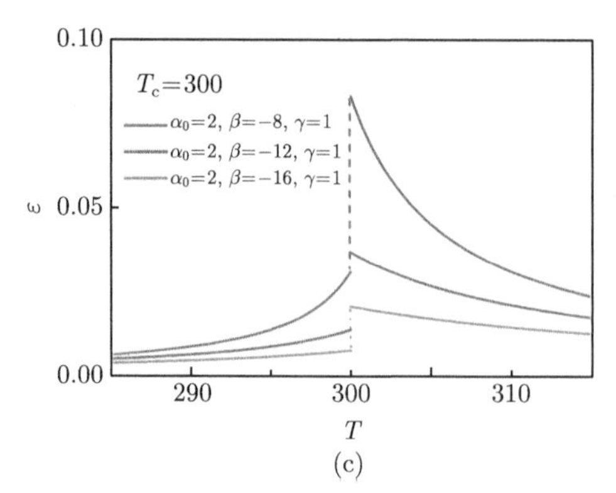


图 7.8.3　不同参量时极化强度 (a)、介电隔离率 (b) 和介电常数 (c) 与温度的关系

### 7.8.2　加电场后的自由能能谷

根据图 7.8.1 的曲线，选择一个典型的温度 $T_c$ 加电场。

在加电场的条件上，为了方便，仅考虑在加了极大的饱和电场作用下，可以用简便的方法得到电滞回线和介电常数的电场与温度关系。可用以下步骤进行推导及数值模拟。

预设参量的数值 $\alpha_0$，$\beta$，$T_0$，由极化强度确定加电场后吉布斯自由能的能谷值，根据 $G$ 对 $P$ 的一阶导数和二阶导数为零推导出反电场方向极化强度存在的临界电场 $E_0$：

$$E_0 = \alpha_0(T - T_0) \cdot P_{-0} + \beta \cdot P_{-0}^3 + \gamma \cdot P_{-0}^5$$

$$P_{-0} = -\sqrt{(\sqrt{4\alpha_0(T_2 - T)/(5\gamma)} - 3\beta/(5\gamma))/2}$$

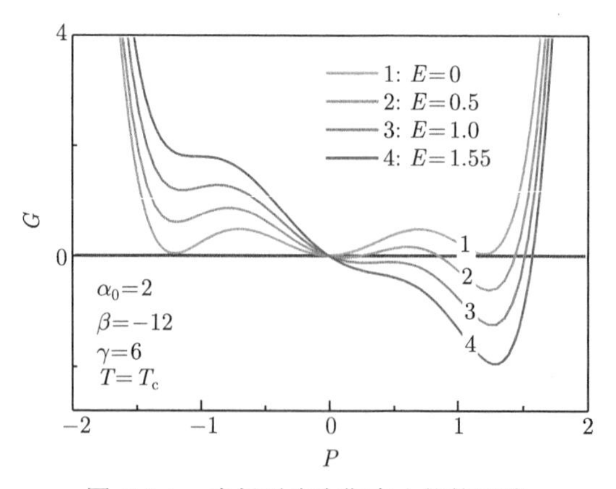


图 7.8.4　电场对吉布斯自由能的影响

从图 7.8.4 中可以看到，当 $E = 1.55$ 时反电场方向 $G$ 曲线的能谷变成了拐点。

### 7.8.3 加电场后的极化强度

加电场后的自由能能谷变化是导致极化强度变化的基础。在电场作用下的 $G$ 为

$$G = \frac{1}{2}\alpha_0(T - T_0)P^2 + \frac{1}{4}\beta P^4 + \frac{1}{6}\gamma P^6 - EP \tag{7.8.5}$$

一般认为，根据平衡条件 $\partial G/\partial P = 0$，可以得到图 7.8.5 普遍公认的结果。

在稳定条件下，$G$ 的一阶导数为零：

$$E = \alpha_0(T - T_0)P + \beta P^3 + \gamma P^5 \tag{7.8.6a}$$

可以将 (7.8.6a) 式转变形式为

$$T = T_0 + (E - \beta P^3 - \gamma P^5)/(\alpha_0 P) \tag{7.8.6b}$$

先以 $P$ 为横坐标, $T$ 为纵坐标画图。之后再将横坐标与纵坐标交换，得到电场作用下极化强度与温度的关系。

图 7.8.6(a) 是用 (7.8.6b) 式推导得到的，在 $E = 0$ 时出现低 $P$ 值向低温偏移是不正常的，或者说是不存在的。将其转置后得到了图 7.8.6(b) 极化强度在电场作用下的温度关系。在偏转的极值点作垂线，用虚线表示，得到的温度值为相变临界温度。当 $E = 0$ 时，其温度值为 $T_1$。当 $E > 0$ 时，电场诱导临界温度移向高温；当电场不断增大后，有个最大的临界温度 $T_2$。即垂线表示的温度是从 $T_1$ 到 $T_2$ 的过渡。

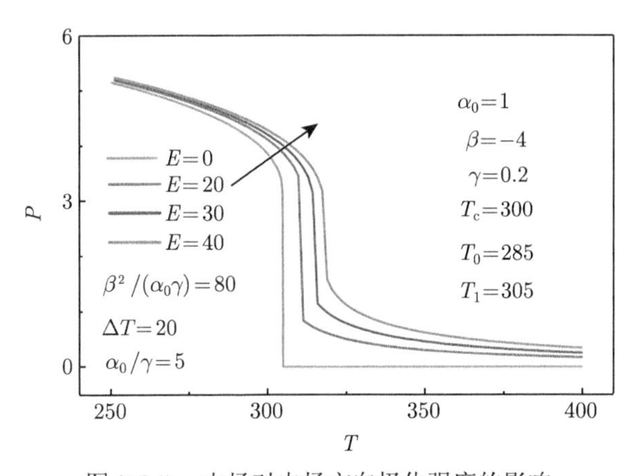


图 7.8.5 电场对电场方向极化强度的影响

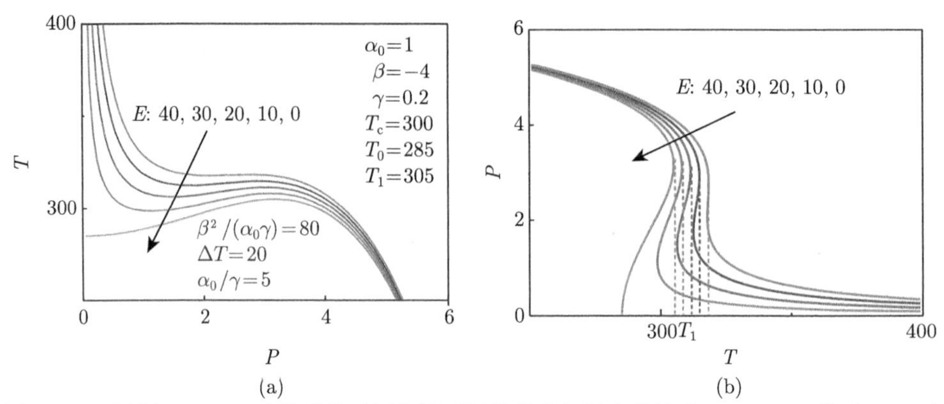


图 7.8.6　根据 (7.8.6b) 式得到的不同电场下极化强度与温度的关系：(a) $T$-$P$ 关系；(b) 坐标转置后的 $P$-$T$ 关系

对图 7.8.6(b) 的曲线作垂线就得到了图 7.3.5 中对应的曲线，由此也可以合理地解释其垂线的含义：电场作用下的临界相变点。

### 7.8.4　电滞回线

一阶相变铁电体在低于居里温度以下的温度，其电滞回线与二阶相变铁电体的电滞回线差别不大，描述方法基本相同；但当温度高于居里温度时，由于铁电和顺电两相共存，必须考虑顺电相对电滞回线的影响。

二阶相变铁电体的表达式为

$$P_{\mathrm{t}}=P(T)\frac{\exp(EP(T)/(kT))-\exp(-EP(T)/(kT))}{\exp(EP(T)/(kT))+\exp(-EP(T)/(kT))}=P(T)\tanh(EP(T)/(kT))$$

有 4 个与电场方向垂直的极化强度，其吉布斯自由能与电场无关。因此，可以近似地表示为

$$P_{\mathrm{t}}=P(T)\frac{\exp(EP(T)/(kT))-\exp(-EP(T)/(kT))}{\exp(EP(T)/(kT))+\exp(-EP(T)/(kT))+4}$$

即

$$P_{\mathrm{t}}=P(T)\frac{\sinh(EP(T)/(kT))}{\cosh(EP(T)/(kT))+2}$$

省略极化强度的温度以简化表示。当出现畴并产生滞后时，相应的公式变为

$$P_{\mathrm{t}}=P\frac{\exp((E\pm E_1)P/(kT))-\exp(-(E\pm E_1)P/(kT))}{\exp((E\pm E_1)P/(kT))+\exp(-(E\pm E_1)P/(kT))+4\exp(-E_1P/(kT))}$$

电滞回线变成了

$$P_{\mathrm{t}} = P\frac{\sinh(a(x \pm x_0))}{\cosh(a(x \pm x_0)) + 2\exp(-ax_0)}$$

如果存在顺电相，且其吉布斯自由能的平衡值始终为零，则

$$P_{\mathrm{t}} = P\frac{\exp((E \pm E_1)P/(kT)) - \exp(-(E \pm E_1)P/(kT))}{\exp((E \pm E_1)P/(kT)) + \exp(-(E \pm E_1)P/(kT)) + 4\exp(-E_1P/(kT)) + 3}$$

其中分母的最后项为三维顺电相的贡献，其吉布斯自由能的谷底为零。因此，

$$P_{\mathrm{t}} = P\frac{\sinh(a(x \pm x_0))}{\cosh(a(x \pm x_0) + 2\exp(-ax_0) + 3)}$$

$$G_0 = \frac{1}{2}\alpha_0(T - T_0)P_{\mathrm{s}}^2 + \frac{1}{4}\beta P_{\mathrm{s}}^4 + \frac{1}{6}\gamma P_{\mathrm{s}}^6, \quad P_{\mathrm{s}}^2 = -\frac{\beta}{2\gamma}\left[1 + \left(1 - 4\alpha_0(T - T_0)\gamma/\beta^2\right)^{1/2}\right]$$

与 6.3.6 节的结论相比，顺电相的作用如同产生了束腰的效果。

介电常数近似为

$$\varepsilon = \frac{\varepsilon_+}{\rho_+ + \rho_-}, \quad \rho_+ + \rho_- = \frac{\cosh(a(x \pm x_0))}{\cosh(a(x \pm x_0)) + 2}$$

$$\varepsilon = \varepsilon_+\frac{\cosh(a(x \pm x_0)) + 2}{\cosh(a(x \pm x_0))} = \varepsilon_+\left(1 + \frac{2}{\cosh(a(x \pm x_0))}\right) \tag{7.8.7}$$

三维偶极子的取向有 6 个，正反电场方向的偶极子均对介电常数有贡献，占比为 1/3。因此，

$$\frac{1}{\varepsilon_+} = 2\alpha_0(T_0 - T)/3 = 2\beta P^2/3 \tag{7.8.8}$$

自行选择合适的参数后，可以做出图 7.8.7 和图 7.8.8。

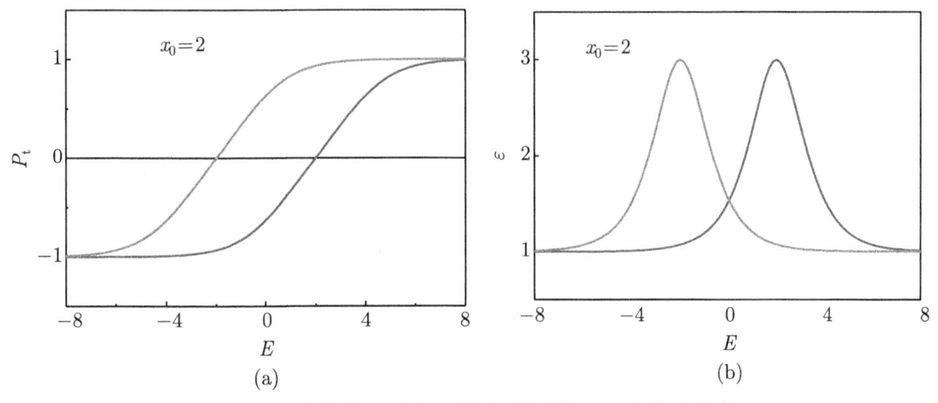


图 7.8.7　三维简化方法得到的电滞回线 (a) 和介电常数 (b)

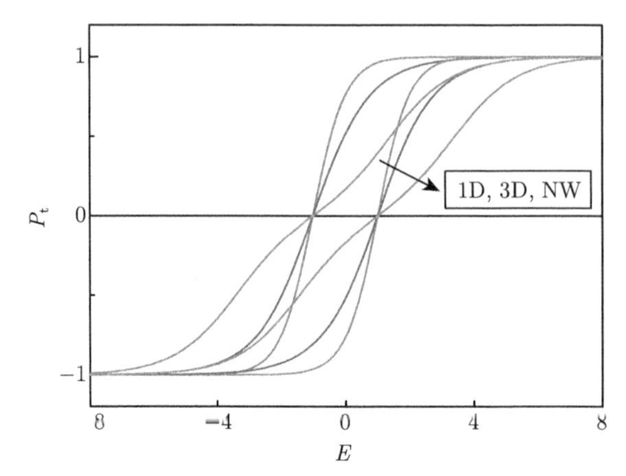


图 7.8.8 根据 (7.8.5) 式得到的束腰型电滞回线

### 7.8.5 加电场后的介电移峰效应

不考虑偶极子转动对介电常数的影响，类似于对热释电体的简单近似分析。

在无电场时，介电常数为

$$\lambda_{\mathrm{P}}=\frac{\partial^2 G}{\partial P^2}=\alpha_0(T-T_0)$$

$$\lambda_{\mathrm{F}}=\frac{\partial^2 G}{\partial P^2}=\alpha_0(T-T_0)+\beta 3P^2=2\alpha_0(T_0-T)$$

$T_0$ 是无电场时的介电峰温度，下标分别用 P 表示顺电相，F 表示铁电相。加电场后，用 $E$ 表示。

加电场后的效应：电场对所有晶格均产生了极化效应，在顺电相也诱导了偶极子 (后面介绍)。介电常数可以表达为

$$\lambda_E=\alpha_0(T-T_0)+3\beta P^2(E)$$

在介电常数的峰值处，存在介电常数或介电隔离率对温度的一阶导数为零，即

$$\alpha_0\Delta T+6\beta P(E)\Delta P(E)=0 \tag{7.8.9}$$

电场作用下的平衡条件是

$$\frac{\partial G}{\partial P}=0=\alpha_0(T-T_0)P(E)+\beta P^3(E)-E$$

对其做微分

$$\Delta\left[\alpha_0\left(T-T_0\right)P(E)+\beta P^3(E)-E\right]=0$$

$$\Delta\left[\alpha_0\left(T-T_0\right)P(E)\right]+\Delta\left[\beta P^3(E)\right]=0$$

$$\left[\alpha_0\Delta TP(E)+\alpha_0\left(T-T_0\right)\Delta P(E)\right]+3\beta P^2(E)\Delta P(E)=0$$

由此可以得到 $T=T_{\rm p}$ 点的条件：

$$\alpha_0P_{\rm p}(E)\Delta T+[\alpha_0(T_{\rm p}-T_0)+3\beta P_{\rm p}^2(E)]\Delta P(E)=0 \tag{7.8.10}$$

式中，$T_{\rm p}$ 的含义是电场作用下介电峰的温度，大于 $T_0$。推导过程中用到的表达式是

$$T_{\rm p}=T_0+\frac{3\beta P_{\rm p}^2(E)}{\alpha_0} \tag{7.8.11}$$

在 $T_{\rm p}$ 温度，平衡条件变为

$$\alpha_0(T_{\rm p}-T_0)P_{\rm p}(E)+\beta P_{\rm p}^3(E)-E=0 \tag{7.8.12}$$

将 (7.8.11) 式代入 (7.8.12) 式得到

$$4\beta P_{\rm p}^3(E)-E=0 \tag{7.8.13}$$

最后将 (7.8.13) 式的结果代入 (7.8.11) 式得到

$$T_{\rm p}=T_0+\frac{3\beta P_{\rm p}^2(E)}{\alpha_0}=T_0+\frac{3\beta^{1/3}E^{2/3}}{4^{1/3}\alpha_0} \tag{7.8.14}$$

由 (7.8.14) 式的结果可得介电峰的移动与 $E^{2/3}$ 成正比，如图 7.8.9 所示。其

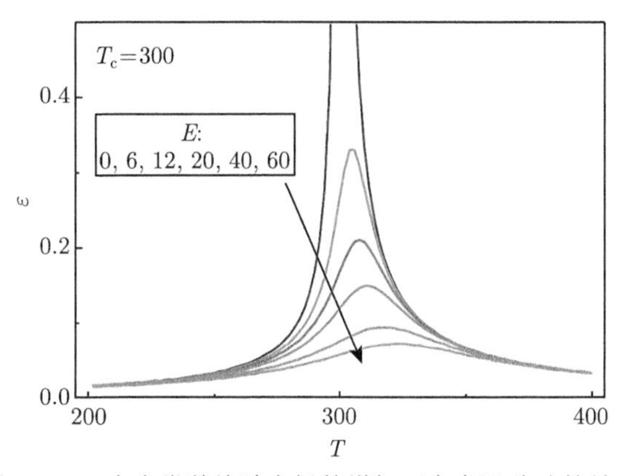


图 7.8.9　介电常数峰随电场的增加而向高温移动的效应

中，$\beta$ 越大 $\alpha_0$ 越小，介电峰的移动对电场越敏感。此效应在需要电场调制介电常数的热释电和微波等器件中有重要的意义。

## 参 考 文 献


[1] Merz W J. Double hysteresis loop of $BaTiO_3$ at the Curie point. Phys Rev, 1953, 91: 513-517. https://doi.org/10.1103/PhysRev.91.513.

[2] Cao W Q, Zhang L, Chen Y. Evolution of P-E loop in phase transition region of first order phase transition ferroelectrics. Solid State Commun, 2023, 360: 115037. https://doi.org/10.1016/j.ssc.2022.115037.

[3] 钟维烈. 铁电体物理学. 北京. 科学出版社, 1990: 90.

[4] Mason W P, Matthias B T. Theoretical model for explaining the ferroelectric effect in barium titanate. Phys Rev, 1948, 74: 1622.

# 第 8 章　反 铁 电 体

反铁电体 (antiferroelectric，AFE) 是 1951 年由 Kittel[1] 首次正式定义的，它由相邻的交替排列在相反方向的偶极子组成。同年，Sawaguchi 报道了第一个反铁电体 $PbZrO_3$[2]。自此，基于 $PbZrO_3$ 的材料因其独特的相变过程而受到广泛关注，特别是在电场、温度和应力作用下的极化反转会导致开关效应和大的充放电流，巨大的热释电效应、应变效应和电卡效应引起了人们的重视，并使其在高能量存储和固态致冷等多功能器件领域具有极大的应用潜力。

双电滞回线被公认为是反铁电体的典型特征，以此为基础构造了正反偶极子形成的单元结构，并由此发展出了 Kittel 的反铁电双极化强度。然而，由于二阶相变铁电体在接近相变温度和一阶相变铁电体在相变温区均具有双电滞回线，因而其结构的独特性值得怀疑。根据铁电体及其反铁电体所具有的 "偶极子在电场作用下转动" 这一基本属性，偶极子的转动将会打破各个方向偶极子的数量平衡，使得构造 Kittel 双极化强度的单元不再成立，因而该方法不再适用于描述加电场后的反铁电体。另一个理论基于反铁电体的局域结构 (local structure) 提出了附加一个序参量 $Z$ 用于描述反铁电体特征的方法，同样会由于偶极子的转向而破坏局域结构，失去了序参量存在的基础。因此，研究反铁电体可以基于铁电体的结构单元特征，引入反铁磁体的耦合作用，不需要再外加任何假设，利用现有的热力学方法就可以解决反铁电体的基本问题和各种应用所涉及的问题。

基于上述考虑，本章介绍了解释反铁电体电滞回线的基本方法，将含有反铁电耦合系数的吉布斯自由能方程分解为沿正、反电场方向的两个方程，利用平衡条件求解出电场作用下的正和反极化强度，得到了平衡时的吉布斯自由能，再用玻尔兹曼分布的方法导出对应两个方向偶极子的取向概率，即偶极子的转向数量，得到实验可测量的极化强度量，它表现出反铁电体的双电滞回线，对应的介电常数也与实验现象吻合。所得到的外界参量变化对反铁电性能的影响也与实验结果一致，并澄清了对强反铁电耦合的认识，由此解决了反铁电体的基本问题，推导出了各种效应的理论公式，给出了数值模拟的结果。

# 8.1 反铁电体的基本性质

## 8.1.1 反铁电体的基本结构特征

传统的 Kittel 反铁电体结构模型将 AFE 划分为钙钛矿结构、焦绿石结构和液晶结构等多个亚类。其中钙钛矿结构是最重要的，通常表达为 $ABO_3$。$PbZrO_3$ 在室温的原胞具有四方结构 [3]，晶格常数为 $a = b = 4.15Å$ 和 $c = 4.10Å$。反铁电性来源于 $Pb^{2+}$ 在垂直于 $c$ 轴的平面上的反平行位移，计算的位移量约为 0.2Å。

在结构上，反铁电的 $PbZrO_3$ 陶瓷的偶极子具有反平行的现象，如图 8.1.1 所示，偶极子左右之间为反平行，垂直方向为同向。这种偶极子的排列具有最低能量。

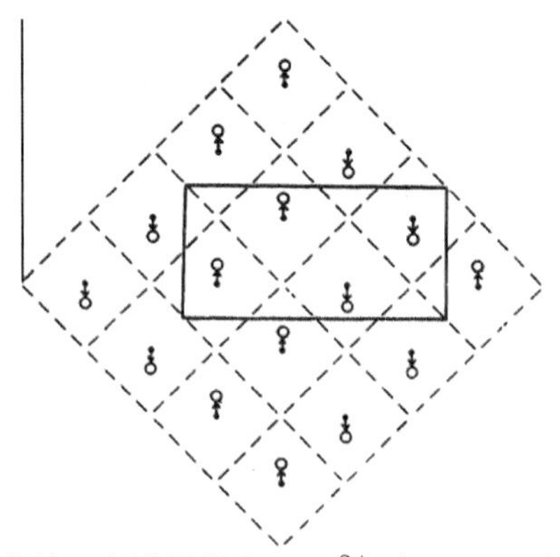

图 8.1.1 $PbZrO_3$ 反铁电体的双电滞回线中，$Pb^{2+}$ 在 (001) 面偏离中心点的方向，图中的直线表示面的法线

从物理原理上分析，两个方向相反的偶极子平行排列时能量才是最低的，图 8.1.1 给出的结构中，偶极子的排列能量并非最低。在原始制备出的三维反铁电体中，外加电场在任意方向所获得的测量结果均应该相同，内部不存在指向特定方向的偶极子或者畴，也不应该有两行偶极子平行排列这种高能量状态，因而本章没有考虑这种模型，而是采用了正常铁电体的结构单元排列，以此证明反铁电体的各种性能。

## 8.1.2 反铁电体的电滞回线特征

与铁电 (FE) 材料相比，AFE 材料需要一个更高的直流电场改变偶极子排列的极化方向，以实现偶极子平行排列，这被称为“开关效应”。AFE 材料有两个明显的特征：一个是净宏观剩余极化极小，接近零；另一个是双电滞回线。典型的 $PbZrO_3$ 反铁电体电场-极化强度的双电滞回线如图 8.1.2 所示，图 8.1.2(a) 表示一个回线有两个开关电场：一个是增加电场时的“开”电场 $E_F$，被假设为反铁电相转变为铁电相的电场；另一个是降低电场时发生的“关”电场 $E_A$，被假设为铁电相转变为反铁电相的电场。实际上，铁电体也存在这种开关效应，只是由于反铁电体中所具有的反铁电耦合效应，抑制了偶极子在低电场时的翻转从而增大了电场和极化强度转变时的幅度。由于人们已经习惯了此种称呼，本书仍用此定义。图 8.1.2(b) 表示双回线随温度的变化规律，温度升高双回线的距离靠近。理论推导表明：对于二阶相变反铁电体，当正回线和负回线的两个 $E_A$ 点上下重合时，该温度为居里温度 $T_c$。对于一阶相变反铁电体，当正回线和负回线的两个 $E_A$ 点上下重合时，该温度为相变区的高转变温度 $T_1$。

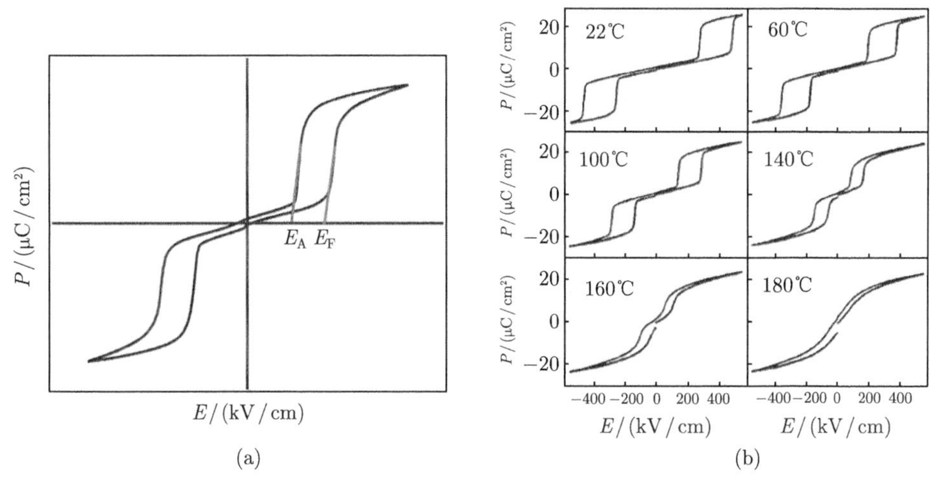


图 8.1.2 $PbZrO_3$ 反铁电体电场-极化强度的双电滞回线 [4]

## 8.1.3 反铁电体的介电常数特征

AFE 的介电常数一般在 50~5000，略低于铁电体的值。在外加循环直流电场的作用下，表现为双蝶形回线。随着电场从 0 增大到最大值 $E_{max}$，AFE 的介电常数先增大，在 $A$ 处达到第一个峰值，然后逐渐减小。在 $A$ 点完成从 AFE 态到 FE 态的相位转换，对应的电场称为临界正相场 $E_F$。同样，当电场从最大值减小到 0 时，低点的介电常数先增大后减小。在 $B$ 点处得到第二个峰值，即表示从 FE 态到 AFE 态的相变，被称为临界反相场 $E_A$。

根据 Park 等的观点，AFE 的相位转换过程可以分为六个阶段。在第一阶段，随机排列的反铁电畴在一个较低的电场重新排列；而在第二阶段，重新排列的反铁电畴在临界正开关场转化为铁电态；第三阶段，随着电场的增大，诱导铁电畴的极化方向发生了重新排列；在第四阶段，在更高的电场中出现了诱导铁电态的压电效应；在第五阶段，电场释放后，诱导铁电畴恢复到重新排列的状态；在第六阶段，重新排列的反铁电畴在超过其居里温度后返回到初始随机状态。

上述观点的产生在于不了解反铁电体产生的机理是由反铁电耦合造成的，原因很简单：反平行的偶极子相互吸引。初始的状态与铁电体没有差别；发生反转后形成了具有压电性的铁电畴，也与铁电体的开关特性没有差异。总之，反铁电体与铁电体的差异仅仅在于前者有反铁电耦合，由此导致了正向临界电场的增大。

在介电-温度性能方面，AFE 在三个方面具有与 FE 相似的明显的温度依赖特征。首先，AFE 只能在一定的温度范围内存在，即当温度超过某一临界值即为居里温度 $T_c$ 时，AFE 的性质消失。其次，随着温度的升高，介电常数先升高后降低，在 $T_c$ 时介电常数达到最大值。最后，在 $T_c$ 以上，介电常数与温度的关系服从居里-外斯定律:

$$\varepsilon_r(0) = \varepsilon_r(\infty) + \frac{C}{T - T_0}$$

$\varepsilon_r(0)$ 和 $\varepsilon_r(\infty)$ 分别为低频介电常数和光学介电常数；$C$ 为居里-外斯常数，$T_0$ 为居里-外斯温度。

在介电-电场性能方面，反铁电相的双电滞回线突变处会产生介电常数峰，形成一种如图 8.1.3 所示的介电回线，其电场从零到正向最大、到反向最大、再回零点的过程所出现的峰顺序为 $A$、$B$、$A'$、$B'$。

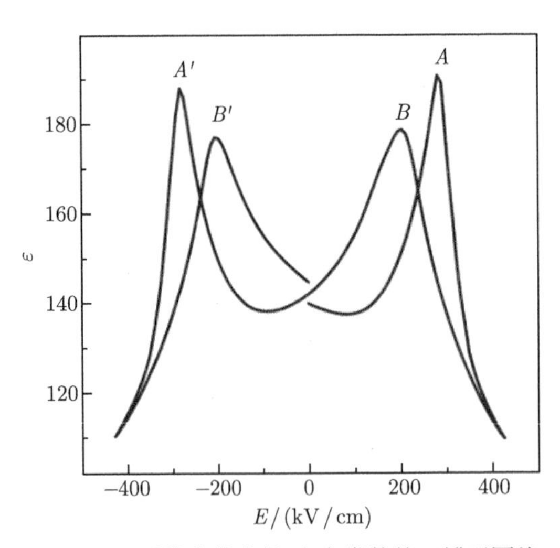


图 8.1.3　反铁电体电场-介电常数的双蝶形回线

在原理上，反铁电体极化与铁电体极化相同，所用方法也相同。只是吉布斯自由能多了一个反铁电耦合项，导致性能出现了差异。

## 8.2 反铁电体的唯象理论

目前，反铁电体的理论一直沿用 Kittel 提出的唯象理论。该理论基于退极化场，以亥姆霍兹自由能 $A$ 为基础，对介电常数、熵和热容量与极化强度的关系进行了探讨。

早在 1949 年，Devonshire 从朗道理论出发，提出了基于 $BaTiO_3$ 的唯象模型，称为 “Landau-Devonshire” (LD) 理论，成为了相变理论发展的里程碑。LD 理论利用自由能的差异普适地解释了相变中的极化与介电行为。由朗道理论导出的自由能 $G$ 为极化强度 $P$ 的偶次展开式：

$$G = \frac{1}{2}\alpha_0(T - T_0)P^2 + \frac{1}{4}\beta P^4 + \frac{1}{6}\gamma P^6, \quad \alpha_0 > 0, \beta < 0, \gamma > 0$$

Kittel 提出反铁电体由两个等价的晶格构成，独立地极化并存在相互作用。通过定义 $P_a$ 和 $P_b$ 为两个晶格的极化强度，将亥姆霍兹自由能表示为

$$A = f(P_a^2 + P_b^2) + gP_aP_b + h(P_a^4 + P_b^4) \tag{8.2.1a}$$

其中，$f$ 和 $h$ 是唯象系数，$gP_aP_b$ 为相互作用项。$P_a$ 和 $P_b$ 是极化强度变量，分别平行和反平行于电场方向。平衡条件是

$$\frac{\partial A}{\partial P_a} = E = 2fP_a + 4hP_a^3 + gP_b \tag{8.2.1b}$$

对于在 $E = 0$ 的反铁电态自发极化 $P_{sa} = -P_{sb}$，得到的解是

$$P_{sa}^2 = (g - 2f)/(4h) \tag{8.2.1c}$$

在外加小电场 $\Delta E$ 的条件下，$\Delta P = P_{sa} + P_{sb}$。通过使用近似 $P_{sa} \approx -P_{sb}$ 得到

$$2\Delta E = (2f + g)\Delta P + 12hP_{sa}^2\Delta P \tag{8.2.1d}$$

由此得到极化率：

$$\chi = \Delta P/\Delta E = 1/[2(g - f)] \tag{8.2.1e}$$

为了能够得到在居里温度点极化率的发散性，Kittel 假设了：

$$f = \frac{1}{2}g + \lambda(T - T_c) \tag{8.2.1f}$$

由此得到了相关的结果。由于该模型被认为过于简单，因此发展了改进模型：设 $P_1 = P_a + P_b$ 和 $P_2 = P_a - P_b$。并得到自由能由 $P_1$ 和 $P_2$ 构成的表达式。

Kittel 模型的优点是，引入了两种相反方向极化强度相互作用的因子 $g$，该因子实际上是反铁电耦合因子。其缺陷在于：① 亥姆霍兹自由能的热力学条件是等温和等容，不能描述具有相变的热力学过程，应该使用吉布斯自由能。② 加电场后 $P_a$ 和 $P_b$ 的大小不再相等，上述理论无法解决此类基础问题。

改进模型提供了一个新的研究方向，而且之后的理论大多都在朝这个方向发展。然而，该理论没有考虑外加电场作用下存在 $P_a$ 和 $P_b$ 偶极子之间的转向，从而导致 $P_a$ 和 $P_b$ 的大小与比例发生变化，$P_1$ 和 $P_2$ 的定义不再成立，整个模型的基础不复存在。事实证明，该理论没有能够解决任何实际问题。

考虑到偶极子在电场作用下的吉布斯自由能的变化规律以及导致的概率变化对应的偶极子转向，与铁电体的分析方法相同：从测试的角度导出极化强度实验值与理论值之间的函数关系，此方向解决了反铁电体的基础与应用问题，下面给出详细的解释。

## 8.3　反铁电体的极化与介电效应

基于 $PbZrO_3$ 的材料因其独特的相变过程而受到广泛关注，特别是在电场、温度和应力作用下极化强度方向的转变会导致相变开关效应和大的充放电流，巨大的热释电效应、应变效应和电卡效应，使反铁电体在高能量存储和固态致冷等多功能器件的应用领域具有极大的潜力。

尽管对 $PbZrO_3$ 进行了系统的实验和理论研究，并且已经发现了大约 100 种反铁电体，尝试了各种理论方法，但造成这种现象的物理原因仍然未知。在反铁电体广泛应用的背景下，对基础理论提出了迫切的需求，希望理论能够解释所有的性能，而对极化和介电性能的解释是最为基础和具有突破性的。

铁磁体和反铁磁体曾经在理论上被广泛深入地研究，并建立了相关的理论。将该理论引入铁电体，得到了以赝自旋为基础的理论。该理论包含了偶极子间的耦合效应：当耦合系数为正时属于铁电耦合，为负时属于反铁电耦合。利用正耦合效应，第 6 章和第 7 章解决了铁电体的基本问题。本章将介绍，通过对平行排列的偶极子引入正耦合和反平行排列的偶极子引入负耦合，将反铁电体吉布斯自由能方程分解为沿正和反电场方向的两个方程，利用平衡条件联立循环求解，得到各个方向的极化强度，再用玻尔兹曼分布的方法导出解决偶极子在各个方向的概率，最终得到了反铁电体的双电滞回线和介电常数。比较参量和温度变化对反铁电性能的影响，证实与实验结果一致，澄清了对强反铁电体的认识，由此解决了反铁电体的基本问题。

## 8.3.1 反铁电体的极化

### 8.3.1.1 铁电体极化的原理回顾

众所周知，反铁电体的性质取决于内部偶极子的反向平行取向及由此形成的极化。从高温的顺电相转变到低温的反铁电相时，典型的结构是四方相。为了理论分析的方便，需要先了解铁电体的原理。出发点是二阶相变铁电体的吉布斯自由能。

$$G = \frac{1}{2}\alpha P^2 + \frac{1}{4}\beta P^4 - EP \tag{8.3.1a}$$

平衡时

$$\frac{\partial G}{\partial P} = 0, \quad E = \alpha P + \beta P^3 \tag{8.3.1b}$$

在 $E = 0$ 时，(8.3.1b) 式有三个解

$$P = 0, \quad P = P_{s0}, \quad P = -P_{s0}, \quad P_{s0} = (-\alpha/\beta)^{1/2}$$

(8.3.1a) 式和 (8.3.1b) 式的含义可以通过图 8.3.1 理解。图 8.3.1(a) 的曲线为电场作用下 $G$ 的行为，其中实线为 $E = 0$ 时的情况，显示出了正负两个能谷，分别对应大小相等的正负两个极化强度，即所谓的自发极化强度 $P_s$ 和 $-P_s$。它们对应于图 8.3.1(b) 中 $E = 0$ 时的 $B$ 和 $C'$ 点。当电场沿正向增大时，图 8.3.1(a) 所示的正向能谷下降，极化强度 $P_+$ 增大，反向能谷上升，极化强度 $P_-$ 的数值减小。分别对应于图 8.3.1(b) 中 $P_+$ 的曲线 $B{\to}C{\to}D$ 变化过程和 $P_-$ 的曲线 $C'{\to}D'$ 变化过程。当正向电场增加到一个临界值 $E_0$ 时，图 8.3.1(a) 曲线的左侧负极化强度能谷消失，即反电场方向的极化强度消失，含义是偶极子全部发生反转；对应于图 8.3.1(b) 中虚直线 $D'{\to}C$ 的变化过程。电场再增大，正向能谷再加深，$P_+$ 继续增大，如 $C{\to}D$ 过程。

当电场从 $E = 0$ 反向变化时，极化强度也分为两种: $P_+$ 的 $B{\to}A$ 和 $P_-$ 的 $C'{\to}B'{\to}A'$。图中的虚线 $D'{\to}O{\to}A$ 仅仅是 8.3.1(b) 方程的一个不真实的解，该过程对于纯铁电体是不存在的。另外需要说明的是: 把图 8.3.1(b) 的上下两条曲线当成电滞回线是错误的，因为回线之内的两个极化强度均是不可直接测量的。两条曲线在 $E = 0$ 时的值为自发极化而不是实验测量的剩余极化。

$E_0$ 值的数学含义是 $G$ 对 $P_-$ 的一阶导数及二阶导数均为零，与铁电参量及温度的关系是

$$E_0 = 2\beta \cdot (-\alpha/(3\beta))^{3/2}, \quad \alpha = \alpha_0(T - T_0), \quad \alpha_0, \beta > 0, \quad T < T_0$$

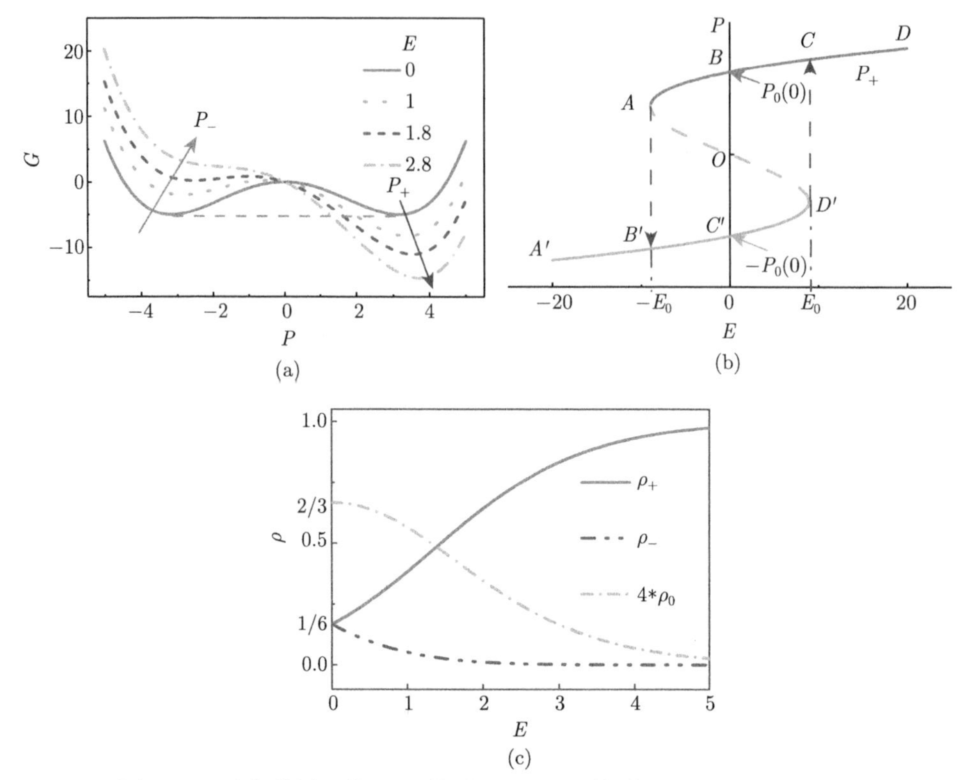


图 8.3.1　电场作用下的 $G$-$P$ 关系 (a)、$P$-$E$ 关系 (b) 和 $\rho$ -$E$ 关系 (c)

偶极子转向会引起铁电体两个表面积累电荷的变化，诱导电极电荷的变化，从而在实验中测量出极化强度的变化。实验可测量的极化强度表示为 $P_{\mathrm{t}}$ (t 表示转向)，它由正向和反向偶极子共同引起。

$$\Delta P_+ = \rho_+ P_+ - \rho_0 P_0, \quad \Delta P_- = \rho_- P_- - \rho_0 P_0$$

两者之和为

$$P_{\mathrm{t}} = \Delta P_+ - \Delta P_- = \rho_+ P_+ - \rho_- P_-, \quad P_+ > 0,\ P_- < 0 \tag{8.3.2}$$

其中，$P_0$ 为未加电场的自发极化强度，$P_+$ 和 $P_-$ 分别为图 8.3.1(b) 所示正反极化强度，$\rho_+$ 和 $\rho_-$ 分别为偶极子在两个方向的取向概率，$\rho_0$ 为初值。

偶极子属于经典粒子，其取向概率服从玻尔兹曼分布。吉布斯自由能的能谷为偶极子的稳定条件，其能谷的高低不仅对应极化强度的大小，也决定了正和反电场方向的两种偶极子的取向概率。一维情况下可以只考虑正、反两个能级；但三维情况下要考虑三个能级：正、反电场方向和垂直于电场方向的偶极子。垂直于电场方向的偶极子的大小不随电场而变化，但会因取向概率的变化而转向。在四方相的条件下，偶极子有六个取向方向，设电场沿其中一个取向方向，反电场方向为另外一个方向，还有四个垂直于电场方向。因而在三维时，正向和反向偶极子的取向概率分别为

$$\rho_{+}=\frac{\exp(-G_{+}/(kT))}{\exp(-G_{+}/(kT))+\exp(-G_{-}/(kT))+4\cdot\exp(-G_{0}/(kT))} \tag{8.3.3a}$$

$$\rho_{-}=\frac{\exp(-G_{-}/(kT))}{\exp(-G_{+}/(kT))+\exp(-G_{-}/(kT))+4\cdot\exp(-G_{0}/(kT))} \tag{8.3.3b}$$

其中，

$$G_{+}=\frac{1}{2}\alpha P_{+}^{2}+\frac{1}{4}\beta P_{+}^{4}-EP_{+},\quad G_{-}=\frac{1}{2}\alpha P_{-}^{2}+\frac{1}{4}\beta P_{-}^{4}-EP_{-},\quad E<E_{0}$$

当 $\rho_+>\rho_-$ 时，单位体积有数量为 $\rho_+-\rho_-$ 的偶极子相互相邻且平行于电场方向，在电场的作用下产生铁电耦合，设其耦合系数为 $J_{\mathrm{F}}(>0)$，因而此部分偶极子的吉布斯自由能为

$$G_{++}=\frac{1}{2}\alpha_{0}(T-T_{0})\cdot P_{++}^{2}+\frac{1}{4}\beta P_{++}^{4}-J_{\mathrm{F}}(\rho_{+}-\rho_{-})P_{++}^{2}-E\cdot P_{++},\quad J_{\mathrm{F}}>0,E>0,P_{++}>0 \tag{8.3.4}$$

$P_{++}$ 表示处于正向铁电耦合状态的偶极子。当电场高于 $E_0$ 时，电场方向排列的偶极子均为铁电耦合状态。

利用一阶导数为零可以得到平衡值 $P_{++0}$。当电场高于 $E_0$ 时，电场方向排列的偶极子均为铁电耦合状态。

此时，系统的整体 $G$ 为

$$\begin{aligned}&G=\rho_{-}(G_{+}+G_{-})+(\rho_{+}-\rho_{-})G_{++}+(1-\rho_{+}-\rho_{-})G_{0},\quad E<E_{0}\\&G=\rho_{+}G_{++}+(1-\rho_{+})G_{0},\quad E\geqslant E_{0}\end{aligned}$$

由此得到实验测量的极化强度为

$$\begin{aligned}&P_{\mathrm{t}}=\rho_{-}(P_{+0}+P_{-0})+(\rho_{+}-\rho_{-})P_{++0},\quad E<E_{0}\\&P_{\mathrm{t}}=\rho_{+}P_{++0},\quad E\geqslant E_{0}\end{aligned}$$

#### 8.3.1.2 反铁电体的吉布斯自由能

在原理上，反铁电体的极化与铁电体的极化相同，所用方法也相同。只是吉布斯自由能多了一个反铁电耦合项，导致性能出现了差异。为了与铁电体的形式

保持一致，本书分别用“+”和“−”表示“a”和“b”。考虑到实际情况，极化强度在正反两个方向的概率，系统的吉布斯自由能 $G$ 应该是

$$G = \rho_+ G_+ + \rho_- G_-$$

在电场和反铁电耦合作用下，$G_+$ 和 $G_-$ 变化不一致，用铁电体的方法将其分别表示为 [5]

$$G_+ = \frac{1}{2}\alpha P_+^2 + \frac{1}{4}\beta P_+^4 - EP_+ - J_{\mathrm{A}} P_+ P_-, \quad J_{\mathrm{A}} < 0, P_+ > 0, P_- < 0 \tag{8.3.5a}$$

$$G_- = \frac{1}{2}\alpha P_-^2 + \frac{1}{4}\beta P_-^4 - EP_- - J_{\mathrm{A}} P_+ P_- \tag{8.3.5b}$$

其中，$J_{\mathrm{A}}$ 为负的反铁电体的耦合系数。该耦合将反平行的 $P_+$ 和 $P_-$ 耦合在一起 [5]:

$$\frac{\partial G_+}{\partial P_+} = \alpha P_+ + \beta P_+^3 - E - J_{\mathrm{A}}(P_- + P_+ \cdot \partial P_- / \partial P_+) = 0 \tag{8.3.6a}$$

$$\frac{\partial G_-}{\partial P_-} = \alpha P_- + \beta P_-^3 - E - J_{\mathrm{A}}(P_+ + P_- \partial P_+ / \partial P_-) = 0 \tag{8.3.6b}$$

其中，$\alpha = \alpha_0(T - T_0)$，$\alpha_0$ 和 $\beta$ 是铁电体的本征参数。居里温度 $T_{\mathrm{c}} = T_0$，$P_+$ 和 $P_-$ 分别表示正和反电场方向的极化强度。在上式中，已知各个参量，给出外加电场 $E$ 的数值，就只剩两个极化强度为变量。两个反平行的偶极子存在耦合所导致的关联，利用 (8.3.6a) 式和 (8.3.6b) 式，设计程序相互反复迭代，直至趋近平衡，可算出 $P_+$ 和 $P_-$。需要注意的是，$P_+$ 和 $P_-$ 的相互导数均不能为零。因为，其中一项若为零，另外一项将为无穷大。

为了表示耦合与电场对吉布斯自由能作用的效果，图 8.3.2 给出了直观的示意效果。$G_1$ 为简单的曲线，两个谷底表示极化强度的平衡值，用直线指示正负极化强度大小相同，方向相反；$G_2$ 为加了反铁电耦合的曲线，两个谷底用虚直线连接，也是大小相同，方向相反，但是能谷加深了，表示处于更稳定的状态；$G_3$ 和 $G_4$ 为加电场后的效果。$G_3$ 如同铁电体，加电场后正向能谷加深，反向变浅。当电场增大到临界值时成为拐点；$G_4$ 为耦合与电场的共同效果，正向有极深的能谷，反向变浅，与 $G_3$ 相比需要更大的电场才能形成拐点。总之，反铁电耦合使得状态更加稳定。

实际上，考虑到正反偶极子在电场方向的数量会影响铁电畴耦合的效果，在耦合中应加入取向概率

$$G_{++} = \frac{1}{2}\alpha_0(T - T_0) \cdot P_{++}^2 + \frac{1}{4}\beta P_{++}^4 - J_{\mathrm{F}}(\rho_+ - \rho_-) P_{++}^2 - E \cdot P_{++}, \quad J_{\mathrm{F}} > 0, E > 0, P_{++} > 0 \tag{8.3.6c}$$

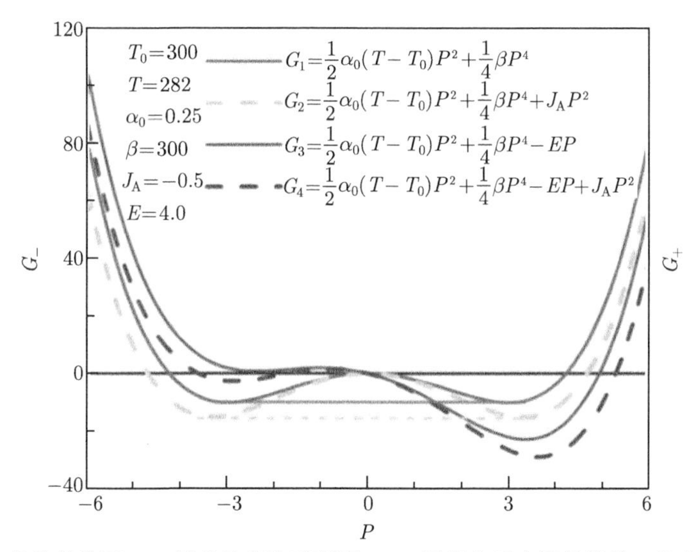


图 8.3.2 在各种条件下，$G$ 能谷的变化示意图。$G_1$ 无耦合无电场的简单双稳态；$G_2$ 反铁电耦合 ($J_{\mathrm{A}}$) 的影响：双能谷同步加深；$G_3$ 加电场正向下降，反向上升。曲线为 $E$ 达到临界电场 $E_0$ 时的效果；$G_4$ 含反铁电耦合时加电场达到临界电场 $E_{\mathrm{c}}$ 时的效果

为了区别反平行排列偶极子的耦合系数 $J_{\mathrm{A}}$，将铁电体中偶极子的耦合系数 $J$ 改用 $J_{\mathrm{F}}$ 表示。

#### 8.3.1.3 反铁电体的相变过渡区

在初始的平衡条件下，$E = 0$ 和 $T = T_0$ 时，可以解 (8.3.6a) 和 (8.3.6b) 式得到

$$P_{+0} = -P_{-0} = (-J_{\mathrm{A}}/\beta)^{1/2}$$

在原有的相变温度极化强度不为零，表示实际相变温度上升了。推导极化强度刚好为零时的温度，得到了一个耦合相变温度 $T_{\mathrm{j}}(> T_{\mathrm{c}} = T_0)$，与 $T_0$ 的关系为

$$T_{\mathrm{j}} = T_0 - J_{\mathrm{A}}/\alpha_0, \quad J_{\mathrm{A}} < 0, \quad \alpha_0 > 0 \tag{8.3.7a}$$

从 $G$ 求解的 $P$ 为能谷。当反向能谷消失时，临界电场 (或称 AFE-FE 开关电场) 可以用 $G_-$ 对 $P_-$ 的一阶和二阶导数为零求解得到

$$\begin{aligned} E_{\mathrm{c}} &= E_0 - J_{\mathrm{A}}P_{+0}, \quad T_0 \geqslant T \\ E_{\mathrm{c}} &= -J_{\mathrm{A}}P_{+0}, \quad T_{\mathrm{j}} \geqslant T > T_0 \end{aligned} \tag{8.3.7b}$$

其中，

$$E_0 = 2\beta \cdot \left(\frac{\alpha_0(T_0 - T)}{3\beta}\right)^{3/2}, \quad T_0 \geqslant T \tag{8.3.7c}$$

$E_0$ 是铁电态的临界值，用于电场从最大减小到零的过程中，反向极化出现的电场值，或称 FE-AFE 开关电场。

(8.3.7c) 式明显地显示: 温度越低，低临界电场 $E_0$ 越高；$\alpha_0$ 越大和 $\beta$ 越小，$E_0$ 也越大。(8.3.7b) 式显示: $E_0$ 越大 $E_c$ 也越大，反铁电回线中 $E_c$-$E_0$ 的大小正比于 $J_A$ 和正向极化强度 $P_+$，而 $\alpha_0/\beta$ 越大，$P_{+0}$ 越大。

由于 $P_+(0)$ 和 $P_-(0)$ 在 $T = T_c$ 时均不为零，不满足二阶相变发生的条件，因此，AFE-PE(PE 代表顺电相) 的实际相变温度要从 $T_c$ 提高到 $P_+(0) = P_-(0) = 0$ 时的温度。理论计算表明，该温度为 $T_j = T_0 - J_A/\alpha_0$。因而存在反铁电耦合引起的从 $T_0$ 到 $T_j$ 的反铁电相到顺电相的过渡区：

(1) 当 $T_j > T > T_0$ 时，$E_c$=0，反铁电相到顺电相的过渡区；

(2) 当 $T \geqslant T_j$ 时，$E_c$=0，反铁电体的顺电相。

在过渡区，$E = 0$ 时由 (8.3.6) 式得到过渡区 $T = T_0$ 时的极化强度: $P_+ = -P_- = (-J_A/\beta)^{1/2}$。两者大小相同，即正反偶极子的长度相同，用 XRD 测量得到的结构信息与铁电相相同，故 $PbZrO_3$ 被误认为是铁电相。当温度高于 $T_j$ 时，从反铁电相转变到顺电相。

图 8.3.3(a) 表现了反铁电体在耦合系数为零时具有铁电体的特性，电场会使吉布斯自由能在两个不同方向反向变化，该原理对于反铁电体仍然有效。图 8.3.3(b) 显示了在居里温度反铁电耦合会加深吉布斯自由能的能谷，类似于铁电体在较低的温度，如图 8.3.3(a) 所示。反铁电耦合使偶极子在电场作用下转向的难度增大，同时导致正反极化强度 $P_+$ 和 $P_-$ 的数值增大。当电场为正时，反铁电耦合对 $G_-$ 相当于起到了附加电场的作用。

$E_0$ 是 $J_A$ 为零时偶极子转向的临界电场，相当于铁电体的 $E_0$。附加电场 $J_AP_+$ 的作用导致了临界电场增大到 $E_c$，是形成反铁电回线的原因之一。解 (8.3.6a)~(8.3.6c) 式可以得到图 8.3.3(c) 所示的 $P_+$ 和 $P_-$ 的结果。在 $E = 0$ 的初始时刻，$P_+$ 和 $P_-$ 的初值相同，电场作用后的差异是 $G_+$ 和 $G_-$ 的能谷差异造成的。由于 $J_A$ 数值的增大，临界转变电场 $E_c$ 也随之增大。正向和反向偶极子的取向概率依然可以表示为 (8.3.3a) 和 (8.3.3b) 式的形式，其吉布斯自由能 $G_+$ 和 $G_-$ 分别为 (8.3.5a) 和 (8.3.5b) 式在谷底时的值。

图 8.3.3(c) 显示的是因电场作用导致反向偶极子转向的效应。$\rho_+$ 是偶极子取向沿电场方向的概率或相对数量。随着反铁电耦合数值或临界电场的增大，在电场作用下 $\rho_+$ 形成了上升的变化过程，在临界电场 $E_c$ 发生了突变。图 8.3.3(c) 中，由于 $P_t$ 对应实验值，它的变化形成了反铁电体电滞回线的正向上升过程。

当反向偶极子全部转向后，因铁电耦合 $J_F$ 的作用，继续增加电场则表现为铁电体的极化过程。

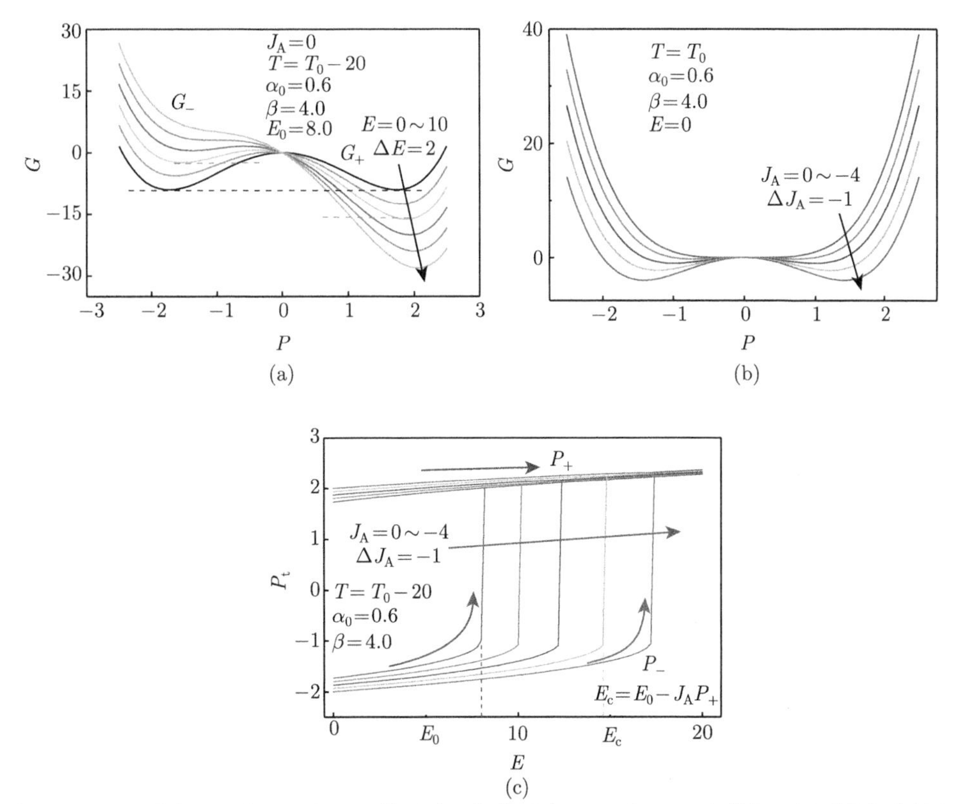


图 8.3.3 (a) 电场 $E$ 对 $G_+$ 和 $G_-$ 的影响。极化强度 ($P_+$ 和 $P_-$) 和能级可同时从相应能谷得到。当高于临界电场 $E_0$ 时，能谷消失。(b) 在相变温度 $T=T_0$，反铁电耦合系数加深了能谷，实现相变温度上升。(c) $P_+$ 和 $P_-$ 随 $E$ 的变化。$J_A$ 绝对值的增大导致了临界电场的增大。(a) 中用短线表示 $G$ 的平衡能级

#### 8.3.1.4 反铁电体的极化强度原理

如果只考虑正反两个方向的极化强度，则取向概率为

$$\rho_\pm = \frac{\exp(-G_\pm/(kT))}{\exp(-G_+/(kT)) + \exp(-G_-/(kT))}$$

如果还考虑垂直方向的极化强度，则取向概率为

$$\rho_\pm = \frac{\exp(-G_\pm/(kT))}{\exp(-G_+/(kT)) + \exp(-G_-/(kT)) + 4\exp(-G_0/(kT))}$$

从大量的实验结果来看 (扫描及透射照片或球差电子显微镜)，反铁电体由于强烈的耦合作用，特别是经过电场极化后，偶极子大多处于与电场平行或反平行

的方向 (公度调制或非公度调制)，相对于铁电体，垂直于电场方向的概率较低。或者说，即使在垂直方向，也会处于反铁电耦合状态，$G_0$ 为反铁电体电场为零时的状态。因此，可以考虑忽略其作用。

当电场高于 $E_0$ 时，电场方向排列的偶极子均为铁电耦合状态。

此时，铁电体的 $G$ 为

$$
\begin{aligned}
&G=\rho_-(G_++G_-)+(\rho_+-\rho_-)G_{++}, \quad E<E_0 \\
&G=\rho_+G_{++}, \quad E\geqslant E_0
\end{aligned}
$$

由此得到实验测试的极化强度 (与铁电体相同的表达式)：

$$
\begin{aligned}
&P_{\rm t}=\rho_-(P_{+0}+P_{-0})+(\rho_+-\rho_-)P_{++0}, \quad E<E_0 \\
&P_{\rm t}=\rho_+P_{++0}, \quad E\geqslant E_0
\end{aligned} \tag{8.3.7d}
$$

(8.3.7d) 式为极化强度的初始上升曲线，整体极化强度回线的变化与铁电体所用公式的完全相同。

图 8.3.4(a) 和 (b) 为固定温度下加电场的效果，其具体过程分析如下：反铁电体的电滞回线可以从以下三步推导得到。第一步是从 $E=0$ 到 $E_{\max}$。其中，所需要的各个量 $P_{+0}$、$P_{++0}$ 和 $P_{-0}$ 以及 $\rho_+$ 和 $\rho_-$ 都能够推导得到。第二步是电场撤销的过程，从 $E=E_{\max}$ 到 0。在此过程中，铁电性的耦合支配了整个过程，与 $J_{\rm A}$ 无关，因而电场减小到临界电场 $E_0$ 时反向偶极子才有稳定存在的条件，开始出现 $P_-$，如图 8.3.4(a) 所示。第三步是电场为负的增加过程：$E$ 从 0 到 $-E_{\max}$，由此存在正向极化畴，其翻转电场会大于 $E_0$，对应于如图 8.3.4(b) 中的 $B$ 点。电场从 $-E_{\max}$ 到 $E_{\max}$ 的增大过程与下降过程对称。

根据图 8.3.4(a) 和 (b) 在固定温度下的结果，图 8.3.4(c) 和 (d) 继续比较了不同温度下的效果。图 8.3.4(c) 显示了极化强度从电场 $E=0$ 到 $E_{\max}$ 的上升过

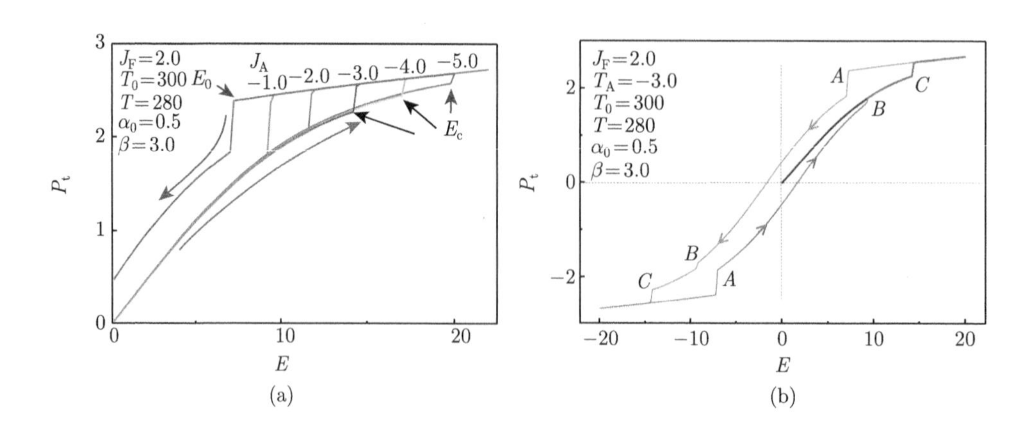

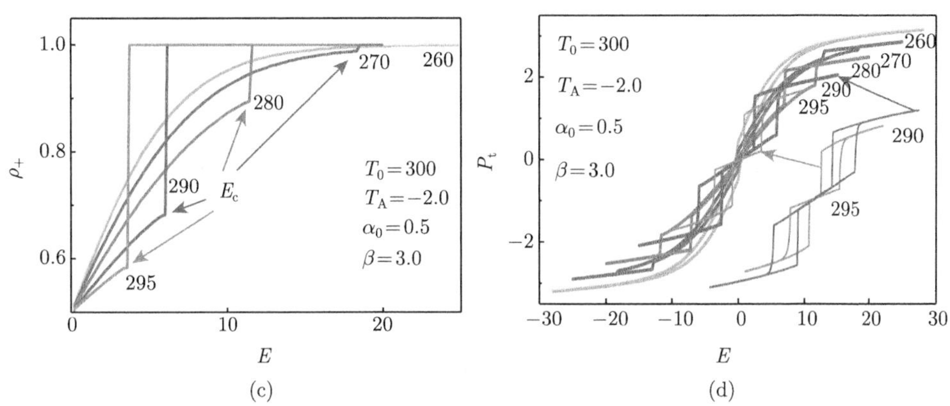


图 8.3.4 反铁电体电滞回线的形成过程：(a) 从 0 到 $E_{\max}$ 的初始上升过程和从 $E_{\max}$ 到 0 的下降过程。其中显示了向上的临界电场 $E_c$ 和向下的临界电场 $E_0$；(b) 整个回线由三步组成，同时示出了三个拐点 $A, B$ 和 $C$(上下对称)；(c) 电场从 0 到最大值的初始上升过程中，电场方向极化强度的取向概率在不同温度随电场的变化，箭头表示向上的临界电场 $E_c$ 随温度下降而上升的关系；(d) 两个临界电场构成的双回线在两个突变点由相应的临界电场形成，向上的高电场 $E_c$ 和向下的低电场 $E_0$，插图为其中的两个温度，其向上的高电场 $E_c$ 与 (c) 中的突变点对应

程中，电场方向偶极子取向概率的变化规律，它们在上升的临界电场 $E_c$ 发生了突变。从图 8.3.4(d) 可以看出，在临界电场时，偶极子取向概率的突变导致了回线的突变。总之，双回线的形成是由双临界电场造成的，它们具体的温度和电场关系需要通过数值模拟展示。

反铁电体电滞回线随温度的演化效果如图 8.3.5 所示，演化过程与实际测量的实验结果相同，具体细节变化见数值模拟部分。

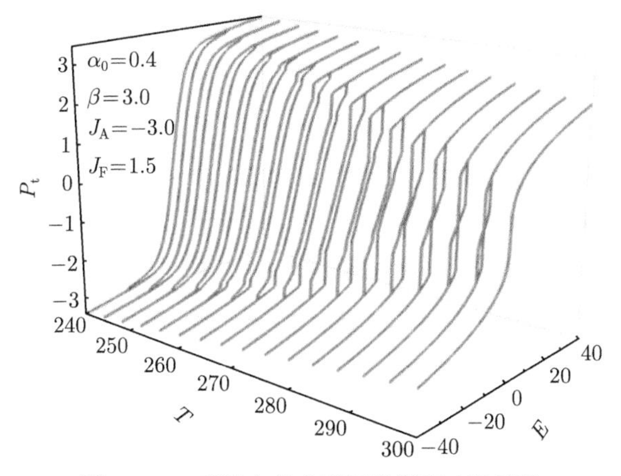


图 8.3.5 反铁电体电滞回线随温度的演化

### 8.3.2　反铁电体的介电常数原理

二阶相变铁电体的介电常数 $\varepsilon$ 一般定义为

$$\frac{1}{\varepsilon}=\frac{\partial^2 G}{\partial P^2}=\alpha+3\beta P_0^2,\quad \alpha=\alpha_0(T-T_0),\quad \alpha_0,\beta>0 \tag{8.3.8}$$

其中，$P_0$ 为在 $G$ 能谷平衡时的值。电场为 0 时，正和反两个极化强度的能谷高度相同，两个极化强度的数值也相同，同时满足上式。在电场作用下两个极化强度不同时，整个系统的吉布斯自由能 $G$ 由各部分吉布斯自由能按比例构成，导致铁电体的介电常数也按照相应比例构成:

$$\begin{aligned}&\frac{1}{\varepsilon}=\frac{\rho}{\varepsilon}+\frac{\rho}{\varepsilon}+\frac{4\rho_0}{\varepsilon_0}=\rho\left(\alpha+3\beta P_+^2\right)+\rho_-\left(\alpha+3\beta P_-^2\right)+4\rho_0\left(\alpha+3\beta P_0^2\right),\\&\rho_++\rho_-+4\rho_0=1\end{aligned} \tag{8.3.9}$$

如果仅考虑反铁电体的正反两个方向的极化强度，外加电场作用后的介电常数为

$$\left\{\begin{array}{ll}1/\varepsilon=\rho_-/\varepsilon_++\rho_-/\varepsilon_-+(\rho_+-\rho_-)/\varepsilon_{++}, & E\leqslant E_{\mathrm{c}}\\ 1/\varepsilon=\rho_+/\varepsilon_{++}, & E>E_{\mathrm{c}}\\ 1/\varepsilon_+=\alpha_0(T-T_0)+3\beta P_{+0}^2 & \\ 1/\varepsilon_-=\alpha_0(T-T_0)+3\beta P_{-0}^2 & \\ 1/\varepsilon_{++}=\alpha_0(T-T_0)+3\beta P_{++0}^2-2J_{\mathrm{F}}(\rho_+-\rho_-) & \end{array}\right. ,T<T_{\mathrm{j}} \tag{8.3.10a}$$

$$1/\varepsilon=\alpha_0(T-T_0)+3\beta P_{++0}^2-2J_{\mathrm{F}},\quad T\geqslant T_{\mathrm{j}} \tag{8.3.10b}$$

其中，$P_+$ 和 $P_-$ 是反铁电耦合作用下的极化强度，$P_{++}$ 是当电场从 0 开始增大使偶极子反转就存在的铁电耦合作用下的极化强度。即在反铁电相，当电场作用时就存在铁电相的成分，并随电场的增大而增加。

偶极子从反铁电性转向成为铁电性后，会产生铁电畴，具有铁电耦合作用，耦合系数为 $J_{\mathrm{F}}$。导致介电常数发生相应的变化，因此考虑了温度的影响。

### 8.3.3　电滞回线和介电常数的数值模拟

上述原理描述了 AFE 中 $P$ 和 $E$ 的关系，说明了回路随温度、吉布斯自由能参数和耦合系数 $J_{\mathrm{A}}$ 的变化规律。为了更详细地说明 $J_{\mathrm{A}}$ 对电滞回线的影响效果，先考察各个温度区域的电滞回线变化规律，再针对一个温度点，了解参数变化的影响效果。之后，再讨论介电常数的变化规律，以及与实验结果的对比。

#### 8.3.3.1 温度对电滞回线的影响

温度对 $P$-$E$ 回线的影响可分为三个区域。当温度高于 $T_0$ 时，存在 PE 相区和中间反铁电区，如图 8.3.6(a) 所示，这是由 PE 相背景上的双回线反铁电耦合造成的。当温度低于 $T_0$ 不太大时，$P$-$E$ 回线表现出典型的反铁电双回线特性，如图 8.3.6(b) 所示。当温度远低于 $T_0$ 时，表现出典型的具有反铁电本质的铁电回线特性，如图 8.3.6(c) 所示。

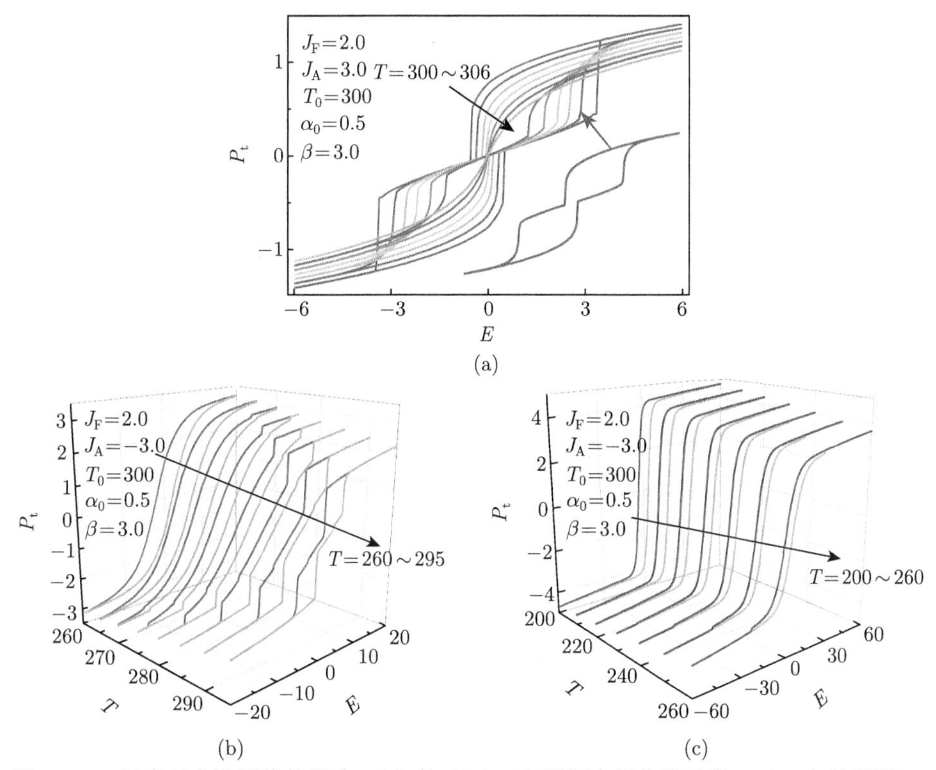


图 8.3.6 温度对电滞回线的影响：(a) 从 $T_0$ (300) 到顺电相临界温度 $T_j$ (306) 的温区；(b) 在反铁电相温区，低温表现出了从反铁电到铁电相回线的转变过程；(c) 在更低的温区，形状如同铁电体

图 8.3.6(a) 插图为中间区域回线，其中 $E_0=0$ 和铁电耦合 $J_F$ 导致上回线 $P=0$ 处 $E<0$。当温度上升到某一临界值时，如图 8.3.6(a) 中的 $T=306$，回路变为重叠曲线。图 8.3.6(b) 显示了随着温度的下降，从典型的反铁电形式变为铁电形式的回线。然而，所有的回线都具有相同的反铁电本质。图 8.3.6(c) 显示了在温度更低的情况下，反铁电体显示出铁电性的电滞回线。根据电滞回线的这种变化，人们提出了 AFE 到 FE 的相变温度，如图 8.3.6(b) 中的 260。然而，这种观

点是一种误解。事实上，纯 $NaNbO_3$ 虽然本质上是 AFE，但在较低的温度会表现出“铁电”回线。图 8.3.6(b) 和 (c) 中随温度降低 $E_0$ 和 $E_c$ 增加，$P$ 的变化减小，回线的形状向 FE 类转变。

### 8.3.3.2 参数对电滞回线的影响

图 8.3.7(a)~(c) 展示了电滞回线经过相变点随参量演化的过程。图 8.3.7(a) 展示了 $\alpha_0$ 对电滞回线演化过程的影响，从标准的反铁电体转变到类似于铁电体的回线。实际上，即使回线看起来像铁电体，其本质仍然是反铁电性的，只是在到达临界电场时，大部分偶极子已经完成了转向。图 8.3.7(b) 也是电滞回线经过相变点随参量演化的过程，只是过程与 $\alpha_0$ 刚好相反，随 $\beta$ 值的增大，从类似于

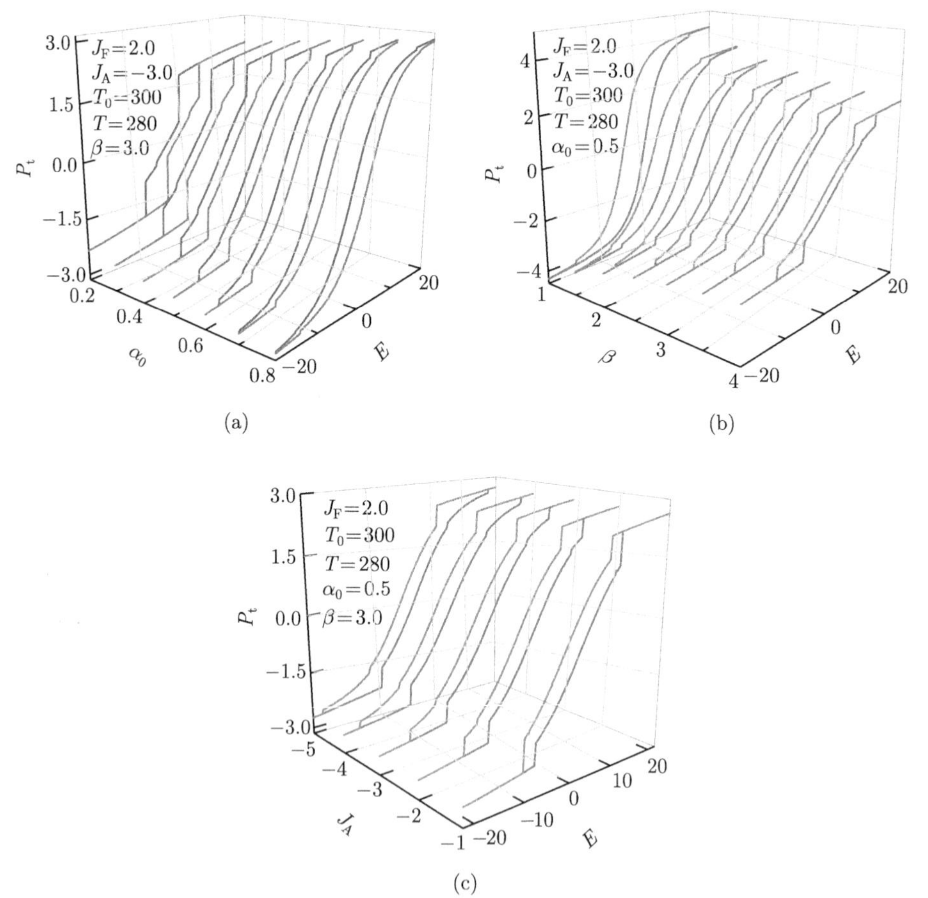


图 8.3.7 参数对反铁电体电滞回线的影响：(a) $\alpha_0$ 对电滞回线的影响；(b) $\beta$ 对电滞回线的影响；(c) $J_A$ 对电滞回线的影响

铁电体的回线转变到标准的反铁电体回线。图 8.3.7(c) 展示了 $J_A$ 的影响。$J_A$ 越大，反铁电性越大，即回线越宽。

再次强调的是，在图 8.3.7(a) 和 (b) 的曲线中，即使看起来像铁电体的电滞回线，本质上仍然是反铁电性的。因为在结构上，两者没有任何区别。从顺电相降温经过居里温度后的原始态，两者没有任何差别：在任何偶极子可以取向的方向上，均等价，即无论外加电场在什么方向，其后续的结果相同。如果此时加热测量热释电系数，由于各个方向的变化为各向同性，因此热释电电流一定为零。加电场后，由于在固定方向产生了畴，导致了剩余极化，其大小同样可以通过升温测量释放电荷的电流确定。

#### 8.3.3.3 参数对介电常数的影响

加电场后，电滞回线会产生突变，每个突变都会对介电常数产生影响，表现为介电峰。且介电峰为电场和温度的函数。反铁电体的电滞回线中出现了双回线，因而介电峰也相应地发生了变化。与铁电体的差异是由 (8.3.7b) 式所引起的，由于临界电场 $E_c$ 是与正向极化强度 $P_{+0}$ 相关的，电场增大会使 $P_{+0}$ 增大，因而会出现电场相关的介电峰。

根据 (8.3.10a) 式和 (8.3.10b) 式，得到的一个温度点的典型介电常数图像，如图 8.3.8 所示 [5]。

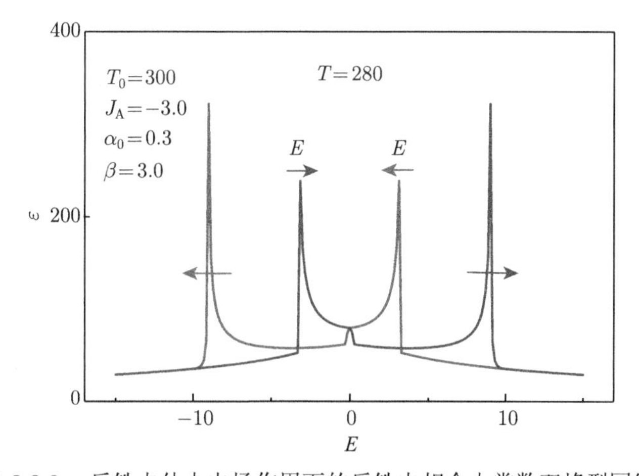


图 8.3.8 反铁电体中电场作用下的反铁电相介电常数双峰型回线

与图 8.1.3 实验报道的反铁电体双峰型介电常数回线相比，图 8.3.8 的介电常数曲线显示出了与之相对应的双峰，从峰型上能够与实验结果相对应。考虑到温度对介电常数峰间隔的影响，可以认为 (8.3.10a) 式和 (8.3.10b) 式的理论结果能够解释实验结果。从理论推导的过程分析：介电常数峰产生的原因与反铁电体中的两个临界电场相关，低电场的峰是正常的类似于铁电体的介电常数峰，发生在 (8.3.7b) 式中的临界电场 $E_0$，为反铁电体中所包含的铁电峰；而高电场的峰来源于反铁电耦合性，为反铁电耦合峰，发生在 (8.3.7b) 式中临界电场 $E_c$。考虑到反铁电性大于畴的铁电性，铁电畴在弱电场或反向电场作用下快速转化为了反铁电性的偶极子或畴，因而没有铁电畴反转的介电峰出现。

总之，在电场循环的过程中，图 8.3.8 显示了 4 个介电峰：① 在电场从零到正向最大电场 $E_{\max}$ 的过程中，只有右边的一个大峰在 $E_c$ 出现；② 在电场从 $E_{\max}$ 减小到 0 的过程中，只有右边的一个小峰在 $E_0$ 出现；③ 在电场从 0 减小到 $-E_{\max}$ 的过程中，只有左边的一个大峰在 $-E_c$ 出现；④ 在电场从 $-E_{\max}$ 增大到 0 的过程中，只有左边的一个小峰在 $-E_0$ 出现。即在每个过程中，只有一个峰出现。一般的测量是电场从 0 到大于 $E_c$ 的最大电场 $E_{\max}$，因而只会观察到一个介电峰。这是大多数实验结果所呈现的现象。

对于铁电体，温度上升会在接近相变点的区域导致介电常数急剧增大，而同时加电场则会使介电常数减小。考察反铁电体的相关效应，图 8.3.9 给出了相关理论结果。

在图 8.3.9(a) 中，当反铁电体在反铁电相的温度区间变化时，介电常数的双峰也会发生相应变化：随着温度从 260 升高到 290，高电场的反铁电耦合峰会移向低电场，同时峰的高度增加。图中的图案示出了峰顶的变化。另外，低电场的铁电性介电峰也会向更低的电场移动，并在接近居里温度时急剧增大，几乎合并成了一个大峰，峰顶的变化用实心圆示意。到了居里温度，该峰会发生合并。如果以温度为坐标，可以考察双峰的变化。图 8.3.9(a) 中显示出在接近居里温度时，中心峰高于两边的侧峰，当温度降低后，中心峰下降较快，两边侧峰下降较慢。温度为 280 时显示出两边峰中心 (或外峰) 已经高于中心峰 (或内峰)。然而，当温度继续下降时，情况又发生相反变化，内峰高于外峰。上述变化是反铁电体所特有的，不涉及任何外来因素，并由此提供了根据介电峰判断反铁电体特性的基本方法。

图 8.3.9(b) 示出了介电双峰随反铁电耦合系数 $J_A$ 的变化规律。由于低电场介电峰只与 $E_0$ 有关，不受 $J_A$ 的影响，故峰温保持不变。高电场介电峰与 $E_c$ 有关，而 $E_c$ 与 $J_A$ 相关，因而该峰随耦合系数数值的增加移向高电场。

对二阶相变铁电体施加弱电场会在接近相变点 $T_0$ 时的铁电相出现一个小的介电峰，及整体呈现出两个峰。在反铁电体中，该现象得到了明显的放大。两个峰的变化在图 8.3.10 中显示了出来。由于介电常数在相变点会有极大的强度，远远高于图 8.3.9 中最高峰值，因此为了突出低温部分的变化，用插图放大了低温的侧峰。图 8.3.10(a)~(c) 反映的是参量 $\alpha_0$ 的影响，其介电常数的变化规律基本相同。首先，会出现双峰现象：居里点的大峰为铁电性的相变峰，低温侧的细峰为反铁电耦合峰，对应于中的高电场峰。从图 8.3.10(a) 的插图可以看出，随着电场的增大，该峰移向低温；而图 8.3.9(a) 为低温时峰移向了高临界电场。也就是说，在高临界电场与低温上两者一致，互相对应。

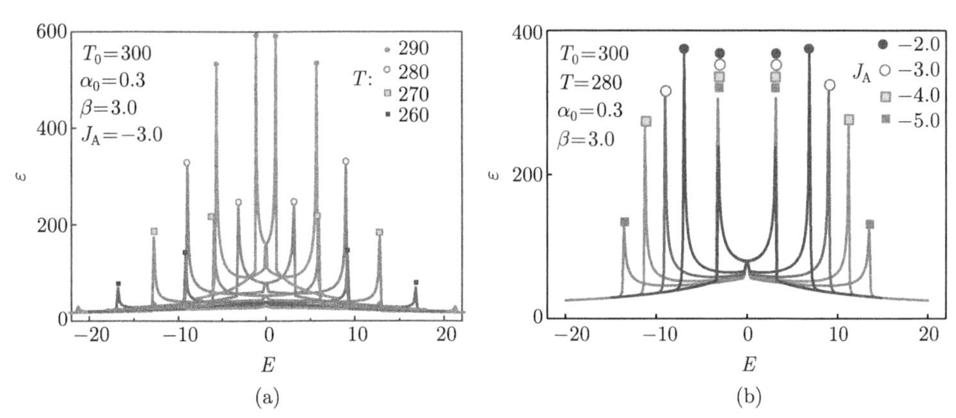


图 8.3.9 在反铁电体中，温度 $T$(a) 和耦合系数 $J_A$(b) 对反铁电相双峰介电常数的影响

图 8.3.10(a)~(c) 比较的是参量 $\alpha_0$ 的影响规律。当发生的现象相近时，低 $\alpha_0$ 时需要施加的场强较小，相对介电常数的峰较高，其插图给出了明显的规律。图 8.3.10(d) 比较了 $\alpha_0$ 变化对 $E = 0$ 时介电常数峰的影响效果，在高度上做了整体的截断。在峰的左边低温侧，反铁电相的曲线变化差异较小；而在峰的右边高温侧，顺电相的曲线变化更明显：$\alpha_0$ 较小时介电常数相对更宽。这种变化规律将会影响到后续的各种应用中，通过参量、温度和电场对性能的关联，提供一种调控机制：当温度变化导致性能变化时，如何调整电场使相关响应保持尽可能的平稳。另外，可以建立介电常数与主要响应参量之间的关联，通过测量介电常数的电场和温度关系，预估所制备材料的响应参量与电场和温度的关系。

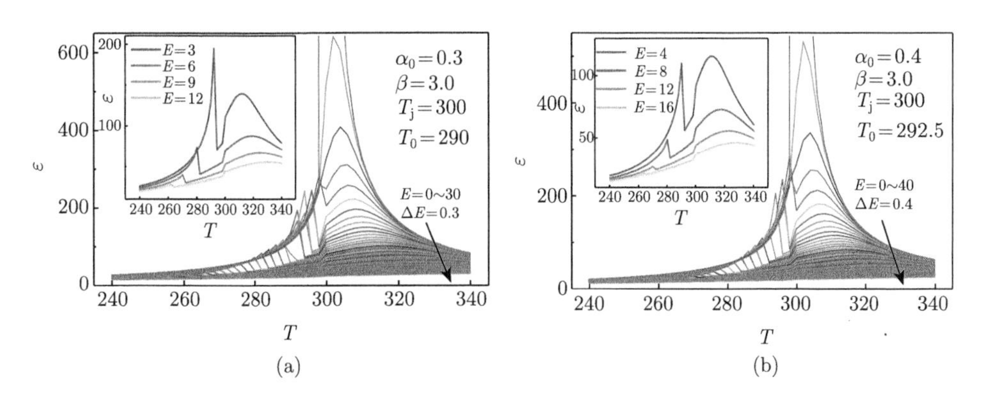

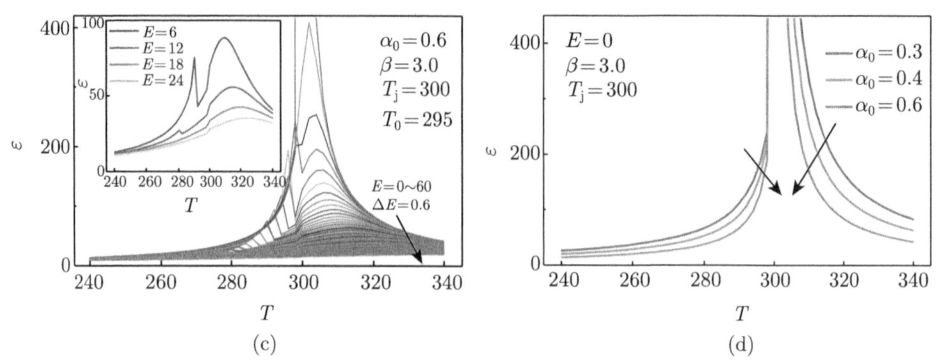


图 8.3.10 介电常数随参数 $\alpha_0$ 的变化对反铁电体电滞回线的影响：$\alpha_0$=0.3(a)，$\alpha_0$=0.4(b)，$\alpha_0$=0.6(c)，$E=0$(d) 时介电常数的对比

图 8.3.11 给出了在不同电场作用下 $Pb(Nb, Zr, Sn, Ti)O_3$(PNZST) 反铁电薄膜的介电常数随温度的变化关系。图中明确显示了加电场后出现低温峰的现象；且随着电场的增大，主峰移向高温并降低。整体上看，此实验结果与图 8.3.10 的结论是一致的。

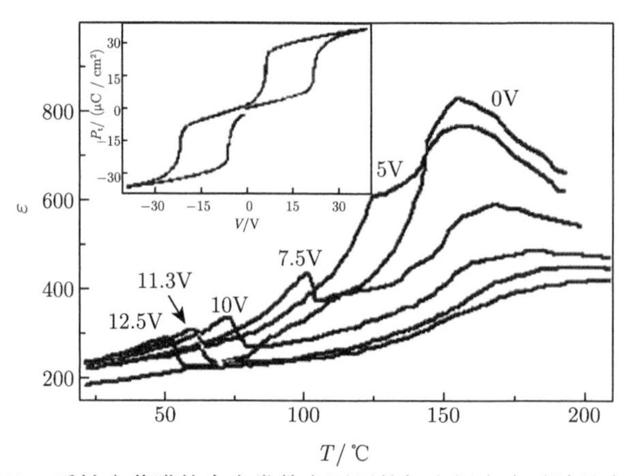


图 8.3.11 PNZST 反铁电薄膜的介电常数在不同外加电场大小时随温度的变化 (测量为 10 kHz)。插图中电滞回线的测量温度是 20℃(引自文献 [6])

### 8.3.3.4 理论与实验结果的对比

图 8.3.12(a) 和 (b) 是两个不同的测试过程。图 8.3.12(a) 给出了在不同电场作用下 $Pb(La, Zr, Sn)TiO_3$(PLZST) 反铁电薄膜介电常数随温度的变化关系，测试方法是加电场后通过升温测量介电常数，显示的结果是电场加到一定大时会出现比较明显的双峰。原因是两个峰需要靠加电场才能分离：当电场加得太小时，分离不明显，加得太大后，分离增大，同时两个峰的高度也减小，变得平缓。整体

上此实验结果与图 8.3.10 的结论基本是一致的。图 8.3.12(b) 给出了在电场作用下介电常数和损耗的回线滞后效应。测试方法是在一个固定的温度施加周期性的电场，从而出现介电回线，与电滞回线相对应。这个实验结果与图 8.3.8 的理论推导结果相一致。

另外，陶瓷的居里温度可以认为具有一定分布宽度。加电场后，会从一个峰分开成两个峰，只是这两个峰的分离不会太尖锐，表现出峰的宽化现象 [8]，此结果也与上述理论相一致。

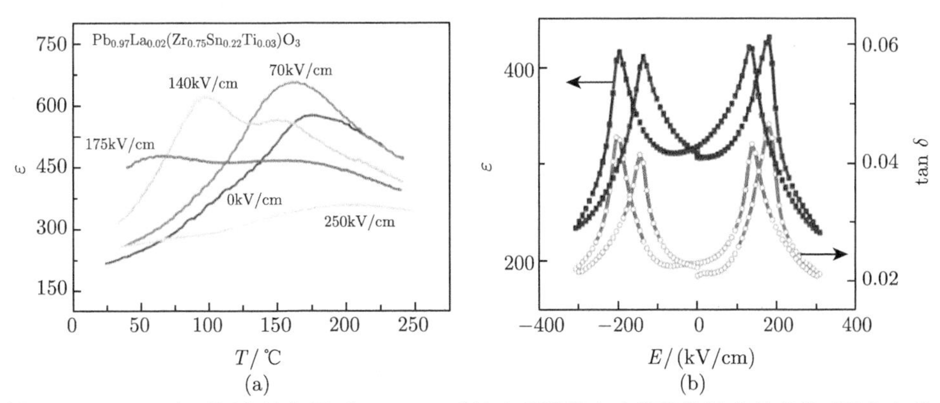


图 8.3.12 (a) 在不同电场作用下 PLZST 反铁电薄膜的介电常数随温度的变化 (引自文献 [7])；(b) 在电场作用下介电常数和损耗的回线滞后效应

总之，通过与实验结果比较，证实了在不附加任何假设的情况下，理论推导所得到的结论是合理的。

对反平行排列的偶极子引入反铁电耦合系数以及对电场作用后平行排列的偶极子引入耦合系数，得到 (8.3.6a)～(8.3.6c) 式和 (8.3.7)～(8.3.7c) 式。将数值拟合结果与实验结果对比如下：张清风 [9] 报道了 PLZST 反铁电陶瓷在 30～90℃ 的双电滞回线随温度的变化关系，结果显示出了与图 8.3.4(d) 完全一致的结果：随着温度的升高，回线向低电场移动，高临界电场 $E_c(E_F)$ 的移动明显大于低临界电场 $E_0(E_A)$ 的移动幅度，并且在低温有较大的剩余极化；Nguyen 和 Rijnders[10] 报道了高度织构的 $PbZrO_3$ 反铁电薄膜在 500～ 600℃ 高温时的反铁电回线，结果同样显示出随着温度的升高，两个临界电场形成的回线均向中心靠拢，剩余极化强度增大。Zhai 和 Chen[11] 报道了 (100) 取向的 $PbZrO_3$ 反铁电薄膜在 22～180℃ 的变化过程：在 22～160 ℃ 的温度范围内回线从宽变窄，并向中心靠拢，在 160℃ 形成了细长的双回线，以及在 180℃ 形成了铁电相的单回线。其在 22～ 160℃ 温度范围内的实验结果与上述分析的结论一致。

Feng 等 [12] 报道了 PLZST 反铁电陶瓷的反铁电性和介电性，从实验上证实了两个介电峰刚好对应反铁电回线的两个临界电场，与上述的理论结果完全一致。而用 Ba 替代 Pb 会降低居里温度 [13]，在室温下测试介电常数表现出 Ba 含量越高介电常数峰越靠近中心零电场的效应，也与上述的分析结果一致。

在电场正方向作用过程中，铁电体会出现单峰，反铁电体会出现双峰，而双峰间的距离反映了反铁电性的强弱。细长的电滞回线显示了良好的可高效储能的特性，而升降电场的双介电常数峰却距离很近，表示弱的反铁电性。且双峰明显地显示出了随温度的升高移向低电场方向的过程，为反铁电体的典型特征。然而，比较回线的宽细发现，温度越低，回线越细，其原因是将 $E_0$ 和 $E_c$ 均移向了高电场，因而在低电场范围留下了细长的窄回线。

一般来说，从实验角度有效调节反铁电耦合强度的一般方法是：掺杂其他元素可以将居里温度调节到较低的温度，同时增大介电常数 [14]。而在微观结构上会导致两种后果：一是偶极子的平均反铁电耦合强度降低；二是在反铁电体中掺入了铁电性 (同时存在反平行和平行的偶极子)。然而，前者会导致电滞回线反铁电性的减弱；后者会导致铁电性增强并引起剩余极化的增大，使储能下降。因此，掺杂非铁电性的物质如 $SrTiO_3$ 能够将居里温度调节到合适的温度，又不会增大剩余极化强度，保持储能特性的稳定。$PbZrO_3$ 掺杂 $SrTiO_3$ 在 0.3 以下时能将居里温度调到接近室温并保持反铁电相 [15]。回线在 −173℃~ 26℃ 将近 200℃ 的温区内保持细长形状。Sr 掺杂在 PLZST 陶瓷中会导致更加细长的电滞回线。反之，在反铁电体中掺杂铁电相的成分会导致居里温度下降及两相共存，导致反铁电相的电滞回线逐渐向铁电相的电滞回线过渡。$Pb\left(Tm_{1/2}Nb_{1/2}\right)O_3$(PTmN) 反铁电体掺杂 PMN 铁电体的浓度达到 20% 时，室温测量的电滞回线呈现了强反铁电相到铁电相的变化。对于反铁电和铁电两相共存的物质，在较低的温度下会出现铁电相的电滞回线，的确会发生反铁电到铁电的相变。然而，上述分析仅讨论单一的反铁电相。

总之，通过在双电滞回线和介电常数两个方面与实验结果的对比，实验结果随各种条件变化的规律均可用上述理论模型分析，而不需要任何假设。

上述内容总结如下：以 Kittel 的反铁电唯象理论为基础，运用玻尔兹曼统计方法，将包含反铁电偶极子耦合的吉布斯自由能作为偶极子的平衡条件和转动势垒，以四方相二阶相变铁电体为研究对象，得到了偶极子取向概率与电场的关系，由此得到了实验实际测量的极化强度与外加电场的关系。在电场增加过程中，由于反铁电耦合的抑制作用，导致了反铁电 → 铁电转变的临界电场 $E_c$ 增大，且表现为耦合越强临界电场越高的结果；在电场从正向最大下降到零电场的过程中，反铁电耦合不起作用，材料的参数和温度决定了过程中临界电场 $E_0$ 的数值，由此形成了反铁电体的回线。

对理论方程用数值模拟的方法，通过改变反铁电耦合强度、温度和铁电参量

$\alpha_0$ 考查了反铁电回线的变化规律，得到了反铁电耦合强度增加、温度下降和铁电参量 $\alpha_0$ 增大会导致反铁电性增强的结论。三种数值模拟的结果均指出：反铁电耦合强度越弱，双回线越宽大；反之，反铁电耦合强度增大到一定程度时，反铁电回线表现为极细长的单回线，会让人误认为是铁电性。这是因为当居里温度远高于测试电滞回线的温度时，因 $T_c - T$ 较大，导致了两个临界电场均移向较高值。当所加电场在没有达到 $E_c$ 之前，回线始终保持细长的增加状态；达到 $E_c$ 时，极化强度上升的梯度也极小。从而表现出细长的反铁电回线或者细长的铁电回线，在实验上表现出人们所关注的极小剩余极化的特性，也是储能实验所追求的目标。

## 8.4 反铁电体的储能

在高能量密度材料的研究领域，目前受到关注的主要有四种：反铁电体、介电玻璃陶瓷、弛豫铁电体和聚合物基铁电体。其中，反铁电体因电滞回线具有较大的储能面积而被认为是优选材料。在至今已发现的 100 多种反铁电体中，在能量存储和固态致冷方面主要系列的反铁电体已经受到了广泛深入的实验研究，并公认为：当电滞回线具有细长的形状或较小的剩余极化时，该反铁电体将会有较大的储能密度。

近年来，反铁电体的可逆储能在实验研究方面取得了一定的进展，获得了较高的可逆储能密度。例如，$(Pb, Ba, La)(Zr, Sn, Ti)O_3$(PBLZST) 反铁电陶瓷的可逆储能密度为 $1.4J/cm^3$。PLZST 四方相反铁电陶瓷的储能密度为 $2.22J/cm^3$；在 $(Pb_{0.97}La_{0.02})(Zr_xSn_{0.945-x}Ti_{0.055})O_3$ 反铁电陶瓷中，Zr 的浓度达到 $x = 0.8$ 时有最大的可逆能量密度 $4.38J/cm^3$；复合 PBLYZST-PLZST(PBLYZST 为 $(Pb_{0.85}Ba_{0.1}La_{0.02}Y_{0.008})(Zr_{0.65}Sn_{0.3}Ti_{0.05})O_3$-$(Pb_{0.97}La_{0.02})(Zr_{0.9}Sn_{0.05}Ti_{0.05})O_3$) 反铁电陶瓷的储能密度达到了 $4.65J/cm^3$。高质量的 PLZST 薄膜制备在 $LSMO/Al_2O_3$(LSMO 为 $La_{2/3}Sr_{1/3}MnO_3$) 基片上储能密度为 $46.3J/cm^3$；四方相反铁电体 PLZST 厚膜的可逆储能密度更是高达 $56J/cm^3$。

由铁电体物理的一般原理可知，当电场加在铁电体或反铁电体上时，电场方向的偶极子与其他方向的偶极子对电场的响应是不同的。这种响应的差异导致了偶极子能级的差异：电场引起偶极子的能级变化等于负的偶极矩与电场的矢量点积，由此导致电场方向偶极子的能级下降和反电场方向偶极子的能级上升，后者不稳定并发生反转；其他方向的偶极子能级发生相应的变化及偶极子转到电场方向。将此原理表达为相应公式，并利用统计原理给出能级对偶极子取向概率的影响，结合电场作用下平行排列偶极子的耦合成畴原理，由此不仅能够得到反铁电体的电滞回线及介电效应，还能导出储能效应、热释电效应和电致伸缩效应。其中，8.3 节用此方法推导出的反铁电体的介电常数和电场强度的关系与实验结果完全相符。在此基础上，介绍可逆储能密度的温度峰随热力学参量的变化关系，再给出数值模拟的结果，并与实验结果做比较。

### 8.4.1　反铁电体的自由能与过渡区

根据外加电场对吉布斯自由能 $G$ 影响的原理，加电场后正反电场方向的极化强度将发生不同的变化，分裂成两个系统，$G$ 将分别按照下式变化：

$$G_+ = \frac{1}{2}\alpha_0(T-T_0)\cdot P_+^2 + \frac{1}{4}\beta P_+^4 - J_{\mathrm{A}}P_+P_- - E\cdot P_+,\quad J_{\mathrm{A}}<0, E>0, P_+>0 \tag{8.4.1a}$$

$$G_- = \frac{1}{2}\alpha_0(T-T_0)\cdot P_-^2 + \frac{1}{4}\beta P_-^4 - J_{\mathrm{A}}P_+P_- - E\cdot P_-,\quad P_-<0 \tag{8.4.1b}$$

其中，下标 “+” 和 “−” 分别代表电场方向和反电场方向，即 $G_+$ 和 $P_+$ 以及 $G_-$ 和 $P_-$ 分别为电场及反电场方向的吉布斯自由能和极化强度。二阶相变反铁电体中，$T_0=T_{\mathrm{c}}$($T_{\mathrm{c}}$ 为居里温度)；极化强度的二次方系数 $\alpha_0$ 和极化强度的四次方系数 $\beta$ 是反铁电体的两个正的热力学参量；$J_{\mathrm{A}}$ 是负的反铁电耦合系数；当偶极子反转形成铁电相时，存在正的铁电耦合系数 $J_{\mathrm{F}}$。

偶极子处于平衡状态时，$G_+$ 和 $G_-$ 的一阶导数均为零

$$\begin{aligned}\frac{\partial G_+(E)}{\partial P_+} &= \alpha_0(T-T_0)P_+ + \beta P_+^3 - J_{\mathrm{A}}P_- - J_{\mathrm{A}}P_+\frac{\partial P_-}{\partial P_+} - E = 0\\ \frac{\partial G_-(E)}{\partial P_-} &= \alpha_0(T-T_0)P_- + \beta P_-^3 - J_{\mathrm{A}}P_+ - J_{\mathrm{A}}P_-\frac{\partial P_+}{\partial P_-} - E = 0\end{aligned} \tag{8.4.2}$$

解 (8.4.2) 式联立方程可以得到平衡时的 $P_+$ 和 $P_-$，将其代入 (8.4.1) 式可得到平衡时的 $G_+$ 和 $G_-$，$G$ 的变化分别对应 $P_+$ 和 $P_-$ 所处能级的变化。

无电场时，正反偶极子的能级相同；外加电场后分别向相反的方向变化，偶极子的能级变化量分别用 $G_+-G(0)$ 和 $G_--G(0)$ 表示。

在特殊条件下，如当 $T=T_0$ 和 $E=0$ 时，(8.4.2) 式表示为

$$\begin{aligned}\frac{\partial G_+(E)}{\partial P_+} &= \beta P_+^3 - J_{\mathrm{A}}P_- - J_{\mathrm{A}}P_+\frac{\partial P_-}{\partial P_+} = 0\\ \frac{\partial G_-(E)}{\partial P_-} &= \beta P_-^3 - J_{\mathrm{A}}P_+ - J_{\mathrm{A}}P_-\frac{\partial P_+}{\partial P_-} = 0\end{aligned} \tag{8.4.3}$$

由此得到不为零的 $P_+(0)=-P_-(0)$，其含义是在居里温度时反铁电体仍然处于反铁电态。当反电场的偶极子发生翻转时，存在一个与铁电相偶极子翻转概念类似的临界电场 $E_{\mathrm{c}}$(一般用 $E_{\text{FE-AFE}}$ 表示，但此处的实际含义并非如此)。当

$T < T_0$ 时，利用 (8.4.2) 式可以推导出其表达式为

$$E_c = E_0 - J_A P_+(E) \tag{8.4.4a}$$

其中，$E_0$ 是无反铁电性耦合时的值，也对应于铁电体的翻转临界电场：

$$E_0 = 2\beta \cdot (\alpha_0(T_0 - T)/(3\beta))^{3/2} \tag{8.4.4b}$$

(8.4.4b) 式明显地显示：温度越低，临界电场 $E_0$ 越高；$\alpha_0$ 越大和 $\beta$ 越小，$E_0$ 也越大。(8.4.4a) 式显示：$E_0$ 越大 $E_c$ 也越大，反铁电回线 $E_c - E_0$ 的大小正比于 $J_A$ 和正向极化强度 $P_+$，而 $\alpha_0/\beta$ 越大，$P_+$ 越大。

由于 $P_+(0)$ 和 $P_-(0)$ 在 $T = T_c$ 时均不为零，不满足二阶相变发生的条件，因此，AFE-PE 的实际相变温度要从 $T_0$ 提高到 $P_+(0) = P_-(0) = 0$。理论计算表明，发生相变的温度为 $T_j = T_0 - J_A/\alpha_0$。因而存在反铁电耦合引起的 $T_0$ 到 $T_j$ 的反铁电相到顺电相的过渡区。

当 $T > T_0$ 时，$E_0 = 0$，表示该项对临界电场无贡献，是否存在临界电场取决于反铁电体耦合系数与温度的竞争：过渡区内仍然有临界电场；温度高于过渡区则临界电场消失。$E = 0$ 时，由 (8.4.3) 式得到过渡区 $T = T_0$ 时的极化强度: $P_+ = -P_- = (-J_A/\beta)^{1/2}$。两者大小相同，即正反偶极子的长度相同，用 XRD 测量得到的结构信息与铁电相相同，故 $PbZrO_3$ 被误认为是 FE 态。

### 8.4.2 极化强度与反铁电体储能机理

实验中测量的极化强度 $P_t$(t 表示转向) 显示为 $P$-$E$ 电滞回线，它反映的是正负两个电极表面积累的电荷量，而此电荷量由转向的偶极子提供。无电场时，正反方向的偶极子比例均为 $\rho_0$，电场作用使反向的偶极子有 $\Delta\rho$ 的百分比转到了正向，则正向的极化强度变为 $(\rho_0 + \Delta\rho)P_+$，反向的极化强度变为 $(\rho_0 - \Delta\rho)P_-$。实验测量的极化强度 $P_t$ 是

$$P_t = \rho_+ P_+ + \rho_- P_- \tag{8.4.5}$$

其中，$\rho_+ = \rho_0 + \Delta\rho$ 和 $\rho_- = \rho_0 - \Delta\rho$ 分别表示正和反电场方向偶极子的取向概率。随着电场增大，$G_+$ 和 $G_-$ 服从 (8.4.2) 式，$P_+$ 和 $P_-$ 的能级变化由 $G_+ - G(0)$ 和 $G_- - G(0)$ 决定，由此得到两者的取向概率

$$\rho_+ = \frac{\exp(-G_+(E)/(kT))}{\exp(-G_+(E)/(kT)) + \exp(-G_-(E)/(kT))} \tag{8.4.6a}$$

$$\rho_- = \frac{\exp(-G_-(E)/(kT))}{\exp(-G_+(E)/(kT)) + \exp(-G_-(E)/(kT))} \tag{8.4.6b}$$

当电场增大到 $E_{c1}$ 时，反向的偶极子突然全部反转到正向，引起所谓的 AFE-FE 相变。当偶极子转变为平行排列的 FE 相时，铁电耦合产生作用并使偶极子形成可逆的铁电畴，其 $G$ 为

$$G_{++} = \frac{1}{2}\alpha P_{++}^2 + \frac{1}{4}\beta P_{++}^4 - EP_{++} - J_{\mathrm{F}}P_{++}^2, \quad J_{+} > 0 \tag{8.4.7}$$

其中，$J_{\mathrm{F}}$ 为正的铁电耦合系数，$P_{++}$ 表示处于铁电耦合状态的极化强度。(8.4.7) 式中的 $G_{++}$ 及它对 $P_{++}$ 的微分决定了电场高于 $E_{\mathrm{c}}$ 之后 $P_{\mathrm{t}}$ 的行为。电场达到最大值后，在逐渐减小的过程中，$P_{\mathrm{t}}$ 也减小。当电场减小到 $E_0$ 时，耦合的偶极子畴退化及反转，还原为 AFE 相直到电场为零。在电场变化的半个周期内，发生了上升期能量储存和下降期能量释放的两个过程，用图 8.4.1 描述。

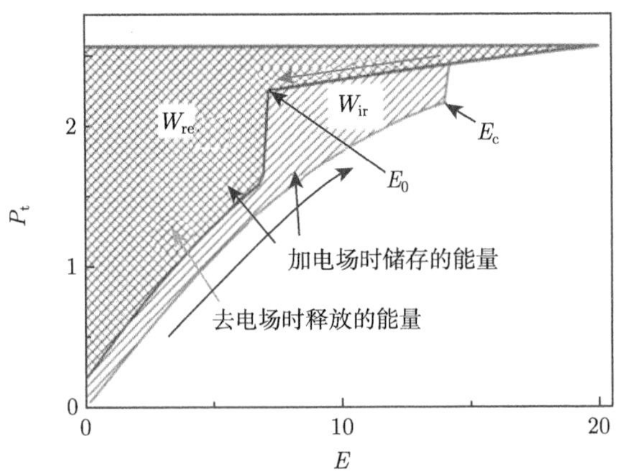


图 8.4.1　反铁电体储能原理。增加电场 $E$ 时反铁电体储存的能量由不可逆 $W_{\mathrm{ir}}$ 和可逆 $W_{\mathrm{re}}$ 两部分组成，减小电场时释放的能量为储存的可逆 $W_{\mathrm{re}}$ 部分

图 8.4.1 中的 $E$ 为施加的电场，$P_{\mathrm{t}}$ 为 (8.4.5) 式所导出的极化强度。在实际应用中，反铁电体释放的能量 (储存的可逆部分) 是最重要的，由下式得到 [16]

$$W_{\mathrm{re}} = \int_{P_{\mathrm{r}}}^{P_{\mathrm{tm}}} E\mathrm{d}P_{\mathrm{t}} = E_{\max}P_{\mathrm{tm}} - \int_0^{E_{\max}} P_{\mathrm{t}}\mathrm{d}E \tag{8.4.8}$$

其中，$P_{\mathrm{r}}$ 为剩余极化强度，$E_{\max}$ 和 $P_{\mathrm{tm}}$ 分别为最大电场和对应的极化强度。推导出了反铁电体电滞回线的上曲线就可以得到释放的能量。

极化强度的变化，伴随着能量的变化，在实验中还可以测量到电荷变化产生的电流密度，即每单位时间通过的电荷面密度 (等效于极化强度)。由于电场的变化是三角形脉冲产生的，因此可以表示为初始阶段 $E = E'\mathrm{d}t$；上回线下降阶段 $E = E_{\max} - E'\mathrm{d}t$。其中，$E'$ 表示电场随时间的变化速率，$E_{\max}$ 为电场能够达到

的最大值。由于在不同的电场值下对应不同的测量极化强度值 $P_{\mathrm{t}}$，因而可以建立关联

$$I = \frac{\Delta\sigma}{\Delta t} = \frac{\Delta P_{\mathrm{t}}}{\Delta t} = \frac{\Delta P_{\mathrm{t}}}{\Delta E}\frac{\Delta E}{\Delta t} = E' P_E' \tag{8.4.9}$$

其中，$P_E'$ 为电滞回线的曲线中极化强度对电场的一阶导数。即如此给定电滞回线的测量速率，再算出电滞回线变化的速率，就可以得到相应的电流密度。

### 8.4.3 数值模拟结果

按上述理论方程编程后，设定参数运行软件，得到了数值模拟的结果 [17]。如图 8.4.2 所示的结果。从 (8.4.2) 式可以看出，对铁电体性能有影响的 3 个参数中，尽管 $T_0$ 在实际应用中具有重要意义，但在理论模型中只是一个确定相对位置的量，对材料的性能并不产生影响，而另外两个量 $\alpha_0$ 和 $\beta$ 却会产生重要影响。因此，设 $T_0$ 为一个合理值 (室温 300)，在一定范围内改变 $\alpha_0$ 和 $\beta$。

为了能够更加清晰地观察电滞回线的变化规律，图 8.4.2 根据对称性显示了正电场时的电滞回线随温度的变化。图 8.4.2(a) 表示了典型的反铁电体电滞回线。为了显示临界特征，$T_0 = 300$ 时的回线只画出了低电场强度时的效果，显示出了双回线的两点交到了坐标原点，对应于 $E_0 = 0$。$T = 280$ 和 $T = 290$ 的回线为典型的反铁电回线，回线内包覆了极大的面积，回线上的两个转折点分别为上曲线的 $E_0$ 和下曲线的 $E_{\mathrm{c}}$，且两者均随温度的降低临界值增大，突变的幅度减小，由此导致突变的反转变为渐近的变化。在 $T = 270$ 时 $E_{\mathrm{c}}$ 超过了所加的最大电场值，但 $E_0$ 却仍然小于该最大值，因而只在上曲线显示了突变。到了 $T = 260$，由于 $E_{\mathrm{c}}$ 和 $E_0$ 两个临界电场均较大，甚至观察不到，或者即使观察到了，但所发生的极化强度突变极小，被人们认为发生了反铁电到铁电的相变变化过程。该变化决定了反铁电电场储能和可逆储能的特性。需要说明的是，$T = 260$ 的回线变化过程实质上仍然具有反铁电性，是用反铁电体的方法 (8.4.2) 和 (8.4.3) 式得到的，因此计算充电和放电也需要用反铁电体的方法。图 8.4.2(b) 反映了从反铁电态到顺电态的变化过程。根据 $J_{\mathrm{A}}$ 和 $\alpha_0$ 的值可知，当 $T_0$=300 时，$T_{\mathrm{j}}$=306。当温度低于 306 时为过渡区。很明显，由于在过渡区 $E_0 = 0$，即上曲线的突变消失了，仅在下曲线有突变，且随温度的上升而逐渐减小，到临界温度 $T_{\mathrm{j}}$ 时消失。温度高于 $T_{\mathrm{j}}$ 的曲线为顺电相电滞回线的变化，它们也显示了储能效应。图 8.4.2(b) 中最大的回线为反铁电相 $T = 300$ 的临界态，最小的回线为顺电相 $T_{\mathrm{j}} = 306$ 的临界态。$T > T_{\mathrm{j}}$ 后，均为顺电相的单回线。

当电场增大时，电滞回线的形状会发生变化，表现为图 8.4.2(c) 的特性。当反铁电体具有较大的击穿场强时，这种特性可以反映并解释从低温反铁电相到高温顺电相储能特性变化的规律或原因。

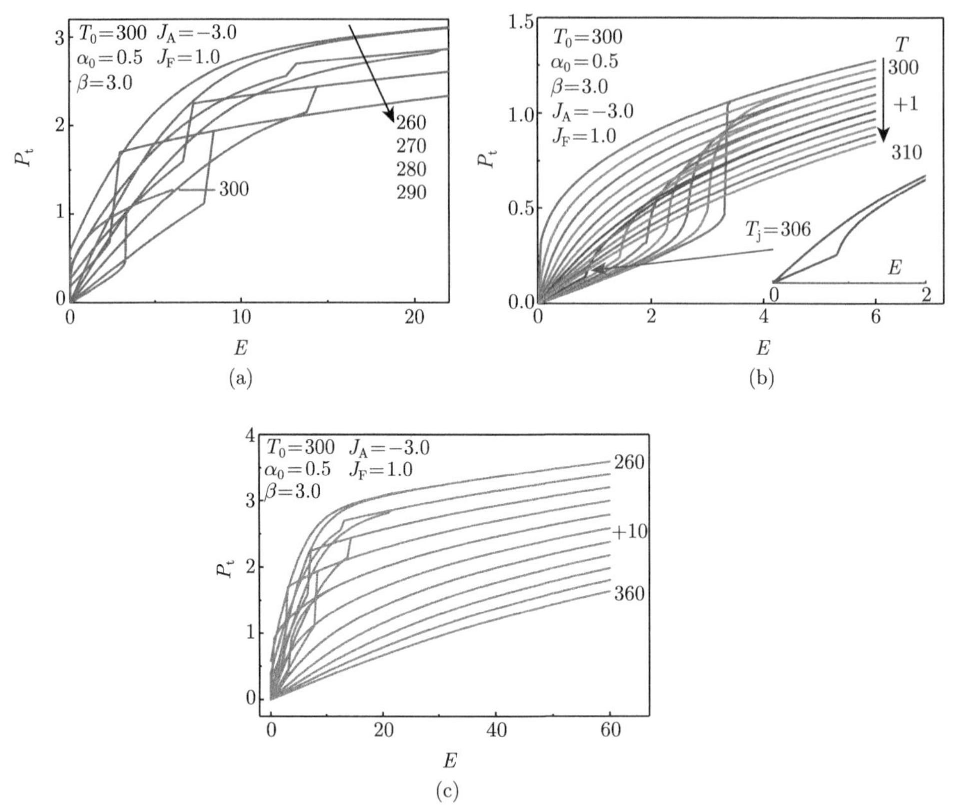


图 8.4.2　反铁电体在正电场方向数值模拟的 $P$-$E$ 电滞回线：(a) 典型反铁电相双回线随温度从低温到居里点 $T_c(=300)$ 的变化；(b) 过渡区到顺电相的变化；(c) 高电场时从低温反铁电相到高温顺电相的变化

由于 $\alpha_0$ 和 $\beta$ 共同决定了电场的储能和释放效应，用数值模拟的方法分别确定 $\alpha_0$ 和 $\beta$ 中的一个，改变另一个进行能量释放效应和介电常数的数值分析；最后建立介电常数与能量密度的关联，实现用介电常数特性推断能量密度释放特性的目的。

$P$-$E$ 电滞回线中曲线的变化为极化强度随电场的变化，同时也关联着能量的变化和相应的电流变化，可以通过图形方式表示。图 8.4.3 给出了三组不同参量的图，分别有电滞回线中的上曲线、该上曲线对应的储能 $W_{re}$ 电场关系和放电电流 $I_{dis}$ 电场关系。在整个过程中，极化强度逐渐减小，放电电流为负值。储能表现为双峰现象，在反铁电相有一个较低的峰，在顺电相有一个较高的主峰。相对应地，放电电流峰也表现为两个，一个是低温下的宽峰，峰值也较小，另外一个是随着温度上升而不断接近相变温度 $T_0$ 的尖峰。图 8.4.3(a)，(d) 和 (g) 的电滞回线与图 8.4.2(a)，(b) 和 (c) 分别对应，即曲面显示的大裂口实际上为临界电场时极化强度的突变所导致。图 8.4.3(a)~(c) 为当 $\alpha_0 = 0.5$ 时在温度区间 260~360 范围内电滞回线的上曲线的极化强度 $P_t$、释放的能量 $W_{re}$ 和放电电流 $I_{dis}$；其中，图 8.4.3(a) 中的极化突变发生在温度范围 270~300 之间；图 8.4.3(b) 所显示的能量释放峰在 $T = 330$，且峰的轮廓线高度位于 43.74，在 310~360 之间；图 8.4.3(c) 所展示的最强电流密度峰位于 $T = 295$，非常接近 $T_0$。图 8.4.3(d)~(f) 为当 $\alpha_0 = 0.3$ 时在温度区间 240~400 范围内电滞回线的上曲线的极化强度 $P_t$、释放的能量 $W_{re}$ 和放电电流 $I_{dis}$；由于 $\alpha_0$ 较小，图 8.4.3(d) 中曲面的突变裂口显

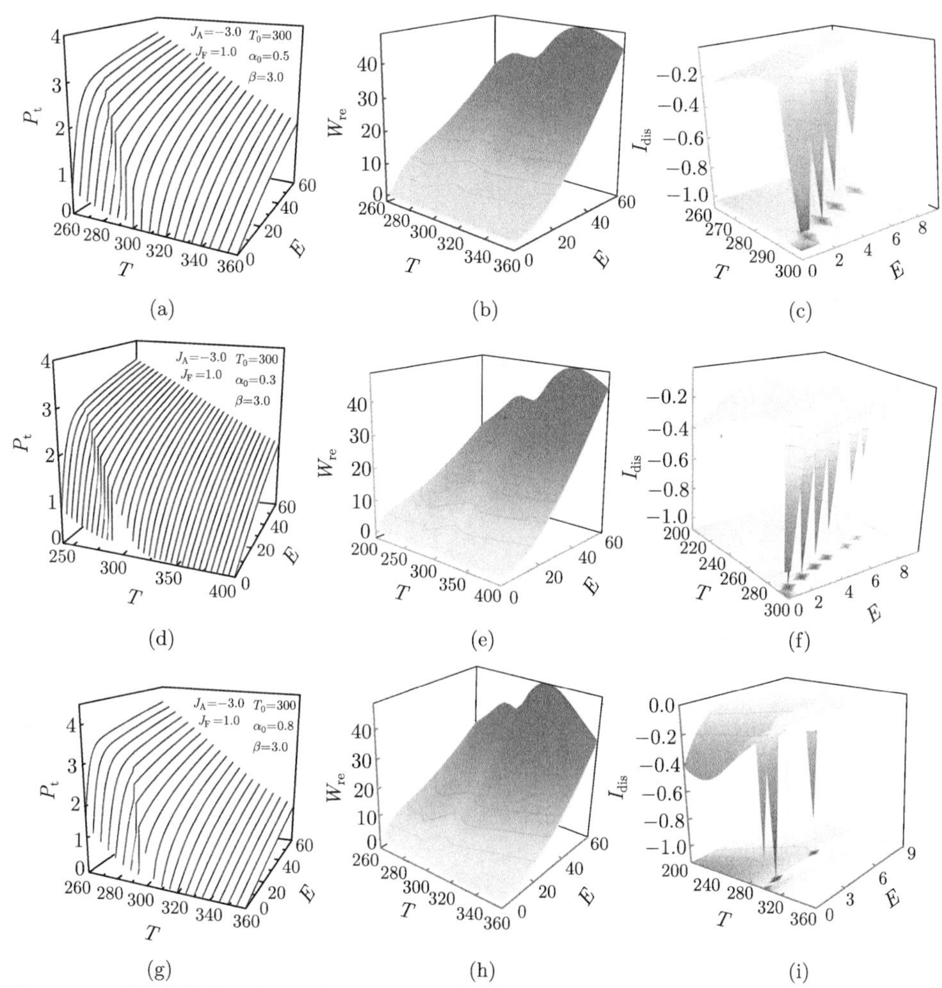


图 8.4.3 反铁电体中三组 $\alpha_0$ 参量对 $P$-$E$ 电滞回线效应、可逆的能量释放 $W_{re}$ 和放电电流密度 $I_{dis}$ 的影响。(a)~(c) $\alpha_0 = 0.5$; (d)~(f) $\alpha_0 = 0.3$; (g)~(i) $\alpha_0 = 0.8$($T_0 = 300, \beta = 3.0$, $J_A = -3.0$，$J_F = 1.0$)

得相对较大，极化强度的突变量也相对较大；图 8.4.3(e) 所显示的能量释放峰在 $T = 350$,温度在 315～400 之间;图 8.4.3(f) 中最强电流密度峰位于 $T = 285 \sim 290$，另一个较大的放电峰位于略低的温度和电场下；图 8.4.3(g)～ (i) 为当 $\alpha_0 = 0.8$ 及 $T_{\rm j}$=303.75 时，在温度区间 260～360 范围内回线上的曲线 $P_{\rm t}$、释放的能量 $W_{\rm re}$ 和放电电流 $I_{\rm dis}$ 与温度及电场的关系。在图 8.4.3(g) 中，极化强度的突变发生在 $T = 280$ 和 $T = 300$ 之间；图 8.4.3(h) 所显示的能量释放峰在 $T = 320$，且峰的轮廓线位于 43.74，在温度为 $T = 306 \sim 335$ 之间如图 8.4.3(i) 所示，展示的最强电流密度峰位于 $T = 295$，另外一个大的电流密度峰位于 $T = 225$，峰的温度范围是 215～235。

可以用 $T_I$ 表示放电电流峰的温度，下标 “$I$” 表示电流。当 $\alpha_0 = 0.8$ 时各种峰的变化范围非常窄，图 8.4.3(i) 显示了放电电流峰出现在 $T_I$=225。

为了更清楚地观察到另外两组参量的放电电流的峰，对峰温附近的区域进行放大，得到了如图 8.4.4(a) 和 (b) 所示的结果。图 8.4.3(a) 为 $\alpha_0 = 0.5$ 的 $I_{\rm dis}$，峰温 $T_I = 194$，范围在 180～209；图 8.4.3(b) 为 $\alpha_0 = 0.3$ 时的 $I_{\rm dis}$，峰温 $T_I = 159$，范围在 147～ 172。由于放大的缘故，峰显得很平缓。

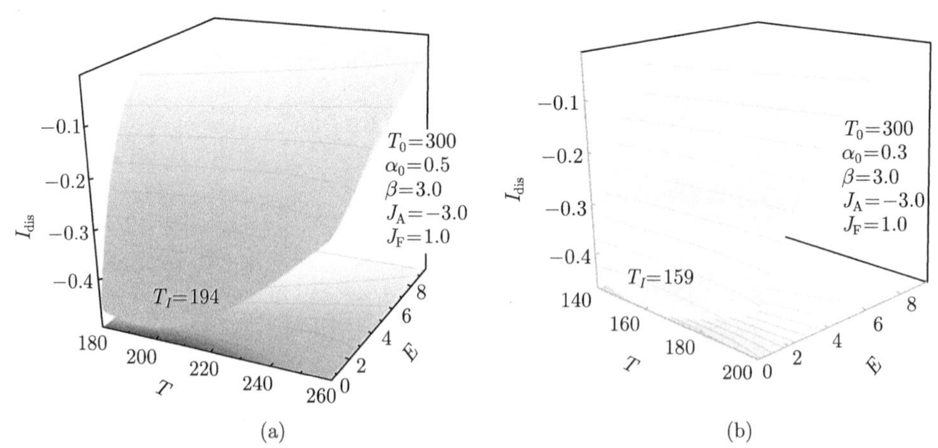


图 8.4.4　反铁电体的放电电流密度峰放大图: (a) $\alpha_0 = 0.5$ 时 $T_I = 194$; (b) $\alpha_0 = 0.3$ 时 $T_I$=159

总之，$\alpha_0$ 值越大，各种峰的温度范围越窄，离居里点越近，同时变化也更尖锐。更具体的可逆储能密度和放电电流密度的详细数值绘在图 8.4.5 中。

图 8.4.5 系统地展示了图 8.4.3 和图 8.4.4 的结果。当温度低于时 $T_0$ 时，为反铁电相；温度在 $T_0 \sim T_{\rm j}$ 之间时，为 $J_{\rm A}$ 耦合引起的反铁电相；当温度高于 $T_{\rm j}$ 时为顺电相。$W_{\rm re}$ 的峰温 $T_{\rm p}$ 始终处于顺电相。随着 $\alpha_0$ 的增加，$T_{\rm j} - T_0$ 下降，$T_{\rm p}$ 也随之下降，且 $T_{\rm p} - T_0$ 几乎为 $T_{\rm j} - T_0$ 的 5 倍，此值让人十分吃惊，随着温度

的降低，可逆储能密度下降。

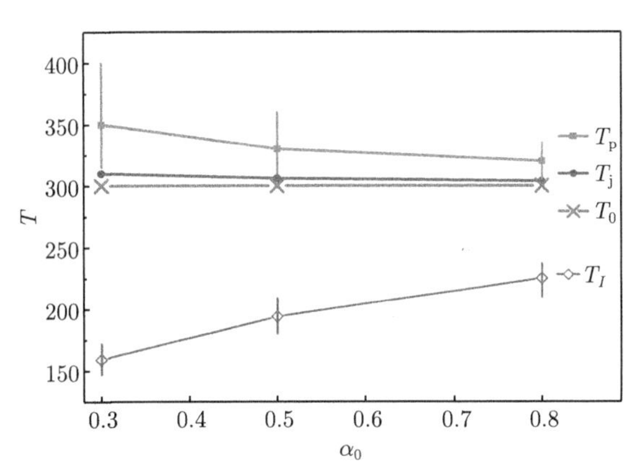


图 8.4.5　反铁电体中 $\alpha_0$ 对 $W_{re}$ 和 $I_{dis}$ 的影响温度

除了反铁电体较浅的放电宽峰外，另外一种是极化强度的突变或者 AFE-FE 转变引起的尖峰。温度下降到了转变点出现了放电峰 $T_I$。随着 $\alpha_0$ 的增加，$T_I$ 趋向 $T_0$，该峰在温度趋向居里温度时展宽，同时峰值有所减小。由于在低温时也存在放电峰，图 8.4.5 中用竖直的短线表示了峰在低电场时的区域。储能峰的有效范围也用竖线表示了出来。

图 8.4.6 为图 8.4.5 的详细解，$x$ 坐标的温度范围来自 $W_{re}$ 的短线，$y$ 坐标的电场强度从 0 到 60，$z$ 坐标表示放电电流 $I_{dis}$，其峰位于最低温度和最低电场靠 $z$ 轴的边上。$W_{re}$ 峰的温度范围用二维平面图显示在底面，用颜色的深度表示数值的大小。颜色越深，数值越大。$W_{re}$ 峰应该为图 8.4.3 的结果，出现在电场最大值时。通过对比显示出，在储能最大的状态，放电电流反而越小。这是因为在电滞回线中，电场变化引起的极化强度变化平稳，导致可逆储能变化不大，放电电流也较小。在实际的应用中，过大的 $I_{dis}$ 会降低储能器件的使用寿命，在 $W_{re}$ 峰温有稳定的 $I_{dis}$ 会确保器件使用的长久性。

为了了解参量 $\alpha_0$ 和 $\beta$ 对 $W_{re}$ 的综合影响，选择了 5 组不同的参量对性能进行比较，包含了之前的 $\alpha_0$ 作为对比。

图 8.4.7(a)～(c) 表示固定所有参量只改变 $\alpha_0$ 对 $W_{re}$ 的影响。它们均表现出了两个峰。在铁电相有个弱峰，该峰的峰温处于反铁电型回线到铁电型回线转变的温度附近。因为回线会导致包围的面积减小，而温度再下降则会引起低电场时极化强度剧烈增大，也使回线包围的面积减小。在顺电相的 $W_{re}$ 峰显示了较高及较宽的峰值，且三者的高度相同，宽度不同: $\alpha_0$ 越小峰温越宽。

图 8.4.7(b)，(d) 和 (e) 表示 $\beta$ 对 $W_{re}$ 的影响。当 $\beta = 2.0$ 时，$W_{re}$ 的峰值达到了 55.6；当 $\beta = 3.0$ 时，$W_{re}$ 的峰值达到了 48.5；而当 $\beta = 4.0$ 时，$W_{re}$ 的

峰值只有 44.0。因此，在实验中如果能够尽可能地减小 $\alpha_0$ 和 $\beta$ 值，就能获得温度稳定性好的、可逆储能峰高的反铁电陶瓷材料。然而，判断铁电或反铁电材料的最简单方法是测量它们的介电温度谱。因为其介电特性受 $\alpha_0$ 和 $\beta$ 的影响，由 (8.3.7) 式所支配。

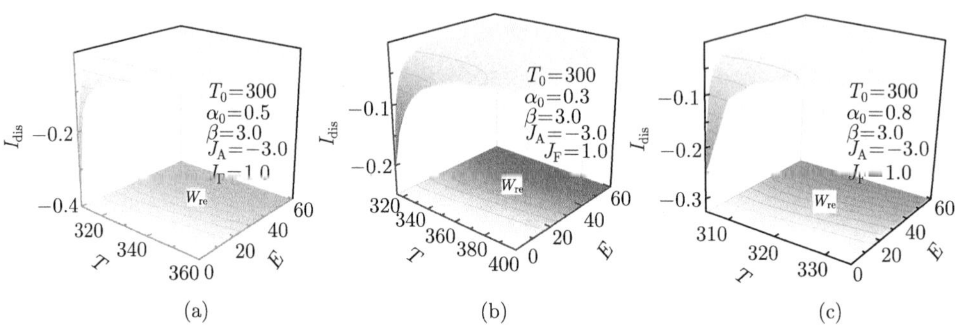


图 8.4.6　反铁电体在宽的温度和电场范围内 $I_{\mathrm{dis}}$(纵坐标) 的立体图和 $W_{\mathrm{re}}$(底面) 的平面图：(a) $\alpha_0 = 0.5$; (b) $\alpha_0 = 0.3$; (c) $\alpha_0 = 0.8$

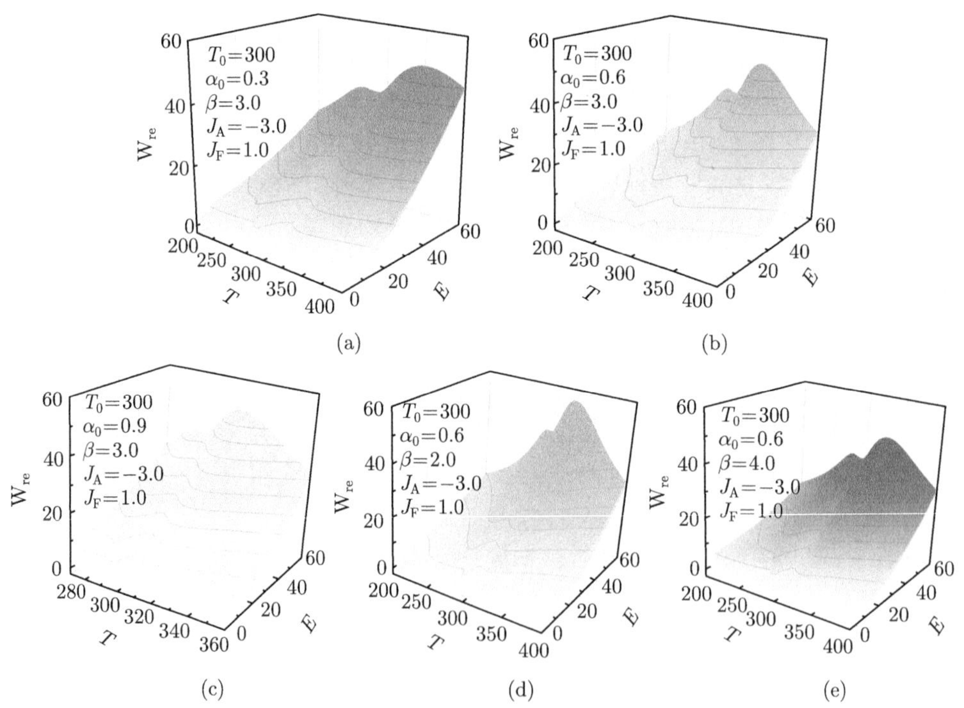


图 8.4.7　反铁电体的热力学参量 $\alpha_0$ 和 $\beta$ 对 $W_{\mathrm{re}}$ 特性的影响：(a) $\alpha_0 = 0.3$，$\beta = 3.0$; (b) $\alpha_0 = 0.6$，$\beta = 3.0$; (c) $\alpha_0 = 0.9$，$\beta = 3.0$; (d) $\alpha_0 = 0.6$，$\beta = 2.0$; (e) $\alpha_0 = 0.6$，$\beta = 4.0$。由于 $T_0 = 300$，各个图中的小峰均在反铁电相，大峰均在顺电相

介电常数与极化储能均为本征性能在不同侧面的展示，两者具有关联性 [18]。因此，可以通过测量介电常数预测其储能性质，而数值模拟可以给出直观的表示。

图 8.4.8 给出了介电常数 $\varepsilon$ 与 $W_{\mathrm{re}}$ 的比较。过渡区的宽度对 $\varepsilon$ 的影响较大。当 $\alpha_0 = 0.9, 0.6, 0.3$ 时，$T_{\mathrm{j}} = 303.3, 305, 310$。图 8.4.8(a) 显示 $\varepsilon$ 峰的位置基本靠近 $T_{\mathrm{j}}$ 值。$\alpha_0$ 越小，$W_{\mathrm{re}}$ 峰向高温移动的幅度越大，峰温也越宽；$\varepsilon$ 峰会发生峰温的展宽，只是相对 $W_{\mathrm{re}}$ 来说幅度很小，如插图所示。然而，其典型特征是：$\alpha_0$ 的变化对 $W_{\mathrm{re}}$ 峰和介电峰的峰值高度影响均不大。

图 8.4.8(b) 显示了 $\alpha_0 = 0.6$ 时 $\beta$ 对 $\varepsilon$ 峰和 $W_{\mathrm{re}}$ 峰的影响。$T_{\mathrm{j}}$ 只依赖于 $\alpha_0$ 且与 $\beta$ 无关，$\varepsilon$ 峰和 $W_{\mathrm{re}}$ 峰的温度相同，峰的宽度均无变化。然而，随着 $\beta$ 的减小，$\varepsilon$ 峰的高度逐渐升高，如插图所示。$W_{\mathrm{re}}$ 峰的高度也随之明显升高，两者变化趋势一致。$W_{\mathrm{re}}$ 峰增大的原因是 $\beta$ 的减小导致了电场对极化强度诱导效应的增大。

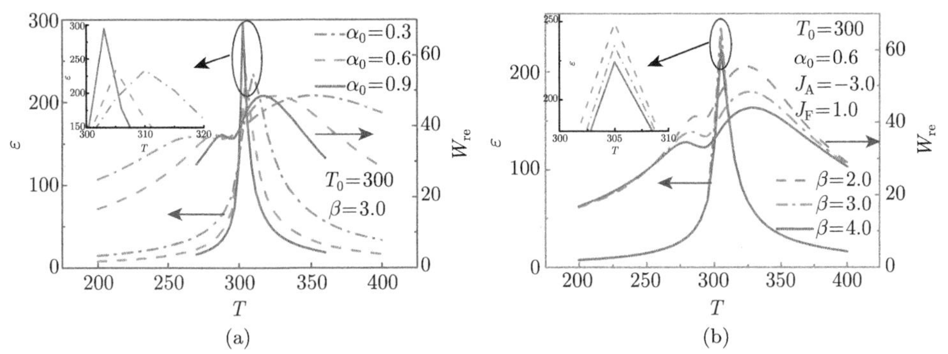


图 8.4.8 $\alpha_0$ 和 $\beta$ 分别对 $\varepsilon$ 和 $W_{\mathrm{re}}$ 影响的比较：(a) $\alpha_0$ 对 $\varepsilon$ 和 $W_{\mathrm{re}}$ 峰及峰宽的比较，$\alpha_0$ 增大导致了两个峰均变窄；(b) $\beta$ 对 $\varepsilon$ 和 $W_{\mathrm{re}}$ 峰及峰宽的比较图 8.4.8$\alpha_0$ 和 $\beta$ 分别对 $\varepsilon$ 和 $W_{\mathrm{re}}$ 峰的影响：$\beta$ 增大导致了两个峰高度的下降，其中 $W_{\mathrm{re}}$ 峰的下降较为明显

当温度高于过渡区 $T_{\mathrm{j}}$ 的温度时，回线消失，不可逆储能消失。电场加在反铁电体上的储能会在电场撤除时全部释放，效率达到 100%。因此，顺电相的储能峰不仅最高，而且效率也最高。

已经报道的部分实验结果与本节的结论基本相同：图 8.4.4(a) 的曲线显示，当温区较宽，储能密度随温度变化较缓慢时，在相变以下，随着温度的降低储能密度升高，而实验结果确实如此；图 8.4.4(b) 的曲线清晰显示，居里温度时可逆储能密度在两个峰之间，再升高温度可逆储能密度会急剧增加，出现峰后再减小，反铁电陶瓷、薄膜和单晶的实验结果均显示了此规律 [19,20]。特别是具有大电致伸缩效应的 PLZST 反铁电体单晶 [19]，可逆储能峰出现了两个峰：低温 50℃ 的小峰和高温 160℃ 的大峰，其实验结果与本节所推导出的可逆储能密度在低温出现小峰和在高温出现大峰的效应完全相符。

### 8.4.4 结论

反铁电体具有反铁电性耦合，将相变温区扩展，导致了反铁电过渡区，使得在高于居里温度的一段温度范围内依然保留反铁电性。上述内容并对其回线特征做了描述。通过对二阶相变反铁电体的不可逆储能特性和介电特性进行数值模拟和对比，归纳出了以下基本结论。

(1) 反铁电体的吉布斯自由能决定了反铁电体的性质，包括极化、电滞回线、储能和介电常数。

(2) 反铁电过渡区的大小取决于反铁电耦合系数 $-J_{\mathrm{A}}$ 和热力学系数 $\alpha_0$: $-J_{\mathrm{A}}$ 越大过渡区越宽，反铁电回线也越宽。

(3) 热力学参量 $\beta$ 不变时，$\alpha_0$ 减小会增大不可逆储能密度峰的温度宽度，但不会影响其高度。

(4) 热力学参量 $\alpha_0$ 不变时，$\beta$ 减小会降低储能密度峰的高度，但不影响其温度宽度。

(5) 介电常数峰基本上位于过渡区在顺电相的 $T_{\mathrm{j}}$ 温度，峰温偏离居里温度越远，储能密度峰也偏离得越远，且峰的温度范围越宽。储能密度峰的高度变化时，介电峰的高度变化很小，需要借助电滞回线的高低判断。

## 8.5 反铁电体的热释电效应

在反铁电体中反铁电耦合的偶极子等概率地分布在各个可能的取向方向。尽管温度变化会导致偶极子的极化特性改变，但因对称分布使其宏观不表现出极化强度的变化，因而零电场时无热释电性。当电场周期性变化时，对偶极子产生两种效应: 一是偶极子可逆的转动导致极化反转使极化强度以双电滞回线形式变化；二是极化强度的大小发生变化导致极化增强效应。这两种效应同时引发了各种相关效应，如介电、能量存储、热释电、电致伸缩和电卡效应等。考虑电场增加的过程，偶极子在电场方向的极化强度和取向概率均增大，导致宏观极化强度从零逐渐向电场方向增大。此时，若反铁电体的温度发生变化，宏观极化强度也会随之发生相应的变化，使反铁电体的表面感应出电荷。通过连续地增加温度，测量因电荷的变化所产生的电流，即可算出热释电系数。由于反铁电体具有电场诱导的极化反转和极化增加效应，它们均对热释电系数有贡献，因而揭示两种热释电效应的物理机理并进行对比研究，在理论和热释电器件的开发应用方面均具有重要意义。

钛锆锡酸铅 (PZST) 基反铁电材料的特点是在外电场作用下介电峰变陡、介电常数增大及损耗减小，成为了制备高灵敏度红外探测器敏感元件的备选材料。

然而，目前反铁电体的热释电理论得到的结果是热释电系数与介电常数对温度的导数及电场强度成正比，此结论难以解释实验结果。原因是没有解决电滞回线的产生机理，而热释电系数为其极化强度对温度的导数。因此，利用反铁电体电滞回线与场致极化反转和极化增加效应的关联，将能够得到合理的理论结果。

前述推导出的二阶相变反铁电体的电滞回线、介电常数和反铁电体储能与电场强度的理论公式能很好地解释实验结果。在此基础上考虑电场对三维二阶相变反铁电体的作用和平行排列偶极子的耦合效应，给出了场致偶极子转向和场致极化增加效应对热释电系数的贡献，数值模拟了两种效应与电场和温度的关系，并与实验结果进行了对比。进行反铁电体热释电效应的测试最重要的步骤是测试前必须对实验中的样品预处理，清除干扰测试的“历史”因素，使实验结果能够有好的重复性。

### 8.5.1 反铁电体热释电效应的理论

基于前述反铁电体的吉布斯自由能基本公式、极化强度平衡公式、电滞回线表达式和介电常数的基本概念和公式，在外加电场作用时热释电效应是基于吸收外界热量导致极化强度变化所造成的效应。温度变化会导致偶极子转向和各个方向极化强度自身的变化，因而理论上需要分别考虑。设 $R$ 表示偶极子转向，$P$ 表示极化强度变化。同时，必须考虑测量时只有正反电场方向的极化强度对电极及其电荷变化有影响。

施加一个外加电场 $E$ 后，反铁电体的热释电系数 $p$ 为

$$p = \Delta P_{\mathrm{t}}/\Delta T$$

此时，有两种计算方法，一种是根据 $P_{\mathrm{t}}$ 的表达式进行数学推导法；另一种是得到两个极其相近温度的 $P_{\mathrm{t}}(T)$ 和 $P_{\mathrm{t}}(T-\Delta T)$，再利用两者之差与温度差的比值得到。

第一种方法如下，先推导出偶极子的大小和转向的效应：

$$p = \frac{\Delta P_{\mathrm{t}}}{\Delta T} = \sum_i \frac{\Delta(\rho_i P_i)}{\Delta T} = \sum_i \left( \frac{\Delta P_i}{\Delta T}\rho_i + \frac{\Delta \rho_i}{\Delta T} P_i \right) = p_{\mathrm{P}} + p_{\mathrm{R}} \tag{8.5.1a}$$

其中，$p_{\mathrm{P}}$ 和 $p_{\mathrm{R}}$ 分别代表极化强度和偶极子旋转的热释电系数。利用反铁电体介电常数的表达式 (8.3.6)、(8.3.7a) 和 (8.3.7b)，$p_{\mathrm{R}}$ 和 $p_{\mathrm{P}}$ 可以被导出

$$p_{\mathrm{R}} = -\alpha_0 \sum_i \rho_i P_i \varepsilon_i, \quad p_{\mathrm{P}} = -\sum_i \rho_i P_i \cdot \left( \sum_j \rho_j R_j - R_i \right)$$

其中，$R_i = \dfrac{1}{kT^2}\left( G_i - T\dfrac{\partial G_i}{\partial T} \right) = \dfrac{1}{kT^2}\left( G_i - \dfrac{1}{2}\alpha_0 T P_i^2 \right)$。

从 (8.3.7a) 式和 (8.3.7b) 式出发，得到

$$
\begin{aligned}
p=\frac{\Delta P_{\mathrm{t}}}{\Delta T}&=\frac{\Delta[\rho_{-}(P_{+0}+P_{-0})+(\rho_{+}-\rho_{-})P_{++0}]}{\Delta T}\\
&=-\alpha_0[\rho_{-}\cdot(P_{+0}/\varepsilon_{+}+P_{-0}/\varepsilon_{-})+(\rho_{+}-\rho_{-})P_{++0}/\varepsilon_{++}]\\
&\quad+\frac{\Delta\rho_{-}}{\Delta T}(P_{+0}+P_{-0})+\left(\frac{\Delta\rho_{+}-\Delta\rho_{-}}{\Delta T}\right)P_{++0},\quad E<E_{\mathrm{c}}\\
p=\frac{\Delta P_{\mathrm{t}}}{\Delta T}&=-\alpha_0\rho_{+}P_{++0}/\varepsilon_{++}+\Delta\rho_{+}P_{++0},\quad E\geqslant E_{\mathrm{c}}
\end{aligned}\tag{8.5.1b}
$$

其中，$\dfrac{\Delta P_{\pm0}}{\Delta T}=\dfrac{-\alpha_0P_{\pm0}}{\alpha_0(T-T_0)+3\beta P_{\pm0}^2(E)}=-\alpha_0P_{\pm0}/\varepsilon_{\pm0}$，$\dfrac{\Delta P_{++0}}{\Delta T}=-\alpha_0P_{++0}/\varepsilon_{++0}$。

最后，热释电系数能够被推导得到

$$
\begin{aligned}
p&=-\alpha_0\left(\rho_{-}P_{+0}\varepsilon_{+}+P_{-0}\varepsilon_{-}+\rho_{+}-\rho_{-}P_{++0}\varepsilon_{++}\right)\\
&\quad-\rho_{+}\rho_{-}\left[(2P_{++0}-P_{+0}-P_{-0})\cdot(R_{-}-R_{+})\right],\quad T<T_0\\
p_{\mathrm{P}}&=-\alpha_0\left(\rho_{-}P_{+0}\varepsilon_{+}+P_{-0}\varepsilon_{-}+\rho_{+}-\rho_{-}P_{++0}\varepsilon_{++}\right)\\
p_{\mathrm{R}}&=-\rho_{+}\rho_{-}\left[(2P_{++0}-P_{+0}-P_{-0})\cdot(R_{-}-R_{+})\right]
\end{aligned}\tag{8.5.1c}
$$

其中，

$$
R_{+}=\frac{1}{kT^2}\left(G_{+}-\frac{1}{2}\alpha_0TP_{+0}^2\right),\quad R_{-}=\frac{1}{kT^2}\left(G_{-}-\frac{1}{2}\alpha_0TP_{-0}^2\right)
$$

和

$$
\begin{aligned}
&p=-\alpha_0\rho_{++}P_{++0}\varepsilon_{++}-\Delta\rho_{++}P_{++0},\quad T>T_0\\
&p_{\mathrm{P}}=-\alpha_0\rho_{++}P_{++0}\varepsilon_{++},\quad p_{\mathrm{R}}=-\Delta\rho_{++}P_{++0}
\end{aligned}\tag{8.5.1d}
$$

其中，$\Delta\rho_{++}=\rho_{++}(1-\rho_{++})R_{++}$，$R_{++}=\dfrac{1}{kT^2}\left(G_{++}-\dfrac{1}{2}\alpha_0TP_{++0}^2\right)$。

第二种方法是，先确定反铁电体过渡区的温度 $T_j$，再根据温度的高低分别运用如下方法。

当 $T<T_j$ 时为反铁电相及过渡区，先选择一点温度 $T$，再选择另外一点温度 $T-\Delta T$。由于 $T-\Delta T$ 低于 $T$，因而两者均为反铁电相。相同的表达式对 $P_{\mathrm{t}}(T)$ 和 $P_{\mathrm{t}}(T-\Delta T)$ 均有效。

$$
p=[P_{\mathrm{t}}(T)-P_{\mathrm{t}}(T-\Delta T)]/\Delta T
$$

当 $T > T_{\mathrm{j}}$ 时为顺铁电相，先选择一点温度 $T$，再选择另外一点温度 $T+\Delta T$。后者选取更高温度的原因是为了保证其为顺电相，不会因温度接近 $T_{\mathrm{j}}$ 而导致公式失效。因两者均在顺电相，可用相同的表达式处理 $P_{\mathrm{t}}(T)$ 和 $P_{\mathrm{t}}(T+\Delta T)$：

$$p = [P_{\mathrm{t}}(T+\Delta T) - P_{\mathrm{t}}(T)]/\Delta T$$

经过数值模拟的比较，两种方法得到的结果相同。需要说明的是，由于在温度低于 $T_{\mathrm{j}}$ 时存在临界电场，用两个温度差的方法时，有可能一个低于临界电场，另外一个高于临界电场，会在临界温度出现反常的尖峰现象。由于两种方法具有等效性，用第一种方法得到的结果也会出现奇异，甚至可能有反向峰出现。

### 8.5.2 数值模拟结果

对上述原理进行数值模拟，可以反映热释电系数 $p$ 随不同参数的变化。

众所周知，反铁电体和铁电体的典型特征是偶极子的逆转，顺从于电场 $E$ 的作用，甚至发生在很小的电场。在电场 $E$ 增加直到临界值 $E_{\mathrm{c}}$ 的过程中，偶极子不断在转向。直到 $E_{\mathrm{c}}$ 时所有剩余的反向偶极子都突然消失，导致可测量极化强度的突变。由 (8.3.4b) 式和 (8.3.4c) 式可知，临界值 $E_{\mathrm{c}}$ 随着温度向 $T_0$ 的升高而减小。因此，在增加 $E$ 的过程中，反向偶极子的数量减少；相反地，在 $E_{\mathrm{c}}$ 处剩余的反向偶极子数量增加。在接近 $T_{\mathrm{j}}$ 时表现出反铁电性/顺电相变效应。因此，将反铁电体电滞回线 $P$-$E$ 的变化分为三个温度区域：具有类铁电性的单电滞回线环的极低温区，$T_0$ 以下具有双电滞回线的典型反铁电相温区，以及从 $T_0$ 到 $T_{\mathrm{j}}$ 的中间区域，再到顺电相的温度区。

#### 8.5.2.1 电滞回线效应的热释电性

运用 8.3.3 节关于反铁电体的电滞回线基本方法，在图 8.5.1 中显示了从低温单回线到顺电相单线的整体变化过程。图 8.5.1(a) 为低温铁电型回线，在临界电场时可以观察到较小的突变；图 8.5.1(b) 展示了典型的反铁电体双回线，当正电场为正值时较低的 $E_0$ 出现在上曲线和较高的 $E_{\mathrm{c}}$ 出现在下曲线。临界电场时极化强度突变的大小在接近居里温度时较大。图 8.5.1(a) 和 (b) 的插图均显示在低于的电场 $E_{\mathrm{c}}$ 时还存在一个极化强度的突变电场 $E_{0\mathrm{F}}$，此效应为铁电性畴的反转所致，它是铁电体被观察到双回线效应的原因。图 8.5.1(c) 则显示了从居里点经过渡区到顺电相电滞回线的变化。其中，$T_{\mathrm{j}}$ 为 310。高于此温度的电滞回线会合并成一条曲线。

由于热释电系数 $p$ 是极化强度对温度的一阶偏导数，即 $P$-$E$ 回线相对于温度的偏导数。偶极子的转向和极化强度随 $E$ 和 $T$ 的变化都能够根据 (8.5.1) 式得到。由此可以得到与图 8.5.1 相对应的热释电系数的回线。由于回线在正反电场具有对称性，图 8.5.2 显示了三个不同温区 $p$ 的变化。在图 8.5.2(a) 中，下方向左的箭头对应图 8.5.1(a) 中上方向左的箭头，表示电滞回线中的上部分，即电场从极大值逐步减小到零。图 8.5.2(a) 中 $p$ 的最低值为 $-0.03$，它是由于在低电场下偶极子的转向所引起。图 8.5.2(b) 是典型反铁电相在双回线条件下的热释电系数模拟结果，也用两个箭头表示所对应的回线上曲线和下曲线。在低电场时，与电滞回线上曲线对应的热释电系数上曲线因临界电场较小，所展示的热释电系数的突变也较小；然而，电滞回线的下曲线却显示出了尖锐的峰，且温度越接近居里温度，峰的变化越大。其中，$T=290$ 的曲线在低电场时出现了一个向上的峰，增大电场后又出现了向下的峰。它们分别对应于偶极子的反转和电场作用下所形成的耦合铁电畴的反转或消失。图 8.5.2(c) 所显示的热释电系数回线分为两个部分：过渡区部分，$T_0(300)$ 到 $T_{\rm j}(310)$，和顺电相部分 $(T>310)$。热释电系数变化的稳定值为低电场 (5~10) 时的 $p=-0.03$，并且在过渡区会有更强的峰出现。三个图比较，在过渡区的热释电系数较优且温度稳定性较好。

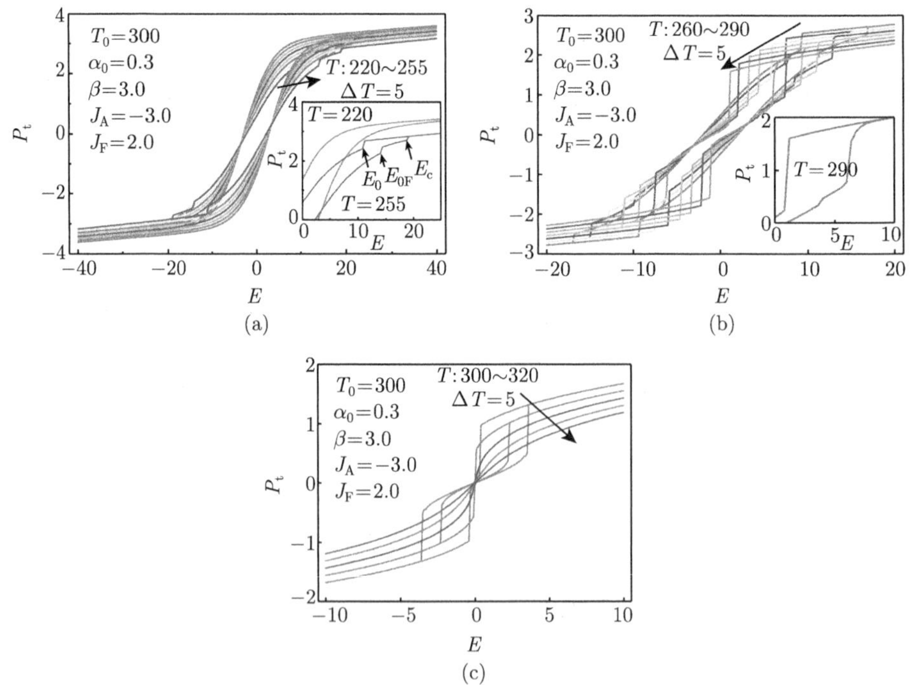


图 8.5.1 $P$-$E$ 回线在反铁电体三个不同温区的数值模拟结果：(a) 在低温类铁电型温区；(b) 在 $T_0$ 以下的温区；(c) $T_0$ 以上经过过渡区到顺电相的温区

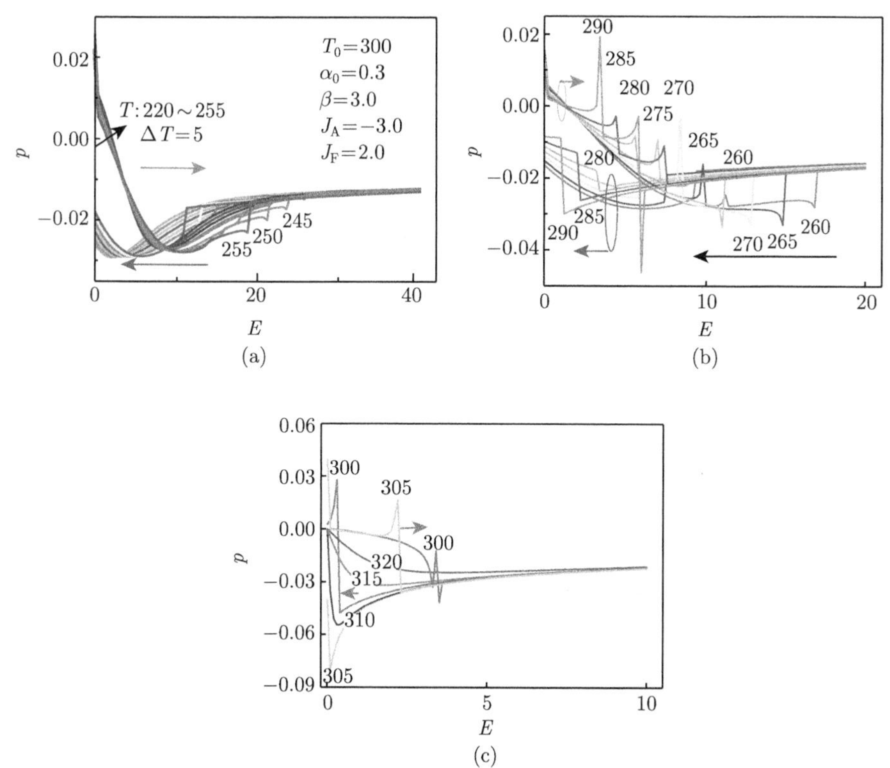


图 8.5.2 与 $P$-$E$ 回线对应的反铁电体三个温区内热释电系数的模拟结果：(a) 在低温类铁电型温区；(b) 在 $T_0$ 以下的温区；(c) 在 $T_0$ 以上经过过渡区到顺电相的温区

温度稳定性是热释电探测器能够稳定工作的重要因素。由于没有滞后性，电滞回线的初始上升极化行为在理论上具有重要的分析价值。导致 $p$ 的温度稳定性有两个影响因素：一个是反铁电相的电场增强的极化强度或者在顺电相为电场诱导的极化强度；另一个是低于 $E_c$ 的偶极反转效应。为了明确地比较这两种效应在热释电器件中的影响效果，数值模拟的方法展现了清晰的结果。在图 8.5.3(a) 中，这两种效应有三个明显的区域：没有 $p$ 突变的低温曲线，没有 $p$ 突变的高温曲线，以及有明显 $p$ 突变的中间温度曲线。图 8.5.3(b) 显示了 $p$ 突变随温度的变化，电场越小，在低温区域的突变越大，温度范围也越大，同时热释电效应也越强；反之，当 $E$ 增大后，突变的 $p$ 谷变浅，且向低温方向移动，整体温度稳定性变好，但热释电效应变弱。其典型特例是：对于居里温度为 300 的反铁电体，电场较小时会在温度为 260~270 出现最大效果的 $p$ 谷。因此，在制做热释电材料时，往往会将居里温度适当调低一些，同时外加弱电场。图 8.5.3(c) 用三维立体和二维平面两个图的方法显示了 (a) 和 (b) 的共同结果。其中，立体图展示了变化过程，底面图展示了一个低于相变温度和在低电场下的深色区域，表明该区域内的热释电效应较大。然而，图 8.5.3(a) 和 (b) 却证实在该区域也存在着极大的温度不稳定性和电场不稳定性。在顺电相的低电场时，虽然热释电系数不在，但温度稳定性却很好。同时，温度的变化可以用电场适当调节，保持热释电系数的稳定。

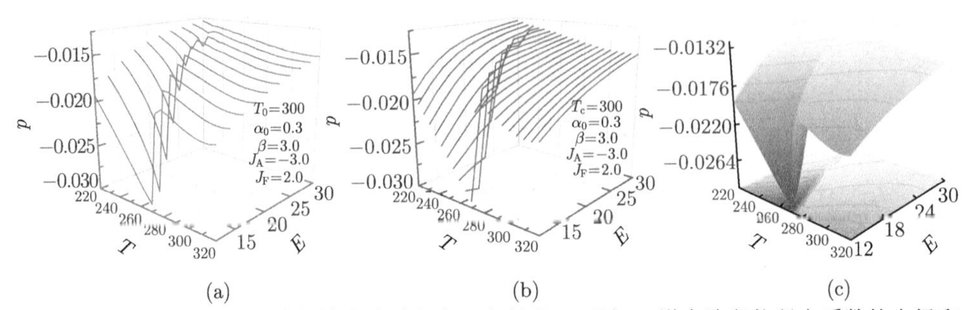


图 8.5.3　在 $P$-$E$ 电滞回线初始上升过程中，电场从 12 到 30 增大阶段热释电系数的电场和温度的变化规律：(a) 固定温度时 $p$-$E$ 的曲线，从铁电型经反铁电型到顺电型的变化规律；(b) 固定电场时热释电系数 $p$-$T$ 的曲线，从铁电型经反铁电型到顺电型的变化规律；(c) 电场和温度的三维及底面轮廓图，展示高 $p$ 数值的区域

#### 8.5.2.2　单调增加电场的热释电性及与介电常数的关系

为了更详细地理解电滞回线中临界电场发生极化强度的突变对热释电系数变化的影响，用数值模拟的方式给出了更详细的比较。在电滞回线的起始阶段，即从零开始增加电场到最大值的过程看成是单调增加电场，其极化强度和热释电系数在低温反铁电相到顺电相的过程及其规律如图 8.5.4 和图 8.5.5 所示。

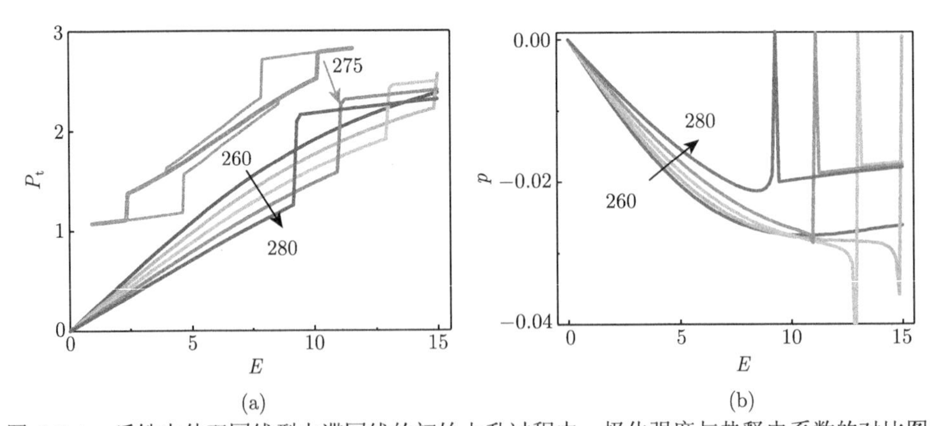


图 8.5.4　反铁电体双回线型电滞回线的初始上升过程中，极化强度与热释电系数的对比图：(a) 固定温度点时反铁电体双回线型极化强度的初始上升过程，插图为整个回线的过程，包含了正负电场方向初始施加电场的过程；(b) 对应的热释电系数变化

图 8.5.4(a) 展示了 260~280 范围内 5 个温度点的 $P$-$E$ 回线。其中，插图为

$T$ =275 时的含正负初始增加电场的电滞回线。相应的热释电系数 $p$ 的初始增加电场的曲线显示在图 8.5.4(b) 中。低于突变峰的电场时，$p$ 的变化向下弯曲主要为偶极子的反向变化引起；而高于突变峰的电场时，$p$ 的平缓变化则是由 $E$ 增强的极化效应产生。尖锐的峰是反电场方向偶极子在临界电场全部转到其他方向引起的，从反铁电状态进入了热释电态 (偶极子平行排列)，它会导致突然的热释电失效点。很显然，这种失效点会随着温度的降低而移向高电场。如在 $T$ =265 时，该电场移向了 $E$ =15。各个温度曲线相比，在较低的温度下有较好的效果。特别是在 265~270 的温度范围内，调节电场在 10~15 之间变化时，热释电系数 $p$ 能够保持在 −0.03。

图 8.5.4(b) 显示了温度低于 $T_0$ 时，$p$ 的变化主要发生在低于电场强度 $E$=10。为了解高于 $T_0$ 的过渡区及顺电相温区 $p$ 随电场的变化效果，在图 8.5.5 中用数值模拟的方法显示了温度上升时 $p$ 的变化规律，具体分为两个温度范围分别讨论。对应于图 8.5.1(c) 中的电滞回线变化，第一部分是在过渡区 ($T = 300 \sim 310$)，低于 $T_{\rm j}$ 时随电场增大 $p$ 出现了向上的尖峰，并随温度上升该峰的电场不断减小，直至 $T_{\rm j}$=310 消失，或者可以认为该峰在 $E = 0$ 处。第二部分是当温度高于 $T_{\rm j}$ 时为无自发极化的纯顺电相，极化强度完全由电场的诱导产生。热释电系数为极化强度随温度的变化。从一个向下弯曲的过程可以看出，电场的诱导效应在最低点为最大。总之，在过渡区与顺电相的临界点 $T_{\rm j}$ 有低场的极大热释电效应。到了顺电相，随着温度继续上升，热释电系数的曲线整体向上抬升，表示其效应减弱。整体上观察，在顺电相真正实用且有效的温度-电场区域为 $305<T<320$ 和 $2.5<E<6$，其特点是，低电场且 $p$ 的变化平稳，基本接近 −0.03。

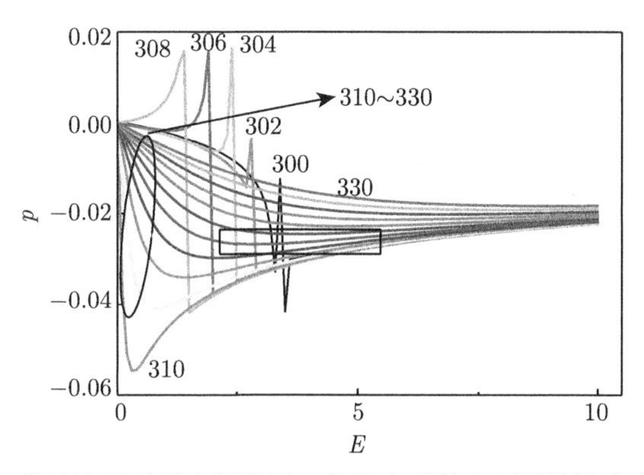


图 8.5.5 在高于 $T_0$ 的过渡区及顺电相温区，热释电系数在不同的温度点随电场的变化关系

尽管前面已经给出了单一温度点或者单一电场值时热释电系数随电场或温度的变化曲线，以及图 8.5.5 给出了一个有效的区域，但是还需要一个整体的三维

效果图，它在器件应用时直观地表示出电场–温度关系，更有助于通过电场变化实现对温度变化的调节。

相比于各种测量手段，介电常数是最容易测量的，并且实验结果也是得到公认的。为了利用反铁电体的介电常数判断相应的热释电系数与温度和电场的关系，利用理论公式的数值模拟方法做了相应的比较。

图 8.5.2 中显示 $p$-$E$ 回线在正电场时有两个低谷，即热释电系数绝对值的最大峰。其中，两个峰所对应的电场相比，电场增加方向的要高于电场降低方向的。在图 8.5.3 中为电场从零开始初始增加过程对应的热释电系数变化曲线，也证实了在低温时有一个热释电系数绝对值的最大峰。图 8.5.4 证实了低温反铁电相热释电系数绝对值具有随电场缓慢增大并且逐渐平稳的过程。图 8.5.5 给出了反铁电体在临界温度时低电场下具有较大热释电系数的规律。然而，还缺少整体规律，特别是电场如何随温度的变化进行调节，保持热释电系数具有稳定性的规律，确保良好的应用效果。尽管在实验上已经发现，热释电系数峰会随温度的降低而移向高电场，但是仍然需要给出整体的调节规律。

反铁电体的热力学参量会对介电常数和热释电性能产生影响。图 8.3.10 给出了介电常数随参数 $\alpha_0$ 的变化规律。当 $\alpha_0$ 分别为 0.3，0.4 和 0.6 时，为了保证介电常数随温度和电场变化的一致性，所加的电场分别为 30，40 和 60。其他参量分别是：$\beta$=3.0，$T_{\rm j}=300$，对应的 $T_0$ 分别为 290，292.5 和 295。为了能够更清楚地对比，图 8.5.6(a)~(c) 再次展示了三维时介电峰随电场和温度的变化。三个图比较，$\alpha_0$ 越大，其有效范围也越大。

图 8.5.6(d)~(f) 展示了二维平面和三维低电场下热释电系数的变化规律。其中，深色部分表示 $p$ 值高。当温度下降时，需要增大电场，而在居里温度以上时，温度上升也需要增大电场。只有在居里温度附近才可将电场调节到尽量小。结果显示，随着温度的降低和电场的增大，$T_{\rm j}$ 以下的反铁电相三角形区域为浅色的低 $p$ 值区；而在顺电相为扇形深色区域，表示较高的 $p$ 的绝对值。

上述内容均为在低电场下得到的结果。将电场大幅增大，更全面和整体地观察热释电特性，得到的数值模拟结果如图 8.5.7 所示。

增大电场到 50 之后发生的变化可从图 8.5.7 得到，它分别描述了三个典型温度特征段的热释电系数变化规律。图 8.5.7(a) 为低温区的变化规律，其中在 270 达到最低点 $-0.06$，即有最大的热释电效应；图中所示的能谷随着温度的升高而移向高电场。图 8.5.7(b) 为 $p$ 从 270 到居里温度 298 的变化过程，最明显的是临界电场极化强度的突变导致了向下峰的出现，且随温度升高而向低电场方向移动。$p$ 值的温度稳定性仍然是以 270 为最佳。图 8.5.7(c) 为 $p$ 从居里温度经过渡区向顺电相的转变过程。尽管在过渡相的相对低温仍存在突变，但在整体高电场区域延续了图 8.5.7(b) 所示的规律：随着温度的升高，$p$ 的能谷向高电场方向移动，且能谷不断升高，热释电系数不断减小。综合以上三个温度区域的变化情况，图 8.5.7(d) 展示了三维的电场温度图。图中的深色区域是核心的能谷区，具有最大的热释电效应，但随温度的变化起伏太大。其更高电场的部分是热释电器件工作的有效区域，当温度发生变化时，通过调控电场可以达到稳定热释电系数的作用。与铁电体相比，$p$ 的反铁电体临界峰有助于热释电器件在更宽的温区工作。

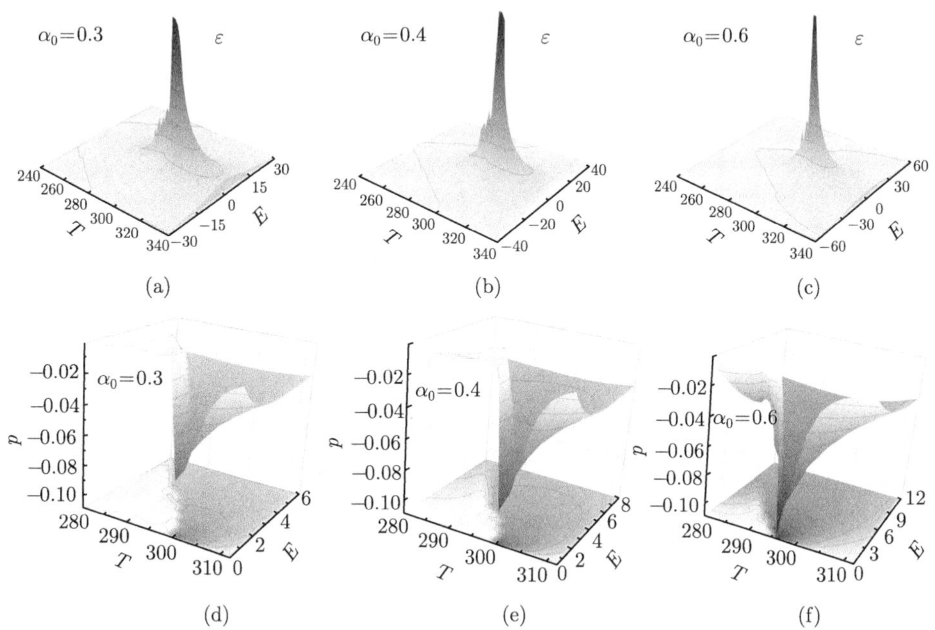


图 8.5.6 在三维立体图中，(a)~(c) 为参量 $\alpha_0$ 对介电常数在高电场时的影响效果：(a) $\alpha_0 = 0.3$; (b) $\alpha_0 = 0.4$; (c) $\alpha_0 = 0.6$。在三维立体和底面图中，(d)~(f) 为参量 $\alpha_0$ 对热释电系数在低电场时的影响效果：(d) $\alpha_0 = 0.3$; (e) $\alpha_0 = 0.4$; (f) $\alpha_0 = 0.6$。其中，立体图的最大和最小纵坐标值均相同，便于比较

#### 8.5.2.3 极化强度和偶极子旋转对热释电系数的影响

热释电效应是由偶极子的转动和电场增强极化强度所引起的，为了详细了解更具体的细节，利用软件的功能可将两种效应区分，得到不同温度下它们随电场变化的效果。

极化强度对热释电系数的影响考虑的因素是四方相的三个典型方向极化强度的变化：随着电场强度的增大，电场方向的极化强度增大，数量增加；反电场方向的极化强度减小，数量减少；垂直方向的极化强度不变，数量减少。根据 (8.5.1a) 式，极化强度和偶极子旋转对热释电系数的影响分别表示为 $p_{\rm P}$ 和 $p_{\rm R}$，模拟方法根据过程条件分别按照 (8.5.1b) 式和 (8.5.1c) 式进行。

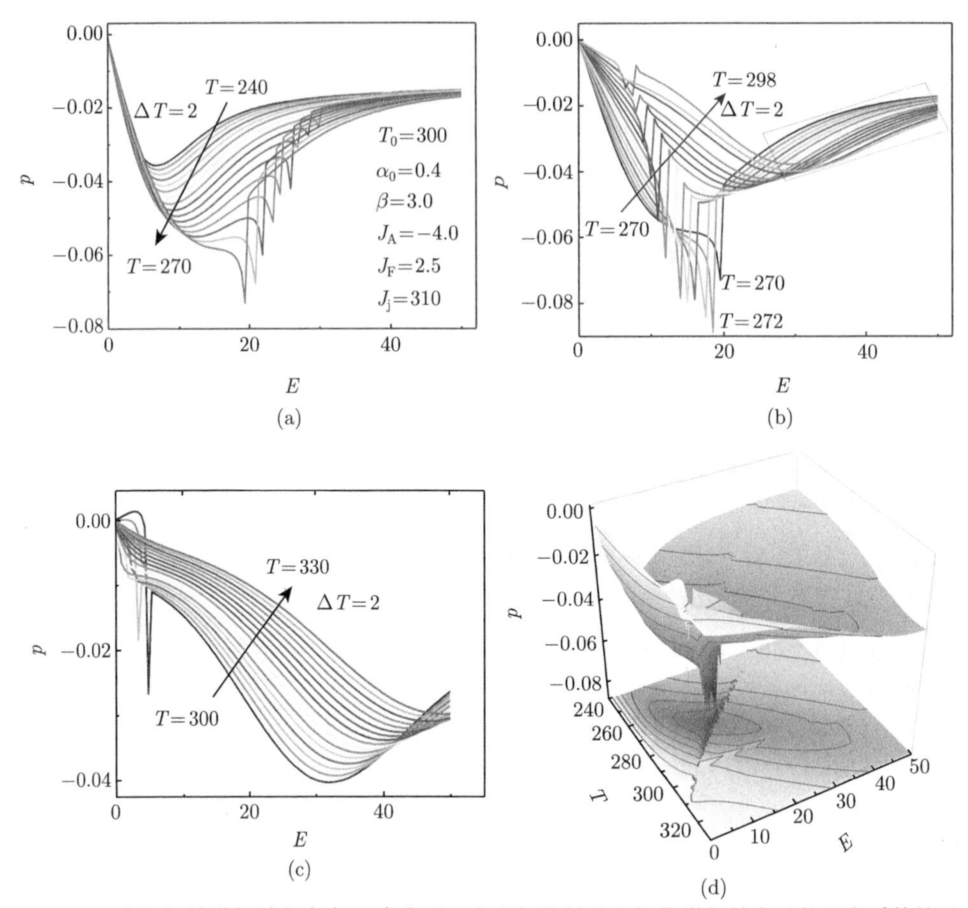


图 8.5.7　电场初始增加过程中在 3 个典型温度点极化转动和极化增加效应对热释电系数的贡献：(a) 低温区 ($T = 240 \sim 270$)；(b) 接近居里温度的温区 ($T = 270 \sim 298$)；(c) 过渡区 ($T = 300 \sim 310$) 到顺电相 (330)；(d) 三维热释电系数与电场和温度的关系，底面为其投影的二维平面图

图 8.5.8 给出了 4 个典型温度点偶极子转动效应与极化增强效应对热释电系数的影响。图 8.5.8(a) 为较低温度时的反铁电相，$p$ 的能谷以偶极子转动为主，发生在较低的电场。在临界电场 $E_c$，所有的反向偶极子消失，偶极子的转动效应只剩垂直方向的转向电场方向，因而电场高于 $E_c$ 后变为极化增强效应。在图 8.5.8(b) 中，温度为 280 时在增加电场的过程中，低于临界电场时以偶极子反转为主，略高于临界电场 ($E$=20) 时仍然为偶极子的转向为主，增大到 $E$=30 时，极化增加与旋转效应的贡献相同，继续增加电场，由于所有偶极子均已完成转向，故以极化增强效应为主。图 8.5.8(c) 为居里温度 (或相变温度) 时的热释电系数随电场的变化关系。由于反铁电的耦合效应，存在数量较少的反向偶极子和垂直于电场方

向的偶极子。电场的作用为诱导效应和极化增强效应。电场诱导效应是使顺电相的原胞伸长变为铁电相的偶极子，在数学上继续用旋转的符号 $R$ 表示；而极化增强效应是使现有的偶极子继续伸长并增大极化强度。反铁电耦合效应导致 $E_{\mathrm{c}}$ 仍然存在，并使剩余的少量偶极子在低电场下表现出了奇异的现象。在 $E=40$ 以下诱导效应仍然占据主要作用，并随电场的增强逐渐减少，即大部分的偶极子被诱导出来后，继续诱导的效应减弱，极化增强效应占主要作用。当温度达到 $T_{\mathrm{j}}$ 及 $E=0$ 时，不再有反向偶极子和垂直于电场方向的偶极子。然而，外加电场仍然能够诱导偶极子并对诱导出来的偶极子产生增强效应。图 8.5.8(d) 为顺电相时的热释电系数随电场的变化关系。电场诱导的偶极子用转动效应表示，最大热释电效应出现在 $E$ 约为 40 的点虚线能谷区域。由于极化增强效应随电场而增大，故总的最大效应出现在电场高于 40 之后。总之，热释电性的原理主要是随着电场强度的增大，电场方向的偶极子数量不断增加所导致的。

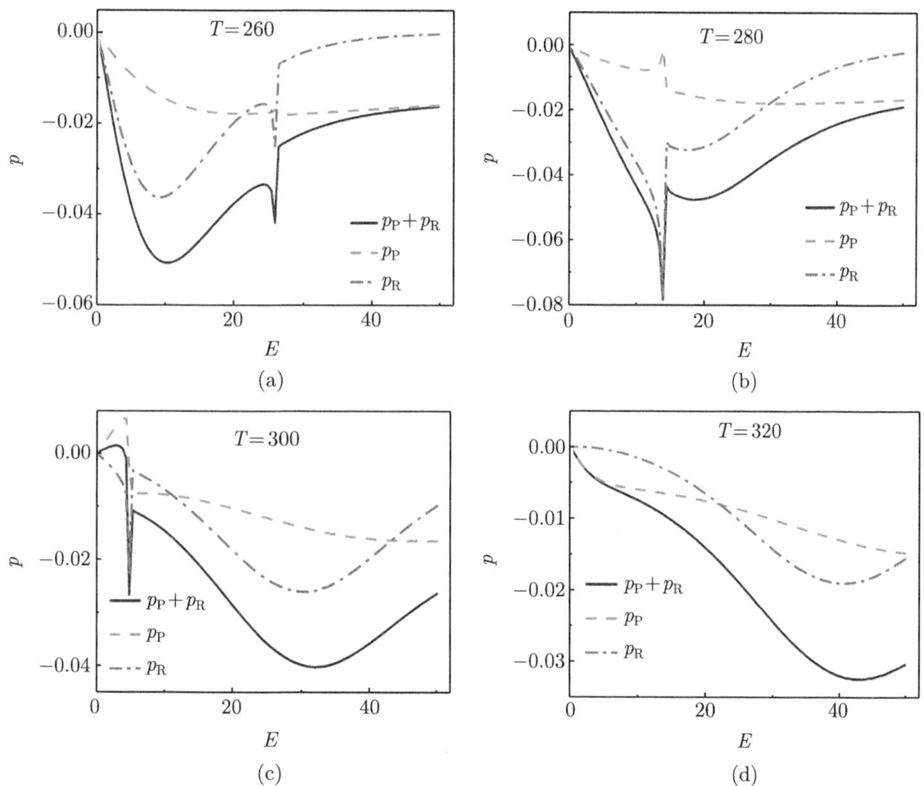


图 8.5.8 未经电场极化过的反铁电体样品在 4 个温度点电场上升过程中偶极子转动 (点线) 与极化增强效应 (虚线) 对热释电系数的影响：(a) $T$=260; (b) $T$=280; (c) $T$=300; (d) $T$=320

反铁电体经过电场极化后会产生正向与反向畴平行排列的调制态，其行为与初始样品存在差异。上述数值模拟证实，导致热释电效应增强的主要原因是偶极子在电场作用下的转动；当电场达到临界值时，所有反向的偶极子瞬时全部转向，导致了热释电系数的突变，产生了不稳定性，同时也加大了热释电效应，并拓展了适用温区。图 8.5.2 展示了热释电系数的电场滞后效应，当电场返回零点时有最大的效应；图 8.5.7(a)~(c) 展示了不同温度下电场对热释电系数的作用效果；图 8.5.7(d) 的立体图有两个方面的效果：一是最大热释电效应的温度-电场区域，说明可以通过调控电场以适应温度的变化，保持热释电系数始终为平稳的较大值；二是给出了电场一定时在整个温度谱上热释电系数的变化规律，作为与实验结果比较的依据。很明显当电场增大时热释电系数的峰会向高温移动，与报道的一些实验结果是一致的 [21]。

目前，从实验得到热释电系数的方法是测量热释电电流。然而，实验测量的电流会与样品的极化经历相关。当样品在测量前经过一定高温的完全去极化，其效果可等价于样品制备后未经极化处理，得到的电流即为热释电电流，其特征是零电场下的电流在整个温度区间始终为零 [22]。经过高温极化的样品，在零电场下得到的电流是单纯的热刺激去极化电流；加电场测量得到的热释电电流包含了热刺激去极化电流 [23,24]。经过高温去极化处理后，再从低温加电场升温测量得到的电流即为热释电电流。

一般来说，反铁电体的热释电系数被认为来源于偶极子的反转 [21]，此反转导致了极化强度的突变。从上述分析中可以看到，热释电系数在临界电场突变时产生了一个极尖锐的峰，与热释电电流的实验报道完全相符 [22]。如果样品经过电场极化而不是初始样品，则升温测量时电场所导致的剩余极化会引起热刺激去极化电流从而产生附加的电流峰，峰的高低和峰所在的温度与样品测量前曾经达到过的最高温度及在此温度所加电场的大小相关。因此，动态电流法获得的热释电系数必须消除去极化电流，即剩余极化所产生的滞后效应或历史记忆效应。

### 8.5.3　讨论与总结

当反铁电体处于远离居里温度的低温时，电滞回线中要出现临界电场需要加很大的电场，同时所伴随的极化强度突变极小，实验中甚至观察不到。由此认为反铁电相到铁电相的相变在理论上不合理。但在实际上，由于两种回线已经没有区别了，即反铁电耦合的作用消失了。只有当温度趋近居里温度时，这种区分才有意义。同时也对反铁电体的热释电效应有意义。从 $E_c$ 的机理来看，只是反铁电体比铁电体的数值要大而已，没有本质区别。

大量文献报道热释电效应的实验结果时，报道了零电场时对反铁电体加热同时测量释放电流的实验结果。大量的实验结果表明存在一个电流峰，这种实验方法是错误的。对于一个纯的处于原始状态的未曾被电场极化过的反铁电体，其测量得到的电流峰应该为零。因为其正反电场方向的偶极子是等价的，即从正向加电场和从反向加电场的效果应该等同。

热释电电流法是一种简单的测量热释电系数的方法。然而，实验中获得的电流与铁电体或反铁电体陶瓷的极化历史有关。一些实验结果显示了零直流偏置电场下的电流，这是热刺激去极化电流 (thermally stimulated depolarization current，TSDC)，而不是热释电电流，两者性质不同。

获得热释电系数需要对测试的热释电电流进行积分，而测试前，样品必须经过纯态化处理，去除可能产生 TSDC 的极化因素。徐卓教授曾经阐述了获得纯态样品的基本方法 [23]：先在高于相变温度 30K 维持 30min，同时短路消除内部的极化。之后冷却到开始测试的低温状态 (最好保持短路状态)。接着，测试热释电系数的方法是加一恒定的直流偏置电场，匀速升温同时测量电流，对电流积分即可得到总的电荷量，由此可算出热释电系数。

根据对热释电系数进行数值模拟的结果，可以得出如下结论。

(1) 反铁电体的场致热释电效应存在两种因素: 偶极子转动效应和场致极化强度增强效应。

(2) 在反铁电相的固定温度，加电场到临界值 $E_c$ 时由于偶极子的翻转使热释电系数达到一个临界最大的绝对值。之后，随电场的继续增大而减小。由于极化强度的稳定变化，热释电系数也呈现平缓的变化。

(3) 在低温区，热释电系数在低电场以偶极子的转动为主形成较大的热释电效应，到达临界电场时出现尖锐的峰。

(4) 电场增大，热释电系数峰会向高温方向移动，使之存在高热释电效应的温度-电场区域，跨越反铁电相到顺电相的温度区间。

(5) 当温度发生变化时，可以用电场进行补偿调节的方法保持热释电系数在一定的合理范围内。

## 8.6 反铁电体的电致伸缩效应

反铁电体的典型特征是双电滞回线，对应的电致伸缩也与之相关 [25]。电致伸缩是材料在电场作用下的一种应变。在临界电场，基于偶极子的转向极化强度与应变均发生突变。在应用方面，电与力的耦合使制动器在加了电场后能够驱动马达实现纳米到微米级的应变控制，特别是 La 改性的 $PbZrTiO_3$ 陶瓷能够达到 0.75% 的径向伸缩 [26]。

为了充分利用反铁电体电致伸缩应变的机理，需要建立应变随温度、参数和结构变化的理论。其基础是电致伸缩应变的取向。原则上，铁电体的应变源于压

电和电致伸缩。在张量表示法中，电致伸缩应变 $s_i$ 可以写成 [27]

$$s_i = g_{mi}P_m + Q_{i,mn}P_mP_n, \quad (i,m,n) = 1,2,3 \tag{8.6.1}$$

其中，$i$ 是电场方向，$m$ 表示偶极子的取向方向，$g_{mi}$ 是一个压电系数，$Q_{i,mn}$ 是伸缩系数。

(8.6.1) 式中的电致伸缩效应是一种二阶效应，电致伸缩的常数是相互关联的。压电效应通常来源于热释电体或极化的铁电体。在无应力的情况下，压电效应可以忽略，应变与极化有关系

$$s = QP^2 \tag{8.6.2}$$

上述关系式与铁电体的相同。由于任何偶极子的吉布斯自由能取决于其相对于 $E$ 的方向，因此总的吉布斯自由能应考虑到偶极子的旋转。近年来，反铁电体的调制相结构受到了人们的广泛关注，根据前面介绍的反铁电体正反偶极子翻转及电场增强极化的基本理论，讨论了反铁电体中的调制相结构及其对反铁电体介电常数回线和电致伸缩回线的影响，特别讨论了初始电场增加的过程，此内容在反铁电体电致伸缩的应用中极其重要。

需要说明的是，大量文献将 (8.6.2) 式扩展成为了 $s = ME^2$。其中，系数 $M$ 也被称为是伸缩系数，拟合实验结果时得到常数的数值，这是错误的。可以从两个方面理解：一个是前面多次提到的 $P$ 与 $E$ 的比例系数不是介电常数，这种推论属于概念应用错误；另一个是在铁电体和反铁电体中 $P$ 与 $E$ 的关系为电滞回线，因而系数 $M$ 也是与电滞回线相关的，或者是与电场的变化过程相关而不是固定的常数。然而，一般的文章均将 $M$ 当成常数进行拟合。

在本节的理论研究中，导出了基于 (8.6.2) 式的应变–电场 ($\Delta s$-$E$) 回线方程，得到了与温度相关的数值模拟结果，以及结构调制对应变-电场 ($\Delta s$-$E$) 回线的影响。最后，将 $\Delta s$-$E$ 回线与 $\varepsilon$-$E$ 回线作了比较。

### 8.6.1　反铁电体电致伸缩的原理

四方相是典型的反铁电相之一。与铁电体相同，在 $ABO_3$ 型四方相有六个等能量的 B 位阳离子偏移形成的能谷，分别沿着 [±1 0 0]，[0 ±1 0] 和 [0 0 ±1] 方向形成偶极子。其中的“1”指示偶极子的方向。而原胞的尺寸默认 [± 1 0 0] 为 $[c\,a\,a]$，$c > a$。类似于铁电体

$$(c - a) = \delta \cdot P^2 \tag{8.6.3a}$$

其中，$\delta$ 是一个比值，对于反铁电体来说是常数 [28]。

与铁电体的情况相同：无电场和应力时，B 位阳离子随机占据可能的六个平衡位置之一，在任何一个方向，原胞的平均尺寸 $d$ 为

$$d = \frac{2a + c}{3} = a + \frac{1}{3}\delta \cdot P^2 \tag{8.6.3b}$$

外加电场会引起极化强度的变化和偶极子的旋转，可以用带电场的吉布斯自由能描述，且在一阶导数下为零。

反铁电体的特征是在相变温度 $T_0$ 时极化强度会因反铁电耦合而不为零：

$$P_{+0} = -P_{-0} = (-J_{\mathrm{A}}/\beta)^{1/2} \tag{8.6.4a}$$

对于存在垂直于电场方向偶极子的情况，温度下降到临界温度 $T_{\mathrm{j}}$ 时极化强度才为零

$$T_{\mathrm{j}} = T_0 - J_{\mathrm{A}}/\alpha_0 \tag{8.6.4b}$$

偶极子转动发生突变的临界电场服从于

$$E_0 = 2\beta \cdot \left(\frac{\alpha_0(T_0 - T)}{3\beta}\right)^{3/2}, \quad T_0 \geqslant T \tag{8.6.5a}$$

当 $J_{\mathrm{A}}<0$ 时：

$$\begin{aligned} &E_{\mathrm{c}} = E_0 - J_{\mathrm{A}}P_{+0}, \quad T_0 \geqslant T \\ &E_{\mathrm{c}} = -J_{\mathrm{A}}P_{+0}, \quad T_{\mathrm{j}} \geqslant T > T_0 \\ &E_{\mathrm{c}} = 0, \quad T_{\mathrm{j}} < T \end{aligned} \tag{8.6.5b}$$

对于存在垂直于电场方向偶极子的情况，正反偶极子的取向概率为

$$\rho_+ = \frac{\exp(-G_+(E)/(kT))}{\exp(-G_+(E)/(kT)) + 4\exp(-G_{\mathrm{v}}/(kT)) + \exp(-G_-(E))/(kT))} \tag{8.6.6a}$$

$$\rho_- = \frac{\exp(-G_-(E)/(kT))}{\exp(-G_+(E)/(kT)) + 4\exp(-G_{\mathrm{v}}/(kT)) + \exp(-G_-(E))/(kT))} \tag{8.6.6b}$$

其中，$k$ 是玻尔兹曼常量，$\rho_+$ 和 $\rho_-$ 分别是正反电场方向偶极子的取向概率。在电场为零 $(E = 0)$ 时，各个方向的初始取向概率为 $1/6$。

当偶极子转向到电场方向并且产生铁电耦合后，其吉布斯自由能为

$$\begin{aligned} &G_{++} = \frac{1}{2}\alpha_0(T - T_0) \cdot P_{++}^2 + \frac{1}{4}\beta P_{++}^4 - J_{\mathrm{F}}(\rho_+ - \rho_-)P_{++}^2 - E \cdot P_{++}, \\ &J_{\mathrm{F}} > 0, E > 0, P_{++} > 0 \end{aligned} \tag{8.6.7}$$

其中，$J_{\mathrm{F}}$ 和 $P_{++}$ 分别是铁电耦合系数和畴极化强度，耦合强度正比于 $\rho_+ - \rho_-$。平衡时 $P_{++}$ 满足：

$$[\alpha_0(T-T_0) - J_{\mathrm{F}}(\rho_+ - \rho_-)]P_{++} + \beta P_{++}^3 - E = 0 \tag{8.6.8}$$

部分偶极子形成畴后的吉布斯自由能为

$$G = \rho_-(G_- + G_+) + (\rho_+ - \rho_-) \cdot G_{++}$$

由于形成了畴，应变会伸长，因而有

$$\Delta s = Q\left[\rho_-(P_+^2(E) + P_-^2(E)) + (\rho_+ - \rho_-)P_{++}^2(E) - \frac{1}{3}P_0^2\right] \tag{8.6.9a}$$

这种应变发生在沿电场方向的偶极子上。当所加的电场强度高于临界电场时，反电场方向的偶极子全部转向，但仍然存在垂直于电场方向的偶极子，因而有

$$\Delta s = Q\left[\rho_+ P_{++}^2(E) - \frac{1}{3}P_0^2\right] \tag{8.6.9b}$$

上述方程 $\Delta s$-$E$ 回线可以根据反铁电体的双回线或者低温时的单回线方程推导出来，再通过编程进行数值模拟。

### 8.6.2　数值模拟结果

反铁电体的 $P$-$E$ 回线、$\varepsilon$-$E$ 回线和 $\Delta s$-$E$ 回线均不可能用简单的几个函数描述或者拟合，必须编写程序先求解 (8.3.3a) 和 (8.3.3b) 式，算出各个方向的极化强度和取向概率，再通过极化强度算出介电常数和电致伸缩的应变。在下面的数值模拟计算中，设定了如下参量值：居里温度 $T_0 = 300$，电致伸缩系数 $Q = 5$，反铁电性耦合系数 $J_{\mathrm{A}} = -3$，铁电耦合系数 $J_{\mathrm{F}} = 2.5$。

#### 8.6.2.1　温度的影响

本节模拟了反铁电体中 $\Delta s$-$E$ 回线随温度的变化。先设定 $\alpha_0$ 为 0.4，临界温度 $T_{\mathrm{j}}$ 可以根据 (8.6.4b) 式算出为 307.5。当温度在 $T_0$ 和 $T_{\mathrm{j}}$ 之间时，反铁电体为过渡区；当温度高于 $T_{\mathrm{j}}$ 时为顺电相温区。

当一个反铁电体为新制备没有经过极化时，其四方相中 6 个偶极子的取向是等价的，反铁电耦合同时存在于反平行的偶极子中。当电场施加于反铁电体中任何一个方向时，产生了电滞回线及其相关联的各种效应的回线。

图 8.6.1 为可逆过程的极化-电场 ($P$-$E$) 回线和应变-电场 ($\Delta s$-$E$) 回线，从低温的反铁电相到顺电相。图 8.6.1(a) 和 (c) 显示了在反铁电相的 $P$-$E$ 回线和

$\Delta s$-$E$ 回线。它们被划分为两个区域，用圆圈表示的“1”区范围，低温时偶极子的旋转效应在低电场使 $P$ 和 $\Delta s$ 均快速增加。圆圈“2”的区域为电场导致的极化增强效应，主要发生在较高的电场，$P$ 和 $\Delta s$ 均缓慢增加。当温度上升接近 $T_0$ 时，偶极子的旋转效应发生的电场范围变宽，两种效应混合在一起共同作用。总体上，回线显示了蝶形的曲线。在高温下较宽的底部与实验结果一致。

图 8.6.1 显示了电滞回线从反铁电相到顺电相的演化，双回线中两个极化强度的突变由 $E_c$ 和 $E_0$ 引起，服从于 (8.6.5a) 和 (8.6.5b) 式。电场强度在高于 $E_0$ 时的快速增加为偶极子从 90° 旋转到电场方向所导致。在 $T_0$ 到 $T_j$ 的过渡相区域，由于 $E_0 = 0$，双回线在中心点交叉。在图 8.6.1(b) 给出了温度增加 5 从反铁电相的温度到 $T_0$ 再到顺电相的过程中，双电滞回线的变化规律，特别是两个电场引起的双回线在 $T_j$ 消失的过程。图 8.6.1(d) 中显示了双电滞回线对应温度区域的电致伸缩应变随温度的变化规律。插图显示出：温度较低时，低电场的效应较小，在底部的波动较大，该现象源于自然状态的偶极子之间反铁电耦合的抑制效应。

#### 8.6.2.2 调制结构的影响

利用强交变电场反复循环极化形成不可逆过程后，在扫描电子显微镜 (SEM) 及透射电子显微镜 (TEM) 的照片中可以观察到一种中间状态，即只有几层原胞厚度的条纹区交替出现，条纹内部为铁电相，条纹之间为反铁电耦合的这种中间态，它反映了从反铁电相到不相称或相称调制态的连续相的演化过程。条纹中的铁电相位具有耦合性，抑制了偶极子返回到原始状态 (OS)。因此，垂直于 $E$ 方向的反铁电相相位逐渐旋转到 $E$ 方向，然后在 $E$ 方向和反 $E$ 方向之间反转。虽然这个过程是连续的，但可以存在两个典型的状态。一种是半调制态 (HMS)；另一种是全调制态 (FMS)，即所有偶极子平行于 $E$ 方向排列而达到一种亚稳定的状态。

全调制状态是指反铁电体经过电场的反复极化后，偶极子在正反电场方向来回转向，其他方向的偶极子也均沿正反电场方向排列，即相当于一维的情况，(8.6.6a) 和 (8.6.6b) 式分母中的数字 4 改为 0。而半调制状态是指经过一定的正反电场作用后，垂直于电场方向的偶极子会有一半在电场方向来回转向，还有另外一半在垂直于电场的平面上；因而从数量上看，等效于二维的情况，(8.6.6a) 和 (8.6.6b) 式分母中的数字 4 改为 2。

半调制态和全调制态的 $P$-$E$ 回线和 $\Delta s$-$E$ 回线数值模拟的结果显示在图 8.6.2 中。图 8.6.1(a)，8.6.2(a) 和 (c) 证实了 $P$-$E$ 回线从原始态演化到半调制态和全调制态的过程，其主要标志就是倾斜程度减小。因为倾斜程度的变化来源于 90° 偶极子的转动所导致的极化强度增大。而在图 8.6.2(c) 中没有任何的 90° 偶极子转动，当电场增大到高于 $E_c$ 后，只有电场增强的畴的极化强度对应变

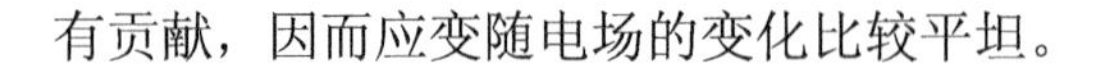

有贡献，因而应变随电场的变化比较平坦。

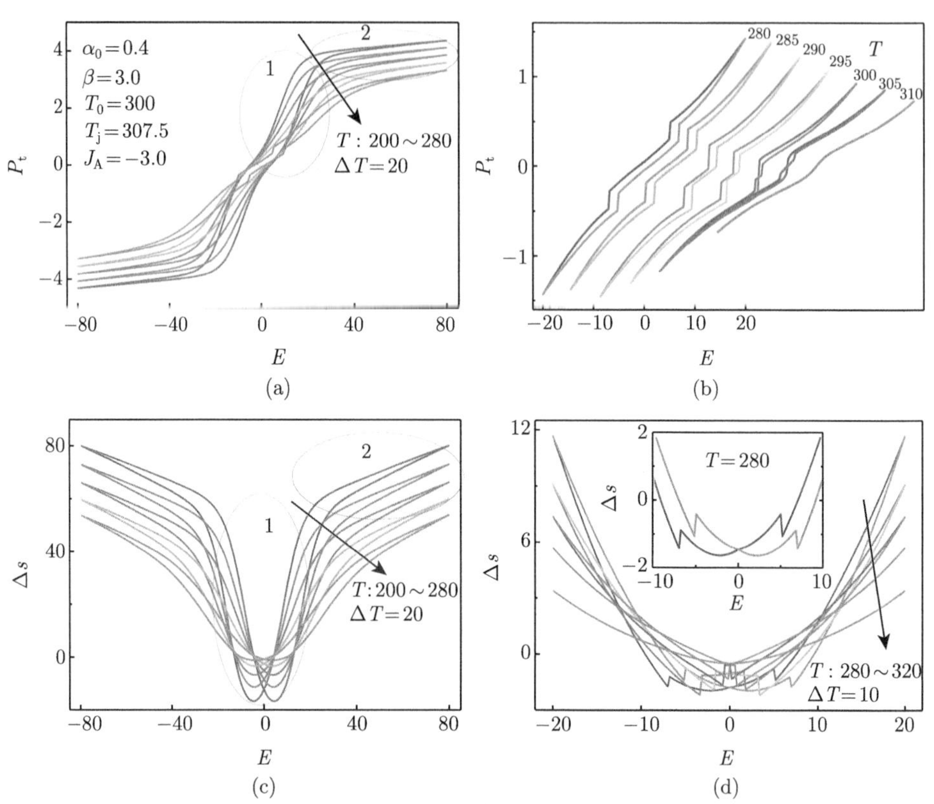


图 8.6.1　在各个温度范围内反铁电体的电滞回线和电致伸缩特性：(a) 反铁电相 $P$-$E$ 回线；(b) 相变区域 $P$-$E$ 回线；(c) 反铁电相 $\Delta s$-$E$ 回线；(d) 相变区域 $\Delta s$-$E$ 回线 (引自文献 [29])

图 8.6.1(c)，图 8.6.2(b) 和 (d) 演示了 $\Delta s$-$E$ 回线从原始态演化到半调制态和全调制态的过程。图 8.6.1(c) 表示偶极子旋转和诱导极化对应变的贡献，在电场为 80 及温度为 200 时贡献的大小分别是 60 和 20；图 8.6.2(b) 表示在半调制状态下偶极子旋转和诱导极化对应变的贡献，在电场为 80 及温度为 200 时贡献的大小分别是 40 和 28；图 8.6.2(d) 表示在全调制状态下偶极子旋转和诱导极化对应变的贡献。其中，偶极子旋转的贡献极小，且温度越高应变越大，与前面两种情况刚好相反。在电场为 80 及温度为 280 时贡献的大小达到了 40。

图 8.6.2(d) 显示了一种非正常的电致伸缩现象，接近居里温度的高温比低温的伸缩幅度大，且偶极子转向只有极小的贡献。这种现象也能够用介电性质在连续的温度区域的变化所描述。

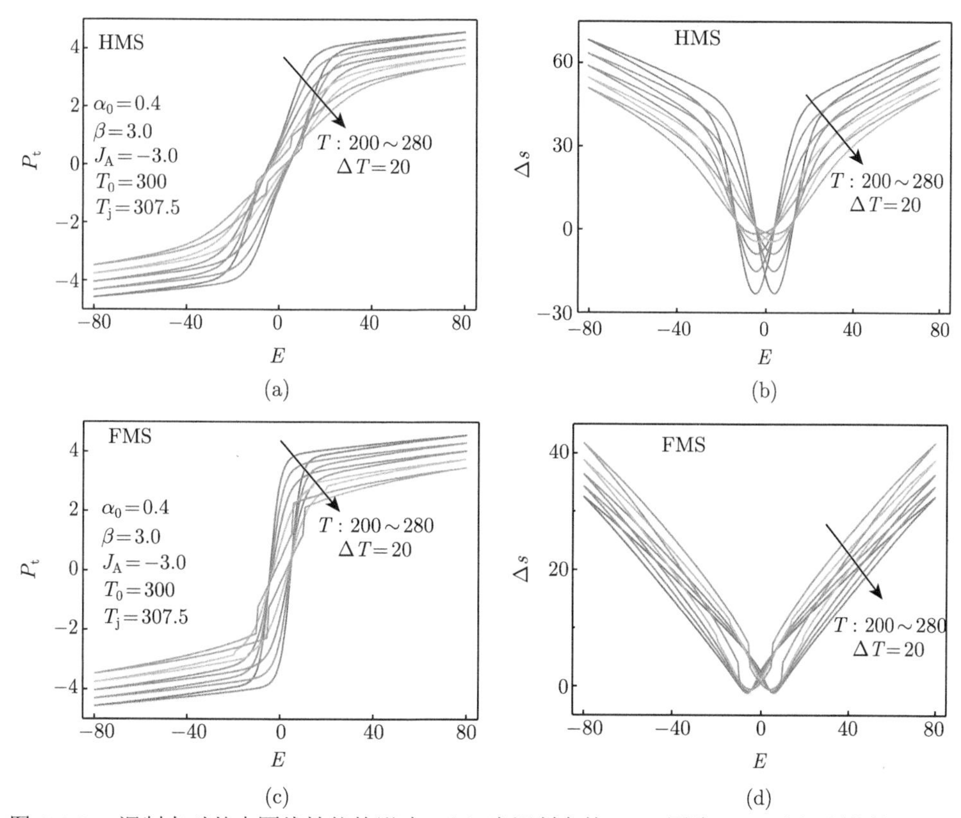


图 8.6.2 调制态对基本回线性能的影响：(a) 半调制态的 $P$-$E$ 回线；(b) 半调制态的 $\Delta s$-$E$ 回线；(c) 全调制态的 $P$-$E$ 回线；(d) 全调制态的 $\Delta s$-$E$ 回线 (引自文献 [29])

#### 8.6.2.3 电致伸缩与介电常数

为了理解全调制相反常应变在加电场时的整个过程，以便为电致伸缩效应提供更好的应用，在理论上通过极化强度与介电常数之间的关联，将加电场过程中介电常数的变化与电致伸缩的变化做了对比。

图 8.6.3(a)~(f) 展示了从原始态 (OS) 经过半调制态 (HMS) 到全调制态 (FMS) 电致伸缩和介电常数的演化过程。在图 8.6.3(a) 中，$\Delta s$-$E$ 回线为正常现象，应变随温度的上升而下降；在图 8.6.3(b) 中，介电常数除了接近居里温度时会出现峰，在低温处也出现了一个峰，这也是一种反常现象。图 8.6.3(c) 和 (d) 与图 8.6.3(a) 和 (b) 有类似的规律。而图 8.6.3(b) 和 (d) 相比，低温介电峰的高度存在差异，即半调制型的反铁电体的介电峰高度减小了一半；图 8.6.3(f) 中全调制型的介电峰在低温不存在了。因此，低温介电峰的特征可以看成是反铁电体内部调制结构的判断依据。图 8.6.3(e) 反映了在全调制结构中反常电致伸缩随温度

的连续变化。在 140~280 的温度范围内，电致伸缩在电场从 8~20 几乎有大小相同的幅度。如果这种规律扩展到更高的温度，最大的应变是在相变区域，从 $T_0$ 到 $T_j$。图 8.6.3(f) 显示了在全调制态的单峰现象，与普通的铁电体情况完全相同，为正常表现。因此，$\varepsilon$-$E$ 回线提供了判断其是否为全调制结构的依据。

为了理解 $\varepsilon$-$E$ 回线的形成机理与电场间的变化规律，图 8.6.4 展示了在两个反铁电相两个典型温度 (200 和 280) 的整个回线数值模拟结果，比较了三种调制机制下的介电常数变化。

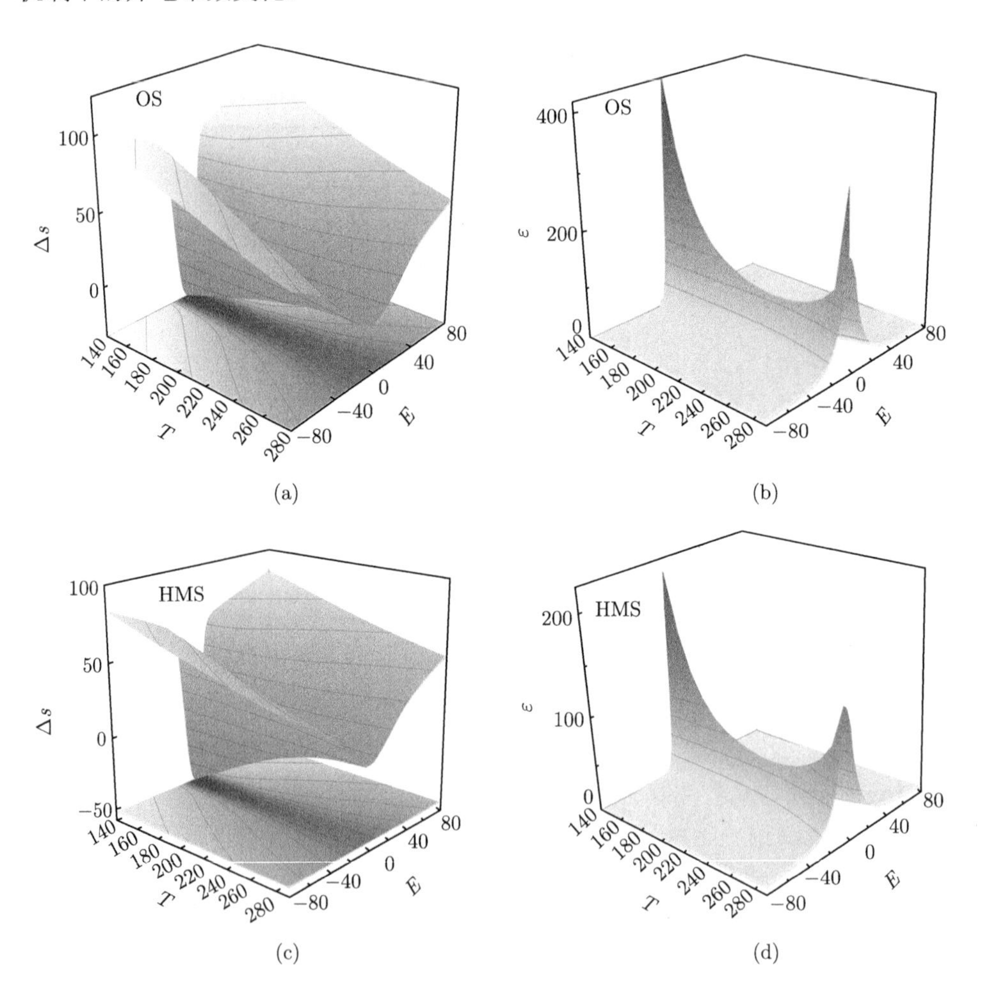

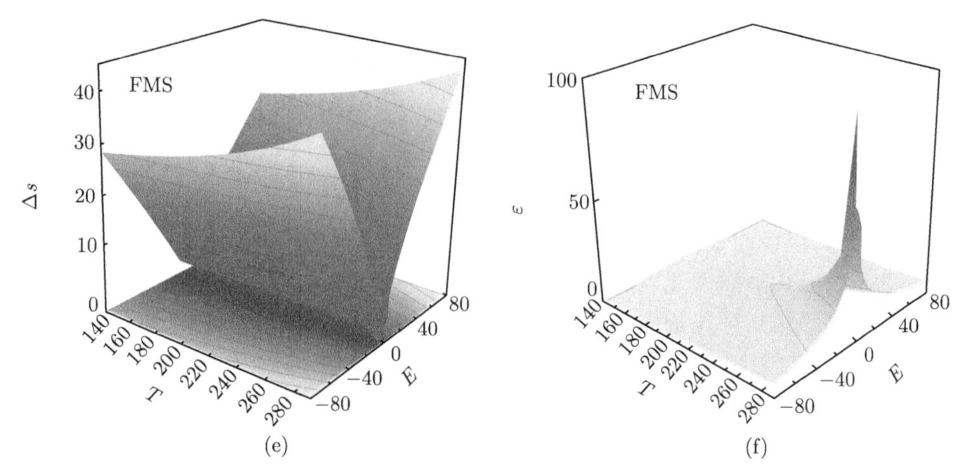


图 8.6.3 在三种状态下电致伸缩和介电常数随温度及电场的演化过程 (均选自回线中的上线)：(a) 原始态的 $\Delta s$-$E$ 回线；(b) 原始态的 $\varepsilon$-$E$ 回线；(c) 半调制态的 $\Delta s$-$E$ 回线；(d) 半调制态的 $\varepsilon$-$E$ 回线；(e) 全调制态的 $\Delta s$-$E$ 回线；(f) 全调制态的 $\varepsilon$-$E$ 回线 (引自文献 [29])

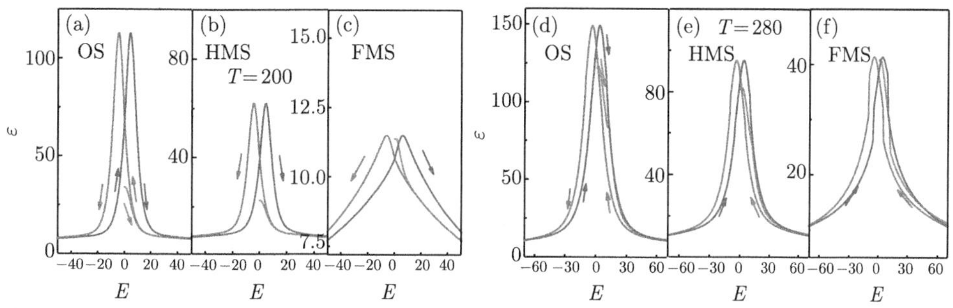


图 8.6.4 $\varepsilon$-$E$ 回线在两个温度点三种调制机制下介电常数的变化。中间的红色曲线表示从电场为零到 $E_{\max}$ 时介电常数的下降过程。图中箭头的含义是电场的变化方向。在 $T$=200: (a) 原始态的 $\varepsilon$-$E$ 回线；(b) 半调制态的 $\varepsilon$-$E$ 回线；(c) 全调制态的 $\varepsilon$-$E$ 回线；在 $T$=280: (d) 原始态的 $\varepsilon$-$E$ 回线；(e) 半调制态的 $\varepsilon$-$E$ 回线；(f) 全调制态的 $\varepsilon$-$E$ 回线 (引自文献 [29])

在 $T = 200$ 时，图 8.6.4(a) 显示了原始状态 (三维) 偶极子转动对介电常数影响的效果。箭头表示电场施加的方向。在开始加电场的初始点，介电常数约为 40(见中间下部箭头)，并随正向电场的增加继续减小到最低值。到达电场的最大值后，电场反向减小，介电常数逐渐增大。当电场变为负值的时候出现了极大的峰值，之后再减小。图 8.6.4(b) 显示了半调制状态 (二维) 的介电常数与电场回线。初始介电常数减小到约为 20，并呈现与图 8.6.4(a) 相同的规律。图 8.6.4(c) 显示了全调制状态 (一维) 的介电常数与电场回线，初始值接近之后的峰值。由于所加电场的大小为 60，超出了显示范围，故两侧没有显示连接。

需要再次强调说明的是：介电常数越大，对电场方向贡献的极化强度越小，而不是越大。在三维情况下，一些偶极子会转向到垂直于电场的方向，导致电场方向的偶极子数量减少，介电常数增大。在二维情况下，转向到电场方向的偶极子相对减小，故电场方向极化强度增大，介电常数减小。在一维时，所有偶极子均在电场正负方向，均对介电常数有贡献，因此介电常数最小。

在 $T=280$ 时，温度的升高导致了极化强度的减小和介电常数的增大，表现为图 8.6.4(d)~(f) 所显示的介电常数均大于 $T=200$ 时的效果。箭头表示电场施加的方向。在开始加电场的初始点，介电常数的数值与峰值差距不大。在图 8.6.4(f) 中显示了陡峭的变化，其原因是反向平行的偶极子产生了反铁电耦合的效果。

介电常数在初始点和峰值的差异能够提供有关反铁电体在经历电场反复作用后的结构信息：电场的作用是否将原来自由的偶极子约束到电场方向并形成调制状态。这种情况在远离居里温度的条件下比较明显，而接近居里温度时，初始点与峰值的差异不大。另外一个重要的特征是介电常数峰的变化：当接近居里温度时，会出现反铁电耦合作用下陡峭的变化，这种变化在铁电体中并不存在，在反铁电体的介电常数测量结果中经常明显地表现出来。

### 8.6.3 讨论与总结

实验验证了反铁电体在被电场反复极化后会出现各种调制态结构。当反铁电体相从其原型顺电相通过降低温度形成时，偶极子在各个可能的取向方向的等价性和对称性，使得对于从任何方向施加电场时，其响应都应该完全相同。这种响应迫使偶极子向电场方向转动。当电场增大到一个临界电场时，反电场方向的偶极子完全反转，而在较高的电场时，其他方向的偶极子逐渐转向电场方向。当电场减小到零时，可以测量出剩余极化。经过反复的这种极化，逐渐从原始的状态过渡到一种调制态，即任意方向施加电场将会有不同的结果。如果保持电场始终在原方向，则会表现为调制结构的模拟结果。其调制结构，可以在 TEM 的测试中观察到条纹状的区域 [30]，在此区域中，偶极子整体均匀紧密排列，区域之间分界明显。一个条纹内可以有若干条平行排列的偶极子，形成链状。两个相邻条纹形成了正反方向排列的一个单位区域，而此单位内平行排列偶极子的条数比例则形成了有理数或者无理数。当施加的最大电场值越大时，相应的剩余极化越大，条纹域越强。如果应用的最大电场足够大，反铁电体达到饱和极化，整个偶极子将形成平行或反平行于电场方向的条纹域，实现全调制态，所有偶极子均排列在电场的正反方向。当两个反平行偶极子在两个相反方向抵消它们的极化时，剩余极化在全调制态的 $P$-$E$ 回线中非常小。$\varepsilon$-$E$ 回线的形成过程为整个反铁电体的调制结构程度提供了足够的信息。

在文献报道的各种反铁电材料电致伸缩应变的实验结果中，主要有 3 种类型。一是在施加最大电场 375~750kV/cm 范围内的 AFE 锆酸铅薄膜中，电滞回线形状如图 8.6.5(a) 中的形状对应的电致伸缩应变，呈现为图 8.6.5(b) 所示的规律，类似于图 8.6.1(c) 的蝴蝶形状 [31]；图 8.6.5 中较平滑的底部对应于图 8.6.1(c) 中较高温度时的应变回线形状。理论模拟结果指出：如果温度降低，则应变回线的底部将下降并变得更尖锐。

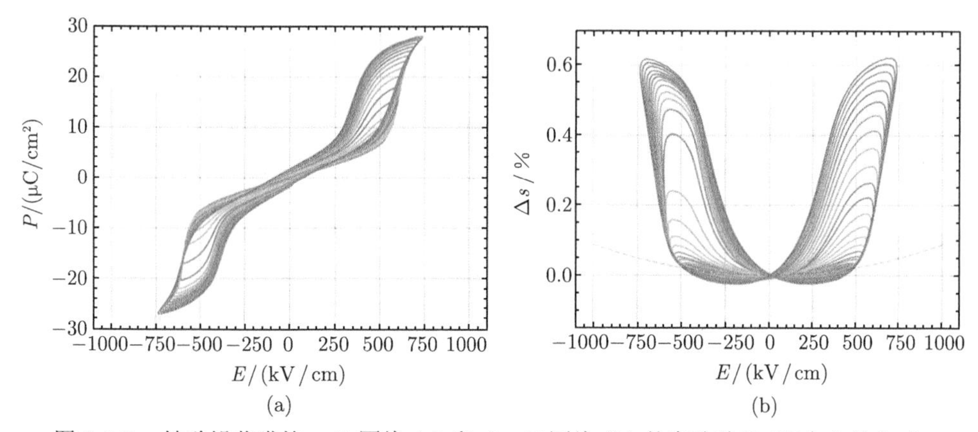


图 8.6.5 锆酸铅薄膜的 $\varepsilon$-$E$ 回线 (a) 和 $\Delta s$-$E$ 回线 (b) 的实验结果 (引自文献 [31])

二是在 PLZST 四方相 AFE 晶体 [32] 和 BNT-7BT 陶瓷 [33] 中，光滑的反铁电体双回线对应于光滑的电致伸缩回路，类似于图 8.6.1(c) 中 $T$=280 时的回线曲线。三是在 PLZT2/95/5 陶瓷 [34] 和 $AgNbO_3$ 陶瓷 [35] 中，在临界电场下由于极化开关而产生的开关电致伸缩应变现象与图 8.6.2(d) 的基本一致，在低电场时对应极化强度的快速下降而产生了伸缩应变的快速下降，为调制相作用的结果。结果表明，不同温度下电致伸缩应变随电场的变化趋势基本一致。

在低频交变电场中，如果电场变化较慢而产生了畴的影响，且畴在电场方向具有一阶的压电伸缩效应。该一阶项的压电伸缩效应在反铁电体 PLZT 薄膜中被证实只有极小的伸缩量 [36]。

在各种反铁电体系统中，可以证明上述理论结果与实验数据相吻合：四方相 PLZST 反铁电体晶体的电致伸缩应变会随温度向居里温度上升的过程中增加，而到顺电相后逐渐减少 [19]。

本节中，反铁电体电致伸缩的回线是通过推导出极化强度的电滞回线后，再加上电致伸缩的基本效应而得到的，并通过数值模拟展示出来。模拟的结果证实了电致伸缩的形状随电场的蝶形变化：随着电场的增加，应变会因偶极子的反转而增大，然后由电场增加的偶极子或畴的效应继续增大；当温度上升到相变温度

$T_0$ 时，偶极子的旋转效应降低，而电场增加或者电场诱导效应加大。电场诱导效应是指顺电态的原胞被电场诱导变为反铁电态的或者铁电态的原胞，原胞形状也从正方形变成长方形，产生长度方向的变化。当实验观察到顺电相的电致伸缩效应时均为此效应所致。

当反铁陶瓷被强电场极化时，会出现各种调制态。在调制态下，偶极子通过 90° 的旋转返回原始状态的可能性被抑制，从而趋向调制状态，使电致伸缩应变在温度稳定性和线性度方面得到改善。

在低温下，随着调制程度的增加，滞后回路中的介电常数急剧下降，这可以作为调制结构的一个指标。

## 参 考 文 献

[1] Kittel C. Theory of antiferroelectric crystals. Phys Rev, 1951, 82: 729-732.

[2] Sawaguchi E, Maniwa H S, Hoshino S. Antiferroelectric structure of lead zirconate. Phys Rev, 1951, 83(5): 1078.

[3] Hao X, Zhai J, Kong L B, et al. A comprehensive review on the progress of lead zirconate-based antiferroelectric materials. Progress in Materials Science, 2014, 63: 1-57.

[4] Zhai J W, Chen H. Direct current field and temperature dependent behaviors of antiferroelectric to ferroelectric switching in highly (100)-oriented $PbZrO_3$ thin films. Appl Phys Lett, 2003, 82(16): 2673.

[5] Cao W Q, Yue Y C, Qu S H, et al. Mechanism of double-loop and double-dielectric peak in antiferroelectrics. Ferroelectr Lett Sec, 2019, 46(4-6): 65-72.

[6] Xu Z, Zhai J, Chan W H, et al. Phase transformation and electric field tunable pyroelectric behavior of $Pb(Nb,Zr,Sn,Ti)O_3$ and $Pb(LaZrSn)TiO_3$ antiferroelectric thin films. Appl Phys Lett, 2006, 88: 132908.

[7] Hao X, Zhai J. Composition-dependent electrical properties of $(Pb,La)(Zr,Sn,Ti)O_3$ antiferroelectric thin films grown on platinum-buffered silicon substrates. J Phys D: Appl Phys, 2007, 40: 7447.

[8] Zhang H, Chen X, Cao F, et al. Reversible pyroelectric response in $Pb_{0.955}La_{0.03}Zr_{0.42}Sn_{0.40}Ti_{0.18}O_3$ ceramics near its phase transition. Appl Phys Lett, 2009, 94: 252902.

[9] Zhang Q F, Dan Y, Chen J, et al. Effects of composition and temperature on energy storage properties of $(Pb,La)(Zr,Sn,Ti)O_3$ antiferroelectric ceramics. Ceram Int, 2017, 43: 11428-11432.

[10] Nguyen M D, Rijnders G. Electric field-induced phase transition and energy storage performance of highly-textured $PbZrO_3$ antiferroelectric films with a deposition temperature dependence. J Euro Ceram Soc, 2018, 38: 4953-4961.

[11] Zhai J W, Chen H. Direct current field and temperature dependent behaviors of antiferroelectric to ferroelectric switching in highly (100)-oriented $PbZrO_3$ thin films. Appl Phys Lett 2003, 82(16): 2673-2675.

[12] Feng Y, Wei X, Wang D, et al. Dielectric behaviors of antiferroelectric-ferroelectric transition under electric field. Ceram Int, 2004, 30: 1389-1392.

[13] Xu Y, Yan Y, Eli Young S, et al. Influence of perpendicular compressive stress on the phase transition behavior in (Pb,La,Ba,)(Zr,Sn,Ti)$O_3$ antiferroelectric ceramics. Ceram Int, 2016, 42: 721-726.

[14] Ran X, Zhu Q, Tian J, et al. Effect of Ba-dopant on dielectric and energy storage properties of PLZST antiferroelectric ceramics. Ceram Int, 2017, 43: 2481-2485.

[15] Smirnova E P, Sotnikov A V, Weihnacht M, et al. Phase transition of $SrTiO_3$-$PbZrO_3$ solid solutions. J Eur Ceram Soc, 2001, 21: 1341-1344.

[16] Qu S H, Zhao Q, Zheng K Y, et al. Theoretic research on recoverable energy release in antiferroelectrics. Ferroelectr Lett Sec, 2019, 46(4-6): 90-98.

[17] 曹万强，乐耀昌，陈勇，等. 反铁电体的能量释放效应. 中国科学：物理学力学天文学, 2020, 50(6): 067701.

[18] 陈勇，姜朝斌，秦路，等. 反铁电体的极化与介电效应. 中国科学: 技术科学, 2019, 49: 1309-1318.

[19] Zhuo F, Li Q, Zhou Y, et al. Large field-induced strain, giant strain memory effect, and high thermal stability energy in (Pb,La)(Zr,Sn,Ti)$O_3$ antiferroelectric single crystal. Acta Mater, 2018, 148: 28-37.

[20] Hu Z, Ma B, Koritala R E, et al. Temperature-dependent energy storage properties of antiferroelectric $Pb_{0.96}La_{0.04}Zr_{0.98}Ti_{0.02}O_3$ thin films. Appl Phys Lett, 2013, 102: 163903.

[21] Zhang H, Chen X. Reversible pyroelectric response in $Pb_{0.955}La_{0.03}(Zr_{0.42}Sn_{0.40}Ti_{0.18})O_3$ ceramics near its phase transition. Appl Phys Lett, 2009, 94: 252902.

[22] 冯玉军，姚熹，徐卓. 改性锆钛酸铅温度诱导相变的热释电性. 物理学报，2000, 49(8): 1606-1611.

[23] Cao W Q, Gu H, Zhou T, et al. Improved thermally stimulated current techniques and quenching polarization of polypropylene. Mater & Design, 2001, 22: 3-6.

[24] 曹万强，王勇，李景德. 聚丙烯的动态和平衡态热刺激电流. 物理化学学报，1996, 12(12): 1090-1093.

[25] Setter N. What is a ferroelectric a materials designer perspective. Ferroelectrics, 2016, 500(1): 164-182.

[26] Brodeur R P, Gachigi K, Pruna P M, et al. Ultra-high strain ceramics with multiple field-induced phase transitions. J Am Ceram Soc, 1994, 77(11): 3042-3044.

[27] Uchino K. Electrostrictive actuators: materials and applications. Am Ceram Soc Bull, 1986, 65: 647-652.

[28] 曹万强，方凡，陈勇，等. 双势阱铁电体的场致应变效应. 中国科学: 技术科学，2017, 47(4): 402-410.

[29] Cao W Q, Chen Y, Zhang L. Temperature dependent electrostrictive hysteresis loop in antiferroelectrics. Solid States Comm, 2023, 360: 115192.

[30] Viehland D, Forst D, Xu Z, et al. Incommensurately modulated polar structures in

antiferroelectric Sn-modified lead zirconate titanate: the modulated structure and its influences on electrically induced polarizations and strains. J Am Ceram Soc, 1995, 78(8): 2101-2112.

[31] Nadaud K, Borderon C, Renoud R, et al. Dielectric, piezoelectric and electrostrictive properties of antiferroelectric lead-zirconate thin films. J Alloys Compd 2022, 914: 165340.

[32] Zhuo F, Li Q, Zhou Y, et al. Large field-induced strain, giant strain memory effect, and high thermal stability energy in $(Pb,La)(Zr,Sn,Ti)O_3$ antiferroelectric single crystal. Acta Mater, 2018, 148: 28-37.

[33] Zhang S T, Kounga A B, Jo W, et al. High strain lead free antiferroelectric electrostrictors. Adv Mater, 2009, 21: 4716.

[34] Brodeur R P, Gdchigi K, Pruna P M, et al. Ultra-high strain ceramics with multiple field-induced phase transitions. J Am Ceram Soc, 1994, 77(11): 304244.

[35] Fu D, Endo M, Taniguchi H, et al. $AgNbO_3$: a lead-free material with large polarization and electromechanical response. Appl Phys Lett, 2007, 90: 252907.

[36] Herdier R, Leclerc G, Poullain G, et al. Investigation of piezoelectric and electrostrictive properties of $(Pb_{1-3y/2},La_y)(Zr_x,Ti_{1-x})O_3$ ferroelectric thin films using a Doppler laser vibrometer. Ferroelectrics, 2008, 362(1): 145-151.

# 第 9 章 弛豫铁电体

自 1954 年 Smolenskii 与合作者首次合成了具有弥散相变和频率色散特性的铌镁酸铅 $Pb(Mg_{1/3}Nb_{2/3})O_3$ (PMN) 弛豫铁电体 (RFE)，之后又发现 $Pb(Zn_{1/3}Nb_{2/3})O_3$ (PZN) 和 $Pb(Sc_{1/2}Ta_{1/2})O_3$ (PST) 等材料也具有弛豫特性以来，人们对其研究热情长久不衰。主要是出于下面四个特点：① 弛豫铁电体的巨大应用价值；② 弛豫铁电性的理论模型探索；③ 弛豫铁电性微观机制的实验研究；④ 弛豫铁电体新的应用探索。

弛豫铁电体的实用特性受到了人们的关注。其主要特性有三个应用点：① 弛豫铁电单晶的高压电性。其中，PZNT(0.92PZN-0.08PT) 弛豫铁电体单晶的压电常数和压电耦合系数达到了当时压电材料中的最高值 [1]，因而是高效能超声换能器、高性能微驱动器的理想材料。② 平稳的介电温度特性。在相变温区，铁电体的介电常数对温度极其敏感，限制了在电子器件中的适用性。弛豫铁电体通常具有较高的介电常数和弥漫性相变。而弛豫铁电体通常会在 A 位或 B 位出现阳离子的无序分布，或由于阳离子的取代而弥散了铁电特性，改善了介电常数的温度关系，成为了多层陶瓷电容器的理想材料。③ 细长的电滞回线。相比于正常铁电体，弛豫铁电体的电滞回线与电场的关系相对较为细长，被认为有利于能量储存。

弛豫铁电性微观机制的实验研究仍然没有中断。① 球差电子显微镜的出现，使人们可以细致地观察到偶极子的取向方向，即可以从原子尺度角度研究弛豫铁电体；② 同步辐射 X 射线及可见光的观察，利用光的衍射原理，即反射角的正弦与波长成正比。小角度衍射对应着小的波长，当达到光波长或者射线波长时可以观测到原子排列的有序-无序性。

目前，现有的知识已经完全掌握和归纳了弛豫铁电体的基本实验特点，总结出了规律；也根据铁磁理论 (即朗道相变理论) 的原理得到了理论结果，但仍然没能对弛豫铁电体的各种现象给出清楚合理的解释。

## 9.1 弛豫铁电体的基本特征

### 9.1.1 弛豫铁电体的定义与特性

20 世纪 50 年代中期，自从在以钛酸锶钡 ($SrTiO_3$-$BaTiO_3$) 和铌镁酸铅 ($Pb(Mg_{1/3}Nb_{2/3})O_3$) 为代表的复合钙钛矿型化合物中发现了铁电性和弛豫性共存的现象以来，对弛豫铁电材料的研究就有了一个新的认识。铁电性和弛豫性共存现象的发现使人们不再将弛豫现象和铁电现象看成是互不相关的两种独立现象。具有这一新性能的材料被称为弥散相变 (dispersive phase transition, DPT) 铁电体或者弛豫铁电体 (relaxor ferroelectrics, RF)。

#### 9.1.1.1　弛豫铁电体的特性

在弛豫铁电体中，铁电-顺电相变并非像普通铁电体那样突变，而是呈现出在一个温度范围内逐步变化的趋势，这种具有“居里温度宽化”的介电温度特性称为弥散现象。在弥散区域内，具有频率色散的特征，其特点是在介电-温度关系和损耗-温度关系中，其峰位随测试频率的提高而向高温方向偏移，而介电峰和损耗峰的峰值分别略有降低和升高，如图 9.1.1 中斜下和斜上的箭头所示，左和右的箭头分别指向介电常数和损耗。介电常数峰的温度称为特征温度 $T_{\rm m}$，它是频率的函数。

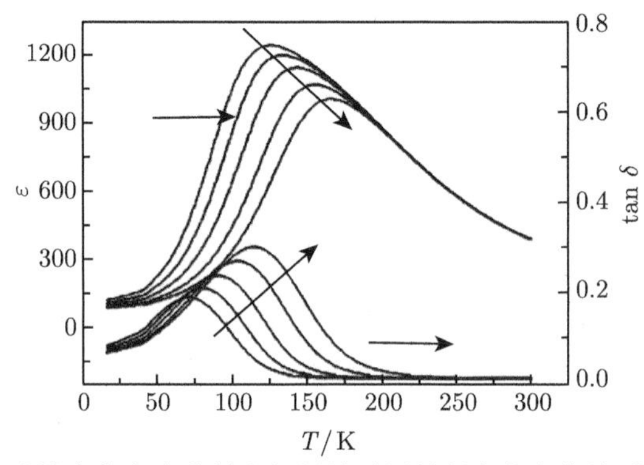


图 9.1.1　典型的弛豫铁电体介电常数和损耗峰随测量频率的变化关系 (箭头指向频率增加方向)

通过归纳弛豫铁电体的实验数据，人们总结出了经验规律，基于这些经验规律又假设了各种理论。

首先是顺电相温区的介电常数温度谱不符合一般铁电体所具有的居里-外斯 (Curie-Weiss) 定律，即当温度远高于特征温度 $T_{\rm m}$ 时，弛豫铁电体与普通铁电体一样，介电常数 $\varepsilon$ 与温度 $T$ 的关系服从居里-外斯定律，如 (9.1.1) 式所示。

$$\frac{1}{\varepsilon}=\frac{T-T_0}{C}\quad (T>T_0) \tag{9.1.1}$$

其中，$C$ 为居里-外斯常数，$T$ 为绝对温度，$T_0$ 为顺电居里温度，或称居里-外斯温度。

从高于介电峰的温度下降到接近峰的温度，弛豫铁电体 $\varepsilon$-$T$ 的关系逐渐偏离居里-外斯定律，而服从改进的居里-外斯定律 (modified Curie-Weiss law)：

$$\frac{1}{\varepsilon}-\frac{1}{\varepsilon'_{\max}}=\frac{(T-T_{\mathrm{m}})^{\gamma}}{C} \tag{9.1.2}$$

其中，$C=2\varepsilon_{\max}\delta^2$。

(9.1.2) 式中 $\gamma$ 和 $\delta$ 均为常数。$T_{\mathrm{m}}$ 为与测量频率相关的介电峰温度；参数 $\gamma(1\leqslant\gamma\leqslant 2)$ 表征了弛豫铁电体中介电弛豫性能：当 $\gamma=1$ 时为普通铁电体的居里-外斯定律；当 $\gamma=2$ 时为弥散相变。由此发展出的理论为成分起伏理论，认为成分的起伏导致了居里温度的起伏。理论上曾经有过用高斯分布证明指数的范围在 1 与 2 之间，但推导过程中存在符号上的错误。在图 9.1.2 中，虚线的斜率 $\gamma$ 满足 (9.1.2) 式。图 9.1.2 中的曲线为介电常数的倒数，拟合的直线为 (9.1.2) 式。

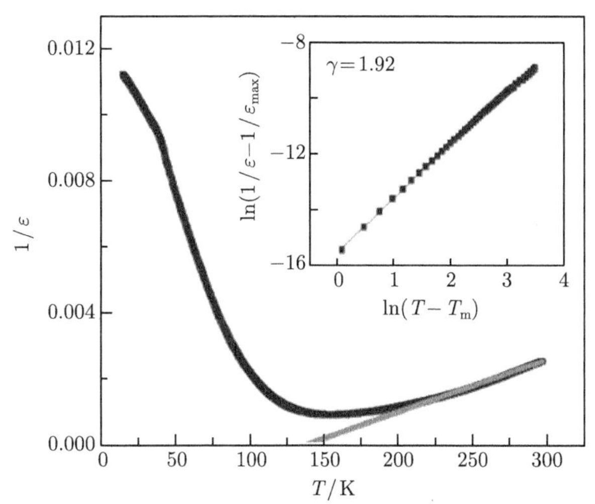


图 9.1.2 弛豫铁电体中，$\varepsilon$ 的倒数在高温区满足改进的居里-外斯定律，直线为用 $\gamma>1$ 的 (9.1.2) 式拟合的结果

将介电峰的 $T_{\mathrm{m}}$ 与测量频率的对数 $\ln(f)$ 绘图，可以得到有规律的曲线，可以用描述过冷液体结构的熵与温度的 Vogel-Fulcher 函数准确拟合。这种关系被认为与铁电体内的畴结构有关，由此发展出了融态金属玻璃的键能与配位数起伏模型 [2]。

在 $T_{\mathrm{m}}$ 以下，弛豫铁电体和铁电体一样具有电滞回线，但随着温度的升高，回线逐渐向非线性退化，在高于居里温度附近仍存在自发极化和电滞回线。即使顺电相具有对称中心，在 $T_{\mathrm{m}}$ 以上相当高的温度仍可观察到压电性和二次谐波发生等效应。

对于弛豫铁电体，即使是在非常低的温度，仍无光学各向异性与 X 射线分裂的迹象，即宏观上不出现向极性相的转化，而始终保持宏观的各相同性结构。

Cross 将以上实验的经验总结称为弛豫铁电体的三大特征。表 9.1.1 给出了普通铁电体与弛豫铁电体介电特性的主要区别。

**表 9.1.1 普通铁电体与弛豫铁电体介电特性的主要区别**

| 性质 | 普通铁电体 | 弛豫铁电体 |
|---|---|---|
| 介电温度特性 | 在居里温度$T_c$ 有一级或二级相变, $\varepsilon$ 陡变; 温度在$T_c$ 以上时, $\varepsilon$ 与$T$ 服从居里-外斯定律 | 在转变$T_m$ 附近存在弥散相变, $\varepsilon$ 渐变; 温度在$T_m$ 以上, $\varepsilon$ 与$T$ 服从二次方定律 $\frac{1}{\varepsilon}=\frac{1}{\varepsilon_m}+\frac{(T-T_m)^2}{2\varepsilon_m\delta^2}$ |
| 介电频率特性 | $\varepsilon$与频率依赖关系弱; $T_c$不随温度频率变化 | $\varepsilon$与频率依赖关系强; $T_m$随测试频率增大而向高温方向移动 |
| 自发极化 $P_s$ | $P_s$很大, 温度在 $T_c$以上时 $P_s$ 为零 | $P_s$较小, 高于 $T_m$温度 $P_s$仍然存在 |
| 相变晶格变化 | 双折射 (各向异性); X 射线衍射引起高$\theta$ 线条分裂 | 无双折射; 无 X 射线分裂的准立方结构 |

从晶体结构的角度来看，可将常见的弛豫铁电体分为钙钛矿结构型和钨青铜结构型两种。钙钛矿结构的弛豫铁电体具有 $A(B_1B_2)O_3$ 的通式，其中 $B_1$ 和 $B_2$ 分别为低价、大半径阳离子 (如 $Mg^{2+}$、$Zn^{2+}$、$Ni^{2+}$、$Fe^{3+}$、$Sc^{3+}$、$In^{3+}$ 等) 和高价、小半径阳离子 (如 $Ta^{5+}$、$Nb^{5+}$、$W^{6+}$ 等)。目前研究较多的钙钛矿结构弛豫铁电体主要是铅系复合钙钛矿结构 $Pb(B_1B_2)O_3$ 系列材料。钨青铜结构的弛豫铁电体主要为铌酸系材料 $M_{1-x}Pb_xNb_2O_6$(M=Sr，Ba)。由于铅对环境的有害性，人们也逐渐开始研究一些无铅弛豫铁电体如 Ba(Zr, Ti)$O_3$ 等材料。

#### 9.1.1.2 高温保温对介电弥散现象的影响

成分均匀性的影响。当弛豫铁电体制备完成后，由于掺杂浓度较高，成分往往不完全均匀，而再次在高温环境下保温，会增强固相扩散，导致均匀性增加，图 9.1.3 显示了高温保温后 “弥散” 现象的变化效果。

图 9.1.4(a) 显示了高温保温后与 “弥散” 现象对应的顺电相介电常数的变化及其介电峰温度的变化规律。介电峰的频率与温度关系可以用 Vogel-Fulcher 公式表示：

$$f=f_0\exp\left(\frac{E_a}{k_B(T_m-T_{VF})}\right) \tag{9.1.3}$$

其中，下标 VF 是 Vogel-Fulcher 的简称，$T_{VF}$ 是拟合参数，与结构弥散性或构型熵相关；$f$ 为测试频率；$T_m$ 为测量的峰值对应的温度，由此可以算出活化能 (activated energy)$E_a$。很明显，(9.1.3) 式能够很好地拟合图 9.1.4(b) 中介电峰随频率变化而发生的温度移动。

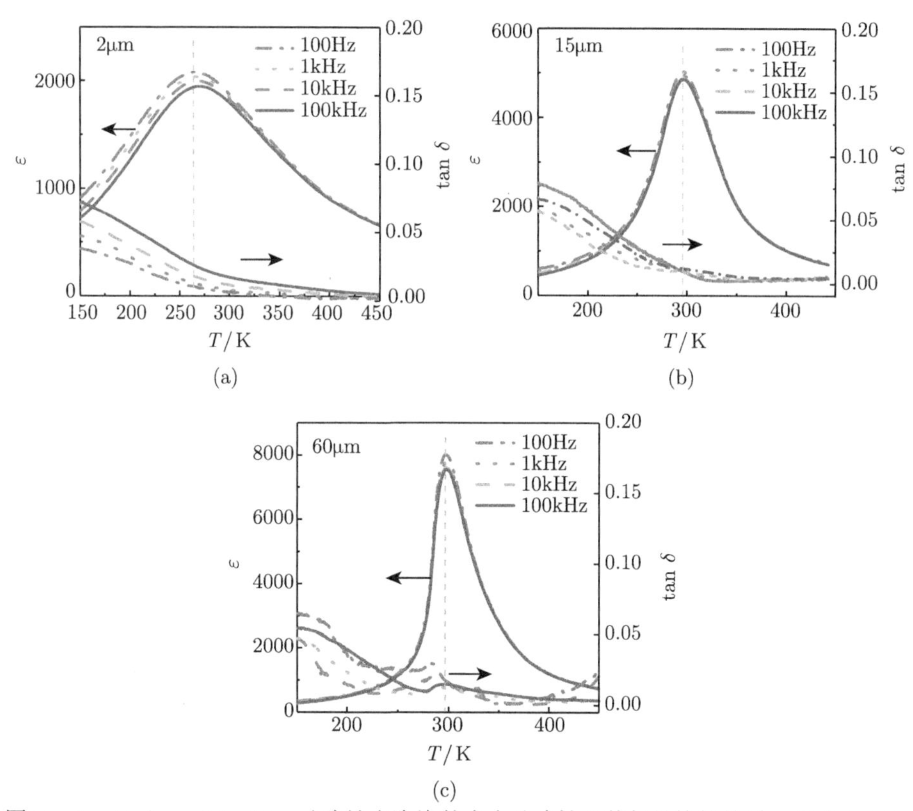


图 9.1.3 $Ba(Zr_{0.2}Ti_{0.8})O_3$ 弛豫铁电陶瓷的介电弛豫性及其与晶粒的关系。晶粒大小为：(a) 2μm；(b) 15μm；(c) 60μm。制备条件分别是在不同温度烧结 5h：(a)1300℃-5h；(b)1400℃-5h；(c)1550℃-5h

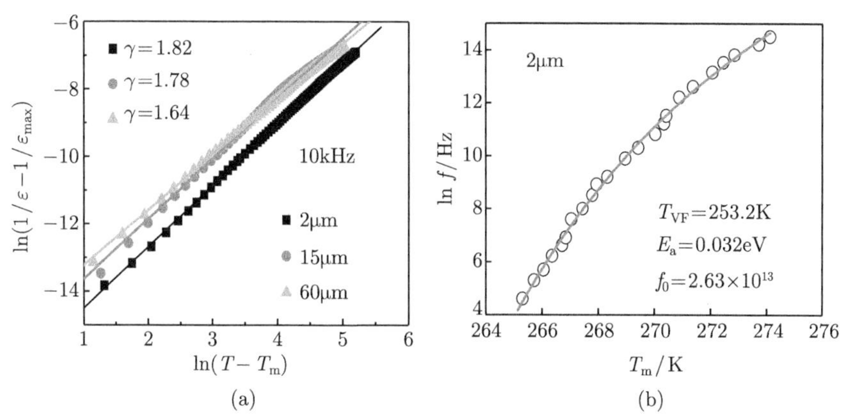


图 9.1.4 $Ba(Zr_{0.2}Ti_{0.8})O_3$ 弛豫铁电陶瓷介电弛豫性的数值拟合结果：(a) 用改进的居里-外斯公式对顺电相区介电常数倒数的拟合比较；(b) 用 Vogel-Fulcher 公式对介电峰的拟合比较

图 9.1.5(a) 显示了对 $Pb(Sc_{1/2}Ta_{1/2})O_3$(PST) 单晶高温保温退火前后介电常数的变化；和图 9.1.5(b)X 射线衍射峰在不同退火温度的测量结果。理论上分析，高温保温退火会使 B 位的钪原子和钽原子排列更加有序，成分更加均匀，导致了有序度的变化。如果温度太高，两种原子会因热扰动而处于无序状态；温度合适时，适当延长时间可以达到较好的有序度。有序的特征是介电测量中弛豫或弥散现象的减弱及 XRD 测量中尖锐的晶体衍射峰。所有实用的晶体、陶瓷和玻璃制品在制备好后都要经过退火处理，例如玻璃要在 1050℃ 保温至少 10h。低角度峰的减小表示离子排列产生了无序化。用 $s$ 表示有序度，从 0.35 增大到 0.85 对应着 B 位的钪和钽离子排列变为有序。在介电谱中，有序度的增大使 DPT 现象减弱。与介电弥散的现象相对应的是结构的变化：有序性增大对应于晶体 (111) 峰的明显增大，同时也对应弥散性的减小。

可以通过高温时效方法进行调控有序。高温时效方法是对已经制备出的 RFE，升温到一定高温，并在该温度保温一定时间。通过计算反射峰的积分强度，可以得出分布的有序度 $s$。显然，$s$ 越大，有序度越高。图 9.1.5 给出的结果是有序度越高，弥散性越小。

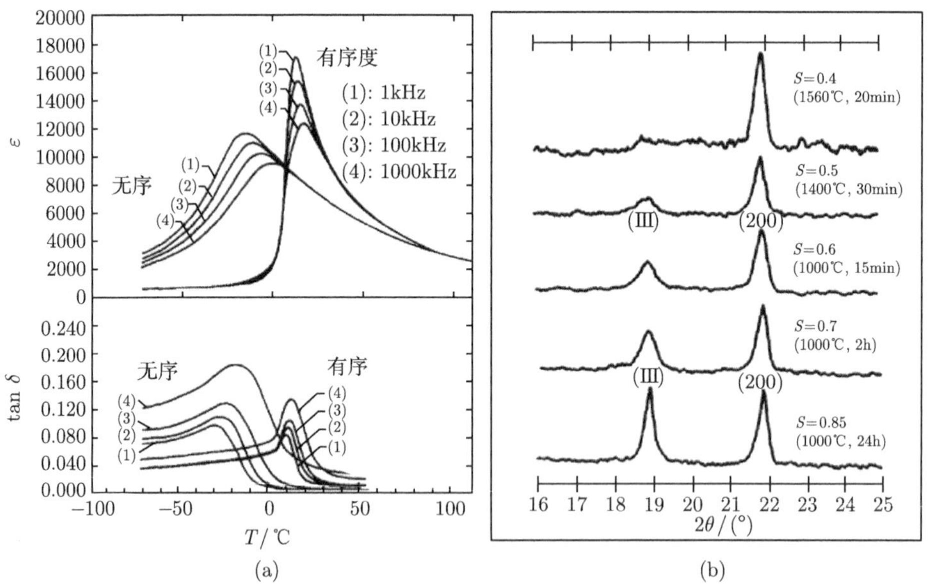


图 9.1.5　(a) 有序度 $s=0.80$ 和 0.35PST 单晶的复介电常数 (实部和虚部) 的介电谱，分别代表为有序和无序；(b) 有序度 $s$ 与 X 射线衍射峰的变化关系

上述不均匀性被认为是 $ABO_3$ 钙钛矿型铁电体中 B 位阳离子的位置紊乱导致了局部铁电转变的变化。虽然基于组合的高斯分布的半定量处理试图参数化松

弛特性，但没有提供严格和准确的证明。Schmidt 之前模拟了与居里-外斯行为的偏差，并假设偏差是由于个体区域之间的相关性引起的。

#### 9.1.1.3 掺杂软性物质对介电弥散现象的影响

$Nb_2O_5$ 在铁电陶瓷中是软性物质，当掺杂进入铁电体后会对弛豫性产生影响。$Ba_{0.8}Sr_{0.2}TiO_3$ 是典型的铁电体，掺杂 $Nb_2O_5$ 后会引起居里温度随掺杂量的线性下降，同时导致弥散现象的增大。需要注意的是，当含量达到或超过 10mol%后会引起损耗或电导率的增大 [3]。掺杂三价元素也会导致类似效应，特别是导致电导率的增大及介电常数巨大的增加，它是由电荷在离子位置上跳跃形成的，并表现为频率上升介电常数急剧下降的现象。由于不涉及极化，因而对储能没有任何贡献。那种认为利用巨大的介电常数增加储能的想法违反了基本的物理原理，不仅不会增大储能，反而会降低器件的性能。一般来说，当掺杂含量接近 0.27mol%时，会达到该效应的极大值，样品颜色变为深蓝。

另外，人为地不均匀掺杂形成的核壳结构也会对弛豫行为有重要影响 [4]。

#### 9.1.1.4 弥散性的表征

玻璃态物质在液相固化过程中，黏度 $\eta$ 随温度的降低会增大。有一个定量的指标描述其强弱程度。弱的称为“脆性”(fragile)，强的脆性称为“强性”(strong)。可以用同样的方法描述弛豫铁电体的弥散程度：

$$m = \left.\frac{\mathrm{d}\,(\log f/\log f_0)}{\mathrm{d}\,(T_\mathrm{m}(0.1\mathrm{kHz})/T)}\right|_{f=100\mathrm{kHz}} \tag{9.1.4}$$

其中，$m$ 为脆性系数。该定义描述了弛豫铁电体的弥散程度，如图 9.1.6 所示。

与图 9.1.6 所示的过冷液体相对应的铁电弛豫系数中，液体脆性越强，对应的介电弥散程度越大，介电峰分得越开。(9.1.4) 式是与 (9.1.3) 式相对应的表达式，它给出了弛豫铁电体脆性的一种数值表达方式，用于拟合实验数据。通过对实验结果的拟合分析，发现用该方法可以描述其弛豫行为 [5]。特别是软件掺杂往往会形成施主替代，引起居里温度的变化。导致实验结果可以用 (9.1.4) 式拟合，因而可以进一步用脆性系数 $m$ 表征弥散度。用于描述铁电体时，$m$ 的取值先以频率 100Hz 的温度 $T_\mathrm{m}$ 为基础，再选取某个更高频率时的介电峰温度而导出 [6]。

综上所述，弛豫铁电体中部分元素在晶体点阵上的不规则分布，是形成弛豫铁电性的必要条件之一，可以用弥散系数 $m$ 描述弥散程度。

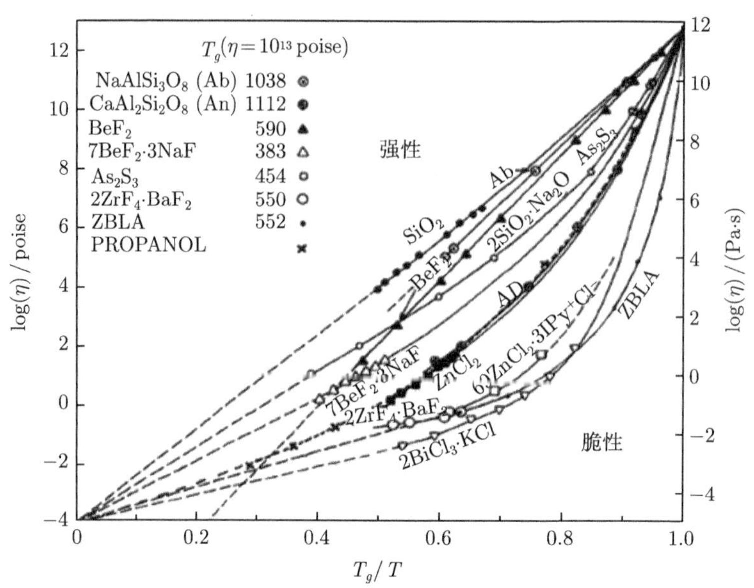


图 9.1.6 玻璃态物质从液相降温的固化过程中，黏度 $\eta$ 的对数随温度的变化可分为强性与脆性，这种性质可用于描述弛豫铁电性

1poise = 0.1 Pa·s

### 9.1.2 弛豫铁电体的结构

晶体的分类一般有两种，第一种是固体物理学的分类方法，按照原胞的基矢，取体积最小的方式分类。这种方法可以利用坐标变换方法得到倒空间的矢量和布里渊区；第二种方法是晶体学的分类方法，根据对称性最大化原则选取原胞，如面心立方和体心立方等。

按照晶体学原理，将弛豫铁电体简单分为三种结构类型：① 钙钛矿结构 (perovskite structure)；② 四方钨青铜结构 (tetragonal tungstren bronze structure)；③ 奥里维里斯结构 (Aurivillius structure)。

钙钛矿结构的分子式为 $ABO_3$，其中 A、B 分别为低、高价金属阳离子，O 为氧离子。其典型的铁电体有 $PbTiO_3$、$BaTiO_3$；反铁电体有 $PbZrO_3$；先兆性铁电体有 $SrTiO_3$。当 B 位被 2 种或多种等价或者异价金属阳离子占据时，容易形成弛豫铁电体。

四方钨青铜结构是在立方钙钛矿结构中，平行于原胞中间层面 (含 B 位离子层面) 的氧八面体层内插入金属氧化物和空位，使得该层内的氧八面体由钙钛矿结构中 4 个氧八面体共用顶点氧离子的连接变为由 3 个或 5 个氧八面体共用顶点氧离子的连接。插入的阳离子和空位位于 5 个氧八面体顶点氧离子连接而成的空隙中。拥有四方钨青铜结构的晶体表现为单轴性，具有许多物理性质，典型材

料为铌酸锶钡 ($Sr_xBa_{1-x}Nb_2O_6$)，其中，Nb 位于氧八面体中，Sr 和 Ba 分别占据 5 个空位中的 4 个。

奥里维里斯结构是在钙钛矿结构中垂直于原胞 $c$ 轴的氧八面体层之间插入一至数层金属氧化物层，使氧八面体层在 $c$ 轴方向的连接由钙钛矿结构的共用氧八面体顶点氧离子变为由多个金属氧化物的阳离子连接。具有奥里维里斯结构的晶体表现出准二维的结构特征，其典型弛豫铁电体为 $BaBi_2Nb_2O_9$。Ba 的位置可以被其他二价元素如 Sr、Ca 或复合元素 K 和 La 替代形成 $SrBi_2Nb_2O_9S$ 或 $K_{1/2}La_{1/2}Bi_2Nb_2O_9$ 等，Nb 的位置也可以被五价或四价元素替代，形成相同结构的弛豫铁电体。由于准层状铁电体有较高的居里温度和较好的压电性，因而成为了一类高温应用领域重点研究的对象。

### 9.1.3　与一阶相变铁电体的关联性

1983 年，Burns 发现 $BaTiO_3$ 的折射率随着温度的降低在 $T_d$ 温度 (在 $T_c$ 之上几百摄氏度) 偏离直线变化规律，据此推测顺电相 $BaTiO_3$ 中存在极化团簇。同一时期，Inoue 根据超拉曼光谱提出，$BaTiO_3$ 中极化团簇大约在 $T_c$ 以上 230℃ 时形成，其体积随着温度的下降逐渐变大，并表现出类似于偶极子的动力学行为。1993 年，Stachiotti 利用分子动力学技术提出 $BaTiO_3$ 的相变过程可能是以位移型和有序-无序型机制以交叉形式出现来主导的。2003 年，Zalar 利用核磁共振技术证实了 $BaTiO_3$ 中的铁电相变是位移型和有序-无序型机制共同作用的结果，并提出有序-无序机制产生的原因在于钛离子存在不同的势能面，由于氧八面体具有巨大的空间，因此钛离子并非总是停留在氧八面体的中心，而是在沿晶胞体对角线的八个非平衡位置随机跳跃。在 $T_c$ 以上，钛离子在八个位置随机分布，而在 $T_c$ 附近直至以下，会选择性地分布在可能的平衡位置上，导致自发极化的产生。Sokoloff 等利用拉曼散射研究了 $BaTiO_3$ 中软模的性质，在四方相中发现除通常的 E 模式软模外，首次观测到拉曼散射谱的中心成分，其性质是弛豫型的，弛豫时间在 $10^{-12} \sim 10^{-9}$ s，弛豫模式的对称性与八个位置有序-无序模型相变机制是一致的。

第 7 章讨论过 $BaTiO_3$ 的相变，其机理是在相变温区存在两相共存。上述有序-无序行为的实验验证实质上是有序的铁电相与无序的顺电相共存的表现。也就是说，一阶相变铁电体的两相共存与弛豫铁电体的两相共存均在各种衍射实验中表现出了有序-无序的特性。

从上述对比可以看出，弛豫铁电体并无特殊之处，在成分上是两相共存的混合体，因而可以用与一阶相变铁电体相同的唯象方法进行推导，通过数值模拟做定量分析。

### 9.1.4 现代测试方法

#### 9.1.4.1 同步辐射与 X 射线小角散射

当一束光穿过某种物质时，其中有一部分光偏离折射方向进行传播，这种现象叫做光散射。在物理上，该物质中的电子在入射光电场的作用下作受迫振荡，而受迫振荡的电子将向整个空间辐射与入射光电场频率相同的电磁波，由此产生了光散射。

在均匀物质中，散射波在其他方向上干涉相消，使得光只能沿折射方向传播；而当物质内部的热运动使物质的密度发生随机涨落时，破坏了相干性，导致了定向光散射。

光散射分为相干散射和非相干散射。相干散射 (或称弹性光散射) 是指散射光频率相对于入射光频率没有变化 (无能量变化)，如瑞利散射；非相干散射 (或称非弹性光散射) 是指散射光频率相对于入射光频率发生了偏移，如拉曼散射和布里渊散射。

同步辐射是速度接近光速的电子或其他带电粒子在磁场的作用下沿弯曲轨道运动时，沿切线向前发出的电磁辐射。

19 世纪末，法国科学家 Lienard 在电流发生变化会导致辐射电磁场的论断基础上，证明了该电磁辐射场的存在，并给出了电子在做圆周运动时能量损失率公式，并把电磁辐射与光和其他辐射相关联。数学家 Shortt 对同步辐射的理论进行了系统的阐述，验证了 Lienard 提出的能量损失公式，即辐射导致的能量损失与电子能量的四次方成正比。

X 射线与物质相互作用时也可以发生散射。根据布拉格公式 $2d\sin\theta=\lambda$，在 X 射线波段，按散射角度可将散射分为广角散射、小角散射和极小角散射。一般而言，广角 X 射线散射是指 $2\theta$ 大于 $5^\circ$ 的衍射或散射；小角 X 射线散射是指 $2\theta$ 介于 $1^\circ\sim5^\circ$ 的散射；而 $2\theta$ 小于 $1^\circ$ 的则为极小角 X 射线散射。小角散射利用光的短波长，可以研究物质内部几埃至几千埃尺度范围内的结构，该尺度正是人们重点研究的范围，包括聚合物、生物大分子、凝聚态物理和材料科学，研究的领域涉及合金、悬浮液、乳液、胶体、高分子溶液、天然大分子、液晶、薄膜、纳米材料等，已发展成为亚微观结构和形态特征的表征手段。

在数据处理部分，需要对散射图样选取一条对角线做强度的积分平均，得到类似于拉曼谱的曲线，分析强度峰随温度的变化规律以推定弛豫机理。

#### 9.1.4.2 球差校正透射电子显微镜

球差校正透射电子显微镜 (spherical aberration corrected transmission electron microscope, ACTEM) 随着纳米材料的兴起而进入普通研究者的视野。超高

的分辨率配合诸多的分析组件使 ACTEM 成为深入研究铁电材料不可或缺的工具，特别是分析偶极子的取向方向和分布时，显示出了独特的优势。

普通透射电子显微镜的电子分辨率为 0.8nm。而球差校正透射电子显微镜用 100kV 的电子束可以达到 0.037Å，影响分辨率的因素是透镜的像差。球差即为球面像差，是透镜像差中主要的一种。其他三种主要像差为：像散、彗形像差和色差。

透镜分为光学透镜和电磁透镜，它们不可能做到绝对完美，总会存在像差。凸透镜边缘的会聚能力比中心强，从而导致所有光线或电子无法会聚到一个焦点。在光学镜组中，凸透镜和凹透镜的组合能有效减少球差；而电磁透镜却只有凸透镜因而使球差成为影响分辨率最主要和最难校正的因素。此外，色差是能量不均的电子束经过磁透镜后无法聚焦在同一个焦点而造成的，为仅次于球差的因素。

1992 年，德国的三名科学家使用多极子通过多组可调节磁场的磁镜组对电子束的洛伦兹力作用逐步调节球差，实现对球差的校正，实现了亚埃级的分辨率。这种分辨率的含义是能够“看清”原子的大小，甚至原子排列的状态。用于弛豫铁电体中，可以看到离子间位移形成偶极子、构成铁电畴的偶极子排列状态、异质层的原子或离子排列状态等，为微观分析提供了强有力的手段。

由于图 9.1.7 根据阴离子和阳离子的位移方向确定了偶极子的方向 (从负电荷指向正电荷，或正电荷位移的方向，或负电荷位移的反方向)，由此可以得到铁电体的偶极子排列状态。其中，平行排列的偶极子会形成极性畴；不同原子或离子的大小可以用于分辨层。未来，这种分析方法将会提供更丰富的弛豫铁电体结构信息，从而能在结构-性质方面更详尽地解释弛豫铁电体的各种性质，并预测新的可能应用。

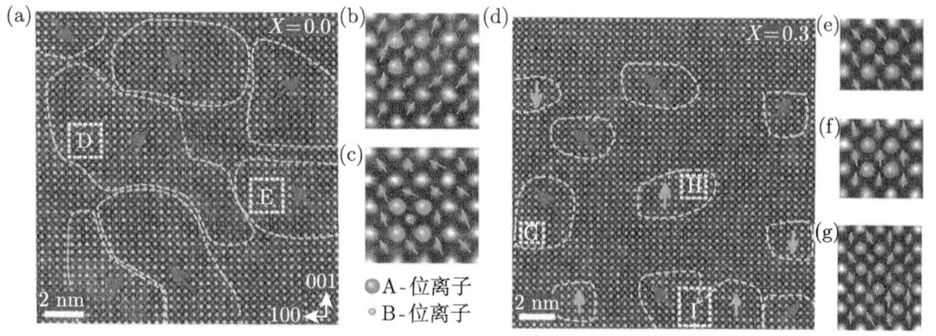


图 9.1.7 (0.55−$x$) $BiFeO_3$-$x$ $BaTiO_3$-0.45$SrTiO_3$ 膜的相与畴结构。(a) $x = 0.0$ 和 (d) $x = 0.3$。图中的虚线表示的是纳米畴。斜箭头被推测为 ⟨111⟩ 方向的阳离子位移；上下箭头被推测为 ⟨001⟩ 方向的阳离子位移。(b) 和 (c) 是 (a) 中的选区图像的放大图。(e)~(g) 是 (d) 中的选区图像的放大图，用以表示阳离子的位移。其中的小箭头表示每个原胞中的阳离子位移矢量 (引自文献 [7])

### 9.1.5　弛豫铁电体的应用

弛豫铁电体自 1954 年发现以来，对其的研究热情长久不衰，研究内容主要有 3 个方面：① 弛豫铁电性的微观机理与宏观理论的探索；② 新型弛豫铁电材料的开发；③ 新的应用开发。

层出不穷的应用是激发新型弛豫铁电材料和理论探索的关键动力。传统的应用有：① 电容器，如宽温度系数的 MLCC 微型电容器；② 热释电探测仪；③ 电热器件；④ 光调制器；⑤ 微波调制器，如声呐；⑥ 光伏器件；⑦ 可见光吸收器；⑧ 换能器。

另外，还有一些重要的及潜在的应用如：① 随机存储器；② 高压脉冲式电子器；③ 热释电型温差发电；④ 铁电-半导体薄膜等。

在弛豫铁电体应用中，中国科学院上海硅酸盐研究所罗豪甦研究员用 Bridgman 方法从熔体中生长出大尺寸，高质量的 PMNT 单晶。解决了探头制备过程中的晶体加工、电极制备等工艺难题，设计并制备出了单晶补偿型单元探头。该探头可用于制备高灵敏度的 B 超探头、高场致应变及低滞后特性的驱动器和高灵敏度的红外热释电探测器。

## 9.2　弛豫铁电体的基本理论

在弛豫铁电性理论模型方面，先后形成了微区组成不均匀理论、有序-无序转变理论、宏畴-微畴转变理论、超顺态理论和玻璃化模型等。铁磁理论被广泛引入铁电体特别是弛豫铁电体的理论研究之中，最典型的是铁磁体中的自旋概念被引入铁电体中后定义为“赝自旋”，即自发极化，其相关公式也由此推广。

### 9.2.1　成分起伏理论

20 世纪 70 年代，Smolenskii 提出组分不均匀理论。Smolenskii 注意到，对于典型的弛豫铁电体 PMN，其中 $ABO_3$ 点阵 B 位 $Mg^{2+}$ 和 $Nb^{5+}$ 两种阳离子的不规则分布，必然使得成分在空间分布得不均匀。该不均匀性将导致局域铁电相变温度在空间存在分布，得出弛豫铁电相变是不同微区相变温度存在分布的弥散相变。依据弥散相变，定性上可以解释弛豫铁电相变过程中自发极化的弥散化、弥散比热峰等，但是该理论缺乏对相应结果的定量描述，所以是极为初步的理论。由于 Smolenskii 假设了当 $Mg^{2+}$ 和 $Nb^{5+}$ 含量不同时，极性微区的居里温度呈现分布，从而使晶体产生具有居里温度共存时的弥散现象。如果这种分布有某种规律，则该规律对解决弛豫铁电体的现象必将极其重要。毫无疑问，Smolenskii 理论的主要思路，对弛豫铁电性机制的深入探索有重要的启发价值。

极性微区的临界尺寸为 10nm，随着温度变化，微区分布于顺电基体中，为铁电相的极化区域。极性微区的概念较好地解释并定量地描述了固溶体系的相变弥散性，为材料设计提供指导：可以人为地制备成分不均匀的铁电体，从而扩展介电常数峰的温区。

Kirillow 和 Isupov 假设在平均居里温度附近混合的各微区的弥散相变温度 $T_c$ 符合高斯分布 [8]，用一系列数学推导论证了弥散铁电相变现象。然而，其推导含有致命的符号错误。

尽管成分起伏理论是最早提出的，但由于不能在数学上精确描述介电常数对电场和频率的变化规律，因而逐渐被其他理论所取代。如果利用其物理思想，改进数学方法使理论与实验结果相对应，则成分起伏理论仍然能够解释实验结果。

与成分起伏理论相关的是结构起伏理论，它考虑到复合离子在晶格中的排列状态，认为即使微区的平均组分相同，也可能由于晶胞结构的不同而形成结构相异的微区，从而产生弥散相变。结构起伏理论对成分起伏理论进行了必要的补充，同时为弛豫铁电陶瓷的研究提供了显微结构方面的新思路。

### 9.2.2 平均场理论

铁电体的总能量可以用原胞的能量之和表示，在一个均匀的静态场 $h$ 的作用下，第 $l$ 个原胞的哈密顿量可以表示为

$$H_l = \frac{1}{2}\pi_l^2 + V(\xi_l) - h\xi_l - \sum_{l'} v_{ll'}\xi_l \langle\xi_l\rangle \tag{9.2.1}$$

其中，$\pi_l$ 是第 $l$ 个原胞的局域模量，$\xi_l$ 是位移，$V(\xi_l)$ 是势函数，$v_{ll'}$ 是原胞间的作用系数。使用经典的系综平均方法，原胞间的作用表示为

$$W_l = V(\xi_l) - h\xi_l - v(0)\xi_l \langle\xi_l\rangle_h \tag{9.2.2}$$

其中，$v(0) = \sum_{l'} v_{ll'}$ 和 $kT_c = v(0)\left\langle\xi^2\right\rangle_{h=0}$。

对于二阶相变铁电体，Lines 和 Glass[9] 给出了一个势，其形式为稳定的非简谐四次方表达式

$$V(\xi_l) = \frac{1}{2}\omega_0^2\xi_l^2 + \frac{1}{4}\beta\xi_l^4 \tag{9.2.3}$$

$\omega_0$ 和 $\beta$ 均为势常数。

当外加电场为交变时，其响应介电极化率 $\chi(\omega)$ 为相应频率的函数，被公认地定义为

$$\delta\xi_l = \chi(\omega)\delta h \tag{9.2.4}$$

在平衡态 $W_l$ 取最小值，对 (9.2.1) 式微分可以得到

$$h = \omega_0^2 \xi_l + \beta \xi_l^3 - v(0) \langle \xi_l \rangle_h$$

介电极化率 $\chi(\omega)$ 及其位移 $\xi_l$ 与波矢的 $q$ 付氏变换表示为

$$\chi^{-1}(0) = \frac{\partial h}{\partial \xi_l} = \omega_0^2 + 3\beta \xi_l^2 \tag{9.2.5a}$$

$$\chi^{-1}(\omega) = \chi^{-1}(0)\left(1 + \mathrm{i}\omega \frac{\Gamma}{\Omega_{\mathrm{s}}^2} - \frac{\omega^2}{\Omega_{\mathrm{s}}^2}\right) \tag{9.2.5b}$$

$$\chi(q,\omega) = \frac{\chi(\omega)}{1 - v(q)\chi(\omega)} \tag{9.2.5c}$$

$\Omega_{\mathrm{s}}$ 为无阻尼时的共振频率，$\Gamma$ 是阻尼常数。(9.2.5c) 式的形式为局域势自洽的普遍表达式，且 $\chi(q, \omega)$ 不再是单一原胞，而是整体的集合模式。其中，波矢 $q$ 的值取决于所在原胞和晶粒的尺寸。当铁电体的原胞之间具有反向吸引作用而成为反铁电体时，波矢 $q$ 对应于 2 倍的原胞长度。反铁电体加电场后，内部形成了铁电畴与反铁电交替区域时，其波矢对应的原胞长度则会增大。对于铁电体，最小的波矢接近晶粒尺寸，为宏观极大。因而，波矢可在原胞长度的倍数到宏观尺寸间变化：即在布里渊区边界到中心分立变化，其频谱特性可用拉曼光谱检测。由 (9.2.5c) 式，介电隔离率 $\lambda(q, \omega)$ 可以表示为 [10]

$$\lambda(q,\omega) \approx \chi^{-1}(q,\omega) = (\omega_0^2 + 3\beta\xi_l^2)\cdot(1 + \mathrm{i}\omega\Gamma') - v(q) \tag{9.2.6a}$$

最后的结果为

$$\lambda(q,\omega) = [\omega_0^2 - v(q)] + 3\beta\xi_l^2\cdot(1 + \mathrm{i}\omega\Gamma') \tag{9.2.6b}$$

其中，$\Gamma' = \Gamma/\Omega_{\mathrm{s}}^2$。在未加直流电场的条件下，由于阻尼主要因偶极子滞后于交流电场，因此顺电相 (P) 和铁电相 (F) 的介电隔离率可以分别表示为

$$\lambda_{\mathrm{P}} = \frac{1}{\varepsilon_{\mathrm{P}}} = \alpha_0(T - T_{\mathrm{c}}), \quad T > T_{\mathrm{c}} \tag{9.2.7a}$$

$$\lambda_{\mathrm{F}} = \frac{1}{\varepsilon_{\mathrm{F}}} = \alpha_0(T - T_{\mathrm{c}}) + 3\beta P^2\cdot(1 + \mathrm{i}\omega\tau), \quad T \leqslant T_{\mathrm{c}} \tag{9.2.7b}$$

其中，位移 $\xi_l$ 的作用用极化强度 $P$ 表示，以及 $\Gamma'$ 简化为 $\tau$。(9.2.7c) 式最重要的意义在于将介电隔离率的贡献分成了两个部分：无阻尼的软模项和带阻尼的偶极矩项。方程 (9.2.7a) 能够解释介电常数与温度的关联，与居里-外斯定律一致；且 (9.2.7b) 式能够解释二阶相变铁电体介电损耗峰的温度-频率关系。

在平衡条件下，由 (9.2.7b) 式得到的介电常数形式为

$$\frac{1}{\varepsilon_{\mathrm{F}}} = \lambda_{\mathrm{F}} = 2\alpha_0(T_{\mathrm{c}} - T) + 3\alpha_0(T_{\mathrm{c}} - T) \cdot \mathrm{i}\omega\tau \tag{9.2.8}$$

式中，利用了平衡条件 $\beta = \alpha(T - T_{\mathrm{c}})/P^2$，并成为了理论上推导介电常数频谱的基础。

### 9.2.3 宏畴-微畴理论

1983 年，姚熹和 Cross 研究发现 [11]，在直流偏压下弛豫铁电体的介电常数-温度关系表现出两个特征温度 $T_{\mathrm{d}}$ 和 $T_{\mathrm{m}}$。当温度处于 $T_{\mathrm{d}} < T < T_{\mathrm{m}}$ 时，介电常数表现出了频率色散现象：介电常数实部随频率的升高而降低。而在此区域之外 $T > T_{\mathrm{m}}$ 及 $T < T_{\mathrm{d}}$ 温度时，介电常数与频率基本无关。据此，他们提出了铁电体弥散性相变的宏畴-微畴转变模型，或称微畴冻结模型。其机理是：在色散区 $T_{\mathrm{d}} < T < T_{\mathrm{m}}$，铁电材料中出现了一些极性微区，介电常数随频率的变化起因于极性微区的取向极化以及极性微区的热涨落。在弛豫铁电体中，铁电性的极性微区和顺电性的非极性立方相共存。极性微区的尺寸和比例与温度相关，从高温到低温的过程中，极性微区的尺寸逐渐增大，比例增多。高温时极性微区的尺寸小于探测光波长，材料主要结构为非极性的立方相。随着温度降低，极性微区长大形成微畴。在零场下继续冷却，微畴被冷却冻结；在直流偏压下冷却到低于 $T_{\mathrm{d}}$ 的温度，相邻微畴会合成为体积较大的畴，其尺寸接近可见光波长时，可用 X 射线衍射或可见光观察到，称为宏畴。宏畴形成后能在低于 $T_{\mathrm{d}}$ 的温度保持稳定，并显示出正常铁电体的性能。在固定温度加电场再撤消，先形成宏畴，电场撤消后宏畴会还原为微畴。卢朝靖 [12] 等在透射电子显微镜下用升温-降温法对 $\mathrm{Ca_{0.28}Ba_{0.72}Nb_2O_6}$ 弛豫铁电体进行了原位观察，直接观察到了弛豫铁电体单晶中宏畴-微畴转变的过程，从实验上证实了该理论。

根据上述实验观测结果可以得到初步结论：铁电畴为高能势阱中的亚稳态。因为如果是低能态，则不会自动减小，而是不断长大，使晶体处于更稳定的状态。施加电场会降低电场方向铁电畴的能级，促使其方向的畴长大；同时，提高反向畴的能级，使其方向的畴缩小。根据统计物理原理，当温度高于绝对零度时，在平均能级附近，任何能级都有存在的概率，其比例与能级高低和温度相关。因此，实验上观察到的现象，在物理上表明其满足存在的条件，但不一定就是低能量的稳定状态。宏畴-微畴的转变说明了其亚稳的状态特性。

### 9.2.4 超顺电与偶极玻璃模型

1987 年，Cross 借鉴超顺磁理论，提出了弛豫铁电相变的超顺电理论。在磁性材料中，磁畴的建立过程可描述为：从独立自旋到自旋团簇、临界团簇、宏观

磁畴。其中，当磁性材料中磁结构为 (相互独立的) 自旋团簇时，材料被称为处于超顺磁态。自旋团簇的总磁矩在取向旋转时，存在磁各向异性作用能，导致存在系列的能谷和能垒。如果假设所有的能垒和相邻能谷的能量差近似相等，并标记为 $E_a$，基于玻尔兹曼原理，可得自旋团簇总磁矩由一个能谷跃迁到相邻能谷的特征时间满足基本的 Arrhenius 关系。

在宏观的磁化率测量中，Cross 基于 RFE 中在 Burns 温度 ($T_B$) 以下产生的极性纳米微区 (polar nano-regions，PNR)，与自旋团簇的类似性，认为 RFE 中 $T_B$ 以下为无相互作用的 PNR 的超顺电态，弛豫铁电相变即为超顺电态中 PNR 的热激活弛豫过程。显然，超顺电理论无法解释 RFE 的自发极化、比热峰、电畴结构等，所给出的满足 Arrhenius 关系与实验结果也不一致。因而超顺电理论只是弛豫铁电相变动力学唯象、初步的理论模型，难以定量描述动力学现象 (如极化率)。

1990 年，Viehland 及其同事在 Cross 的超顺电理论基础上提出超顺电聚集区的相互作用将产生玻璃态凝结现象，这种现象普遍存在于自旋玻璃材料中。

### 9.2.5 其他模型

#### 9.2.5.1 玻璃极化理论

玻璃相变的特点是在相变区域会产生不均匀的紧密结构，以核的形式生长。随着温度下降，不均匀结构区域长大，原子间的相互作用与温度密切相关，导致了液体黏度急剧增大，最终形成了非均匀的玻璃态结构。基于非均匀性和无序性的特点，Burns 等对极性微区的观点作了进一步的改进，提出当温度在远高于 $T_m$ 的偶极温度 $T_d$ 以下时，在复合铁电系统中，由于原子分布的无序而造成局部对称性的强烈破缺，出现局部极化 $P_r$，晶体在偶极温度以下呈现玻璃极化态，即局域极化随机取向且不可逆 (冻结)。但玻璃极化行为不一定由成分起伏造成，也即它并非由弛豫铁电体所特有。

利用铁电体中离子掺杂产生空位并引起附加能量的特点，运用统计物理学的配分函数方法，研究缺陷构型对构型熵影响的温度关系，可以推导出构型熵的温度具有的 Vogel-Fulcher 函数形式 [5]。

#### 9.2.5.2 有序-无序模型

弛豫铁电体中同种晶格被不同的原子占据，当不同的原子在同一位置随机排列时，就形成无序结构，这种结构会在不同程度上出现组分的波动。人们认为不同原子的有序-无序排列是形成弛豫铁电体弥散相变的重要原因之一。1992 年，Westphal 及其同事研究了在弛豫铁电系统中有序相的连续对称，研究发现当随机区域受到骤冷时，将影响次有序相的相转变，从而造成了弥散相变。

除了上述模型之外，还有一些模型如考虑极性区域的随机性模型、考虑取代离子的晶格振动导致极性区域的模型、考虑两种区域共存时双弛豫机理同时作用的模型等。它们均从某个侧面反映了弛豫铁电体的性能，均对理解其性能提供了辅助参考。

#### 9.2.5.3 随机场模型

唯象理论的热力学特殊函数，特别是弹性吉布斯函数是分析铁电相变的基础。然而，附加电场及离子排列引入的随机场会因极化强度的变化而导致函数也发生变化。随机场被认为是能够较好地解释弛豫铁电体出现极化强度的基本理论 [13]，通过比较随机场理论的基本结论与弛豫铁电体顺电区出现自发极化的现象，可以得到附加随机场的弹性吉布斯函数，外加电场相当于增加了随机场，导致了极化强度随温度而发生变化，并引起了介电常数的变化。由此导致了介电常数的变化规律，此方法从侧面解释了报道的各种实验结果 [14]。

球形无规键无规场理论也是一种随机场模型，同时它又继承了玻璃态理论和无规场理论的观点，描述了弛豫铁电体极化相互作用的哈密顿量。由于该模型利用磁性材料中磁极子间的耦合，并将其引入到了铁电体中偶极子间的耦合，解决了铁电体滞后效应的基本问题，因而能够导出饱和电场下的电滞回线，且理论结果与实验结果符合得很好 [15]。

### 9.2.6 总结

Smolenski 最早使用成分不均匀模型预测了高温侧的行为，$\gamma$ 值约为 2，它取决于温度区域的宽度和实验测量频率。这种不均匀性被认为是 $ABO_3$ 钙钛矿型铁电体中 B 位阳离子的位置紊乱导致了局部铁电转变的变化。不均匀性被看成是高斯分布，在推导 $\gamma$ 为 2 时存在数学上的错误。

介电常数的频散弥散现象是弛豫铁电体的基本特征；极化纳米微区是目前解释这一现象的主要唯象模型。然而，这种解释只是定性分析。通过对宏观介电实验现象的观察，微观衍射实验结果的详尽描述和归纳，9.4 节提出了可以定量模拟弛豫铁电体介电行为的理论。

Schmidt 模拟了与居里-外斯行为的偏差，并假设偏差是由于极化纳米微区之间的相关性引起的，由此引起了弛豫行为。

Cowley 等 [16] 在一篇关于弛豫铁电体的综述中评论说，尽管它们是在 20 世纪 50 年代首次合成的，但还没有一个令人满意的理论来解释它们的性质。

可以用最简单的机理来认识微畴的稳定性。例如：大量完全相同的小磁针，在没有地磁力的作用下，按照晶格的方式周期规则地排列，每个小磁针能够自由旋转。最稳定的状态是小磁针相互吸引的反平行排列；最不稳定的状态是小磁针相互排斥的平行排列。铁磁体中的磁偶极子与铁电体中的电偶极子具有相似的规律。

在铁电体中，畴是电偶极子平行排列形成的局部状态。为了解释铁电体中畴的现象，现有的理论认为畴是偶极子低能量的稳定排列。这种低级错误导致了铁电体的理论难以发展。否定了这一假设，弄清畴的本质，是铁电体理论发展的基本要求。

磁畴有 N 和 S 两个相互排斥的极，偶极子也有相同的正和负两种电荷，状态稳定的原理应该相同。因此，只有对哪怕是最简单的概念和原理的突破，才可能实现新的“立”。统计物理学的原理中包含的原理有：在一定温度下，各个能级均有存在的可能性，特别是高能级相有存在的概率；物理学中的分形用数学方法描述是幂律分布而不是高斯分布。在铁电体中，如果组分不均匀，在某个温度下，铁电相和顺电相是可能共存的。基于上述原理，弛豫铁电体的各种实验现象是可以定量解释并用数值进行模拟的。

已有的弛豫铁电性动力学理论模型，均是唯象和初步的，缺乏对相应实验结果的定量描述。因此，能够定量描述弛豫铁电体动力学行为的理论模型无疑具有理论价值。

综上所述，① 同步辐射 X 射线衍射的实验结果表明了存在 2~ 5nm 区域，且该区域的尺寸大小服从分形，因而可以在数学上用幂律分布的模型处理。因为物理上的分形和分维在数学上主要用幂律分布描述。② 同步辐射 X 射线衍射、X 射线衍射和中子散射发现 PMN 是由无序立方结构和嵌于其中的极化微区组成的两相结构。各种实验结果均证实了在弛豫铁电体的主要弛豫区域存在两种成分：一种是铁电相的极性微区；另一种是无序的立方相，即顺电相成分。③ 随着温度的降低，铁电相的极性微区比例不断增大。

总之，通过对现有理论和实验结果的分析，可以初步认定，弛豫铁电体的弥散性与 PNR 有关，而 PNR 的分形尺寸分布可以用幂律分布的数学方法解决，即极性微区随温度变化的现象是揭示弛豫铁电体之谜的最有效途径。

## 9.3 弛豫铁电体的偏态分布

二阶相变铁电体的吉布斯自由能 $G$ 与极化强度 $P$ 的关系为

$$G = G_0 + \frac{1}{2}\alpha_0(T - T_0)P^2 + \frac{1}{4}\beta P^4 \tag{9.3.1}$$

其中，$T$ 和 $T_0$ 分别是测量温度和居里温度。两个参量 $\alpha_0$ 和 $\beta$ 均为材料相关常数。$\lambda$ 为介电隔离率 (impermeability)，即介电常数 $\varepsilon$ 的倒数，可以表示为 [4]

$$\lambda = \frac{1}{\varepsilon} = \frac{\partial G^2}{\partial^2 P} = \alpha_0(T - T_0) + 3\beta P^2 \tag{9.3.2}$$

(9.3.2) 式的右边第一项来源于 B 位阳离子偏离中心位移时极性振动模的软

化，在顺电相遵守居里-外斯定律，且宏观极化强度为零，$P=0$。(9.3.2) 式的右边第二项来源于温度低于 $T_c$ 时偶极矩的贡献。介电常数随着极化强度的增加而下降。

在平衡状态时，$G$ 为极小 $\partial G/\partial P=0$，极化强度与温度的关系是

$$\alpha_0(T-T_0)=-\beta P^2 \tag{9.3.3}$$

顺电相 (用 P 表示) 和铁电相 (用 F 表示) 的介电隔离率可以导出分别为

$$\begin{aligned}\frac{1}{\varepsilon_{\mathrm{P}}}&=\lambda_{\mathrm{P}}=\alpha_0(T-T_0)\\ \frac{1}{\varepsilon_{\mathrm{F}}}&=\lambda_{\mathrm{F}}=\alpha_0(T-T_0)+3\beta P_0^2=2\alpha_0(T_0-T)\end{aligned} \tag{9.3.4}$$

### 9.3.1 高斯分布

当铁电体在温度 $T$ 同时存在顺电相和铁电相时，在均匀分布状态下总的介电常数和介电隔离率分别是 [17]

$$\frac{1}{\varepsilon}=\lambda=f_{\mathrm{F}}\lambda_{\mathrm{F}}+f_{\mathrm{P}}\lambda_{\mathrm{P}},\quad f_{\mathrm{F}}+f_{\mathrm{P}}=1 \tag{9.3.5}$$

式中，$f_{\mathrm{P}}$ 和 $f_{\mathrm{F}}$ 分别是顺电相与铁电相在弛豫铁电体中所占的比率。当一个铁电体处于居里温度呈分布 $f(T_c)$ 的状态时，利用每种成分的 $T_c=T_0$，则总的介电常数表达式应该是

$$\frac{1}{\varepsilon(T)}=\int_T^{\infty}f(T_c)\lambda_{\mathrm{F}}(T_c)\mathrm{d}T_c+\int_0^T f(T_c)\lambda_{\mathrm{P}}(T_c)\mathrm{d}T_c,\quad \int_0^{\infty}f(T_c)\mathrm{d}T_c=1 \tag{9.3.6}$$

式中右边的第一项和第二项分别源于铁电相和顺电相的贡献。

当一个 $ABO_3$ 结构的铁电体用 B 位替代的方式制备时，如在 $BaTiO_3$ 铁电体中用 Zr 替代 Ti，形成 $Ba(Zr_xTi_{1-x})O_3$ 弛豫铁电体 ($x>0.20$)。

如果分布函数为高斯函数，引入高斯函数的表达式，则可以求解介电常数温度关系的实部。

$$f(T_c)=\frac{1}{\sqrt{2\pi}\Delta T_c}\mathrm{e}^{-\frac{(T_c-T_{c0})^2}{2\Delta T_c^2}}$$

其中，$\Delta T_c$ 为居里温度的分布宽度，$T_{c0}$ 为分布函数的中心温度 [18]。

### 9.3.2 偏态高斯分布函数的介电常数

大量的实验结果证实了高价阳离子取代低价阳离子浓度的铁电陶瓷具有低的居里温度，而取代阳离子的分布导致了居里温度的分布。在弛豫铁电体中，取代

阳离子浓度越高的区域，其居里温度越低。因此，可以推测弛豫铁电体可能是由于居里温度分布在一定的区域范围而形成的。

在等价阳离子取代中会出现居里温度的分布效应。如 $BaTiO_3$ 中 B 位钛离子被等价的锆 (Zr) 离子取代，由于分布不均匀，形成了锆离子的非均匀分布，若假设取代的 B 位锆离子呈偏态分布，则利用现有的高斯分布函数可以导出偏态高斯分布 (skewed Gaussian distribution) 函数：

$$\phi(\alpha x) = 2f(x)F(\alpha x) = f(x)\left[1 + \operatorname{erf}\left(\frac{\alpha x}{\sqrt{2}}\right)\right] \tag{9.3.7}$$

式中，$\phi(\alpha x)$ 是偏态高斯分布，$\alpha$ 是偏态参量。根据 (9.3.7) 式可以得到图 9.3.1。

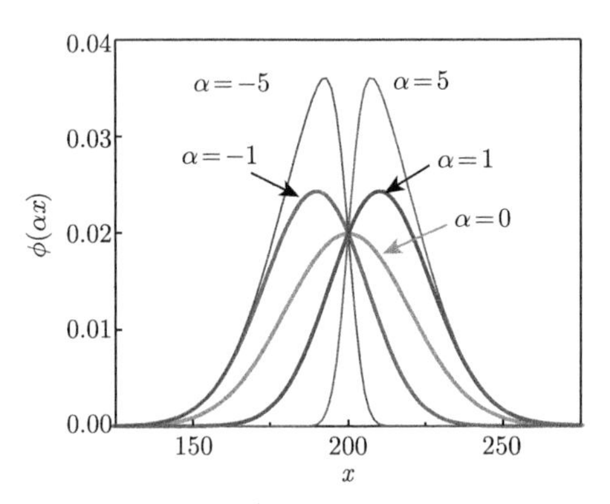


图 9.3.1　不同 $\alpha$ 值的偏态分布函数的特征形式 ($T_{c0}$=200)

二阶相变铁电体中，将 $G$ 在两相的表达式代入 (9.3.6) 式，分布 $\lambda_P$ 和 $\lambda_F$ 可以分别推导得到

$$\lambda_P = \int_{-\infty}^{T} [\alpha_0(T - T_c)]\, f(T_c)\mathrm{d}T_c = \alpha_0(T - T_{c0})F(T) + \alpha_0 \Delta T_c^2 f(T) \tag{9.3.8a}$$

$$\lambda_F = \int_{T}^{\infty} 2\,[\alpha_0(T_c - T)]\, f(T_c)\mathrm{d}T_c = 2\alpha_0(T_{c0} - T)[1 - F(T)] + 2f(T) \tag{9.3.8b}$$

$$F(T) = \int_{-\infty}^{T} f(T_c)\mathrm{d}T_c = \frac{1}{2}\left[1 + \operatorname{erf}\left(\frac{T - T_{c0}}{\sqrt{2}\Delta T_c}\right)\right], \quad f(T_c) = \frac{1}{\sqrt{2\pi}\Delta T_c}\mathrm{e}^{-\frac{(T_c - T_{c0})^2}{2\Delta T_c^2}} \tag{9.3.8c}$$

其中，$\alpha_0$ 为常数。总的介电隔离率和介电常数为

$$\lambda = \lambda_P + \lambda_F = \frac{1}{\varepsilon} = \frac{1}{\varepsilon_P} + \frac{1}{\varepsilon_F} \tag{9.3.9}$$

由此可以得到偏态高斯分布的介电隔离率

$$\lambda(T) = \alpha_0 \left[(T - T_{c0})[3F(T) - 2] + 3\Delta T_c \phi(\alpha T)/2\right] \tag{9.3.10}$$

(9.3.2) 式中有两个因素对应于复介电隔离率：离子位移的高频模式和偶极子的低频模式。高频模式贡献了实部，低频模式贡献了复数模式，表示为 $\varepsilon^*(\omega) = (\varepsilon_\infty - \varepsilon_0)/(1 + \mathrm{i}\omega\tau)$ 或 $\lambda^*(\omega) = \lambda_{\text{dipole}}(1 + \mathrm{i}\omega\tau)$。因此，根据最小吉布斯自由能原理的复介电隔离率是 $\lambda^*(\omega) = \lambda_{\mathrm{P}} + \lambda_{\mathrm{F}}(1 + \mathrm{i}\omega\tau)$。在偏态时为

$$\begin{aligned}\lambda^*(T) = &\alpha_0 \left[(T - T_{c0})[3F(T) - 2] + 3\Delta T_c^2 \phi(\alpha T)/2\right] \\ &+ \mathrm{i}\omega\tau\alpha_0 \left[2(T - T_{c0})[F(T) - 1] + \Delta T_c^2 \phi(\alpha T)\right]\end{aligned} \tag{9.3.11}$$

具有较大偏态值时的偏态分布显示在图 9.3.2 中。

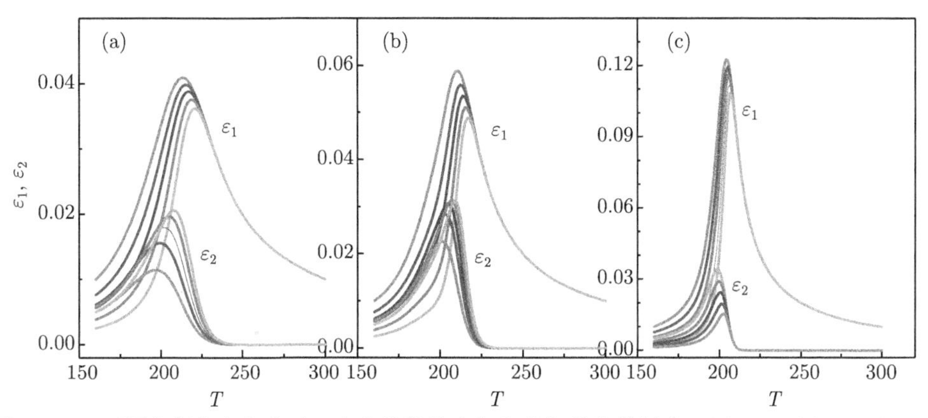


图 9.3.2 不同高斯分布宽度时，介电常数的实部和虚部的弥散行为: (a) 15; (b) 10; (c) 5。中心居里温度 $T_{c0}$=200。每个图中的曲线从左到右分别对应着 $\omega\tau$=0.50，0.80，1.1，1.5 和 2.0

### 9.3.3 偏态分布函数介电常数的拟合结果

图 9.3.3 为高斯分布和偏态分布对 35BYN-65PT($35Ba(Yb_{1/2}Nb_{1/2})O_3$-65 $PbTiO_3$)) 陶瓷实验结果的拟合比较。高斯分布的拟合用短线表示，以 1kHz 为基础，在低温区的低频符合较好，高频时明显过大。在高于峰的温度范围内有明显的下降。而偏态分布有了明显的改善，低温区各频率拟合效果较好，高温区当温度较高时明显过大。

图 9.3.4 为高斯分布的效果图。图 9.3.4(a) 居里温度的分布宽度从 15 降低到 0 时，介电隔离率从较宽变化的曲线变为了两条直线；图 9.3.4(b) 显示了居里温度的分布宽度从 15 降低到 5 时介电常数峰的变化，随分布的增宽而移向了高温。

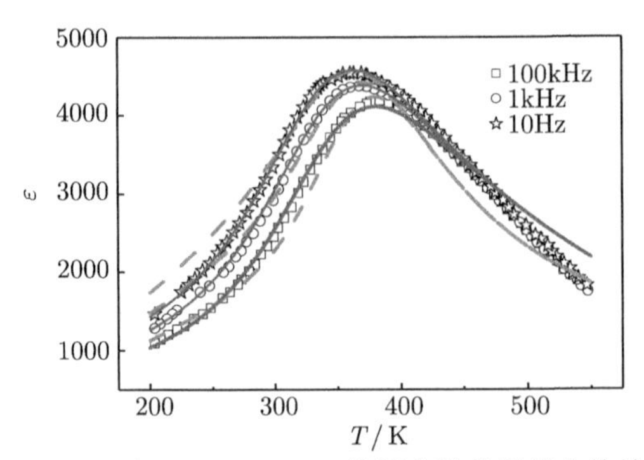


图 9.3.3　对 $35Ba(Yb_{1/2}Nb_{1/2})O_3$-$65PbTiO_3$ 陶瓷实验结果拟合的效果图 (引自文献 [19])。图中的短线为高斯分布拟合; 实线为偏态分布拟合。拟合分别对所用的测量频率 $10, 10^3$ 和 $10^5$ 取了对数。高斯分布时: $\omega\tau = 0.5, 0.68, 0.95$ 和分布宽度 60K; 偏态分布时: $\omega\tau = 0.15, 0.40, 0.64$, 分布宽度 80K 和 $\alpha = 0.5$

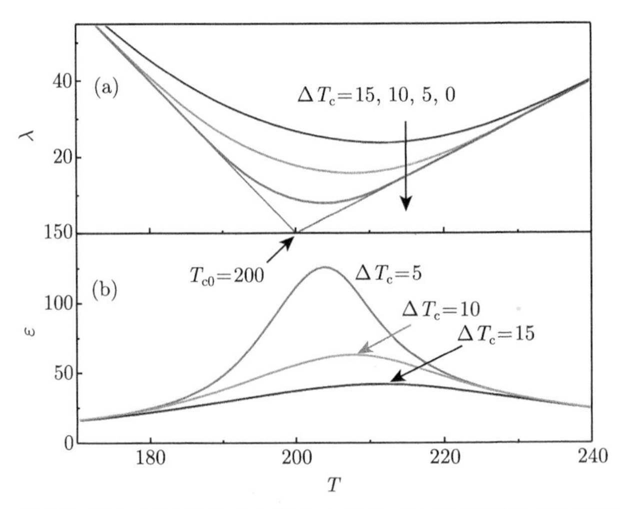


图 9.3.4　零频率下介电隔离率 (a) 和介电常数 (b) 随高斯分布宽度的变化关系

# 9.4　弛豫铁电体的幂律分布理论

## 9.4.1　幂律分布函数

幂律分布 (power law distribution) 是指某个具有分布性质的变量，且其分布密度函数是幂函数:

$$f(x) = c \cdot x^{-a}$$

这是一种变量 $x$ 服从参数 $a$ 的幂律分布，$c$ 是变量范围内的归一化因子。幂律分布的特点是绝大多数事件的规模很小，而只有少数事件的规模相当大。

在自然界和社会生活中，大量的事件均服从这一分布。在各种材料中，对性能产生影响的各种附加物质也会具有幂律分布的特点，如非晶合金的内部会有一些特殊性质的小区域，其尺寸的数量被证明服从幂律分布。

弛豫铁电体是经过高温固相传质扩散所形成的多晶体或单晶体，其内部的各种成分可能会偏离均匀分布，导致其居里温度也发生偏离的分布。另外，最基本的原理是：高斯分布可以描述少量的掺杂颗粒无相互作用时的情况，但不适合描述掺杂量较大时存在相互作用的情况。弱的作用可以用偏离高斯分布的函数描述。若掺杂物的分布因相互作用而呈现分形或分维的特性，则适合用如下的幂律作为分布函数。

### 9.4.2 幂律的实介电常数

弛豫铁电体按照成分均匀混合的规则，其介电常数为 (9.3.5) 式

$$\frac{1}{\varepsilon}=\lambda=f_{\mathrm{F}}\lambda_{\mathrm{F}}+f_{\mathrm{P}}\lambda_{\mathrm{P}},\quad f_{\mathrm{F}}+f_{\mathrm{P}}=1$$

当弛豫铁电体处于居里温度分布 $f(T_{\mathrm{c}})$ 的状态时，分布的介电常数为

$$\frac{1}{\varepsilon(T)}=\int_{T}^{\infty}f(T_{\mathrm{c}})\lambda_{\mathrm{F}}(T_{\mathrm{c}})\mathrm{d}T_{\mathrm{c}}+\int_{0}^{T}f(T_{\mathrm{c}})\lambda_{\mathrm{P}}(T_{\mathrm{c}})\mathrm{d}T_{\mathrm{c}},\quad \int_{0}^{\infty}f(T_{\mathrm{c}})\mathrm{d}T_{\mathrm{c}}=1 \quad (9.4.1)$$

式中右侧的第一和第二项分别为铁电体铁电相和顺电相的贡献，$T_{\mathrm{c}}$ 为变量。

$ABO_3$ 型弛豫铁电体的形成主要是因 B 位的掺杂所导致，如 Zr 掺入 $BaTiO_3$ 中代替 Ti 形成了 $Ba(Zr_xTi_{1-x})O_3$，当 $x>0.20$ 时就形成了弛豫铁电体。如果 B 位替代的阳离子，如锆离子，具有使同类原胞间相互吸引的能力或者较差的扩散能力，形成了局部富含锆离子的区域，使 B 位的替代不容易形成均匀分布。高斯分布的机理主要是每个单一粒子处于无约束的自由选择，当粒子间存在吸引或者排斥时，在较低浓度时会形成偏离高斯分布的各种形式，它们取决于偏离的性质和程度。在较高的掺杂浓度下，会形成幂律分布。由于幂律分布已经被用于一些材料的结构分析，将其引入铁电体中有类比性。可以对介电的各种性质进行数学推导，再与实验规律进行比较，从而判定其符合程度。

替代阳离子形成的分布导致了居里温度也具有相同形式的分布，因为大多数实验结果已经证实了替代的浓度越高则居里温度越低，且替代浓度与居里温度呈现线性变化。因此，实验中所观察到的极性纳米微区可能是部分低掺杂区域出现在了高掺杂的背景下。根据统计物理的原理，温度越高，各种略高于正常态的亚

稳态所出现的概率会越大。如果在铁电态各种自由分布的偶极子之间无相互作用，则同向平行排列的偶极子有可能产生互斥。而耦合形成的畴则会起到降低能量的稳定作用，形成亚稳态。因此，弛豫铁电体中包含了居里温度呈幂律分布的区域，其函数形式表现为

$$f(T_c) \propto T_c^{-n}$$

最简单的形式是 $n=0$，居里温度在一个温度区域内为常数，表现为

$$f(T_c) = 1/(T_{c2} - T_{c1}), \quad T_{c2} > T_{c1}$$

其中，$T_{c1}$ 和 $T_{c2}$ 分别是分布的两端。介电隔离率表示为

$$\lambda = \frac{1}{\varepsilon} = \frac{\alpha_0(T_{c2} - T_{c1})}{3} + \frac{3}{2}\frac{\alpha_0}{T_{c2} - T_{c1}}\left(T - \frac{2T_{c2} + T_{c1}}{3}\right)^2 \tag{9.4.2}$$

归一化的幂律分布为 $f(T_c) = \dfrac{1-n}{T_{c2}^{1-n} - T_{c1}^{1-n}} T_c^{-n}$，　$T_{c2} > T_{c1}$，介电隔离率由此为

$$\begin{aligned}
&\lambda = \frac{1}{\varepsilon} = aT^{2-n} - bT + c, \quad 0 \leqslant n < 1 \\
&a = \frac{3\alpha_0}{(2-n)(T_{c2}^{1-n} - T_{c1}^{1-n})}, \quad b = \frac{\alpha_0(2T_{c2}^{1-n} + T_{c1}^{1-n})}{T_{c2}^{1-n} - T_{c1}^{1-n}}, \\
&c = \frac{\alpha_0(1-n)(2T_{c2}^{2-n} + T_{c1}^{2-n})}{(2-n)(T_{c2}^{1-n} - T_{c1}^{1-n})}
\end{aligned} \tag{9.4.3}$$

对实验数据拟合所形成的经验规律是

$$1/\varepsilon - 1/\varepsilon_m = (T - T_m)^\gamma/\delta, \quad 1 \leqslant \gamma \leqslant 2 \tag{9.4.4}$$

由于 (9.4.3) 式和 (9.4.4) 式具有相同的数值效果，因此幂律的指数 $n$ 与 (9.4.4) 式的弥散指数 $\gamma$ 具有的相互关联为 $\gamma = 2 - n$。因而当 $n = 0$ 或 $\gamma = 2$ 时，(9.4.2) 式与居里-外斯定律具有最大的偏离程度。

图 9.4.1 给出了拟合效果图，三条实曲线的数值分别为 $\gamma$=1.6，1.8，2.0，用 (9.4.3) 式拟合。短线用 (9.4.4) 式表示。可以看到，(9.4.3) 式的拟合与报道的各种实验数据符合得较好。

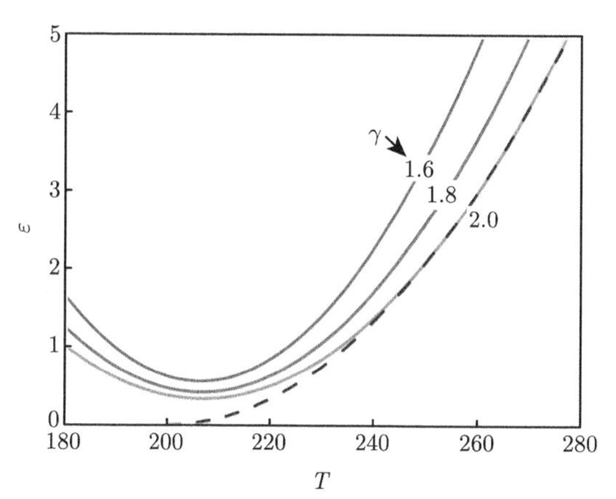


图 9.4.1 居里温度的幂律分布。实曲线为 (9.4.3) 式中的 $n$ 根据 $n-2$ 原理所对应的 $\gamma$，短线为 (9.4.4) 式中 $\gamma=2.0$。将 (9.4.3) 式和 (9.4.4) 式作为对比 (设定 $T_{c2}$=220，$T_{c1}$=180)

### 9.4.3 弥散型的介电常数

根据 (9.2.7a) 式和 (9.2.7b) 式，利用 (9.2.8) 式的复介电隔离率表达式，可以推导出

$$\lambda_{\mathrm{F}}^*(\omega,T)=\int_T^{T_{c2}}\left[2\alpha_0(T_c-T)+\mathrm{i}3\alpha_0\omega\tau(T_c-T)\right]f(T_c)\mathrm{d}T_c \tag{9.4.5a}$$

$$\lambda_{\mathrm{P}}^*(T)=\lambda_{\mathrm{P}}(T)=\int_{T_{c1}}^{T}\left[\alpha_0(T-T_c)\right]f(T_c)\mathrm{d}T_c \tag{9.4.5b}$$

对具有幂律分布的复介电隔离率进行归一化，可以导出复介电常数及其与复介电隔离率相关的各个分项 [20]

$$\begin{aligned}&\varepsilon^*(\omega,T)=\varepsilon_1(\omega,T)-\mathrm{i}\varepsilon_2(\omega,T)\\&\varepsilon_1(\omega,T)=\lambda_1(T)/(\lambda_1^2(T)+\lambda_2^2(\omega,T))\\&\varepsilon_2(\omega,T)=\lambda_2(\omega,T)/(\lambda_1^2(T)+\lambda_2^2(\omega,T))\end{aligned} \tag{9.4.6a}$$

$$\begin{aligned}\lambda_1(T)&=\mathrm{Re}(\lambda^*(\omega,T))=\mathrm{Re}(\lambda_{\mathrm{F}}^*(\omega,T)+\lambda_{\mathrm{P}}^*(\omega,T))\\&=aT^{2-n}-bT+c,\quad 0\leqslant n<1\end{aligned}$$

$$a=\frac{3\alpha_0}{(2-n)(T_{c2}^{1-n}-T_{c1}^{1-n})},\quad b=\frac{\alpha_0(2T_{c2}^{1-n}+T_{c1}^{1-n})}{T_{c2}^{1-n}-T_{c1}^{1-n}}$$

$$c=\frac{\alpha_0(1-n)(2T_{c2}^{2-n}+T_{c1}^{2-n})}{(2-n)(T_{c2}^{1-n}-T_{c1}^{1-n})} \tag{9.4.6b}$$

$$\lambda_2(\omega,T)=\mathrm{Im}(\lambda^*(\omega,T))=dT^{2-n}-eT+g,\quad 0\leqslant n<1$$

$$d=\frac{\alpha_0\omega\tau}{(2-n)(T_{c2}^{1-n}-T_{c1}^{1-n})},\quad e=\frac{\alpha_0\omega\tau T_{c2}^{1-n}}{T_{c2}^{1-n}-T_{c1}^{1-n}}$$

$$g=\frac{\alpha_0\omega\tau(1-n)T_{c2}^{2-n}}{(2-n)(T_{c2}^{1-n}-T_{c1}^{1-n})}$$

基于 (9.4.6a) 式和 (9.4.6b) 式的居里温度幂律分布模型具有两个因子：居里温度的温度范围和指数 $n$，它们影响了弛豫性质。为了阐明两个因子的有效程度，对各种参量进行了数值模拟，用结果展示它们对各种性能的影响程度。

### 9.4.4　与实验结果的比较

图 9.4.2 显示了居里温度分布对介电常数的实部和虚部的影响。它们展示了频率相关的弛豫相变特征，可通过改变分布宽度调节频率响应。居里温度的分布宽度为 $\Delta T_c=T_{c2}-T_{c1}$。图 9.4.2(a)~(d) 的分布宽度分别为 $\Delta T_c$=60，40，20，4。在较宽的分布时，如图 9.4.2(a) 的 $\Delta T_c$=60，整体上高度较低，温区很宽，呈现扁平的状态。当分布的温区宽度仅有图 9.4.2(d) 的 $\Delta T_c$=4 时，温区很窄，介电常数较高。其中，介电常数的峰值增大了 10 倍。另外，介电常数的虚部峰在实部的低温侧，且随频率升高而上升，属于偶极子的转动滞后型。这种情况，与锆离子替代 $BaTiO_3$ 中钛离子以形成 $BaTi_{1-x}Zr_xO_3$ 的情况完全相同，当 $x$ 在 30% 附近时，再增大比例则分布变宽，高度降低。

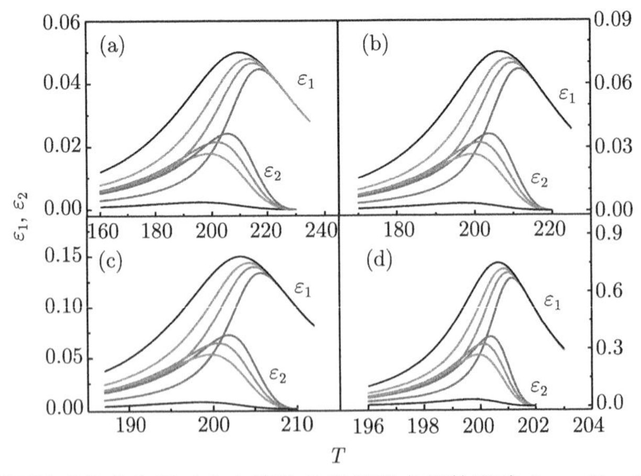


图 9.4.2　居里温度分布宽度对介电常数的实部和虚部的影响 ($\alpha_0$=1)。(a) $T_{c1}$=170，$T_{c2}$=230；(b) $T_{c1}$=180，$T_{c2}$=220；(c) $T_{c1}$=190，$T_{c2}$=210；(d) $T_{c1}$=198，$T_{c2}$=202。曲线的含义：实部从上到下和虚部从下到上分别对应于：$\omega\tau$ =0.05，0.5，0.75，1.2

图 9.4.3 显示了指数 $n$ 的差异 (从 0~0.7) 对介电常数实部的影响。在较低的频率时，差异很小，三条曲线几乎重合。也就是说，指数 $n$ 的变化不对峰的高度产生影响，只要偶极子的转动能够跟得上外场的频率变化，对介电常数的贡献基本相同。而在高频时，峰的低温段靠近峰值处显示了较大的弥散性，且 $n$ 值越大，低频和高频对应的曲线距离越大，弥散程度越大。转换成弥散指数则有：弥散指数 $\gamma$ 越小，弥散程度越大。

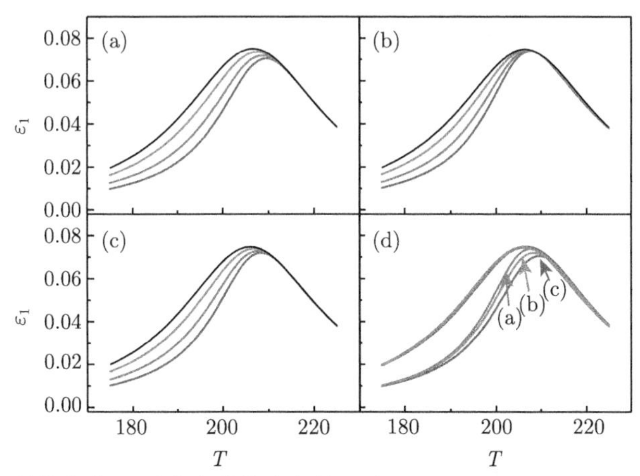


图 9.4.3 弥散相关的指数 $n$ 对介电常数实部的影响 ($\alpha_0$=1,$T_{c1}$=180, $T_{c2}$=220)。(a) $n$ =0; (b)$n$=0.3; (c)$n$=0.7。曲线的含义：从上到下分别对应于：$\omega\tau$ =0.05, 0.9, 1.5, 2.0。(d) (a)~(c) 中 $\omega\tau$=0.05 (上三线) 和 $\omega\tau$ =2.0 (下三线)，曲线的含义如箭头所指

根据居里温度的分布所知，$T_{c2}$ 和 $T_{c1}$ 分别是模型所设置的两个温度，表示最高和最低的居里温度。当弛豫铁电体的温度在 $T > T_{c2}$ 时，为纯顺电相；当温度在 $T < T_{c1}$ 时为纯铁电相；当温度在 $T_{c1} < T < T_{c2}$ 时为弛豫相。由此可以将介电常数随温度的变化划分为三个区域，描绘在图 9.4.4 中。所给出相关参量的数值主要是用于阐明介电常数实部 ($\varepsilon_1$) 和虚部 ($\varepsilon_2$) 的变化依据。需要说明的是，在数值拟合中，实际的操作方法是将 $\omega\tau$ 的取值代入 (9.4.6b) 式中，再对其取对数以减小彼此之间的差异。如果频率以数量级的变化作用在相关公式中，得到的结果很难符合实验值。

在图 9.4.4 中，区间 I 的宽线和区间 Ⅲ 的曲线用的是静态值，当一个弛豫铁电体处于铁电相或者顺电相时，描述其特征的居里温度等价于一个中间居里温度 $T_{c0} = (T_{c1} + T_{c2})/2$。区间 Ⅱ 为弛豫相，曲线的介电常数-频率关系用幂律分布时，推导得到的静态 ($\omega = 0$) 介电常数的峰温是 $(2T_{c2} + T_{c1})/3$，随着频率增加而向高温移动。在区间 I，纯铁电相的介电常数比弛豫相的延伸线略大，而在区间 Ⅲ，顺电相的介电常数也略大于弛豫相介电常数的延伸值。这两个温度区域的损耗均

为零。此结果与 $Sr_4CaLaTi_3Nb_7O_{30}$ 四方钨青铜陶瓷的实验结果一致 [21]。

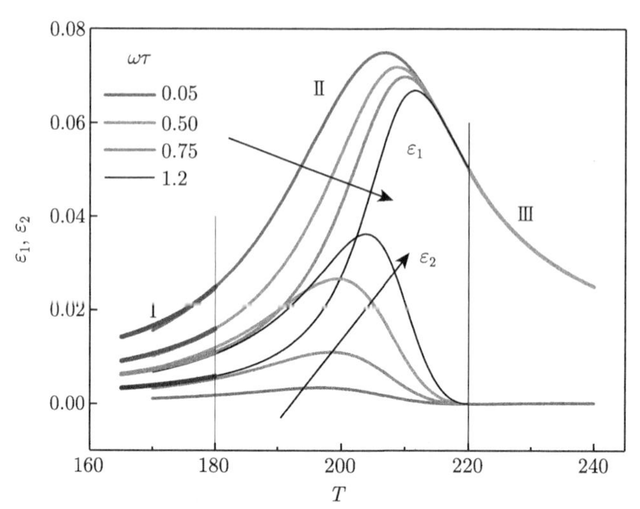


图 9.4.4　介电常数的实部和虚部分别在弛豫铁电体三个温度区间的变化，其中各个参数为 $T_{c1}=180$ 和 $T_{c2}=220$ 以及 $\omega\tau=0.05, 0.50, 0.75, 1.2$。区间 Ⅱ: 弛豫态的各条曲线; 区间 I: 宽线表示完全铁电态; 区间 Ⅲ: 顺电态曲线

图 9.4.5 为幂律分布方法拟合实验数据的结果。对于 $Pb(Zn_{1/3}Nb_{2/3})O_3$ 弛豫铁电体，图 9.4.5(a) 展现了 3 个频率介电常数实部数据 [22] 的拟合效果：居里温度的分布宽度为 72K，介电常数在顺电相仍然服从弛豫相的延长线。图 9.4.5(b) 为 $35Ba(Yb_{1/2}Nb_{1/2})O_3$-$65PbTiO_3$ 弛豫铁电体介电常数实部数据 [19] 的拟合图。其居里温度的分布非常宽，达到了 385K。说明该铁电体具有极大的弛豫性。

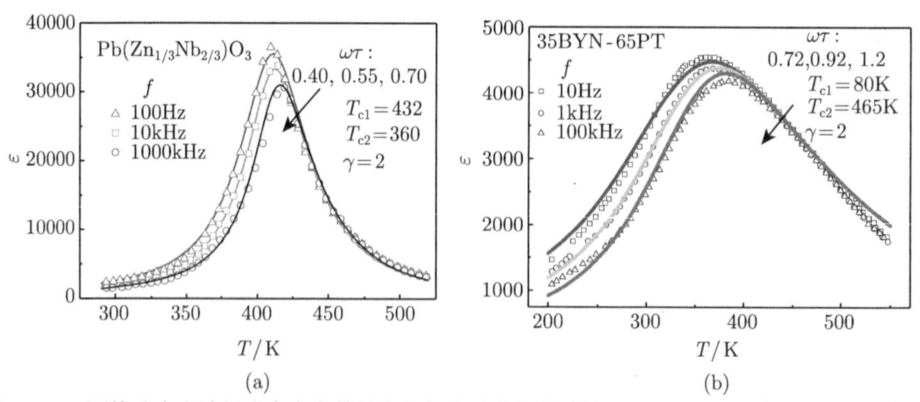


图 9.4.5　幂律分布方法拟合介电常数的实部与实验数据的比较图：(a) 对 $Pb(Zn_{1/3}Nb_{2/3})O_3$ 陶瓷实验数据的拟合 (引自文献 [22])；(b) 对 $35Ba(Yb_{1/2}Nb_{1/2})O_3$-$65PbTiO_3$(35BYN-65PT) 陶瓷实验数据的拟合 (引自文献 [19])

拟合曲线与实验数据间存在差异的原因可以理解为，尽管居里温度幂律分布的模型具有两个终点温度 $T_{c1}$ 和 $T_{c2}$，真实的铁电体在高于 $T_{c2}$ 的温度时仍然可能存在极性区域。由光学折射率确定的 $T_B$ 温度 [23] 指出，PLZT 弛豫铁电体具有局域的和随机取向的极化，此状态存在于高于铁电相变的温度上百开。$T_B$ 温度远远高于 $T_{c2}$，所观察到的 PNR 或纳米畴将对介电性起着有效的作用。按照极化强度对介电常数的影响机理来说，该作用是减小介电常数的实部。由此可以解释在顺电相的延长线方向上，实际测量的介电常数实部会小于使用幂律分布得到的拟合值。另外，在外加电场作用下从微畴到宏畴的变化会诱导相变现象：一些顺电相成分会被诱导到铁电相。因此，$T_c$ 的幂律分布与 PNR 和畴的转变效果是一致的。

实际拟合时所出现的数量级的问题不仅存在于弛豫铁电体，而且也存在于一般的铁电体或者介电物质，即频率项 $\omega\tau$ 必须取对数后在相应的介电常数公式中才有效 [4]，如图 9.4.5(a) 中，频率为 100Hz 和 10kHz 时的 $\omega\tau$ 分别只有 0.40 和 0.55。另一个问题是关于 Vogel-Fulcher 关系的有效性，因为大量文献常用此关系描述弛豫铁电体的性能。实际上，Vogel-Fulcher 关系来源于描述玻璃液体的相变过程，该相变过程是非晶态的结构转变，这种转变不是发生在一个相变点，而是发生在一定宽的温度范围内，同时伴随结构有序性所导致的构型变化，这种变化可以用构型熵 $S_c$ 和一个玻璃化转变温度 $T_g$ 描述。其中，弛豫时间 $\tau$ 和黏度 $\eta$ 为可测量量：Vogel-Fulcher 关系可以很好地说明在非晶态相变区域内温度变化引起构型熵的变化，再导致弛豫时间及黏度的变化 [24]。其中，弛豫时间与黏度随温度的变化规律可以用一个方程描述。理想的弛豫过程是负指数衰减的形式，而非晶态的弛豫过程在衰减时间 $t$ 与弛豫时间 $\tau$ 的比值上增加了一个小于 1 的衰减因子 $\beta$，即 $(t/\tau)^\beta$，且该因子又联系着构型，并对应于测试温度与玻璃化转变温度的比值。基于玻璃态相变的特征：弛豫时间或黏度的温度关系与微结构的构型熵相关，即内部的微结构特性影响了宏观的弛豫性能，将黏度的变化对应于介电常数的变化，从而认为介电常数所发生的弥散行为与内部的微结构相关联。

掺杂不同元素对弥散的影响程度不同。对于 $BaTiO_3$ 铁电体，掺杂 Zr 的含量低于 27% 时，$Ba(Ti_{1-x}Zr_x)O_3$ 不会显示出明显的弛豫弥散性。而若掺 Nb，则会形成 $Ba_{1-x/2}(Ti_{1-x}Nb_x)O_3$ 铁电体，当掺杂浓度达到 $x\sim 0.06$ 时，会引起明显的弛豫特性。可以用元素所产生的聚集吸引作用解释。掺入 $Nb_2O_5$ 后，一方面 Nb 与 Ti 的性能差异较大，另一方面，Nb 占据了原胞中 Ti 的位置，且不容易扩散，形成团聚，导致整体上有部分区域 Nb 的浓度较高，引起了居里温度的明显下降，导致了较宽的居里温度分布，从而产生了较大的弥散性。

## 参 考 文 献


[1] Park S E, Shrout T R. Ultrahigh strain and piezoelectric behavior in relaxor ferroelectric based single crystal. J Appl Phys, 1997, 82(4): 1804.

[2] 曹万强，舒明飞．弛豫铁电体的键能与配位数模型．物理学报, 2013, 62(1): 017701.

[3] Cao W Q, Yang L, Ismail M M, et al. Dielectric and ferroelectric properties of $Ba_{0.8}Sr_{0.2}Ti_{1-5x/4}Nb_xO_3$ ceramics. Ceram Int, 2011, 37: 1587-1591.

[4] 舒明飞，尚玉黎，陈威，等．核壳结构对弛豫铁电体介电行为的影响．物理学报, 2012, 61(17): 177701.

[5] 陈威，曹万强．弛豫铁电体弥散相变的玻璃化特性研究．物理学报, 2012, 61(9): 097701.

[6] 尚玉黎，舒明飞，陈威，等．钛酸钡基施主掺杂弛豫铁电体介电弥散的唯象分析．物理学报, 2012, 61(19): 197701.

[7] Pan H, Li F, Liu Y, et al. Ultrahigh-energy density lead-free dielectric films via polymorphic nanodomain design. Science, 2019, 365: 578-582.

[8] Kirillow V V, Isupov V A. Phase changes of certain solid solutions having electrical properties of rachelle salt. Dokl Akad Nank USSR, 1954, 96: 53-54.

[9] Lines M E, Glass A M. Principles and Applications of Ferroelectrics and Related Materials. Oxford: Clarendon Press, 1997: 31.

[10] Guzman-Verri G G, Varma C M, Varma C M. Structure factor of a relaxor ferroelectric. Phys Rev B, 2015, 91(14): 144105.

[11] Yao X, Chen Z, Cross L E. Polarization and depolarization behavior of hot pressed lead lanthanum zirconate titanate ceramics. J Appl Phys, 1983, 54: 3399-3403.

[12] Lu C J, Nie C J. 180°domain structure and its evolution in $Ca_{0.28}Ba_{0.72}Nb_2O_6$ ferroelectric single crystals of tungsten bronzes structure. Appl Phys Lett, 2006, 88: 201906.

[13] Fisch R. Random-field models for relaxor ferroelectric behavior. Phys Rev B, 2003, 67: 094110.

[14] 甘永超，曹万强．铁电相变中极化与介电性的随机场效应．物理学报, 2013, 62(12): 127701.

[15] 屈少华，曹万强．球形无规键无规场模型研究弛豫铁电体极化效应．物理学报, 2014, 63(4): 047701.

[16] Cowley R A, Gvasaliya S N, Lushnikov S G, et al. Relaxing with relaxors: a review of relaxor ferroelectrics. Adv in Phys, 2011, 60(2): 229-327.

[17] Cao W Q, Shang X Z. Dielectric properties of binary-component distribution in relaxors. Ferroelectr Lett Sec, 2015, 42: 132-138.

[18] Cao W Q, Zhou C, Pan R K, et al. Dispersion behaviors of Gaussian-type distribution of Curie temperature in relaxor ferroelectrics. Ferroelectr Lett Sec, 2016, 43: 71-76.

[19] Wang Z, Li X, Long X, et al. Characterization of relaxor ferroelectric behavior in the $(1-x)Ba(Yb_{1/2}Nb_{1/2})O_{3-x}PbTiO_3$ solid solution. Scr Mater, 2009, 60: 830-833.

[20] Chen Y, Liu K H, Luo Q, et al. Correlation of dielectric dispersion with distributed Curie temperature in relaxor ferroelectrics. J Appl Phys, 2019, 125: 184104.

[21] Zerihun G, Gong G S, Huang S A, et al. Dielectric and relaxor ferroelectric properties of $Sr_4CaLaTi_3Nb_7O_{30}$ tetragonal tungsten bronze ceramics. Ceram Int, 2015, 41: 12426.

[22] Xu G, Zhong Z, Bing Y, et al. Electric-field-induced redistribution of polar nano-regions in a relaxor ferroelectric. Nat Mater, 2006, 5: 134.

[23] Burns G, Dacol F. Crystalline ferroelectrics with glassy polarization behavior. Phys Rev B, 1983, 28: 2527.

[24] Cao W Q, Chen W. Entropy model of nanoregions in relaxor ferroelectrics. Ferroelectr Lett Sec, 2012, 39: 56-62.

# 第 10 章　铁电体的复合特性与多铁性

每种材料都有优点和缺点，将两种或多种不同物理性能的材料结合在一起，充分利用它们各自的优点开发新型多功能材料，这种方法已经成为了铁电材料的重要发展方向。在铁电体的复合制备领域，由于各种技术的应用及新领域的发展，如无机铁电体与有机材料复合制备高储能材料，以及铁电铁磁复合开拓新型电磁控制材料。在上述多功能材料领域，实验研究已经取得了长足的进步，然而理论研究却严重滞后。对铁电体自身性质的研究，需要用统计的思想理解其复合机理；在铁电体与其他材料的复合领域，如铁电铁磁等复合材料方面，除了归纳实验结果外，更需要有相应的基础理论作为支撑。

本章的复合分别讨论两个方面的内容：一是两种不同性质的铁电体与铁电体按照一定规则结合的互融体，以及两种性质以不同方式混合在一个铁电体内的复合；二是铁电与铁磁或铁弹性及其相互之间复合的基本原则，该原则为传统的理论结果，用基本原理解释所发生的现象。

## 10.1　铁电复合材料的介电性

掺杂有别于基体的元素进行原位替换，可以改变铁电体的性质，以适应不同的应用需求。在铁电体的制备过程中，存在掺杂的不均匀导致的分布效应，可以用多种材料的复合描述。性质变化的程度取决于替代元素的数量、类型和方式。在均相掺杂方面，可以用成分涨落理论来解释。随着掺杂量的增加，如 $ZrO_2$ 在 $BaTiO_3$ 中的加入，相变性质从一阶相变铁电体到二阶相变铁电体，再到弛豫铁电体发生了根本性的变化。当掺杂浓度较低时，掺杂在整个铁电体中呈高斯分布。对于较高的掺杂浓度，可以用幂律分布解释。在非均相掺杂方面，如设计核-壳晶粒等掺杂工艺，其实验结果不能用上述简单的原理分析。

在有机-无机复合材料领域，基本出发点是：有机材料具有很高的击穿电场和较低的介电常数，而无机材料则相反，具有低的击穿电场和高的介电常数。可以设想，如果能将两种材料有效复合，同时获得较高的击穿电场和较高的介电常数，则储能密度将会有极大的提高。这种想法能否成功，除了大量的实验研究外，还需要理论分析。在此领域，人们发表了无数的实验研究文章，却得不到想要的结果，根本原因是实验揭示不了材料的本质机理，要想得到想要的结果必须依靠物理理论。

### 10.1.1 复合材料的连通方式

对于两种高绝缘的物质，忽略其电导因素，只考虑其介电性能。在结构上复合对性能的影响又分为两类：线性极性介质和非线性极性介质。

外加直流电场，对电容器充电，利用的是线性极性介质材料具有较大的电容率，器件工作在静态稳定环境；外加交流电场，对电路中电阻、电容、电感类的器件加电场，利用的是非线性极性介质材料具有较大的介电常数，器件工作在动态交变环境。

材料的复合分为：结构复合材料和功能复合材料。

先了解工作于静态稳定环境中的线性极性介质，在结构上按照连通性进行分类。

颗粒被认为是零维的物体；沿单一方向延伸的长柱是一维；平面是二维；在三维的各个方向均有连续性是三维。

按照两相材料的不同连通方式，复合材料分为十种基本的连通类型，后来又发展了更多类型。这十种类型的第一个数字表示对功能起主要作用的相的连通维数，第二个数字表示基体的连通维数。它们是：0-0, 1-0, 2-0, 3-0，1-1, 2-1, 3-1，2-2，3-2，3-3，如图 10.1.1 所示。

图 10.1.1 中，第 1 个数字表示深色方块，当它们布满平面时用 2 表示。当垂直于这个平面上的一个棱可以穿过整个长度时，用 3 表示，如 3-2。再如，球形

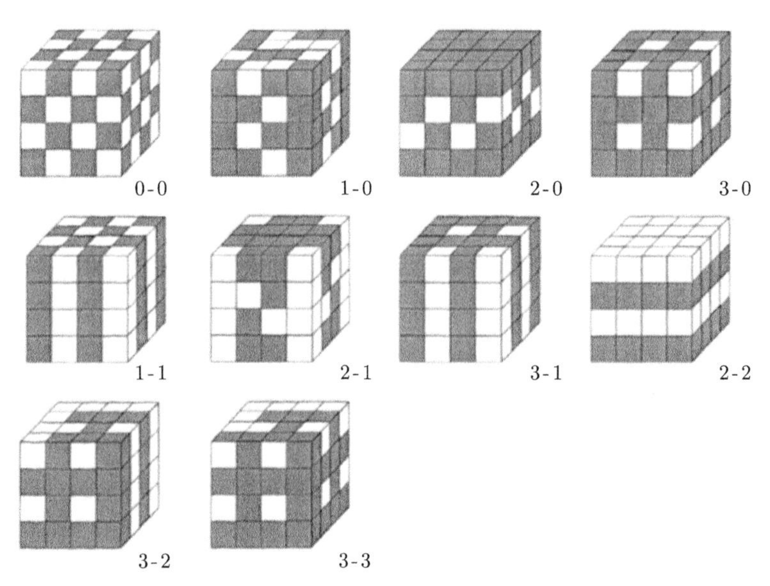


图 10.1.1 两相复合介质的 10 种连通方式

颗粒在聚合物体内为 0-3 型；柱状或针状体竖直排列在基体内为 1-3 型或 1-1 型两相分离平行排列为 2-2 型，可以是水平分层，也可以是竖直排列。

在各种连通型的压电复合材料中，0-3 型复合材料是最简单的一种。这类材料的陶瓷相以 0 维方式自连，基体物质以 3 维方式自连，即互不相连的颗粒悬浮在基体中。

### 10.1.2　线性极性介质的介电常数

#### 10.1.2.1　两种介质的常用介电常数表达式

以 0-3 型复合材料为例，在均匀混合的条件下，可以推导出它的静态介电常数公式。

线性极性介质的介电常数可以用以下公式描述：

$$D = D_0 + \varepsilon \cdot E$$

其中，$D_0$ 是 $E = 0$ 时的平均介电位移。该表达式在均匀介质中成立。在两种介质中，该表达式可以扩展为

$$\begin{aligned} D_1 &= D_{01} + \varepsilon_1 \cdot E_1 \\ D_2 &= D_{02} + \varepsilon_2 \cdot E_2 \end{aligned}$$

如果第 2 相成分所占的体积比为 $f$，则有

$$\begin{aligned} D &= (1-f) \cdot \varepsilon_1 E_1 + f \cdot \varepsilon_2 \cdot E_2 \\ E &= (1-f) \cdot E_1 + f \cdot E_2 \end{aligned}$$

考虑 $D_{01}$ 和 $D_{02}$ 的作用，最后可以得到 [1]

$$\varepsilon = \varepsilon_1 \cdot \frac{2\varepsilon_1 + \varepsilon_2 - 2f(\varepsilon_1 - \varepsilon_2)}{2\varepsilon_1 + \varepsilon_2 + 2f(\varepsilon_1 - \varepsilon_2)}$$

此式被人们大量地用来计算铁电复合材料的介电常数。遗憾的是，此式在用于铁电材料中时，存在两个问题。

(1) 不同连通形式的介质其介电常数并不相同，公式并没有考虑连通性。

(2) 上述的推导过程默认了两种材料均为线性介质，而此性质不适用于铁电材料。

因此，铁电复合材料的介电性需要深入地从基本概念和基础原理进行研究。

#### 10.1.2.2 线性介质的电位移

1) 电位移的基本定义

当电场从自由空间进入一个介质中时，会引起介质产生感应效应，用电位移 (displacement)$D$ 表示。它等效于电荷的流通密度 (flux density)。

当一个直流电场 $E$ 加在一个介质上时，会引起介质产生感应效应：原子中的原子核与电子发生微小的位移，或在极性介质中产生偶极矩，并导致表面产生束缚电荷。理论上用电位移表示这种感应效应。在三维空间，考虑到各向异性材料，广义上用张量表示。

$$\boldsymbol{D} \equiv \varepsilon_0 \boldsymbol{E} + \boldsymbol{P}$$

$\varepsilon_0$ 是真空介电常数，为自由空间的介电常数；$\boldsymbol{P}$ 是在材料中诱导电偶极矩的密度，为宏观量，称为极化密度或极化强度。在三维空间中，$\boldsymbol{P}$ 具有张量的矩阵形式。

在一个线性的、各向同性的均匀介质中，对于电场的瞬时响应，$\boldsymbol{P}$ 与 $\boldsymbol{E}$ 的关系一般表示为

$$\boldsymbol{P} = \varepsilon_0 \chi \boldsymbol{E}$$

其中，比例系数 $\chi$ 称为电极化率 (susceptibility)，因此

$$\boldsymbol{D} \equiv \varepsilon_0 (1 + \chi) \boldsymbol{E} = \varepsilon_0 \varepsilon_{\mathrm{r}} \boldsymbol{E} = \varepsilon \boldsymbol{E}$$

其中，$\varepsilon$ 是一个介质材料的电容率，$\varepsilon_{\mathrm{r}}$ 是相对电容率。此式为电位移的基本定义。

在线性的各向异性介质中，如果极化率随时间发生变化，则在脉冲电场中 $\boldsymbol{P}$ 和 $\boldsymbol{D}$ 均为卷积响应，经过傅氏变换后得到频率关系，一般表示为

$$\boldsymbol{D}(\omega) = \varepsilon_0 \varepsilon(\omega) \boldsymbol{E}(\omega)$$

$$\boldsymbol{P}(\omega) = \varepsilon_0 \chi(\omega) \boldsymbol{E}(\omega)$$

由于铁电体为非线性介质，其介电常数被广义地定义为

$$\Delta D(\omega) = \varepsilon_0 \varepsilon(\omega) \Delta E(\omega)$$

$$\Delta P(\omega) = \varepsilon_0 \chi(\omega) \Delta E(\omega)$$

实验上，交变电场是输入量，介电常数是测量量或输出量。介电常数可以直接测量得到。由于上述两组方程分别用于铁电体晶格动力学的研究，会得到不同的结论，在此提醒注意：铁电体介电常数的定义是后者，但实际运用时却经常用前者替代，因为前者适用于普通介质，且有相关的研究基础。

2) 电位移的意义

介质中的高斯定律

$$\nabla \cdot D = \rho_{\mathrm{f}}$$

在方程中，$\rho_{\mathrm{f}}$ 表示电位体积中净电荷的数量，即某点的电荷密度。

在一个不均匀的介质中，介质体内会出现分布不均匀的电荷，这些电荷会产生电位移矢量的变化，主要用于对材料表面和界面的分析。

$D$ 往往用通量线 (电力线) 来表示。它起始于正电荷，终止于负电荷。与一个偶极子的矢量线方向相反 (从负电荷指向正电荷)，如图 10.1.2 所示。

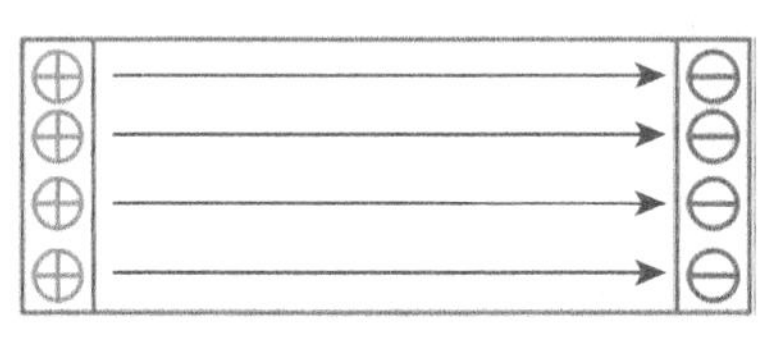

图 10.1.2　介质中电通量的表示 (从正到负，不间断的矢量线)

考虑一个无限大的平行板电容器，两个平行金属电极之间为真空或者包含了均匀的中性绝缘介质 (相当于真空)。如果介质两端存在等量异号的电荷，则会有 $D$ 的通量线从一个电极的正电荷端到负电荷端，空间电荷可以产生相应的感应，或通过外电路电流从正电荷端流向负电荷端。

对电荷密度的体积分，相当于对电通量在表面的矢量积分。对其中的一端电荷作体积分，运用高斯定理，可以得到

$$\int \nabla \cdot D \, \mathrm{d}V = \oiint D \cdot \mathrm{d}A = \int \rho_{\mathrm{f}} \mathrm{d}V = Q_{\mathrm{free}}$$

$$D = Q_{\mathrm{free}}/A = \sigma$$

其中，$Q_{\mathrm{free}}$ 表示两个表面感应的自由空间电荷。即电位移矢量在数值上相当于面电荷密度，这是电位移应用时最重要的意义：如果介质中没有电荷，$D$ 将保持不变，与介电常数无关。如果介电常数增大，则通过减小电场进行调节。

当电极之间填充了包含偶极子的极性介质后，外加电压 $V$ 会产生电场效应。设电容器的面积为 $A$，电极之间的距离为 $d$。可以得到常用的公式：

$$V = |E|\, d = \frac{|D|}{\varepsilon} d = \frac{|Q_{\mathrm{free}}|\, d}{\varepsilon A} = \sigma \frac{d}{\varepsilon}$$

电容 $C$ 为

$$C = \frac{|Q_{\mathrm{free}}|}{V} = \varepsilon \frac{A}{d}$$

3) 电位移的应用原理

线性介质的电容率与介电常数相同。根据电位移的意义：电位移是电荷密度的矢量表示，用电通量或电力线表示大小和方向，它连续不间断地从正电荷指向负电荷。在一个介质体内，如果不存在剩余的空间电荷，电通量的大小始终不变。也就是说，如果有两种介质，界面处没有电荷，则穿过两种介质的电通量的大小维持不变，如图 10.1.3 所示。

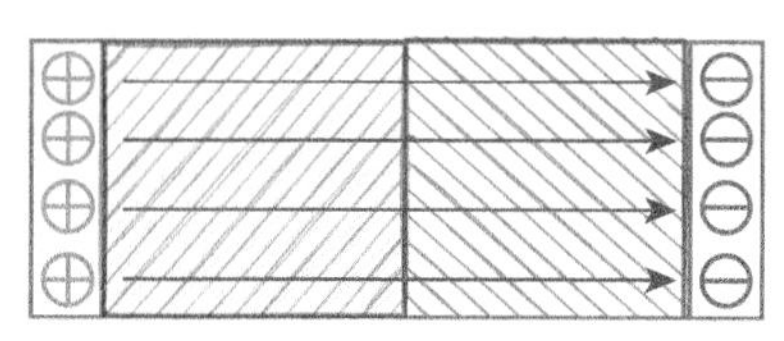

图 10.1.3 两种介质间无电荷时的电位移 $D$ 或电通量保持恒定

此原理对应于两个串联的电容器 $C_1$ 和 $C_2$。给它们外加一个电压 $V$，两个电容器上的电压分别是 $V_1$ 和 $V_2$。在两个电容器之间的连接线两端的两个电极表面分别感应了大小相等符号相反的电荷 $Q$，其大小为

$$Q = C_1V_1 = C_2V_2 = CV, \quad V = V_1 + V_2$$

$$V = \frac{CV}{C_1} + \frac{CV}{C_2}, \quad \frac{1}{C} = \frac{1}{C_1} + \frac{1}{C_2}$$

介质体内无电荷时电位移保持不变，这就是它的应用原理。

#### 10.1.2.3 分布介质的介电常数

假设两种掺杂形成的双成分复合陶瓷铁电体，每种成分的性能均相同，介电常数分别为 $\varepsilon_1$ 和 $\varepsilon_2$。所占体积百分比分别为 $f$ 和 $1-f$。在理想情况下，人们期待的结果是

$$\varepsilon = f\varepsilon_1 + (1-f)\varepsilon_2 \tag{10.1.1}$$

此式常被认为是掺杂效应的结果，然而情况并非如此。

从 1890 年起，关于异质混合介电常数的理论和经验公式不断被提出 [2-5], 并发展为混合规则。 早期的 Maxwell-Garnett 模型表述为 [6]

$$\varepsilon^{\alpha} = \sum f_i \varepsilon_i^{\alpha} \tag{10.1.2}$$

其中，$f_i$ 是成分的体积比；$\alpha$ =1，$-1$ 分别对应串联和并联模型。对于二元混合体系曾经出现过许多与 (10.1.1) 式相关的模型 [7]：Bottcher(1945) 的混合规则对

应于 $\alpha = 1$[8]；Landau 和 Lifshitz(1960) 的混合规则对应于 $\alpha = 1/3$[9]；Beer-Kraszewski(1977) 的混合规则对应于 $\alpha = 1/2$[10]；以及著名的 Wiener 边界 [11]。另外，Lichtenecker 和 Rother(1931) 提出过一个经典的两相混合规则 [12]

$$\ln\varepsilon = f_1\ln\varepsilon_1 + f_2\ln\varepsilon_2 \tag{10.1.3}$$

对于陶瓷材料，特别是用有机物填充了空隙的陶瓷复合材料，Sheen(2009) 提出了六种与体积比相关的混合规则。

在对混合规则的探讨方面发现：上述混合规则的结论一般为实验结果的经验归纳、有效介质 (球形) 理论的衍生或球形 (或扁球形) 模型的推导结果。基本的物理原理要求：描述的现象是客观存在的，与理论模型选择的单元形状无关。选择球形作为描述介质的基本单元会有两个问题：电场穿过均匀的介质球会产生不均匀性，以及球体之间会存在空隙。实际的弛豫铁电晶体及陶瓷体并不存在这种问题。为此有模型对比进行了修正: 在球体外加个立方体后探讨其性能。考虑到铁电晶体顺电相的初级原胞为立方相，以及铁电相的原胞为立方相的低对称相，可以用立方结构作为基本单元，由此构建理论并得到规律，再扩展到各种低对称结构相，可以克服球形模型存在的问题。

针对上述考虑，本节用电场作用下的立方模型探讨了简单嵌套结构的单体混合和多体混合情况，得到了不同于前述与体积比相关的混合规则。以此为出发点，探讨了各种规则排列的多点嵌套混合，扩展到不同尺度分布的混合对介电常数的影响，由此解释了极性纳米微区影响弛豫铁电体介电弥散性的原理。

### 10.1.3　二元物质的不同混合程度对电容率影响的立方模型

#### 10.1.3.1　二元规则混合的介电常数

先考虑两种大小相同的立方体线性的极性介质，其介电常数等效于电容率。立方体的边长为 $a$, 介电常数分别为 $\varepsilon_1$ 和 $\varepsilon_2$，则与尺寸相关的电容分别为

$$c_1 = \frac{\varepsilon_0\varepsilon_1 S_1}{d} = \frac{\varepsilon_0\varepsilon_1 a^2}{a} = \varepsilon_0\varepsilon_1 a, \quad c_2 = \varepsilon_0\varepsilon_2 a$$

当两个小立方体分别以并联和串联相互连接时，其电容 (粗线表示电极) 按照并联和串联方式进行计算。并联和串联的电容分别用 $c_{\mathrm{p}}$ 和 $c_{\mathrm{s}}$ 表示，如图 10.1.4 所示。

(1) 并联 (in parallel)：

$$c_{\mathrm{p}} = \frac{\varepsilon_0\varepsilon_{\mathrm{p}} 2a^2}{a} = \varepsilon_0\varepsilon_1 a + \varepsilon_0\varepsilon_2 a, \quad \varepsilon_{\mathrm{p}} = (\varepsilon_1+\varepsilon_2)/2$$

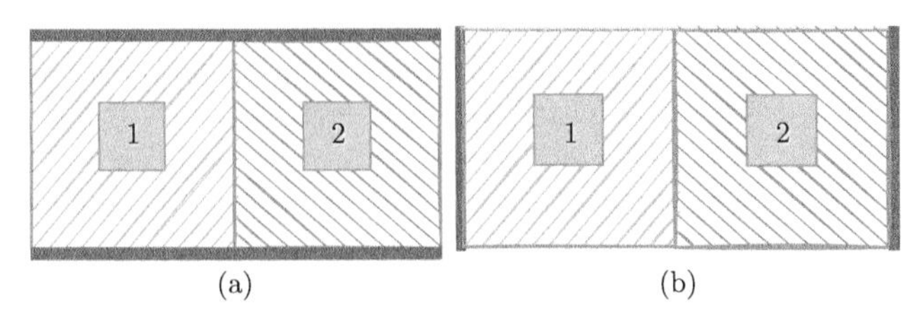

图 10.1.4 两个相同尺寸的立方体并联 (a) 和串联 (b) 示意图

(2) 串联 (in series)：

$$c_{\mathrm{s}}=\frac{\varepsilon_0\varepsilon_{\mathrm{s}}a^2}{2a}=1/[1/(\varepsilon_0\varepsilon_1 a)+1/(\varepsilon_0\varepsilon_2 a)],\quad \varepsilon_{\mathrm{s}}^{-1}=\left(\varepsilon_1^{-1}+\varepsilon_2^{-1}\right)/2$$

(3) 混合联：两种物质的体积比例为 $f$ 和 $1-f$ 的并联和串联，如图 10.1.5 所示。

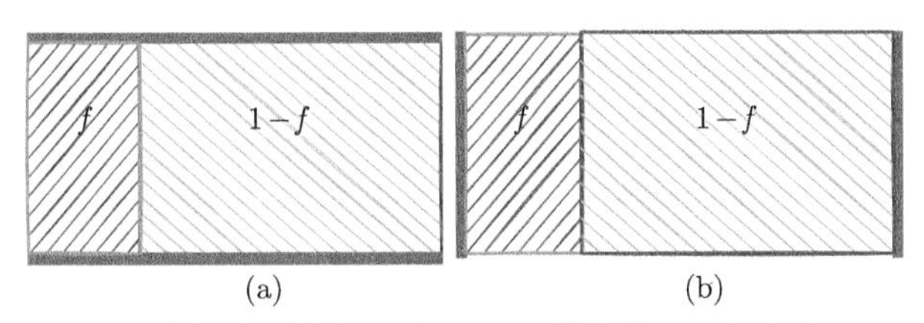

图 10.1.5 两种介质比例为 $f$ 和 $1-f$ 的并联 (a) 和串联 (b) 示意图

$$并联：\varepsilon_{\mathrm{p}}=f\varepsilon_1+(1-f)\varepsilon_2$$

$$串联：\varepsilon_{\mathrm{s}}^{-1}=f\varepsilon_1^{-1}+(1-f)\varepsilon_2^{-1}$$

由此可以归纳出两种物质以不同方式混合的方程：

$$\varepsilon^{\gamma}=f\varepsilon_1^{\gamma}+(1-f)\varepsilon_2^{\gamma},\quad -1\leqslant\gamma\leqslant 1 \tag{10.1.4}$$

两种介质任意混合的结果为图 10.1.6 中两条回线所围区域内的某个曲线。

#### 10.1.3.2 立方套构二元介质的介电常数

一般的物理模型是球形。然而，铁电体中的原子或离子虽然是球体，但决定其性质的基本单元是立方体或长方体。根据物理学的基本原理：不论选择的模型的形状如何，其结果必须与模型的形状无关。因此，立方体介质模型是可用的。

设想一个模型，如图 10.1.7(a) 所示：一个边长为 $L$ 的大立方体套构一个边长为 $d$ 的小立方体。大小立方体的介电常数分别为 $\varepsilon_{\mathrm{s}}$ 和 $\varepsilon_{\mathrm{c}}$。介质内部无电荷。上

下两个表面加电压 $U$，上表面为正极，下表面为负极。图 10.1.7(b) 为图 10.1.7(a) 的中心截面图。用 $\sigma_1$ 表示无小立方体的和 $\sigma_2$ 表示有小立方体的外和内的诱导电荷密度。

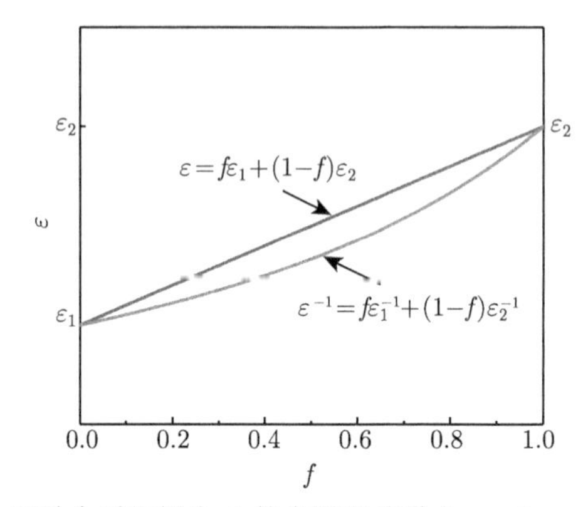


图 10.1.6 两种介质比例为 $f$ 的串联和并联 $(\varepsilon_1=2,\varepsilon_2=4)$ 示意图

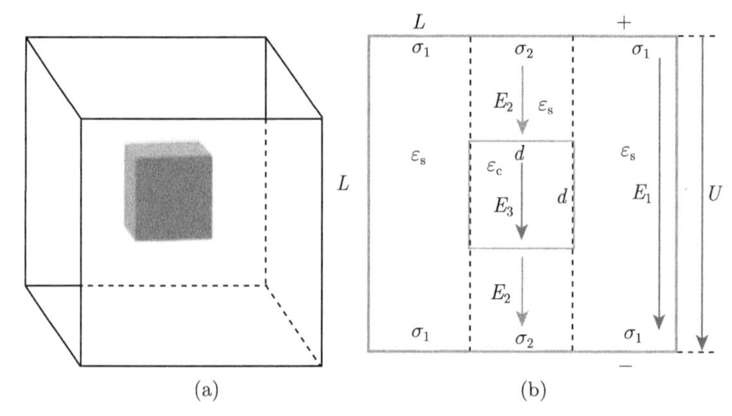


图 10.1.7 (a) 两个大小不同的立方体套构示意图；(b) 施加电场的中心截面效果图

如图 10.1.7(b) 所示，电场的分布为：电场不通过小立方体时用 $E_1$ 表示，通过立方体时分别用 $E_2$ 和 $E_3$ 表示小立方体外和内的电场。体内无电荷时，电位移 $D$ 均匀穿过两种介质时保持不变，由此可以建立电场作用下的方程：

$$D=\varepsilon_s E_2=\varepsilon_c E_3 \tag{10.1.5a}$$

电压加在串联的两个电容介质上，电压 $U$ 等于电场与其作用的长度的乘积：

$$U=E_1 L=E_2(L-d)+E_3 d \tag{10.1.5b}$$

两个电极表面的电荷密度分别为

$$\sigma_1=\varepsilon_0\varepsilon_{\rm s}E_1,\quad \sigma_2=\varepsilon_0\varepsilon_{\rm s}E_2=\varepsilon_0\varepsilon_{\rm c}E_3 \tag{10.1.5c}$$

两个电极表面的电荷为

$$Q=\sigma_1(L^2-d^2)+\sigma_2 d^2 \tag{10.1.5d}$$

上式中忽略了 $\varepsilon_0$，根据电荷密度关系，可以得到两个部分的电压关系：

$$U=\frac{Q}{C}=\sigma_1 L/\varepsilon_{\rm s}$$

和

$$U=E_2(L-d)+E_3 d=\frac{\sigma_2}{\varepsilon_{\rm s}}(L-d)+\frac{\sigma_2}{\varepsilon_{\rm c}}d=\frac{\sigma_2}{\varepsilon_{\rm x}}L$$

由此可以求出中心包含小立方体长柱的平均介电常数 $\varepsilon_{\rm x}$

$$\frac{1}{\varepsilon_{\rm x}}=\frac{1-\rho}{\varepsilon_{\rm s}}+\frac{\rho}{\varepsilon_{\rm c}}=\frac{(1-\rho)\varepsilon_{\rm c}+\rho\varepsilon_{\rm s}}{\varepsilon_{\rm s}\varepsilon_{\rm c}},\quad \rho=d/L$$

整个套构关系可以看成两部分的并联：平均介电常数为 $\varepsilon_{\rm x}$ 的立柱和其余部分。

总电容为两个部分之和，可以导出介电常数：

$$\varepsilon=\varepsilon_{\rm x}\cdot\rho^2+\varepsilon_{\rm s}\cdot(1-\rho^2)=\frac{\rho^2\varepsilon_{\rm s}\varepsilon_{\rm c}}{(1-\rho)\varepsilon_{\rm c}+\rho\varepsilon_{\rm c}}+\varepsilon_{\rm s}\cdot(1-\rho^2) \tag{10.1.6}$$

### 10.1.4 复合介质的构建规则

考虑一个由完全相同的立方体单元构成的晶体。如果每个单元的介电常数有两种选择，且每个单元随意排列，可以通过一定的规则对整体的介电常数求解。

设单元之间没有相互作用，即无界面效应，由此可以先设定一定的模型条件。

混合物的整体效应可以用两种不同介电常数的方块排列来表示：实心立方块为 $\varepsilon_1$，空心立方块为 $\varepsilon_2$。如果在两个电极之间的一个柱内有四个实心块在上层和四个空心块在下层，作为柱子排列在底部，那么总介电常数将是

$$\varepsilon^{-1}=4\cdot\varepsilon_1^{-1}+4\cdot\varepsilon_2^{-1} \tag{10.1.7}$$

如图 10.1.8 (a) 所示，如果实心块和空心块分别按图从左到右交换上下位置，总的介电常数将仍然保持 (10.1.7) 式不变。由此可以得到：

**交换规则 1：沿电场作用方向交换介质不影响整体介电常数。**

电极间的混合介质可以被划分出若干微小且尺寸相同的立柱，如果进行交换，可以得到如图 10.1.8(b) 所示的结果以及交换规则。

**交换规则 2：任意交换两个沿电场方向的立柱，总体的介电常数不变。**

根据交换规则 1 和交换规则 2 可以得到两者共同作用的结果，如图 10.1.8(c) 所示。先将第 3 行与第 4 行按照交换规则 1 操作，再将第 3 列与第 4 列按照交换规则 2 操作，可以从数字表示的 1 的结构变换到数字 2 表示的结构，且介电常数保持不变。

图 10.1.8(d) 中，从左到右的数字 1 到数字 3，代表了物质的扩散过程，为熵增加的无序化过程。如果实心与空心的方块介电常数不同，则这种过程可以用介电常数的变化来判断。介电常数从左到右发生变化。这种扩散过程通过交换规则 1 将红色颗粒交换到底部再用线性近似的方法表示为图 10.1.9。

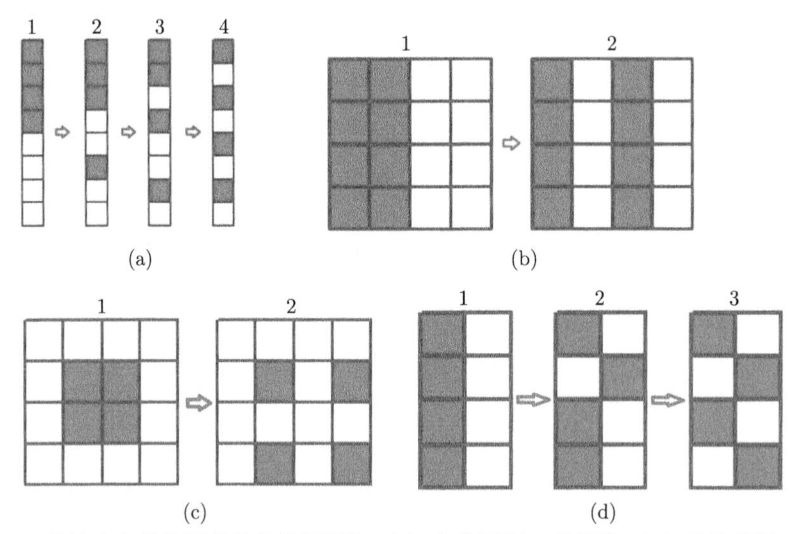


图 10.1.8 保持介电常数不变的交换规则图：(a) 交换规则 1 的示例；(b) 交换规则 2 的示例；(c) 交换规则 1 和交换规则 2 的共同结果；(d) 规则排列向混乱的变化示例 (引自文献 [13])

扩散过程可以用图 10.1.9 中从 1~5 的过程描述。在扩散的开始阶段，表示为“1”，相当于两种介质并联。扩散发生到“2”时，有少量介质的扩散，可以用交换规则 1 将所有扩散的介质通过等价交换的方法排列到底部。之后是“3”和“4”过程，扩散逐渐增大。最后，形成了均匀分布。再通过交换规则 1，形成状态“5”，扩散的介质分为独立的一层。图中小方格的数字可以用左边的数字及直线代替。

图 10.1.9 的规律可以用等价的介电常数公式表示

$$\varepsilon = \int_0^L \varepsilon(x)\mathrm{d}x/L = \int_0^X \varepsilon(x)\mathrm{d}x/L + (1 - X/L)\cdot\varepsilon_1$$

式中，$X$ 是扩散边，介电常数可以推导为

$$\varepsilon = \frac{x^2}{2f(\varepsilon_2^{-1} - \varepsilon_1^{-1})} \ln\left[1 + \frac{2f}{x}\left(\frac{\varepsilon_1}{\varepsilon_2} - 1\right)\right] + (1 - x) \cdot \varepsilon_1$$

式中，$x = X/L; f = l/L$, $f$ 是 $\varepsilon_2$ 的体积百分比。用变量 $x$ 表示扩散的过程，$x$ 与高度 $h$ 构成的三角形面积保持不变。其意义在于，在非平衡状态下，介电常数与体积分数 $f$ 没有直接关系。用此直线近似可以解决非平衡状态的问题。

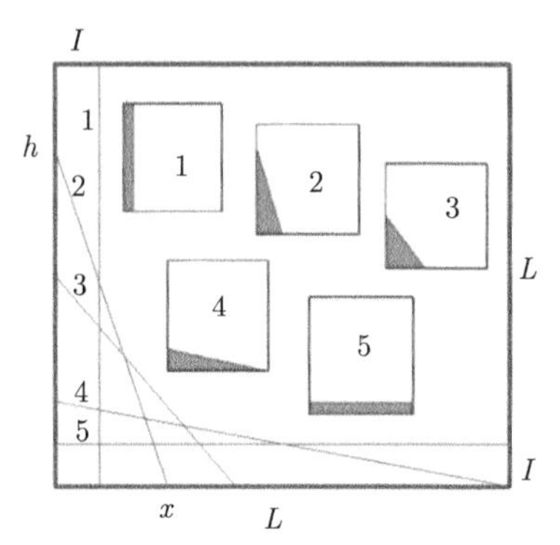


图 10.1.9 物质扩散对介电常数的影响 (引自文献 [13])

结论：人们希望将两种高低不同介电常数的物质均匀混合，得到具有高介电常数的物质。但均匀混合得到的却是最低介电常数的结果，可以用上述串并联的方式解释。

练习：如果有三维正方格子的介质，每行每列均为 3，共 27 个立方格子。设有两种介电常数分别为 $\varepsilon_1$ 和 $\varepsilon_2$ 的格子 (数值自己确定)，数量分别是 9 和 18。试给出各种均匀排列和非均匀排列方式的介电常数，并指出排列方式属于哪种类型 (如 2-2 型)。

### 10.1.5 无直流电场时复合介质的介电常数

本节内容涉及两方面的含义：一是在一种物质时，偶极子的取向方向对介电常数的贡献；二是在此基础上考虑两种不同的物质进行复合，介绍复合后的介电常数。

铁电体的介电常数由偶极子提供，按照吉布斯自由能对极化强度求二阶导数得到。在无电场时，铁电相的特征是偶极子在各个可能的取向方向上等概率分布，无论电场加在哪个方向都会有相同的偶极子的响应。考虑到电场方向的等价性，沿六个坐标轴的任意一个均有相同效果。当电场被加在 $x$ 轴时，只有偶极子的取向方向在正负 $x$ 轴的才会对施加的微小交流电场有响应，其余方向的没有响应。按照 10.1.4 节的原理，所有偶极子在各个方向的分布是随机的且等概率的，相当于完全混乱的分布。在四方相铁电体中，极化方向沿六个坐标轴。当外加电场作用在一个坐标方向上时，设为 $x$ 正方向。当电场极弱且不会影响偶极子的取向方向时，沿 $x$ 方向的偶极子为正向取向，占比 1/6；反 $x$ 方向的偶极子为反向取向，占比 1/6；垂直于 $x$ 方向的偶极子占比 4/6。由于介电常数是 $G$ 对 $P$ 的二次导数，正和负方向的 $P$ 对介电常数的贡献相同，不考虑偶极子转向的条件下，对介电常数有贡献的偶极子仅占 1/3。原因是垂直于电场方向的偶极子对电场没有响应。通过交换规则 1，将在正和反电场方向取向的偶极子与其他方向的偶极子交换到最底层，共占据 1/3 的比例，其他垂直于电场方向的偶极子占 2/3。由于只有正和反电场方向取向的偶极子对介电常数有贡献，垂直方向的没有贡献，因此可通过计算串联电容的方法计算介电常数。

依据此原理可以推导出吉布斯自由能 $G$ 与偶极子取向的关系，用 $\rho$ 表示取向概率，则有

$$G = \rho(\pm x)G(\pm x) + \rho(\pm y)G(\pm y) + \rho(\pm z)G(\pm z) = \sum_{i=1}^{6} \rho_i G_i$$

在铁电体中，设只有正反电场方向的偶极子对介电常数有贡献，则有

$$\frac{1}{\varepsilon} = \lambda = \frac{\rho(x)\partial G^2(x)}{\partial P^2(x)} + \frac{\rho(-x)\partial G^2(-x)}{\partial P^2(-x)} = \sum_{i=1}^{2} \rho_i \frac{\partial^2 G_i}{\partial P_i^2} \qquad (10.1.8)$$

其中，$G_i$ 表示方向相关的量，极化强度 $P_i$ 也是该方向的值。尽管吉布斯自由能有 6 个，但对介电常数有贡献的只有正反 $x$ 方向的 2 个，且在无电场时大小相同。

### 10.1.6　外加直流电场的介电常数

可以将铁电体内不同方向的偶极子看成是不同的成分，对介电常数的贡献可以看成是两种物质的均匀分布。

在无电场 $E = 0$ 的条件下，偶极子随机取向，每个取向的方向都是等概率的。在二维情况下，若有 4 种固定的取向方向，加电场后的效果如图 10.1.10 所示。图 10.1.10(a) 为无电场时偶极子在可能取向方向上的均匀分布，用箭头代表偶极子，方向表示偶极子的取向方向。图 10.1.10(b) 为加电场后偶极子在可能取向方向上的分布，由于电场的作用，发生了另外三个方向的偶极子向电场方向转动，如图中间列的向右箭头所示。向右偶极子的增多，导致电场方向极化强度的增大。根据极化强度与介电常数相反变化的原理，即极化强度增大会导致介电常数的减小。因而，加电场后偶极子的转动效应导致了介电常数减小。具体可以通过 (10.1.8) 式理解，电场方向偶极子的数量与介电常数的倒数相关。

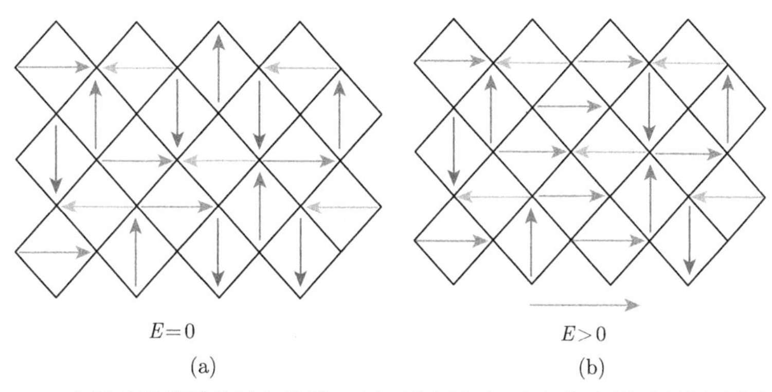


图 10.1.10 电场对偶极子的转向作用：(a) 无电场时；(b) 加电场后偶极子的转向效果

电场与偶极子 (或极化强度) 为矢量作用：

$$-E\cdot P=\begin{cases}-EP_{+}<0\\-EP_{-}>0\\0\end{cases}$$

由此导致了 $G$ 的变化：

$$G(E)=\begin{cases}G_{+}(0)-EP_{+}, & \text{平行}\\G_{-}(0)-EP_{-}, & \text{反平行}\end{cases}$$

由于外加电场会引起电场方向的 $G$ 减小，即能级下降，导致概率增大；反之，反电场方向的 $G$ 增大，能级上升，其偶极子的取向概率减少。因此，沿电场方向的偶极子数量增加，反电场方向和垂直电场方向的偶极子数量均减少。

总之，加电场前，正反电场方向的偶极子数量之和仅有 1/3，随着电场的增大，两者之和的数量逐步增大，到饱和时偶极子全部转向到电场方向。

根据 (10.1.8) 式，铁电体没加电场时，介电隔离率为正反两个部分之和；加电场后，尽管发生了偶极子的转向，但整体分布不变，仍然为正反两个部分之和。

加电场后对介电常数起作用的偶极子的数量增多，会使 $\lambda$ 增大，导致介电常数减小。电场使偶极子转向后，会有更多的偶极子对介电常数产生贡献。然而，介电常数与偶极子极化强度的平方成反比，故测量得到的介电常数反而减小。

总之，“介电常数越大，电场方向的偶极子数量越少，或者产生贡献的极化强度越小”。

研发说明：介电常数的大小不可作为判断材料性能好坏的因素。因为介电常数小的样品可能内部有较大的极化强度，特别是压电陶瓷，介电常数越小则极化效果越好。

如果两种小立方体处于完全混乱的 (均匀的) 状态，即每个柱子的两种小立方体的比例相同，用分层的方法可以得到：上层介质 1 的厚度相同，下层介质 2 的厚度也相同，则相当于两种分离介质的 “串联”。总的介电常数的计算方法为从并联的形式到串联的形式。

整个过程，可以用公式表示：

$$\varepsilon^{\gamma}=x\varepsilon_1^{\gamma}+(1-x)\varepsilon_2^{\gamma},\quad -1\leqslant\gamma\leqslant 1$$

其中，初始的并联状态 $\gamma$ 为 1，最终的串联状态 $\gamma$ 为 $-1$。中间的过程可以看成是 $\gamma$ 变化的过程。

铁电体中，晶粒越大，有序区域越大，混乱程度越低。

$$\varepsilon^{2\eta-1}=\sum f_i\varepsilon_i^{2\eta-1} \tag{10.1.9}$$

$\eta$ 是一个有序度指数。如果 $\eta$=1 或 0，则分别对应完全有序或完全无序。对于一种介质 Landau-Lifshitz 和 Beer-Kraszewski 得到的结果分别是 $\eta$ 为 2/3 和 3/4。

图 10.1.11 示出了一种应用，转动一个介电片可以控制介电常数的大小变化 (例如，空气电容器)。做法是：制做一个中间可以旋转的介电常数大的陶瓷片 $\varepsilon_2$，周围是介电常数小的油 $\varepsilon_1$，上下为电极片。当陶瓷片旋转时，测量的介电常数会发生周期性的变化：陶瓷片每转动一周介电常数变化两个周期。

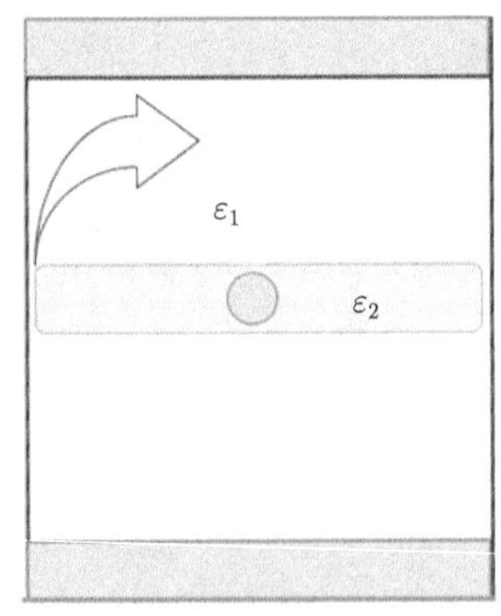


图 10.1.11　在流体介质中转动高介电常数的介质片可以改变整体介电常数

### 10.1.7　立方核壳晶粒模型的分布介电常数

实验发现烧结温度降低导致晶粒的微型化会使铁电性降低、介电常数下降及居里温度降低；多种不同介质的混合，总的介电常数不仅仅与各种成分所占的体积百分比有关，还与混合的均匀状况相关，且理论上一直在寻找有效的解决办

法 [14]。对于铁电体，相变时介电峰的出现，使此问题变得更加复杂。因为一般的铁电体均由一种或多种杂质的掺杂而改性，以提高特定的应用性能。尽管铁电陶瓷经高温烧结而成，然而固相反应并不能使掺杂物达到完全均匀的混合，特别是在较高掺杂浓度的条件下更难实现。因此，各种描述介电常数与成分所占体积百分比的数学公式均在特定条件下对实验拟合近似成立，然而却缺乏普适的规律。

#### 10.1.7.1 分布居里温度对介电损耗的影响

现有的球形晶粒模型仅适用于纳米颗粒体系，难以描述紧密排列的多边形晶粒构成的陶瓷体系。为此本节用立方晶粒模型模拟实验观测到的多边晶粒，并将此模型与分布函数结合，分析晶粒中杂质按一般的高斯分布所具有的介电和极化效应、晶界及纳米晶粒的薄壳层效应、宽壳层线性和平均分布杂质的介电及损耗效应。

基于图 10.1.8(b) 的三维空间，可以推导得到核壳结构的介电常数为

$$\varepsilon = \frac{\rho^2\varepsilon_{\mathrm{c}} + \varepsilon_{\mathrm{s}}(1-\rho^2)}{\rho + (1-\rho)[(1-\rho^2) + (\varepsilon_{\mathrm{c}}/\varepsilon_{\mathrm{s}})\cdot\rho^2]} \tag{10.1.10}$$

当纳米晶粒存在死层时，其壳的厚度极小，$\rho$ 近似为 1，壳与核的介电常数的比值也为小量，因此 (10.1.10) 式可以简化为

$$\frac{1}{\varepsilon} = \frac{\rho}{\varepsilon_{\mathrm{c}}} + \frac{1-\rho}{\varepsilon_{\mathrm{s}}} \tag{10.1.11}$$

当晶粒处于顺电相时，接近相变温度的核的介电常数满足居里定律 $1/\varepsilon_{\mathrm{c}} = a_0(T-T_{\mathrm{c}})$。将其代入 (10.1.11) 式，可以得到

$$\varepsilon \approx \frac{1}{\alpha_0(T-T_{\mathrm{c}}+\theta)}, \quad \theta = (1-\rho)\Delta T_{\mathrm{c}} \tag{10.1.12}$$

其中，$\alpha_0 = 1/C$，$C$ 是居里常数。由于壳含有较多的掺杂物质，其居里温度低于核，差为 $\Delta T_{\mathrm{c}}$。因而核壳结构的介电常数峰比核的居里温度要低，$\theta$ 表示两者之差，它依赖于壳层厚度和壳层介电常数的大小。壳层厚度越大且介电常数越小时，测量得到的介电峰与居里温度的偏离会越大。$\theta$ 的增大导致居里温度和介电常数的下降。与钛酸铅系材料相比，这种尺寸效应在钛酸钡基材料中更为明显 [15,16]。如果考虑制备铁电材料时从晶粒外进行掺杂扩散，很容易形成较厚的壳层，且壳层的温度变化不同于晶粒内部，考虑两者较为近似时，(10.1.10) 式可以简化为

$$\varepsilon = \rho^2\varepsilon_{\mathrm{c}} + \varepsilon_{\mathrm{s}}(1-\rho^2) \tag{10.1.13}$$

(10.1.13) 式能直接反映出介电常数在整个温区的变化规律，也更容易从实验结果导出壳层的介电性质。只是 (10.1.12) 式考虑的是壳由完全相同的物质构成。如果形成了较厚的铁电壳层，在制备过程中，它是由掺杂物从外向里扩散形成的，具有不均匀的浓度梯度。特别是对 μm 量级的大晶粒，内部成分不是完全均匀的，因此，需要用相应的分布函数描述。高斯分布是一种简单的常用分布，尽管针对弛豫铁电体使用了幂函数分布，为了说明一般的性质，下面还是用高斯分布推导及描述。

如果成分的混合存在于一定的分布条件下，其分布函数用 $f(x)$ 表示。均匀混合往往可能当成串联的形式处理，即各种成分的 $\lambda$ 之和

$$\frac{1}{\varepsilon}=\lambda=\int f(x)\lambda(x)\mathrm{d}x,\quad \int f(x)\mathrm{d}x=1 \tag{10.1.14}$$

在制备的铁电材料中，$f(x)$ 反映的是掺杂浓度的不均匀分布，往往对应于居里温度 $T_{\mathrm{c}}$ 的分布。在此情况下，介电隔离率将是 $T_{\mathrm{c}}$ 的函数：

$$\lambda(T_{\mathrm{c}})=\begin{cases}2\alpha_0(T_{\mathrm{c}}-T)=3\beta P^2, & T\leqslant T_{\mathrm{c}}\\ \alpha_0(T-T_{\mathrm{c}}), & T>T_{\mathrm{c}}\end{cases}$$

因此，在某个测量温度 $T$，总的介电隔离率 $\lambda$ 是

$$\lambda=\int_0^T\alpha_0\left(T-T_{\mathrm{c}}\right)f\left(T_{\mathrm{c}}\right)\mathrm{d}T_{\mathrm{c}}+\int_T^{\infty}2\alpha_0\left(T_{\mathrm{c}}-T\right)f\left(T_{\mathrm{c}}\right)\mathrm{d}T_{\mathrm{c}} \tag{10.1.15}$$

(10.1.15) 式的含义是：当 $T_{\mathrm{c}}$ 在 $(0,T)$ 之间变化时，$T_{\mathrm{c}}$ 小于 $T$，故为顺电相。反之，则为铁电相。而分布函数由掺杂的情况确定，如第 9 章所述，低浓度时可能为偏态的高斯分布，高浓度时可能为幂律分布，形成弛豫铁电体。

如果是人工制备的特定分布的铁电材料，依据对应分布的介电常数公式计算。得到介电常数的分布后，可以再推导出吉布斯自由能的分布形式，并可以求出其他物理量。因为各种物理量均可关联到吉布斯自由能，特别是关联到偶极子在各个方向的取向概率，它对各种物理效应均有影响。

大量的实验表明：将细长的高介电常数的无机纳米棒作为填料加入低介电常数的有机物质中，不同的放置方式测量得到的介电常数不同，其原理是什么？如果制备的是 Bi 系层状的铁电材料，所加的电场方向垂直于偶极子的取向方向，有可能介电常数很小，其原因是什么？

二阶相变时，居里温度的高斯函数可以表示成

$$f(T_{\mathrm{c}})=\frac{1}{\sqrt{2\pi}\Delta T_{\mathrm{c}}}\exp\left[-\frac{(T_{\mathrm{c}}-T_{\mathrm{c0}})^2}{2\Delta T_{\mathrm{c}}^2}\right] \tag{10.1.16}$$

其中，$T_{c0}$ 为分布中心，$\Delta T_c$ 为分布宽度, 铁电相与顺电相的混合介电隔离率可以表示为

$$\frac{1}{\varepsilon}=\alpha_0(T-T_{c0})[2-3F(T)]+\frac{3\Delta T_c}{\sqrt{2\pi}}\mathrm{e}^{-\frac{(T-T_{c0})^2}{2\Delta T_c^2}} \tag{10.1.17}$$

$F(T)$ 为 $f(T)$ 的积分函数. 由此可以得出不同分布宽度时的介电常数如图 10.1.12 所示。

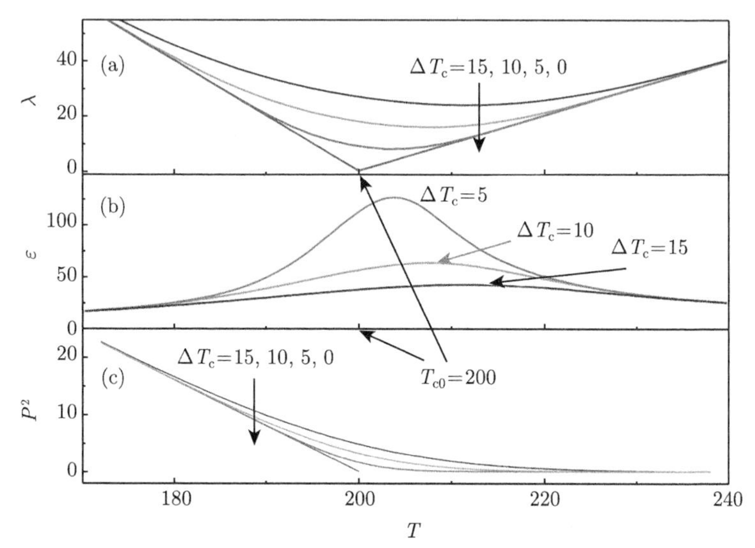


图 10.1.12 不同分布宽度条件下的温度关系：(a) 介电隔离率；(b) 介电常数；(c) 极化率平方 (模拟数值 $T_{c0}$=200, $\alpha_0$= 0.001, $\alpha_0/\beta$ = 0.8)(引自文献 [17])

设基底介质为 $\varepsilon_1$，介质 $\varepsilon_2$ 在基底介质 $\varepsilon_1$ 上呈高斯分布。介质 $\varepsilon_2$ 所占体积比为 $\rho_0$，任选两电极间的一个细长立柱，其介质 $\varepsilon_2$ 所占的比例为 $\rho$，选中此立柱的概率为高斯分布值，总的介电常数为

$$\varepsilon=\int_0^1\frac{\mathrm{e}^{-\frac{(\rho-\rho_0)^2}{2\sigma^2}}}{1/\varepsilon_1+\rho(1/\varepsilon_2-1/\varepsilon_1)}\mathrm{d}\rho\Big/\int_0^1\mathrm{e}^{-\frac{(\rho-\rho_0)^2}{2\sigma^2}}\mathrm{d}\rho \tag{10.1.18}$$

(10.1.9) 式为有序度对介电常数的影响，(10.1.18) 式为高斯分布宽度对介电常数的影响。

图 10.1.13 表明，利用有序度的概念可以实现有序与无序两种极端情况的对接。而高斯函数的含义是，分布较窄时，接近均匀混合；分布较宽时，两种成分差异较大的区域较多。由图中可以看到，分布较宽时总的介电常数趋近常数，但不能达到完全分离的有序状态。因而不能描述体内含有一定有序成分的混合效果。

对于铁电体来说，高斯分布适用于低掺杂时杂质趋于完全混合时的情况，而在较高掺杂浓度下，当体内出现了一定数量的有序微区如纳米微区时，高斯分布失效。因此，掺杂的高斯分布不适用于弛豫铁电体。

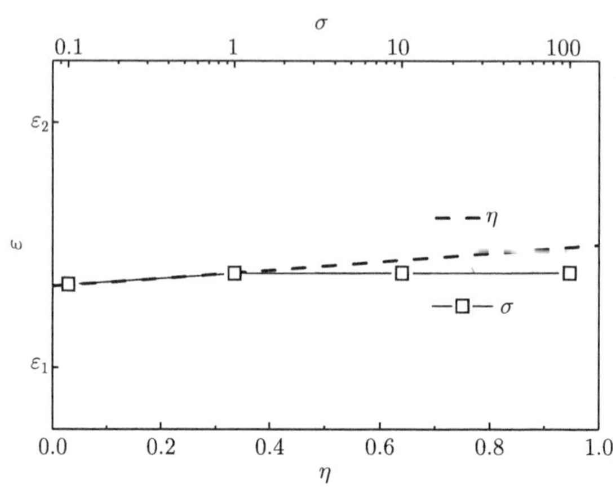


图 10.1.13 在分别占 50% 的二元混合物中，混合的有序度及高斯分布宽度与介电常数的关系

### 10.1.7.2 分布居里温度对介电损耗的影响

由于铁电体中介电常数的定义为微分电容率，偶极子相关的效应常用极化率的平方 $P^2$ 表示，如铁电性相关尺寸参量为 $c/(a-1)=kP^2$，$k$ 为电致伸缩系数相关参量。通过图 10.1.12(a) 和 (c) 在铁电相的比较可以发现，介电隔离率与极化强度平方的温度变化一致。另外，偶极子对介电常数的贡献表现为复数形式：$\varepsilon^*(\omega)\sim\varepsilon_0(1+\mathrm{i}\omega\tau)^{-1}$，相应的介电隔离率为 $\lambda^*(\omega)\sim\lambda_0(1+\mathrm{i}\omega\tau)$。考虑电场作用下偶极子的上述滞后效应所产生的复数形式，因而二阶铁电相变的铁电相和顺电相介电隔离率分别为

$$\lambda=\alpha_0(T-T_0)+3\beta P^2(1+\mathrm{i}\omega\tau) \tag{10.1.19}$$

(10.1.19) 式对应的损耗只出现在铁电相，其表达式为

$$\tan\delta=\frac{3\beta P^2\omega\tau}{\alpha_0(T-T_0)+3\beta P^2} \tag{10.1.20}$$

铁电晶粒形成过程中掺杂物从表面向体内的扩散渗透形成了浓度的指数减少，当烧结温度足够高及保温时间足够长，会形成较为均匀的分布或高斯分布。通过限制烧结时的元素扩散，可控制晶粒壳层的厚度形成核壳结构，其浓度分布近似为线性，相应的居里温度也为线性分布。设晶粒体内的居里温度为 $T_{c0}=200$,

表面掺杂较高的杂质形成了低居里温度，设为 100。归一化的线性分布函数可以表示为 $f(T_c) = 2\times10^{-4}\cdot(200-T_c)$。通过均匀混合方式的推导，可以得到如图 10.1.14 所示的结果。

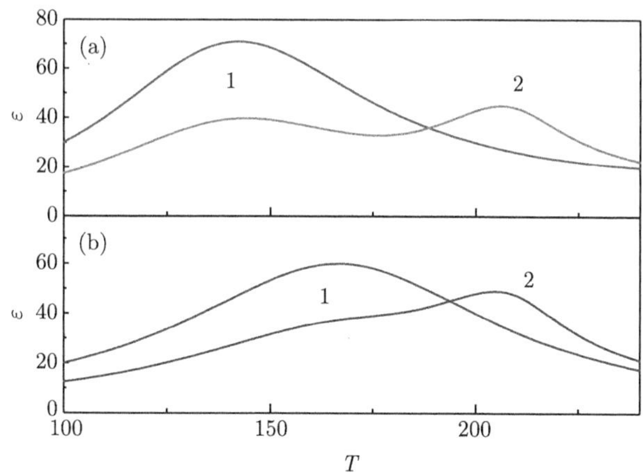


图 10.1.14 立方模型中居里温度分布与核壳结构对介电常数的影响。(a) 曲线 1 为居里温度线性分布；曲线 2 为居里温度线性分布的壳与高斯分布的核在 $\Delta T_c$=10 及 $\rho^2$=0.5 时的结果；(b) 中的曲线 1 为居里温度均匀分布；曲线 2 为居里温度均匀分布的壳与高斯分布的核在 $\Delta T_c=10$ 及 $\rho^2=0.5$ 时的结果 (引自文献 [17])

在居里温度为线性和均匀分布的条件下，得到的损耗-温度如图 10.1.15 所示。在线性分布时低居里温度所占比例较大，因此其介电峰在较低温度，损耗也以低温为主。值得注意的是，损耗的单位为 $\omega\tau$，$\tau$ 的性质与自发极化时的偶极子相关，

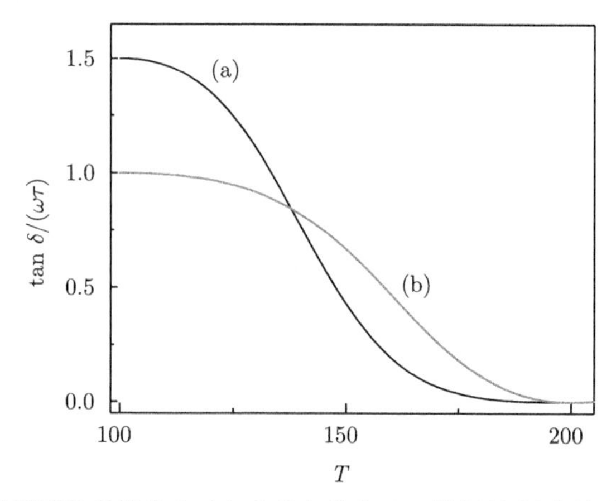


图 10.1.15 居里温度为线性分布 (a) 和均匀分布 (b) 的损耗-温度关系 (引自文献 [17])

$\omega$ 与测试频率相关。由此可以解释钛酸锶钡陶瓷在应用上 (如热释电红外探测成像) 将居里温度调整在 0℃ 附近，实际工作区域的损耗极小。然而，在梯度薄膜的应用中，应该考虑自发极化的梯度分布增大自由能的效应。

归纳上述分析，总结如下：

立方晶粒模型得到了多面体核壳结构晶粒中核与壳对介电常数的贡献关系。当存在极薄的低介电常数壳层时，表现为常见的晶粒尺寸效应：介电峰移向低温的同时介电常数下降。当壳层较厚且两者的介电常数峰不同时，核对介电常数的贡献为其尺寸平方比相关的线性叠加关系，不同于球形模型得到的体积比相关的线性叠加关系。

分布的居里温度对二阶相变铁电体的介电常数和极化有重要影响。居里温度向高温移动的距离与分布宽度成正比，同时介电常数减小。分布的居里温度会使介电峰向高温移动，同时介电常数减小，其顺电相介电隔离率的温度关系不能用幂律表示。壳层的居里温度分布为线性和均匀关系时，介电常数会出现温度三次方和二次方的峰值。其中线性分布与核的高斯分布结合能够得到较为平稳的介电常数温度关系。

铁电体的铁电性和介电常数实部与极化强度的平方相关，当其虚部也为相同关系时，利用偶极子复介电常数关系，导出了铁电相变时损耗的温度关系和居里温度分布时损耗的温度关系。上述二阶相变铁电体的研究结果对铁电体介电性能的应用有重要的意义。

## 10.2　铁性相变与多铁性

### 10.2.1　铁性及其唯象理论

#### 10.2.1.1　铁性

1) 基本概念

铁磁体、铁电体和铁弹性因其具有与磁滞回线类似的功能，被定义为铁性体。三种铁性体均具有相变特征：铁磁相变、铁电相变、铁弹相变 (应力作用发生的相变)

2) 唯象描述

铁电体从顺电相到铁电相的转变，对应结构对称性的破坏，相当于增加了一个极化方向。这种变化可以用一个物理量描述：“极化强度”。由于在各种相变中均存在类似效应，因此将此物理量称为：序参量。序参量具有特定的含义：有序性地产生与湮灭。

序参量是反映系统内部有序化程度的参量，它在相变点的出现引起了对称性的变化，称为“对称破缺”。根据序参量和原型相的对称性可确定相变后的对称性。

因此，序参量的基本特性是说明相变中对称性的变化，通过吉布斯自由能的温度关系决定铁电体的基本性质。

对于 $BaTiO_3$，在约 120℃ 发生相变时，低温相出现了自发极化，同时伴随晶胞沿着极化方向的伸长，这种伸长称为应变或自发应变。自发极化是极性矢量，自发应变也可以用矢量的方向性表示。那么，同时伴随相变产生的极化和应变都具有矢量的性质，该如何判断哪个为主导地位？

3) 初级序参量

极化强度是铁电体对电场响应的最低阶张量 [18]；同样，应变是铁弹体对应力响应的最低阶张量；磁化是铁磁体对磁场响应的最低阶张量。所以，铁电体、铁弹体和铁磁体中标志取向态的是对驱动力有响应的最低阶张量。驱动力通过一次方效应实现取向态转换。这样的铁性体称为初级铁性体。

在铁电体中，外加应力会产生应变，但不是最低阶张量。在没有外力作用的条件下，极化强度的变化与其伴随的长度变化是同步的。自发应变不是初级序参量的原因：出现了自发应变时，中心离子仍然有可能在中心位置不变，则对称性的消失不一定引起铁电性。

初级序参量会关联各种物理性质，当初级序参量产生或湮灭时，相关物理性质同时发生相应的产生和湮灭变化。在没有外加应力作用的条件下，额外引入新的序参量是不合理的，因为有了新的序参量，必然要加入吉布斯自由能中，并产生影响，会导致重复计算。例如，在铁电体中，已经有极化强度了，其变化同步对应着长度的变化，再引入长度的变化量，则为重复计算。但如果长度的变化对应了某种内应力的变化，则可以考虑。因为应力与极化会形成某种自洽，达到内应力抑制极化的作用。

上述性质发生在初级序参量的变化引起其他物理性质的变化方面，如晶胞长度，由于两者之间存在必然的关联性，因此不必引入描述长度的序参量。在一些非理想的情况下，会引起内部的变化，可以用固定的参量表示。例如，内应力对极化的影响和薄膜与基底晶胞长度之间的失配会引起应力导致居里温度的上升。除非有外力的作用，产生一次方以上的效应，如在加电场后再加应力，则应变可以为新的次要的序参量。

4) 次级序参量

在一些系统中，初级序参量与其他物理量之间存在耦合，这些物理量的平均值也在相变点产生或湮灭，它们在侧面反映了系统的有序化程度，但不能完全说明相变中对称性的变化，这些物理量称为次级序参量。

也就是说，当测量到了某个物理量发生了突变时，且系统同时存在着相变，则该物理量与相变并无因果关系，只是与初级序参量耦合导致的现象。

例如，$BaTiO_3$ 铁电体在原型立方相受到拉伸或者压缩时将具有 P4mm 的对称性，相当于圆柱安置在某一立方轴上，会出现应变，该应变为初级序参量。这种拉伸有可能使铁电体转变为铁电相，从而导致介电常数的变化。即应力导致了介电常数的突变，则应变为初级序参量，极化强度为次级序参量。

从次级序参量的定义看，为静态的表象。然而，更多的是外加另外一个“外力”。铁电体在外加电场的作用下会产生极化和应变，极化强度为初级序参量，再加外力会对铁电体的极化强度和应变均产生影响；或者在某种应力或者应变存在的条件下施加电场，所发生的极化现象也会表现出差异。因此，存在着某种次级序参量，与初级序参量联合，影响着铁电体的性能。

有一种说法是：在相变过程中，由于极化与应变的耦合而诱发了自发应变，需要引入自发应变作为下一代的序参量：“次级序参量”。这种说法是错误的，因为两者是同时产生的，不存在自己与自己的耦合，并且如果有耦合则会引起吉布斯自由能的降低，反过来对极化强度和应变又产生影响。即晶胞的拉长引起了长度变化同时也引起了极化强度变化。对能量起作用的是极化强度而不是长度。或者说极化强度已经考虑了长度的影响，整个系统已经经过了极化强度与长度的“自洽”作用，达到了一个平衡，且这种平衡已经用极化强度在吉布斯自由能中呈现了。因此，不能再引入长度项了，除非有外力的作用使长度发生变化。

如果存在外“力”作用于铁电体，使铁电体的性质发生变化，同时影响到吉布斯自由能，则需要根据热力学函数的规则引入新的序参量。例如，外力加在铁电体上，使其沿某个轴拉伸或者压缩并引起极化强度发生变化，则需要引入应变作为序参量，应变和应力同时出现在吉布斯自由能中。并可由吉布斯自由能推导出相应的变化，这时需要引入次级序参量。其方程需要服从第 3 章热力学函数的基本规则。

#### 10.2.1.2 初级和次级铁性体

与自发极化导致的铁电体类似的有：铁弹性和铁磁体。

铁弹性：自发应变为初级序参量。

铁磁体：自发磁化为初级序参量。

通过一次方效应实现取向态转换的，为初级铁性体 (primary ferroics)。如果发生了其他性质的相变，自发极化为次级序参量时，则为非本征铁电相变。

铁电相变是以自发极化为序参量的相变。当所发生的相变以自发极化为次级序参量时，称为非本征铁电相变。同理，还存在另外两种类型，如表 10.2.1 中所列。

对于铁电体来说，一次方效应是：电场在吉布斯自由能中为一次方。自发极化对电场的一阶导数为极化率 $\chi$。

$$\varepsilon - 1 = \chi = \frac{\partial P}{\partial E}$$

表 10.2.1 六种次级铁性体

| 初级/次级序参量 | 驱动场 | 响应参量 |
|---|---|---|
| 铁双电体 | 电场 | 极化率 |
| 铁双磁体 | 磁场 | 磁化率 |
| 铁双弹体 | 应力 | 弹性顺度 |
| 铁弹电体 | 电场和应力 | 压电系数 |
| 铁磁弹体 | 磁场和应力 | 压磁系数 |
| 铁磁电体 | 磁场和电场 | 磁电系数 |

如果该材料需要用极化率 $\chi$ 表示其性质，而不是极化强度 $P$，则该材料为铁双电体。

通过二次方效应实现取向态转换的为次级铁性体 (second ferroics)。分为两种：一种是同一个场的两次作用；另一种是两种不同场的先后作用。

如果极化强度是铁电体的最低阶张量，则标志取向态的次低阶张量是极化率，相当于对电场响应的结果；而对磁场有响应的次低阶张量是磁化率；以及对应力有响应的次低阶张量是弹性顺度。

电场可以通过二次方效应使取向态 (极化率) 相互转换，形成铁双电体 (ferrobielectric)；同样，如果磁场使磁化率取向态发生转换，则称为铁双磁体 (ferrobimagnetic)。在这些铁性体中，标志取向态对驱动力响应的是次低阶张量，通过二次方效应导致的转换，它们被称为次级铁性体。

如果取向态的差别是压磁系数，驱动力是磁场和应力的联合，则称为铁弹磁体 (ferroelastomagnetic)。如果取向态的差别是磁场和电场的作用效果，则称为铁磁电体 (ferromagnetoelectric)。这些铁性体的取向态转换是借助于两种场的联合作用实现的，为二次方效应，在吉布斯自由能中存在两个场的共同项，所以是次级铁性体。

磁场、电场和应力的作用造成了铁磁、铁电和铁弹体对应各种取向态的变化，这种变化均分别对应着各自自由能的变化，且这些变化都是非线性的。例如，铁电体中极化强度与介电常数不能用线性的对应关系表示，多场作用的效果也不能用。铁电体中偶极子的转动效应是三维多个方向偶极子对单一方向电场的响应效果之和，表现为非线性特性。

#### 10.2.1.3 非本征铁电相变的唯象理论

1) 非本征铁电相变

铁电相变是以自发极化为序参量的相变。当自发极化为相变的次级序参量时，且自发极化存在与初级序参量的耦合，这种相变为非本征 (improper 或 extrinsic) 铁电相变。

非本征相变的特征是：非本征相变存在初级序参量 $\eta$，在低温相时必须保证

在自由能展开式中 $\eta$ 的变换使 $P$ 保持不变。

根据上述原理,低温相时耦合项中至少有一项是 $P$ 的线性项且为 $\eta$ 的偶数幂。忽略吉布斯自由能中的常数项 $G_0$,如果两个变量 $\eta$ 和 $P$ 相互独立,即 $\partial\eta/\partial P = 0$,当 $T < T_0$ 时:

$$G = A_0(T - T_0)\eta^2 + B\eta^4 + A'P^2 - k\eta^2 P \tag{10.2.1a}$$

$$\left(\frac{\partial G}{\partial \eta}\right)_{\eta_0, P_0} = 2A_0(T - T_0)\eta_0 + 4B\eta_0^3 - 2k\eta_0 P_0 = 0 \tag{10.2.1b}$$

$$\left(\frac{\partial C}{\partial P}\right)_{\eta_0, P_0} = 2A'P_0 - k\eta_0^2 = 0 \tag{10.2.1c}$$

当 $T < T_0$ 时,结果为 $P_0 = k\eta_0^2/(2A')$。将 $P_0$ 再反向代入 (10.2.1b) 式中,得到

$$\begin{aligned}&A_0(T - T_0) + 2B'\eta_0^2 = 0\\&B' = B - \frac{k^2}{4A'},\quad \eta_0^2 = \frac{A_0(T_0 - T)}{2B'},\quad P_0 = \frac{A_0 k(T_0 - T)}{4A'B'}\end{aligned} \tag{10.2.1d}$$

对于初级序参量所对应的响应系数,将 $P_0$ 代入得到

$$\left(\frac{\partial^2 G}{\partial \eta^2}\right)_{\eta_0, P_0} = 2A_0(T - T_0) + 12B\eta_0^2 - 2kP_0 = 8B\eta_0^2 \tag{10.2.1e}$$

极化强度所对应的响应系数为介电常数

$$\frac{1}{\varepsilon} = \lambda = \frac{\partial^2 G}{\partial P^2} = 2A' \tag{10.2.1f}$$

上述公式中,$B'$ 小于 $B$,且 $B'$ 仍然为正,并由此得到结论:① 耦合后系统的相变温度 $T_0$ 不变;② 初级序参量的平衡值增大;③ 次级序参量的平衡值增大;④初级序参量的响应系数不受耦合的影响;⑤ 介电常数为常数。

当 $T > T_0$ 时,根据 (10.2.1b) 式,解为 $\eta_0 = 0$,再由 (10.2.1c) 式得到 $P_0 = 0$。

由此可以看出,极化强度 $P$ 并未对序参量的响应系数产生影响。即如果序参量为磁感应系数 $M$,则极化强度 $P$ 对磁化率不会产生影响。

2) 赝本征铁电相变

赝本征铁电相变具有部分非铁电相变的特征:相变时存在非铁电性的初级序参量 $\eta$,以及自发极化与初级序参量的耦合。在低温相时初级序参量 $\eta$ 的变化同时影响自发极化 $P$。即 $\eta$ 在自由能展开式中的变换使 $P$ 同时发生变化。

若相变的初级序参量为某个 $\eta$，次级序参量为自发极化 $P$。其基本特征是两个变量 $\eta P$ 的乘积表示耦合效应。其铁电行为会与本征铁电体极为相似，也称为“赝本征铁电相变”，其吉布斯自由能为 [18]

$$G = A_0(T - T_0)\eta^2 + B\eta^4 + A^{'}P^2 - k\eta P \tag{10.2.2a}$$

$G$ 极小时，对两个变量的一阶导数均为 0：

$$\left(\frac{\partial G}{\partial \eta}\right)_{\eta_0,P_0} = 2A_0(T - T_0)\eta_0 + 4B\eta_0^3 - kP_0 = 0 \tag{10.2.2b}$$

$$\left(\frac{\partial G}{\partial P}\right)_{\eta_0,P_0} = 2A^{'}P_0 - k\eta_0 = 0 \tag{10.2.2c}$$

即序参量与自发极化的平衡值为 $P_0 = k\eta_0/(2A')$。再反向代入 (10.2.2b) 式中

$$2A_0(T - T_0) + 4B\eta_0^2 - k^2/(2A^{'}) = 0 \tag{10.2.2d}$$

在相变点 $T_c$，序参量 $\eta_0$ 为零，则有

$$\eta_0^2 = \frac{A_0(T_c - T)}{2B}, \quad T_c = T_0 + \frac{k^2}{4A^{'}A_0}, \quad P_0^2 = \frac{A_0(T_c - T)k^2}{8A'^2B}$$

上式表示，由于次级序参量的出现，$T_c$ 与 $T_0$ 产生了差异。

$$\left(\frac{\partial^2 G}{\partial \eta^2}\right)_{\eta_0,P_0} = 2A_0(T - T_0) + 12B\eta_0^2 = 8B\eta_0^2 - \frac{k^2}{2A'} \tag{10.2.2e}$$

尽管序参量的平衡值 $\eta_0$ 与自发极化的平衡值 $P_0$ 通过 (10.2.2c) 式在数值上产生关联：$P_0$ 越大，$\eta_0$ 也越大。但作为变量，$P$ 与 $\eta$ 两者无关联，介电常数为

$$\frac{1}{\varepsilon} = \lambda = \frac{\partial^2 G}{\partial P^2} = 2A' - k\frac{\partial \eta}{\partial P} = 2A' \tag{10.2.2f}$$

根据 (10.2.2d)～(10.2.2f) 式可以得到结论：① 有耦合的相变温度 $T_c$ 高于无耦合的相变温度 $T_0$；② 相变温度的提高，导致了序参量平衡值的增大；③ 同样原因导致了极化强度值的增大；④ 由于初级序参量的响应 (类似于介电常数) 为 $G$ 对参量二次导数的倒数关系，因而耦合系数 $k$ 导致了其增大；⑤ 介电常数保持不变。

在非本征相变和赝本征相变中分别有 $P_0 = k\eta_0^2/(2A')$ 和 $P_0 = k\eta_0/(2A')$。两个参量的平衡值有比例关系，但并不表示两个参量作为变量时也具有这种比例

关系。若序参量与自发极化作为变量而相互关联，则极化强度失去了独立性，且 (10.2.2b) 和 (10.2.2c) 式中也应该包含两者之间的偏导数项，非本征相变和赝本征铁电相变也失去了意义，从而使 (10.2.2d) 式不成立。也就是说，两者如果存在关联，应该自始至终均保持关联，不能前面无关联，后面有关联，逻辑上不一致地得到相变影响介电常数变化的错误结论 [18]。

上述内容对于铁电体中引入序参量是重要的判断依据，根据铁电体新的性质而引入的具有独立性的序参量不应该再与初级序参量有任何的关联而失去独立性，人为地迎合某种实验结果而引入没有物理原理的序参量是不科学的。其中，反铁电体中引入所谓的微结构序参量就属于此类，而偶极子的转向和耦合，以及调制结构的出现均会破坏微结构，使引入的序参量没有合理存在的理由。

上述内容仅仅讨论了未加与参量 $\eta$ 关联的外场和与 $P$ 关联的电场，因而只是静态或者极其微小外场的响应。

### 10.2.2　多铁性

具有初级和次级效应的铁性体和多铁性体是两种不同的概念，不能混同。例如，铁磁铁电体是以铁磁性为主和铁电性为辅的晶体，铁磁电体则是在电场和磁场联合作用下才实现磁电系数不同的取向态转换的铁性体 [19]。

#### 10.2.2.1　多铁性的概念

定义：多铁性 (multiferroics) 材料是指至少含有两种铁性序参量的材料。这些铁性为铁电性 (反铁电性)、铁磁性 (反铁磁性、亚铁磁性) 和铁弹性。多铁性材料 (如既有铁电性又有铁磁性的磁电复合材料等) 不但具备各种单一的铁性 (如铁电性、铁磁性)，而且还可以通过铁性的耦合复合协同作用实现铁性互控，如通过磁场控制电极化或者通过电场控制磁极化。

铁磁铁电体的铁磁性与铁电性等价，因此为双初级序参量的铁性体。

#### 10.2.2.2　发展历史

有意思的实验：1888 年，Röntgen 发现如果将一个运动的介电体材料放置于一电场中会被磁化。

之后的理论：1894 年，Curie 通过对称性分析指出，在一些晶体中可能存在本征的磁电效应。1926 年，Debye 第一次给出了磁电耦合效应这一名词。

重要突破：1959 年，Dzyaloshinskii 从理论上预言了第一个磁电耦合材料 $Cr_2O_3$，并在次年得到实验证实：通过施加 $10^3$kV/cm 的电场，可使 5ppm 的电子自旋翻转，所测得的磁电耦合系数为 4.13ps/m。

概念的提出：1994 年，Schmid[20] 提出了多铁性材料 (multi-ferroic)。

被泼冷水：2000 年，Hill[21] 指出了磁电耦合材料稀少的本质原因是磁性需要不满壳层的电子，而铁电性需要满壳层的电子，导致两者本质上互斥。

峰回路转：2003 年，Ramesh 的学生王峻岭 [22] 合成了室温下具有强磁性和强铁电极化的 $BiFeO_3$ 薄膜。天性互斥的磁和电终于被摁在了同一个固体中，一时红遍全球。同年，Kimura 等在第 Ⅱ 类多铁性材料中观察到了巨大的磁电耦合效应 [23]。

2004 年，Cheong 研究组在锰氧化物中观察到铁电极化可以被磁场作用从 $c$ 到 $a$ 转向。同年，Fiebig 研究组发现了六角 $HoMnO_3$ 的磁畴可以通过电场进行调控。

理论解释：Katsura 等发表了首篇在理论上解释铁磁诱发铁电的文章 [24]。

上述磁电复合效应与材料的实验和理论的发展过程用图 10.2.1 直观地表示出来。

之后有 80 余种化合物被观测到存在磁电耦合效应。

如此众多和重要的发现迅速将多铁性推到凝聚态物理与材料科学研究的最前沿。

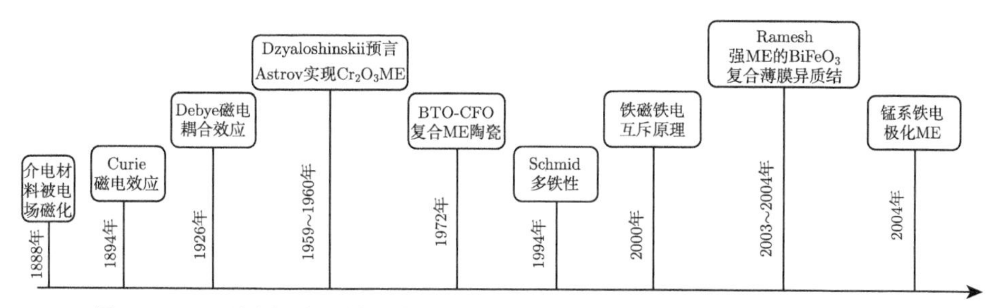


图 10.2.1 磁电效应、单相多铁性、复合多铁性磁电材料及理论的发展历史

(ME 表示磁电耦合效应)

各种铁性以及相变会相互影响和关联吗？如果有，能够利用吗？

图 10.2.2 中，对应于所施加的电 $E$、磁 $H$ 和力 $\sigma$ 的三种响应均具有回线的滞后表现，从相应理论推导的结果分别是微分量而不是线性量的比值，仅可被用于动态的过程 (例如，介电常数为 $\mathrm{d}P/\mathrm{d}E$)。三种响应 $P$、$M$、$S$ 分别为相应的响应电极化、磁极化和应变。将三种响应分解为两两作用，可以得到图示的：电场与力作用的压电性、磁场与力作用的磁弹性和磁场与电场作用的磁电性。

在图 10.2.2 各个参量之间的关系中，常用所谓的本构方程表示：

$$\boldsymbol{P} = \boldsymbol{\varepsilon E} + \boldsymbol{d\sigma} + \boldsymbol{\alpha H}$$
$$\boldsymbol{M} = \boldsymbol{\chi H} + \boldsymbol{q\sigma} + \boldsymbol{\alpha E}$$
$$\boldsymbol{S} = \boldsymbol{s\sigma} + \boldsymbol{d}^{\mathrm{T}}\boldsymbol{E} + \boldsymbol{q}^{\mathrm{T}}\boldsymbol{H}$$

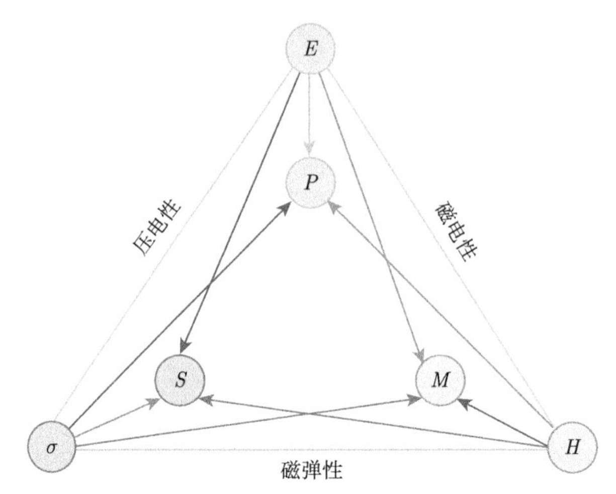


图 10.2.2 三种铁性效应相互耦合的效果示意图

上述方程组中的参量均为张量。实际上，该方程仅适用于线性电介质而不适用于铁电体。因为在第一个公式中，若应力和磁场为零，则极化强度与电场为线性关系。而该比例系数不应该是铁电体中频谱方法测量得到的介电常数。因为铁电体的介电常数是极化强度与电场的一阶导数，需要利用含电场、磁场和力场的吉布斯自由能方程，分别用于偶极子取向的方向，并考虑取向概率才能得到各种综合作用所产生的滞后回线。

再结合电场、磁场和力场的如下微分关系。

$$\Delta P = \varepsilon\Delta E + d\Delta\sigma + \alpha\Delta H$$
$$\Delta M = \chi\Delta H + q\Delta\sigma + \alpha\Delta E$$
$$\Delta S = s\Delta\sigma + d^{\mathrm{T}}\Delta E + q^{\mathrm{T}}\Delta H$$

再利用第 6 章 ~ 第 8 章所述的方法，可以分别得到三个系数 $\varepsilon$、$\chi$ 和 $s$ 随温度和各自场强大小的滞后回线。由于需要分别考虑不同方向的差异，因此上述方程用矢量形式表示。

在实验上，人们可以制备出铁电性和铁磁性共存的材料，但实现让两者互相调控远比实现两者共存要困难得多。然而在理论上，上述目前普遍使用的基于本构方程的理论不符合铁电体和铁磁体的特性，还需要从吉布斯自由能的角度研究铁电性和磁性互相耦合调控的微观机制，并从理论上设计实现两者之间强耦合的可行方法。

#### 10.2.2.3 多铁性材料的分类

1) 第 I 类多铁性材料

单相多铁材料，一种原胞同时具有铁磁性和铁电性。

主要有如下四种：

(1) Bi 系钙钛矿结构多铁材料，如 $BiFeO_3$ 和 $BiMnO_3$ 等。

(2) 以 $TbMnO_3$，$DyMnO_3$ 和 $TbMn_2O_5$ 等为代表的由原子半径较大的稀土元素形成的下次结构钙钛矿锰化合物。

(3) 由电荷有序引起的电极化。其主要是掺杂的钒铅矿型锰氧化物，例如 $La_{0.5}Ca_{0.5}MnO_3$，$LuFe_2O_4$ 和 $Pr_{1-x}Ca_xMnO_3$ 等。

(4) 基于几何因素引起铁电体的六方层状结构的多铁材料，如 $HoMnO_3$，$YMnO_3$。其中，Ho 本身具有磁性。

其中，最常用的两种 Bi 系的材料的性能如下。

A. $BiFeO_3$

$BiFeO_3$ 是到目前为止唯一同时在室温以上表现出铁电性和磁性的材料。$BiFeO_3$ 具有铁电转变温度和铁磁转变温度。室温下 $BiFeO_3$ 具有菱形畸变钙钛矿结构，空间群为 $R_{3c}$，晶格常数为 $a = b = c = 5.633\,Å$ 和 $\alpha = \beta = \gamma = 59.4°$。铁电居里点在 1103K 或 820℃，反铁磁奈尔点在 643K 或 370℃。

在图 10.2.3 中，$BiFeO_3$ 的铁电自发极化起源于 $Bi^{3+}$ 中孤对电子沿 $FeO_6$ 八面体 [111] 方向的偏离。孤对电子是指 Bi 的 d 电子壳层中有自旋未配对的电子，如有一个向上自旋的电子没有向下自旋的电子。这种极化的 $Bi^{3+}$ 会沿 [111] 方向移动，而氧八面体则绕 [111] 轴扭曲畸变，导致沿 [111] 方向的极化。

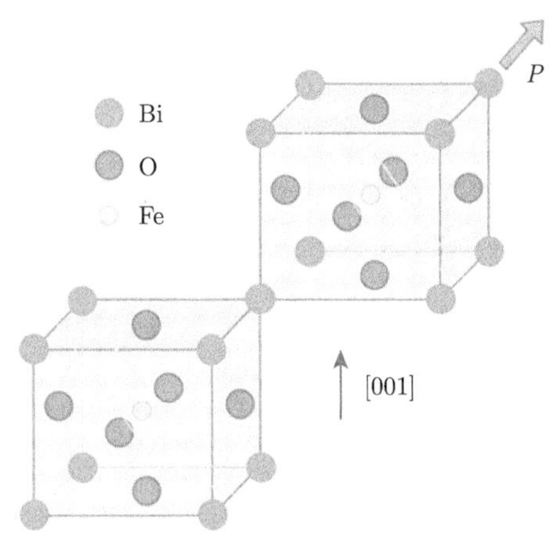


图 10.2.3　$BiFeO_3$ 沿晶胞对角线的铁电自发极化方向。极化强度 $P$ 指向 [111] 对应的方向

铁磁性的原理：基态是反铁磁态，反铁磁自旋序是不均匀的，呈现一种空间调制结构。这一调制结构导致各个离子磁矩相互抵消，因此宏观尺寸的 $BiFeO_3$ 只表现出很弱的磁性。而纳米尺寸的样品表现出了较强的磁化曲线。例如，颗粒尺寸从 40nm 降低到 4nm，其磁化强度增加了一个数量级。

更为奇特的是， 纳米尺寸 $BiFeO_3$ 样品可以表现出很强的光催化特性。

对 $BiFeO_3$ 在室温施加外电场可以观测铁电畴的形态，并导致电极化的翻转，同时也导致反铁磁畴的翻转。

由于铁电性来源于铋离子的翻转，因此可以制备各种含铋离子的铁电材料。

值得一提的是，为了增强 $BiFeO_3$ 中的磁性和铁电性，理论研究指出由于铁和铬离子间存在超交换相互作用 (superexchange interaction)，$Bi_2FeCrO_6$ 应该具有很大的磁化和电极化。只是由于很难合成铁和铬离子有序排列的材料，得到的只是铁/铬无序固溶体，实验效果并不理想。

B. $BiMnO_3$

$BiMnO_3$ 它有铁电转变温度和铁磁转变温度。其自发磁矩和自发电极化都较大，在低温下表现出铁磁性。$BiMnO_3$ 具有单斜钙钛矿结构。铁电相转变温度为 $T_{FE} \sim 800K$，晶格结构发生畸变，铁磁相转变发生在 $T_{FM} \sim 100K$。

$BiMnO_3$ 中铁电性和磁性来源于不同的单元 (离子)，因此两者之间的耦合也不会太强烈。虽然观测到介电常数在磁相变点有微小变化，但这种变化对外加磁场非常不敏感，施加 9T 的强磁场在磁相变点附近仅能导致不到 0.6% 的介电常数变化。

存在的主要问题。第一，铁电性要求材料为绝缘体，而一般的铁磁体都具有导电性。例如，铁易变价会形成氧空位导致材料的绝缘性低，存在漏电流大，难以极化。第二，多数多体材料的转变温度在室温以下，难以应用。第三，尽管在一些材料中存在铁电性和铁磁性，但它们之间不一定具有强的磁电耦合性，而有可能是相互独立且不干扰的。

解决的方案：为了克服上述缺点，复合多铁材料成为一个重要的选择。复合多铁材料由铁电材料和磁致伸缩材料混合构成，以两相间的应力/应变传递而实现铁电铁磁耦合。通过将铁电极化系数高的铁电体和磁致伸缩系数大的铁磁体复合来提高磁电耦合系数。

2) 第 Ⅱ 类多铁性材料

复合多铁材料，两种效应合在一个材料上，一种有铁磁性，一种有铁电性。

20 世纪 90 年代以来，磁电耦合效应的主要突破是在复合磁电材料中取得的。

磁电复合陶瓷：

0-3 型颗粒复相陶瓷：

(1) 高含量磁性相颗粒均匀分布在铁电陶瓷基体中；

(2) 抑止互反应、元素互扩散。

2-2 型双叠层复相陶瓷：

(1) 共烧失配/连贯的界面结合；

(2) 抑止界面互反应，互扩散。

复合磁电材料的方法有：

(1) 片状的压电/铁电材料和磁致伸缩材料叠在一起形成层状结构，如图 10.2.4(c) 所示；

(2) 颗粒形式的复合以及自组织生长的纳米尺度柱状复合，分别如图 10.2.4(a) 和 (b) 所示。

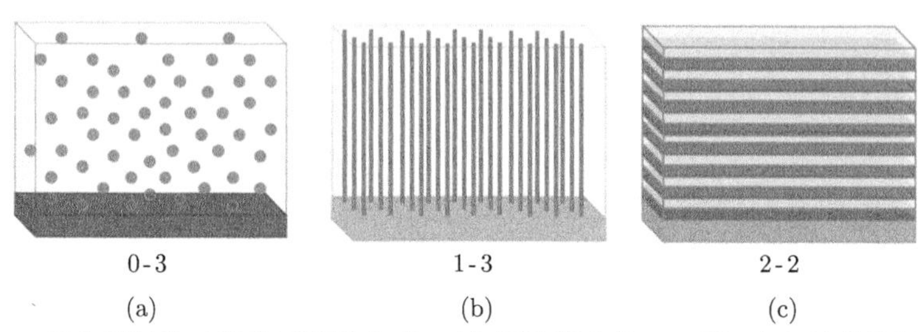


图 10.2.4 复合材料的三种典型连通方式：(a) 颗粒填充的 0-3 型；(b) 纳米棒竖直填充的 1-3 型；(c) 层状交叠的 2-2 型

在强的直流偏置磁场下，很小的交流磁场就能够导致很大的磁电极化或磁致电压。在电-力共振峰附近，最大的磁致电压系数达 90V/(cm·Oe) (1Oe=79.58A/m)。这一数值已具有实用价值，因此磁电耦合效应在微波器件、磁场传感器以及存储器中的读写头等领域都有明确的应用前景。目前，通常认为复合材料中的磁电耦合效应是磁致伸缩和压电的乘积效应，基本上是一个宏观力学传递过程。

研究历史：

1972 年，荷兰 Philips 实验室的 Suchtelan 率先提出复合材料磁电耦合效应，很快就在实验中实现了这种磁电效应。采用定向凝固方法制备了 $BaTiO_3$-$CoFeO_4$ 复合陶瓷，室温下观测到磁电电压系数达 130mV/(cm·Oe)，远大于单相多铁性化合物的耦合效应。

相比于颗粒复合陶瓷，2-2 型叠层复合陶瓷中将压电层与铁氧体叠层共烧，避免了铁氧体高电导率带来的漏电流，使复合材料能够显示出更大的磁电效应。在压电层和铁氧体层之间引入内电极避免 2-2 叠层中铁氧体作为电极层使磁电信号产生衰减。例如，在镍铁氧体/PZT/镍铁氧体三层复合陶瓷中引入 Ag-Pd 内电极，或者在制备多层陶瓷电容器的工艺中使用 Ni 电极，可使陶瓷的磁电电压输出得到显著提高。

已经实现复合的多铁材料：

(1)PMNPT/$CoFe_2O_4$ 颗粒复合材料表现出较高的介电常数、高压电系数、较高的饱和磁化强度和高磁致伸缩效应。

(2) 复合薄膜因界面形态可以分为平面异质界面、平面直立界面、管状异质界面等。将三维异质外延体系引入多铁复合薄膜中，发现垂直柱状结构的复合薄膜 (具有管状异质界面) 理论上具有很高的磁电耦合系数。并且三维异质外延体系从根本上克服了传统二维异质外延的某些不足，可以对大厚度薄膜的应力状态进行大范围调控，界面面积可远大于衬底水平面积，更易于表征和应用。

(3) 具有高极化强度的 $BiFeO_3$ 和大磁致伸缩系数的 $CoFe_2O_4$ 受到了人们的关注，但直到自组装 $BaTiO_3$-$CoFe_2O_4$ 柱状磁电复合薄膜的工作发表后，$BiFeO_3$-$CoFe_2O_4$ 柱状复合薄膜所具有的三维异质外延的优点在磁电复合薄膜中才得以实现。

研究方案探讨：体积越小，$BiFeO_3$ 纳米颗粒的磁性越大，可制备极小的纳米颗粒加入铁电体的基体中，在增大接触界面以提高耦合效果的同时，提高耦合性能。

渗流域值的限制：在基底材料内随机均匀添加细微球形颗粒物，只有当体积比达到了渗流域值以上时才可以形成导电连通沟道。

在理论上，当铁磁纳米颗粒的含量低于与其形状相关的渗流域值时，不会形成导电沟道，可以保证电场加在铁电体的基底上。

#### 10.2.2.4 多铁性材料的应用

多铁性材料有许多应用，主要方向在：① 磁电耦合传感器；② 多态位的磁存；③ 可调微波器件等。

利用的主要是磁电效应 (magnetoelectric effects，ME)，材料在磁场和电场间的耦合，加电场导致磁化或加磁场导致电极化或产生电压。

逆磁电效应：电场调控磁性 $\Delta M = \alpha\Delta E$。其中，$\alpha$ 为磁电耦合系数。正磁电效应：磁场调控电性 $\Delta P = \alpha\Delta H$，$\Delta E = \alpha_E\Delta H$。

利用磁场调控电场的原理如图 10.2.5 所示。外加磁场产生磁致伸缩，伸缩

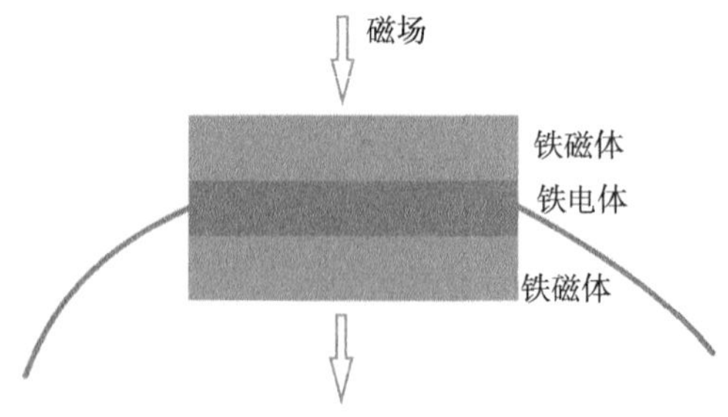


图 10.2.5 外加磁场使铁磁体在磁场方向的长度发生变化，产生的应力作用在铁电体上产生电压

方向为磁场方向，该应变产生应力加在铁电体上，使之极化产生电压，从而实现磁对电的调控。

具体内容分为：

(1) 磁传感器。

磁电复合材料用于磁场探测的原理：在磁电系数测试中，需要同时施加直流偏置磁场 $H_{dc}$ 和交流微扰磁场 $H_{ac}$。已知 $H_{dc}$ 或 $H_{ac}$ 时即可探测出另外一个磁场分量。还可探测其他改变磁场的变化量，如电流、速度等。

在交流磁场探测方面：① PMN-PT 单晶与 Terfenol-D 制得的三层磁电复合材料，经良好的屏蔽处理，在谐振频率下可以探测到 $1.2\times 10^{-10}$T 的交流磁场，仅次于目前最好的超导量子干涉器件的灵敏度。若提高磁电复合材料的电容量，从而增加测试回路的时间常数，则可以降低最低测试频率。② Terfenol-D/PMN-PT 多层结构磁电复合材料在频率为 5mHz~100Hz 范围内对 1Oe 交流磁场的响应随频率变化非常平坦，对极低频交流微弱磁场具有稳定响应，可用于探测磁场异常变化的磁传感器中。

在直流磁场探测方面：① Terfenol-D/PZT 叠层复合材料，在施加 0.1Oe 的交流磁场下，对直流磁场的灵敏度为 $10^{-7}$T，而在谐振频率下，灵敏度达到 $10^{-8}$T。② 利用非晶合金/PZT 纤维阵列叠层复合材料的高磁导率和强磁性各向异性，仅在样品外线圈中通入 10mA 的交流驱动电流，即可使复合材料对直流磁场大小具有 $10^{-9}$T 的灵敏度，以及高达 $10^{-5\circ}$ 的角度灵敏度，具有用于地球磁场探测的可行性。

(2) 多态存储器。

铁电或铁磁材料存在两种电极化或磁化状态，可以分别被用来作为存储器储存二进制信息。多铁性磁电材料使在同一元件中实现四态存储成为可能。

2007 年，法国 Bibes 在具有铁磁铁电性的 $La_{0.1}Bi_{0.9}MnO_3$ (LBMO) 超薄 (2nm) 薄膜中，以 LSMO 和 Au 分别作为底电极和顶电极，在该隧道结观测到铁电性，在 3~4K 低温下观察到了一种四阻态。

2009 年，理论上计算出了 ($SrRuO_3/BaTiO_3/SrRuO_3$) 隧穿电阻在不同的铁电和铁磁组态下存在四个显著不同的值，由于 $SrRuO_3$ 的铁磁居里温度在 160K 左右，因而有可能提高 4 态温度。

目前，还有一些材料也显示了四阻态特性，但都是在远低于室温下才观察到。

(3) 可调微波器件。

在微波频段，电场诱导铁磁谐振峰的改变可以用来表征材料的逆磁电效应，使磁电复合材料具有用于电可调微波器件的可能。

传统微波器件的铁磁谐振峰一般通过外加磁场来调节，而磁电复合材料则可以通过静电场来方便地控制铁磁共振行为，由此产生了基于磁电复合材料的电控可调微波器件，如滤器、谐振器、移相器等。

美国、俄罗斯的多个研究小组在多个铁磁铁电复合系统中，都观测到施加电场可使铁磁共振峰发生显著位移，显示了磁电复合体系作为电场可调微波器件的应用可能性。

#### 10.2.2.5 多铁性材料的理论

对于多铁性的认识已有漫长的历史。早在一个世纪前铁电性被发现的时候就一直与磁性这一更加古老的性质联系在一起，因为唯象地看它们之间有很多相似性。虽然探索在一种化合物中实现铁电性和磁性共存遭遇重重困难，但是相关的努力和尝试在半个世纪前就开始了，尽管在很长一段时间内这一研究领域没有得到广泛的关注。

制备技术的发展导致获取高质量 (单晶与外延薄膜、异质结) 样品成为现实，从而为揭示多铁性的本征物理根源提供了可能性。

在多铁性领域，理论与实验是交替进行的；理论的预言可以被实验证实及否定，它们都极大地促进了多铁性在理论和实验的同步发展。

多铁性材料的理论研究分为量子和唯象两种

尽管目前人们对电子和原子已经有了深入的认识，但对于铁电体在原子尺度上产生的原因并不了解。例如，$BaTiO_3$ 和 $PbTiO_3$ 中的钛离子在铁电相时为什么处于偏离中心的位置为稳定的最低能级？其物理原因的解释对开发多铁材料有着决定性的意义。而铁磁铁电的耦合涉及唯象理论对相互作用的深入探讨。基于此点，人们还需要在量子理论和唯象理论中更深入地开展工作。

1) 量子理论

铁电性与磁性的耦合涉及自旋同晶格或声子之间的耦合，而具有多铁性的体系大多属于过渡金属复杂氧化物，特别是具有钙钛矿结构单元的复杂氧化物 (如锰氧化物)，它们都属于强关联电子体系，存在电子-电子关联、电子-声子关联、多重元激发等。

实验上，在一些自旋失措磁性氧化物体系中观察到了铁电性与磁性在量子范畴内的内禀共存和显著的磁电耦合效应。有本征意义的是揭示了这些体系中铁电序与自旋序之间的调控效应，表现为自旋翻转与铁电翻转的协同进行，具有重要的价值，预示着量子调控在多铁性体系中的初步实现。

2) 唯象理论

第 I 类复合铁磁铁电体同时具备两种特性，其定义为同时具有两个初级序参量：电极化和磁极化。铁磁/铁电的等价性使其能够用吉布斯自由能表示，它必须包含两个等价的序参量，以及可能的耦合项。如果考虑应变的效果，则要用含应变为变量的自由能。

基本的方法是根据两个初级序参量，得到在两个外加磁场和电场作用下的吉布斯自由能。例如，按照 Kimura 等 [25] 提出的多铁性 Ginzburg-Landau 理论，吉布斯自由能是

$$G = \left[\frac{1}{2}A_0(T - T_{\mathrm{M0}})M^2 + \frac{1}{4}BM^4 - MH\right] + \left[\frac{1}{2}\alpha_0(T - T_{\mathrm{P0}})P^2 + \frac{1}{4}\beta P^4 - PE\right] + \gamma M^2P^2$$

上式给出了耦合的平方项，且为正值，表示耦合是不稳定的高能量项。其目的是直接给出 $G$ 对 $P$ 或 $M$ 的二次效应所包含的参量。例如，介电常数与 $G$ 对 $P$ 的二次导数相关，上式能够直接导出其关联项，预言 $M$ 对介电常数的影响效果。然而，$P$ 的二次效应意味着反转的等效性，即极化强度的反转对磁性无影响，其表述与实验结果不符。

对于不等效反转的，必须用含单次负磁电耦合项的吉布斯自由能表示，它具有稳定的耦合效应：

$$G = \left[\frac{1}{2}A_0(T - T_{\mathrm{M0}})M^2 + \frac{1}{4}BM^4 - MH\right] + \left[\frac{1}{2}\alpha_0(T - T_{\mathrm{P0}})P^2 + \frac{1}{4}\beta P^4 - PE\right] - kMP$$

其平衡条件为

$$\frac{\partial G}{\partial M} = A_0(T - T_{\mathrm{M0}})M + BM^3 - H - kP = 0$$

$$\frac{\partial G}{\partial P} = \alpha_0(T - T_{\mathrm{P0}})P + \beta P^3 - E - kM = 0$$

无磁场和无电场时的平衡条件分别为

$$\frac{\partial G}{\partial M} = \begin{cases} A_0(T - T_{\mathrm{M0}})M_0 + BM_0^3 - kP_0 = 0, & T < T_{\mathrm{M0}} \\ A_0(T - T_{\mathrm{M0}})M_0 - kP_0 = 0, & T \geqslant T_{\mathrm{M0}} \end{cases}$$

$$\frac{\partial G}{\partial P} = \begin{cases} \alpha_0(T - T_{\mathrm{P0}})P_0 + \beta P_0^3 - kM_0 = 0, & T < T_{\mathrm{P0}} \\ \alpha_0(T - T_{\mathrm{P0}})P_0 - kM_0 = 0, & T \geqslant T_{\mathrm{P0}} \end{cases}$$

由于铁磁相变的温度远低于铁电相变的温度 ($T_{\mathrm{M0}}$ 远小于 $T_{\mathrm{P0}}$)，接近铁磁相变温度时磁性较小，对极化强度的影响不大。根据 $G$ 对 $M$ 的求导，可以将 $P_0$ 表示为磁性参量的函数：

$$P_0 = f(\alpha_0, T - T_{M0}, M_0)/k$$

在一定的温度条件下，与磁性参数相关的平衡条件为

$$\alpha_0(T-T_{P0})f(\alpha_0,T-T_{M0},M_0)/k+\beta[f(\alpha_0,T-T_{M0},M_0)/k]^3-kM_0=0, \quad T<T_{M0}$$
$$\alpha_0(T-T_{P0})A_0(T-T_{M0})M_0/k+\beta[A_0(T-T_{M0})M_0/k]^3-kM_0=0, \quad T\geqslant T_{M0}$$

根据上式可知，$M_0$ 值可以通过平衡条件推导得到，由于耦合项的贡献，当耦合系数 $k$ 为正时，$M_0$ 值增大，由此导致电极化 $P_0$ 与铁磁性 $M_0$ 互相耦合增大的效果。

在铁电相变区域，铁磁性已经转变为顺磁相，如果没有耦合项则顺磁相对铁电相变没有影响；当有耦合项存在及无电场时

$$G = \frac{1}{2}A_0(T-T_{M0})M^2 + \frac{1}{2}\alpha_0(T-T_{P0})P^2 + \frac{1}{4}\beta P^4 - kMP$$

$$M_0 = \frac{kP_0}{A_0(T-T_{M0})}, \quad T < T_{P0}$$

$$M_0 = P_0 = 0, \quad T \geqslant T_{P0}$$

铁磁铁电的耦合导致了铁电性时仍然存在弱的磁性；无铁电性时也无磁性。

在弱小的交流磁场或电场作用下，铁磁体的磁化率和铁电体的电极化率分别为

$$\frac{1}{\mu} = \frac{\partial H}{\partial M} = A_0(T-T_{M0}) + 3BM^2$$
$$\frac{1}{\varepsilon} = \frac{\partial E}{\partial P} = \alpha_0(T-T_{P0}) + 3\beta P^2$$

其中，$\mu$ 是磁化率，$\varepsilon$ 是介电常数。利用 $P$ 与 $M$ 的关联性，得到了 $M$ 对介电常数的影响：即 $M$ 使 $P$ 增大，从而使介电常数 $\varepsilon$ 减小。同理，$P$ 使 $M$ 增大，导致磁化率 $\mu$ 减小。

需要说明的是，上述公式仅仅适用于无直流电场和直流磁场的情形，测量时加了极微小的交流电场和磁场，用于描述静态的相变特征。因为相变过程主要是温度的函数关系，在磁相变时测量的介电常数也是交变的，可以与理论进行比较。

当外加强电场或强磁场时，会引起三维空间内磁偶极子和电偶极子的转动效应，以及畴的形成和分解效应。具体还需要在两个方向进行研究：磁场引起应变的效应，表示为 $\mathrm{d}S/\mathrm{d}H$；应变引起极化的效应或电场的效应，表示为 $\mathrm{d}P/\mathrm{d}S$ 或 $\mathrm{d}E/\mathrm{d}S$。这些都是唯象理论可以解决而没有解决的。

研究内容探讨：单相材料中磁电耦合效应通常比较弱，如何提高？有种方法提到了："最有效的提高方法是利用一些介电常数/磁化率较大的材料，其内部有非常大的内电场或内磁场，可实现大的电磁场耦合。而铁电材料 (铁磁材料) 具有大的介电常数 (磁化率)，因此具有铁电性的铁磁材料 (铁磁铁电体、铁电磁体) 将有可能表现出较大磁电耦合系数。"

上面这句话对吗？

错了！如果某个铁电材料有大的介电常数，则它只有小的极化强度，以及小的内电场。同理，大的磁化率也只对应小的磁化强度。上述的判断依据与理论推导的结果刚好相反。

## 参 考 文 献


[1] Furukawa T, Fujino K, Fukada E. Electromechanical properties in the composites of epoxy resin and PZT ceramics. Jpn J Appl Phys, 1976, 15：2119-2129.

[2] Tinga W R, Voss W A G, Blossey D F. Generalized approach to multiphase dielectric mixture theory. J Appl Phys, 1973, 44: 3897-3902.

[3] Polder D, van Santeen J H. The effective permeability of mixtures of solids. Physica, 1946, 12: 257-271.

[4] Chaudhari A, Chaudhari H, Mehrotra S. Dielectric properties for the binary mixture of dimethylsuphoxide and dimethylacetamide with 2-nitrotoluene at microwave frequencies. Fluid Phase Equilibr, 2002, 201: 107-118.

[5] Looyenga H. Dielectric constants of mixtures. Physica, 1965, 31: 401-406.

[6] Weiglhofer W S, Lakhtakia A. Maxwell Garnett and Bruggeman formalisms for a particulate composite with bianisotropic host medium. Microw Opt Technol Lett, 1997, 15: 263-266.

[7] Sedrez P C, Barbosa Jr J R. Relative permittivity of mixtures of R-134a and R-1234yf and a polyol ester lubricating oil. Int J Refrig, 2015, 49: 141-150.

[8] Bottcher C J F. The dielectric constant of crystalline powders. Recl Trav Chim Pays-Bas, 1945, 64: 47-51.

[9] Landau L D, Lifshitz E M. Electrodynamics of Continuous Media. Oxford: Pergamon Press, 1960.

[10] Kraszewski A. Prediction of the dielectric properties of two-phase mixtures. J Microw Power, 1977, 12: 216-222.

[11] Serdyuka Y V, Podoltsevb A D, Gubanski S M. Numerical simulations of dielectric properties of composite material with periodic structure. J Electrost, 2005, 63: 1073-1091.

[12] Lichtenecker K, Rother K. Die Herleitung des logarithmischen Mischungsgesetz es aus allgemeinen. Prinzipien der stationären Strömung: Physikalische Zeitschrift, 1931, 32: 255-260.

[13] Cao W Q, Shang X Z. Dielectric properties of binary component distribution in relaxors. Ferroelectr Lett Sec, 2015, 42: 132-138.

[14] 舒明飞, 尚玉黎, 陈威, 等. 核壳结构对弛豫铁电体介电行为的影响. 物理学报, 2012, 61(17): 177701.

[15] Fang C, Zhou D X, Gong S P. Core-shell structure and size effect in barium titanate nanoparticle. Physica B: Condensed Matter, 2011, 406: 1317-1322.

[16] Zhao Z, Buscaglia V, Viviani M, et al. Grain-size effects on the ferroelectric behavior of dense nanocrystalline $BaTiO_3$ ceramics. Phys Rev B, 2002, 70: 024107.

[17] 吴静，曹万强，尚勋忠．立方核壳晶粒模型的分布介电效应．材料科学, 2014, 4: 211-217.

[18] 钟维烈．铁电体物理学．北京：科学出版社，1996: 113.

[19] 王克锋，刘俊明，王雨．单相多铁性材料——极化和磁性序参量的耦合与调控．科学通报，2008，53(10): 1098-1135.

[20] Schmid H. Multi-ferroic magnetoelectrics. Ferroelectrics, 1994, 162: 317-338.

[21] Hill N A. Why are there so few magnetic ferroelectrics. J Phys Chem B, 2000, 104: 6694-6709.

[22] Wang J, Neaton J B, Zheng H, et al. Epitaxial $BiFeO_3$ multiferroic thin film heterostructures. Science, 2003, 299: 1719-1722.

[23] Kimura T, Goto T, Shintani H, et al. Magnetic control of ferroelectric polarization. Nature, 2003, 426: 55-58.

[24] Katsura H, Nagaosa N, Balatsky A V. Spin current and magnetoelectric effect in noncollinear magnets. Phys Rev Lett, 2005, 95: 057205.

[25] Kimura T, Kawamoto S, Yamada I, et al. Magnetocapacitance effect in multiferroic $BiMnO_3$. Phys Rev B, 2003, 67: 180401.

# 附录 A　铁电晶体的晶系与分类

**附表一　32 种晶体学点群的晶系、特征对称元素、晶胞类型与国际记号**

| 对称性高低 | 晶系 | 特征对称元素 | 晶胞类型 | 点群 | |
|---|---|---|---|---|---|
| | | | | 序号 | 国际记号 |
| 低 | 三斜 | 无 | $a \neq b \neq c$<br>$\alpha \neq \beta \neq \gamma \neq 90^\circ$ | 1 | |
| | | | | 2 | $i$ |
| | 单斜 | $\underline{2}$ 或 $m$ | $a \neq b \neq c$<br>$\alpha = \gamma = 90^\circ \neq \beta$ | 3 | $2$ |
| | | | | 4 | $m$ |
| | | | | 5 | $2/m$ |
| | 正交 | 两个相互垂直的 $m$ 或三个相互垂的$\underline{2}$ | $a \neq b \neq c$<br>$\alpha = \beta = \gamma = 90^\circ$ | 6 | $222$ |
| | | | | 7 | $mm2$ |
| | | | | 8 | $\frac{2}{m}\frac{2}{m}\frac{2}{m}$ |
| 中 | 四方 | $\underline{4}$ | $a = b \neq c$<br>$\alpha = \beta = \gamma = 90^\circ$ | 9 | $4$ |
| | | | | 10 | $\bar{4}$ |
| | | | | 11 | $4/m$ |
| | | | | 12 | $422$ |
| | | | | 13 | $4mm$ |
| | | | | 14 | $\bar{4}2m$ |
| | | | | 15 | $\frac{4}{m}\frac{2}{m}\frac{2}{m}$ |
| | 三方 | $\underline{3}$ | $a = b = c$<br>$\alpha = \beta = \gamma <$<br>$120^\circ \neq 90^\circ$<br>$a = b \neq c$<br>$\alpha = \beta = 90^\circ$<br>$\gamma = 120^\circ$ | 16 | $3$ |
| | | | | 17 | $\bar{4}$ |
| | | | | 18 | $32$ |
| | | | | 19 | $3m$ |
| | | | | 20 | $\bar{3}\frac{2}{m}$ |
| | 六角 | $\underline{6}$ | $a = b \neq c$<br>$\alpha = \beta = 90^\circ$<br>$\gamma = 120^\circ$ | 21 | $6$ |
| | | | | 22 | $\bar{6}$ |
| | | | | 23 | $6/m$ |
| | | | | 24 | $622$ |
| | | | | 25 | $6mm$ |
| | | | | 26 | $6m2$ |
| | | | | 27 | $\frac{6}{m}\frac{2}{m}\frac{2}{m}$ |
| 高 | 立方 | $4\underline{3}$ 在对角线方向 | $a = b = c$<br>$\alpha = \beta = \gamma = 90^\circ$ | 28 | $23$ |
| | | | | 29 | $\frac{2}{m}\bar{3}$ |
| | | | | 30 | $432$ |
| | | | | 31 | $\bar{4}3m$ |
| | | | | 32 | $\frac{4}{m}\bar{3}\frac{2}{m}$ |

**附表二　230 种晶体学点群中具有手性的空间群及相应的国际记号**

| 晶系 | 点群 | 空间群编号 | 国际记号 | 晶系 | 点群 | 空间群编号 | 国际记号 |
|---|---|---|---|---|---|---|---|
| 三斜 | 1 | 1 | $P1$ | 三方 | 32 | 151 | $P3_112$ |
| 单斜 | 2 | 3 | $P2$ | | | 152 | $P3_121$ |
| | | 4 | $P2_1$ | | | 153 | $P3_212$ |
| | | 5 | $C2$ | | | 154 | $P3_221$ |
| 正交 | 222 | 16 | $P222$ | | | 155 | $R32$ |
| | | 17 | $P222_1$ | 六角 | 6 | 168 | $P6$ |
| | | 18 | $P2_12_12$ | | | 169 | $P6_1$ |
| | | 19 | $P2_12_12_1$ | | | 170 | $P6_5$ |
| | | 20 | $C2_12_12$ | | | 171 | $P6_2$ |
| | | 21 | $C222$ | | | 172 | $P6_4$ |
| | | 22 | $F222$ | | | 173 | $P6_3$ |
| | | 23 | $I222$ | | 622 | 177 | $P622$ |
| | | 24 | $I2_12_12_1$ | | | 178 | $P6_122$ |
| 四方 | 4 | 75 | $P4$ | | | 179 | $P6_522$ |
| | | 76 | $P4_1$ | | | 180 | $P6_222$ |
| | | 77 | $P4_2$ | | | 181 | $P6_422$ |
| | | 78 | $P4_3$ | | | 182 | $P6_322$ |
| | | 79 | $I4$ | 立方 | 23 | 195 | $P23$ |
| | | 80 | $I4_1$ | | | 196 | $F23$ |
| | 422 | 89 | $P422$ | | | 197 | $I23$ |
| | | 90 | $P42_12$ | | | 198 | $P2_13$ |
| | | 91 | $P4_122$ | | | 199 | $I2_13$ |
| | | 92 | $P4_12_12$ | | 432 | 207 | $P432$ |
| | | 93 | $P4_222$ | | | 208 | $P4_232$ |
| | | 94 | $P4_22_12$ | | | 209 | $F432$ |
| | | 95 | $P4_322$ | | | 210 | $F4_132$ |
| | | 96 | $P4_32_12$ | | | 211 | $I432$ |
| | | 97 | $I422$ | | | 212 | $P4_232$ |
| | | 98 | $P4_122$ | | | 213 | $P4_132$ |
| 三方 | 32 | 149 | $P312$ | | | 214 | $I4_132$ |
| | | 150 | $P321$ | | | | |

**附表三　32 种点群的特性**

| 晶系 | 国际记号 | Schoenflies | 热释电性 | 压电性 | 中心对称 |
|---|---|---|---|---|---|
| 三斜 | 1 | $C_1$ | √ | √ | |
| | $\bar{1}$ | $C_1$ | | | √ |
| 单斜 | 2 | $C_2$ | √ | √ | |
| | $m$ | $C_s$ | √ | √ | |
| | $2/m$ | $C_{2h}$ | | | √ |
| 正交 | 222 | $D_2$ | | √ | |
| | $mm2$ | $C_{2v}$ | √ | √ | |
| | $mmm$ | $D_{2h}$ | | | √ |
| 三方 | 3 | $C_3$ | √ | √ | |
| | $\bar{3}$ | $S_6$ | | | √ |
| | 32 | $D_3$ | | √ | |
| | $3m$ | $C_{3v}$ | √ | √ | |
| | $\bar{3}m$ | $D_{3d}$ | | | √ |
| 四方 | 4 | $C_4$ | √ | √ | |
| | $\bar{3}$ | $S_4$ | | √ | |
| | $4/m$ | $C_{4h}$ | | | √ |
| | 422 | $D_4$ | | √ | |
| | $4mm$ | $C_{4v}$ | √ | √ | |
| | $\bar{4}2m$ | $D_{2d}$ | | √ | |
| | $4/mmm$ | $D_{4h}$ | | | √ |
| 六角 | 6 | $C_6$ | √ | √ | |
| | $\bar{3}$ | $S_4$ | | √ | |
| | $6/m$ | $C_{4h}$ | | | √ |
| | 622 | $D_4$ | | √ | |
| | 6mm | $C_{4v}$ | √ | √ | |
| | $\bar{6}$2m | $D_{2d}$ | | √ | |
| | $6/mmm$ | $D_{4h}$ | | | √ |
| 立方 | 23 | T | | √ | |
| | $m3$ | $T_h$ | | | √ |
| | 432 | O | | | |
| | $\bar{4}3m$ | $T_d$ | | √ | |
| | $m3m$ | $O_h$ | | | √ |

# 附录 B　铁磁和铁电回线的传统解释

铁磁体中解释磁滞回线的方法中有两种可用于解释铁电体。对于电滞回线，解决方案有两种：经典连续变化的朗之万函数和量子分立变化的布里渊函数。其中，经典的朗之万函数可以用于铁电体。

1) 朗之万函数

基本假设：在铁电体中，偶极子能量均相同，方向为球形的均匀分布，电场加在某个方向对所有的偶极子产生作用。电偶极子的极矩为 $\mu$，能级服从玻尔兹曼分布。无外场时偶极子在平衡状态下随机混乱分布，总磁矩为 0；施加外场时，各原子磁矩趋向于电场 $E$ 的方向。

在外电场下任意方向偶极子的能量为 $-\mu\cdot E\cos\theta$。其中，$\theta$ 是偶极子与电场的夹角。在连续变化的条件下，由能量服从玻尔兹曼分布得到

$$
\begin{aligned}
z_i &= \iiint \mathrm{e}^{-\frac{-\mu\cdot E\cos\theta}{kT}} r^2\sin\theta \mathrm{d}r\mathrm{d}\theta\mathrm{d}\varphi = \int_0^{2\pi}\mathrm{d}\varphi\int_0^{\pi}\mathrm{e}^{\frac{\mu\cdot E\cos\theta}{kT}}\sin\theta\mathrm{d}\theta \\
&= 2\pi\left(-\int_0^{\pi}\mathrm{e}^{\frac{\mu\cdot E\cos\theta}{kT}}\mathrm{dcos}\theta\right) = -\frac{2\pi kT}{\mu\cdot E}\,\mathrm{e}^{\frac{\mu\cdot E\cos\theta}{kT}}\Big|_0^{\pi} = \frac{4\pi kT}{\mu\cdot E}\sinh\left(\frac{\mu\cdot E}{kT}\right)
\end{aligned}
$$

如果用自由能 $F$ 描述系统，则有

$$
F = -kT\ln z_i^N = -kNT\ln\left[\frac{4\pi kT}{\mu\cdot E}\sinh\left(\frac{\mu\cdot E}{kT}\right)\right]
$$

其中,$N$ 是单位体积偶极子的数量。根据极化强度与 $G$ 和 $P$ 的关系 $P=-\partial F/\partial E$ 可得

$$
\begin{aligned}
P &= kNT\frac{1}{\dfrac{4\pi kT}{\mu\cdot E}\sinh\left(\dfrac{\mu\cdot E}{kT}\right)}\cdot\frac{\partial\left(\dfrac{4\pi kT}{\mu\cdot E}\sinh\left(\dfrac{\mu\cdot E}{kT}\right)\right)}{\partial E} \\
&= \frac{kNT}{\sinh\left(\dfrac{\mu\cdot E}{kT}\right)}\cdot\left[\left(-\frac{1}{E}\right)\sinh\left(\frac{\mu\cdot E}{kT}\right)+\cosh\left(\frac{\mu\cdot E}{kT}\right)\frac{\mu}{kT}\right]
\end{aligned}
$$

设 $x=\mu E/(kT)$ 和 $P_0=N\mu$，得到

$$P=kNT\cdot\left[\left(-\frac{1}{E}\right)+\frac{\cosh\left(\frac{\mu\cdot E}{kT}\right)}{\sinh\left(\frac{\mu\cdot E}{kT}\right)}\frac{\mu}{kT}\right]=P_0\left(c\tanh(x)-1/x\right)$$

其中，朗之万函数为 $L(x)=c\tanh(x)-1/x$。

在高温时，$kT\gg\mu E$，即 $x\ll 1$，近似为 $L(x)=x/3$。

在低温时，$kT\ll\mu E$，即 $x\gg 1$，近似为 $L(x)=1$。

2) 布里渊函数

电子自旋的能级是量子化的，设量子的分立能级为基本能级的整数倍，且设自旋均与磁场方向相同，因而只能用于描述铁磁体。磁偶极子仍然用 $\mu_j$ 描述，基本方法如上，通过配分函数求解自由能，再得到磁化强度 $M$。

$$z_i=\sum_j \mathrm{e}^{-\frac{-\mu_j\cdot H}{kT}}$$

$$P=-\partial F/\partial H=kNT\cdot\left(\frac{1}{z_i}\frac{\partial z_i}{\partial H}\right)=N\sum_j\mu_j\mathrm{e}^{\frac{\mu_j\cdot H}{kT}}\Big/\sum_j\mathrm{e}^{\frac{\mu_j\cdot H}{kT}}$$

若 $\mu_J=j\mu_0$ 及 $j$ 的范围在 $-J\sim J$ 之内，且为整数，则

$$\sum_j\mathrm{e}^{\frac{\mu_j\cdot H}{kT}}=\sum_{j=-J}^{J}\left(\mathrm{e}^{\frac{\mu_0\cdot H}{kT}}\right)^j=\frac{\sinh\left[(J+1/2)x\right]}{\sinh(x/2)}$$

$$M=M_0\left[\frac{J+1/2}{2J}c\tanh\left(\frac{J+1/2}{2J}x\right)-\frac{1}{2J}c\tanh\left(\frac{1}{2J}x\right)\right]$$

$$x=\frac{\mu_0\cdot H}{kT},\quad M_0=NJ\mu_0$$

其中，$B_J(x)=\left[\frac{J+1/2}{2J}c\tanh\left(\frac{J+1/2}{2J}x\right)-\frac{1}{2J}c\tanh\left(\frac{1}{2J}x\right)\right]$ 称为布里渊函数。

若 $J\to\infty$，　$B_J(x)\to L(x)$，则：

高温 $x\ll 1$ 时，　$B_J(x)=\frac{J+1}{3J}x$。

低温 $x\gg 1$ 时，$B_J(x)=1$。